机工IT

Origin科学绘图与数据分析

（2024版）

海滨◎编著

Origin 是美国 OriginLab 公司推出的一款领先的科学绘图与数据分析软件，既能完成基础图形的绘制，也能执行复杂的数据分析任务，可以满足科研人员的多样化需求。

本书基于 Origin 2024 中文版编写，详细讲解了 Origin 的基本操作和高级应用技巧。全书分为 14 章，内容覆盖了 Origin 的基础操作、数据及表格管理、二维及三维图形绘制、多层次图形设计、图形版面优化与输出，以及编程和自动化操作等方面。此外，结合 Origin 强大的数据处理功能，本书还深入讲解了曲线拟合、数据操作与分析、峰值分析、统计分析及数字信号处理等高级功能。全书提供了相应的数据文件和教学视频（扫码观看）等学习资源，以便提高读者的学习效率。

本书以理论结合实例的方式进行讲解，既可作为广大科研工作者学习如何进行数据分析、科学绘图及展示科研成果时的参考手册，也可作为大中专院校及社会培训班的培训教程。

图书在版编目（CIP）数据

Origin 科学绘图与数据分析 ：2024 版 / 海滨编著.
北京 ：机械工业出版社，2024. 11. -- ISBN 978-7-111-76476-2

Ⅰ. O245

中国国家版本馆 CIP 数据核字第 2024CP4202 号

机械工业出版社（北京市百万庄大街 22 号　邮政编码 100037）
策划编辑：丁　伦　　　　责任编辑：丁　伦　李晓波
责任校对：李　婷　张　薇　　责任印制：单爱军
北京虎彩文化传播有限公司印刷
2024 年 11 月第 1 版第 1 次印刷
185mm×260mm · 21. 5 印张 · 575 千字
标准书号：ISBN 978-7-111-76476-2
定价：119. 00 元

电话服务　　　　　　　　网络服务
客服电话：010-88361066　　机　工　官　网：www. cmpbook. com
　　　　　010-88379833　　机　工　官　博：weibo. com/cmp1952
　　　　　010-68326294　　金　　书　　网：www. golden-book. com
封底无防伪标均为盗版　　机工教育服务网：www. cmpedu. com

Foreword

Origin 作为一款领先的科学绘图与数据分析软件，现已广泛应用于全球科研领域，成为科学研究和专业论文制图的首选工具。它提供了一整套解决方案，覆盖了统计分析、图形绘制、函数拟合等多种科研需求，已经成为数百万科研人员在数据分析和图形绘制过程中的得力助手。Origin 有着强大的功能、高效的操作和精准的分析结果，每年都会发布软件的新版本（标准版及专业版），从而不断引入更多先进易用的特性，以保持其在科研软件领域的领先地位。

为了让中国及全球用户能够充分利用 Origin 的强大功能，我们特别提供了 2024 版本的免费学习版。然而，关于 Origin 使用的参考资料相对较少，这对于许多新用户来说，是一大挑战。鉴于此，基于 Origin 2024 版本，《Origin 科学绘图与数据分析（2024 版）》应运而生，旨在为读者提供一条全面、高效的学习途径。书中详细介绍了 Origin 的众多功能，包括基础操作、数据管理、二维与三维图形绘制、图层使用、版面设计、编程自动化、曲线拟合、统计分析等，适合不同级别用户的需求。

这本书独特之处在于，不仅涵盖了 Origin 软件的全面功能，更在于它的实践导向。通过结合具体实例和详细的操作步骤，即便是初次接触 Origin 的用户也能轻松掌握其应用，提升自己的科研工作效率。此书的编写得益于作者二十多年的科研与数据处理经验，以及对 Origin 软件的深度理解和熟练运用。我们对作者的辛勤工作和对 Origin 软件的深情厚爱表示由衷的感谢，并感谢机械工业出版社提供的出版支持和编写建议。

此书不仅是 Origin 用户学习和参考的宝贵资源，也是推动科研人员更高效使用 Origin 软件的关键推手。我们坚信，这本书将帮助广大读者掌握 Origin，提高科研绘图与数据分析的能力，最终绘制出既专业又美观的科学图表，助力科研成果的展示与交流。此外，我们也期待这本书能激发更多科研人员对 Origin 的探索和使用，进一步推广这一强大工具的应用，促进科学研究的深入发展。

OriginLab 技术服务经理　朱庆华（Echo）

前言 Preface

Origin 为 OriginLab 公司出品、应用广泛的专业绘图软件，是一款具有强大数据分析功能和专业期刊品质绘图能力的应用软件。

Origin 是专为不同科研领域的科学工作者进行绘图和数据分析设计的，为此，Origin 提供了大量的数据分析和绘图工具。利用 Origin 可以轻松地完成数据导入、分析、绘图和输出报告等任务。可以满足用户对数据分析、函数拟合、科技绘图等需求。

本书中 Origin 指代 Origin 和 OriginPro 两款应用软件。OriginPro 在提供了 Origin 的所有功能之余，在峰值拟合、表面拟合、统计分析、信号处理和图像处理等方面，也增加了扩展分析工具。Origin 的绘图是基于模板的，其本身提供了几十种 2D 和 3D 绘图模板，并且允许自定义模板。自定义的范围从简单修改数据图并保存为“模板”以便在之后的绘图中使用，到复杂的定制数据分析，生成专业刊物品质的报告并保存为分析模板。

Origin 2024 是 OriginLab 公司推出的最新版本，较以前的版本在性能方面有了很大的改善，本书以该版本为基础，结合实例进行讲解。全书分为 14 章，各章安排如下。

第 1 章　Origin 基础　　第 2 章　基本操作
第 3 章　表格与数据管理　　第 4 章　图形绘制基础
第 5 章　二维图形绘制　　第 6 章　三维图形绘制
第 7 章　多图层图形绘制　　第 8 章　布局与输出
第 9 章　编程及自动化　　第 10 章　曲线拟合
第 11 章　数据操作与分析　　第 12 章　峰拟合
第 13 章　统计分析　　第 14 章　数字信号处理

本书所使用的数据主要来自 Origin 软件内置的实例文件和 Origin 官方网站提供的实例数据集。对于有兴趣深入探索的读者，请通过关注封底二维码，按照提示进入本书专属云盘来获取相应的下载链接。

我们邀请读者通过访问“算法仿真”公众号来获取作者的联系方式，并鼓励与作者交流，我们承诺提供全心全意的服务。同时，欢迎读者加入 QQ 群 776705853，与更多 Origin 爱好者交流。公众号将不定期分享综合应用的实例，帮助读者提升绘图技巧和水平。

尽管在本书的编写过程中我们努力追求准确性和完整性，但鉴于个人能力有限，书中可能存在不尽如人意之处。诚邀读者和专业同行提出宝贵意见和建议，以便我们共同促进本书质量的提升。

在编写本书的过程中，我们得到了广州原点软件有限公司（即 OriginLab Corporation 中国分公司）的大力支持，并提供了技术指导和帮助，确保了本书的顺利出版。我们对他们的帮助表示衷心的感谢，并期待本书能够为读者带来实用的知识和帮助。

编　者

Contents 目录

第 8 章 | 布局与输出 …… 186

第 9 章 | 编程及自动化 …… 202

第 10 章 | 曲线拟合 …… 215

第1章 Origin基础

Origin 为 OriginLab 公司推出的操作灵活、功能强大的专业绘图软件，既可以满足普通用户的制图要求，也可以满足高级用户对于数据分析、函数拟合的需求。自问世以来，由于 Origin 操作简便、功能开放，已成为国际主流的数据分析软件。

1.1 初识 Origin

当前流行的图形可视化和数据分析软件有 Matlab、Mathmatica、Maple、Python、R 等。这些软件功能强大，可满足科技工作中的各种需要，但使用时需要一定的编程知识和矩阵知识，并需要熟悉其中大量的函数和命令。

而使用 Origin 就像使用 Excel 和 Word 那样简单，只需移动和单击鼠标，选择菜单中的相关命令就可以完成大部分工作，获得满意的结果。

1.1.1 Origin 简介

Origin 是一款由 OriginLab 公司开发、专为科研人员和工程师设计的强大数据分析和科学绘图软件。利用 Origin 可以自定义和自动化数据导入、分析、绘图以及报告生成，能够高效地分析数据和展示研究成果。

Origin 具有数据分析和科学绘图两大功能。在数据分析方面，Origin 提供了广泛的数学分析功能，包括数据排序、调整、计算、统计分析、频谱变换和曲线拟合等。用户只需简单选择需要分析的数据和相应的菜单命令，即可完成复杂的分析任务。

绘图功能则基于模板设计，Origin 内置了多种绘图模板，并支持用户自定义模板以满足特定需求。这些自定义操作可以涵盖从简单的数据图修改到复杂的数据分析和生成专业级报告，并将其保存为分析模板，以便在未来的项目中重复使用。Origin 还支持批量绘图和分析，从而极大地提高了工作效率。

Origin 支持导入多种数据格式，包括 ASCII、Excel、pClamp 等，同时也能将绘图结果输出为 JPEG、GIF、EPS、TIFF 等多种图像格式，以便于分享和发布。

对于需要执行批处理任务的高级用户，Origin 提供了 LabTalk 和 Origin C 两种编程语言，而通过编写 X-Function 来创建特殊工具的能力，则进一步拓展了 Origin 的功能。

作为一个多文档界面应用程序，Origin 将所有工作内容保存在一个 Project（*.OPJ）文件中，该文件可以包含多个子窗口（如工作簿、图形、矩阵等），它们之间相互关联，能够实现数据的即时更新。这些子窗口可以随项目文件一起保存，也可以单独保存以供其他程序调用。

在本书中，Origin 泛指 Origin 和其专业版（高级版）OriginPro 两款软件。OriginPro 在提供所有 Origin 功能的基础上，增加了峰值拟合、表面拟合、统计分析、信号处理和图像处理等领域的扩展分析工具，为用户提供了更为全面和深入的数据分析能力。

1.1.2 工作空间概述

在 Windows 操作系统下，通过下面的操作可以启动 OriginPro。Origin 工作空间（操作界面）如图 1-1 所示。

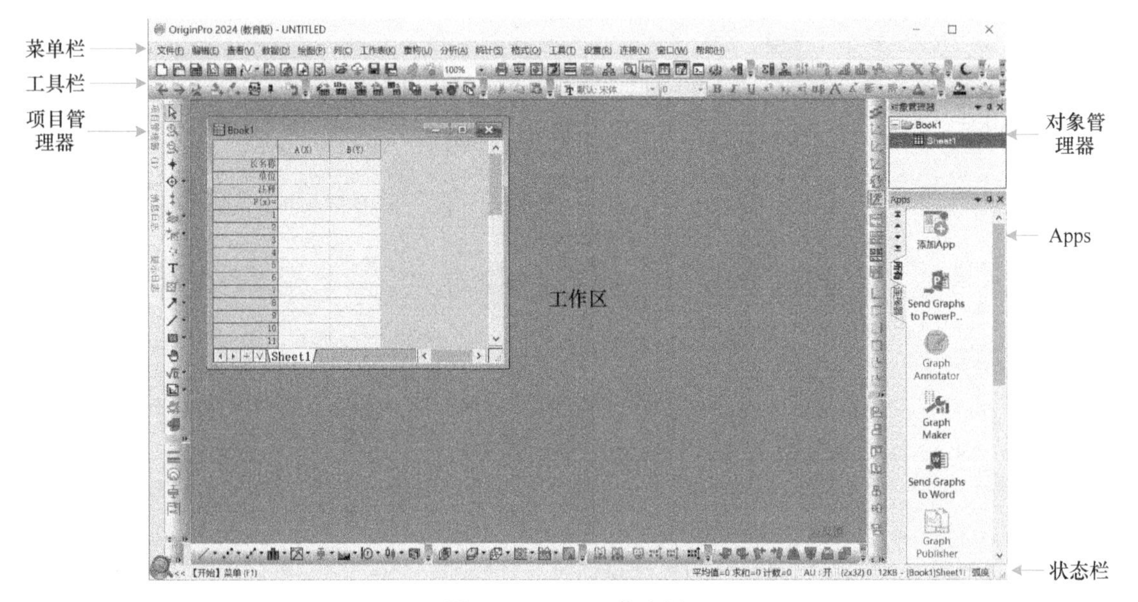

图 1-1 Origin 工作空间

1）单击界面左下角的“开始”按钮，从程序列表中单击 （Origin 2024）按钮。

2）安装 Origin 后，双击已经添加到桌面上的快捷图标按钮。

Origin 的工作空间包括以下几个部分。

1）菜单栏。Origin 操作界面的顶部为主菜单栏，主菜单栏中的每个菜单项包括众多子菜单，通过菜单栏能够实现 Origin 的大部分功能。此外，Origin 软件的各种设置都是在该菜单栏中完成的，掌握菜单栏中各菜单项的功能对掌握 Origin 是非常必要的。

2）工具栏。默认情况下工具栏分布在工作区的四周。Origin 提供了分类合理、直观、功能强大、使用方便的多种工具，最常用的功能大都可以通过工具栏实现。

3）工作区。工作区是 Origin 数据分析与绘图的展示操作区，项目文件的所有工作表、绘图子窗口等都在此区域内。大部分绘图和数据处理的工作都是在该区域完成的。

4）项目管理器。项目管理器位于操作界面的左侧，类似于 Windows 下的资源管理器，能够以直观的形式给出项目文件及其组成部分的列表，方便实现各个子窗口间的切换。

5）状态栏。状态栏位于操作界面的最底部，其主要功能是显示当前的工作内容，同时可以对鼠标指针所指示的菜单进行提示说明。

6）对象管理器。对象管理器是一个可停靠的面板，默认停靠在工作区域的右侧。使用对象管理器可以对激活的绘图窗口或工作簿窗口进行快速操作。

7）Apps。操作界面中对象管理器下方默认为 Apps，里面提供了多个用户程序，读者也可以自行编写并调用 App。

1.2　菜单栏

Origin 具有“上下文敏感”菜单功能，即在不同情况下（如激活不同类型子窗口）会自动调整菜单（隐藏或改变菜单项）。随着操作对象或目的的改变，处理内容和方法会随之改变。

1.2.1　主菜单

Origin 的主菜单包括不同的子菜单，如图 1-2 所示。菜单栏的结构与当前活动窗口的操作对象有关。当前窗口为工作簿窗口、绘图窗口或矩阵簿窗口时，主菜单及其各子菜单的内容并不完全相同。

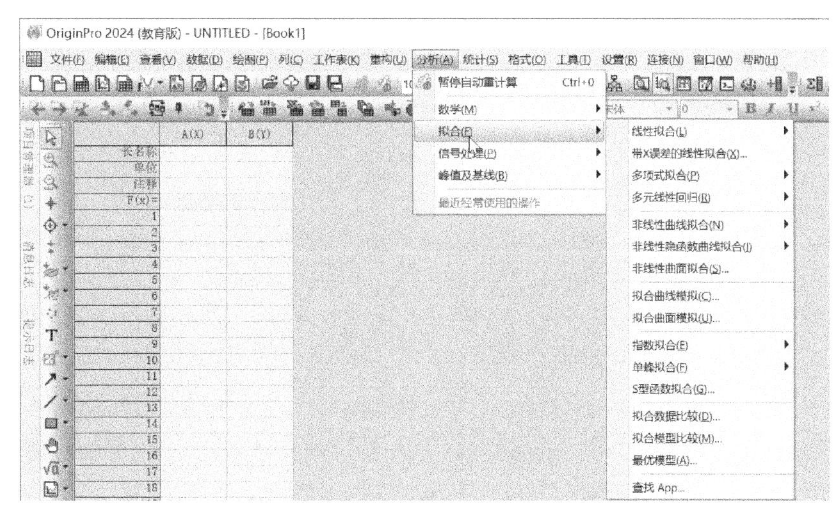

图 1-2　菜单显示

Origin 的菜单较为复杂，当不同的子窗口为活动窗口时，其菜单结构和内容类型会发生相应的变化。有的菜单项只是针对某子窗口的，可以说菜单结构和内容对窗口敏感。

1.2.2　快捷菜单

在某一对象上右击（即单击鼠标右键）时，出现的菜单称为快捷菜单，Origin 拥有大量的快捷菜单，快捷菜单的存在方便了操作，可以大大提高工作效率。

例如，右击绘图窗口中曲线的坐标轴时，会出现图 1-3 所示的快捷菜单，该菜单展示了当前可以选择的命令。

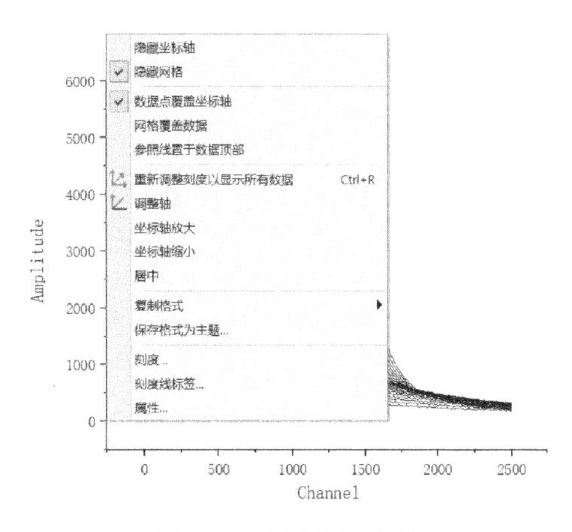

图 1-3　右键快捷菜单

1.3 工具栏

Origin 提供了大量的工具栏，各工具栏对应着不同的“功能群”。工具栏的数量较多，全部打开会占用太多软件界面空间，因此通常情况下是根据需要打开或隐藏的。在 Origin 中包括常规工具栏及浮动工具栏，在本书后面的讲解中统称为工具栏。

1.3.1 常规工具栏

工具栏中包含了经常使用的菜单命令的快捷按钮，当我们将鼠标指针放在按钮上时，会出现一个显示框，显示按钮的名称和功能。例如，当鼠标指针放在“批处理”按钮上，光标下会显示按钮名称，并给出其功能描述，如图 1-4 所示。

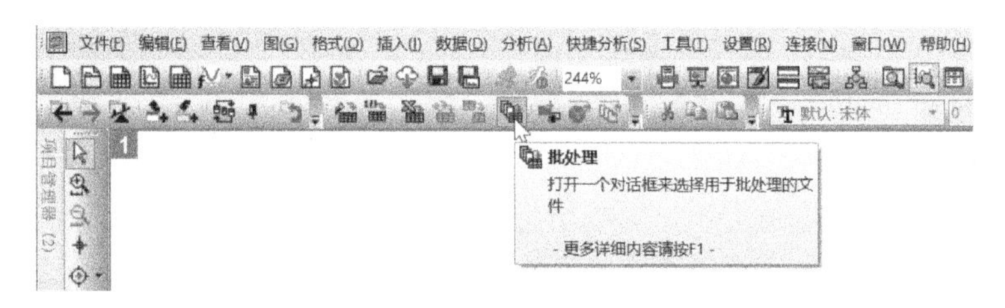

图 1-4　显示工具按钮的名称和功能

第一次打开 Origin 时，工作界面上已经打开了一些常用的工具栏，如“标准”“格式”“2D 图形”“工具”“布局”和“导入”等，这些是最基本的工具，通常是不隐藏的。

执行菜单栏中的“查看”→“工具栏”命令，可以打开图 1-5 所示的“自定义”对话框，读者可以根据个人习惯自行定义工具栏。

在“按钮组”选项卡中，可以查看各工具栏中的按钮，如图 1-6 所示。读者可以按住任意一个按钮并拖放到界面上，从而按需设定个人风格的工具栏。如果需要隐藏某个工具栏，更简单的方法是单击工具栏上的“关闭”按钮。

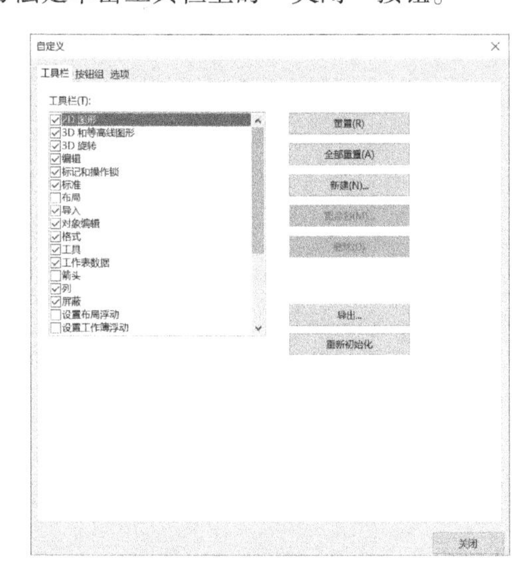

图 1-5　定制工具栏

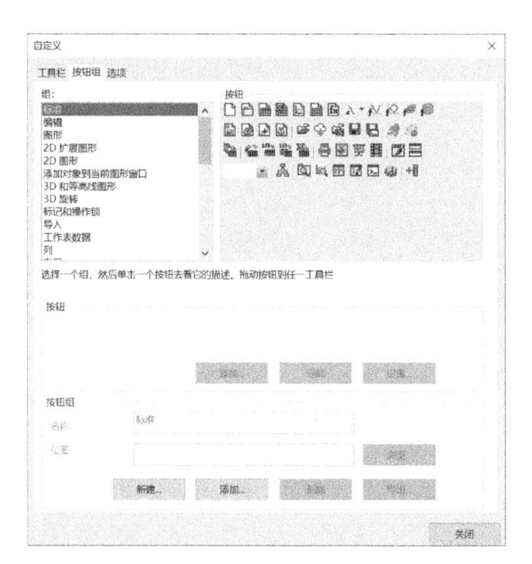

图 1-6　查看工具栏按钮

工具栏的使用非常简单，只要激活操作对象，然后单击工具栏上的相应按钮即可。有些按钮旁边有向下的箭头，表示这是一个按钮组，需要单击箭头然后进行选择。

下面将以功能组为单位，介绍 Origin 中工具栏的应用。在实际使用中并不需要分组，主要是以方便解决问题来选择适当的工具栏。

1. 基础组

1）“标准”工具栏集中了 Origin 中最常用的操作，包括新建文件、打开文件、保存文件或项目，以及打印、复制和更新窗口等常用操作，如图 1-7 所示。

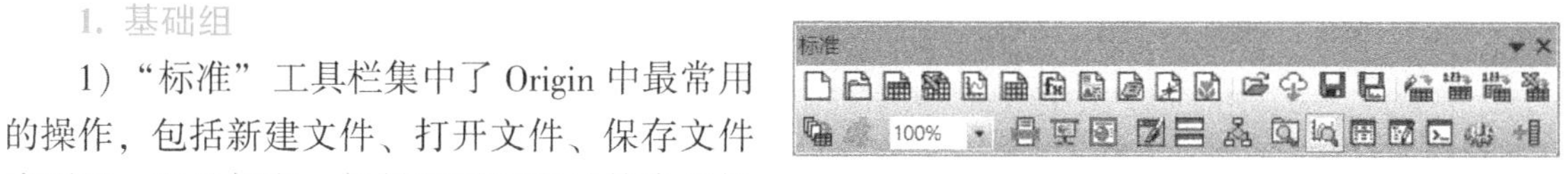

图 1-7　“标准”工具栏

2）“导入”工具栏主要提供数据的导入操作，包括导入向导、导入 ASCII 格式数据、导入 Excel 数据、链接数据等，如图 1-8 所示。

3）“文件夹和窗口”工具栏如图 1-9 所示。该工具栏提供对文件夹及窗口的操作工具，可以实现对文件夹及各窗口的快捷操作。

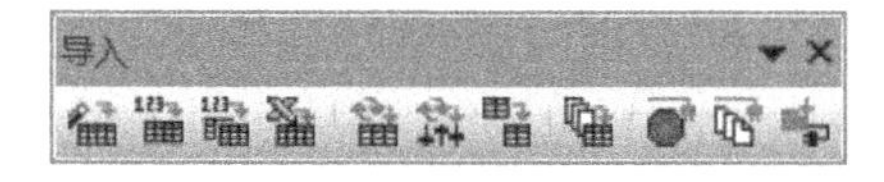

图 1-8　“导入”工具栏

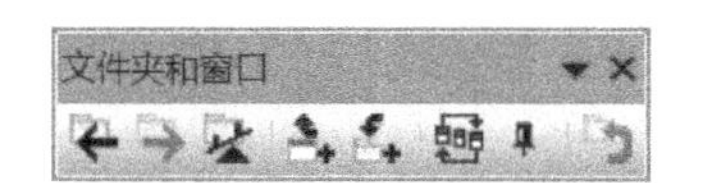

图 1-9　“文件夹和窗口”工具栏

2. 格式化组

1）“编辑”工具栏主要提供剪切、复制和粘贴等编辑工具，如图 1-10 所示。

2）“格式”工具栏如图 1-11 所示。在编辑文字标签和工作表时，利用该工具栏可以进行字体、字号、粗体、斜体、下划线、上下标、希腊字母等设置。

3）“样式”工具栏提供的文本注释包括对表格和图形进行颜色填充、线条设置、大小设置等样式，如图 1-12 所示。

图 1-10　“编辑”工具栏

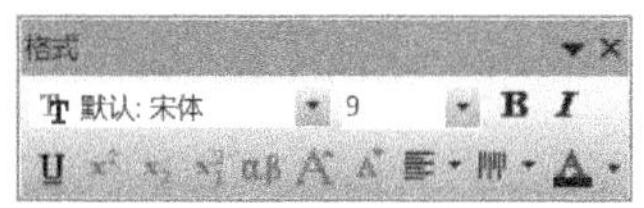

图 1-11　“格式”工具栏

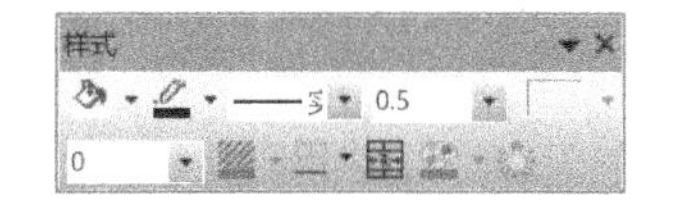

图 1-12　“样式”工具栏

3. 数据表组

1）“工作表数据”工具栏如图 1-13 所示。当工作簿为活动窗口时，“工作表数据”工具栏提供行统计、列统计、排序和用函数对“数据表”进行赋值等基本操作。

2）“列”工具栏如图 1-14 所示。当工作表中的列被选中，提供其 X/Y/Z 列（变量）、Y 误差列、标签、无关列等属性设置，以及列的绘图标识和列的首尾左右移动等操作。

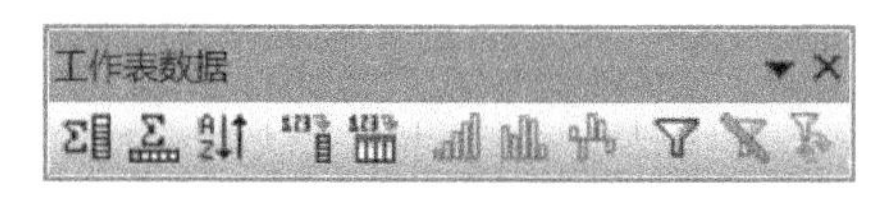

图 1-13　“工作表数据”工具栏

图 1-14　“列”工具栏

4. 绘图组

1）“图形”工具栏如图 1-15 所示。当绘图窗口或布局窗口为活动窗口时，可以将图形或版面扩大、缩小、全屏、坐标值重新设定，也可以对图层进行操作，还可以添加颜色、图标、坐标及系统时间等。

2）“2D 图形”工具栏提供各种二维绘图的图形样式，如直线、饼图、极坐标和模板等，如图 1-16 所示。当工作簿或绘图窗口为活动窗口时，可使用该工具栏。

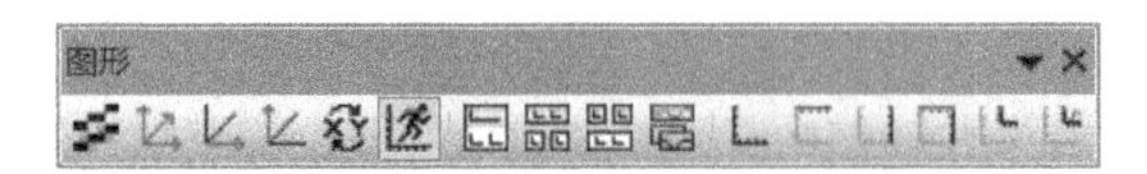

图 1-15 “图形”工具栏

图 1-16 “2D 图形”工具栏

3）“3D 和等高线图形”工具栏提供了绘制描点图、抛物线图、带状图、瀑布图、等高线图等三维图形的工具，如图 1-17 所示。该工具栏前两个按钮用于对 Origin 工作簿、Excel 工作簿中的数据进行 3D 和等高线绘图，其余的按钮用于矩阵数据绘图。

图 1-17 “3D 和等高线图形”工具栏

4）“3D 旋转”工具栏如图 1-18 所示。当活动窗口为三维图形时，可使用“3D 旋转”工具栏中的工具，将绘制好的三维图形进行三维空间操作，包括顺/逆时针旋转，左右/上下变换、增大/减小透视角度，以及设定 3D 旋转角度等操作。

5）“屏蔽”工具栏用于屏蔽一些打算舍弃的数据点，如图 1-19 所示。当工作簿或绘图窗口为活动窗口时，“屏蔽”工具栏提供屏蔽数据点分析、屏蔽数据范围、解除屏蔽等工具。

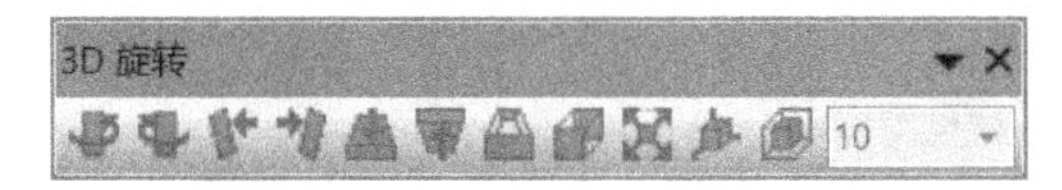

图 1-18 “3D 旋转”工具栏

图 1-19 “屏蔽”工具栏

5. 图形对象组

1）“工具”工具栏提供的功能包括缩放、数据选取、数据屏蔽、区域选择、文字工具、线条工具、矩形工具等，如图 1-20 所示。

2）“箭头”工具栏如图 1-21 所示。利用该工具栏可进行诸如使箭头水平或垂直对齐、箭头加宽或变窄、箭头加长或缩短等操作。

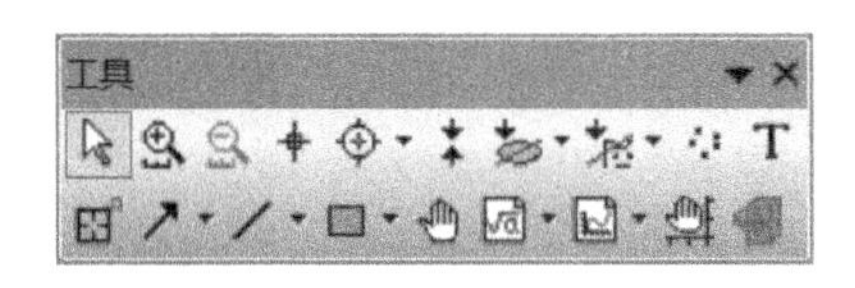

图 1-20 “工具”工具栏

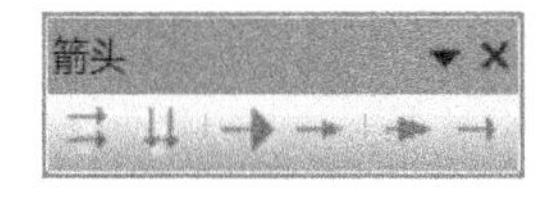

图 1-21 “箭头”工具栏

3）“对象编辑”工具栏如图 1-22 所示。当活动窗口中一个或多个对象被选中时，使用“对象编辑”工具栏可进行多种对齐方式操作，如左右、上下、垂直、水平对齐；可将选定对象置于顶层、底层，进行组合、取消组合，加大、减小字体等。该工具栏主要用于排版和操作对象关系。

4）“布局”工具栏如图 1-23 所示。当布局窗口为活动窗口时，可使用该工具栏在布局窗口中添加图形和工作表。

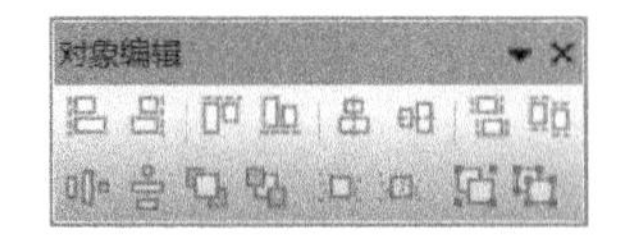

图 1-22 “对象编辑”工具栏

图 1-23 “布局”工具栏

6. 其他

1）“数据库访问”工具栏如图 1-24 所示。该工具栏是为从数据库中快速输入数据而设置的。

2）“自动更新”工具栏如图 1-25 所示。该工具栏仅有一个按钮，在整个项目中为用户提供了自动更新开关（ON/OFF）。默认自动更新开关为打开状态（ON），也可单击该按钮关闭自动更新。

3）“标记和操作锁”工具栏如图 1-26 所示。该工具栏用于快速控制数据标记和锁定。读者可以添加或清除数据标记，并更改大小和锁定位置。

图 1-24 “数据库访问”工具栏

图 1-25 “自动更新”工具栏

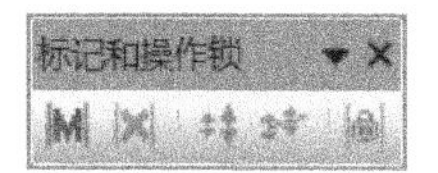

图 1-26 “标记和操作锁”工具栏

1.3.2 浮动工具栏

当选中一个对象或单击页面内的某些关键区域，会出现浮动工具栏，其支持的控件取决于选定的对象或窗口类型等。

在编辑工作表时，一些工具栏按钮会在选中某项/区域（如工作表列）后显示。显示浮动工具栏的操作步骤如下。

1）选择一个对象（如一条曲线、一个标签文本或一个单元格）时，带有相关按钮的浮动工具栏会出现在对象旁边，如图 1-27 所示。

2）当光标悬停在工作表的边缘或矩阵表的某些区域时，光标附近会出现图标，此时单击鼠标即会出现浮动工具栏，如图 1-28 所示。

多数浮动工具栏都有一个属性按钮，单击该按钮，在弹出的对话框中可以对对象进行参数设置。如果移开或动作比较慢，浮动工具栏会消失，按<Shift>键可以恢复显示。

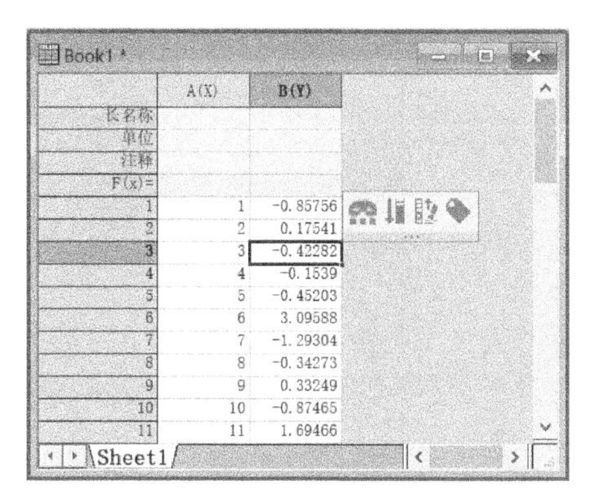

图 1-27 数据表处的浮动工具栏

3）单击浮动工具栏底部中心的三个点，可以打开“自定义浮动工具栏”对话框，清除或勾选对话框中对应的复选框，可以控制工具栏上按钮的显示，图 1-29 为绘图窗口的“自定义浮动工具栏”对话框。

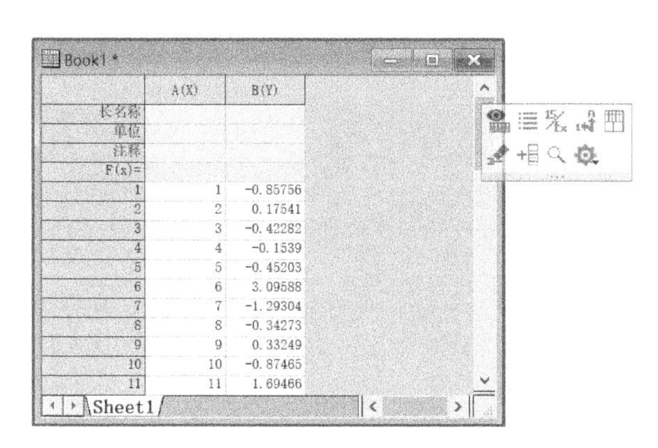

图 1-28 边缘处浮动工具栏

图 1-29 “自定义浮动工具栏”对话框

注意：浮动工具栏会根据出现的区域显示不同的工具。

1.4 子窗口类型

Origin 为图形和数据分析提供多种子窗口类型，包括工作簿（Books）窗口、矩阵簿（MBooks）窗口、绘图（Graphs）窗口、Excel 工作簿窗口、布局窗口、记事本窗口等。其中，工作簿窗口用于导入、组织和变换数据，绘图窗口用于绘图和拟合分析。

一个项目文件中的各窗口是相互关联的，可以实现数据的实时更新。例如，工作簿中的数据改动之后，绘图窗口中所绘数据点立即随之更新。

当前激活的窗口类型不一样时，主菜单、工具栏结构也会随之变化。Origin 工作空间中的当前窗口决定了主菜单、工具栏结构及其是否能够被选用。

当前用于绘图、分析等操作来处理的窗口边缘会使用彩色边框标识，以表明该窗口正处于编辑状态。

1.4.1 工作簿窗口

工作簿窗口是 Origin 最基本的子窗口，主要的功能是输入、存放和组织 Origin 中的数据，并利用这些数据进行导入、录入、转换、统计和分析，并最终将数据用于绘图。除个别特殊情况外，图形与数据具有一一对应的关系。

首次启动 Origin 后看到的第一个窗口就是工作簿窗口，如图 1-30 所示。每个工作簿中的工作表（Sheet）多达 1024 个，而每个工作表最多支持 9000 万行和 6.55 万列的数据，每列可以设置合适的数据类型并加以注释说明。

Origin 中默认的标题是 Book1。右击标题栏，在弹出的快捷菜单中选择“属性”命令，会弹出“窗口属性”对话框，在其中可以修改窗口的名称，如图 1-31 所示。

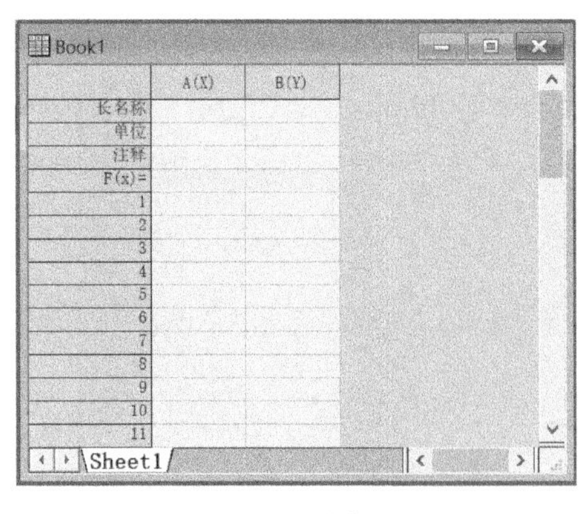

图 1-30 工作簿窗口

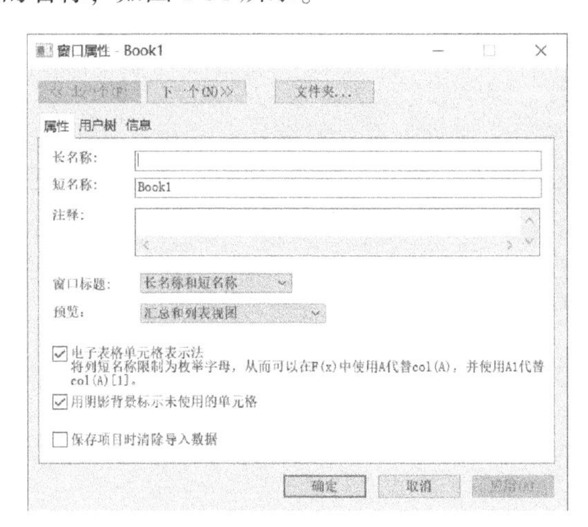

图 1-31 “窗口属性”对话框

工作表最上边一行为标题栏，A、B 等是列的名称，X 和 Y 是列的属性，其中，X 表示该列的自变量，Y 表示该列的因变量。

双击列的标题，可以打开图 1-32 所示的“列属性”对话框，通过改变参数设置，可以在表头加入长名称、单位或注释等属性。

工作表中的数据可以直接输入，也可以从外部文件导入，还可以通过编辑公式计算获得，最后通过选取工作表中的列完成绘图。利用工作簿窗口中的数据绘制二维图的操作步骤如下。

1）右击工作表中的 A(X)列，在弹出的快捷菜单中选择“填充列”→“行号”命令，填充 A 列。

2）右击工作表中的 B(Y)列，在弹出的快捷菜单中选择“填充列”→“正态随机数”命令，填充 B 列，填充后的工作表如图 1-33 所示。

3）按住<Ctrl>键，单击 A、B 列，同时选中两列数据，然后右击，在弹出的快捷菜单中选择“绘图”→“折线图”→“折线图”命令，绘制的折线图如图 1-34 所示。也可以单击“2D 图形”工具栏中的（折线）按钮绘制图形。

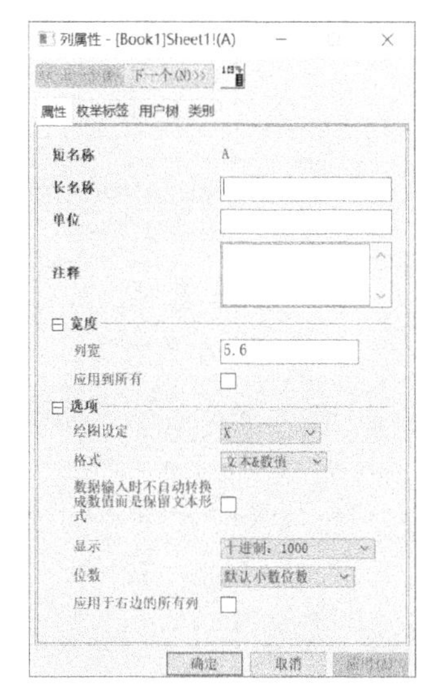

图 1-32　“列属性”对话框

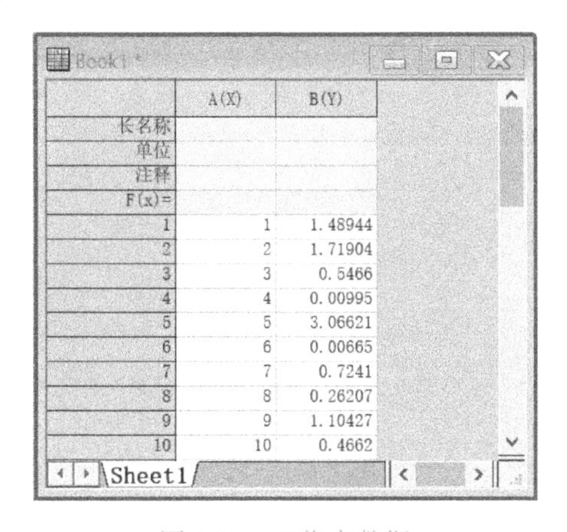

	A(X)	B(Y)
长名称		
单位		
注释		
F(x)=		
1	1	1.48944
2	2	1.71904
3	3	0.5466
4	4	0.00995
5	5	3.06621
6	6	0.00665
7	7	0.7241
8	8	0.26207
9	9	1.10427
10	10	0.4662

图 1-33　工作表数据

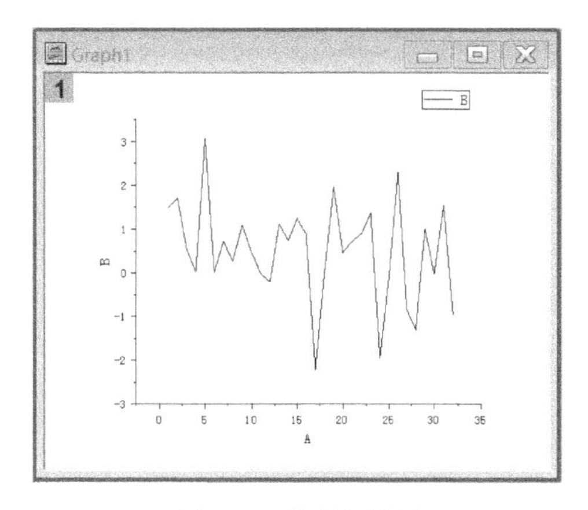

图 1-34　绘制折线图

1.4.2　绘图窗口

绘图窗口常用于图形的绘制和修改，是 Origin 中极为重要的窗口，相当于图形编辑器，是把实验数据转变成科学图形并进行分析的空间。

一个绘图窗口是由一个或多个图层组成，默认的绘图窗口拥有第 1 个图层，每一个绘图窗口都对应着一个可编辑的页面，可包含多个图层，以及多个轴、注释、数据标注等图形对象。图 1-35 所示，为具有 4 个图层的典型绘图窗口。

绘图过程分为先选中数据后执行绘图命令及先执行绘图命令后选择数据两种绘图方式。

1. 先选中数据后执行绘图命令

通过先选中数据后执行绘图命令进行二维图形绘制的操作步骤如下。

1）进入 Origin 后，执行菜单栏中的“数据”→“从文件导入”→“导入向导”命令，弹出“导入向导-来源”对话框，单击“数据源”选项组“文件”选项后的按钮，如图 1-36 所示。弹出“导入多个 ASCII 文件”对话框。

说明：读者也可以直接单击“导入”工具栏中的按钮导入数据。

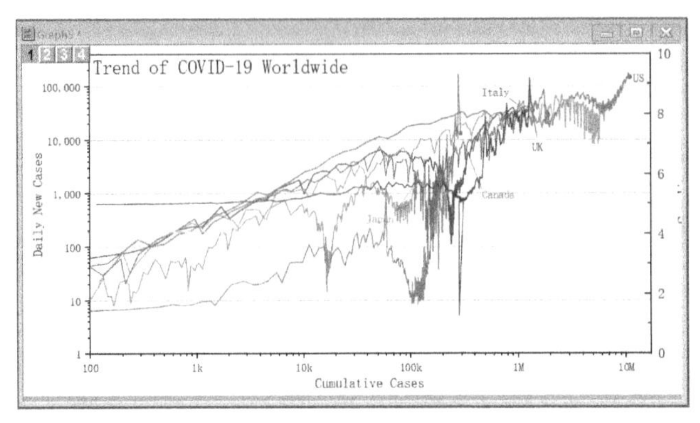

图 1-35　典型多图层绘图窗口

2）在“导入多个 ASCII 文件”对话框中选择要导入的数据文件 DateLS. dat，如图 1-37 所示，单击“添加文件”按钮，然后单击“确定”按钮返回到“导入向导-来源”对话框。

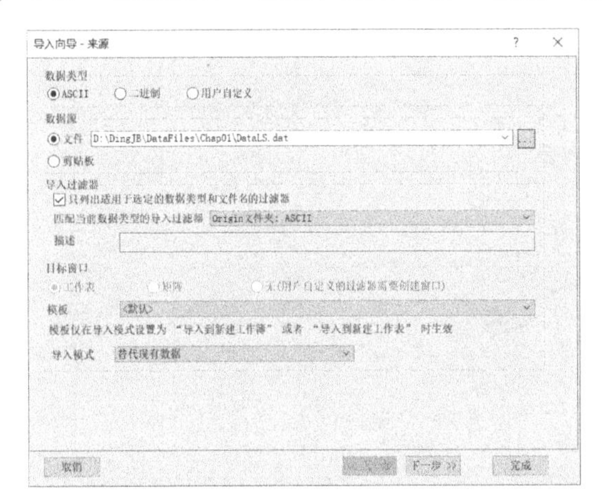

图 1-36　“导入向导-来源”对话框

图 1-37　“导入多个 ASCII 文件”对话框

3）单击“完成”按钮，完成数据的导入，导入后的工作簿窗口如图 1-38 所示。

4）按住鼠标左键并拖动，依次选中工作簿中的 3 列数据，执行菜单栏中的“绘图”→“基础 2D 图”命令，在展开的绘图模板中选择“点线图”模板绘图，即可弹出绘图窗口，并出现绘制的点线图，如图 1-39 所示。

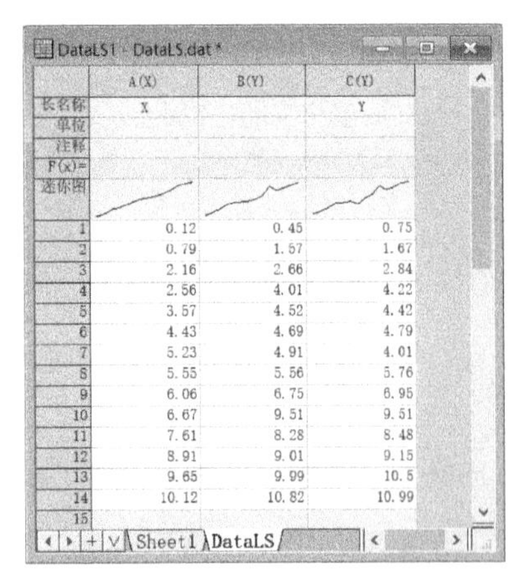

	A(X)	B(Y)	C(Y)
长名称	X		Y
单位			
注释			
F(x)=			
迷你图			
1	0.12	0.45	0.75
2	0.79	1.57	1.67
3	2.16	2.66	2.84
4	2.56	4.01	4.22
5	3.57	4.52	4.42
6	4.43	4.69	4.79
7	5.23	4.91	4.01
8	5.55	5.56	5.76
9	6.06	6.75	6.95
10	6.67	9.51	9.51
11	7.61	8.28	8.48
12	8.91	9.01	9.15
13	9.65	9.99	10.5
14	10.12	10.82	10.99
15			

图 1-38　数据工作表

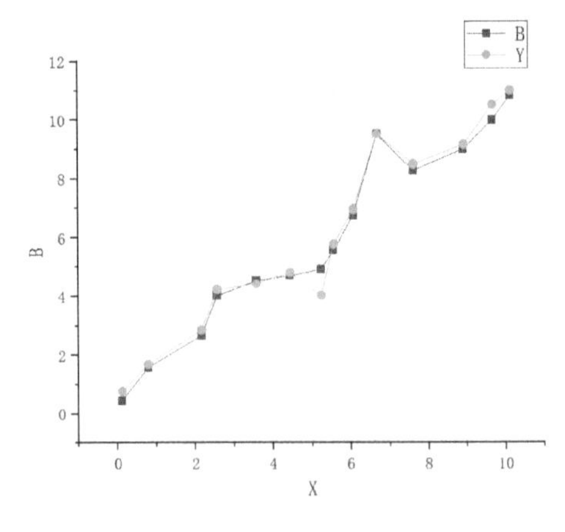

图 1-39　绘制的点线图

说明：读者也可以直接单击“2D 图形”工具栏中的按钮进行绘图。

2. 先执行绘图命令后选择数据

通过先执行绘图命令后选择数据进行二维图形绘制的操作步骤如下。

1）同样的操作方法，先导入数据。

2）在未选中数据的情况下，执行菜单栏中的“绘图”→“基础 2D 图”→“点线图”命令，此时将弹出“图表绘制：选择数据来绘制新图”对话框。

3）将 X 下的复选框勾选，表示将 A 列定位至 X 轴，即自变量；将 Y 下的复选框勾选，表示将其定义为 Y 轴作为因变量。

4）单击“确定”按钮将生成图形，如图 1-40 所示。由于有一个 X、两个 Y 值，所以得到的图中有两条曲线。

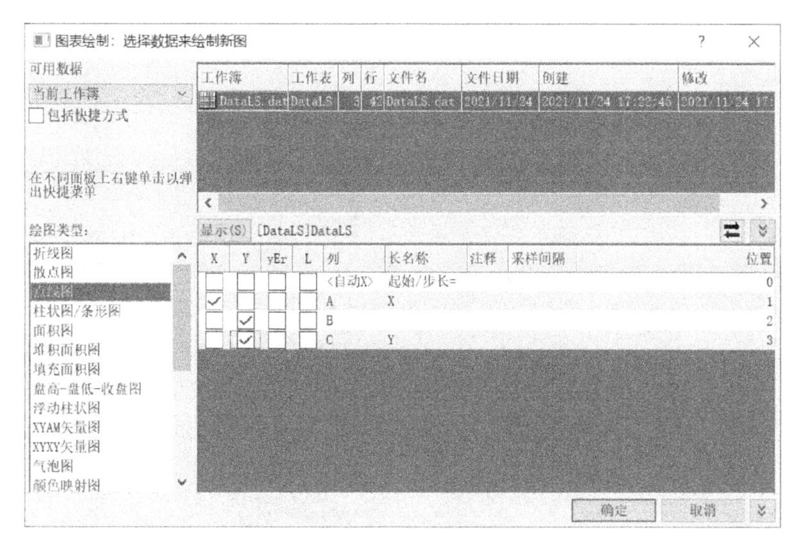

图 1-40　绘图数据选取

系统默认只显示左、下两个坐标轴，右、上的两个坐标轴可在“属性”对话框中进行修改以便呈现。通过双击坐标轴可重新设定大小、间隔等参数，也可对坐标轴名称进行修改，后文会进行介绍。

1.4.3　矩阵簿窗口

矩阵簿窗口是一种用来组织和存放数据的窗口，与工作簿窗口相同，多工作表矩阵簿窗口也可以由多个矩阵数据表构成。

新建一个矩阵簿窗口时，默认矩阵薄窗口和矩阵表分别以 MBook1 和 MSheet1 命名。其列标题和行标题分别用对应的数字表示，如图 1-41 所示。

矩阵表没有显示 X、Y 数值，而是用特定的行和列来表示与 X 和 Y 坐标轴对应的 Z 值，可用来绘制等高线、3D 图和三维表面图等。

矩阵的相关运算（如转置、求逆等）是通过“矩阵”菜单下的相关命令执行的，通过矩阵簿窗口可以直接输出各种三维图。

使用 Origin 可以将工作表转变为矩阵表，在工作表被激活时，执行菜单栏中“工作表”→“转换为矩阵”下的子菜单命令即可，如图 1-42 所示。

MBook1 :1/1 *

	1	2	3	4	5	6
1	-0.69805	-1.64019	-2.47788	-3.1556	-3.6477	-3.9631
2	-0.5923	-1.6728	-2.54439	-3.09603	-3.27643	-3.1035
3	-0.46339	-1.65907	-2.54139	-2.94379	-2.78932	-2.1049
4	-0.3353	-1.64699	-2.54086	-2.79484	-2.30634	-1.1113
5	-0.23196	-1.68441	-2.61457	-2.74488	-1.94709	-0.2661
6	-0.17522	-1.81502	-2.82809	-2.88133	-1.82084	0.2993
7	-0.18303	-2.07474	-3.23526	3.27590	2.01735	0.4776
8	-0.26794	-2.48866	-3.87373	-3.97904	-2.59937	0.1932
9	-0.43604	-3.06898	-4.76179	-5.01488	-3.59737	-0.5902
10	-0.68648	-3.81395	-5.89685	-6.38004	-5.00702	-1.8677
11	-1.01149	-4.70807	-7.25562	-8.04349	-6.78953	-3.5927
12	-1.39707	-5.72333	-8.7961	-9.94923	-8.8749	-5.6810
13	-1.82416	-6.8216	-10.4611	-12.02098	-11.16779	-8.0184
14	-2.2702	-7.95779	-12.18298	-14.16858	-13.55547	-10.4696
15	-2.71108	-9.08364	-13.88934	-16.29549	-15.91731	-12.8897
16	-3.12309	-10.15176	-15.50911	-18.30694	-18.13482	-15.1367
17	-3.48495	-11.11958	-16.97843	-20.11779	-20.10159	-17.0827
18	-3.77958	-11.95294	-18.24606	-21.65972	-21.7322	-18.6254
19	-3.99552	-12.62892	-19.27763	-22.8869	-22.96937	-19.6959

MSheet1

图 1-41 矩阵簿窗口

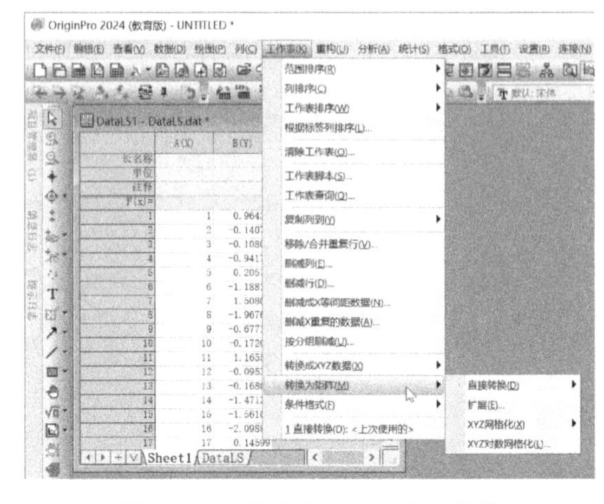

图 1-42 工作表转换为矩阵表操作

1.4.4 布局窗口

布局窗口是用来将图形和工作簿等结合起来进行展示的窗口，如图 1-43 所示。需要在布局窗口展示图形和工作簿时，执行菜单栏中的“文件”→“新建”→“布局”命令，或单击“标准”工具栏中的（新建布局）按钮，即可在该项目文件中新建一个布局窗口。

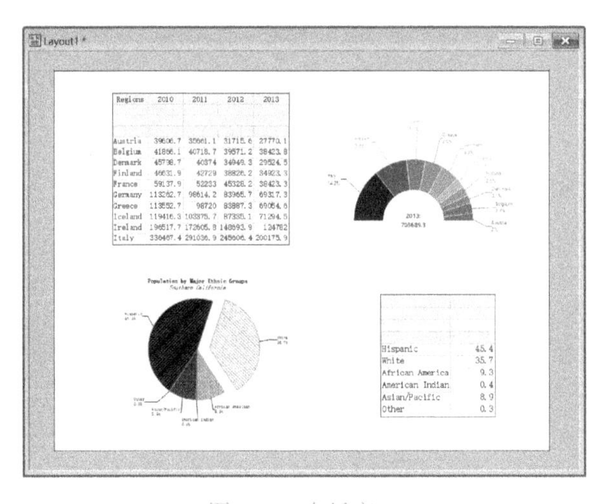

图 1-43 布局窗口

在布局窗口里，工作簿、图形和其他文本都是目标的对象，除不能进行编辑外，添加、移动、改变大小等操作均可执行。通过对图形位置进行排列，自定义版面布局设计后，可以 PDF 等格式输出。

1.4.5 记事本窗口

记事本窗口用于记录用户使用过程中的文本信息，包括分析过程、与其他用户交换信息等。

与 Windows 的记事本类似，其结果可以单独保存，也可以保存在项目文件里。单击“标准”工具栏中的（新建备注）按钮，即可新建一个记事本窗口，如图 1-44 所示。

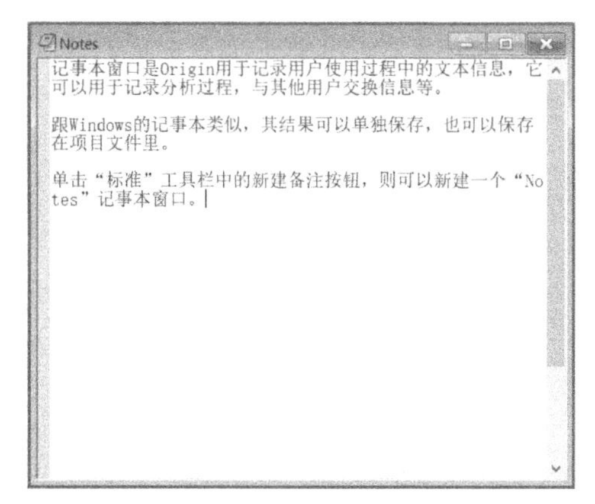

图 1-44　记事本窗口

1.5　文件与数据类型

学习 Origin，必须了解文件与数据类型，这样才能在以后的使用过程中起到事半功倍的效果，本节将对 Origin 文件与数据类型及命名规则进行介绍。

1.5.1　文件类型

Origin 由项目（Project）文件组织用户的数据分析和图形绘制。保存项目文件时，包括工作簿（Workbook）窗口、绘图（Graph）窗口、函数图（Function Graph）窗口、矩阵簿（Matrix）窗口和布局设计（Layout）窗口等子窗口将随之一起保存。

各子窗口也可以单独保存为窗口文件或模板文件。当保存为窗口文件或模板文件时，它们的文件扩展名有所不同。

Origin 有各种窗口、模板和其他类型文件，它们有不同的文件扩展名。熟悉这些文件类型、文件扩展名并了解这些文件的作用，对掌握 Origin 软件是很有帮助的，表 1-1 列出了 Origin 子窗口文件、模板文件等的文件类型、扩展名及说明。

表 1-1　文件扩展名

文件类型	扩展名	说明
项目文件	opj	存放该项目的所有数据，包括子窗口、脚本及备注等
子窗口文件	ogw	多工作表工作簿窗口文件
	ogg	绘图窗口文件
	ogm	多工作表矩阵簿窗口文件
	txt	记事本（备注）窗口文件
模板文件	otw	多工作表工作簿模板
	otp	绘图模板
	otm	多工作表矩阵模板
主题文件	oth	工作表主题、绘图主题、矩阵主题、报告主题
	ois	分析主题、分析对话框主题

（续）

文件类型	扩展名	说明
导入过滤器文件	oif	数据导入过滤器文件
拟合函数文件	fdf	拟合函数定义文件
目标区域文件	roi	一组或多组 XY 坐标，以此定义矩阵表中一个或多个 ROI 的位置
程序脚本文件	ogs	LabTalk 脚本语言的文本文件
Origin C 文件	c	C 语言代码文件
	h	C 语言头文件
X-Function 文件	oxf	X 函数文件
	xfc	由编辑 X 函数创建的文件
打包文件	opx	用于发布定制应用的打包文件
初始化文件	ini	安装过程用于 Origin 初始化的文件
配置文件	cnf	包含 Lab Talk 脚本命令的文本文件
Excel 工作簿	xls	嵌入 Origin 中的 Excel 工作簿文件

1.5.2 命名规则

Origin 中的命名默认是窗口类型加上编号。这些默认名称没有具体意义，操作起来不太方便，窗口太多又会造成混乱，因此需要对这些窗口进行重命名。

不同的子窗口和操作对象的命名规则有所不同，总体来说其基本原则如下。

1）名称必须唯一，不能重复命名。不同子窗口类型（如数据窗口和绘图窗口）也不要重复命名。

2）一般由字母和数字组成，可以用下划线，但不能包含空格，也不能用中文。

3）必须以字母开头。

4）不能使用特殊字符，如!、@、#、¥、%、{、} 等。

5）长度要适度，一般少于十个字符，不同对象长度限制不同。

在具体命名时，如果违反规则，Origin 软件会进行提示，这时只要遵守上面的命名规则进行调整即可。

1.5.3 数据类型

Origin 工作簿和矩阵薄支持的数据类型见表 1-2。

表 1-2　数据类型

工作簿	矩阵薄	位数	值范围
double	double	8	$-1.7\times10^{308} \sim 1.7\times10^{308}$
real	float	4	$-3.4\times10^{38} \sim 3.4\times10^{38}$
short	short	2	-32，768~32，767
long	int	4	-2，147，483，648~2，147，483，647
char	char	1	-128~127
byte	char, unsigned	1	0~255

（续）

工 作 簿	矩 阵 薄	位 数	值 范 围
ushort	short，unsigned	2	0~65，535
ulong	int，unsigned	4	0~4，294，967，295
complex	complex	16	$-1.7\times10^{308}\sim1.7\times10^{308}$

1.6 小结与思考

本章主要基于 Origin 软件工作空间的特征，对不同的窗口、菜单栏、工具栏等的应用进行了讲解，为 Origin 软件的学习奠定基础。下面给出开放性的讨论题目供读者在学习时思考。

1）描述 Origin 软件的主要用途和功能。

2）解释工作空间在 Origin 中的作用，并举例说明如何自定义工作空间布局。

3）列举并简述 Origin 中主菜单提供的三个功能。

4）描述常规工具栏与浮动工具栏在 Origin 中的区别。

5）区分工作簿窗口和绘图窗口的主要用途。

6）矩阵簿窗口与布局窗口分别在什么情况下使用？

7）记事本窗口在 Origin 中扮演什么角色？

8）解释 Origin 中不同文件类型的用途。

9）说明 Origin 的命名规则，并提供一个实例。

10）描述数据类型在 Origin 中的重要性，并给出两种数据类型的例子。

第2章 基本操作

Origin 软件的基础操作主要分为项目文件管理与子窗口操作两个核心部分。在处理具体项目时，一般通过一个综合性的项目文件进行整体管理。这样的项目文件相当于一个全面的容器，涵盖了项目所需的所有元素，包括工作簿、图形、矩阵簿、注释、分析结果、变量以及过滤模板等。为了提高管理效率和便利性，Origin 将这些相关操作集中在了项目管理器中。

2.1 项目操作

Origin 对项目的操作包括新建、打开、保存、添加、关闭等，这些操作与其他应用软件类似，本节进行详细介绍。

2.1.1 新建/打开项目

本小节将对项目的新建和打开操作进行介绍，具体如下。

1）执行菜单栏中的“文件”→“新建”→“项目”命令，即可新建一个项目。如果已经打开了一个项目，Origin 将会提示在打开新项目前是否保存对当前项目所进行的修改。

说明：读者也可以在“标准”工具栏中单击 （新建项目）按钮，新建一个项目。在默认情况下，新建项目的同时会打开一个工作表。

2）执行菜单栏中的“文件”→“打开”命令，在弹出的“打开”对话框中选择要打开的项目，即可打开已有项目。在默认情况下，Origin 打开的是上次打开项目文件的路径，Origin 一次仅能打开一个项目文件。

2.1.2 添加项目

添加项目是指将一个项目的内容添加到当前打开的项目中。添加项目有以下两种方法。

1）执行菜单栏中的“文件”→“附加”命令。

2）在项目管理器的文件夹图标上右击，在弹出的快捷菜单中选择“追加项目”命令。

在弹出的“打开”对话框中选择需要添加的项目，即可将原有项目添加到当前项目中。

2.1.3 保存项目

执行菜单栏中的“文件”→“保存项目”命令，如果该项目已存在，Origin 保存该项目的内容，没有任何提示。

如果该项目以前没有保存过，系统将会弹出“另存为”对话框，默认项目文件名为 UNTITLED. opj。在文件名文本框内输入文件名，单击“保存”按钮，即可保存项目。

2.1.4 自动创建项目备份

若对已保存过的项目文件进行部分修改，并希望在保存修改后项目的同时，把修改前的项目当作备份，此时就需要用到 Origin 的自动备份功能。

执行菜单栏中的“设置”→“选项”命令，打开“选项”对话框，切换至“打开/关闭”选项卡，勾选“保存前先备份项目”复选框，单击“确定”按钮，即可实现项目的自动备份功能。备份项目文件名为 BACKUP. opj，存放在用户子目录下。

如勾选“自动保存项目文件间隔　　分钟”复选框，则 Origin 将每隔一定时间自动保存当前项目文件。

2.2 窗口操作

Origin 是一个多文档界面（Multiple Document Interface，MDI）的应用程序，在其工作空间内可同时打开多个子窗口，这些子窗口只有一个处于激活状态，所有对子窗口的操作都是针对当前激活的子窗口而言的。

2.2.1 新建/打开子窗口

本小节将对子窗口的新建和打开操作进行介绍，具体如下。

1）在“标准”工具栏中单击子窗口的（新建工作簿）、（新建图）、（新建矩阵簿）、（新建 2D 函数图）、（新建布局）、（新建备注）按钮，新建相应的子窗口。

2）Origin 子窗口可以脱离创建它们的项目而单独保存和打开。要打开一个已存在的子窗口，可执行菜单栏中的“文件”→“打开”命令，在弹出的“打开”对话框中选择文件类型和文件，如图 2-1 所示。

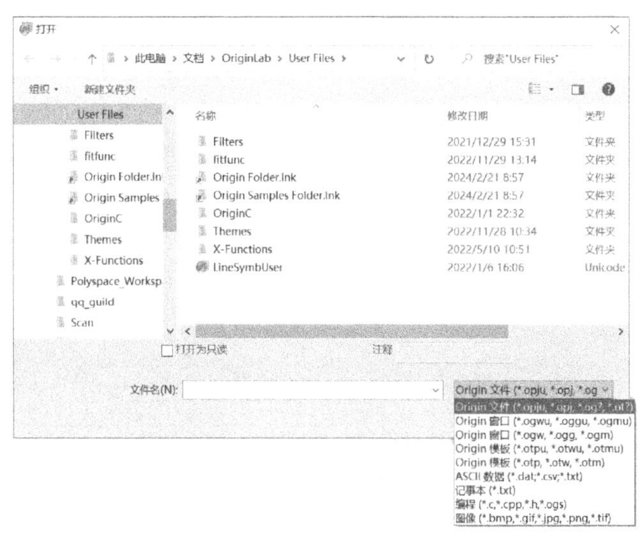

图 2-1　选择文件类型和文件

2.2.2 子窗口重命名

激活要重命名的子窗口，在该窗口标题栏上右击，在弹出的快捷菜单中执行“属性”命令，即可弹出“窗口属性”对话框，在该对话框中可以进行重命名操作。图 2-2 为工作簿窗口的“窗口属性”对话框。

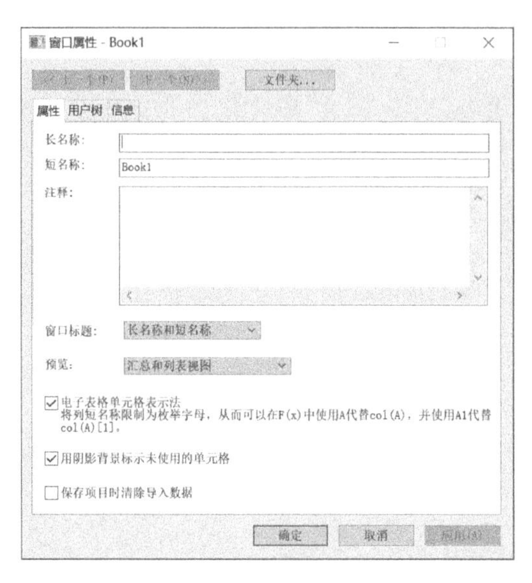

图 2-2 “窗口属性”对话框

利用该对话框可以对子窗口的窗口标题的显示方式、长名称、短名称等进行调整。

2.2.3 排列子窗口

在 Origin 中，我们可以对子窗口进行排列操作，主要有以下几种类型。

1）层叠。执行菜单栏中的“窗口”→“层叠”命令，则当前激活的子窗口在最前面显示，而其他子窗口层叠排列在其后方，只有子窗口标题栏可见。

2）平铺。执行菜单栏中的“窗口”→“横向平铺”或“纵向平铺”命令，则将全部子窗口进行横向平铺或纵向平铺显示。

2.2.4 最小/最大化、恢复子窗口

最小化、最大化、恢复子窗口操作与 Windows 软件的操作方式相同。

1）单击窗口右上角的 ▭（最小化）按钮，可使窗口最小化；单击 ⧉（还原）按钮或双击标题栏，可使窗口恢复正常显示状态。

2）单击窗口右上角的 ▢（最大化）按钮，可使窗口最大化；单击 ⧉（还原）按钮，可使窗口恢复正常显示状态。

2.2.5 隐藏/删除子窗口

本小节将对子窗口的隐藏与删除操作进行介绍，具体如下。

1）子窗口的视图状态有显示和隐藏两种。当子窗口比较多时，为了最大限度地利用工作空间，往往需要在不删除子窗口的前提下隐藏一些窗口。

在项目管理器中的子窗口图标处或者子窗口的标题栏右击，在弹出的快捷菜单中执行“隐藏”或“删除”命令，即可隐藏或删除子窗口。

2）单击窗口右上角的 ✕（关闭）按钮，系统将弹出图2-3的“注意”提示框，根据需要单击“隐藏”或“删除”按钮。

图2-3 “注意”提示框

由于一个Origin项目包含多种窗口，而当前操作窗口只有一个，因此一般情况下单击“隐藏”按钮，除非真的要删除当前窗口才单击“删除”按钮。如果不小心删除了数据源，则相关绘图窗口的图形也会被删除，因此删除操作要非常谨慎。

2.2.6 刷新子窗口

如果修改了工作表或绘图子窗口的内容，数据源或其他内容发生变化，为了正确显示图形，Origin会自动刷新相关的子窗口。但可能由于某种原因，Origin没有正确刷新，就需要执行手动刷新操作。

在“标准”工具栏中单击（刷新）按钮，即可刷新当前激活状态下的子窗口。

2.2.7 复制子窗口

Origin中的工作簿、绘图、函数图、布局等子窗口都可以复制。Origin提供了两种用于复制当前子窗口的操作。

1）激活要复制的子窗口，执行菜单栏中的“窗口”→“创建副本”命令。

2）激活要复制的子窗口，单击“标准”工具栏中的（复制）按钮。

Origin采用默认命名方式为复制子窗口命名，默认名中N是项目中该类子窗口序号，见表2-1。读者可以根据需要重命名窗口。

表2-1 子窗口默认的命名方式

窗口类型	默认窗口名	窗口类型	默认窗口名
工作簿/工作表	BookN/SheetN	版面布局设计	LayoutN
绘图	GraphN	函数绘图	GraphN
矩阵簿/工作表	MBookN/MSheetN		

2.2.8 保存子窗口

除布局窗口外，其他子窗口均可保存为单独文件，以便在其他项目中使用。

激活要保存的子窗口，执行菜单栏中的“文件”→“保存窗口为”命令，打开“保存窗口为”对话框。

Origin会根据窗口类型自动选择文件扩展名，由用户选择保存位置、输入文件名，完成当前子窗口的保存。

2.2.9 应用子窗口模板

Origin 提供了大量内置模板，Origin 会根据相应子窗口模板来新建工作簿、绘图和矩阵簿窗口，子窗口模板决定了新建子窗口的性质。

例如，新建工作簿窗口，子窗口模板决定了其工作表列表、每列绘图名称和显示类型、输入的 ASCII 设置等；新建绘图窗口，子窗口模板决定了其图层数，X、Y 轴的设置和图形种类等。

在工作簿窗口或 Excel 工作簿窗口被激活时，执行菜单栏中的“绘图”→“模板库”命令，即可打开“模板库”对话框，如图 2-4 所示。在该“模板库”对话框中，可以看到相应的模板文件名和图形预览。通过选择相应的模板，可以方便地进行绘图。

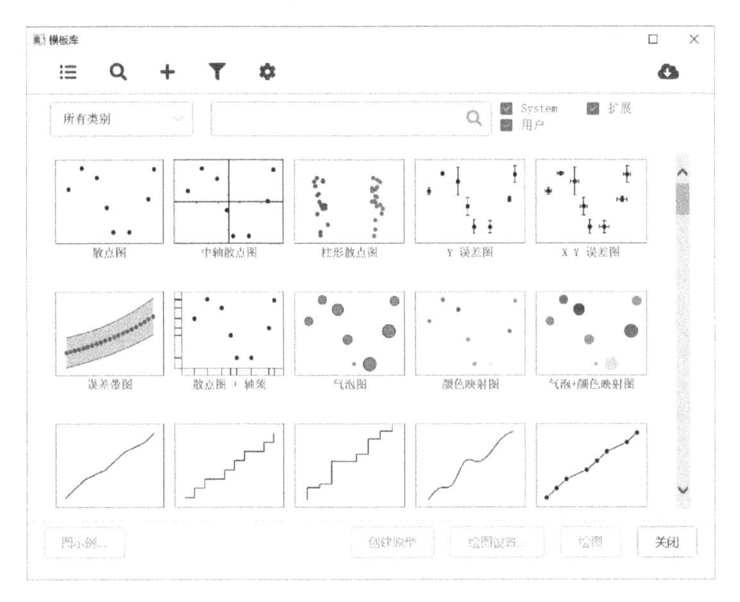

图 2-4 “模板库”对话框

通过修改现有模板或新建的方法可以创建自己的模板。方法是按内置模板打开一个窗口，根据需要修改窗口后，将该窗口另存为模板窗口。创建工作簿模板并新建工作簿的操作步骤如下。

1）在默认情况下，Origin 工作簿打开时为两列表，单击“标准”工具栏中的（添加列）按钮，在该基础上增加两列表，如图 2-5 所示。

2）执行菜单栏中的“文件”→“保存目标为”命令，打开模板保存对话框，如图 2-6 所示。在“模板名”文本框中输入“Myown”，将模板保存为 Myown. otwu。

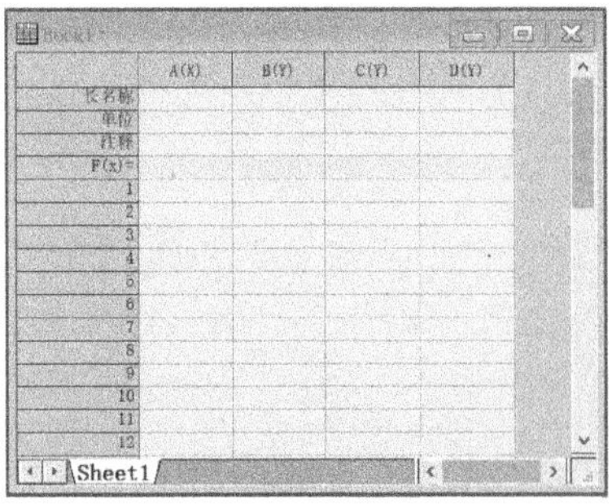

图 2-5 在工作表中添加两列

图 2-6 模板保存对话框

3）执行菜单栏中的“文件”→“新建”→“工作簿”→Myown. otwu 命令，即可创建一个四列的工作簿。

2.3 项目管理器

对于一个具体的工作，Origin 通常用一个项目文件来组织管理，其中包含了所需要的工作簿（工作表和列）、图形、矩阵簿、备注、布局、结果、变量、过滤模板等。

为了方便管理，Origin 把有关的操作集中在项目管理器中进行，与 Windows 的资源管理器类似。当项目中有多个窗口时，项目管理器的应用就显得尤为重要。

2.3.1 项目管理器的打开与关闭

为了组织管理 Origin 项目，有时需要打开项目管理器，但是有时为了扩大工作空间，又需要关闭它。

单击主界面左上角的“项目管理器”按钮，即可显示项目管理器的内容。我们也可以通过如下操作打开或关闭项目管理器。

1）执行菜单栏中的“查看”→“项目管理器”命令。

2）单击“标准”工具栏中的 （项目管理器）按钮。

3）直接按快捷键<Alt+1>。

典型的项目管理器由文件夹面板和文件面板两部分组成，如图 2-7 所示。在项目文件夹上右击，将弹出图 2-8 的快捷菜单，其功能包括建立文件夹结构和组织管理两类。

其中，“追加项目”命令可以将其他的项目文件添加进来，构成一个整体项目文件，用该命令可以合并多个 Origin 项目文件。

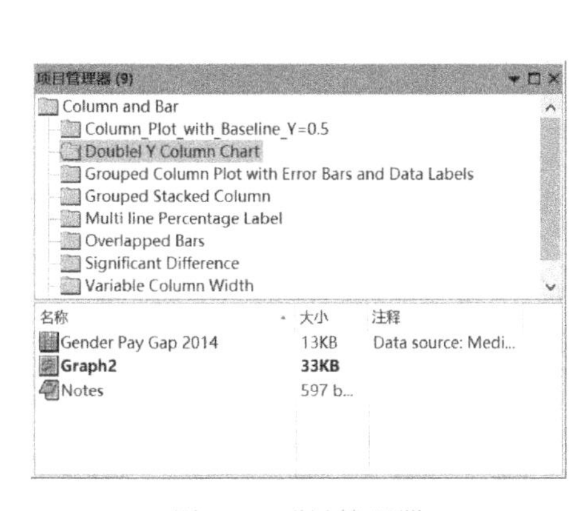

图 2-7　项目管理器

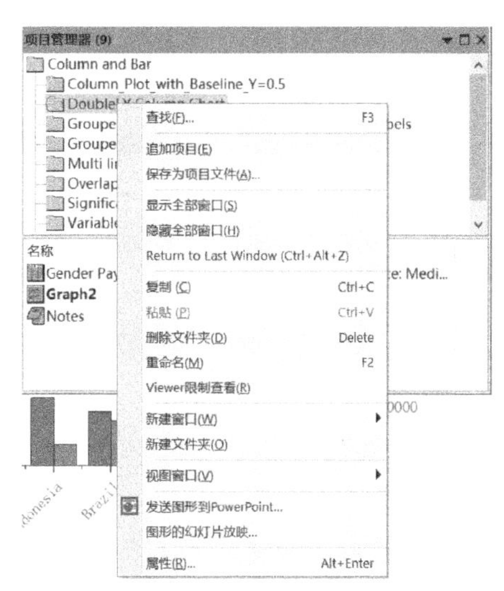

图 2-8　项目文件夹快捷菜单

2.3.2 文件夹和子窗口的建立

本小节将对文件夹和子窗口的建立进行介绍，具体如下。

1. 新建项目文件夹

在项目管理器的上侧是当前项目的文件夹结构树，最顶层的文件夹称为项目文件夹，它总是根据项目文件来命名的。

执行菜单栏中的“文件”→“新建”→“项目”命令，可以新建一个项目，此时项目和项目文件夹的名称默认为 UNTITLED。

2. 新建文件夹

如果项目中的内容太多，为更好地组织数据，需要建立多个文件夹。在项目管理器项目文件夹中右击，在弹出的快捷菜单中选择“新建文件夹”命令，此时在文件夹面板中出现一个新的文件夹。

当新建的子文件夹处于激活状态时，在该文件夹上右击，在弹出的快捷菜单中执行“新建文件夹”命令，可以创建子文件夹。在快捷菜单中选择“重命名”命令，可以对文件夹进行重新命名。

3. 新建子窗口

在项目文件夹右键快捷菜单中选择“新建窗口”下的相关子窗口命令，可以新建子窗口，类型包括工作表、图、矩阵、Excel、备注、布局和函数图 7 种，如图 2-9 所示。

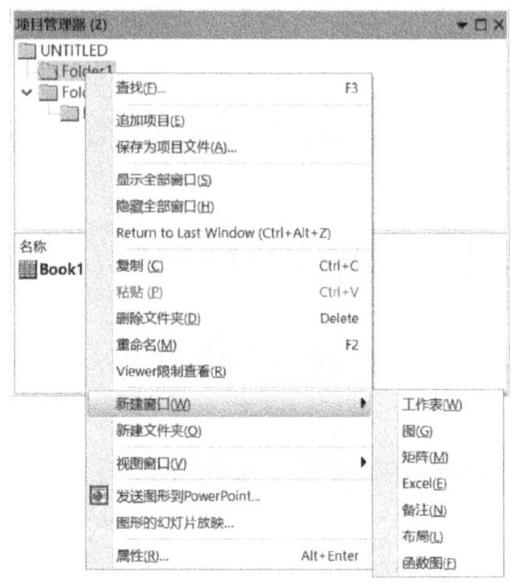

图 2-9 “新建窗口”快捷菜单

2.3.3 文件夹和子窗口的组织管理

本小节将对文件夹和子窗口的组织管理进行介绍，具体如下。

1. 工作空间视图的控制

在项目文件夹快捷菜单中选择“视图窗口”→“无”命令，表示不显示子窗口；若选择“在当前文件夹的窗口”命令，则表示显示当前选定文件夹内的子窗口（默认）。视图模式选择菜单如图 2-10 所示。

图 2-10 视图模式选择菜单

2. 查找子窗口

当项目管理器中的文件夹过多时，人工查找某个子窗口将非常费时。Origin 提供了自动查找子窗口功能，能快速查找所需的文件。

在文件夹图标上右击，在弹出的快捷菜单中选择“查找”命令，将弹出图 2-11 所示的“查找”对话框。在该对话框中输入子窗口名称，其操作方法与 Windows 中的操作方法基本相同。

3. 保存项目文件

Origin 项目管理器中的内容和组织结构是专门针对当前项目的，当保存项目时，项目管理器的文件结构也同时保存在项目文件（扩展名为 opj）中。

4. 追加项目文件

执行菜单栏中的“文件”→“附件”命令或右击执行“追加项目”快捷菜单命令，可以加载以前保存的子窗口到当前项目中。

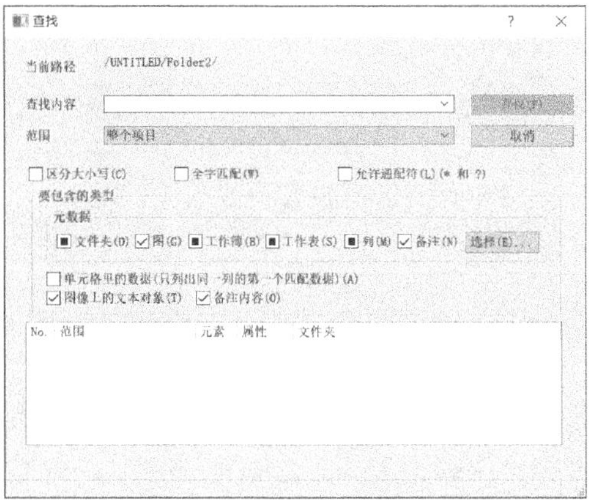

图2-11 “查找”对话框

2.4 小结与思考

Origin的基本操作包括对项目文件的操作和对子窗口的操作两大类。本章主要介绍了Origin的项目文件操作，包括新建、打开、保存、添加、关闭等，以及窗口操作、项目管理器的使用、命名规则及定制方法。掌握这些基本功能，可以大幅提高科学绘图及数据分析的效率。下面给出开放性的讨论题目供读者在学习时思考。

1）解释在Origin中添加项目的步骤。

2）详述如何保存项目，并指出保存项目的重要性。

3）讨论自动创建项目备份的好处及如何在Origin中设置此功能。

4）解释如何在Origin中新建和打开子窗口。

5）描述子窗口重命名的步骤和其重要性。

6）说明如何在Origin中排列子窗口以优化工作空间。

7）解释隐藏和删除子窗口的区别及各自的操作步骤。

8）描述在Origin中复制子窗口的步骤和用途。

9）解释如何保存子窗口以及保存的重要性。

10）讨论子窗口模板的作用及如何在Origin中使用子窗口模板。

11）解释在Origin中如何建立新的文件夹和子窗口。

12）讨论文件夹和子窗口的组织管理在项目管理中的重要性及其实施方法。

第3章 表格与数据管理

数据构成了绘图的根基与起始点。在 Origin 中，电子表格主要由工作表和矩阵表组成，分别位于工作簿和矩阵薄内。本章将集中讨论工作表与矩阵表中数据的基础操作、导入及转换过程，这些操作是掌握 Origin 软件的基础内容。

3.1 工作簿和工作表

Origin 中用于数据管理的容器称为工作簿，每个工作簿包含最多 1024 个工作表。工作表是真正存放数据的二维数据表格，可以重新排列、重新命名，还可以添加、删除和移植到其他工作簿。

每一个工作表可以存放 9000 万行和 6.55 万列的数据。每个项目包含的工作簿数量是没有限制的，因此可以在一个项目中管理数量巨大的实验数据。

通常，Origin 工作表中的数据是具有特定物理意义的科学数据。对于列来说，首先确定其究竟是自变量（X，作为 X 轴坐标）还是因变量（Y，作为 Y 轴坐标）或是三维变量（Z，第三维坐标）。

其次，X 变量代表的具体物理意义，典型的如时间、浓度、温度、pH 值等，Y 变量代表的是某种物理量随 X 变量而变化。这些都是真实实验所赋予的，不能随主观而改变。

对于行，其意义比较简单，就是一组对应着列所表示物理量的实验数据记录。

3.1.1 工作簿操作

在 Origin 中，对工作簿的操作主要包括新建、删除、保存、复制、重命名等。

1. 新建工作簿

在 Origin 中，有两种常用的工作簿建立方法。

1）直接单击“标准”工具栏上的（新建工作簿）按钮。

2）执行菜单栏中的“文件”→“新建”→“工作簿”→“构造”命令，将弹出图 3-1 所示的“新建工作表”对话框。

在“新建工作表”对话框中对“列”进行设置后，如果取消勾选“添加到当前工作簿”复选框，就会在项目中创建一个新的工作簿；如果勾选“添加到当前工作簿”复选框，则在当前工作簿中添加一个新的工作表。

2. 删除工作簿

单击工作簿右上角的（关闭）按钮，将弹出图 3-2 所示的“注意”提示框，单击“删除”按钮，即可删除工作簿。

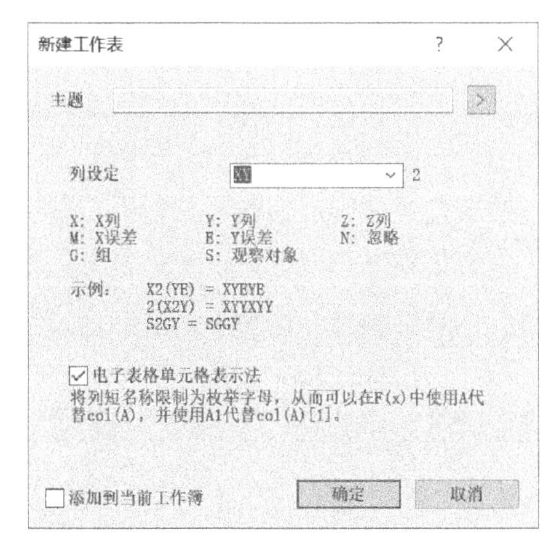

图 3-1 “新建工作表”对话框　　　　图 3-2 “注意”提示框

3. 保存工作簿

执行菜单栏中的“文件”→“保存窗口为”命令，弹出图 3-3 所示的“保存窗口为”对话框。利用该对话框可以将工作簿保存为独立的 . ogw 文件。

根据需要，也可以将窗口保存为模板（不保存数据只保存参数设置），此时需要执行菜单栏中的“文件”→“保存模板为”命令。

4. 重命名工作簿

在工作簿标题栏上右击，在弹出的快捷菜单中选择“属性”命令，即可打开图 3-4 所示的“窗口属性”对话框，读者可以根据具体情况进行命名并添加注释。

图 3-3 “保存窗口为”对话框　　　　图 3-4 “窗口属性”对话框

对话框中的“长名称”可以设置为中文名称，而“短名称”只能采用英文名称。

5. 复制工作簿

激活已经存在的工作簿，选中要复制的工作表，然后在按住<Ctrl>键的同时按住鼠标左键拖动到 Origin 工作空间的空白处并松开，系统会自动建立一个新的工作簿并复制该工作表。

如果拖动时未移出工作簿窗口，此时将在该工作簿内复制一个新的工作表。

注意：新建、删除、保存和重命名等操作也可以在项目管理器中进行，操作时在该工作簿或某个文件夹上右击，在弹出的快捷菜单中选择相应的命令即可。

3.1.2 工作簿管理

Origin 工作簿由工作簿模板创建，而工作簿模板存放了工作簿中的工作表数量、工作表列名称及存放的数据类型等信息。

1. 创建工作簿模板

工作簿模板文件（*.otw）包含了工作表的构造信息，它可以由工作簿创建特定的工作簿模板。

执行菜单栏中的“文件”→“保存模板为”命令，在弹出的对话框中设置工作簿模板存放路径和文件名，单击“确定”按钮进行保存。此时可将当前工作簿窗口保存为工作簿模板。

2. 用工作簿模板新建工作簿

执行菜单栏中的“文件”→“新建”→“工作簿”→“浏览”命令，将弹出图 3-5 所示的“新工作簿”对话框。选择所需的模板后，单击“打开”按钮，即可创建新的工作簿。单击“关闭”按钮退出对话框。

3. 工作簿窗口管理器

工作簿窗口管理器以树结构的形式提供了所有存放在工作簿中的信息。

在当前工作簿窗口的标题栏上右击，在弹出的快捷菜单中选择“显示管理器面板”命令，即可打开该工作簿的窗口管理器，如图 3-6 所示。

图 3-5 “新工作簿”对话框

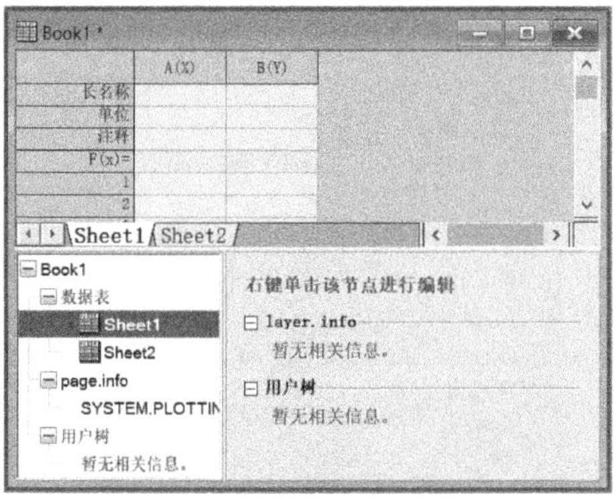

图 3-6 工作簿窗口管理器

工作簿窗口管理器通常由左、右面板组成，当选择了左面板中的某一个对象时，右面板中就显示了该对象的相关信息，并可对其进行编辑。

3.1.3 工作表操作

工作表的主要用途是管理原始数据和分析结果，并对数据进行操作。每个工作簿包含一个或多个工作表，每个工作表都是一个行和列具有特定物理意义的二维电子数据表格。

工作表的操作包括两部分，一部分是以工作表作为一个整体的操作，即工作表的添加、删除、移动、复制、命名等；另一部分是工作表表头的操作和设置。

1. 工作表操作

（1）在工作簿中添加工作表　在默认工作表（Sheet1）的标签位置右击，在弹出的快捷菜单中选择“插入”或“添加”命令，如图 3-7 所示，即可添加一个新的工作表。

“插入”命令是将新表插入到当前表的前面，“添加”命令则是将新表增加到当前表的后面。

（2）复制工作表　复制工作表有两种方式：一种是复制完整的工作表，操作方法同添加工作表类似，在快捷菜单中选择“复制工作表”命令；另一种是复制格式但不复制数据，则需要执行“不带数据的幅值”命令。

复制完整工作表的一种简单方法是按住<Ctrl>键的同时按住鼠标左键，拖动到该工作薄的其他区域后松开，此时将在该工作簿内复制一个新的工作表。

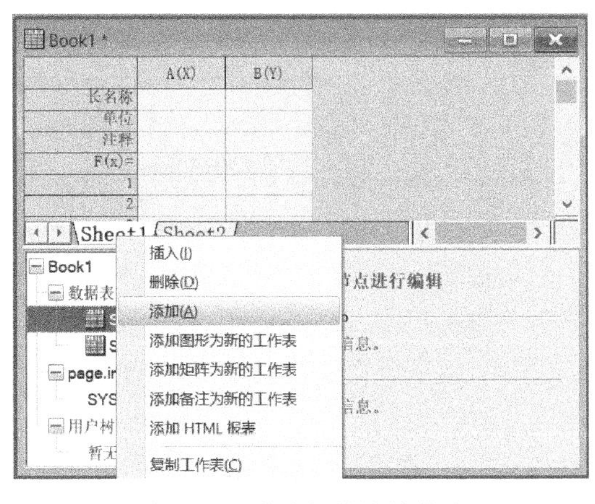

图 3-7　工作表操作快捷菜单

（3）删除/移动/重命名工作表　执行快捷菜单中的“删除”命令，可以删除工作表。执行“名称和注释”命令，可以对工作表进行重新命名。在工作表标签上双击，在弹出的文本框中输入新名称，即可更改工作表名称。

如同 Excel 中的操作，在工作表标签上按住鼠标左键并拖动，可以移动工作表，从而对各工作表进行排序。

（4）表/列/行的选定　如同 Excel 中的操作，单击数据表左上角空白、列头、行号，可以选择整个数据表、整行或整列。按住<Ctrl>键的同时，可以选择多行或多列数据表。

2. 工作表表头操作

Origin 支持多表头操作，该功能可以更好地支持来自其他软件和仪器外部数据格式导入的兼容性。

在工作表空白区域或左上角空白处右击，在弹出的快捷菜单中执行“视图”子菜单下的相关命令，可以打开或关闭工作表各种表头（包括默认和扩展）的显示，如图 3-8 所示。

默认的表头包括“长名称”“单位”“注释”“用户参数”及“F(x)=”，扩展的表头包括“采样间隔”“迷你图”和“筛选器”等。

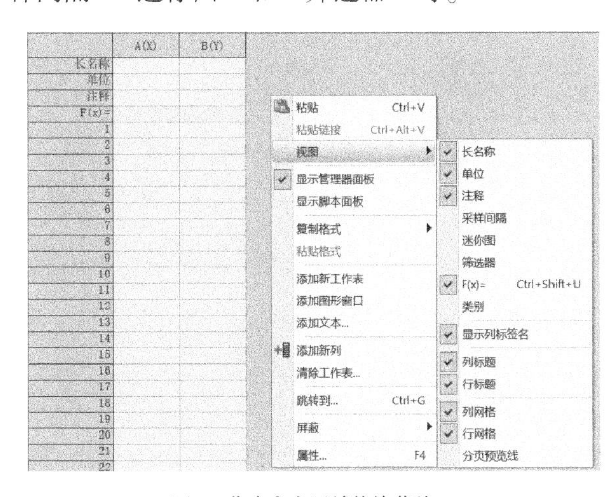

(a) 工作表空白区域快捷菜单

(b) 左上角空白处快捷菜单

图 3-8　设置工作表表头

（1）长名称/短名称　列的名称包括长名称和短名称两种。其中，短名称为必选项，是显示在每列最上方的名称，限制在 17 个字符内；长名称为可选项，是对列的详细表述，相当于标题，没有长度限制，绘图时如果有长名称会自动作为坐标轴的名称。

（2）单位　即列数据的单位。与长名称一起自动成为坐标轴的标题，例如 A 列定义为自变量 X，长名称为“时间”，单位为 s，则绘图时 X 轴坐标显示为“时间（s）”。

（3）注释　即对数据的注释，可直接输入，在行尾按<Ctrl+Enter>组合键换行可实现多行输入，绘图时会以注释第一行作为图例。

以上为默认表头，输入简单，限制较少。通过“格式”和“样式”两个工具栏可以对格式进一步设置，其中“格式”工具栏中提供了上下标和希腊符号的输入方法，使用更加方便。

（4）用户参数　主要保存温度、压力、波长等试验条件或试验参数，读者可以根据需要选择是否显示（右键快捷菜单中的“视图”命令），也可以在表头部分右击，在弹出的快捷菜单中选择“插入”→“用户参数”命令，如图 3-9 所示。

（5）采样间隔　在多数实验情况下，获得的数据量巨大，这时就需要通过设置采样间隔来减少数据量。工作表采样间隔的设置是在工作表中设置相同 X 增量的快捷方法。

在采样间隔行对应列的数据格中双击（鼠标左键），即可弹出图 3-10 所示的“设置采样间隔”对话框，利用该对话框可以设置数据的采样间隔，即设置“初始的 X 值”及“X 步长”。

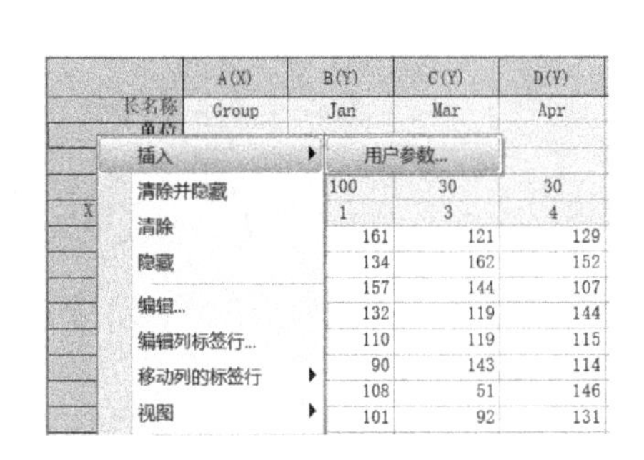

图 3-9　“用户参数”命令

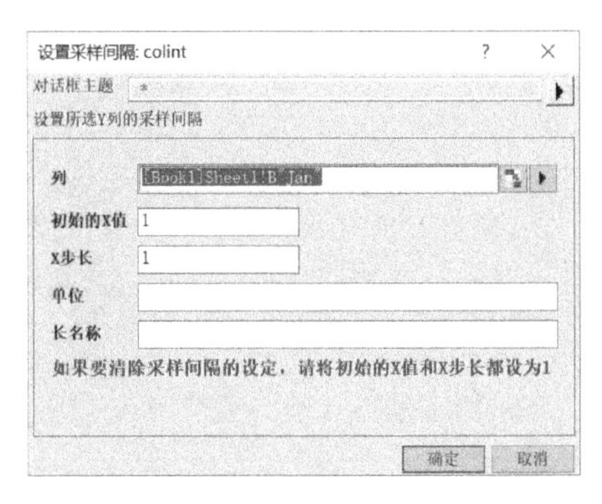

图 3-10　“设置采样间隔”对话框

（6）迷你图　迷你图可以动态地显示本列数据缩略图，便于观察数据趋势，生成的图形会成为一个图形对象，可以编辑，也可以置换。

在迷你图行对应列的数据格中右击，在弹出的快捷菜单中执行“添加/更新迷你图”命令，如图 3-11 所示。此时会弹出图 3-12 所示的“添加/更新迷你图”对话框，利用该对话框可以在对应数据格中添加迷你图。

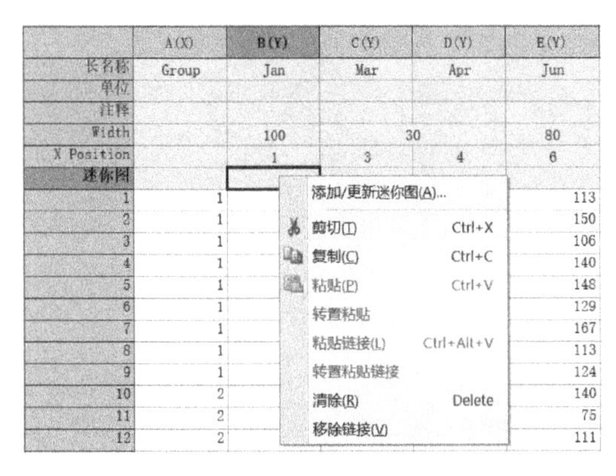

图 3-11　快捷菜单

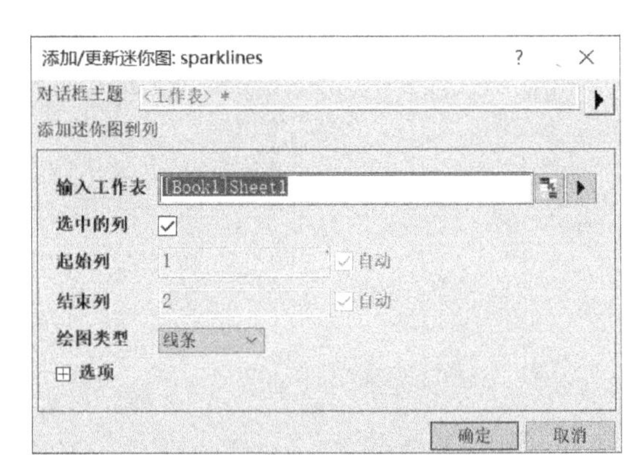

图 3-12　“添加/更新迷你图”对话框

3.1.4　列操作

列操作与绘图关系非常密切，主要包括列定义、格式设定、列编辑等。列编辑包括列的添加、删除、位置移动等。

1. 列定义

选中需要进行定义的列后右击，在弹出的快捷菜单中执行“属性”命令，打开图 3-13 所示的“列属性”对话框。利用该对话框可以对列进行详细的定义和格式设置。列定义为每个列给出一个明确的指示，以便 Origin 进行绘图和数据分析。

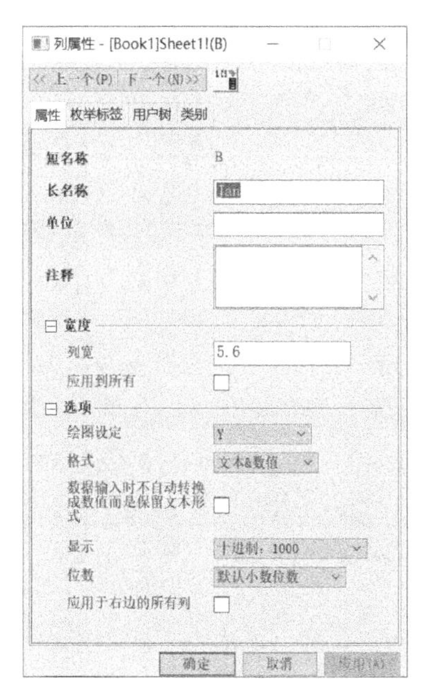

图 3-13　“列属性”对话框

“列属性”对话框分为三个部分：第一部分是名称和单位等说明，即表头的设置；第二部分是列宽设置；第三部分则是列定义和格式设置。

通过“列属性”对话框中的“绘图设定”下拉列表框，可以将列定义为 X（X 轴坐标）、Y（Y 轴坐标）、Z（Z 轴坐标）、X 误差，Y 误差、标签（数据点标志）、忽略（不指定）、组、观察对象 9 种中的任意一种，设置结果会体现在数据表上。

其中，X（自变量）和 Y（因变量）是最基本的类型。绘图时，通常需要表中至少有一个 X 列，并对应有一个或多个 Y 列。

说明：如果有多个 X 列，在没有特别指定情况下，每个 Y 列对应它左边最接近列的第一个 X 列，即“左边最近”原则，绘图和数据分析都基于该假设。对于多 X 列和多 Y 列，从左到右第一个 X 列显示为 X1、X2、…，Y 列显示为 Y1、Y2、…。

也可以在选中某列后右击，在弹出的快捷菜单中选择“设置为”子菜单中的命令进行指定。如果选中的是多列，则可以选择 XYY、XYXY、XYYXYY、XYYYYXYYY 等多种常用设置，也可以自定义设置。在绘图和数据处理过程中，可以随时进行设定或更改设定。

2. 添加/追加列

工作表中默认为两列，列名分别为 A、B 并自动定义 A(X)、B(Y)。增加一个或多个新列的方法如下。

1）执行菜单栏中的“列”→“添加新列”命令，在弹出的“添加新列”对话框中输入需要添加的列数，单击“确定”按钮，即可完成列的添加。

2）单击“标准”工具栏中的（添加新列）按钮，单击一次则在当前工作表末尾添加一列。

添加的列会自动加在最后面，新的列名会按英文字母（A，B，C，…X，Y，Z，AA，BB，CC，…）顺序自动命名，如果前面有一些列被删除，则自动补足字母顺序，默认情况下所有新列被定义为 Y。

3. 插入列

如果不希望列添加在最后面，可以采用插入列操作，方法如下。

1）选中某列（单击列头），执行菜单栏中的“编辑”→“插入”命令。

2）在列短名称（列头）上右击，在弹出的快捷菜单中选择“插入”命令。

此时会在当前列前面添加新列，命名规则与追加列相同。采用上面的操作若干次，就会追加或插入若干列。

4. 删除/清除列

需要删除某列时，可以执行下面的操作。

1）选中某列，执行菜单栏中的“编辑”→“删除”命令。

2）在列短名称上右击，在弹出的快捷菜单中选择“删除”命令。

删除列的操作要小心，因为删除后数据不能恢复，而且跟这些数据有关的一系列图形、分析结果也会随之变化。

如果只是希望删除列中的数据，而不删除列，则选择“清除”命令。

5. 移动列

移动列即调整列的位置，操作方法如下。

1）选中某列，执行菜单栏中的“列”→“移动列”中的相关命令。

2）在列短名称上右击，在弹出的快捷菜单中选择“移动列”中的相关命令。

3）利用“列”工具栏中的相关命令进行操作。

移动列包括移到最前、移到最后、向右移动、向左移动等操作，如图 3-14 所示。

注意：执行“剪切”和“粘贴”操作时，只移动列的数据而不会移动列的位置（即列头属性不会移动）。

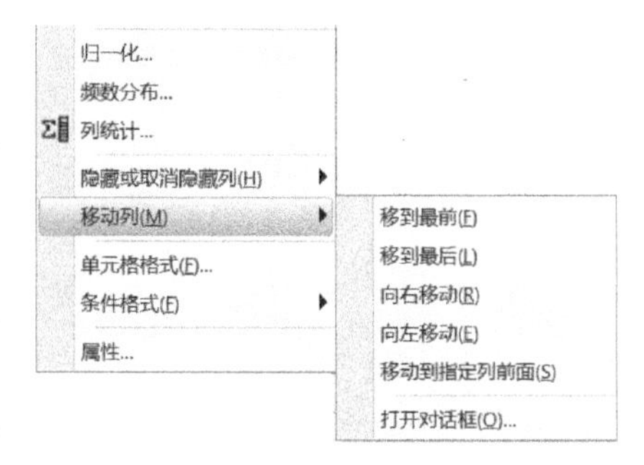

图 3-14　移动列操作

6. 改变列宽

如果列的宽度比要显示的数据窄，则数据显示不全，会显示为“###”的形式，同 Excel 中的操作，可以将光标移动到列的边界位置，通过拖拽列边界线适当加大列的宽度。列宽也可以通过右击使用“列属性”对话框或双击鼠标左键进行调整。

7. 列格式

在“列属性”对话框中可以对列的格式进行设置，包括“格式”“显示”“位数”等，如图 3-15 所示。

（1）格式　用于指定当前列中数据的类型，默认为“文本 & 数值”，即字符与数值型（数学运算时会自动识别）。

将数据指定为某一类型后，输入其他类型的数据时，可能显示不正确。如指定当前为“数值”型，若输入“实验数据”等“文本”型数据，则不能显示，格式中各选项的含义见表 3-1。

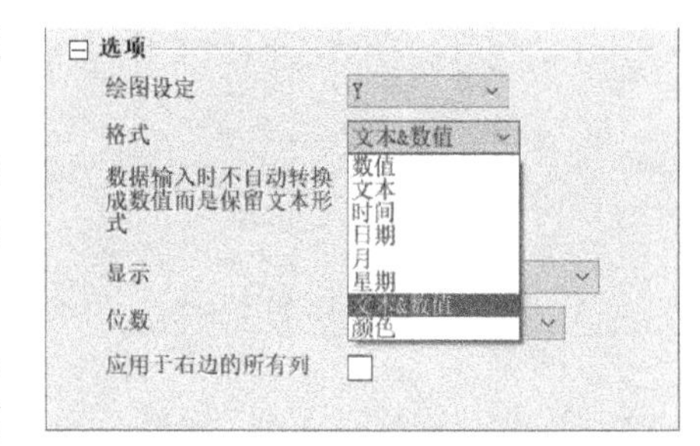

图 3-15　列格式设置

表 3-1　数据格式说明

选　项	功　能
数值	数字型数据，只能输入阿拉伯数字，可以选择某种计数法等来显示数据
文本	字符型数据，将被当作文本处理，不能参与计算、绘图等
时间	时间型数据，采用 24 小时制

（续）

选　项	功　能
日期	日期型数据，只能输入客观存在的日期，以空格、斜线或连字符连接，对于不完整的日期，系统默认为当前日期，因此一般输入完整的日期
月	输入月份的名称，如 January 可以为 1 月、一月、J 等
星期	输入星期的名称，如 Monday 可表示为周一、星期一等
文本 & 数值	工作表中数据的默认类型，可接受任何类型数据。字符型数据进行运算时默认为空值
颜色	将颜色代码直接输入工作表单元格中可以设置单元格的背景色

（2）显示　在选择数据的相关类型后，可在“格式”下拉列表中选择显示的格式。

（3）位数　只有当“格式”选项为“文本 & 数值”或“数值”时，“位数”才出现，如图 3-16所示。各选项的含义见表 3-2。

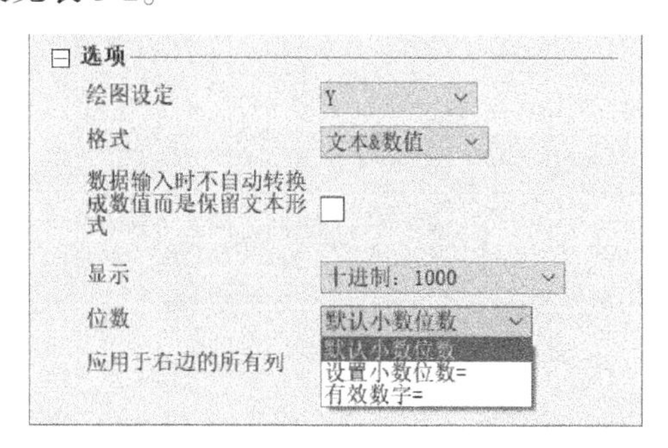

图 3-16　位数选项

表 3-2　“位数”下拉列表中各选项功能

选　项	功　能
默认小数位数	显示工作表单元格中的所有数据，数字位数由“选项”对话框“数值格式”选项卡中的“小数位数”决定
设置小数位数=	设置输入数据的小数位数，选择该项后，会出现“小数位”选项，在其右边的文本框中输入所需要的小数位数（默认为 3）。若输入数据的小数位数小于 3，则系统自动补足；若输入数据的小数位数大于 3，则系统根据四舍五入原则进行取舍
有效数字=	设置输入数据的有效数字位数，选择此项后，会出现“有效数字”选项，在其右边的文本框中输入所需要的有效数字的位数（默认为 6）。用户可以根据实际情况设定此值，系统将根据四舍五入原则进行取舍

3.1.5　行编辑

工作表中的行与列相比，其操作比较简单。

（1）改变行高　通过移动行边界线进行调整，或双击行与行的分割线。

（2）插入/删除行　默认为 32 行。行的插入与删除与列的操作类似，这里不再赘述。

3.1.6　单元格操作

单元格是最基本操作单位，其操作包括单元格的选择及数据输入，操作方式与 Excel 等电子表格相同。

工作表中每个列根据其物理意义已经进行了列定义和列格式设定，单元格的格式设置追随列的设定，不用另行设定，避免造成绘图和数据运算出错。

单元格支持 RTF 格式，允许插入对象，在单元格上右击，在弹出的快捷菜单中选择相应的命令即可。单元格插入元素及其意义说明，见表 3-3。

表 3-3　单元格插入元素及其意义

插入对象	说　明
插入箭头	包括向上箭头和向下箭头
插入图	插入 Origin 图形。插入图像后可以使用“图像”菜单进行相关的图像处理，图像处理一般在矩阵薄窗口中进行
从文件中插入图像	执行从文件中插入图形操作时，允许插入 JPG、BMP、GIF 等格式的图像
插入备注	执行插入备注操作时，可以输入任意的字符。备注内容不会直接显示在单元格中，要显示或编辑备注内容，需要双击单击格，打开记事本进行编辑。若要删除，则直接按删除键即可
插入迷你图	执行插入迷你图操作时，最重要的是要选择数据所在列，另外还有相关信息的呈现和迷你图的设置
插入变量	进行变量的插入

说明：图像/图形对象的插入有两种形式：一嵌入，二是链接。两者的区别是：链接的数据不包含在工程文件中，要保持数据的完整性，就要确保外部文件与项目文件同时存在。

3.2 矩阵簿与矩阵表

工作表和矩阵是 Origin 中最主要的两种数据结构。工作表中的数据可用来绘制二维和部分三维图形，但要想绘制 3D 表面图、3D 轮廓图，或进行图像处理图像，则需要采用矩阵格式存放数据。

矩阵数据格式中的行号和列号均以数字表示，其中，列数字线性将 X 值均分，行数字线性将 Y 值均分，单元格中存放的是该 XY 平面上的 Z 值。

执行菜单中的“查看”→“显示 X/Y”命令，可以观察矩阵中某列或某行的 X、Y 值，X、Y 值显示在行号和列号栏上。在矩阵的每一个单元格中显示的数据表示 Z 值，而其 X、Y 值分别为对应的列和行的值。

矩阵簿的操作与工作簿基本类似，下面进行简要介绍。

3.2.1 矩阵簿和矩阵表

一个 Origin 矩阵簿可以包含 1～1024 个矩阵表。矩阵簿和矩阵表默认分别以 MBookN 和 MSheetN 命名，其中，N 是矩阵簿和矩阵表序号。矩阵表可以重新排列、重新命名、添加、删除和移植到其他矩阵簿中。

1）将一个矩阵簿中的矩阵表移至另一个矩阵簿。用鼠标左键按住待移动矩阵表的标签，再将该矩阵表拖拽到目标矩阵簿中；若在用鼠标按住该工作表标签的同时按住<Ctrl>键，再将该工作表拖到目标矩阵簿中，则将该矩阵表复制到目标矩阵簿中。

2）用一个矩阵簿中的矩阵表创建新矩阵簿。用鼠标左键按住该矩阵表标签，再将该矩阵表拖拽至 Origin 工作空间中的空白处，即可创建一个含该矩阵表的新矩阵簿。

3）在矩阵簿中插入、添加、重新命名或复制矩阵表。在矩阵簿中的矩阵表标签上右击，在弹出的快捷菜单中使用相关命令进行相应的操作，如图 3-17 所示。

图 3-17　矩阵表右键快捷菜单

3.2.2　矩阵簿管理

矩阵簿窗口由矩阵模板文件（ * . otm）创建，矩阵模板文件存放了该矩阵表数量、每张矩阵表中的行数与列数等信息。

1. 创建矩阵簿模板

矩阵簿模板文件可由矩阵簿创建。执行菜单栏中的“文件”→“保存模板为”命令，在弹出的对话框中对模板名称、存放路径进行设置。

单击“确定”按钮，即可将当前矩阵簿窗口保存为工作簿模板。

2. 用矩阵簿模板新建矩阵簿

执行菜单栏中的“文件”→“新建”→“矩阵”→“浏览”命令，将弹出图 3-18 所示的“新工作簿”对话框，选择所需的模板后单击“打开”按钮，即可创建新的矩阵薄。

图 3-18　“新工作簿”对话框

单击“关闭”按钮，退出对话框。

3. 矩阵簿窗口管理器

与工作簿相同，矩阵簿窗口管理器也是以树结构的形式提供了所有存放在矩阵簿中的信息。当矩阵簿为当前窗口时，右击矩阵簿窗口标题栏，在弹出的快捷菜单中选择“显示管理器面板”

命令，即可以打开该矩阵簿窗口管理器，如图 3-19 所示。

4. 在矩阵表中添加矩阵对象

一张矩阵表可以容下高达 65504 个矩阵对象。当矩阵表为当前窗口时，执行菜单栏中的“矩阵”→“设置值”命令，在弹出的图 3-20 所示的“设置值”对话框中可以设置矩阵对象的值。

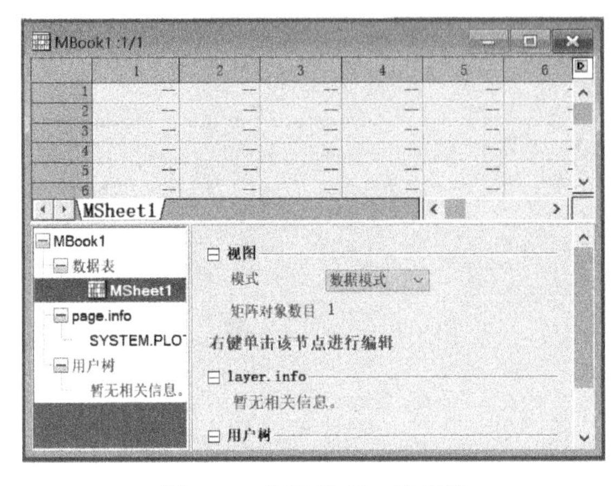

图 3-19　矩阵簿窗口管理器

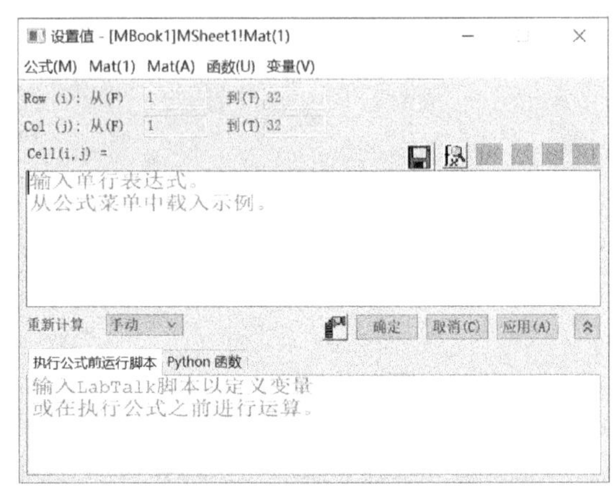

图 3-20　“设置值”对话框

3.2.3 矩阵表操作

本小节将对矩阵表的相关操作进行介绍，具体如下。

1. 矩阵数据属性设置

“矩阵属性”对话框用以控制矩阵表中数据的各种属性。执行菜单栏中的“矩阵”→“设置属性”命令，可以打开图 3-21 所示的“矩阵属性”对话框。在该对话框中，用户可以对矩阵中的数据属性进行设置。

2. 矩阵大小和对应的 X、Y 坐标设置

执行菜单栏中的“矩阵”→“行列数/标签设置”命令，可以打开图 3-22 所示的“矩阵的行列数和标签”对话框。在该对话框中，用户可以对矩阵的列数和行数、X 坐标和 Y 坐标的取值范围进行设置。Origin 将根据设置的列数和行数线性将 X、Y 值均分。

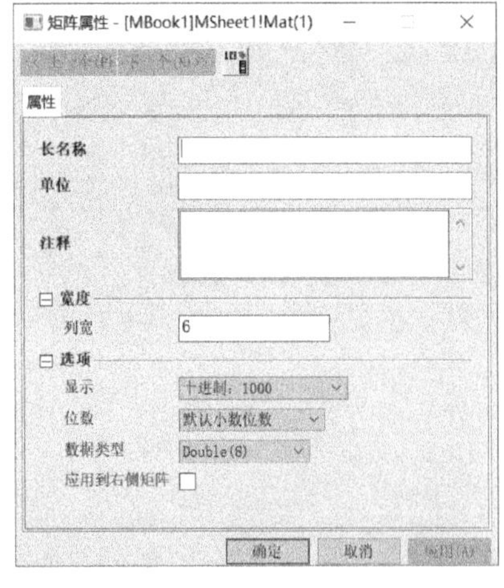

图 3-21　“矩阵属性”对话框

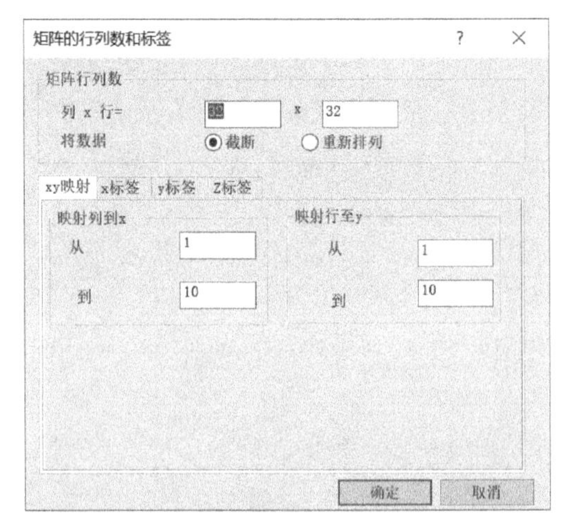

图 3-22　“矩阵的行列数和标签”对话框

3. 从数据文件输入数据

执行菜单栏中的“数据”→“从文件导入”→“单个 ASCII 文件”或“多个 ASCII 文件”命令，在弹出的“ASCII”对话框中选择数据文件，单击“打开”按钮，即可输入数据。

此时输入的为数据的 Z 值，用户还需在矩阵设置对话框中间对矩阵的 X、Y 映像值进行设置。

4. 矩阵转置

执行菜单栏中的“矩阵”→“转置”命令，在弹出的图 3-23 所示的“转置”对话框中可以实现当前矩阵的转置。

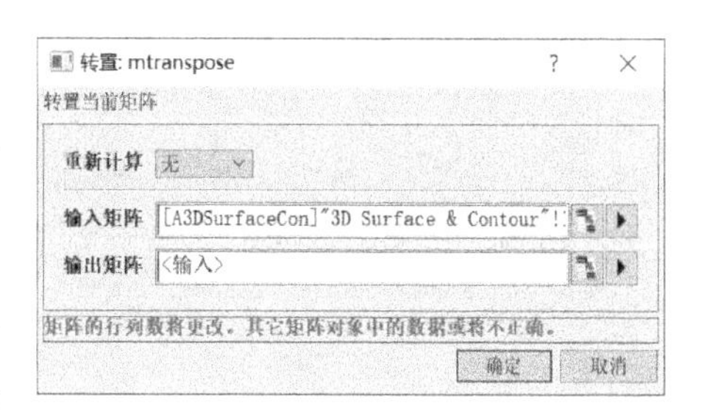

图 3-23　“转置”对话框

5. 矩阵旋转

执行菜单栏中的“矩阵”→“旋转 90”子菜单下的“逆时针 90”“逆时针 180”“顺时针 90”命令，可以实现矩阵的旋转操作。

6. 矩阵翻转

执行菜单栏中的“矩阵”→“反转”→“水平”/“垂直”命令，可以实现矩阵的水平或垂直翻转。

7. 矩阵扩展/收缩

执行菜单栏中的“矩阵”→“扩展”命令，在弹出的图 3-24 所示的“扩展”对话框中进行相关参数设置，可以实现矩阵的扩展。

执行菜单栏中的“矩阵”→“收缩”命令，在弹出的图 3-25 所示的“收缩”对话框中进行相关参数设置，可以实现矩阵的收缩。

图 3-24　“扩展”对话框

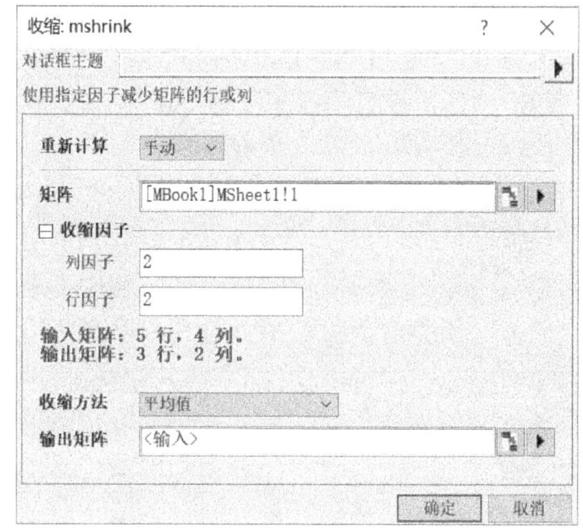

图 3-25　“收缩”对话框

“列因子”和“行因子”为 2 时，表示将原矩阵的行与列都扩充一倍。

3.3 数据变换与填充

大部分原始实验数据必须进行适当的运算或数学变换才能用于绘图，Origin 可以在工作表或矩阵表中进行数据变换，这种换算是以列为单位进行的。

3.3.1 数据变换

操作工作表时选中某个数据列，执行菜单栏中的“列”→“设置列值”/“设置多列值”命令。操作矩阵表时选中某个数据列，执行菜单栏中的“矩阵”→“设置值”命令，即可弹出图 3-26 所示的“设置值”对话框。

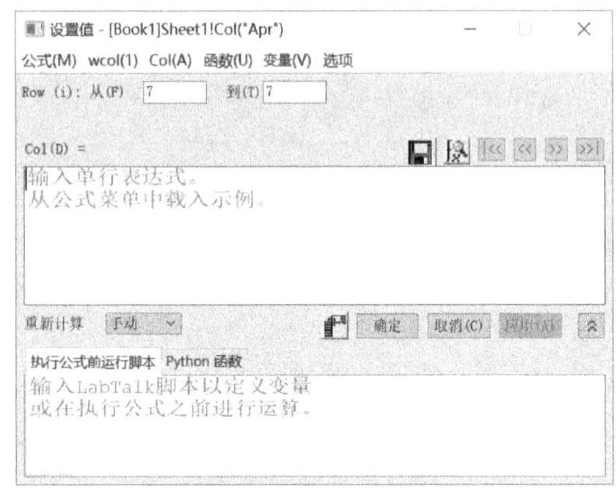

(a) 操作工作表时

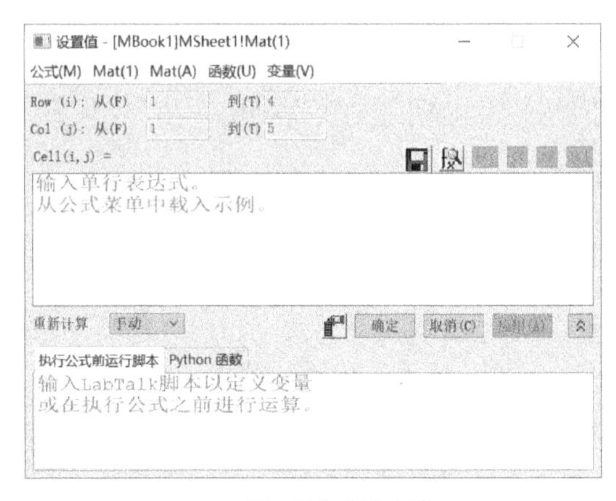

(b) 操作矩阵表时

图 3-26 “设置值”对话框

1. “设置值”对话框

“设置值”对话框中各参数的含义如下。

1）菜单栏：可以实现公式、函数、变量等的加载与保存。

“公式”菜单用于加载一个保存过的公式到矩阵公式框。

Mat(1)菜单可以添加矩阵对象到矩阵公式或执行公式前运行的脚本中（相应的矩阵对象会插入到鼠标光标处）。

Mat(A)与 Mat(1)菜单功能一样，但是，如果存在长名称，矩阵对象将按长名称排列。

“函数”用于添加一个 LabTalk 函数到表达式中（函数会插入到光标处）。

“变量”用于添加一个变量或常量到矩阵公式，或者执行公式前运行的脚本中。

2）行与列的范围：默认为自动，通常是整列数据。

3）矩阵公式文本框：可以使用基本运算符、内部函数、列对象和变量进行组合。

4）“重新计算”选项：当数据源发生变化时，设置结果数据同步变化的方式，包括“无”（不自动重算）、“自动”（自动重算）和“手动”（手工决定是否重算）三种。

5）“执行公式前运行脚本”文本框：此处可以自定义变量，这些变量可以是数据对象，公式运算时先执行该脚本，然后进行公式框中的公式运算，以实现较复杂的运算。

2. 数据运算与转换层次

实际操作的数据运算与转换分为三个层次。

1）简单数据运行：设 A 列为原数据，B 列为运算结果，则利用+、-、*、/、^等一般运算符进行公式设置，例如将 A 列数据与 2 相乘后的结果放于 B 列中，则需要为 B 列设置公式为：

```
Col(A)*2
```

注意，该方法可以实现本列自身计算。例如原始数据在 A 列，结果数据也在 A 列，那么公式运算也会是正确的（只是原始数据会被清除，因此不建议设置为自动重算）。

2）使用内部函数：例如，将 A 列的数据（rad）运算正弦函数的结果作为 B 列，则 B 列设置为

```
sin(Col(A))
```

3）高级功能：采用自定义对象和变量的方法。

① 设置自定义变量。例如，A 列数据加倍并减 5 后将结果放于 B 列中，首先在“执行公式前运行脚本”中输入：

```
range a=5,b=2;
```

设置变量 B 列公式为：

```
Col(A)*b-a
```

② 自定义对象。该方法可以实现多数据表之间的数据运算。例如，自定义变量 a 为工作簿 book1 中工作表 sheet1 的数据列 C，这样 a 就可以当成一个变量（实际是一个数据列）在公式框中调用。

```
range a=[book1]sheet1!col(C)
```

对于简单运算，自定义变量的意义不大，脚本编程最重要的意义是其灵活性、通用性。如果公式比较重要，最后可以使用 Formula 菜单保存起来，以便之后再次使用。

3.3.2　自动数据填充

读者可以在单元格中填充行号或随机数，方法如下。

1）选中多个单元格，右击，在弹出的快捷菜单中选择“填充范围”子菜单下的命令，包括“行号”“正态随机数”“均匀随机数”等，如图 3-27 所示。

2）要根据已有数据实现数据填充，首先选中这些单元格，将光标移动到选区右下角，待光标出现“+”时，按住鼠标左键并进行拖动。

拖放时按<Ctrl>键，则实现单元格区域的复制；按<Alt>键，则会自动根据数据趋势进行填充。

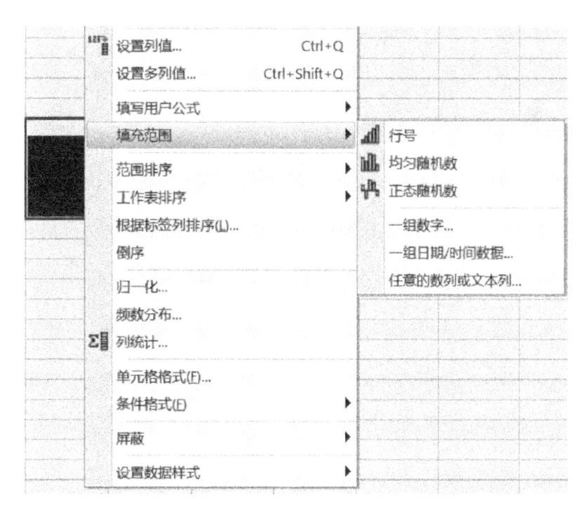

图 3-27　“填充范围”子菜单中的快捷命令

3.3.3　工作表与矩阵表的转换

本小节将对工作表与矩阵表转换的相关操作进行介绍，具体如下。

1. 工作表转换为矩阵表

Origin 提供了将整个工作表转换为矩阵表的方法。执行菜单栏中的“工作表”→“转换为矩阵”子菜单中的命令，可以将工作表转换为矩阵，如图 3-28 所示。

转换方法包括直接转换、扩展、XYZ 网格化、XYZ 对数网格化等。转换方式的选择取决于工作表中的数据类型。选择“直接转换”命令后，会弹出图 3-29 所示的“转换为矩阵>直接转换”对话框。

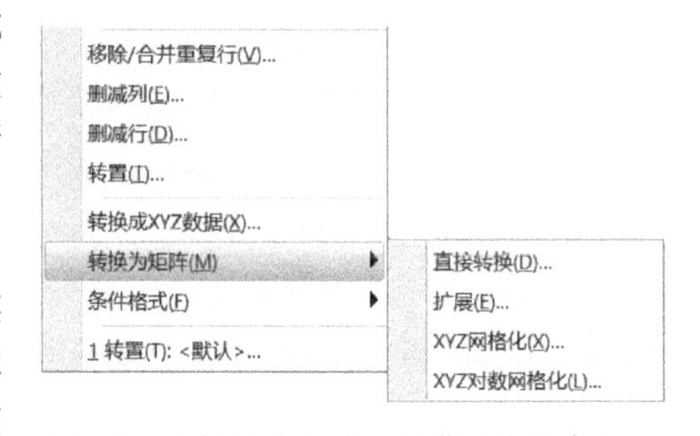

图 3-28 “转换为矩阵”子菜单中的命令

2. 矩阵表转换为工作表

Origin 也可以将矩阵表转换为工作表。首先执行菜单栏中的“矩阵表”→“转换为工作表”命令，在弹出的图 3-30 所示的“转换为工作表”对话框中设置相关参数后，单击“确定”按钮，即可将矩阵表转换为工作表。

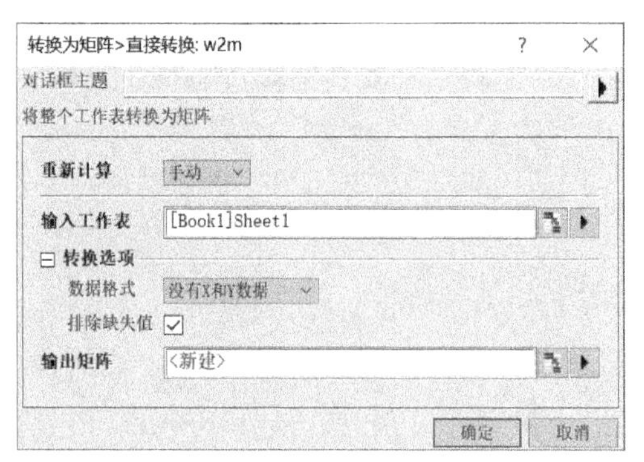

图 3-29 “转换为矩阵>直接转换”对话框

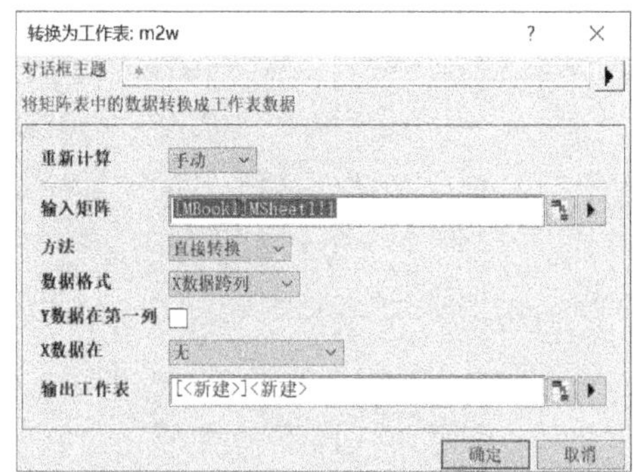

图 3-30 “转换为工作表”对话框

3.3.4 数据的查找与替换

执行菜单栏中的“编辑”→“在项目中查找”命令，利用弹出的“查找”对话框可以实现项目内数据的查找，如图 3-31 所示。

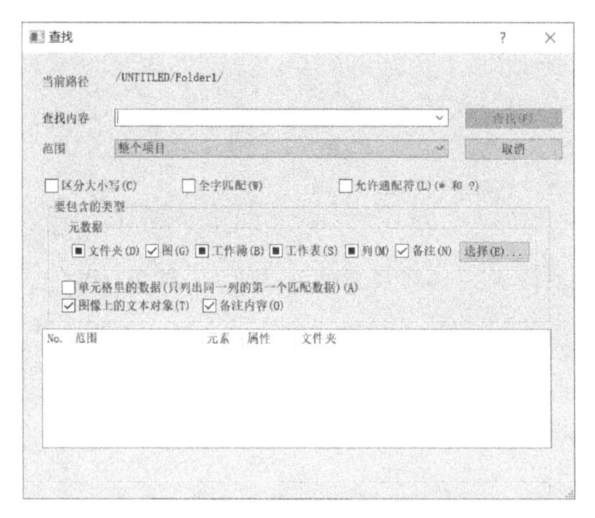

图 3-31 “查找”对话框

执行菜单栏中的“编辑”→“在工作表中查找”命令，利用弹出的“查找和替换”对话框的“查找”选项卡可以实现该工作表内数据的查找。执行菜单栏中的“编辑”→“替换”命令，利用弹出的“查找和替换”对话框的“替换”选项卡可以实现数据的替换，如图 3-32 所示。

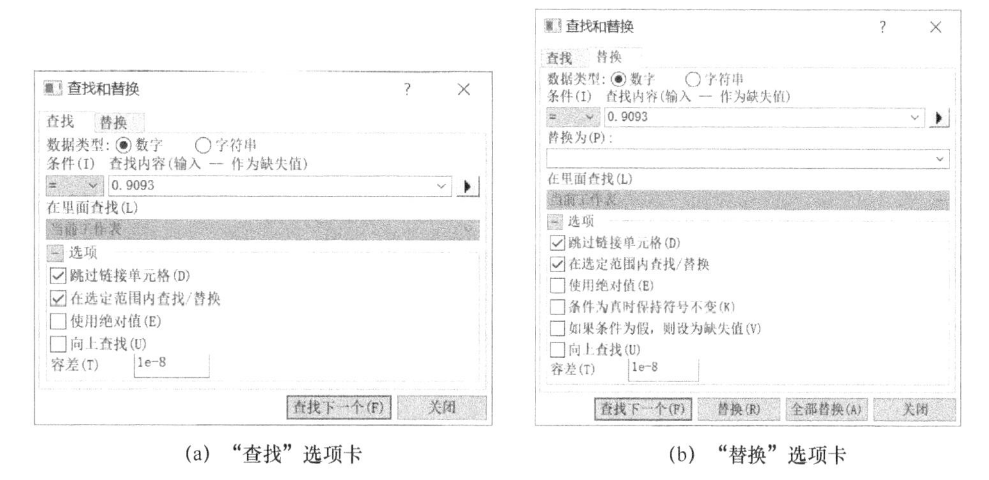

(a) “查找”选项卡　　(b) “替换”选项卡

图 3-32 “查找和替换”对话框

3.4 数据导入

使用 Origin 处理的大部分实验数据来自其他仪器或软件的数据输出。因此，数据的导入是进行数据分析前的最基本操作。

3.4.1 数据格式

实验数据的来源（或者说数据格式）可以分为三类：

(1) 典型的 ASCII 码文件

ASCII 码文件是指能够使用记事本软件打开的一类文件，该类文件每一行作为一个数据记录，每个行之间用逗号、空格或 Tab 制表符作为分隔，分开多个列。

(2) 二进制（Binary）文件

二进制文件与 ASCII 文件不同，其数据存储格式为二进制，普通记事本打不开。二进制文件具有以下特点。

二进制文件具有数据更紧凑、文件更小、便于保密或记录各种复杂信息的优点，因此大部分仪器软件均采用二进制。该类格式具有特定的数据结构，每种文件的结构并不相同，因此只有打开者确定其数据结构的情况下才能导入。

对于 Origin 能够直接接受的第三方文件格式，用户可以选择直接导入而不用导出 ASCII 格式。在实际操作中，先利用仪器软件导出为 ASCII 格式的文件，再将该文件导入 Origin 中。

(3) 数据库文件

数据库文件从技术上能够通过数据库接口 ADO 导入的数据文件，如 SQL Server、Access、Excel 数据文件等。这类文件在执行导入操作时，可通过筛选后再导入。

除了从数据文件中导入数据外，另一个导入数据的途径是粘贴板中的数据。如果数据结构比较简单，可以直接在 Origin 的数据表中粘贴。另外，还可以使用 Windows 平台常用的“拖拉放”操作方式导入数据，即把数据文件直接拉到数据窗口实现导入。

数据的导入，主要工作步骤如下。

1）根据数据文件格式选择正确的导入方式。

2）采用正确的数据结构对原有数据进行切分处理，获得各行各列数据。

3）根据具体情况设定各数据列格式。

3.4.2 工具导入（ASCII 格式）

ASCII 格式是 Windows 平台中最简单的文件格式，常用的扩展名为 *.txt 或 *.dat，几乎所有的软件都支持 ASCII 格式的输出。ASCII 格式是由普通的数字、符号和英文字母构成，不包含特殊符号，结构简单，可以直接使用记事本程序打开。

ASCII 格式文件由表头和实验数据构成，其中，表头经常被省略。实验数据部分由行和列构成，行代表一条实验记录，列代表一种变量的数值，列与列之间采用一定的符号隔开。

典型的符号有“,”（逗号）、“ ”（空格）、“Tab”（制表符）等，如果不采用以上符号，也可以采用固定列宽，即每列占用多个字符位置（不足时用空格填充）。

1. 导入单个 ASCII 文件

导入单个 ASCII 文件的操作有以下两种方式。

1）执行菜单栏中的“数据”→“从文件导入”→“单个 ASCII 文件”命令。

2）单击“导入”工具栏上的（导入单个 ASCII 文件）按钮。

执行上述操作后，会弹出图 3-33 所示的“ASCII”对话框，从中选择需要导入的数据文件（必须为 ASCII 格式），单击“打开”按钮即可导入数据。软件会自动识别文件格式、分隔符、表头等，并自动为数据列添加迷你图。

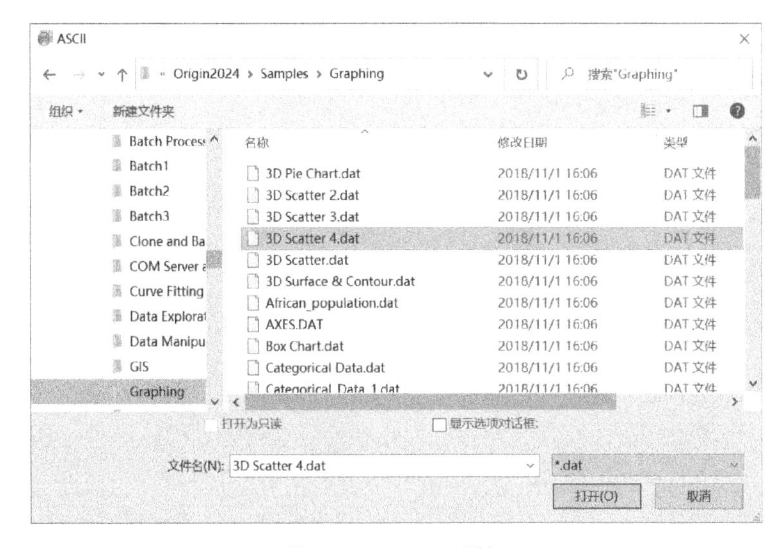

图 3-33　ASCII 对话框

注意：导入的默认参数会覆盖当前数据表中的所有数据，如果不希望被覆盖，则要么保证当前数据表为空表，要么对其他参数进行设置。

对于简单的 ASCII 文件，直接单击 ASCII 对话框右下角的“打开”按钮导入即可。如果要进行详细的设置，则需要勾选对话框中的“显示选项对话框”复选框。再单击“打开”按钮，会弹出图 3-34 所示的 ASCII：impASC 选项设置对话框。

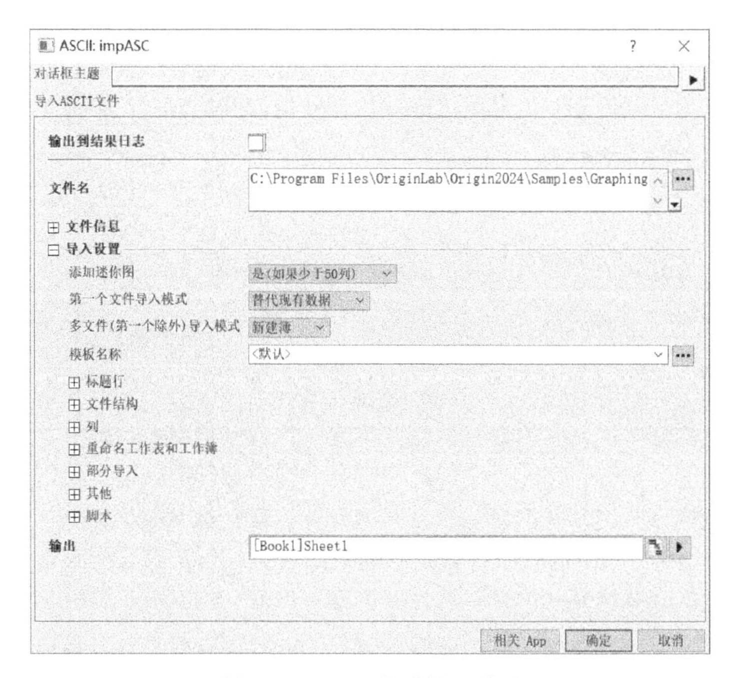

图 3-34　ASCII 格式导入选项

该对话框提供了对文件数据源的各种详细处理参数的设置，内容比较复杂，实际应用时大部分选项保留系统默认值即可。下面简单进行介绍。

1）添加迷你图：建议采用默认选项（少于 50 列自动增加）。

2）第一个文件导入模式：设置导入的数据与当前数据表的关系，默认为“替代现有数据”，还可以选择“新建簿”“新建表”“新建列”及“新建行”。

3）多文件（第一个除外）导入模式：包括“新建簿”“新建表”“新建列”及“新建行”四个选择项。

4）模板名称：选择采用的数据模板。

5）标题行：用于设置导入数据的标题行（表头），包括多个选项。

① 自动确定标题行：如果选中这个选项，即表示让 Origin 自己检测 main header（仪器相关信息）和 subheader（数据结构）。

② 从底部开始计算行序号：行号计数从后向前数。正常情况下是从前向后数，即开头第一行行号为 1，从后数是为了处理某些特殊格式。

③ 主标题行：确定主标题的行号。

④ 副标题行数：数据结构（数据定义）的行数。

⑤ 长名称、单位、注释、系统参数、用户参数分别对应的行号，如果指定为“无”表示没有这一部分参数，由软件根据情况设为空白或自动生成默认值。

6）文件结构：包括数据结构、分隔符、数字分隔符、自定义日期格式等。

① 数据结构：包括固定列宽、分隔符-单个字符及分隔符-多字符三种。固定列宽时，输入每列字符数即可。分隔符即采用逗号、TAB 或空格等分开数据的格式。大部分实际数据存放以分隔符-单个字符方式为主。

② 分隔符：包括“未知”“制表符/空格”“制表符”“逗号（,）”“分号”“空格”和

“其他”等。

如果能够确定分隔符为“逗号”“制表符”“分号”或“空格”中的一种，直接选择即可。如果确定有分隔符但不是以上几种，则可以选择“其他”进行定制，并输入分隔符号。常用的其他分隔符有引号、冒号、斜线等。

如果不能确定分隔符，也可以选择“未知”，此时 Origin 会自动搜索数据文件，寻找有效的分隔标志。

③ 数字分隔符：数据中有些内容与分隔符会有冲突，例如 1，000 代表 1000，而不是代表 1 和 000 两个数值，因此在处理时软件会适当加以识别区分。

7）列：包括列数、自动确定列类型、数据结构的最小/最大行数？

① 列数：默认为 0，表示源文件有多少列就导入多少列。如果指定了列数 n，若数据文件中数据少于指定的列数，则会自动建立多个空列；若数据文件中的列数更多，则只导入指定数量的列。

② 自动确定列类型：Origin 中最常用的数据格式为数字、字符和日期等。选中该选项，则由 Origin 自动进行格式识别，导入时自动设置列的数据格式；如果不选，则导入时不做识别，即原样导入，可以完整地保留所有信息。

③ 数据结构的最小行数/数据结构的最大行数：指定最小和最大行数据，以便软件搜索和识别数据结构，保证这些行的数据结构一致。通常采用默认设置即可。

8）重命名工作表和工作簿：提供文件名信息。本部分用于指定数据导入后生成的工作簿和工作表的命名，通常需要保留文件名的有关信息，以便以后了解数据来源。

9）部分导入：通过设置行、列的范围，可以实现部分数据的导入。

10）其他：

① 文本限定符：是否用“” ”或“,”限定。

② 从引用数据中移除文本限定符：如果数据有引号或逗号，则删除。

③ 移除数字的前导零：删除数据开头的 0。

④ 当在数值区发现非数值时：默认选择“以文本形式读入”，以后再做处理。

11）脚本：输出日志记录，包括在每个文件导入后或所有文件导入后运行脚本。

2. 导入多个 ASCII 文件

导入多个 ASCII 文件的操作有以下两种方式。

1）执行菜单栏中的“数据”→“从文件导入”→“多个 ASCII 文件”命令。

2）单击“导入”工具栏上的（导入多个 ASCII 文件）按钮。

执行上述操作后，会弹出图 3-35 的“ASCII”对话框，从中选择需要导入的数据文件（必须为 ASCII 格式），单击“添加文件”按钮后再单击“确定”按钮，即可输入数据。

利用该对话框可以一次导入多个数据文件。选中所需数据文件，单击“添加文件”按钮，将其添加到列表中。对于列表中不需要的文件，选中后单击“移除文件”按钮即可删除。最后单击“确

图 3-35 “ASCII”对话框

定”按钮即可导入。

与导入单个文件一样，勾选“显示选项对话框”复选框，可以打开选项设置对话框进行细节设置，此时会对同一时间导入的数据文件采用相同的导入参数。

3.4.3　导入向导（导入 ASCII 文件）

数据导入向导提供了一个功能更为强大的数据导入工具，引导用户处理各种数据格式和参数的设置。导入向导的操作有以下两种方式。

1）执行菜单栏中的“数据”→“导入向导”命令。

2）单击“导入”工具栏上的（导入向导）按钮。

执行上述操作后，会弹出图 3-36 所示的“导入向导-来源”对话框。下面对该对话框进行讲解。

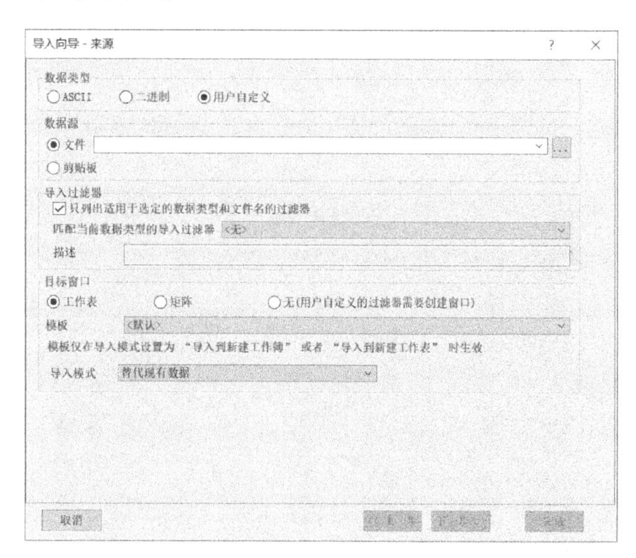

图 3-36　“导入向导-来源”对话框

1. 来源

执行“导入向导”命令后，首先出现的是“导入向导-来源”对话框。

1）数据类型：可以选择“ASCII”“二进制”或“用户自定义”。

2）数据源：包括来源于“文件”或“剪贴板”。

选择“剪贴板”作为数据源时，需要首先从 Excel、Word、网页或其他 Windows 软件中选择数据并复制到剪贴板中。直接粘贴的方式只能处理简单的数据结构，如果数据结构较复杂建议尽量使用该向导。

3）导入过滤器：导入向导的所有设置可以保存为导入过滤器，以便多次使用。这里需要选择一个过滤器，以便获得以前设置的参数。

4）模板：选择导入模板。

5）导入模式：用于设置导入数据的存放位置，包括“替代现有数据”“新建簿”“新建表”“新建列”和“新建行”等选项。

说明：如果在“导入向导-来源”对话框的数据类型中选择“二进制”类型，并选择文件，随后的相关对话框参数设置会有很大不同。因为二进制文件的范围很广，格式多变，导入时需要特定的数据结构。限于篇幅及实际应用本书不做介绍。

2. 标题线

数据类型的选择决定了导入向导对话框会略有差异。当数据类型选择“ASCII”类型，其余参数设置完成后，单击“下一步”按钮，即可进入图 3-37 所示的“导入向导-标题线”对话框。

标题线用于处理表头。该对话框与 ASCII 导入对话框信息基本一样，区别在于该向导自动预览文件中的数据。数据上面的选项是显示字体，数据显示结果可读即可。

3. 提取变量

“标题线”设置完成后，单击“下一步”按钮，即可进入图 3-38 所示的“导入向导-提取变量”对话框。

图 3-37 “导入向导-标题线”对话框

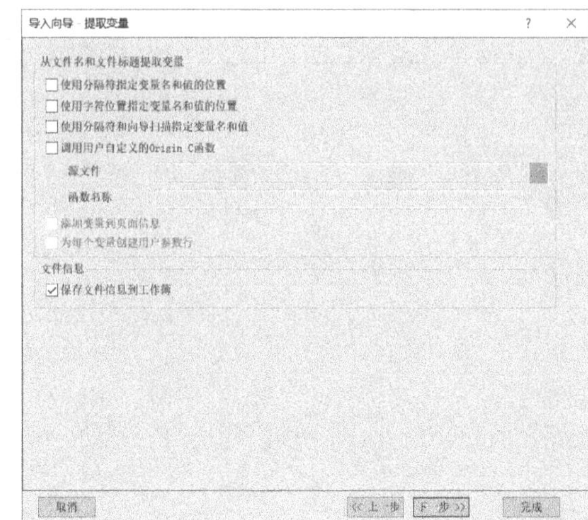

图 3-38 “导入向导-提取变量”对话框

数据文件在导入时会提取一些源文件的信息（保存在项目文件中），在需要时可以通过编程引用变量的方法对图形和数据进行注解。

4. 文件名选项

“标题线”设置完成后，单击“下一步”按钮，即可进入图 3-39 所示的“导入向导-文件名选项”对话框。利用该对话框可以对文件名信息进行设置。

5. 数据列

“文件名选项”设置完成后，单击“下一步”按钮，即可进入图 3-40 所示的“导入向导-数据列”对话框。利用该对话框可以对数据列信息进行设置，其功能与 ASCII 导入时的对话框类似，但功能更加强大。

图 3-39 “导入向导-文件名选项”对话框

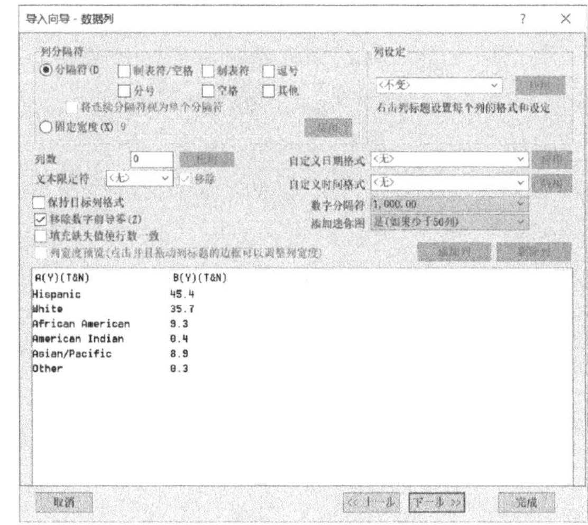

图 3-40 “导入向导-数据列”对话框

1）分隔符/固定宽度：用于选择分隔符或设置固定列宽。

2）列设定：可利用现有模板或自定义，将列数据导入后自动设定各列的变量类型（确定 *X* 变量、*Y* 变量或误差变量等）。

3）列数：用于自定义列数，如果选 0 则由软件自动确定。

4）文本限定符：指定双引号、单引号或无。

5）数字分隔符：即实际数据中逗号和小数点出现的格式。

6）移除数字前导零：勾选该复选框后，例如数据 0050 会自动处理为 50。

7）列宽度预览：当采用固定列宽时，该选项可用。

8）数据预览窗口：设置的结果会在这里显示，以判断导入数据格式是否准确。

9）列数据类型设置：在数据预览窗口中的某个列右击，在弹出的快捷菜单中包括“设置格式”和“设置设定”两个选项，分别用于设置列数据的格式和定义。

6. 数据选取

“数据列”设置完成后，单击“下一步”按钮，即可进入图 3-41 所示的“导入向导-数据选取”对话框。利用该对话框可以设定部分导入情况。

7. 保存过滤器

“数据选取”设置完成后，单击“下一步”按钮，即可进入图 3-42 所示的“导入向导-保存过滤器”对话框。

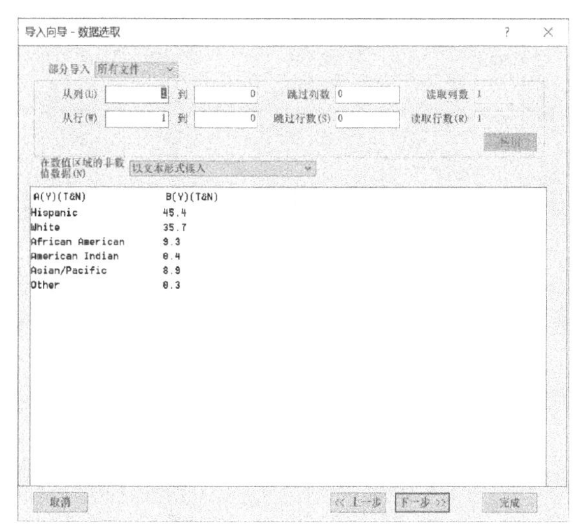

图 3-41　“导入向导-数据选取”对话框

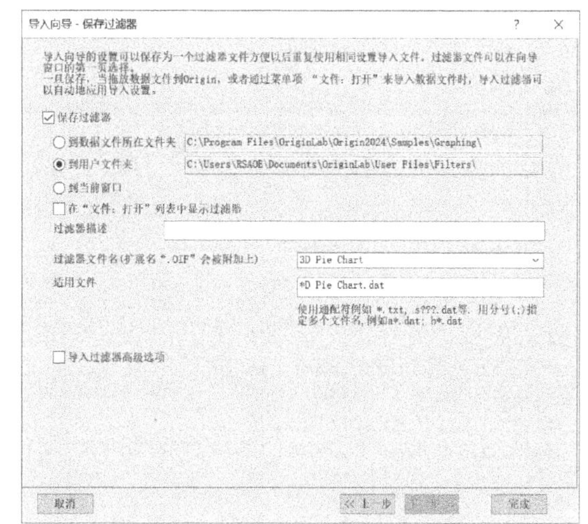

图 3-42　“导入向导-保存过滤器”对话框

利用该对话框可以将运行该向导时的所用参数保存起来，这样就不用为同一种数据来源反复进行参数设置，类似使用数据导入模板，可以节省时间。该对话框中各参数的功能介绍如下。

1）保存过滤器：该复选框用于确定过滤器保存的位置，默认的是 Origin 定义的一个目录，即所有自定义过滤器（模板）保存的位置。

2）过滤器描述：说明备注。

3）过滤器文件名（扩展名“. OIF”会被附加上）：默认为 ASCII。

4）适用文件：可使用通配符和“;”指定分割多个名称，默认为 * . dat、* . txt 及 * . asc。

5）导入过滤器高级选项：勾选该复选框，可用脚本语言对数据做进一步处理进行和数据文件以拖放方式导入后的处理。

8. 高级选项

在“导入向导-保存过滤器”对话框中勾选“导入过滤器高级选项”复选框后，单击“下一步”按钮，会弹出图 3-43 所示的“导入向导-高级选项”对话框。

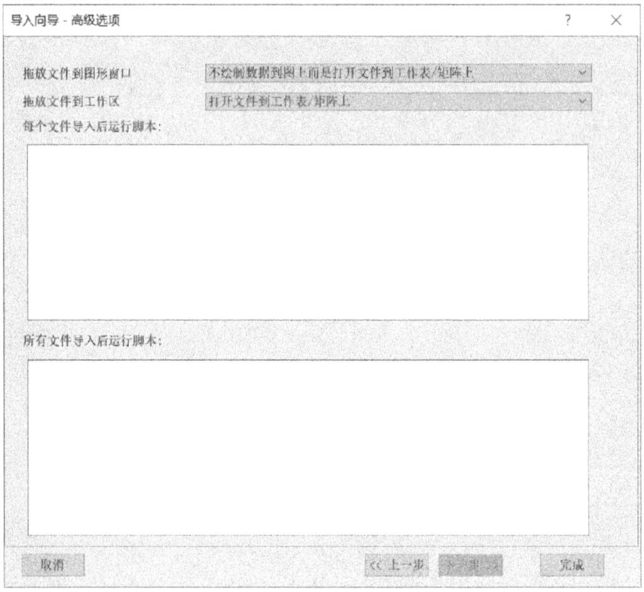

图 3-43 “导入选项-高级选项”对话框

如果希望导入数据后直接绘图，可以新建绘图窗口后执行数据导入，此时会即时产生对应的图形。

所有选项设置完成后，单击“完成”按钮即可完成导入向导的设置，并将数据导入到工作表中。

3.4.4 其他导入方式

本小节将对其他导入方式进行介绍，具体如下。

1. Excel 格式数据导入

Origin 软件能够与 Excel 很好地集成工作，这种集成只用于绘图过程，如果希望应用 Origin 提供的各种数据分析功能，则需要将数据导入到 Origin 的工作表中。

执行菜单栏中的“数据”→“连接到文件”→“Excel”命令，在打开的对话框中选择 Excel 文件，单击“打开”按钮。即可弹出图 3-44 所示的“Excel 导入选项”对话框，对“主标题行”“列标签”“部分导入”等参数进行设置后，单击“确定”按钮即可将数据导入。

图 3-44 “Excel 导入选项”对话框

注意：Excel 的单元格如果使用公式，则 Origin 自动处理成对应的数值（即不保留公式），所以导入时会失去一些 Excel 表格的特性。

2. 第三方软件数据格式导入

第三方数据文件指的是 Origin 支持的某些软件的专用格式（不需要用原软件打开再导出为 ASCII 格式）。如同 Excel 格式数据的导入，Origin 可以直接将支持格式的数据导入，比如 MATLAB 格式的数据。

3.5 小结与思考

数据是绘图的基础和起点，Origin 的电子表格主要包括工作簿和矩阵簿窗口。本章主要介绍了 Origin 软件中工作簿和工作表的基本操作方法，矩阵簿窗口的使用，数据的导入、变换与管理等，这些都是掌握 Origin 软件绘图方法的基本要求。下面给出开放性讨论题目供读者在学习时思考。

1）解释工作簿管理在数据分析中的重要性。

2）列出并简述在 Origin 中进行工作表操作的基本步骤。

3）简述如何在 Origin 中对列进行添加、删除或修改操作。

4）解释如何在 Origin 中执行单元格操作，包括输入和修改数据。

5）比较矩阵簿和工作簿的不同之处。

6）描述如何管理矩阵簿以及其在数据分析中的应用。

7）描述数据变换的概念以及在 Origin 中实现的基本步骤。

8）解释自动数据填充的功能及其在数据处理中的用途。

9）比较工作表与矩阵表的转换流程和应用场景。

10）讨论不同数据格式在 Origin 中的导入方法及适用场景。

第4章 图形绘制基础

数据曲线图主要包括二维图形和三维图形。在科技论文中，数据曲线图一般采用二维坐标绘制。Origin 的绘图功能非常灵活且十分强大，能绘制出各种精美的图形来满足大部分科技论文绘图的要求。本章将对 Origin 的基本操作、图形设置和标注的方法进行介绍。

4.1 基本操作

Origin 中的图形指的是绘制在绘图窗口中的曲线图，即建立在一定坐标体系基础上，以原始数据为基础，由点、线、条的单一或组合而成的图形。在 Origin 绘图中，数据与图形是相互对应的，如果数据改变，图形也一定会随之发生变化。

4.1.1 基本概念

在 Origin 中，图形的形式有很多种，但最基本的是点、线、条三种基本图形。同一图形中，各个数据点可以对应一个或多个坐标轴体系。

1）图。每个图都由页面、图层、坐标轴、文本和数据相应的曲线等构成，Origin 的绘图窗口如图 4-1 所示。单层图包括一组 XY 坐标轴（三维图为 XYZ 坐标轴）、一个或多个数据图以及相应的文字和图形元素，一个图可包含多个层。

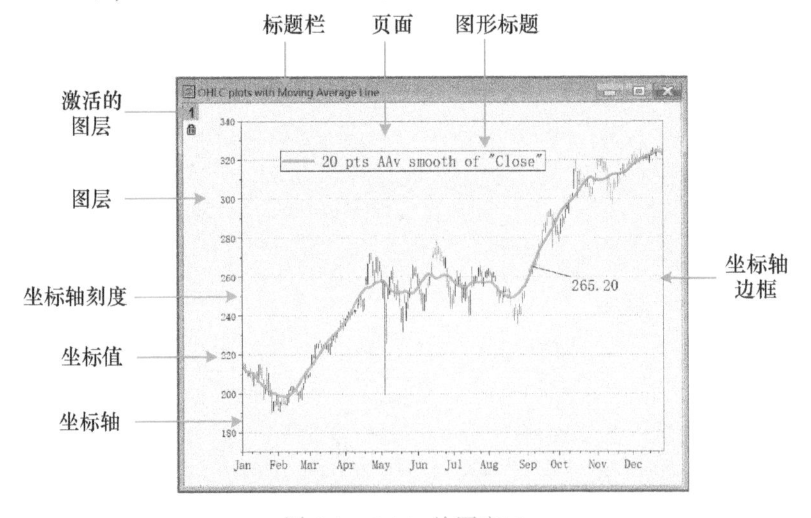

图 4-1　Origin 绘图窗口

2）页面。每个绘图窗口包含一个编辑页面，页面是绘图的背景，包括一些必要的图形元素，如图层、数轴、文本和数据图等。绘图窗口的每个页面最少包含一个图层。

3）图层或层。一个典型的图层一般包括三个元素：坐标轴、数据图和相应的文字或图标，层与层之间可以建立链接关系，便于管理。用户可以移动坐标轴、层或改变层的大小。当一个图形页面包含多个层时，对页面窗口的操作只能应用于活动层。

4）框架。对于二维图形，框架是四个边框组成的矩形方框，每个边框就是坐标轴的位置（三维图的框架是在 X、Y、Z 轴内的矩形区域）。框架独立于坐标轴，即使坐标轴是隐藏的，但其边框还是存在的。用户可以选择“查看”→“显示”→“框架”命令，来显示/隐藏图层框架。

5）数据图。数据图是一个或多个数据集在绘图窗口的形象显示，工作表数据集是一个包含一维（数字或文字）数组的对象。因此，每个工作表的列组成一个数据集，每个数据集有一个唯一的名字。

6）矩阵。矩阵表现为包含 Z 值的单一数据集，它采用特殊维数的行和列表现数据。

7）绘图。在图层上可以进行绘图操作，包括添加曲线、数据点、文本以及其他图形。

4.1.2　绘图操作实例

下面通过实例演示绘图操作，数据来源于 Origin 安装目录\Samples\Graphing 下的 Automobile Data 数据文件。

1）执行菜单栏中的“文件”→“打开”命令，打开 Automobile Data 数据文件（注意，此处采用数据导入方式）。

2）在工作簿 Data 工作表下，按住<Ctrl>键的同时对 X1、Y1 等多列数据进行选择，如图 4-2 所示。

3）执行菜单栏中的“绘图”→“基础 2D 图”→“折线图”命令，此时会弹出绘图窗口 Graph1 并显示绘制结果，如图 4-3 所示。

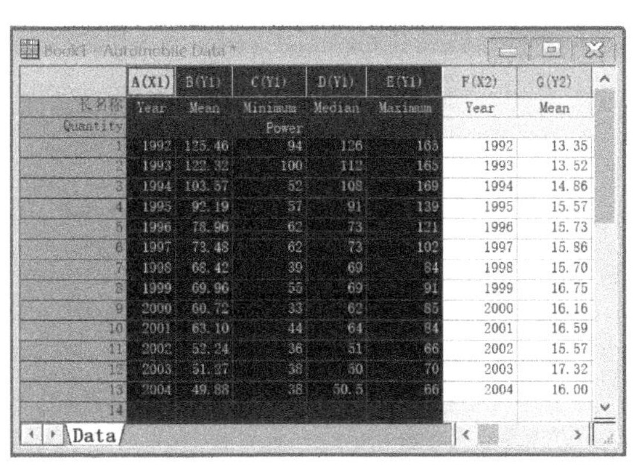

	A(X1)	B(Y1)	C(Y1)	D(Y1)	E(Y1)	F(X2)	G(Y2)
长名称	Year	Mean	Minimum	Median	Maximum	Year	Mean
Quantity			Power				
1	1992	125.46	94	126	165	1992	13.35
2	1993	122.32	100	112	165	1993	13.52
3	1994	103.57	52	108	169	1994	14.86
4	1995	92.19	57	91	139	1995	15.57
5	1996	78.96	62	73	121	1996	15.73
6	1997	73.48	62	73	102	1997	15.86
7	1998	68.42	39	69	84	1998	15.70
8	1999	69.96	55	69	91	1999	16.75
9	2000	60.72	33	62	85	2000	16.16
10	2001	63.10	44	64	84	2001	16.59
11	2002	52.24	36	51	66	2002	15.57
12	2003	51.27	38	50	70	2003	17.32
13	2004	49.88	38	50.5	66	2004	16.00
14							

图 4-2　选择数据

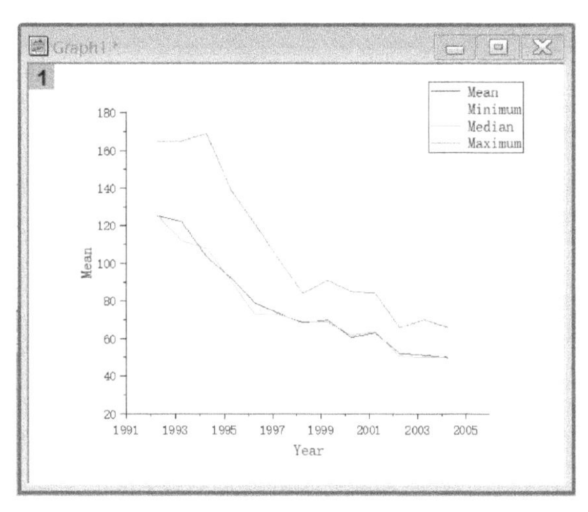

图 4-3　折线图

绘图的基本操作步骤如下。

1）首先选择数据，通过鼠标拖动，或使用<Ctrl>键单独选取、使用<Shift>键选中区域。数据通常是以列为单位进行选取（也可以只选取部分行的数据），列要设定自变量和因变量，通常最少要有一个 X 列，如果有多个 Y 列则自动生成多条曲线，如果有多个 X 列则每个 Y 列对应左边最近的 X 列。

2）其次是选择绘图类型，绘图时系统自动缩放坐标轴以便显示所有数据点，由于是多条曲线，系统会自动以不同图标和颜色显示，并自动根据列名生成图例和坐标轴名称。

用户也可以在不选中任何数据的情况下，执行绘图命令，然后在弹出的图 4-4 所示的“图表绘制：选择数据来绘制新图”对话框中进行详细设置。

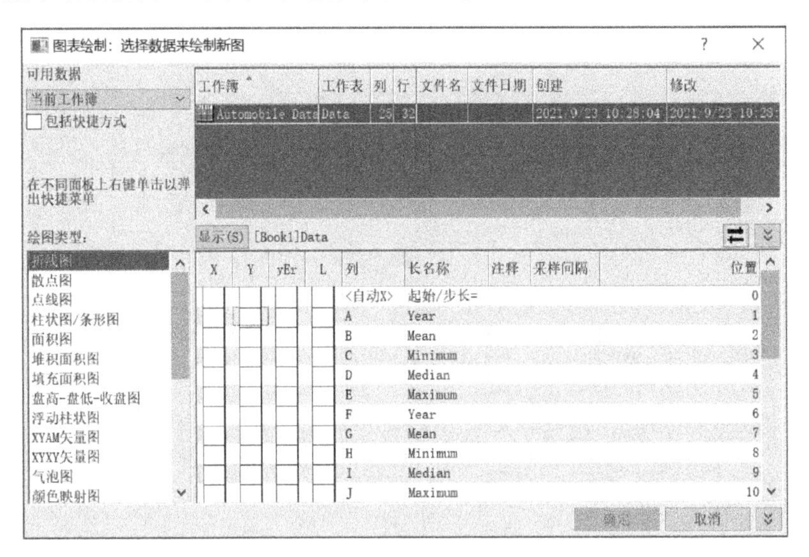

图 4-4 “图表绘制：选择数据来绘制新图”对话框

在该对话框中，可以根据需要选择数据来源，确定绘图类型，并对选择的数据设置列属性（如 X、Y、Z 的属性等），设置完成后单击“确定”按钮，即可生成图形。

4.2 图形设置

绘图的目的是将数据可视化，是为了让图形直观地反映实验结果的变化规律并相互比较，便于更有效地定量描述。

所谓的图形设置是指在选定绘图类型之后，对数据点、线、坐标轴、图例、图层，甚至是对图形的整体进行设置，最终产生一个具体的、生动的、美观的、准确的规范图形。

4.2.1 坐标轴设置

坐标轴设置在所有设置中是最重要的，因为这是达到图形“规范化”和实现各种特殊需要的核心要求。没有坐标轴的数据将毫无意义，不同坐标轴的图形将无从比较。

双击图层上的坐标轴或坐标值刻度值，会弹出如图 4-5 所示的坐标轴对话框（此处双击 X 轴），利用该对话可以对坐标轴进行各种设置。如果双击的是 Y 轴，则改变的是 Y 轴的设置。

1）“刻度”选项卡：用于设置坐标刻度的相关属性，包括刻度值的范围、刻度类型、调整刻度模式，以及页边距、翻转刻度、主次刻度等。

2）“刻度线标签”选项卡：用于设置坐标轴上数据的显示形式，其下又包括“显示”“格式”“表格式刻度标签”及“次刻度线标签”选项卡。

3）“标题”选项卡：用于设置图形轴标题（通常使用变量符号进行设置）和字体选项。用户也可以通过双击图形中的文本对象进行直接编辑。

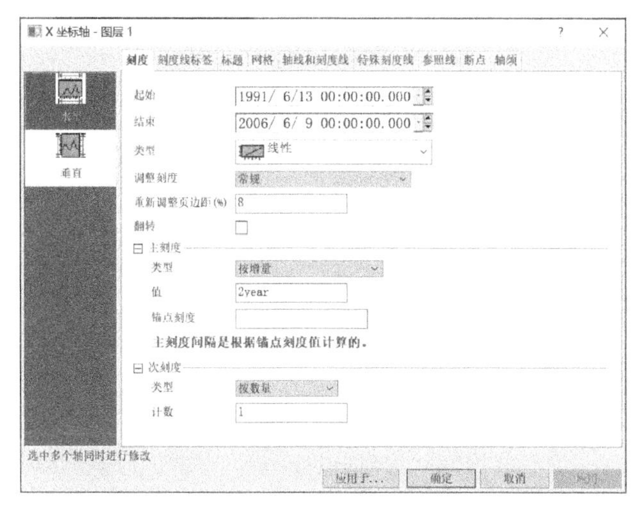

图 4-5　坐标轴对话框

4）“网格”选项卡：用于控制在主次刻度上网格线的显示和属性。

5）“轴线和刻度线”选项卡：用于所有轴的轴线和刻度线设置。

6）“特殊刻度线”选项卡：用于特殊刻度线的定位设置等。

7）“参照线”选项卡：起强调或标记关键统计量的作用。此外，成对参照线可以为图形的部分填充颜色（比如，金融数据绘图的“衰退条”）。

8）“断点”选项卡：用于添加断点，并对每个断点进行配置。

9）“轴须”选项卡：用于设置是否显示轴须，并对轴须进行细节设置。

4.2.2　显示设置

双击数据曲线，会弹出图 4-6 所示的“绘图细节-绘图属性”对话框。利用该对话框可以对

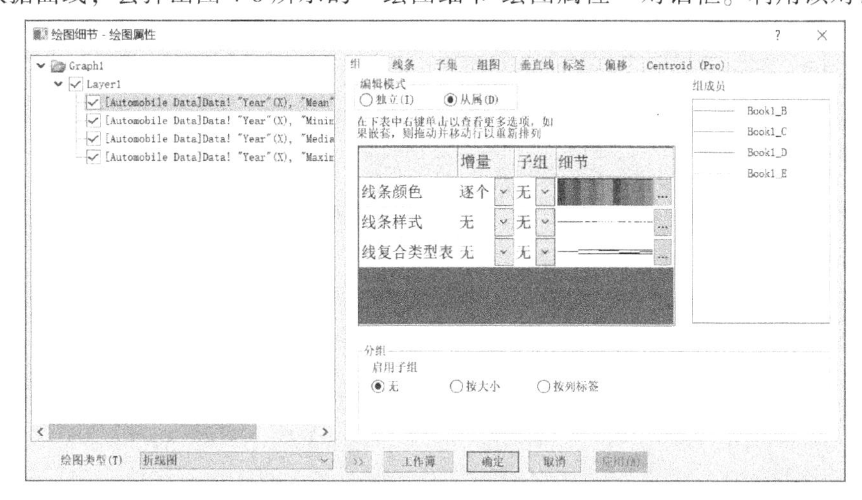

图 4-6　“绘图细节-绘图属性”对话框

图形进行相关设定，结构上从上到下分别是：Graph（图形）、Layer（层）、Plot（图形）、Line（线）、Symbol（点）。显示的是数据曲线的内容，单击 >> 按钮可隐藏或显示左边结构树。

注意：如果选中多列数据绘制多曲线图形，系统默认为组（Group），即所有曲线的符号（Symbol）、线型（Line）和颜色（Color）会统一设置（按默认的顺序递进呈现）。

图形的显示设置选项比较多，下面将对选择图形下的几个选项卡进行简单介绍。

1）“组”选项卡：当 Graph 图形中有多条曲线，并且曲线联合成一个“组”时，对话框中会出现“组”选项卡。

利用“组”选项卡可以将一组曲线集中设置，使其从符号、线型等外观上有一种渐进式的关系，从而使多条曲线的关系和规律一目了然。

注意：出现“组”选项时，每条曲线的属性不能够独立设置，需要选中“独立”选项来实现独立设置。

2）“线条”选项卡：主要用于设置曲线的连接方式、线型、线宽、填充等属性，如图 4-7 所示。

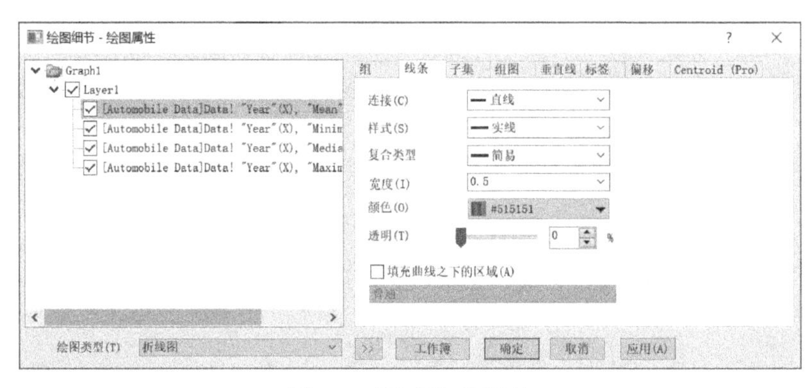

图 4-7 “线条”选项卡

3）“垂直线”选项卡：当曲线类型为散点图或含有散点，即需要表示数据的点时，可以利用选项卡中的“水平”复选框或“垂直”复选框在曲线上添加点的垂线和水平线，方便更直观地读出曲线上的点，如图 4-8 所示。

图 4-8 “垂直线”选项卡

4.2.3 图例设置

图例（Legend）一般是对 Origin 图形符号的说明，说明的内容默认是工作簿中的列名（长名称），用户可以更改列名从而改变图例的符号说明。

右击图例，执行快捷菜单中的“属性”命令，如图 4-9 所示。利用弹出的“文本对象”对话框可以进行图例的设置，如图 4-10 所示。

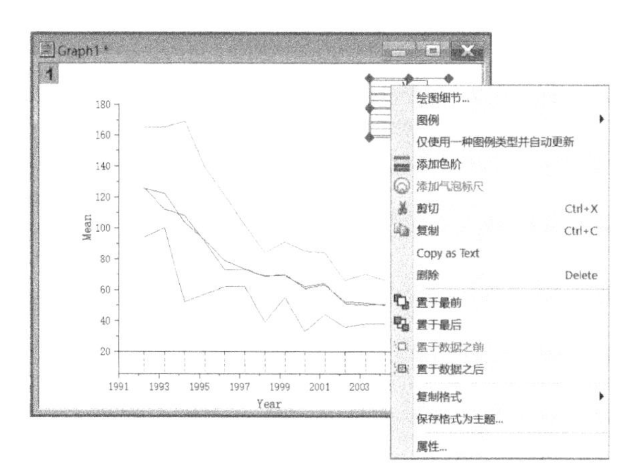

图 4-9　右键快捷菜单

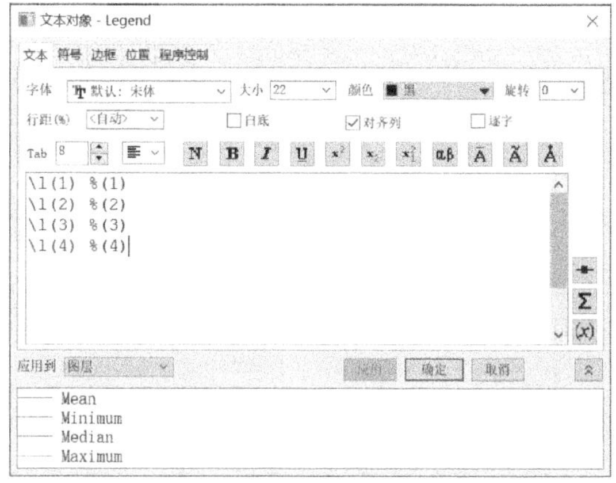

图 4-10　图例的设置

在该对话框中，用户可以对图例的文字说明进行一些特殊设置，比如背景、旋转角度、字体类型、字体大小、粗斜体、上下标、添加希腊符号等。

4.3 图形标注

图形绘制完成后，需要对图形添加标注，包括文本、时间与日期、上下标以及其他特殊符号等。本节将对图形标注的添加方法进行介绍。

4.3.1 添加文本

在图形中可以根据需要输入文本内容，文本内容可以复制、粘贴或移动。添加文本的方式有以下几种。

1）单击主界面左侧“工具”工具栏中的 T（文本工具）按钮，然后在需要的位置单击。

2）在 Graph 页面内需要添加文本的位置右击，在弹出的快捷菜单中选择“添加文本”命令，如图 4-11 所示。

与图例设置相似，右击文本，执行快捷菜单中的“属性”命令，在弹出的“文本对象”对话框中进行文本设置或添加特殊符号操作。利用添加文本功能，用户也可以对坐标轴进行特殊的标注。

利用“格式”工具栏或迷你工具栏（见图 4-12），可以对添加的文字格式进行调整；利用“样式”工具栏中，可以很方便地对图形和曲线的相关参数进行设置。

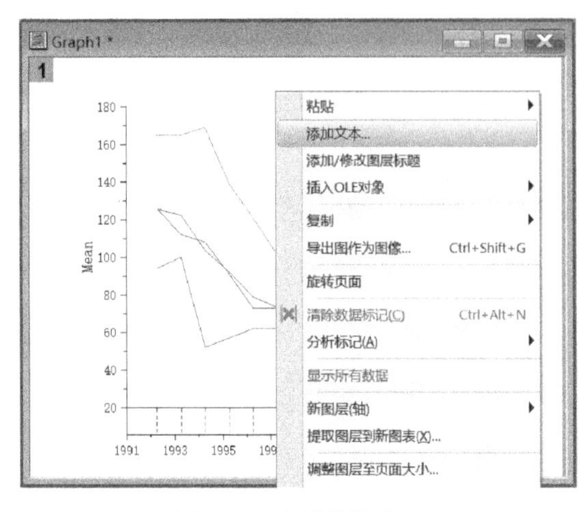

图 4-11　右键快捷菜单

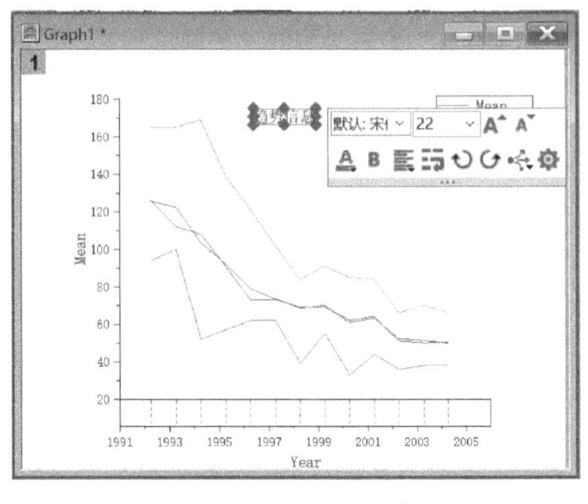

图 4-12　迷你工具栏

4.3.2　标注希腊字母

希腊字母的标注方法有以下几种。

1）将字体设置成 symbol 或单击“格式”工具栏中的 **αβ**（希腊字母）按钮，然后利用键盘输入希腊字母。

键盘上按键对应的希腊字符如下（按键盘英文字母上从上到下、从左到右顺序）：

Q：θ 或 ϑ；W：ω；E：ε；R：ρ；T：τ；Y：ψ；U：υ；I：ι；O：ο；P：π

A：α；S：σ；D：δ；F：ϕ；G：γ；H：η；J：ϕ；K：κ；L：λ

Z：ς；X：ξ；C：χ；V：ϖ；B：β；N：υ；M：μ

2）坐标轴标注的内容原来是 abg，单击工具栏的 **αβ** 按钮，会变为 αβγ。

3）要将标注的内容改成希腊字母，还可以在文本 abg 上右击，执行快捷菜单中的“属性”命令，在弹出的“文本对象”对话框中选中 ewq，然后单击 **αβ** 按钮，此时方框内容出现 \g (abg)（\g 表示其后括号内的字母为希腊字母），预览栏会出现 αβγ，如图 4-13 所示。单击“确定”按钮，即可完成希腊字母的标注。

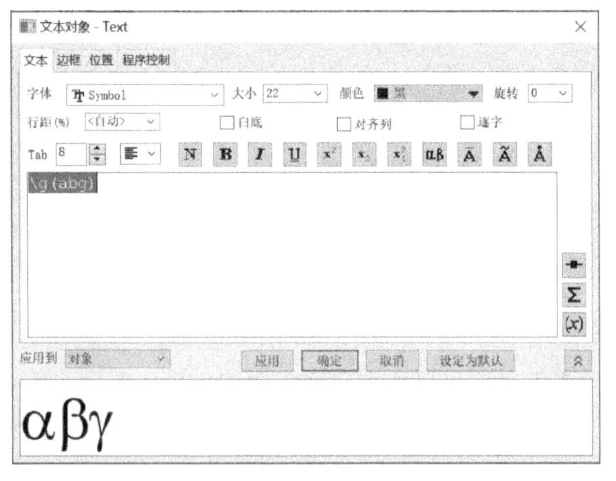

图 4-13　标注希腊字母

4.3.3　标注上下标

使用标注上下标功能可以输入一些特殊的单位（如℃、℉）或上下标（如 C_2^1）等，标注方法如下。

1）在选中的内容上右击，执行“属性”命令，在弹出的“文本对象”对话框中进行设置。输入要标注的内容，然后根据需要单击 x^2 x_2 x_1^2 按钮，如“$\alpha^5\beta_2\gamma_2^4$”的输入，如图 4-14 所示。

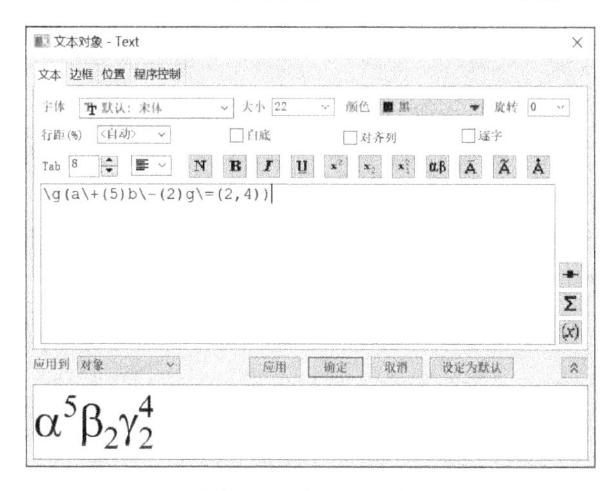

图 4-14　标注上下标

2）双击坐标标注的内容，将光标放到标注上标（下标）的内容之后，此时“格式”工具栏相关按钮 x^2 x_2 x_1^2 由灰色变为亮色，单击相应上标（下标）的图标，输入上标（下标）所表示的内容即可。

4.3.4　标注特殊符号

Origin 有一个自带的特殊符号库，双击文本或坐标轴标注时光标闪烁，然后右击，在弹出的快捷菜单中执行“符号表”命令，如图 4-15 所示。此时会出现图 4-16 所示的“符号表”对话框，确认字体后，选择需要的字符并单击“插入”按钮，即可插入特殊字符。

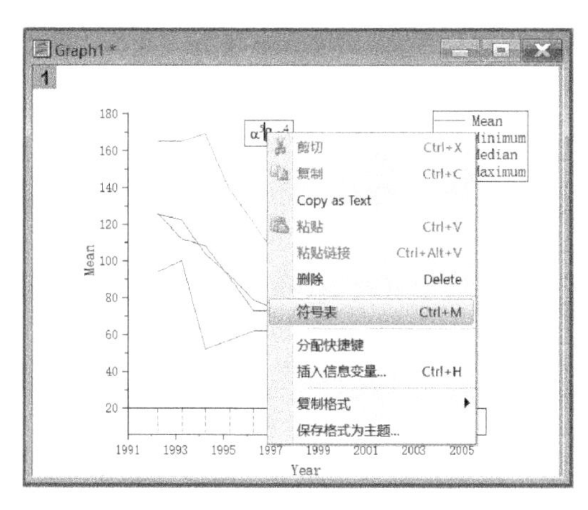

图 4-15　右键快捷菜单

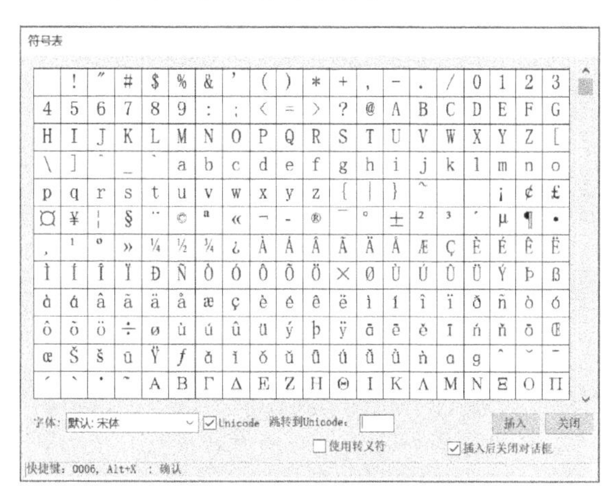

图 4-16　自带的特殊符号表

4.4 小结与思考

据统计，在科技论文中，数据二维曲线图占所有数据图的 90%以上。本章重点介绍了其在 Origin 中的基础操作、图形设置和标注方法，为后面图形绘制的学习打下基础。下面给出开放性的讨论题目供读者在学习时思考。

1）解释图形绘制基础中的“基本概念”包括哪些要素。

2）描述如何在 Origin 中进行简单的绘图操作，并给出实例。

3）详细说明在 Origin 中如何设置坐标轴，包括标签、刻度和范围。

4）讨论显示设置在图形呈现中的作用，并介绍自定义图形显示效果的步骤。

5）描述如何在 Origin 中添加和自定义图例。

6）介绍如何在 Origin 图形中添加文本注释。

7）讨论在 Origin 中标注希腊字母和上下标的方法。

8）介绍如何使用 Origin 自带的特殊符号进行图形标注。

第5章 二维图形绘制

Origin 中二维图形种类繁多，本章以列表和图形的形式对各类二维图形绘制方法进行讲解。其中详细介绍了二维图绘制功能及绘制过程，以帮助读者掌握绘图方法。

5.1 函数绘图

Origin 提供了函数绘图功能，函数可以是 Origin 内置函数，也可以是 Origin C 编程的用户函数。通过绘图函数可以将图形方便地显示在绘图窗口中。

5.1.1 利用函数绘图

在 Origin 绘图窗口中利用函数绘图的方法如下。

1）单击“标准”工具栏中的（新建图）按钮，即可打开图 5-1 所示的绘图窗口。

2）执行菜单栏中的“插入”→“函数图”命令，在弹出的“创建 2D 函数图”对话框中定义要绘图的函数。

在该对话框中的“函数”选项卡下，用户可以选择各种数学函数和统计分析函数，如图 5-2 所示。在选择函数后单击“确定”按钮，即可在绘图窗口中生成图形。

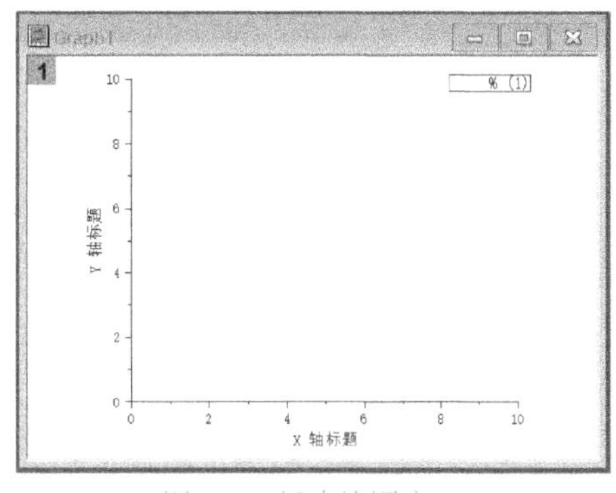

图 5-1 新建绘图窗口

图 5-2 在“创建 2D 函数图”对话框中定义函数

3）用户也可以在文本框中自定义函数，本例定义了一个 cos(x)+tan(x)函数，如图 5-3 所示。单击“确定”按钮，在绘图窗口中将生成图 5-4 所示的函数图形。

图 5-3 “创建 2D 函数图”对话框

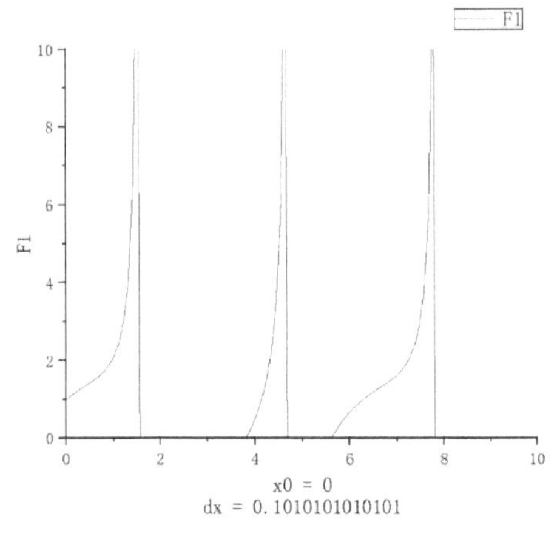

图 5-4 绘图结果

4）双击图形 Y 轴坐标，将弹出“Y 坐标轴-图层 1”对话框，在“刻度”选项卡中可以调整 Y 轴坐标范围（起始—结束）为−45 至 20，如图 5-5 所示。单击“确定”按钮，绘图效果如图 5-6 所示。

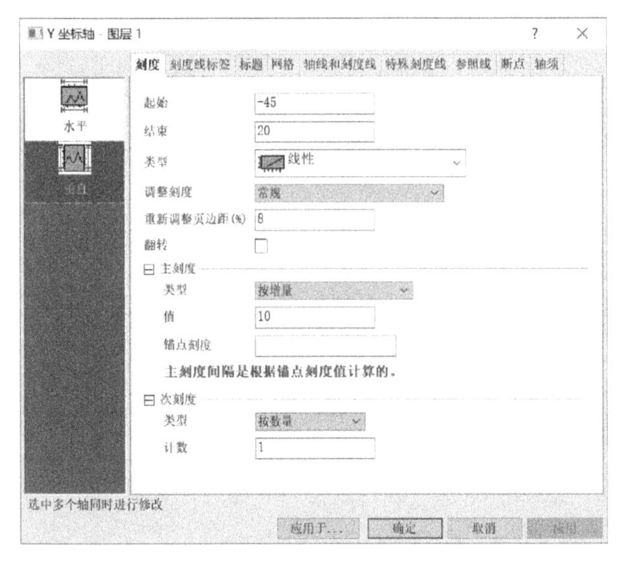

图 5-5 “刻度”选项卡

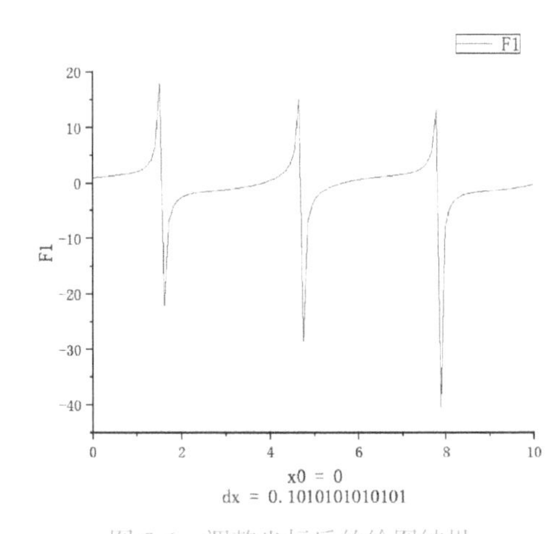

图 5-6 调整坐标后的绘图结果

提示：调节坐标轴范围也可以单击坐标轴并停留，在出现图 5-7 所示的迷你工具栏中单击 （轴刻度）按钮，然后在出现的“轴刻度”对话框中设置其坐标轴，如图 5-8 所示。

5）单击“图形”工具栏上的 （添加上−X 轴右−Y 轴图层）按钮，添加顶部 X 轴和右侧 Y 轴的图层 2，如图 5-9 所示。

6）在图例上按住鼠标左键拖动，将图例拖动到需要的位置。

7）双击新添加的 X 轴或 Y 轴，在弹出的对话框中单击“标题”选项卡，并在左侧选择“上轴”，然后取消勾选“显示”后的复选框。同样的方法，将“右轴”也设置为取消选择“显示”标题，单击“应用”按钮。

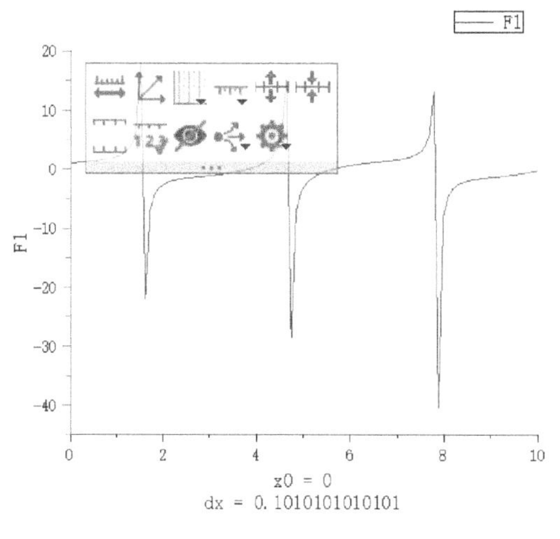

图 5-7　迷你工具栏

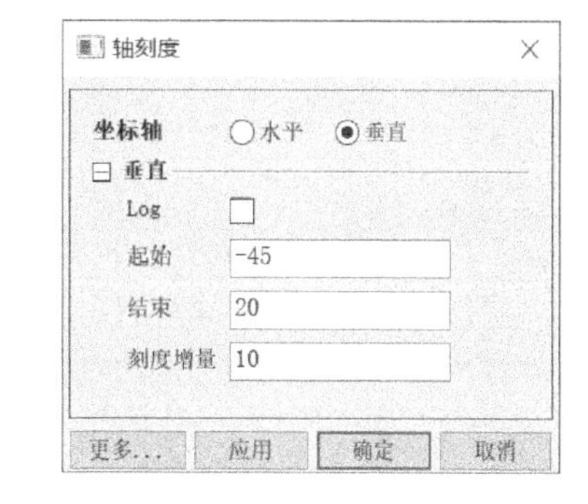

图 5-8　“轴刻度”对话框

提示：要隐藏坐标轴标题，也可以单击坐标轴标题，在出现的迷你工具栏中单击（隐藏所选对象）按钮，将坐标轴标题隐藏。

8）利用同样的方法取消选择“刻度线标签”选项卡下的“上轴”与“右轴”的“显示”复选框，单击“应用”按钮。

提示：要隐藏坐标轴刻度线标签，也可以单击坐标轴，在出现的迷你工具栏中单击（显示刻度线标签）按钮，将刻度线标签隐藏。

9）继续选择“轴线和刻度线”选项卡下的“上轴”与“右轴”，将“主刻度”与“次刻度”下的样式设置为“无”，如图 5-10 所示。

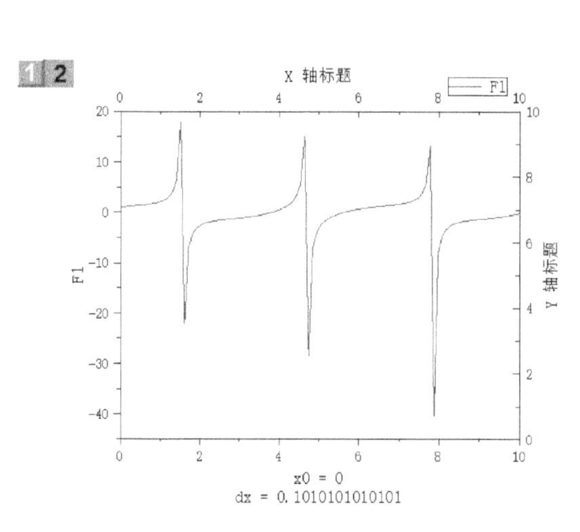

图 5-9　添加顶部 X 轴和右侧 Y 轴

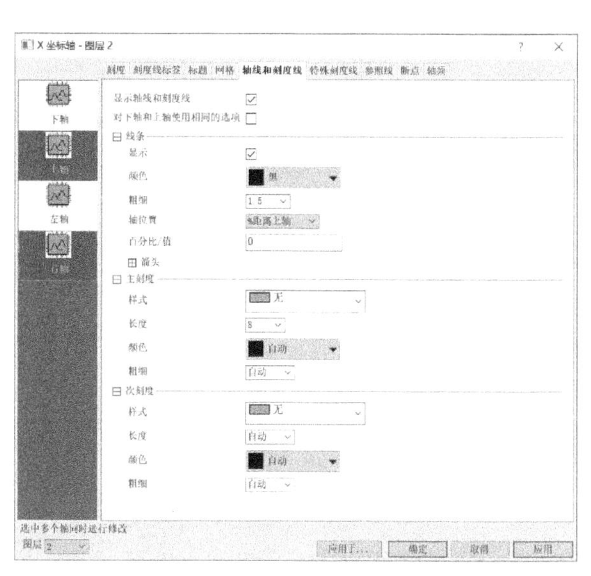

图 5-10　“轴线和刻度线”选项卡

提示：要隐藏坐标轴刻度线，也可以单击坐标轴并停留，在出现的迷你工具栏中单击“刻度样式”下的—无（无）按钮，将坐标轴刻度隐藏，如图 5-11 所示。

10）单击“确定”按钮显示调整后的图形，如图 5-12 所示。

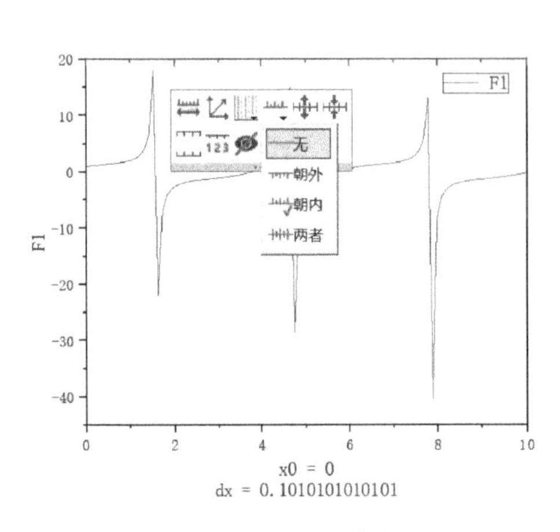

图 5-11　刻度样式

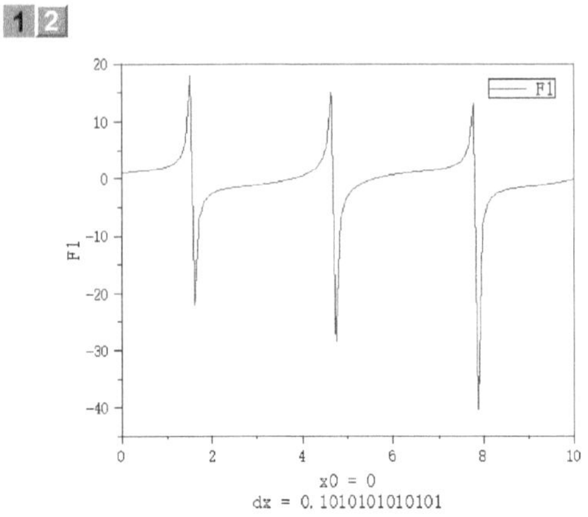

图 5-12　调整后的图形

5.1.2　创建函数数据工作表

在“创建 2D 函数图”对话框中单击 （显示在单独的窗）按钮，会弹出图 5-13 所示的函数显示对话框，对话框右侧即为绘图数据。

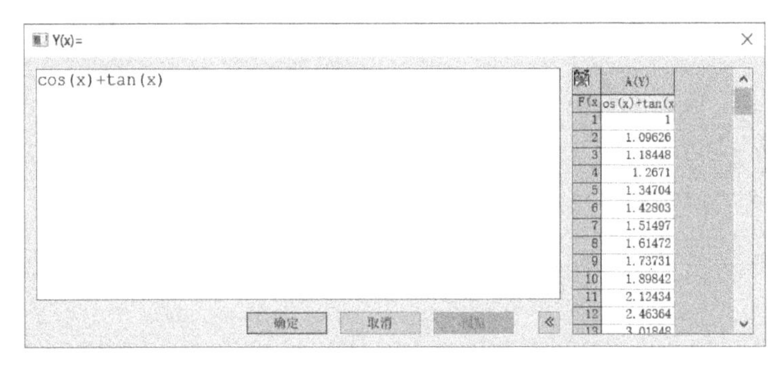

图 5-13　函数显示对话框

在绘图窗口中双击曲线图，在弹出的图 5-14 所示的“绘图细节-绘图属性”对话框中单击“工作簿”按钮，即可弹出图 5-15 所示的工作簿窗口，窗口中给出了函数数据。

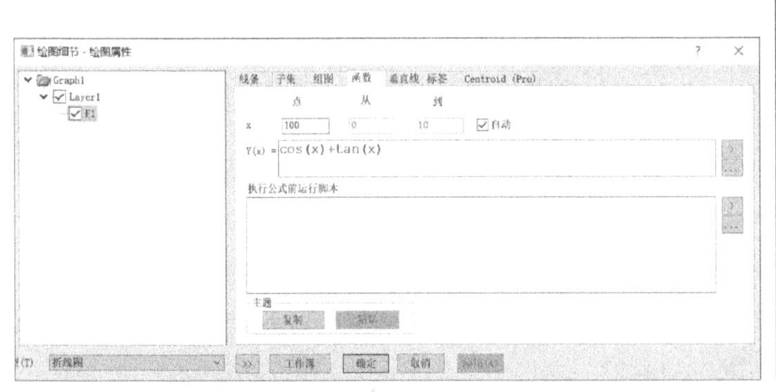

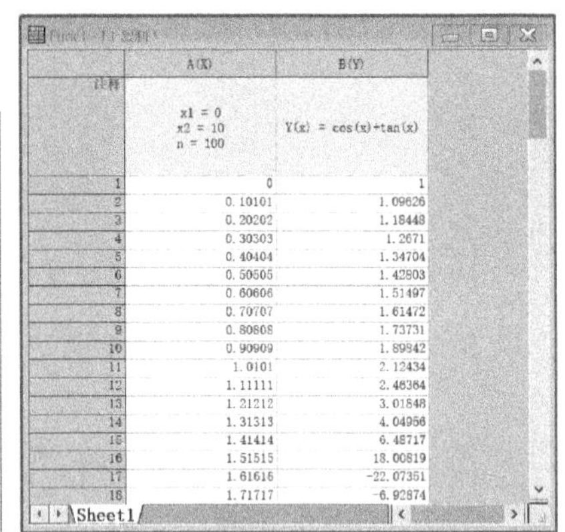

图 5-14　“绘图细节-绘图属性”对话框

图 5-15　创建的函数数据工作表

5.2 线图

Origin 提供了多种内置二维绘图模板，用于科学实验中的数据分析。在“2D 图形”工具栏中单击（模板库）按钮，即可打开图 5-16 所示的“模板库”对话框，从中选择需要的绘图模板即可进行绘图。

其中，线图对数据的要求是工作表中至少要有一个 Y 列的值，如果没有设定与该列相关的 X 列，工作表会提供 X 的默认值。本节中的绘图数据若不特别说明，均采用数据文件 Outlier. dat，如图 5-17 所示。

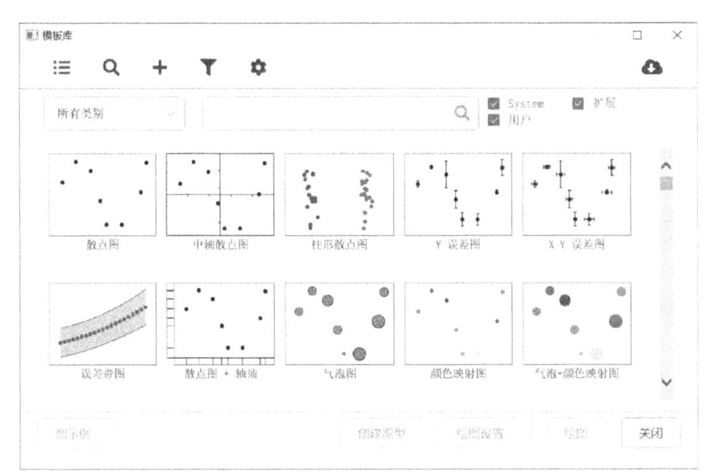

图 5-16　“模板库”对话框

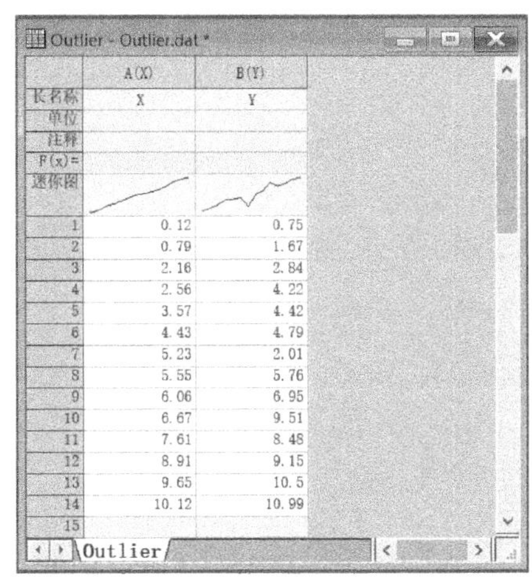

图 5-17　基础 2D 绘图工具

导入 Outlier. dat 数据文件。选中工作表中 A(X) 和 B(Y) 列，然后执行菜单栏中的“绘图”→“基础 2D 图”命令，在展开的绘图模板中选择所需的绘图方式进行绘图，如图 5-18 所示。

或单击“2D 图形”工具栏中线图绘图组旁的按钮，在打开的菜单中选择绘图方式进行绘图，如图 5-19 所示。

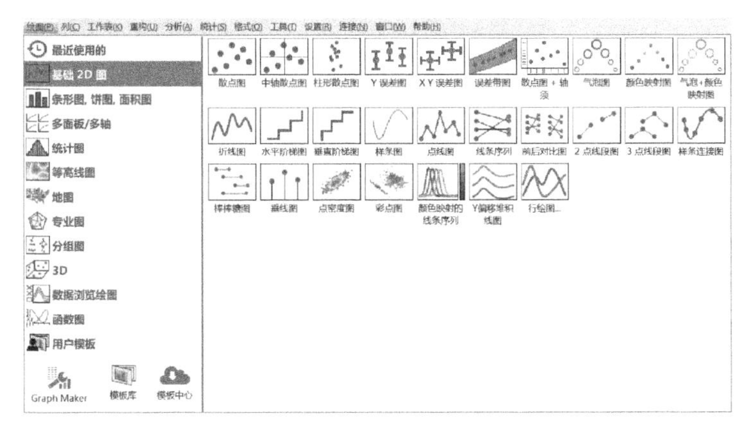

图 5-18　基础 2D 图

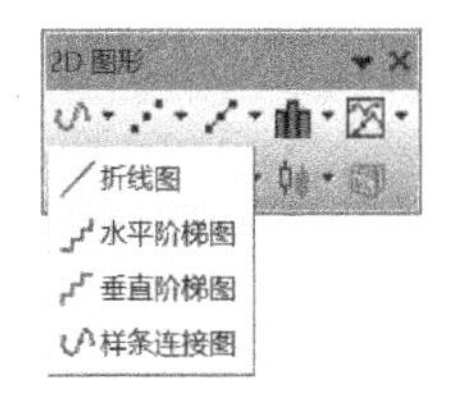

图 5-19　工具栏中的线图按钮

Origin 中的 2D 线图包括折线图、水平阶梯图、垂直阶梯图、样条图、点线图、线条序列、前后对比图等。

5.2.1 折线图

选中数据列 A(X) 和 B(Y)，执行菜单栏中的“绘图”→“基础 2D 图”→“折线图”命令，或单击“2D 图形”工具栏中的／（折线图）按钮。即可绘制出图 5-20 所示的折线图。

折线图的图形特点为每个数据点之间由直线相连，由于模板绘制的折线图不一定符合科学制图要求，因此需要进一步调整处理，调整步骤如下。

1）将图例文本从右上角移到数据图中的合适位置。在图例文本上右击，在弹出的快捷菜单中选择“属性”命令，此时会弹出“文本对象-Legend”对话框，在“文本”面板下将“大小”调整为 24（默认为 22），如图 5-21 所示。

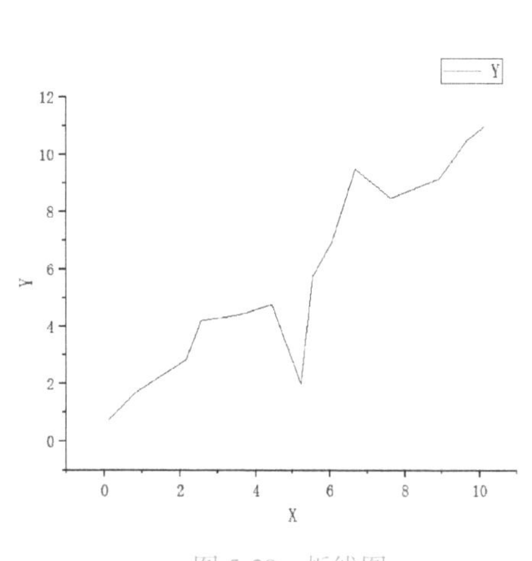

图 5-20 折线图

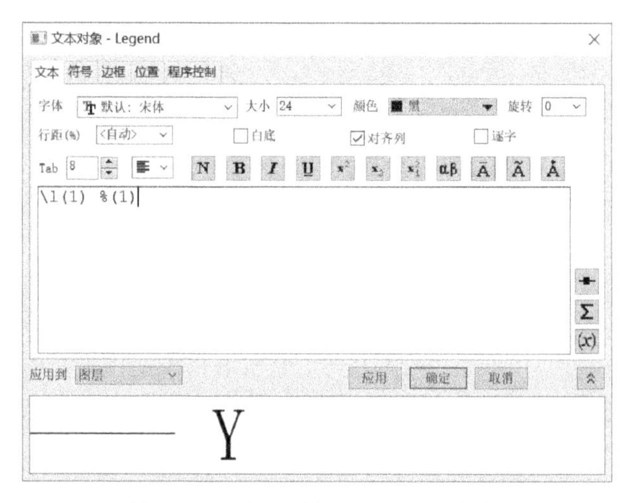

图 5-21 “文本对象-Legend”对话框

用户也可以单击图例文本，在弹出的迷你工具栏中设置字体样式。

2）单击 X 轴和 Y 轴的坐标标注并停留，在出现迷你工具栏中设置文本大小为 22（默认为 18）。

3）单击“图形”工具栏中的按钮，添加顶部 X 轴和右侧 Y 轴的图层，单击新添加的 X 轴和 Y 轴并停留，在出现的迷你工具栏中单击“刻度样式”下的—无（无）按钮，将坐标轴刻度隐藏。

4）单击顶部 X 轴和右侧 Y 轴坐标的坐标和标题栏，选中后按<Delete>键直接删除。

5）双击数据图的曲线，弹出“绘图细节-绘图属性”对话框，如图 5-22 所示。在对话框中对曲线进行设置，比如图中线段的样式、复合类型、宽度、颜色、线段连接方式等。调整美化之后的折线图如图 5-23 所示。

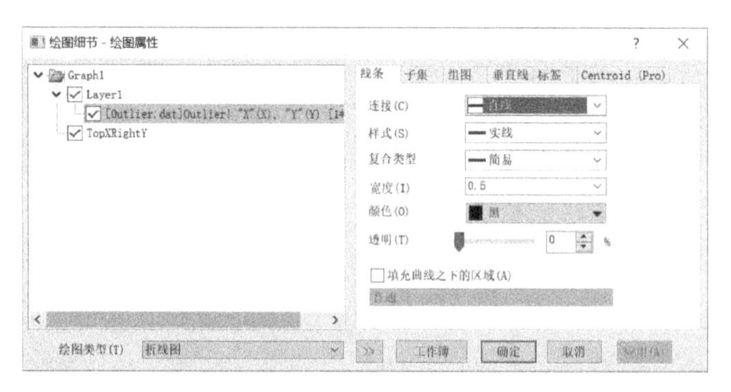

图 5-22 “绘图细节-绘图属性”对话框

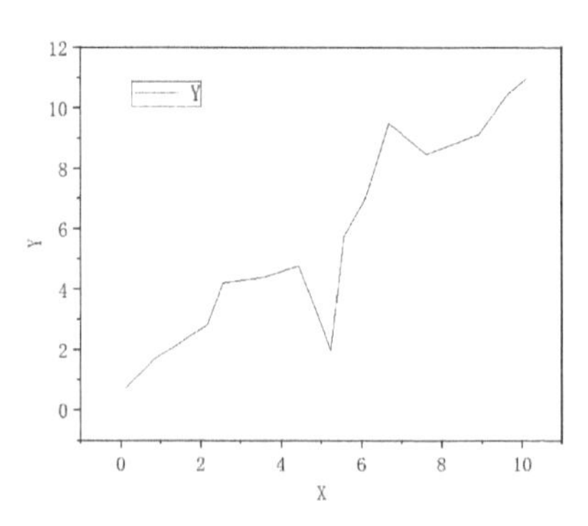

图 5-23 美化后的折线图

5.2.2 水平阶梯图

水平阶梯图的特点是在每两个数据点之间用一个水平阶梯线连接起来，即两点间是起始为水平线的直角连线，而数据点不显示。

选中数据列 A(X)和 B(Y)，执行菜单栏中的“绘图”→“基础 2D 图”→“水平阶梯图”命令，或单击工具栏中的 （水平阶梯图）按钮，即可利用模板绘制出图 5-24（a）所示的水平阶梯图。美化后的水平阶梯图如图 5-24（b）所示。

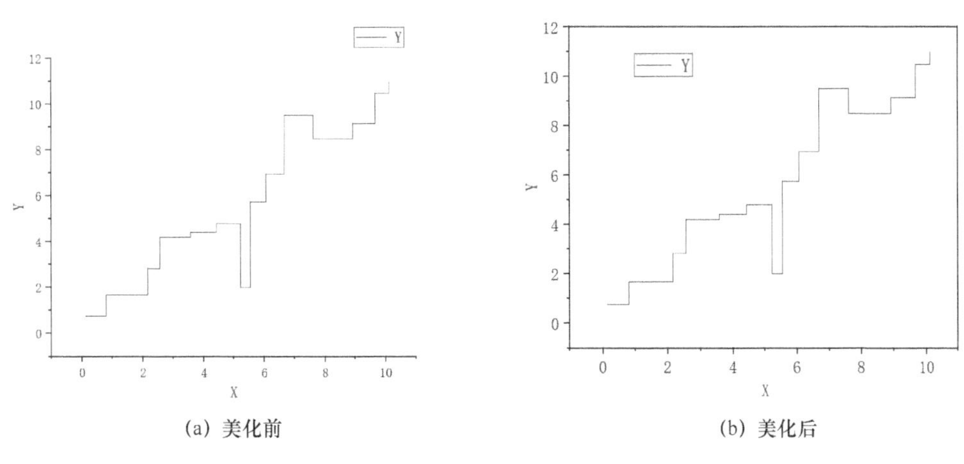

(a) 美化前　(b) 美化后

图 5-24　水平阶梯图

5.2.3 垂直阶梯图

垂直阶梯图的特点是在每两个数据点之间用一个垂直阶梯线连接起来，即两点间是起始为垂直线的直角连线，而数据点不显示。

选中数据列 A(X)和 B(Y)，执行菜单栏中的“绘图”→“基础 2D 图”→“垂直阶梯图”命令，或单击工具栏中的 （垂直阶梯图）按钮，即可利用模板绘制出图 5-25（a）所示的垂直阶梯图。美化后的垂直阶梯图如图 5-25（b）所示。

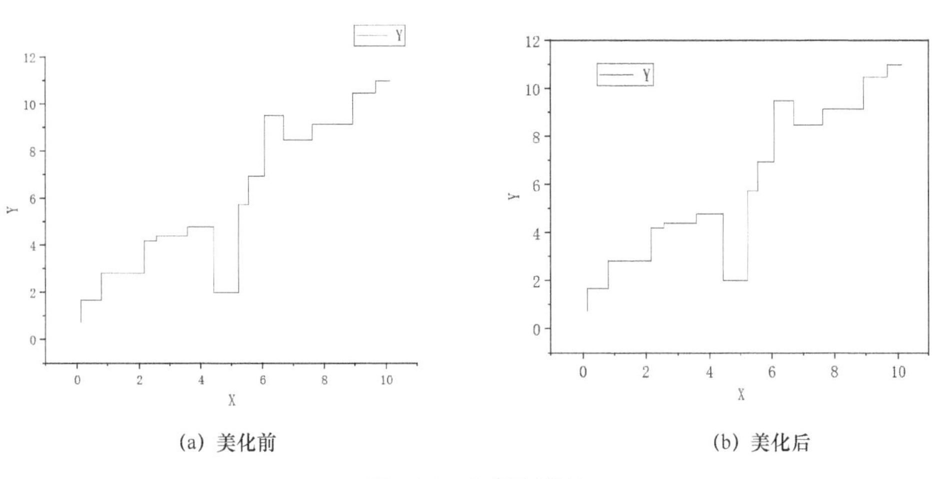

(a) 美化前　(b) 美化后

图 5-25　垂直阶梯图

5.2.4 样条图

样条图的特点是在数据点之间用样条曲线连接起来，不显示数据点。

选中数据列 A(X) 和 B(Y)，执行菜单栏中的“绘图”→“基础 2D 图”→“样条图”命令，即可利用模板绘制出图 5-26（a）所示的样条图。美化后的样条图如图 5-26（b）所示。

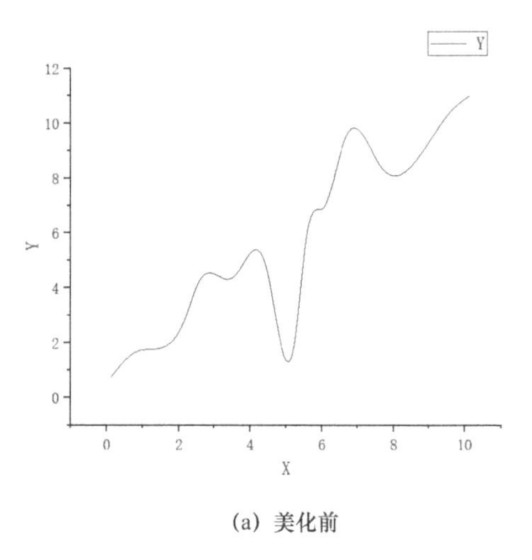

(a) 美化前

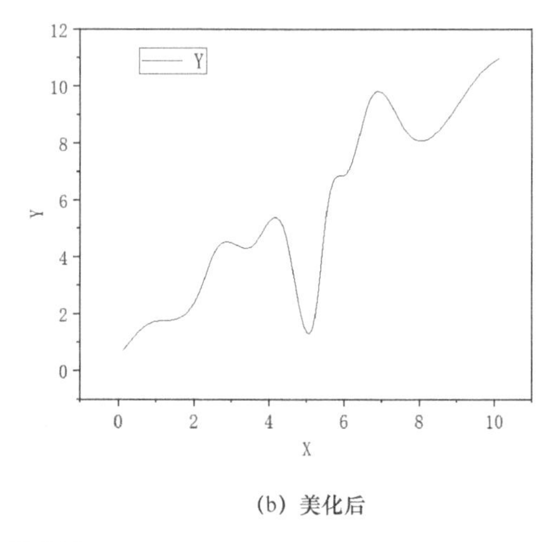

(b) 美化后

图 5-26　样条图

5.2.5 样条连接图

样条连接图的特点是在数据点之间用样条曲线连接起来，数据点以符号显示。

选中数据列 A(X) 和 B(Y)，执行菜单栏中的“绘图”→“基础 2D 图”→“样条连接图”命令，或单击工具栏中的（样条连接图）按钮，即可利用模板绘制出图 5-27 所示的样条连接图。

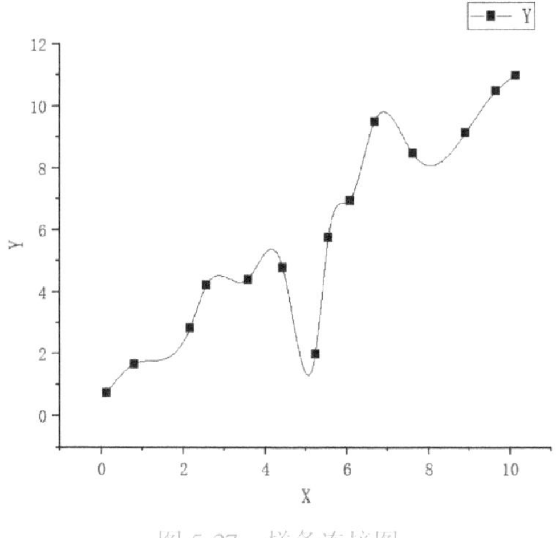

图 5-27　样条连接图

在进行调整时，双击数据图的曲线，将弹出“绘图细节-绘图属性”对话框，在该对话框中将线条曲线的“宽度”保持默认值（0.5）。线条上含有符号，将线条改粗会使线条和符号对比变差。

“符号”选项卡下的“预览”默认为黑方框■，单击旁边的下三角按钮，可以弹出符号选择框，如图 5-28 所示。将其改为五星★，并调整大小为 12（默认是 9），设置“符号颜色”为“红”，单击“确定”按钮，图形绘制完成后的效果如图 5-29 所示。

如果将“符号颜色”设置为“按点”，将“增量开始于”设置为“红”，如图 5-30 所示。则曲线图的符号会以渐变色显示，图形绘制完成后的效果如图 5-31 所示。

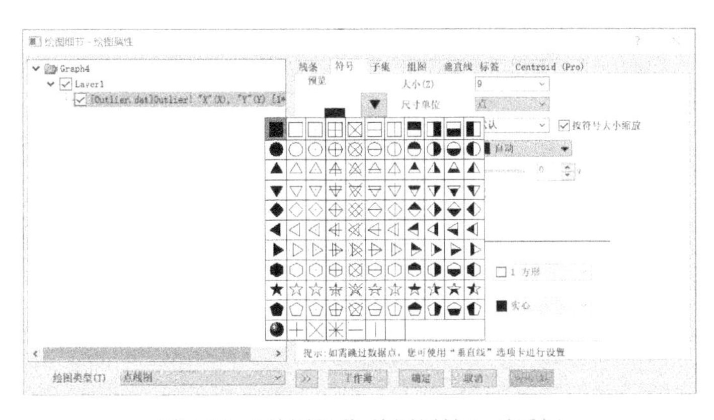

图 5-28　“绘图细节-绘图属性”对话框

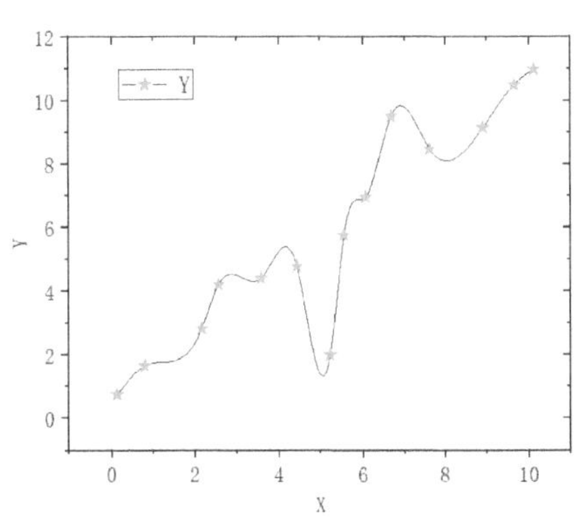

图 5-29　美化后的样条连接图

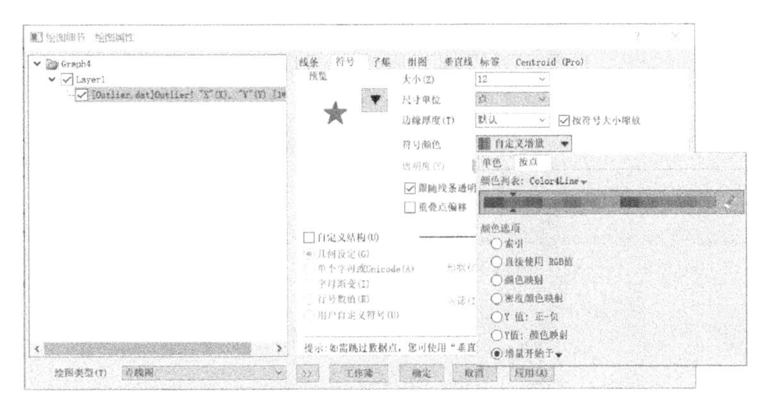

图 5-30　渐变色设置

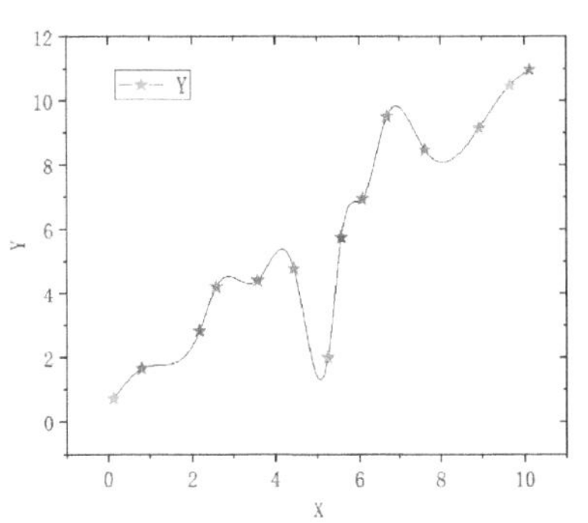

图 5-31　图形符号渐变色显示

5.3 符号图

Origin 中的 2D 符号图有散点图、中轴散点图、柱形散点图、Y 误差图、XY 误差图、垂线图、气泡图、颜色映射图和气泡+颜色映射图等绘图模板。

选中数据后，选择菜单栏中的“绘图”→“基础 2D 图”命令，在打开的菜单中选择所需绘制方式进行绘图。或单击“2D 图形”工具栏中符号绘图组旁的▾按钮，在打开的列表中选择绘图方式进行绘图，如图 5-32 所示。

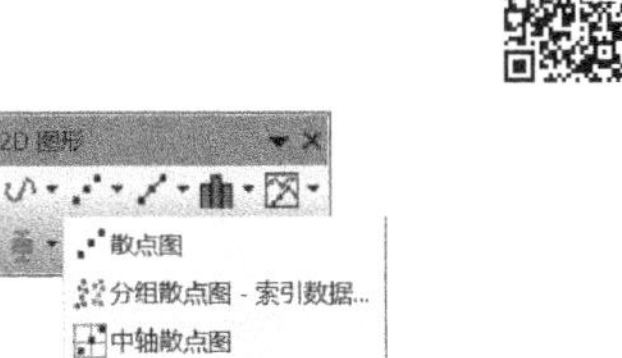

图 5-32　2D 符号图工具

5.3.1 散点图

散点图就是将数据点用散点表示出来。

选中数据列 A(X) 和 B(Y)，执行菜单栏中的“绘图”→“基础 2D 图”→“散点图”命令，或单击“2D 图形”工具栏中的 (散点图) 按钮，即可绘制出图 5-33 所示的散点图。

对散点图进行调整美化时，可以双击数据图的曲线，弹出“绘图细节-绘图属性”对话框，勾选“符号”选项卡下的“自定义结构”复选框，如图 5-34 所示。

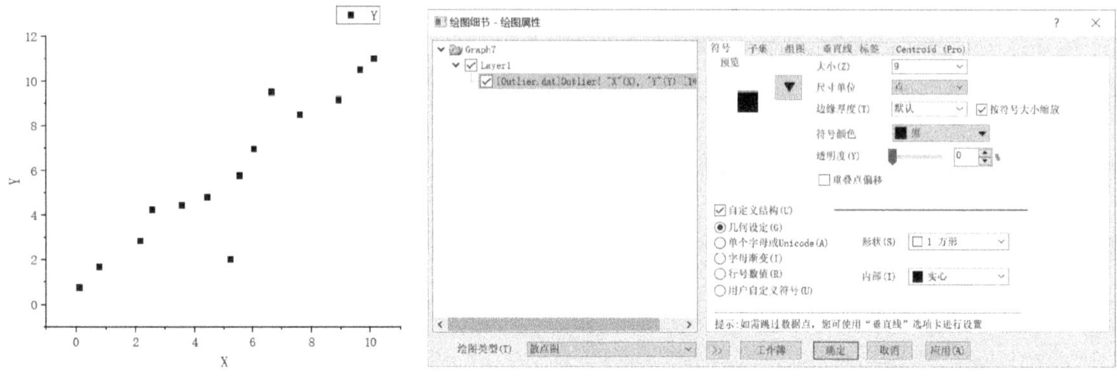

图 5-33 散点图　　　　图 5-34 “自定义结构”选项设置

“自定义结构”复选框下有 5 个单选按钮，各选项含义如下。

1）“几何设定”：定义符号的类型，与“预览”中的符号一致。

2）“单个字母或 Unicode”：设置某些特殊符号，选中“轮廓”选项时，将会给数据点的符号加上边框。

3）“字母渐变”：将每个数据点以字母顺序的形式进行表示。

4）“行号数值”：将每个数据点以数字“1”开始的阿拉伯数字进行表示。

5）“用户自定义符号”：允许用户将自定义的符号用在数据图中。

在“绘图细节-绘图属性”对话框中将“大小”设置为“12”（默认为 9），勾选“自定义结构”复选框，选中“单个字母或 Unicode”单选按钮，在下拉菜单中选择 ¤ 符号选项。

将“边缘颜色”设置为“按点”，将“增量开始于”设置为“红”，如图 5-35 所示。则曲线图的符号就会以渐变色显示，图形绘制完成后如图 5-36 所示。

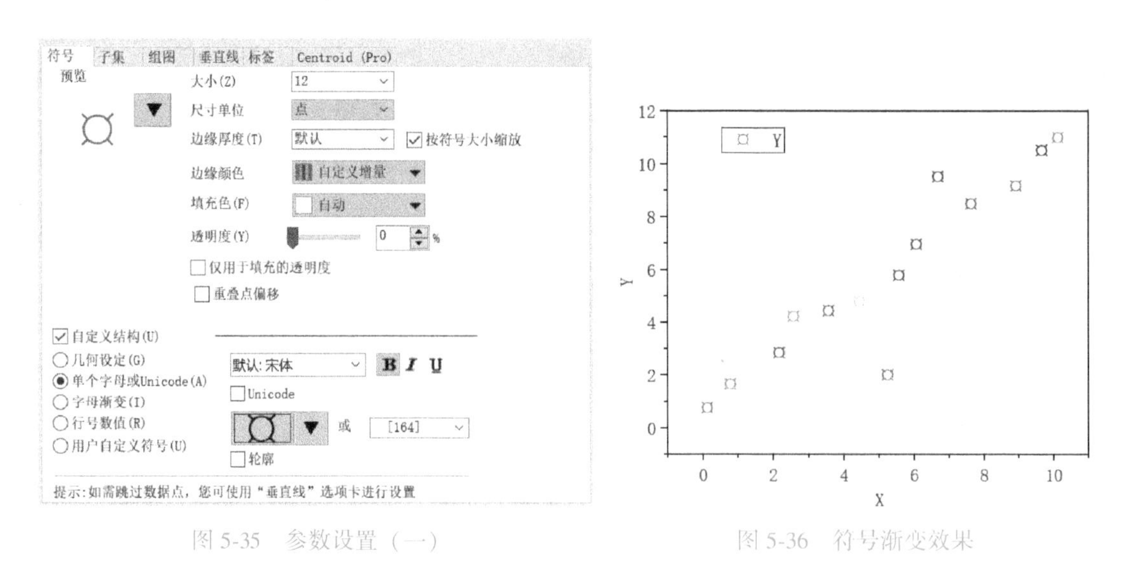

图 5-35 参数设置（一）　　　　图 5-36 符号渐变效果

在“自定义结构”下勾选“轮廓”复选框，同时设置“填充色”，此时符号方框内会出现背景色，参数设置如图 5-37 所示。图形绘制完成后的效果如图 5-38 所示。

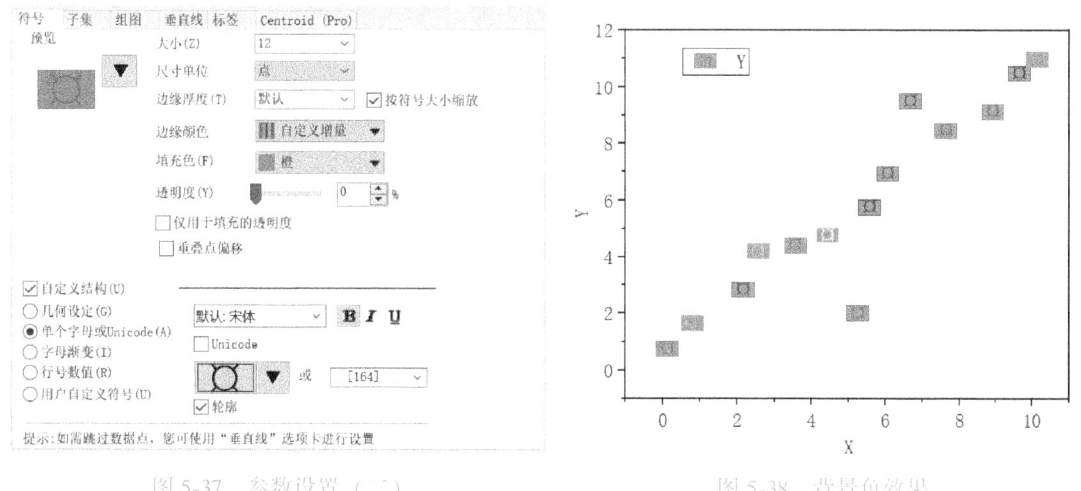

图 5-37　参数设置（二）　　图 5-38　背景色效果

5.3.2　中轴散点图

中轴散点图是在散点图的基础上，将散点图均匀地分布在各坐标轴的周围。

选中 Outlier. dat 文件的数据列 A(X) 和 B(Y)，执行菜单栏中的“绘图”→“基础 2D 图”→“中轴散点图”命令，或单击“2D 图形”工具栏中的按钮，将数据点用散点表示出来，如图 5-39所示。

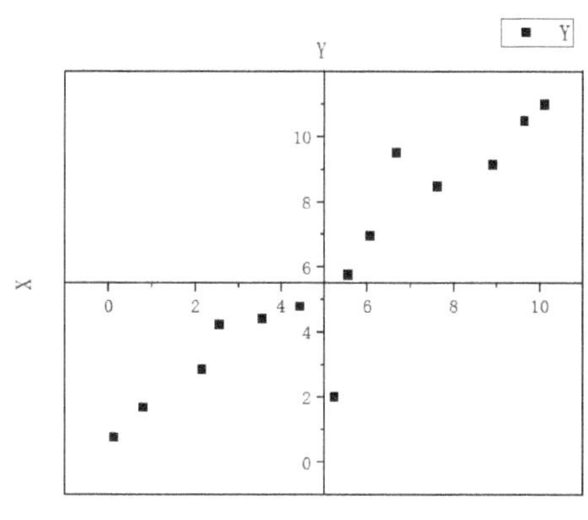

图 5-39　中轴散点图

5.3.3　Y 误差图

在符号图绘图模板中，Y 误差图对绘图的数据要求是：绘图工作表数据中至少要有两个 Y 列（或两个 Y 列中的一部分）的值。其中，左边第一个 Y 列为 Y 值，而第 2 个 Y 列为 Y 误差棒值。

绘图数据采用数据文件 Group. dat，如图 5-40 所示。如果没有设定与该列相关的 X 列，工作表会提供 X 的默认值。

按顺序选中 A(X)、B(Y)、C(Y)三列，执行菜单栏中的“绘图”→“基础 2D 图”→“Y 误差图”命令，或单击“2D 图形”工具栏中的按钮，将 B(Y)数据点用 C(Y)数据作为误差表示出来。制作出的 Y 误差图，如图 5-41 所示。

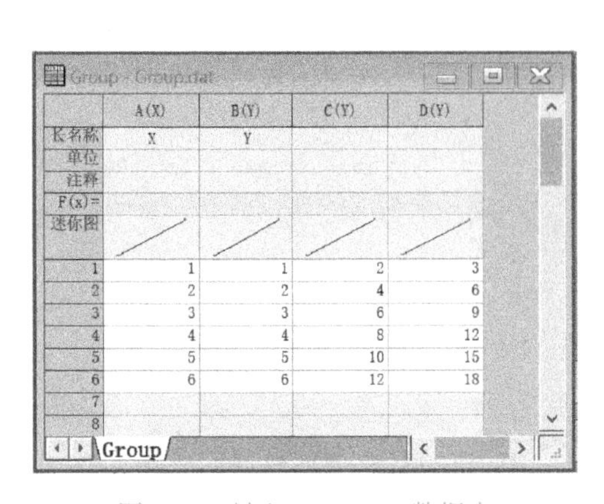

图 5-40　导入 Group. dat 数据表

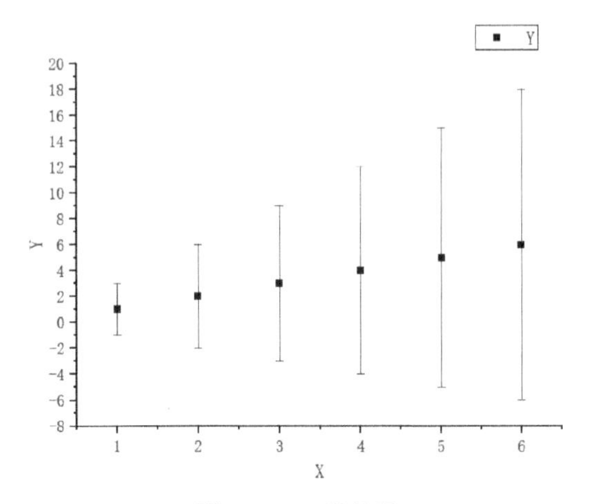

图 5-41　Y 误差图

“美化”时双击数据图的散点，在弹出的“绘图细节-绘图属性”对话框中对图形进行相应的设置。双击数据图散点上下的误差棒，可以对误差棒进行设置，如图 5-42 所示。

在“样式”选项区域中，“颜色”参数用于设置误差棒的线条颜色，“线宽”参数用于设置误差棒的线宽（默认是 0.5），“线帽宽度”参数用于设置误差棒的水平线段长度（默认是 9），勾选“穿过符号”复选框，表示误差棒穿过符号。

在“方向”选项区域中，可以对误差棒的方向进行设置。选中“正”（取误差数据点在 Y 轴上的方向，正数为向上，负数为向下）和“负”（与“正”的取向相反）复选框后，选择“绝对值”（取误差数据点绝对值方向）或“相对值”（取误差数据点相对值方向）单选按钮后，数据图的散点上下方向都会出现误差棒。

对图形坐标轴、误差棒及相应符号线条进行美化之后，效果如图 5-43 所示。

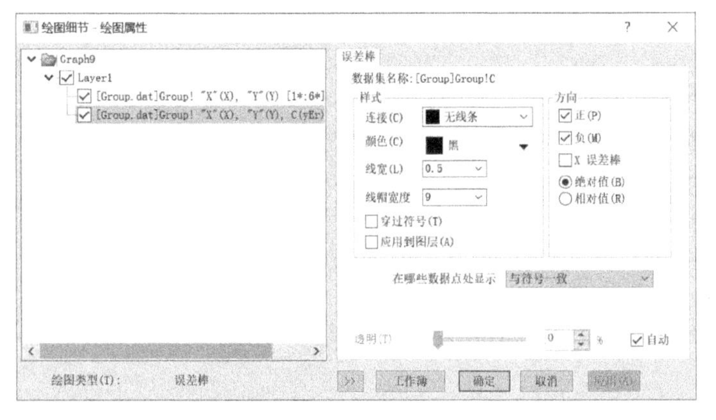

图 5-42　误差棒属性设置

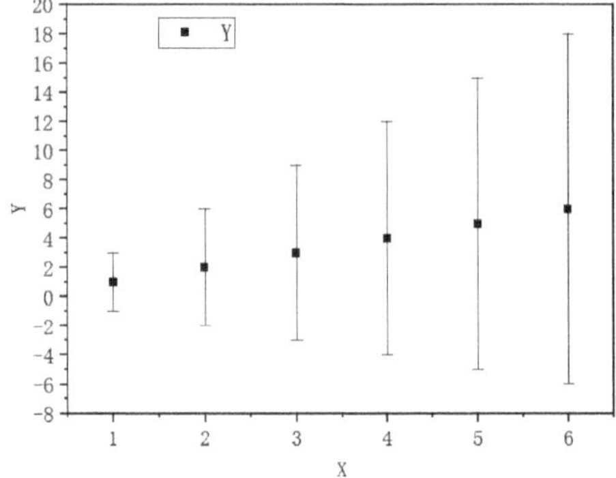

图 5-43　美化后的 Y 误差图

5.3.4　XY 误差图

XY 误差图对绘图数据的要求是：绘图工作表数据中至少要有三个 Y 列（或其中的一部分）的值。其中，左边第一个 Y 列为 Y 值，中间的 Y 列为 X 误差棒，而第三个 Y 列为 Y 误差棒。

如果没有设定与该列相关的 X 列，工作表会提供 X 的默认值。绘图数据采用数据文件

Group. dat。

在 Group. dat 数据表中，选中数据列 C(Y)并右击，在弹出的快捷菜单中选择“属性”命令，打开“列属性”对话框，在“选项”选项区域中将“绘图设定”的“Y”设置成“X 误差”，如图 5-44 所示。同样地，选中数据列 D(Y)，在“绘图设定”选项区域中将“Y”设置成“Y 误差”。

选中 A(X)、B(Y)、C(xEr±)和 D(yEr±)四个数据列，执行菜单栏中的“绘图”→“基础 2D 图”→“XY 误差图”命令，或单击“2D 图形”工具栏中的按钮，设置将 A(X)横坐标数据点用 C(xEr±)作为误差、B(Y)纵坐标数据点用 D(yEr±)数据作为误差表示出来。对散点和误差棒进行属性设置，绘制 XY 误差图如图 5-45 所示。

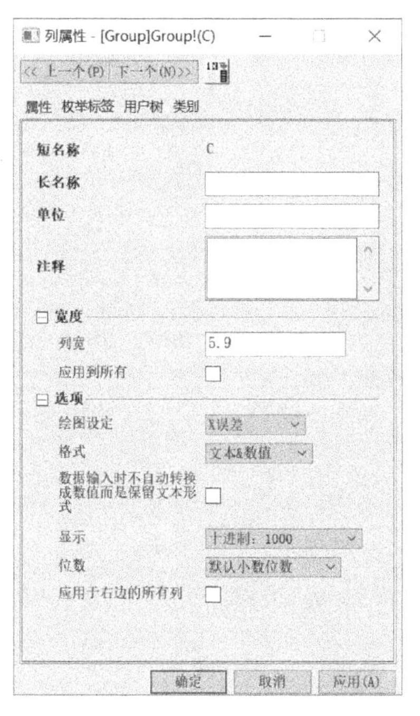

图 5-44　“列属性”对话框

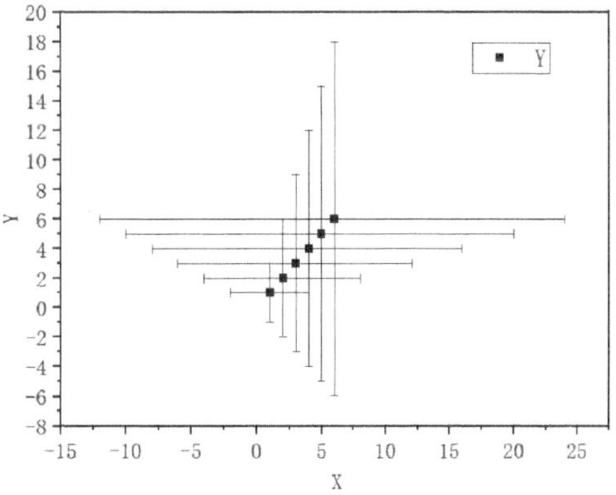

图 5-45　XY 误差图

5.3.5　垂线图

垂线图用来体现数据线中不同数据点大小的差异，数据点以符号显示并与 X 轴垂线相连。垂线图对绘图数据的要求与线图一样，要求绘图工作表数据中至少要有一个 Y 列（或其中的一部分）的值。

本例采用 Outlier. dat 数据文件。选中数据列 A(X)和 B(Y)，执行菜单栏中的“绘图”→“基础 2D 图”→“垂线图”命令，或单击“2D 图形”工具栏中的按钮来绘制垂线图，如图 5-46 所示。

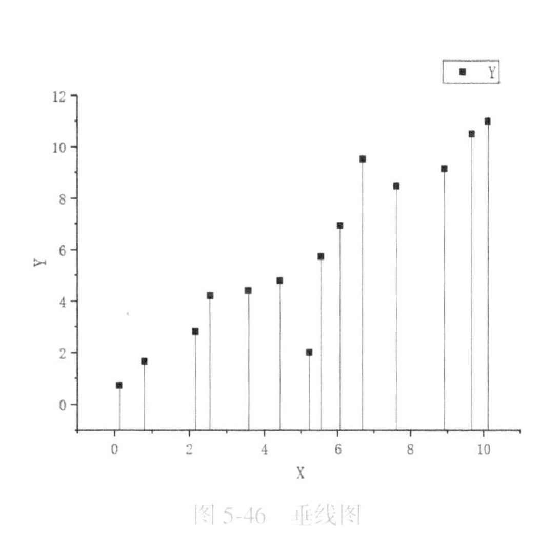

图 5-46　垂线图

5.3.6 气泡图

气泡图是 2D XYY 型图，是以一列 Y 数据作为气泡符号等比例表示另一列 Y 数据，后者的 Y 数据列一定要比前者数据列相对应的数据大。它将 XY 散点图的点改变为直径不同或颜色不同的圆球气泡，用圆球气泡的大小代表第三个变量值。

气泡图对工作表的要求是：至少要有两列（或其中的一部分）Y 值。如果没有设定相关的 X 列，工作表会提供 X 的默认值。绘图数据采用数据文件 Group. dat。

依次选中 A(X)、B(Y)、C(Y)数据列，执行菜单栏中的“绘图”→“基础 2D 图”→“气泡图”命令，或单击“2D 图形”工具栏中的按钮，绘出的图形如图 5-47 所示。

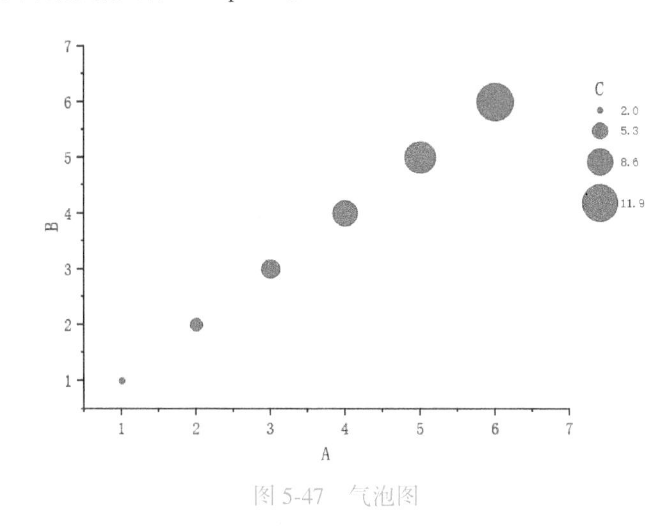

图 5-47　气泡图

利用前面介绍的方法对坐标轴和坐标进行设置，然后对气泡图进行属性设置。

1）双击气泡图，弹出“绘图细节-绘图属性”对话框，“符号”选项卡下的“大小”就是气泡的直径（E1(Y)的大小），“缩放因子”表示对气泡直径的放大倍数。

2）在“缩放因子”下拉列表中输入数字或选择数字，将气泡放大。

3）将“边缘颜色”选为“红”，如图 5-48 所示。

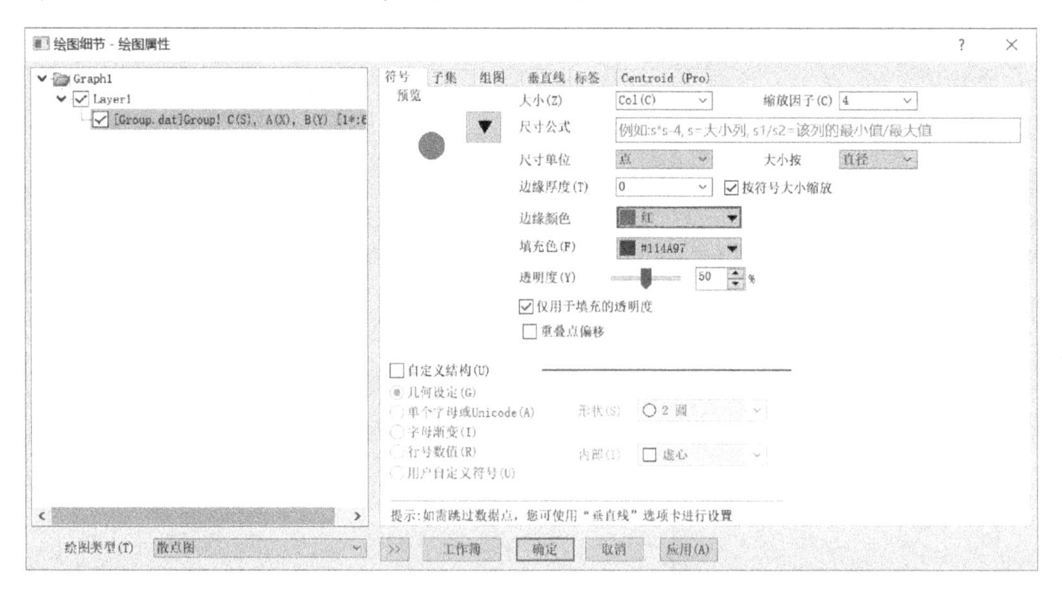

图 5-48　“绘图细节-绘图属性”对话框

4）单击“确定”按钮，完成参数设置，效果如图 5-49 所示。当然，也可以勾选“自定义结构”复选框进行相关参数的设置。

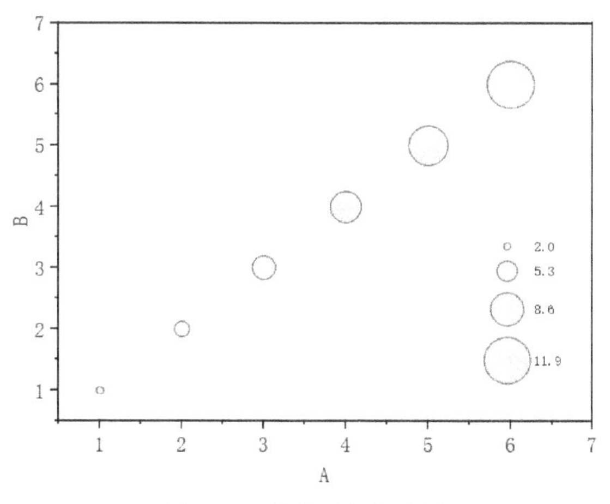

图 5-49　美化后的气泡图

5.3.7　颜色映射图

颜色映射图是将 XY 散点图的点颜色用不同的圆球气泡表示，圆球气泡的颜色代表第三个变量值。该图是 2D XYY 型图，一列 Y 数据以符号颜色顺序表示另一列 Y 数据。

Origin 会根据被选第二列的数据大小提供多种分布均匀的颜色，每一种颜色代表一定范围的值。绘图数据采用 Group. dat。

依次选中 A(X)、B(Y)、C(Y) 数据列，执行菜单栏中的“绘图”→“基础 2D 图”→“颜色映射图”命令，或单击“2D 图形”工具栏中的按钮。即可绘制出颜色映射图，如图 5-50 所示。

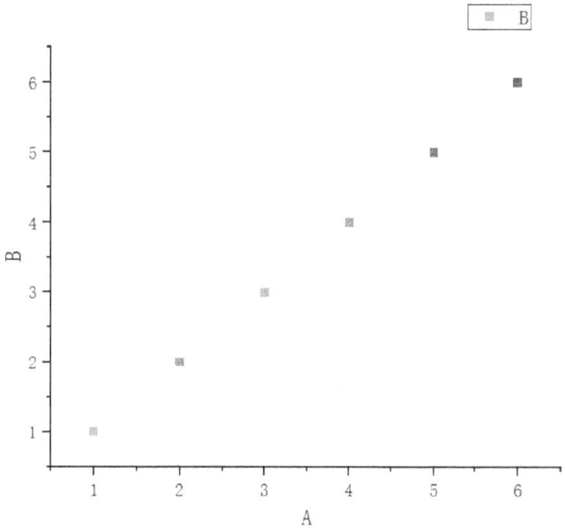

图 5-50　颜色映射图

利用前面的方法对坐标轴和坐标进行设置，然后对颜色映射图进行属性设置。

1）双击颜色映射图，在弹出的“绘图细节-绘图属性”对话框中选择“颜色映射”选项卡，其中，“填充”就是根据被选第二列的数据大小提供的多种颜色。

2）单击“填充”下的某一种颜色，在弹出的“填充”对话框中可以进行颜色替换设置。

3）单击“级别”下的数值，“级别”参数组中的“插入”和“删除”按钮会被激活，可以对颜色数据点进行插入或删除操作，如图 5-51 所示。

“颜色映射”设置完成后选择“符号”选项卡，如果修改“符号颜色”设置，那么先前的“颜色映射”设置就会失效。当然符号设置也可以勾选“自定义结构”复选框进行更多设置。美化后的颜色映射图如图 5-52 所示。

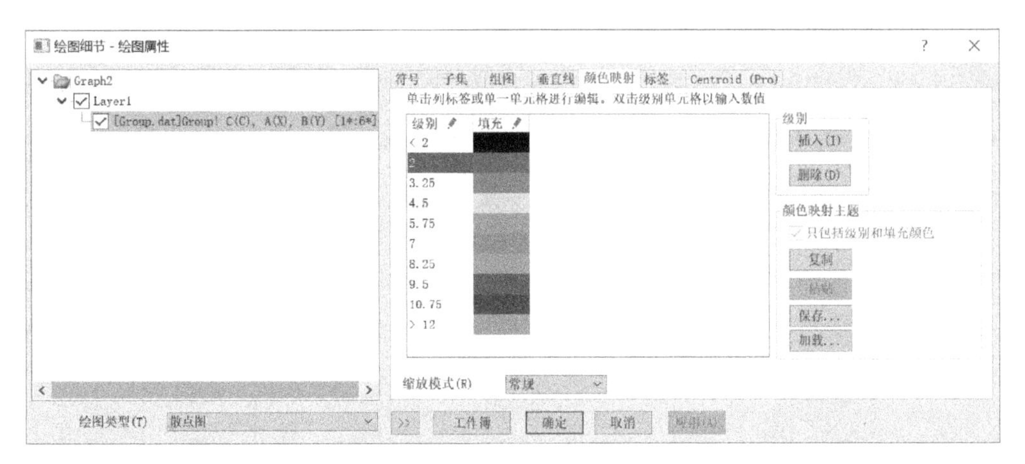

图 5-51　颜色映射图的属性设置

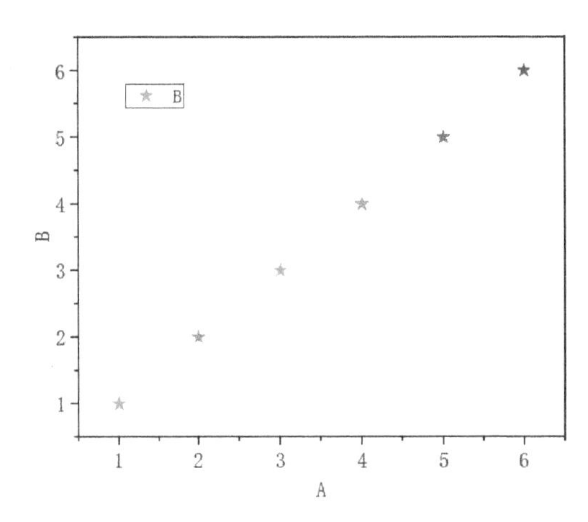

图 5-52　美化之后的颜色映射图

5.3.8　气泡+颜色映射图

气泡+颜色映射图可以说是用二维的 XY 散点图表示思维数据的散点图，此图是 2D XYY 或 2D XYYY 型图。

对于 2D XYYY 型，将第一列 Y 数据作为气泡符号等比例表示第二列 Y 数据，气泡符号颜色分配根据第三列 Y 数据的大小，它要求工作表中至少要有三列（或其中的一部分）Y 值，每一行的三个 Y 值决定数据点的状态，最左边的 Y 值提供数据点的值，而第二列 Y 值提供数据点符号的大小，第三列 Y 值提供数据点符号的颜色。

Origin 会根据第三列 Y 值数据的最大值和最小值提供八种均匀分布的颜色，每一种颜色代表一定范围的大小，而每一个数据点的颜色由对应的第三列的 Y 值决定。

绘图数据采用 Group. dat。按顺序选中数据列 A(X)、B(Y) 和 C(Y)，执行菜单栏中的“绘图”→“基础 2D 图”→“颜色映射图”命令，或单击“2D 图形”工具栏中的按钮。即可绘制出气泡+颜色映射图，如图 5-53 所示。

设置坐标轴和坐标后，可以对气泡+颜色映射图进行属性设置。首先双击气泡+颜色映射图，在弹出的“绘图细节-绘图属性”对话框中选择“符号”选项卡，如图 5-54 所示。将“缩放因子”设为“4”，调整后的效果如图 5-55 所示。

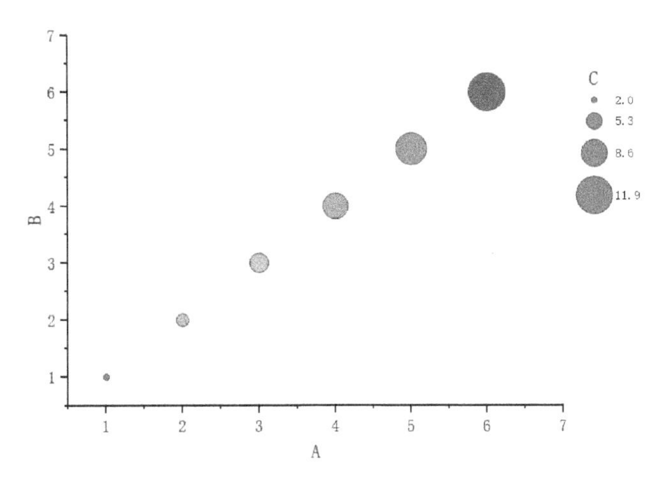

图 5-53　气泡+颜色映射图

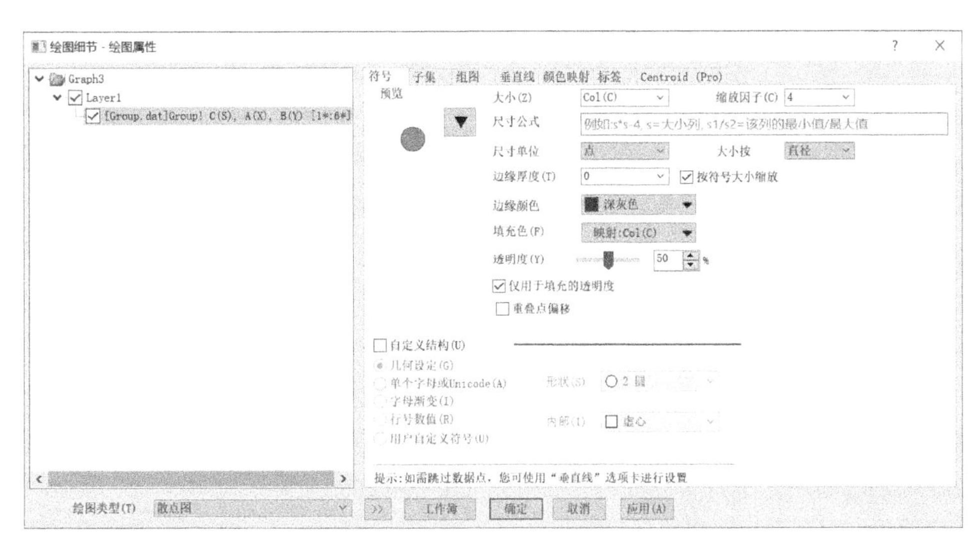

图 5-54　“绘图细节-绘图属性”对话框

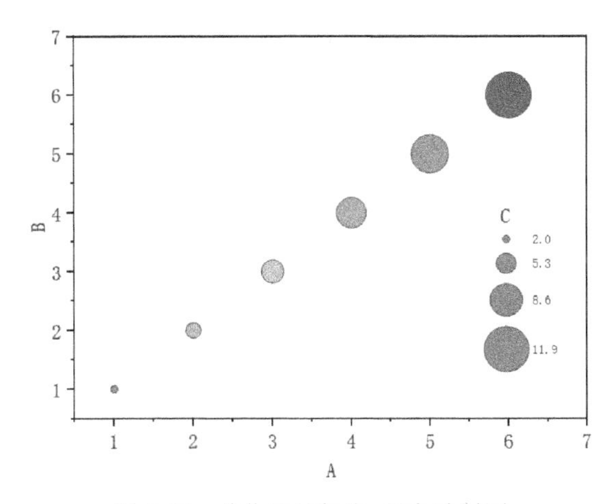

图 5-55　美化后的气泡+颜色映射图

5.4 点线符号图

Origin 的点线符号图有点线图、线条序列图、2 点线段图、3 点线段图等绘图模板。

选中数据后，选择菜单栏中的“绘图”→“基础 2D 图”命令，在打开的菜单列表中选择绘制方式进行绘图。或单击“2D 图形”工具栏中点线符号绘图组旁的▾按钮，在打开的列表中选择绘图方式进行绘图，如图 5-56 所示。

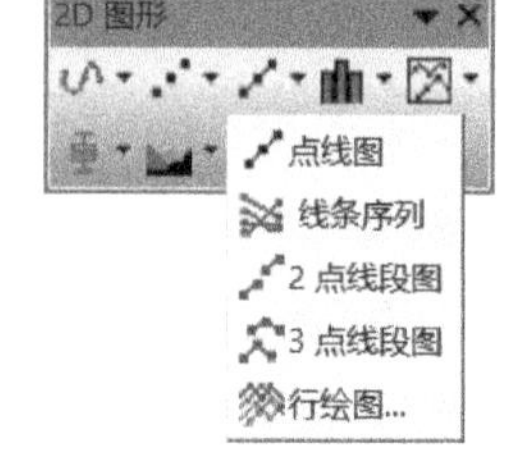

图 5-56 点线符号绘图工具

5.4.1 点线图

点线图对绘图数据的要求是：工作表数据中至少要有一个 Y 列（或其中的一部分）的值。如果没有设定与该列相关的 X 列，工作表会提供 X 的默认值。

1. 单曲线点线图

采用 Outlier. dat 数据文件。选中数据列 A(X) 和 B(Y)，执行菜单栏中的“绘图”→“基础 2D 图”→“点线图”命令，或单击“2D 图形”工具栏中的按钮，即可绘制单个数据线图。设置坐标、符号类型、颜色和连接线的属性后，单个数据线图的效果如图 5-57 所示。

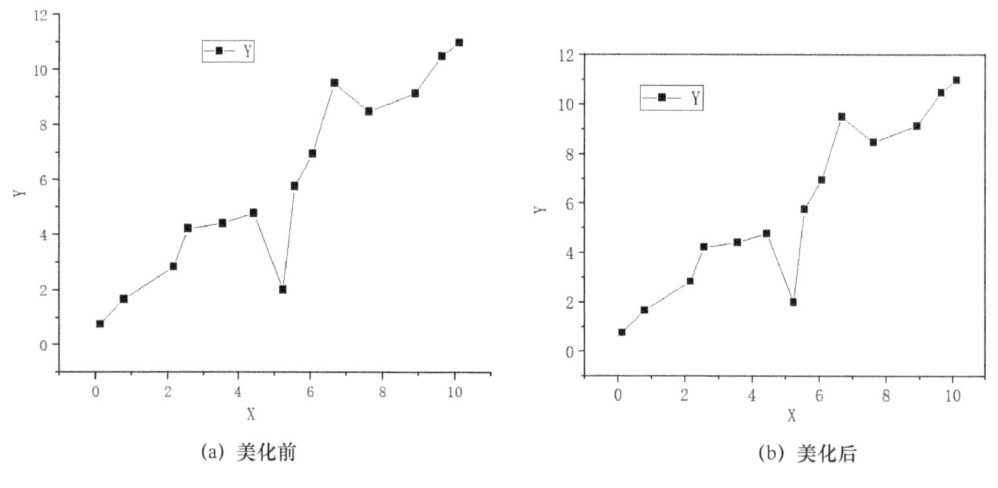

图 5-57 单曲线的点线图

在实际情况中，有时需要在数据点标明坐标值，详细操作如下。

单击绘图区左侧“工具”工具栏中的（标注）按钮，此时在绘图窗口中会出现“数据信息”提示框，在数据点符号上单击，此时会出现十字光标方框，同时提示框内的信息显示该数据点的坐标值，如图 5-58 所示。

双击要选取的数据点符号，会在读取点的右上方出现带标注连接线，形如“（X，Y）”的文本，关闭“数据信息”提示框，并将“（X，Y）”文本移动到合适的位置，即可标注数据点的坐标值，如图 5-59 所示。

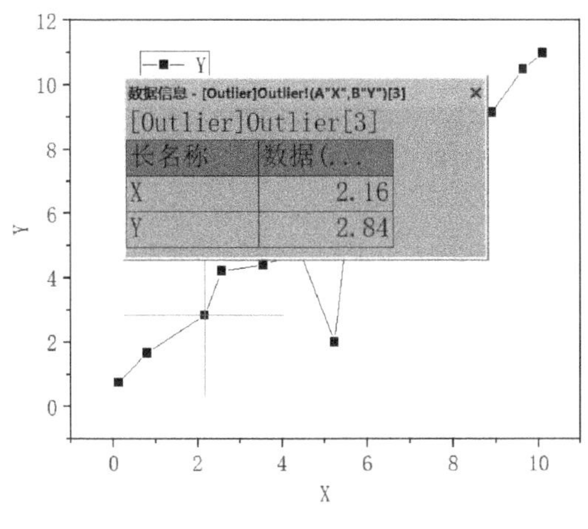

图 5-58　“数据信息”提示框

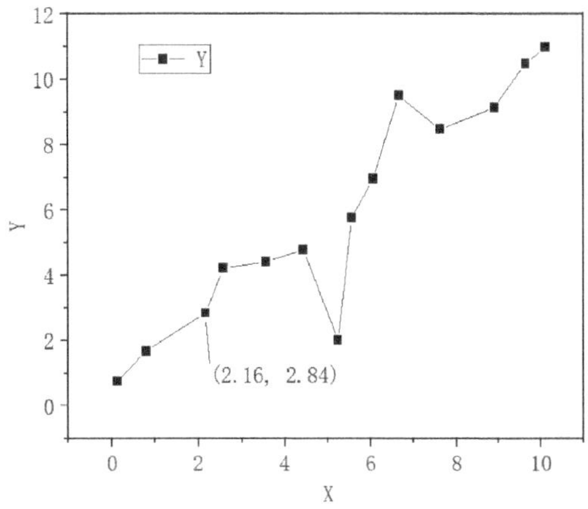

图 5-59　在曲线符号上标注坐标值

2. 多数据点线图

多数据点线图一般是指两个或两个以上的 Y 列数据的物理意义一样，共用一个 X 坐标轴。如果 Y 列数据点物理意义不一样，可以使用双 Y 坐标轴或三 Y 坐标轴。双 Y 和三 Y 坐标轴将在后文介绍。

绘图数据采用数据文件 Group. dat。依次选择数据 A(X)、B(Y)、C(Y)、D(Y)，执行菜单栏中的“绘图”→“基础 2D 图”→“点线图”命令，或单击“2D 图形”工具栏中的按钮，简单设置坐标轴后，绘出的多曲线点线图如图 5-60 所示。

如果要对 XY 型多个数据线图的各个曲线分别进行属性设置，必须双击该数据线，打开图 5-61 所示的“绘图细节-绘图属性”对话框，在“组”选项卡下将“编辑模式”单选为“独立”（默认是“从属”）。

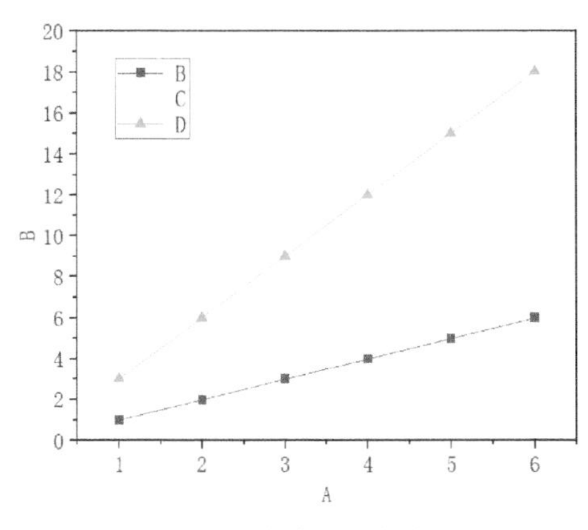

图 5-60　多曲线的点线图

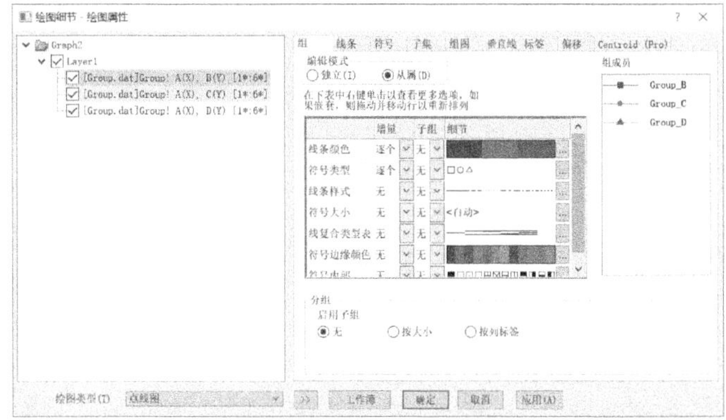

图 5-61　多曲线的“编辑模式”设置

5. 4. 2　线条序列图

线条序列图对绘图数据的要求是：工作表数据中至少要有两个或以上的 Y 列值。

绘图数据采用数据文件 Group. dat。依次选择 B(Y)、C(Y)、D(Y)作为数据，执行菜单栏中的“绘图”→“基础 2D 图”→“线条序列”命令，或单击“2D 图形”工具栏中的按钮，绘制的图形效果如图 5-62 所示。对应的 X 轴 B、C 是两个 Y 列的序号。

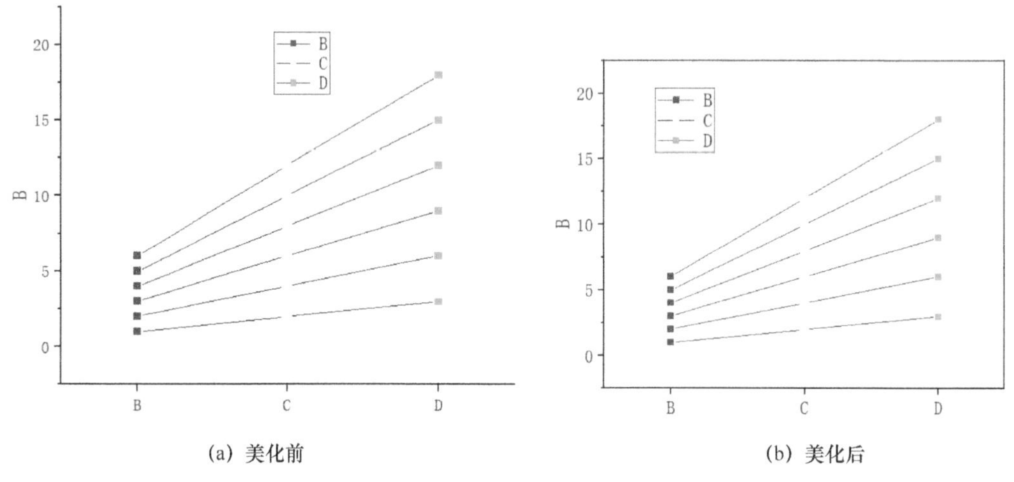

(a) 美化前　　(b) 美化后

图 5-62　线条序列图

5.4.3　2 点线段图

所谓 2 点线段图是在连续的两个数据点之间用线段连接，而下一组连续的两个数据点没有线段连接，数据点以符号显示。

绘图数据采用数据文件 Group. dat。依次选择 A(X)、B(Y)、C(Y)作为数据，执行菜单栏中的“绘图”→“基础 2D 图”→“2 点线段图”命令，或单击“2D 图形”工具栏中的按钮，设置坐标轴属性，绘制 2 点线段图的效果如图 5-63（a）所示。

如果要对 XY 型 2 数据线图的各个曲线分别进行属性设置，必须双击该数据线，打开“绘图细节-绘图属性”对话框，在“组”选项卡下将“编辑模式”单选为“独立”（默认是“从属”），并进行符号设置［B(Y)列数据曲线设置为符号渐变色，符号尺寸调整为 16］，设置完成后的 2 点线段图的效果如图 5-63（b）所示。

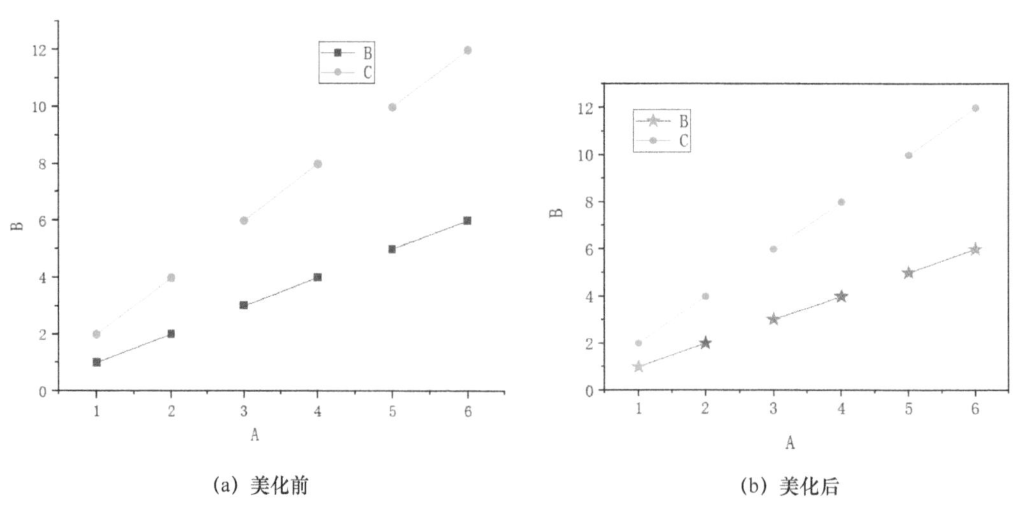

(a) 美化前　　(b) 美化后

图 5-63　2 点线段图

5.4.4　3 点线段图

3 点线段图在连续的三个数据点之间用线段连接，而下一组连续的三个数据点没有线段连接，数据点以符号显示。

绘图数据采用数据文件 Group. dat。依次选择 A(X)、B(Y)、C(Y)作为数据，执行菜单栏中的“绘图”→“基础 2D 图”→“3 点线段图”命令，或单击“2D 图形”工具栏中的按钮，设置坐标轴属性后的 3 点线段图如图 5-64（a）所示。简单美化后的 3 点线段图如图 5-64（b）所示。

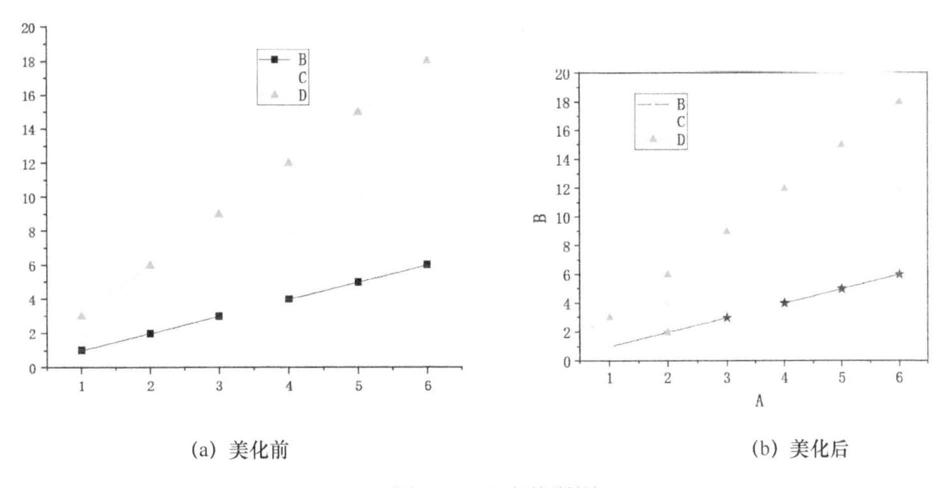

(a) 美化前　　(b) 美化后

图 5-64　3 点线段图

5.5　柱状/条形/饼图

Origin 棒状/条状图有柱状图、带标签的柱状图、条形图、堆积柱状图、堆积条形图、浮动柱状图、浮动条形图、3D 彩色饼图和 2D 彩色饼图等多种绘图模板。

选中数据后，选择菜单栏中的“绘图”→“条形图，饼图，面积图”命令，在打开的菜单中选择需要的绘制方式进行绘图，如图 5-65 所示。或单击“2D 图形”工具栏中柱状图绘图组旁的按钮，在打开的下拉列表中选择所需的绘图方式进行绘图，如图 5-66 所示。

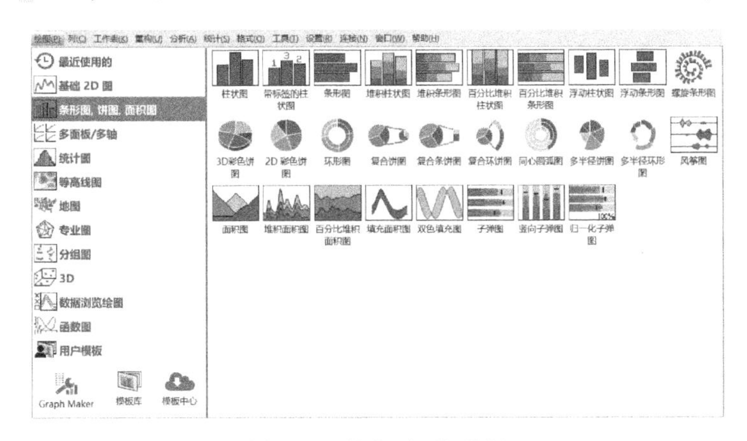

图 5-65　柱状/条形/饼图

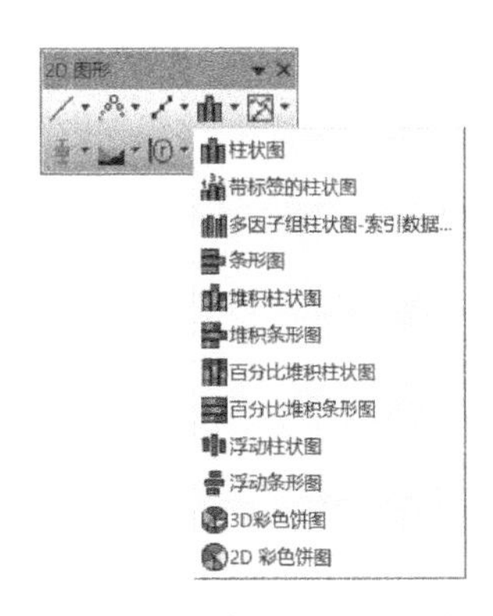

图 5-66　柱状/条形/饼图绘图工具

5.5.1 柱状图

绘出的柱状图里，Y 值以柱体的高度表示，柱体的宽度是固定的，柱体的中心为相应的 X 值。绘图数据采用数据文件 Group. dat。

依次选择 A(X)、B(Y)作为数据源，执行菜单栏中的“绘图”→“条形图，饼图，面积图”→“柱状图”命令，或单击“2D 图形”工具栏中的按钮，设置坐标轴属性，柱状图如图 5-67 所示。

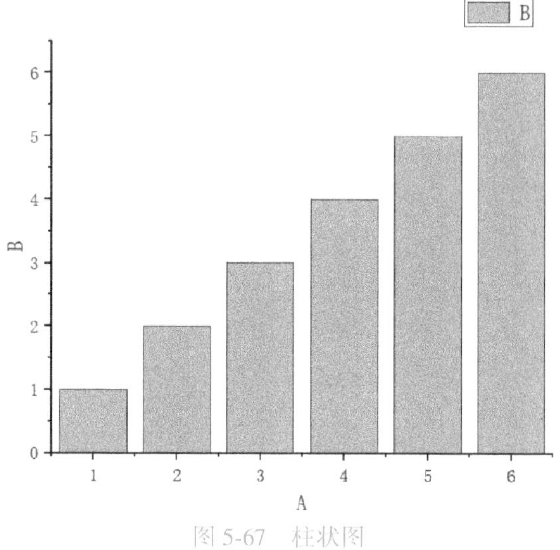

图 5-67 柱状图

下面对柱状图中的“柱子”进行设置：

1）双击柱状图的柱状体，弹出“绘图细节-绘图属性”对话框。

2）在“图案”选项卡中“填充”选项组进行参数设置。将填充“颜色”设置为“无”，在“图案”选项列表中选择图案，将“图案颜色”调整为按点的自定义增量方式定义第一个颜色条，单击“应用”按钮，如图 5-68 所示。

3）选择对话框中的“间距”选项卡，对柱状体的宽度和间距进行设置，默认的“柱状/条形间距”为 20，将其调整为“30”，单击“确定”按钮完成美化操作，美化后的柱状图如图 5-69 所示。

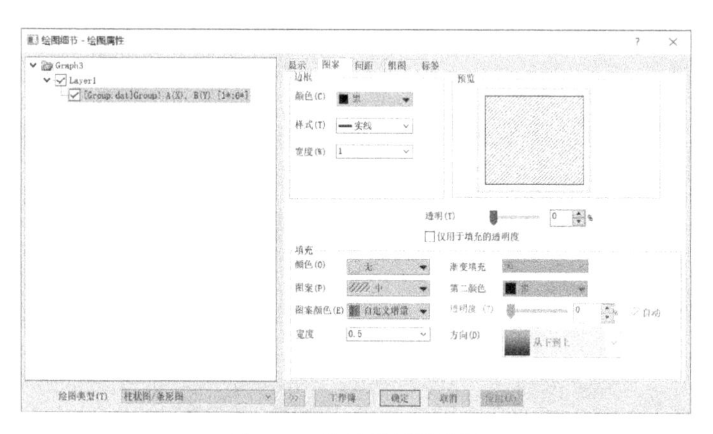

图 5-68 柱状图属性设置

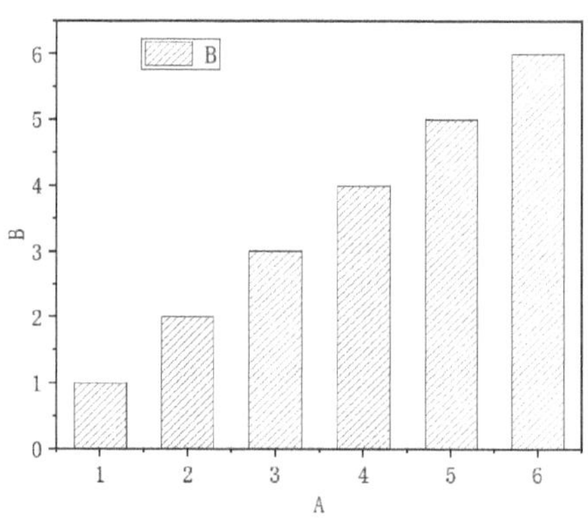

图 5-69 美化后的柱状图

绘制多数据柱状图，操作步骤如下。

在 Group. dat 数据中，选中数据列 A(X)、B(Y)、C(Y)和 D(Y)，执行菜单栏中的“绘图”→“条形图，饼图，面积图”→“柱状图”命令，或单击“2D 图形”工具栏中的按钮，即可创建多数据柱状图，如图 5-70（a）所示。

利用前面介绍的方法设置坐标轴属性，并对图形进行美化处理，美化后的多数据列柱状图如图 5-70（b）所示。

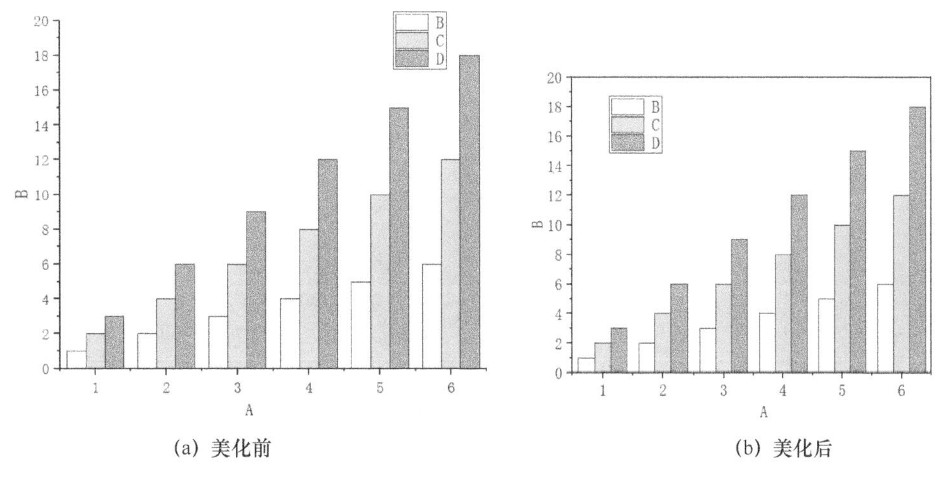

图 5-70　多数据柱状图

5.5.2 带标签的柱状图

带标签的柱状图是在柱状图的基础上对 Y 轴坐标进行标注。

在 Group. dat 数据中，选中数据列 A(X)、B(Y)、C(Y)和 D(Y)，执行菜单栏中的“绘图”→“条形图，饼图，面积图”→“带标签的柱状图”命令，或单击“2D 图形”工具栏中的按钮，即可绘制图形，如图 5-71（a）所示。带标签的柱状图美化后的效果如图 5-71（b）所示。

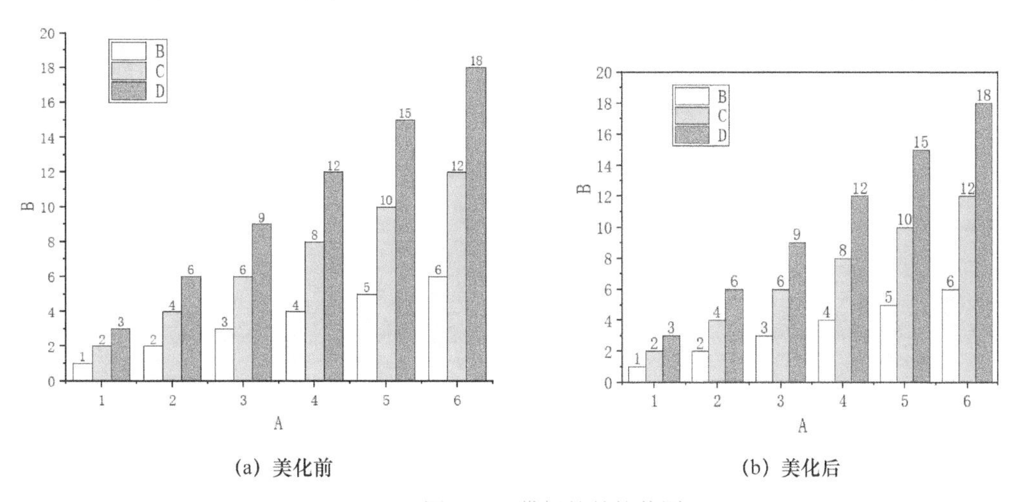

图 5-71　带标签的柱状图

5.5.3 条形图

绘出的柱状图里，Y 值以水平条的长度表示，条的宽度是固定的，柱体的中心为相应的 X 值。

在 Group. dat 数据中，选中数据列 A(X)、B(Y)、C(Y)和 D(Y)，执行菜单栏中的“绘图”→“条形图，饼图，面积图”→“条形图”命令，或单击“2D 图形”工具栏中的按钮，得到的条形图如图 5-72（a）所示。

对坐标轴属性进行设置并对条形图进行美化后的效果，如图 5-72（b）所示。

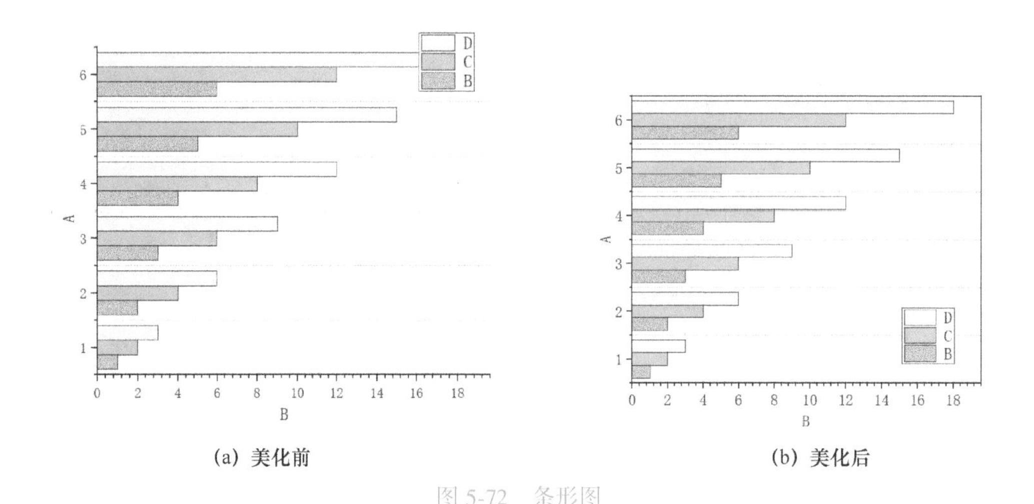

（a）美化前　　（b）美化后

图 5-72　条形图

5.5.4　堆积柱状图

堆积柱状图对工作表数据的要求是：至少要有两个 Y 列（或其中的一部分）数据。如果没有设定与该列相关的 X 列，工作表会提供 X 的默认值。

在堆积柱状图中，Y 值以柱的高度表示，柱之间会产生堆积，前一个柱的终端是后一个柱的起始端。

在 Group. dat 数据中，选中数据列 A(X)、B(Y)、C(Y)和 D(Y)，执行菜单栏中的“绘图”→“条形图，饼图，面积图”→“堆积柱状图”命令，或单击“2D 图形”工具栏中的按钮，即可得到堆积柱状图，如图 5-73（a）所示。

对坐标轴属性进行设置并对堆积柱状图进行美化后的效果，如图 5-73（b）所示。

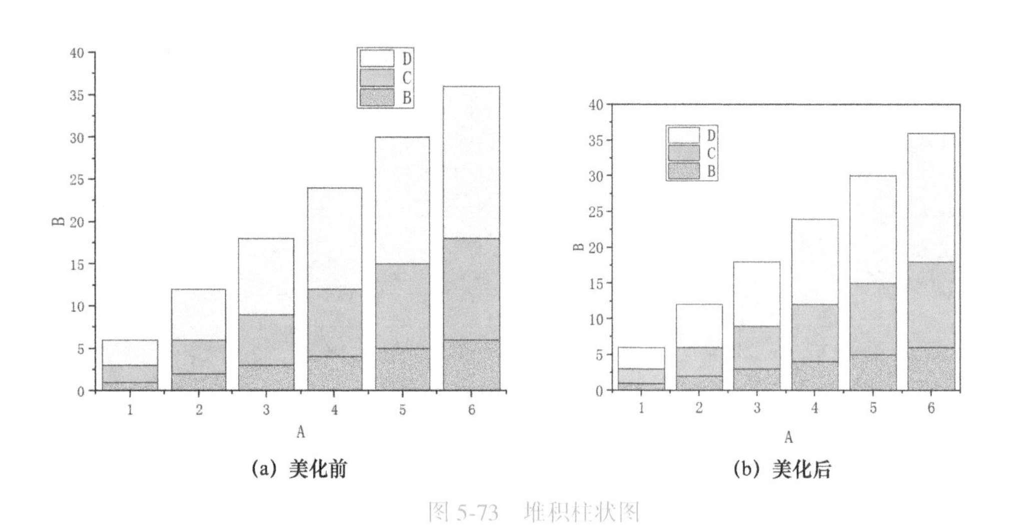

（a）美化前　　（b）美化后

图 5-73　堆积柱状图

5.5.5　堆积条形图

堆积条形图对工作表数据的要求是：至少要有两个 Y 列（或其中的一部分）数据。Y 值以条形的长度表示，条形之间会产生堆列，前一个条形的终端是后一个条形的起始端，X 值会以 Y 轴形式出现，Y 值会以 X 轴的形式出现。

在 Group. dat 数据中，选中数据列 A(X)、B(Y)、C(Y) 和 D(Y)，执行菜单栏中的“绘图”→“条形图，饼图，面积图”→“堆积条形图”命令，或单击“2D 图形”工具栏中的按钮，即可得到堆积条形图，如图 5-74（a）所示。

对坐标轴属性进行设置并对堆积条形图进行美化后的效果，如图 5-74（b）所示。

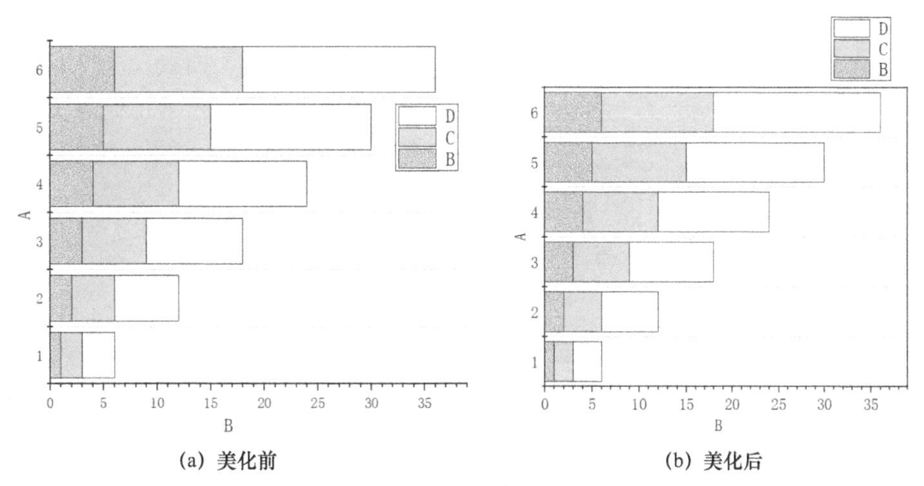

（a）美化前　　（b）美化后

图 5-74　堆积条形图

5.5.6　浮动柱状图

浮动柱状图至少需要两个 Y 列，每个柱的上下端分别对应同一个 X 值的 Y 列值的末值和初值。浮动柱状图对工作表数据的要求是：至少要有两个 Y 列（或其中的一部分）数据。

浮动柱状图以柱的各点来显示 Y 值，柱的首末段分别对应同一个 X 值的两个相邻的 Y 列的值。如果没有设定与该类相关的 X 列，工作表会提供 X 的默认值。

在 Group. dat 数据中选中数据列 A(X)、B(Y)、C(Y) 和 D(Y)，执行菜单栏中的“绘图”→“条形图，饼图，面积图”→“浮动柱状图”命令，或单击“2D 图形”工具栏中的按钮，得到的浮动柱状图如图 5-75（a）所示。

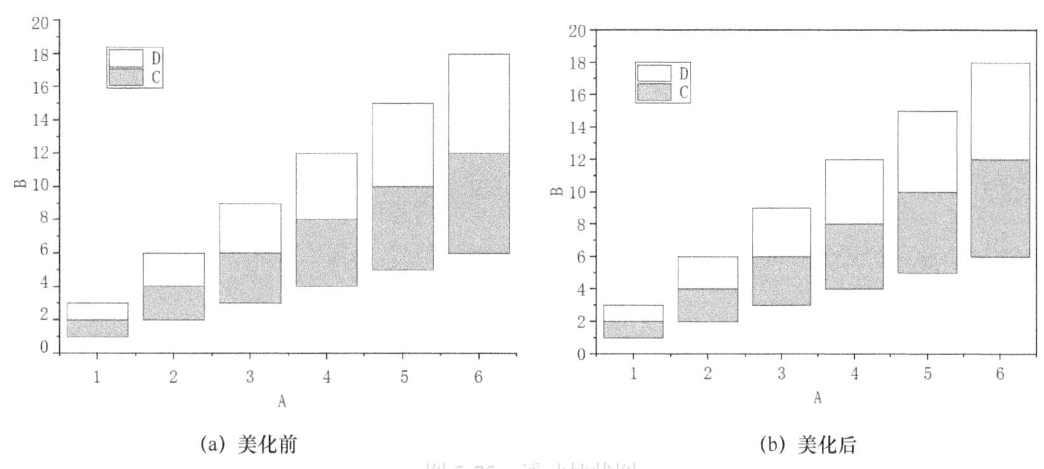

（a）美化前　　（b）美化后

图 5-75　浮动柱状图

对坐标轴属性进行设置并对浮动柱状图进行美化后的效果，如图 5-75（b）所示。

5.5.7 浮动条形图

浮动条形图对数据的要求为至少具有两个 Y 列，每个条形的左右端分别对应同一个 X 值的 Y 列初值和末值，并且 X 值会以 Y 轴的形式出现，Y 值会以 X 轴的形式出现。浮动条形图以条形上的两个端点来显示 Y 值，条形的首末段分别对应同一个 X 值的两个相邻 Y 列值。

在 Group. dat 数据中，选中数据列 A(X)、B(Y)、C(Y)和 D(Y)，执行菜单栏中的“绘图”→“条形图，饼图，面积图”→“浮动条形图”命令，或单击“2D 图形”工具栏中的按钮，得到的浮动条形图如图 5-76（a）所示。

对坐标轴属性进行设置并对浮动条形图进行美化，效果如图 5-76（b）所示。

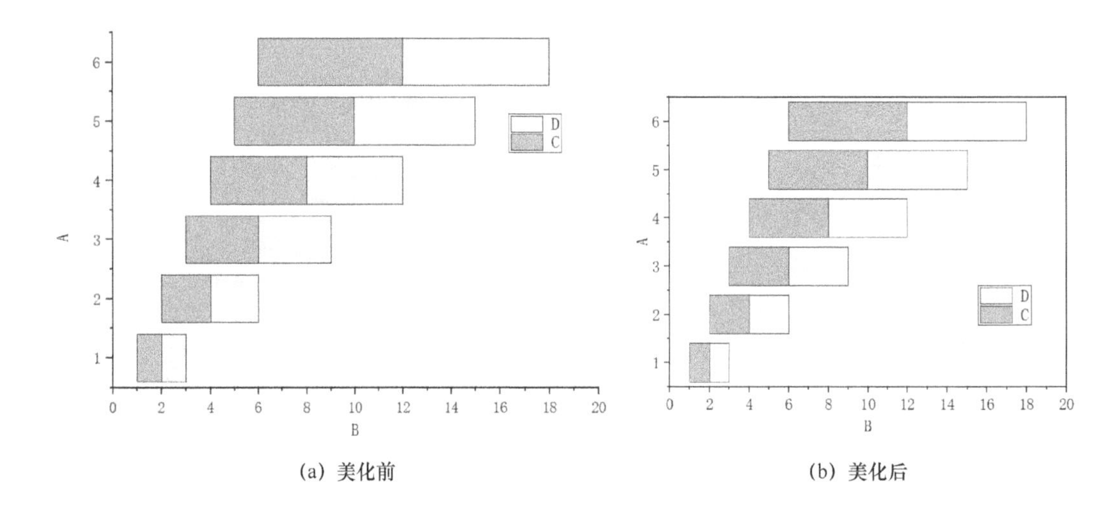

(a) 美化前　　(b) 美化后

图 5-76　浮动条形图

5.5.8 3D 彩色饼图

Origin 将饼图也归纳到棒状/柱状/饼图里。饼图对工作表数据的要求是：只能选择一列 Y 值（X 列不可以选）。本例使用数据文件 3D Pie Chart. dat。绘图操作步骤如下。

1）导入 3D Pie Chart. dat 数据文件，其工作表如图 5-77 所示。接着，选择工作表数据进行绘图。

2）选中数据列 B(Y)，执行菜单栏中的“绘图”→“条形图，饼图，面积图”→“3D 彩色饼图”命令，或单击“2D 图形”工具栏中的按钮，即可得到绘制的图形。

3）对饼图参数进行设置后，图形效果如图 5-78 所示。该图形的特点是可以表示出各项所占百分数。

如果数据不是百分数，则 Origin 将对 Y 列值求和，算出每一个值所占的百分比，再根据这些百分比绘图。

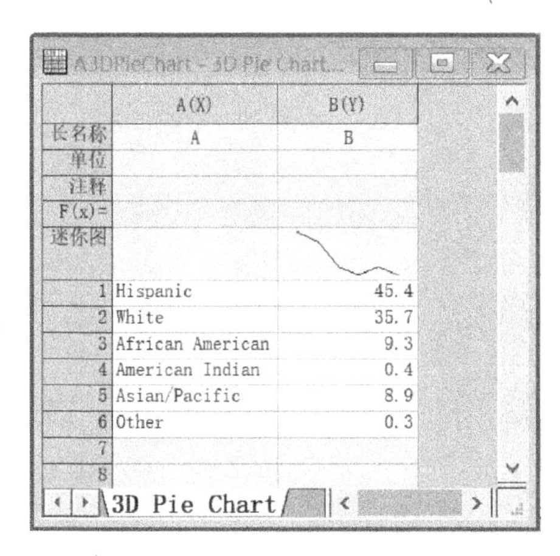

图 5-77　工作表

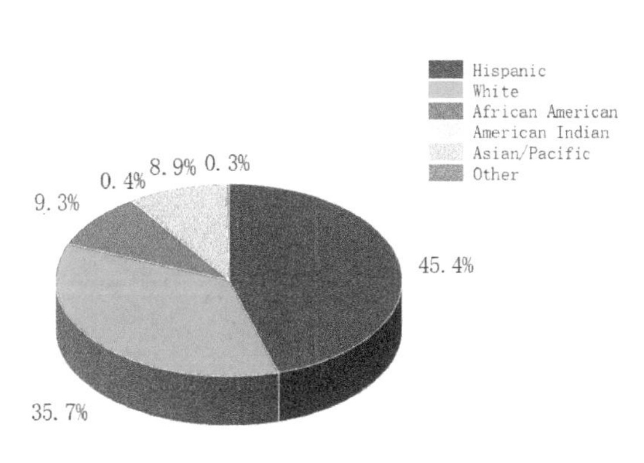

图 5-78　3D 彩色饼图

5.5.9　2D 彩色饼图

本例使用 3D Pie Chart. dat 数据文件，具体绘图步骤如下。

1）导入 3D Pie Chart. dat 数据文件，选中数据列 B(Y)，执行菜单栏中的“绘图”→“条形图，饼图，面积图”→“2D 彩色饼图”命令，或单击“2D 图形”工具栏中的按钮，绘制图形。

2）双击饼图，打开“绘图细节-绘图属性”对话框，可以对饼图参数进行设置，美化后的图形效果如图 5-79 所示。

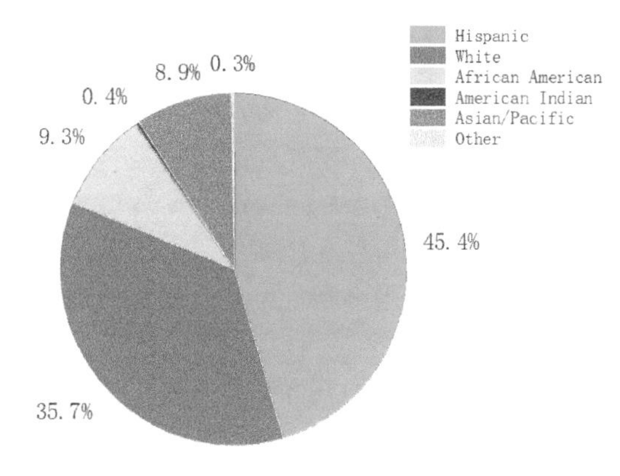

图 5-79　2D 彩色饼图

5.6　多面板/多轴图

多面板/多轴图模板数量较多，包括双 Y 轴图、3Ys Y-YY 图、3Ys Y-Y-Y 图、4Ys Y-YYY 图、4Ys YY-YY 图、多个 Y 轴图等绘图模板。

选中数据后，选择菜单栏中的“绘图”→“多面板/多轴”命令，在打开的菜单面板中选择所需的绘制方式进行绘图，如图 5-80 所示。或单击“2D 图形”工具栏中“多面板/多轴图”绘图组旁的▾按钮，在打开的下拉列表中选择所需的绘图方式进行绘图，如图 5-81 所示。

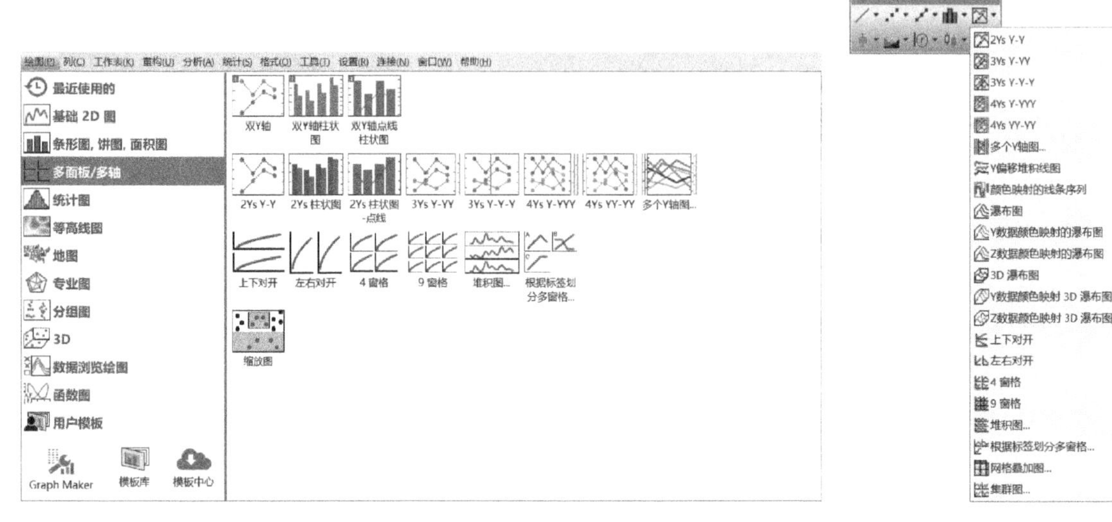

图 5-80　多面板/多轴图

图 5-81　多面板/多轴图绘图工具

5.6.1 双 Y 轴图

双 Y 轴图图形模板主要适用于试验数据中自变量数据相同，但有两个因变量的情况。

本例使用素材文件 Template. dat 的实验数据。实验中，每隔一段时间间隔测量一次电压和压力数据，此时在变量时间相同，因变量数据为电压值和压力值。采用双 Y 轴图形模型模板，能在一张图上将它们清楚地表示出来。

导入数据后，选中数据列 A(X)、B(Y)、C(Y)，执行菜单栏中的“绘图”→“多面板/多轴”→“双 Y 轴图”命令，或单击“2D 图形”工具栏中的按钮，用双 Y 坐标轴图形表示电压值、压力值及时间的曲线图。美化后的图形如图 5-82 所示。

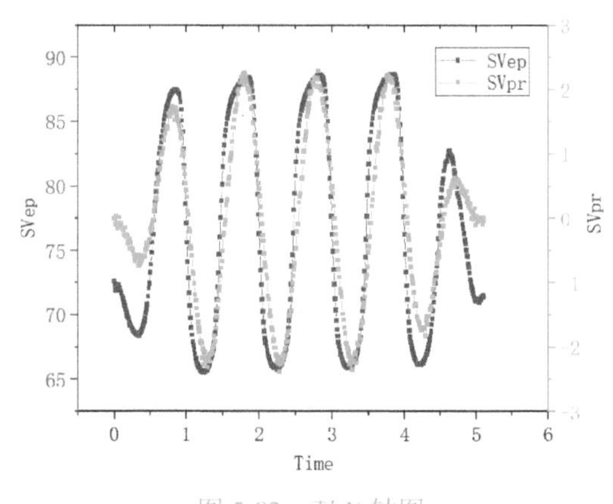

图 5-82　双 Y 轴图

5.6.2 3Ys Y-YY 图

3Ys Y-YY 图对工作表数据的要求为至少有三个 Y 列（或其中的一部分）数据。如果没有设定与该列相关的 X 列，工作表会提供 X 的默认值。

本例使用素材文件 gid164. opj 中的数据。打开 gid164. opj 文件，选中数据列 A(X1)、B(Y1)、C(X2)、D(Y2)、E(X2) 和 F(Y3)，执行菜单栏中的“绘图”→“多面板/多轴”→“3Ys Y-YY 图”命令，或单击“2D 图形”工具栏中的按钮，绘制 3Ys Y-YY 图，美化后的图形如图 5-83 所示。

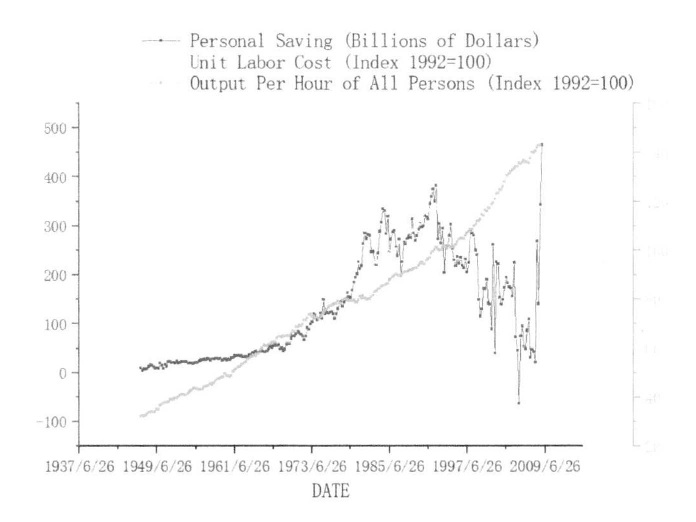

图 5-83 3Ys Y-YY 图

5.6.3 3Ys Y-Y-Y 图

3Ys Y-Y-Y 图对工作表数据的要求为至少有三个 Y 列（或其中的一部分）数据。如果没有设定与该列相关的 X 列，工作表会提供 X 的默认值。

在 gid164.opj 文件工作表中，选中数据列 A(X1)、B(Y1)、C(X2)、D(Y2)、E(X2)和 F(Y3)，执行菜单栏中的“绘图”→“多面板/多轴”→“3Ys Y-Y-Y 图”命令，或单击“2D 图形”工具栏中的按钮，绘制的图形如图 5-84 所示。

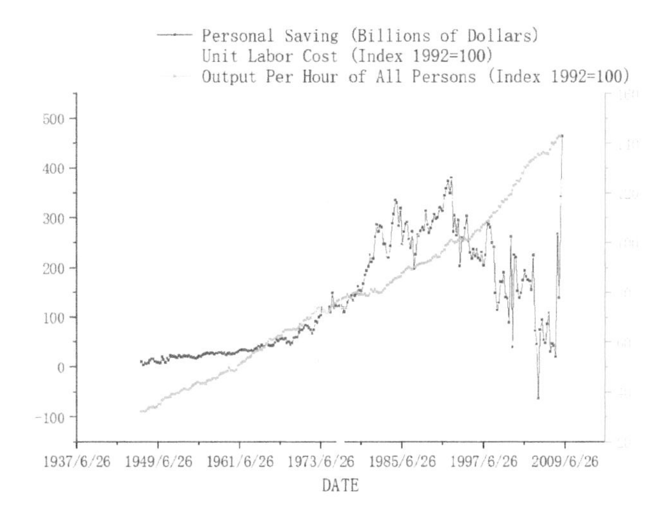

图 5-84 3Ys Y-Y-Y 图

5.6.4 4Ys Y-YYY 图

4Ys Y-YYY 图对工作表数据的要求为至少有四个 Y 列（或其中的一部分）数据。如果没有设定与该列相关的 X 列，工作表会提供 X 的默认值。

在 gid164. opj 文件工作表中，选中数据列 A(X1)、B(Y1)、C(X2)、D(Y2)、E(X2)、F(Y3)、G(X4)和 H(Y4)，执行菜单栏中的“绘图”→“多面板/多轴”→“4Ys Y-YYY 图”命令，或单击“2D 图形”工具栏中的按钮，绘制的图形如图 5-85 所示。

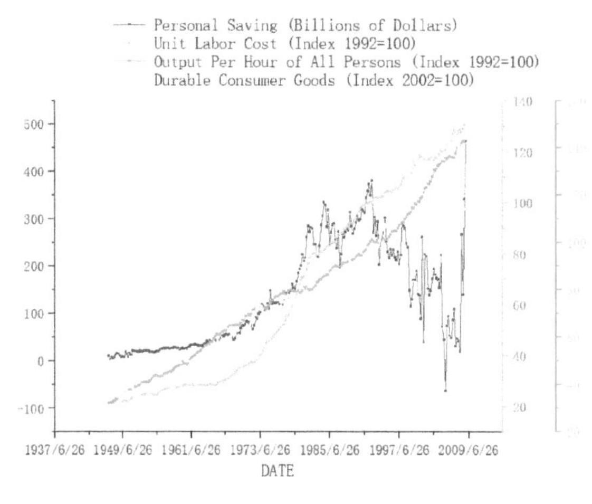

图 5-85　4Ys Y-YYY 图

5.6.5　4Ys YY-YY 图

4Ys YY-YY 图与 4Ys Y-YYY 图类似，只是将四个 Y 列坐标轴平均分布在图形两侧。4Ys YY-YY 图对工作表数据的要求为至少有四个 Y 列（或其中的一部分）数据。如果没有设定与该列相关的 X 列，工作表会提供 X 的默认值。

在 gid164. opj 工程文件工作表中，选中数据列 A(X1)、B(Y1)、C(X2)、D(Y2)、E(X2)、F(Y3)、G(X4)和 H(Y4)，执行菜单栏中的“绘图”→“多面板/多轴”→“4Ys YY-YY 图”命令，或单击“2D 图形”工具栏中的按钮，绘制的图形如图 5-86 所示。

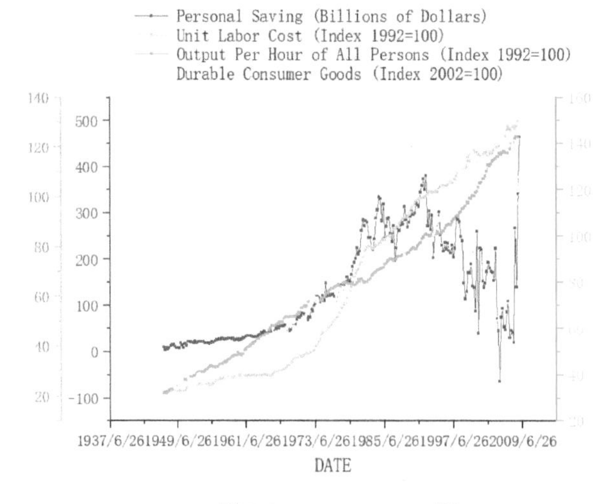

图 5-86　4Ys YY-YY 图

5.6.6 多个 Y 轴图

多个 Y 轴图是可以绘制多个 Y 列数据的图形。其绘制过程与前文的绘图方法不同。

1）使用 gid164. opj 工作表中的数据。选中数据列 A(X1)、B(Y1)、D(Y2)、F(Y3)、H(Y4)和 J(Y5)，执行菜单栏中的“绘图”→“多面板/多轴”→“多个 Y 轴图”命令，或单击“2D 图形”工具栏中的▣按钮，弹出图 5-87 的“Plotting：plotmyaxes”对话框，在该对话框中可以调整数据输出形式、线型等。

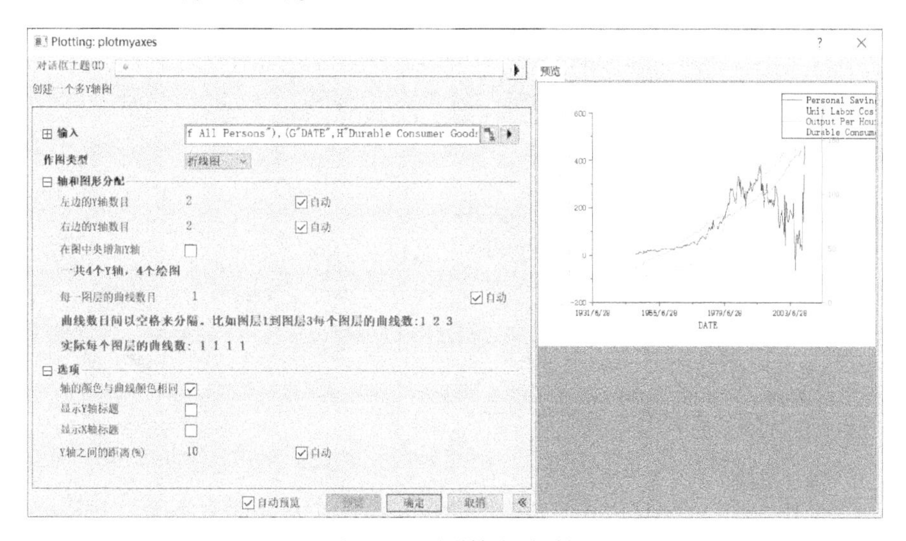

图 5-87　图形输出对话框

2）在对话框中的“输入”选项组中可以选择输入的数据。单击“作图类型”下拉按钮，在下拉列表中可以选择图形的线性，如“折线图”、“散点图”、“折线图”等。勾选“自动预览”复选框，可以预览所绘图形。设置完成后单击“确定”按钮，即可得到所绘制的图形。

3）适当美化图像。双击图形，弹出“绘图细节-绘图属性”对话框，在该对话框中可以对图形的每条数据线的类型、宽度、颜色等属性进行调整，调整之后多 Y 轴图形如图 5-88 所示。

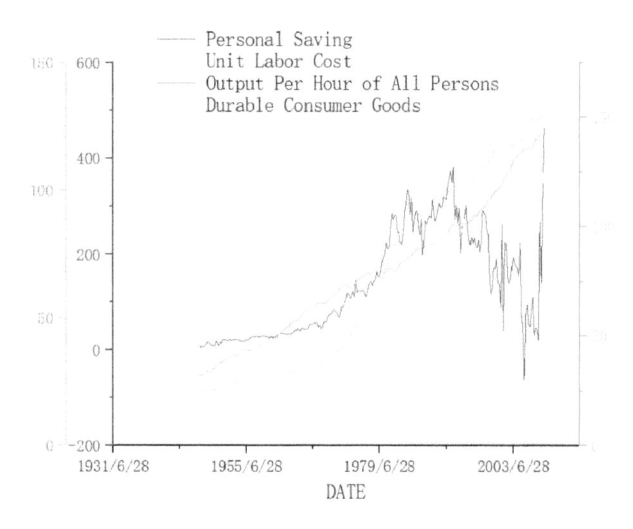

图 5-88　多 Y 轴图

5.6.7　Y 偏移堆积线图

Y 偏移堆积线图模板适合绘制对比曲线峰值的图形，如 XRD 曲线等。该图将多条曲线叠在一个图层上，为了表示清楚，在 Y 轴上有一个相对的偏移。

Y 偏移堆积线图对工作表数据的要求为：至少要有两个 Y 列（或其中的一部分）数据。如果没有设定与该列相关的 X 列，工作表会提供 X 的默认值。

本例使用素材文件 pid828. ojp 中的数据。该数据为通过使用扫描隧道显微镜得到一种称为 Bi2Sr2CaCu2O8+x 的高温超导体获得。

打开 pid828. opj 文件，选择 FitCurves 工作簿中 Qn36(X1)~Fitn30(Y4)的前 8 列数据。执行菜单栏中的“绘图”→“基础 2D 图”→“Y 偏移堆积线图”命令，或单击“2D 图形”工具栏中的按钮，即可绘制 Y 偏移堆积线图，简单美化后的 Y 偏移堆积线图效果如图 5-89 所示。

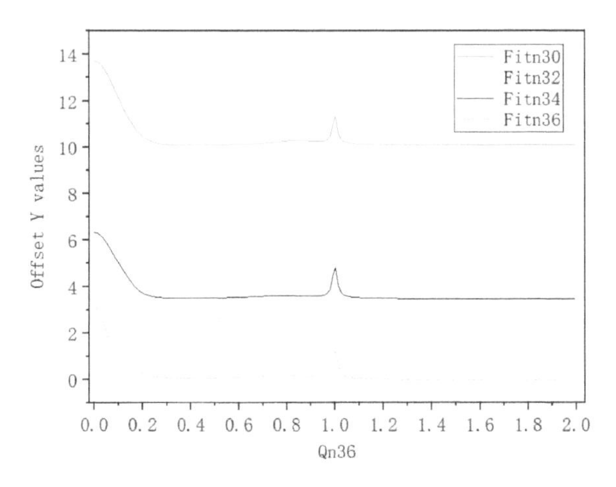

图 5-89　Y 偏移堆积线图

5.6.8　瀑布图（Waterfall）

瀑布图模板特别适合绘制多条曲线图形，如对比大量曲线。该图将多条曲线叠加在一个图层中，并对其进行适当偏移，以便观测趋势。

1. 基础瀑布图

瀑布图是在相似条件下对多个数据集之间进行比较的理想工具。瀑布图能够显示 Z 向的变化，每一组数据都在 X 和 Y 方向上做出特定的偏移后进行绘图，有助于数据间的对比分析。

瀑布图对工作表数据的要求是：至少要有两个 Y 列（或其中的一部分）数据。如果没有设定与该列相关的 X 列，工作表会提供 X 的默认值。

本例使用素材文件 Waterfall. dat 中的数据。导入 Waterfall. dat 数据文件，全选数据后，单击“2D 图形”工具栏中的（瀑布图）按钮，绘制的瀑布图结果如图 5-90 所示。

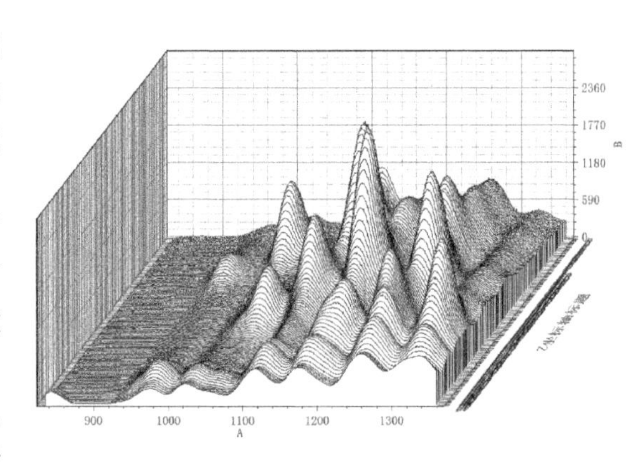

图 5-90　瀑布图

2. Y 数据颜色映射的瀑布图

Y 数据颜色映射的瀑布图与基础瀑布图相似，区别在于应用映射颜色的不同来代表 Y 轴的变量，即每一种颜色代表一定范围的大小，而每一个数据点的颜色由对应的 Y 轴值所决定。

本例继续使用素材文件 Waterfall. dat 中的数据。导入 Waterfall. dat 数据文件，将数据全选，单击“2D图形”工具栏中的（Y数据颜色映射的瀑布图）按钮，绘制的瀑布图结果如图5-91所示。

3. Z数据颜色映射的瀑布图

Z数据颜色映射的瀑布图与Y数据颜色映射的瀑布图类似，区别在于应用映射颜色的不同代表Z轴的变量，即每一种颜色代表一定范围的大小，而每一个数据点的颜色由对应的Z轴值所决定。

本例继续使用素材文件Waterfall. dat中的数据。

导入Waterfall. dat数据文件，将数据全选，单击“2D图形”工具栏中的（Z数据颜色映射的瀑布图）按钮，绘制瀑布图的结果如图5-92所示。注意对比三种瀑布图的不同。

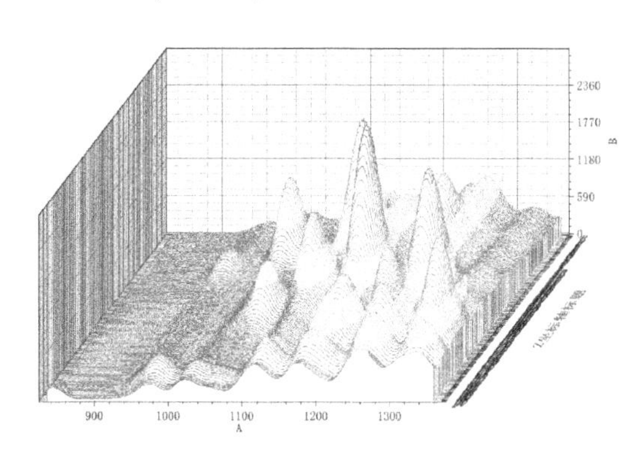

图5-91 Y数据颜色映射的瀑布图

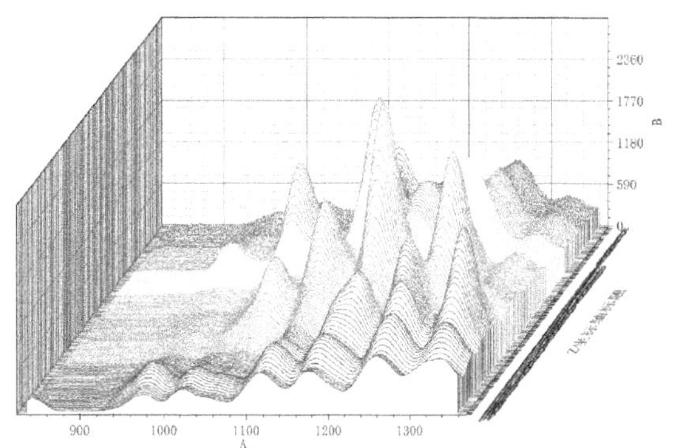

图5-92 Z数据颜色映射的瀑布图

5.6.9 上下对开图

上下对开图模板主要适用于试验数据为两组不同自变量与因变量的数据，并需要将它们绘制在同一张图中的情况。

两列Y在同一个绘图区内以垂直的上下两栏结构显示，并自动生成两个图层。被选中的第一列Y在下栏，图层为“1”，第二列Y在上栏，图层为“2”。

使用素材文件Template. dat中的数据。选中A(X)、B(Y)、C(Y)列数据，执行菜单栏中的“绘图”→“多面板/多轴”→“上下对开”命令，或单击“2D图形”工具栏中的按钮，绘制的图形效果如图5-93所示。

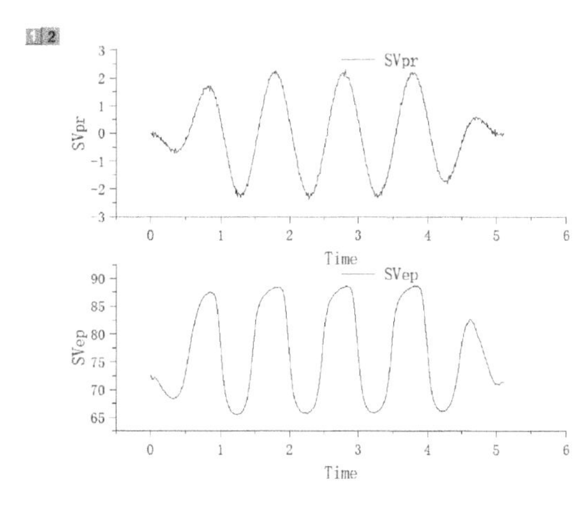

图5-93 上下对开图

5.6.10 左右对开图（Horizontal 2 Panel）

左右对开图模板与上下对开图模板对试验数据的要求及图形外观都是类似的，区别仅仅在于前者的图层是上下对开排列，后者的图层是左右对开排列。

使用素材文件Template. dat中的数据。选中A(X)、B(Y)、C(Y)列数据，执行菜单栏中的“绘图”→“多面板/多轴”→“左右对开”命令，或单击“2D图形”工具栏中的按钮，绘制的图形效果如图5-94所示。

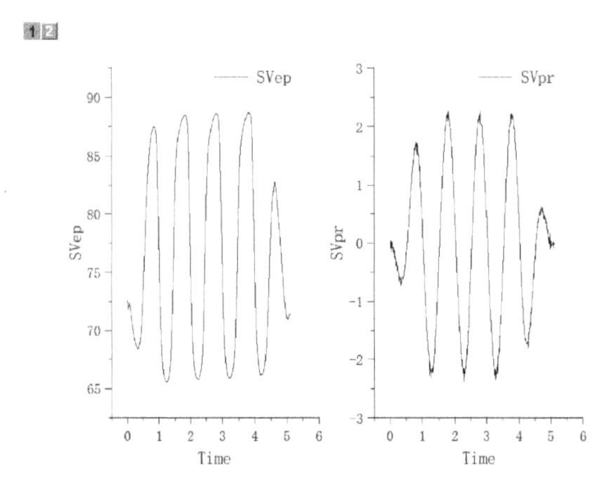

图 5-94　左右对开图

5.6.11　4 窗格图

4 窗格图模板可用于多变量的比较，最适合用于 4 个 Y 值的数据比较。4 屏图对工作表数据的要求是：至少有一个 Y 列（或其中的一部分）数据（最理想的是 4 个 Y 列）。如果没有设定与该列相关的 X 列，工作表会提供 X 的默认值。

4 列 Y 在同一个绘图区内以两行两列的 4 “片” 结构显示，并自动生成四个图层。被选中的第一列 Y 在左上 “片”，图层为 “1”；第二列 Y 在右上 “片”，图层为 “2”；第三列 Y 在左下 “片”，图层为 “3”；第四列 Y 在右下 “片”，图层为 “4”。

使用素材文件 Waterfall. dat 中的数据。选中 A(X)、B(Y)、C(Y)、D(Y)、E(Y) 列数据，执行菜单栏中的 “绘图” → “多面板/多轴” → “4 窗格” 命令，或单击 “2D 图形” 工具栏中的按钮，绘制的图形如图 5-95 所示。

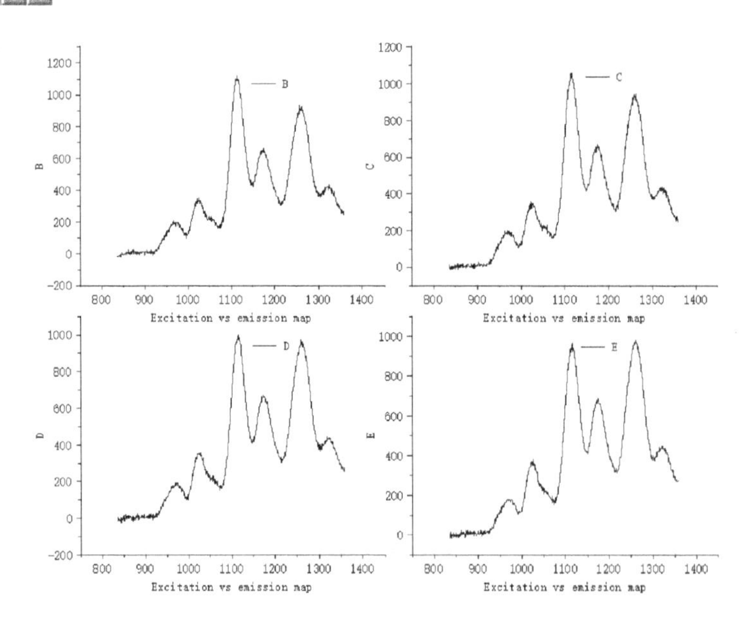

图 5-95　4 窗格图

5.6.12　9 窗格图

9 窗格图模板可用于多变量的比较，最适合用于 9 个 Y 值的数据比较。9 窗格图对工作表数据的要求是：至少要有一个 Y 列（或其中的一部分）数据（最理想的是 9 个 Y 列）。

如果没有设定与该列相关的 X 列，工作表会提供 X 的默认值。9 列 Y 在同一个绘图区内以 3 行 3 列的 9 “片” 结构显示，并自动生成 9 个图层。

使用素材文件 Waterfall. dat 中的数据。选中 A(X)、B(Y)~K(Y)前 9 个 Y 列数据，执行菜单栏中的“绘图”→“多面板/多轴”→“9 窗格”命令，或单击“2D 图形”工具栏中的按钮，绘制的图形如图 5-96 所示。

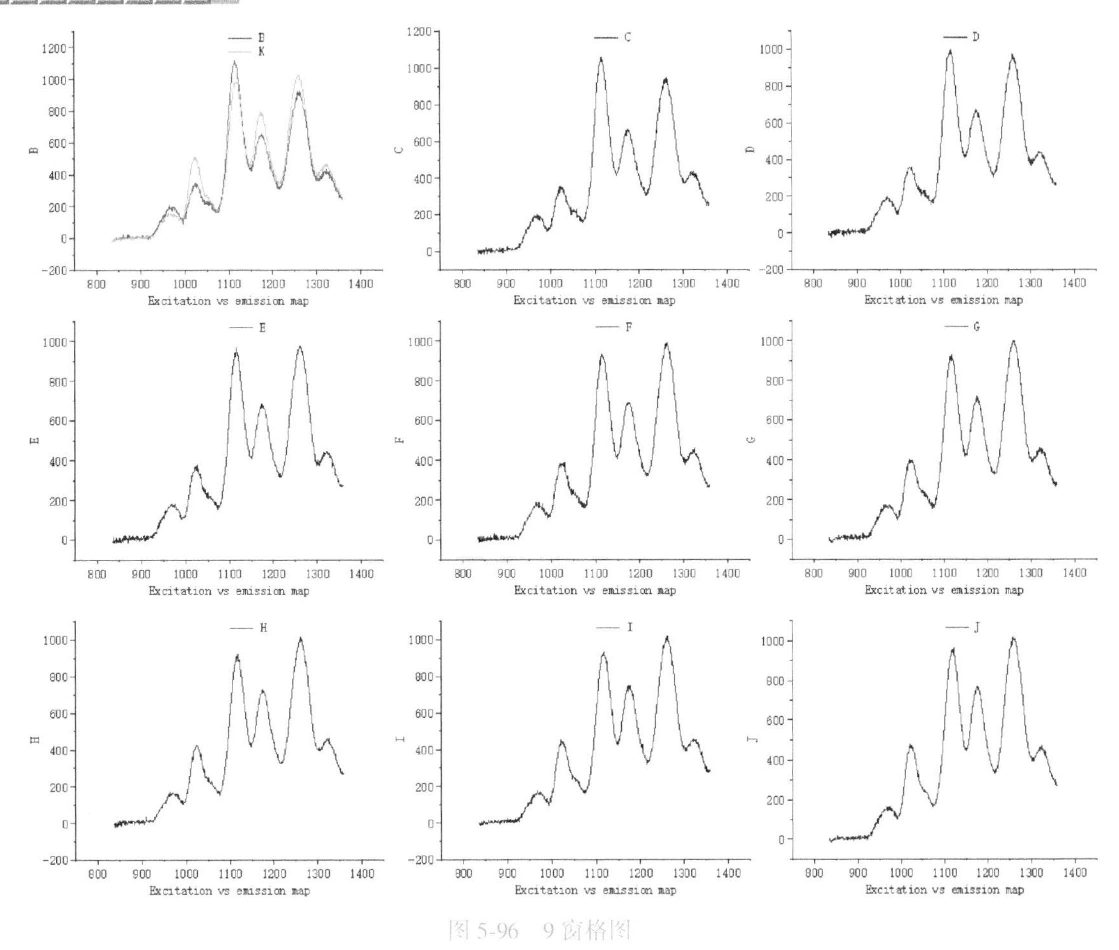

图 5-96　9 窗格图

5.6.13　堆积图

堆积图模板可以用于多变量的比较，它对工作表数据的要求是：至少要有一个 Y 列（或其中的一部分）数据。如果没有设定与该列相关的 X 列，工作表会提供 X 的默认值。

堆积图可以对多个 Y 列数据曲线进行上下堆积排布，默认从下到上为按照工作簿中 Y 列的顺序，自动生成对应的多个图层。

使用素材文件 Waterfall. dat 中的数据。选中 A(X)、B(Y)、C(Y)、D(Y)、E(Y)列数据，执行菜单栏中的“绘图”→“多面板/多轴”→“4 窗格”命令，或单击“2D 图形”工具栏中的按钮，会弹出“堆叠”对话框，如图 5-97 所示。

在该对话框中，将“绘图类型”设置为“折线图”，“图层顺序”“图例”等参数均采用默认设置，单击“确定”按钮后生成图 5-98 所示的堆积图。

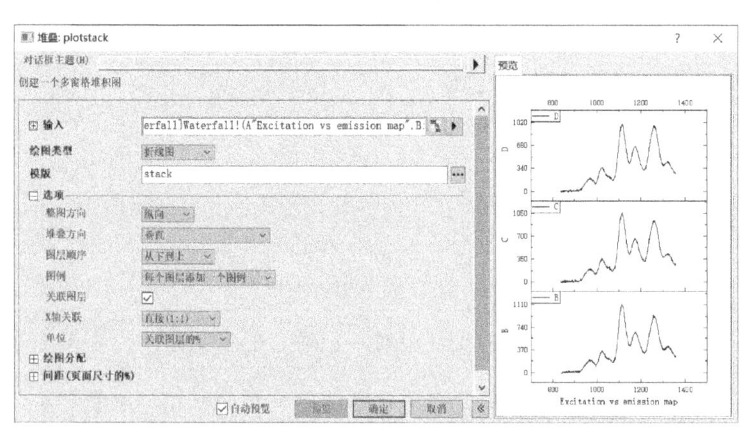

图 5-97 “堆叠”对话框

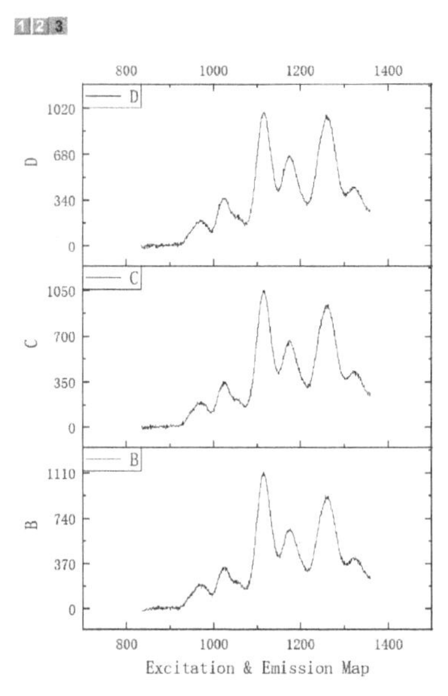

图 5-98 堆积图

5.7 面积图

Origin 中的面积图绘图模板包括“面积图”“堆积面积图”和“填充面积图”等。

选中数据后，选择菜单栏中的“绘图”→“条形图，饼图，面积图”命令，在打开的菜单面板中选择所需的面积图绘制选项进行绘图。或单击“2D 图形”工具栏中面积图绘图组旁的按钮，在打开的下拉列表中选择所需的绘图选项进行绘图，如图 5-99 所示。

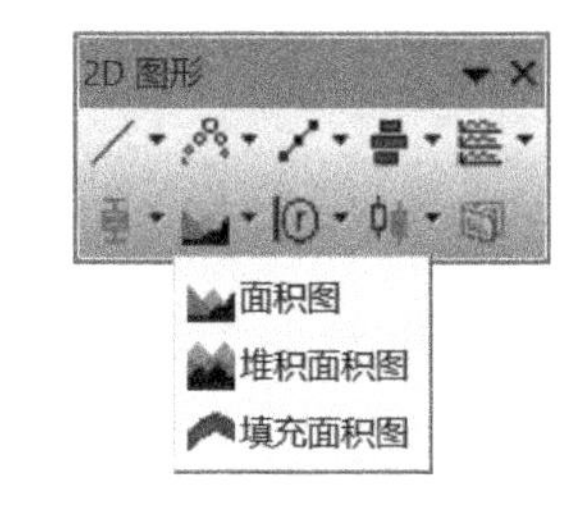

图 5-99 面积图绘图工具

面积图对工作表数据的要求是：至少要有一个 Y 列（或其中的一部分）数据。如果没有设定与该列相关的 X 列，工作表会提供 X 的默认值。

当仅有一个 Y 列时，Y 值构成的曲线与 X 轴之间被自动填充；当有多个 Y 列数据时，Y 列数据值依照先后顺序堆叠填充。

5.7.1 面积图

填充选中 Y 列的曲线与 X 轴之间的区域，若选中多个 Y 列，不同数据列按照先后顺序堆叠，即后一 Y 列填充区域的起始线是前一 Y 列填充区域的曲线。

使用素材文件 Template. dat 中的数据。依次选择 A(X)、B(Y)、C(Y)作为数据，执行菜单栏中的“绘图”→“条形图，饼图，面积图”→“面积图”命令。或单击“2D 图形”工具栏中的按钮，绘制的图形如图 5-100 所示。若只选择 A(X)、B(Y)数据，那么绘图结果如图 5-101 所示。

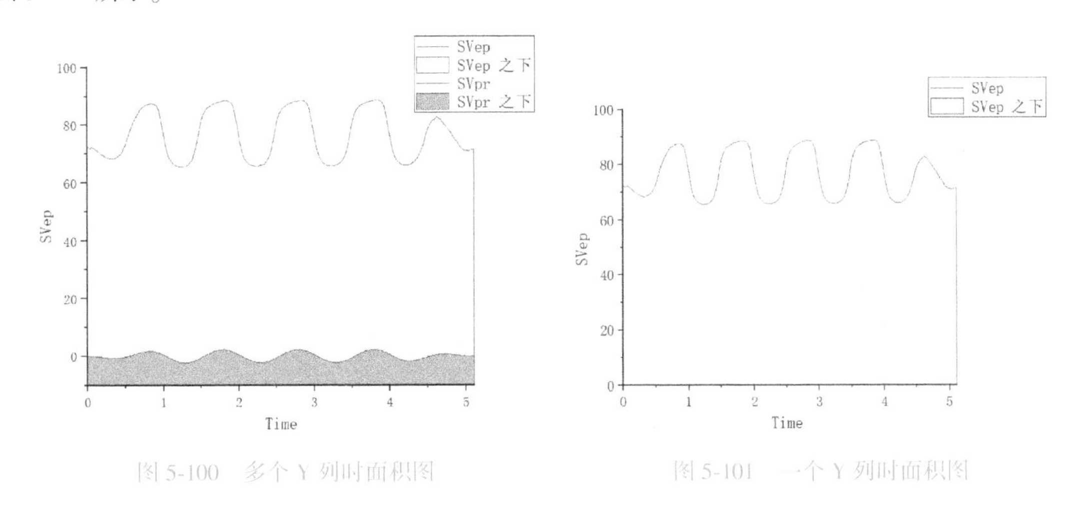

图 5-100　多个 Y 列时面积图　　　　图 5-101　一个 Y 列时面积图

5.7.2　堆积面积图

在 Template. dat 的数据文件中，选中数据列 A(X)、B(Y)、C(Y)，执行菜单栏中的“绘图”→“条形图，饼图，面积图”→“堆积面积图”命令，或单击“2D 图形”工具栏中的按钮，绘制的图形如图 5-102 所示。

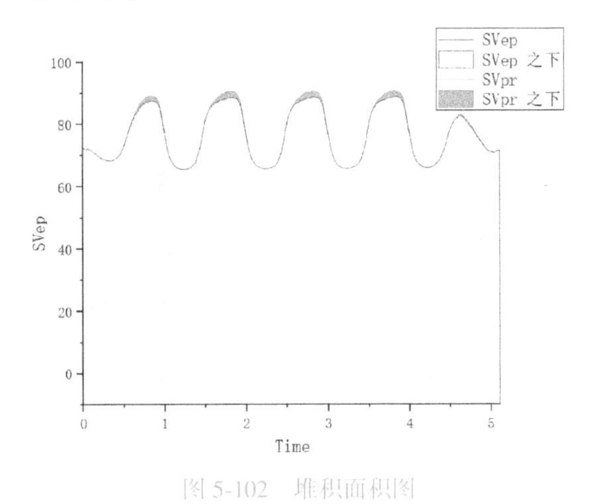

图 5-102　堆积面积图

5.7.3　填充面积图

此图形是 XYY 型，即只能选中两个 Y 列，填充选中两个 Y 列的曲线之间的区域，填充区域的起始线和结束线是两个 Y 列的曲线。如果没有设定与该列相关的 X 列，工作表会提供 X 的默认值。在图 5-102 中，两条数据曲线之间的区域被填充。

在 Template. dat 的数据文件中，选中数据列 A(X)、B(Y)、C(Y)，执行菜单栏中的“绘图”→“条形图，饼图，面积图”→“填充面积图”命令，或单击“2D 图形”工具栏中的按钮，绘制的图形如图 5-103 所示。

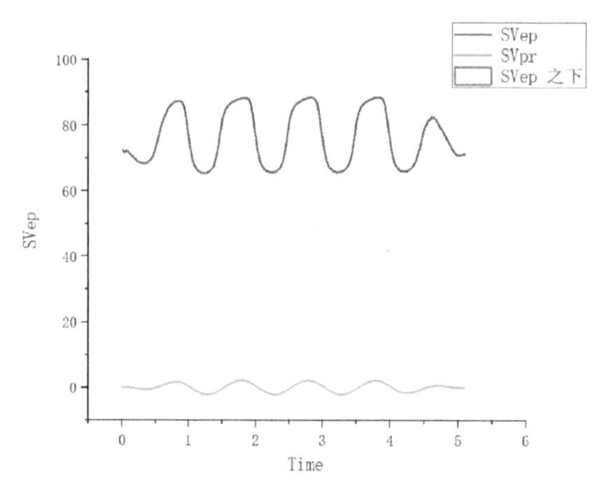

图 5-103　填充面积图

5.7.4 百分比堆积面积图

下面将对百分比堆积面积图的创建方式进行介绍，具体步骤如下。

1）在 Stacked Area. opju 的数据文件中，选中数据列 A～C 列，执行菜单栏中的“绘图”→“条形图,饼图,面积图”→“百分比堆积面积图”命令，即可绘制图形，效果如图 5-104 所示。

2）对图层属性及图例进行修改，优化后的图形如图 5-105 所示。

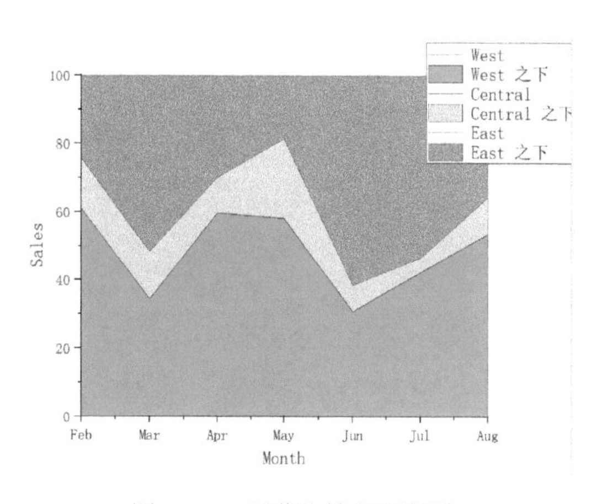

图 5-104　百分比堆积面积图

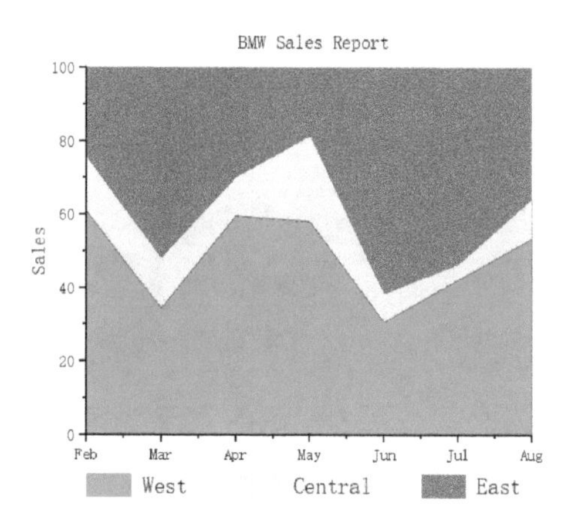

图 5-105　优化后的百分比堆积面积图

5.7.5 双色填充图

下面将对双色填充图的创建方式进行介绍，具体步骤如下。

1）打开 Fill Area. opju 数据文件，选中数据列 A～C 列，执行菜单栏中的“绘图”→“条形图,饼图,面积图”→“双色填充图”命令，即可绘制图形，效果如图 5-106 所示。

2）对图层属性、图例及坐标轴属性进行修改，优化后的图形如图 5-107 所示。

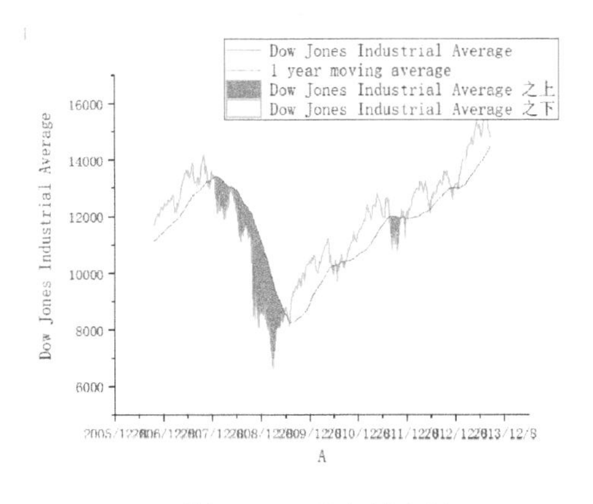

图 5-106　双色填充图

图 5-107　优化后的双色填充图

5.8 专业图

在 Origin 中，极坐标图、风玫瑰图、三角图、史密斯图、雷达图、XYAM 矢量图、XYXY 矢量图和缩放图等归集为专业图模板。

选中数据后，选择菜单栏中的“绘图”→“专业图”命令，在打开的菜单面板中选择需要的绘制方式进行绘图，如图 5-108 所示。或单击“2D 图形”工具栏中专业图绘图组旁的▾按钮，在打开的下拉列表中选择所需的绘图方式进行绘图，如图 5-109 所示。

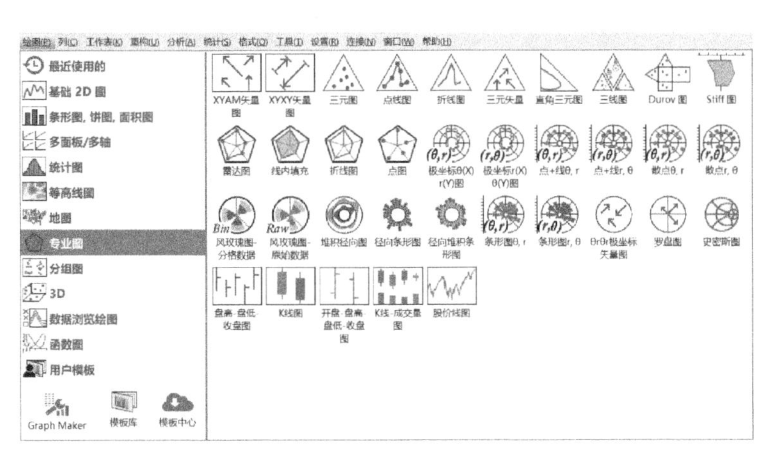

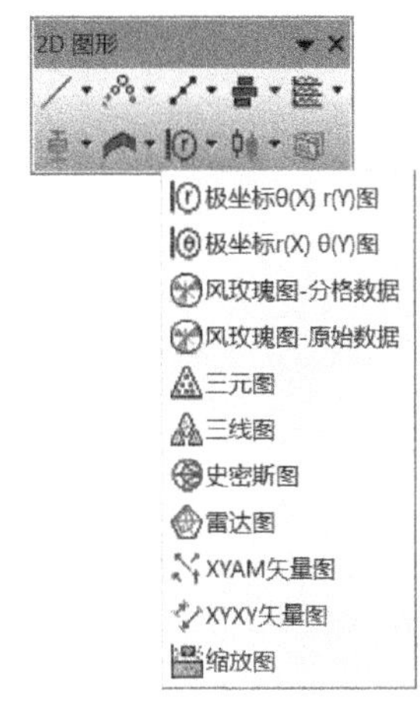

图 5-108　专业图　　　　图 5-109　专业图的二级菜单

5.8.1 极坐标图模板

Origin 极坐标图对工作表数据的要求：至少要有 1 对 XY 数据。极坐标图有两种绘图方式，一种是 X 为极坐标半径坐标位置，Y 为角度（单位为°）；另一种是 Y 为极坐标半径坐标位置，X 为角度（单位为°）。

使用素材文件 pid887. opj 中的数据。该数据可以实现用极坐标显示天线的计算和测量效率。

在 Polar 工作表中，A(X)数据列为角度，因此选择用 X 为角度（单位为°）、Y 为极坐标半径位置进行绘图。绘图方法如下。

1）选中 B(Y) 列数据，执行菜单栏中的“绘图”→“专业图”→“极坐标 θ(X)r(Y) 图”命令，或单击“2D 图形”工具栏中的 ⓡ 按钮，绘制的图形如图 5-110 所示。

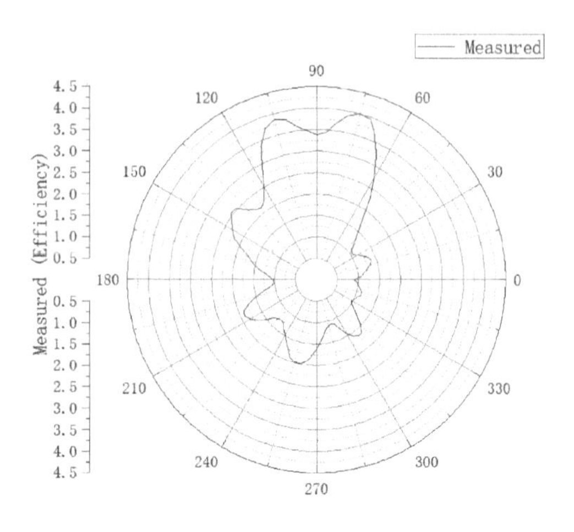

图 5-110　只有 B(Y) 列数据的极坐标图

2）在按住<Alt>键的同时，双击左上角的图层 1 图标，弹出“图表绘制：设置图层中的数据绘图”对话框，选中“显示”下的 R 列 C 行，然后单击“添加”按钮，在打开的图层窗口中将 C(Y) 列加入，如图 5-111 所示。单击“确定”按钮，得到的绘图结果如图 5-112 所示。

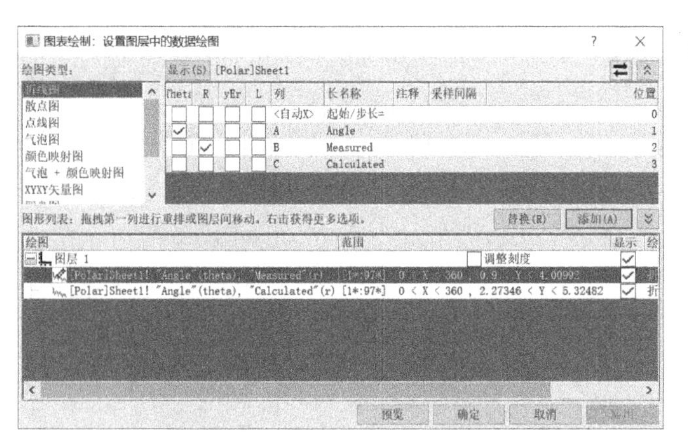

图 5-111　“图表绘制：设置图层中的数据绘图”对话框

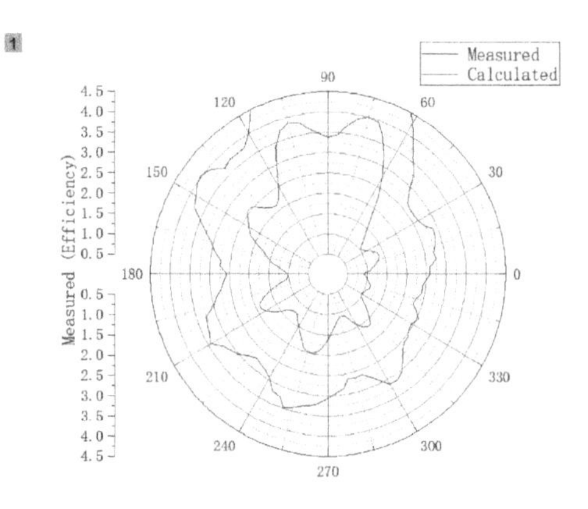

图 5-112　极坐标图

3）双击径向坐标轴，在弹出的“径向坐标轴”对话框中选择“刻度”选项卡，在确认左侧选中“径向”的情况下，设置“起始”为 0.5、“结束”为 6，如图 5-113 所示。单击“应用”按钮，此时的极坐标图效果如图 5-114 所示。

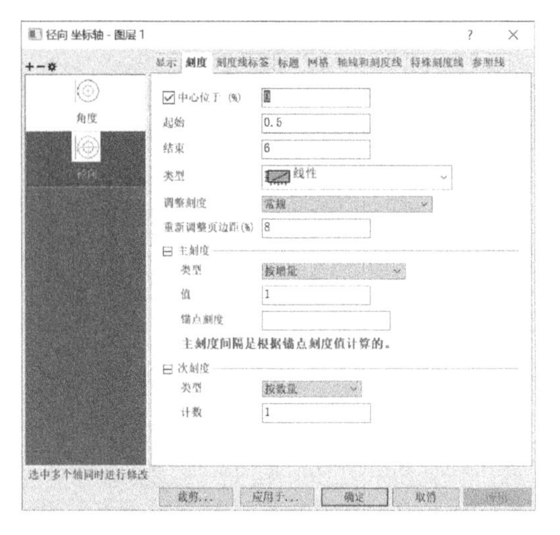

图 5-113　“刻度”选项设置

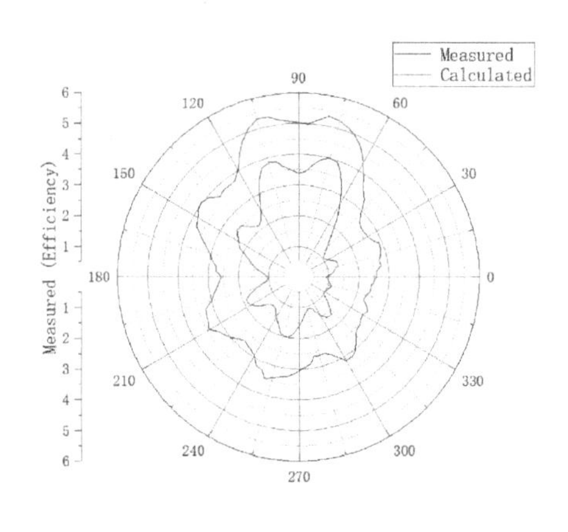

图 5-114　极坐标图

4）选择“刻度线标签”选项卡，勾选“对所有径向轴使用相同的选项”复选框，将“显示”设置为“自定义”，在“自定义格式”文本框中输入“#%”，将“除以因子”设置为 10，如图 5-115 所示。单击“应用”按钮，此时的极坐标图效果如图 5-116 所示。

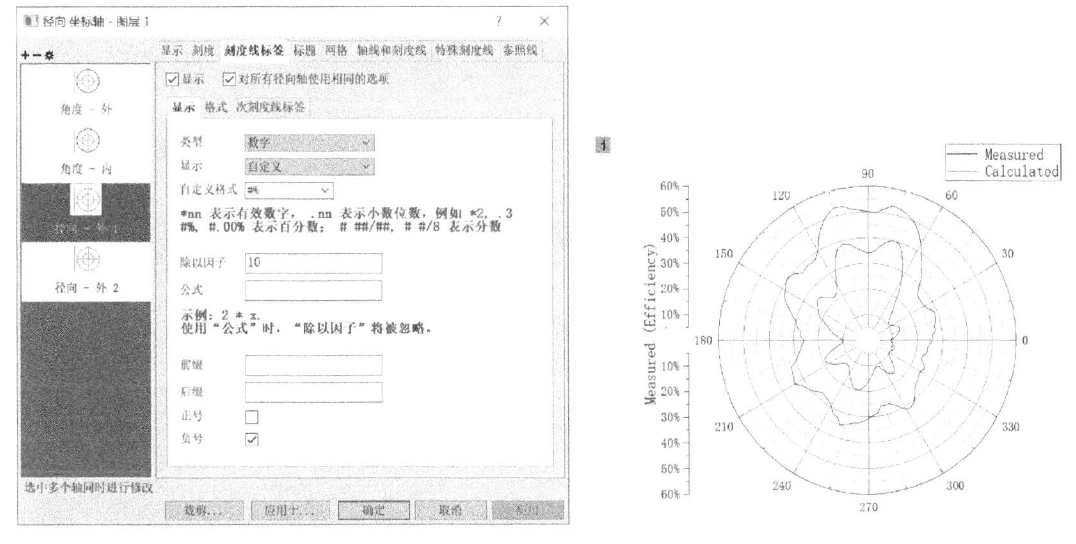

图 5-115　“刻度线标签”选项设置　　　　图 5-116　极坐标图

5）双击图形，弹出“绘图细节-绘图属性”对话框，在左侧选择 Measured 曲线选项，然后在“线条”选项卡中设置“颜色”为“黑”，将“透明”设置为“50%”，勾选“填充曲线之下的区域”复选框，此时会出现“图案”选项卡，如图 5-117 所示。

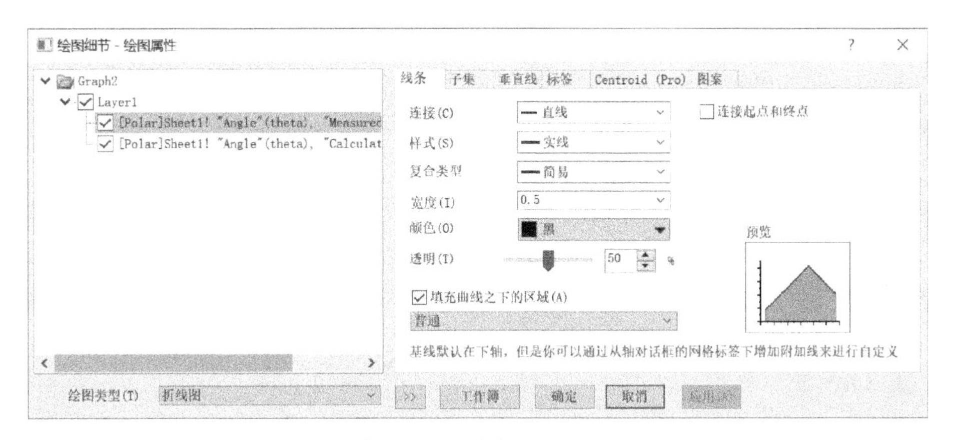

图 5-117　“线条”选项卡

6）在“图案”选项卡的“填充”选项组中，设置“颜色”为“青”，勾选“跟随线条透明度”复选框，将“透明”设置为“50%”，如图 5-118 所示。然后单击“应用”按钮，完成设置。

7）在对话框左侧的选项列表框中选择 Calculate 曲线选项，利用同样的方法设置填充色为“橙”，单击“应用”按钮完成设置，设置完成的图形效果如图 5-119 所示。

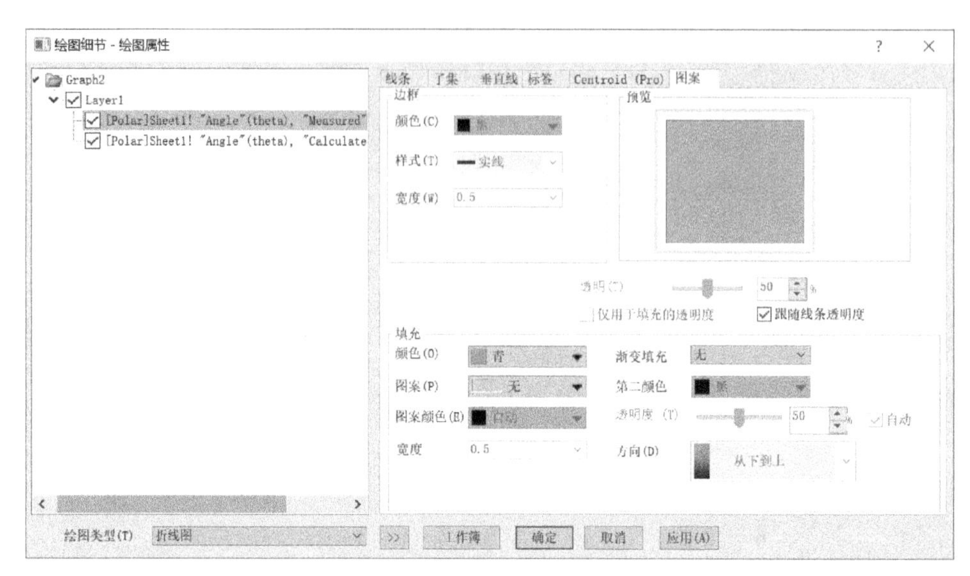

图 5-118 “图案”选项卡

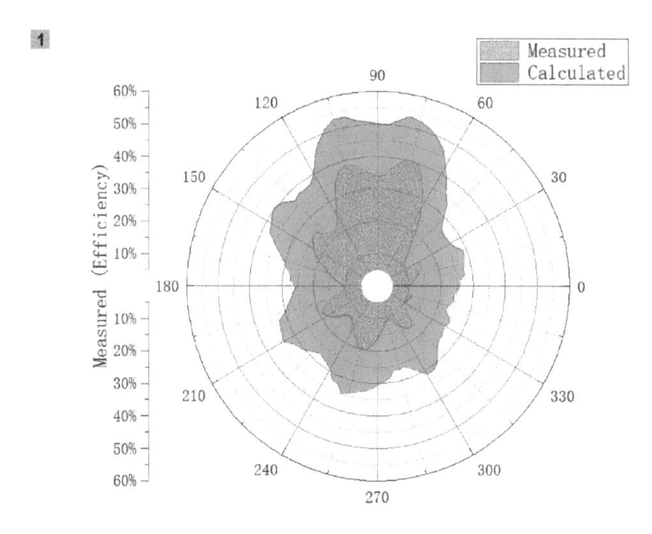

图 5-119 最终的极坐标图

5.8.2 风玫瑰图

风玫瑰图也叫风向频率玫瑰图，它是根据某一地区多年平均统计的各个方向风和风速百分数按比例绘制的图。

1. 风玫瑰图-分格数据

使用素材文件 RawData. dat 中的数据，其数据工作表如图 5-120 所示。应用预处理数据绘制风玫瑰图步骤如下。

选中工作表中的所有数据，执行菜单栏中的“绘图”→“专业图”→“风玫瑰图-分格数据”命令，或单击“2D 图形”工具栏中的按钮，绘制的图形效果如图 5-121 所示。

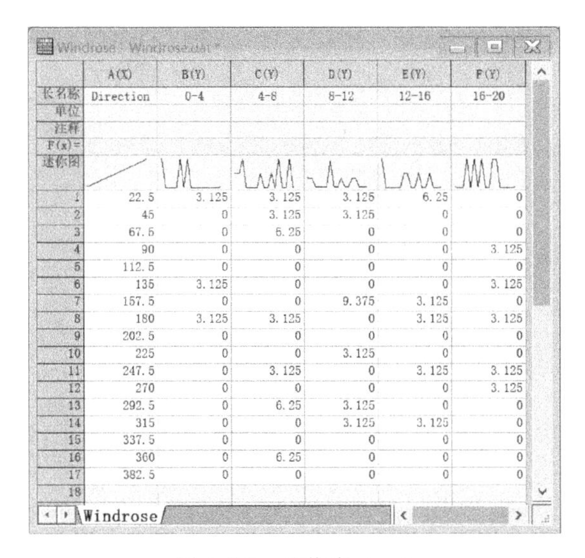

	A(X)	B(Y)	C(Y)	D(Y)	E(Y)	F(Y)
长名称	Direction	0-4	4-8	8-12	12-16	16-20
单位						
注释						
F(x)=						
迷你图						
1	22.5	3.125	3.125	3.125	6.25	0
2	45	0	3.125	3.125	0	0
3	67.5	0	6.25	0	0	0
4	90	0	0	0	0	3.125
5	112.5	0	0	0	0	0
6	135	3.125	0	0	0	3.125
7	157.5	0	0	9.375	3.125	0
8	180	3.125	3.125	0	3.125	3.125
9	202.5	0	0	0	0	0
10	225	0	0	3.125	0	0
11	247.5	0	3.125	0	3.125	3.125
12	270	0	0	0	0	3.125
13	292.5	0	6.25	3.125	0	0
14	315	0	0	3.125	3.125	0
15	337.5	0	0	0	0	0
16	360	0	6.25	0	0	0
17	382.5	0	0	0	0	0
18						

图 5-120　工作表（一）

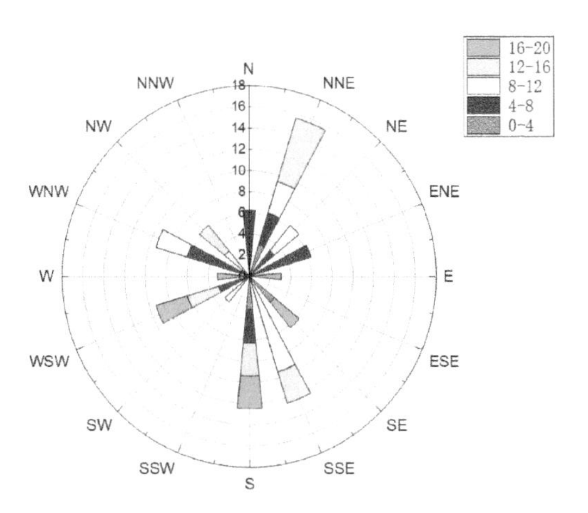

图 5-121　应用分格数据绘制风玫瑰图

2. 风玫瑰图-原始数据

应用预处理数据绘制风玫瑰图，其应用的数据工作表如图 5-122 所示。具体绘制步骤如下。

1）选中工作表 A(X)、B(Y) 列，执行菜单栏中的“绘图”→“专业图”→“风玫瑰图-原始数据”命令，或单击“2D 图形”工具栏中的按钮，会弹出 Plotting: plot_windrose 对话框。

2）在该对话框中对风向玫瑰图的属性进行设置，其中，设置“方向扇区数量”为 8，设置“计算的量”为“计数”，同时勾选“每一个速度间隔的总数小计”“自动预览”复选框，如图 5-123 所示。

3）单击“确定”按钮，应用原始数据绘制风玫瑰图的效果如图 5-124 所示。

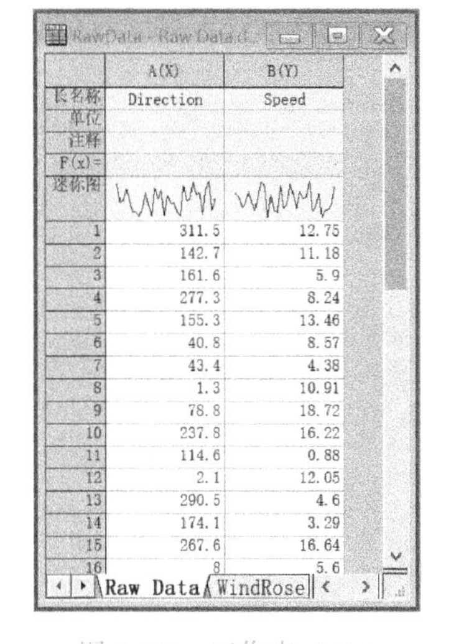

	A(X)	B(Y)
长名称	Direction	Speed
单位		
注释		
F(x)=		
迷你图		
1	311.5	12.75
2	142.7	11.18
3	161.6	5.9
4	277.3	8.24
5	155.3	13.46
6	40.8	8.57
7	43.4	4.38
8	1.3	10.91
9	78.8	18.72
10	237.8	16.22
11	114.6	0.88
12	2.1	12.05
13	290.5	4.6
14	174.1	3.29
15	267.6	16.64
16	8	5.6

图 5-122　工作表（二）

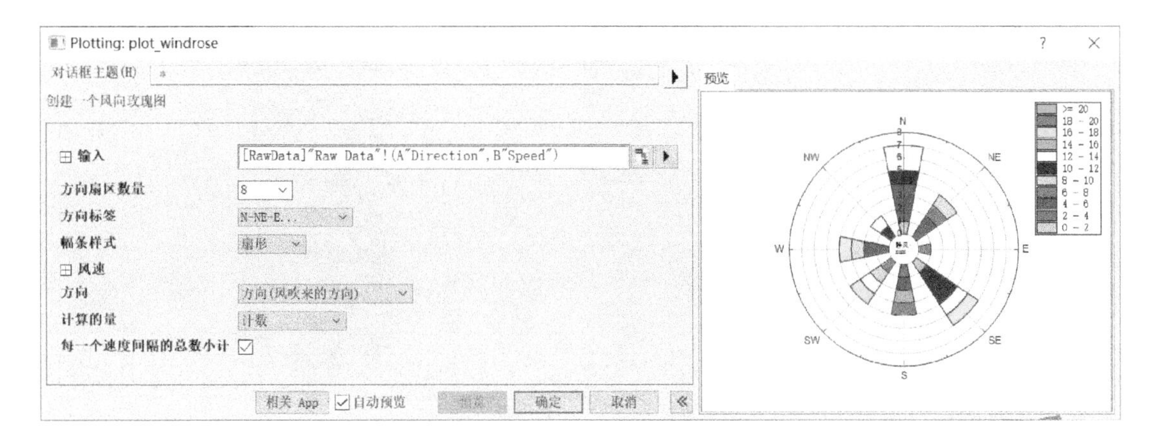

图 5-123　Plotting：plot_windrose 对话框

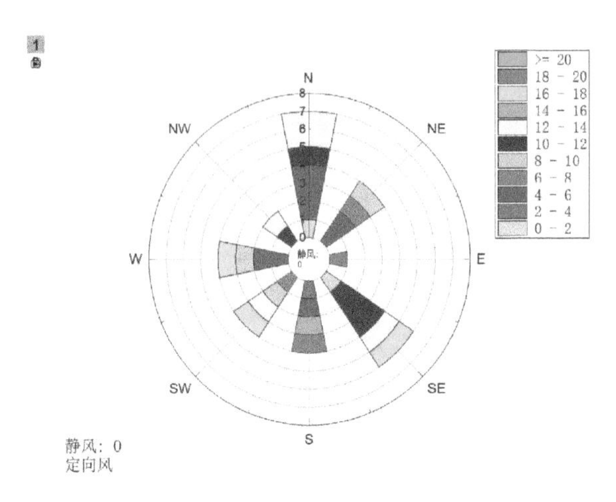

图 5-124　应用原始数据绘制风玫瑰图

5.8.3　三元图

三元图对工作表数据的要求：应有一个 Y 列和一个 Z 列。若没有与该列相关的 X 列，工作表会提供 X 的默认值。用三角图可以方便地表示三种组元（X、Y、Z）间的百分数比例关系，Origin 认为每行 X、Y、Z 数据具有 X+Y+Z=1 的关系。

如果工作表中数据未进行归一化，在绘图时 Origin 给出进行归一化选项，原来的数据会被替代，图中的尺度是按照百分比显示的。

使用素材文件 Ternary1. dat、Ternary2. dat、Ternary3. dat 和 Ternary4. dat 中的数据绘图。绘图步骤如下。

1）导入的 Ternary1. dat、Ternary2. dat、Ternary3. dat 和 Ternary4. dat 数据文件为同一个工作簿的不同工作表，将工作簿重命名长名称为 Ternary. dat，短名称为 Ternary。

2）在每一张工作表上单击 C(Y)列并停留，在弹出的图 5-125 所示的迷你工具栏中单击 Z 按钮，将各工作表中C(Y)的坐标属性改为 C(Z)。

用户也可以选中 C(Y)列数据，右击，在弹出的快捷菜单中选择“属性”命令，弹出“列属性”对话框，修改“绘图设定”的类型为 Z，如图 5-126 所示。

3）选中工作表 Ternary1 的数据，执行菜单栏中的“绘图”→“专业图”→“三元图”命令，或单击“2D 图形”工具栏中的按钮，绘制的图形效果如图 5-127 所示。

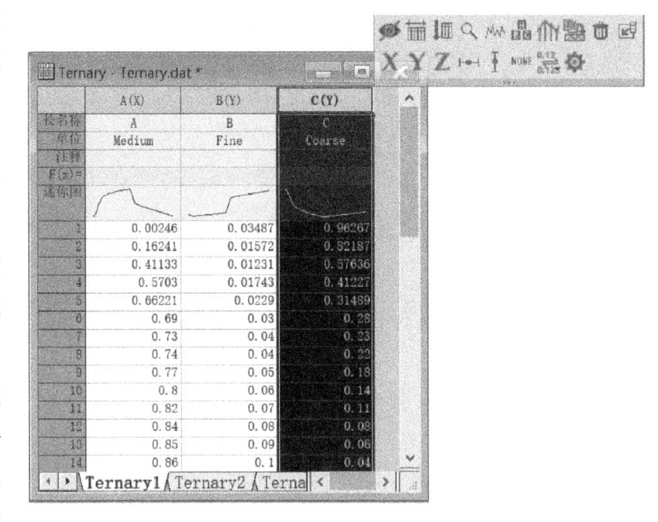

图 5-125　迷你工具栏

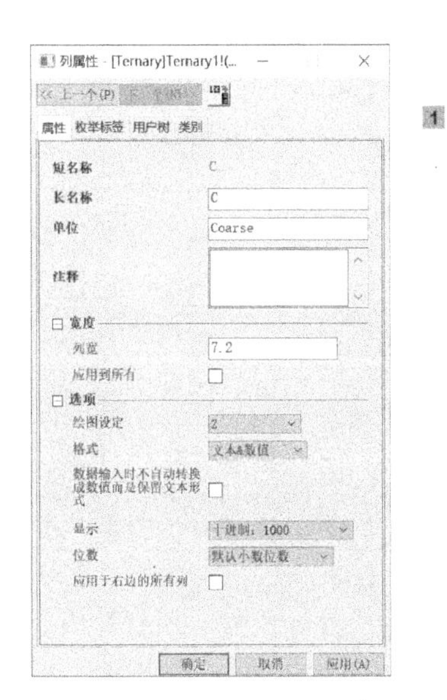

图 5-126　“列属性”对话框

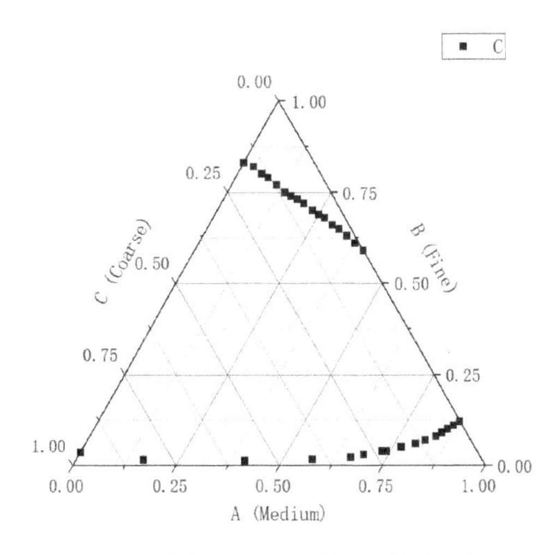

图 5-127　用工作表 Ternary1 数据绘制的三角图

4）在按下<Alt>键的同时，双击左上角图层 1 图标，弹出“图表绘制：设置图层中的数据绘图”对话框，单击对话框右上角的按钮，向上展开对话框。

5）将 Ternary2、Ternary3 和 Ternary4 工作表中的数据依次按 XYZ 轴添加到绘图中，如图 5-128 所示。“绘图类型”选择“点线图”，单击“确定”按钮，得到的图形效果如图 5-129 所示。

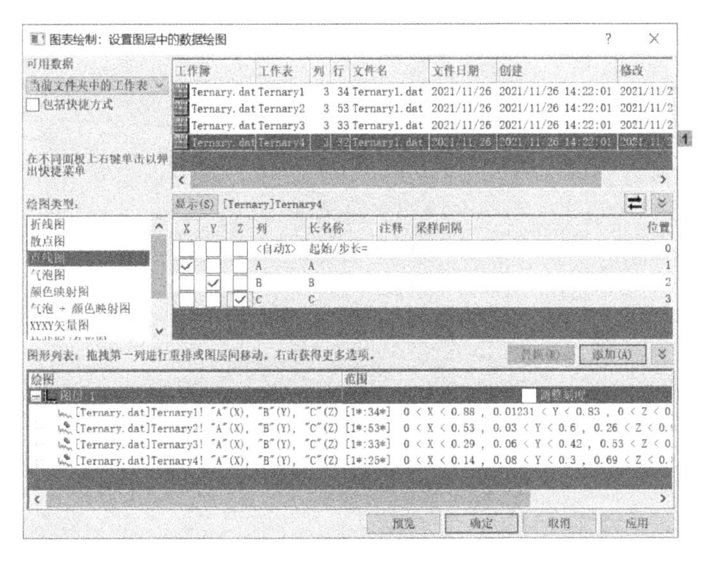

图 5-128　“图表绘制：设置图层中的数据绘图”对话框　　　图 5-129　绘出的三角图

6）双击数据线，弹出“绘图细节-绘图属性”对话框。在左侧列表框中选择对应的曲线选项，在“符号”选项卡下对符号样式进行设置，单击“应用”按钮，如图 5-130 所示。利用同样的方法修改 4 个线条的颜色和线型后，单击“确定”按钮退出对话框。此时绘制出的三元图效果，如图 5-131 所示。

7）双击三角图右上角的图例，修改图例名称，最终绘制出的三元图如图 5-132 所示。

图 5-130　“绘图细节-绘图属性”对话框

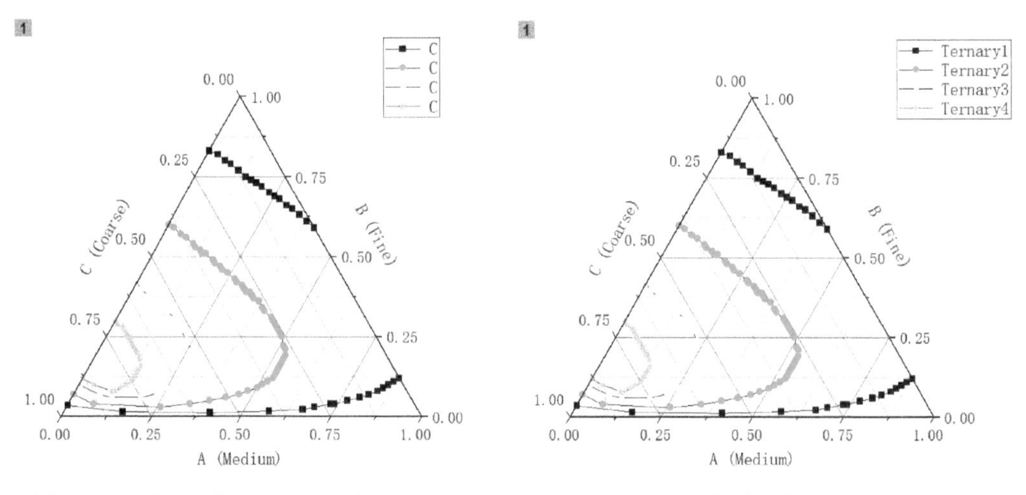

图 5-131　线型颜色调整后的三角图

图 5-132　修改图例后的三角图

5.8.4 史密斯图

史密斯图由许多圆周交织而成，主要用于电工与电子工程学传输线的阻抗匹配，是计算传输线阻抗的重要工具。

Origin 史密斯图对工作表数据的要求：应有至少一个 Y 列。如果工作表有 X 列，则由该 X 列提供 X 值，如果没有与该列相关的 X 列，工作表会提供 X 的默认值。

使用 SmithChart. dat（pid974. opj）素材文件中的数据，其数据工作表如图 5-133 所示。本示例将绘制史密斯图展示电子工程汇总的阻抗，具体绘图步骤如下。

1）导入 SmithChart. dat 数据文件，选中工作表中的 A(X)、B(Y)、D(Y) 三列数据，执行菜单栏中的“绘图”→“专业图”→“史密斯图”命令，或单击“2D 图形”工具栏中的按钮，绘制的图形如图 5-134 所示。

2）双击数据线，弹出“绘图细节-绘图属性”对话框。在对话框下方的“绘图类型”下拉列表中选择“散点图”选项，单击“应用”按钮，如图 5-135 所示。得到的图形如图 5-136 所示。

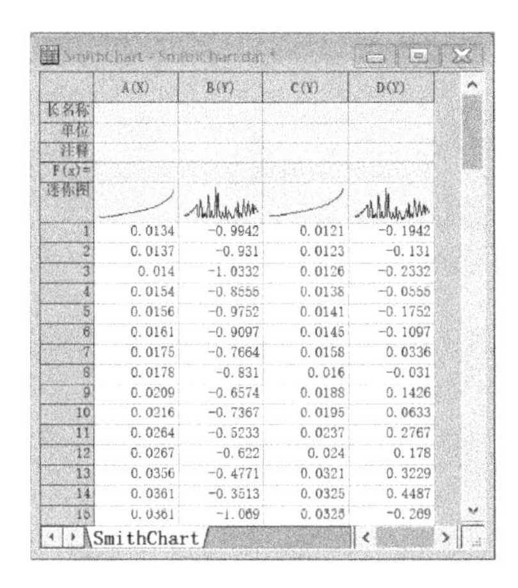

	A(X)	B(Y)	C(Y)	D(Y)
长名称				
单位				
注释				
F(x)=				
迷你图				
1	0.0134	-0.9942	0.0121	-0.1942
2	0.0137	-0.931	0.0123	-0.131
3	0.014	-1.0332	0.0126	-0.2332
4	0.0154	-0.8556	0.0138	-0.0556
5	0.0156	-0.9752	0.0141	-0.1752
6	0.0161	-0.9097	0.0145	-0.1097
7	0.0175	-0.7664	0.0158	0.0336
8	0.0178	-0.831	0.016	-0.031
9	0.0209	-0.6574	0.0188	0.1426
10	0.0216	-0.7367	0.0195	0.0633
11	0.0264	-0.5233	0.0237	0.2767
12	0.0267	-0.622	0.024	0.178
13	0.0356	-0.4771	0.0321	0.3229
14	0.0361	-0.3513	0.0325	0.4487
15	0.0361	-1.069	0.0325	-0.269

图 5-133　导入数据后的工作表

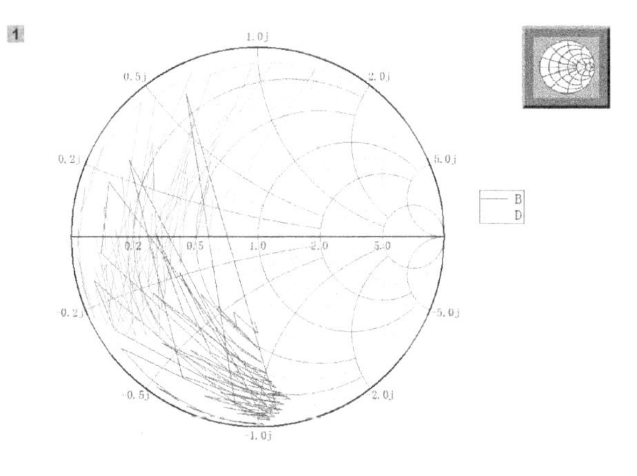

图 5-134　绘制的史密斯图

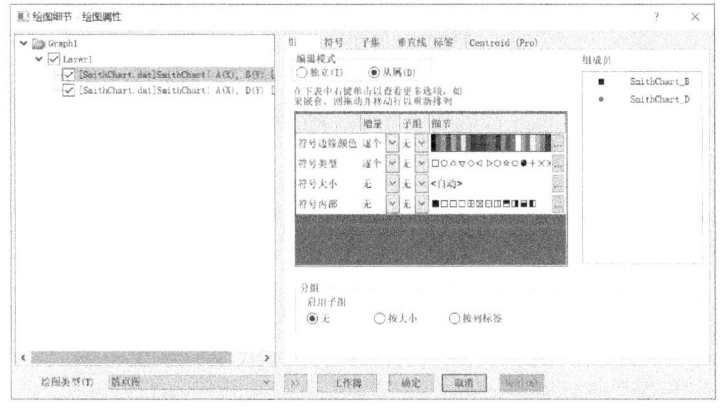

图 5-135　“绘图细节-绘图属性”对话框

图 5-136　将线图改为散点图

3）切换到对话框中的“符号”选项卡，选择★，对颜色进行设置。在“组”选项卡下选择“编辑模式”为“独立”模式，设置完成后单击“确定”按钮。

4）双击图形中水平轴，打开“X 坐标轴”对话框，对轴参数进行设置。

5）另外，还可以单击图中右上角的图标，打开图 5-137 所示的“史密斯图”对话框，对该图进行设置。美化后的史密斯图形效果如图 5-138 所示。

图 5-137　“史密斯图”对话框

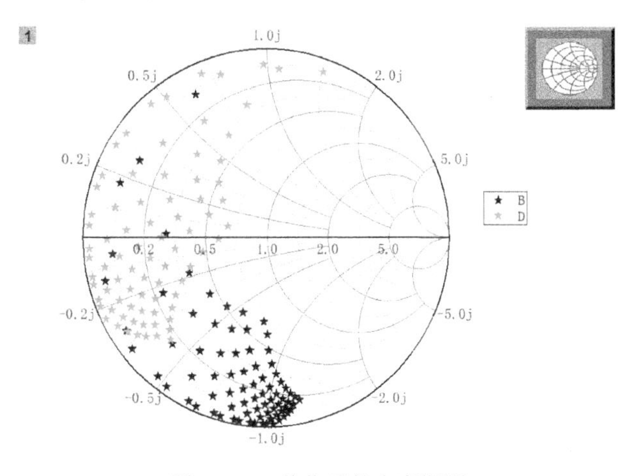

图 5-138　美化后的史密斯图

5.8.5 雷达图

雷达图对工作表数据要求：至少有一列 Y 值（或其中的一部分）。如果没有设定与该列相关的 X 列，工作表会提供 X 的默认值。

导入 Radar. dat 数据文件，数据工作表如图 5-139 所示。

选中工作表中的所有数据，执行菜单栏中的“绘图”→“专业图”→“雷达图”命令，或单击“2D 图形”工具栏中的按钮，绘制的图形如图 5-140 所示。

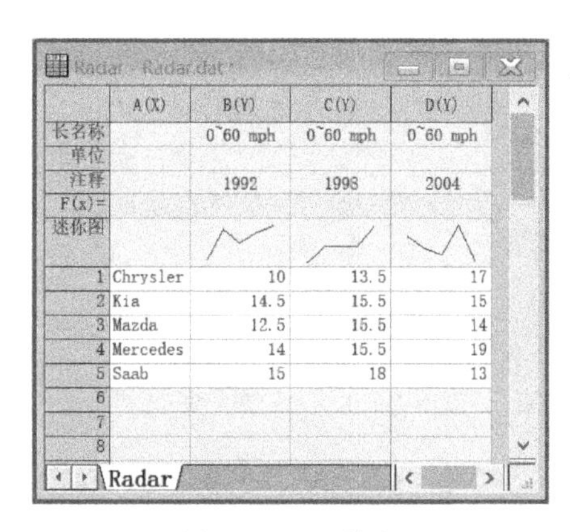

	A(X)	B(Y)	C(Y)	D(Y)
长名称		0~60 mph	0~60 mph	0~60 mph
单位				
注释		1992	1998	2004
F(x)=				
迷你图				
1	Chrysler	10	13.5	17
2	Kia	14.5	15.5	15
3	Mazda	12.5	15.5	14
4	Mercedes	14	15.5	19
5	Saab	15	18	13
6				
7				
8				

图 5-139　工作表

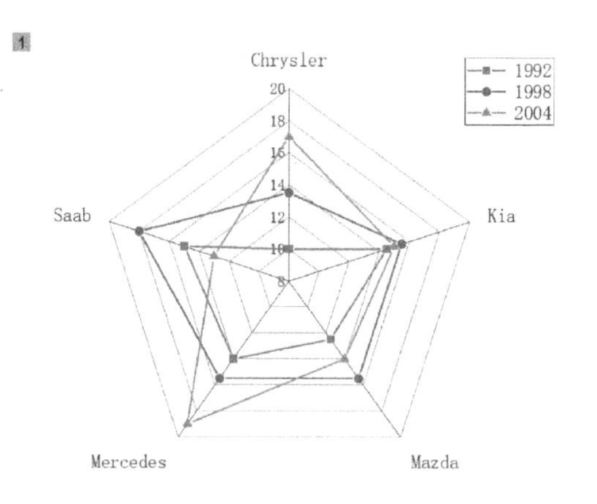

图 5-140　雷达图

5.8.6 XYAM 矢量图

Origin 矢量图有 XYAM 矢量图和 XYXY 矢量图两种。XYAM 矢量图中 A 和 M 分别表示角度和长度，全名为 X\Y\Angle\Magnitude Vector，对工作表数据要求是要有 3 列 Y 值（或其中的一部分）。

如果没有设定与该列相关的 X 列，工作表会提供 X 的默认值。在默认状态下，工作表最左边的 Y 列确定矢量末端的 Y 坐标值，第二个 Y 列确定矢量的长度。数据列必须是 XYYY 型。

XYAM 矢量图以矢量箭头表示三列 Y，矢量箭头起点是 X 列数值（横轴），矢量箭头终点是第一列 Y 数值（纵轴），矢量箭头角度是第二列 Y（对应 A，以 X 轴水平线逆时针旋转角度），第三列 Y 决定箭头矢量幅值大小（对应 M，幅值大小不一定就是第三列 Y 数值，但对于各行数据所决定的矢量箭头应同比例）。

使用 XYAMChart. dat（pid756. opj）素材文件中的数据，用矢量图显示河水流过两个塔标周围的紊流和层流情况，图中矢量箭头用颜色的深浅表示流量的大小。具体步骤如下。

1）导入 XYAMChart. dat 数据文件，如图 5-141 所示。选中工作表中的所有数据，执行菜单栏中的“绘图”→“专业图”→“XYAM 矢量图”命令，或单击“2D 图形”工具栏中的按钮，绘制的图形如图 5-142 所示。

2）双击数据线，弹出“绘图细节-绘图属性”对话框，对图中的矢量进行设置。首先切换到“线条”选项卡，将“连接”设置为“无线条”。再切换到“矢量”选项卡，设置“颜色”为“按点”，选择“颜色选项”为“映射”并将其指定为“col(D):"Magnitude"”，然后设置颜色，单击“确定”按钮完成设置，如图 5-143 所示。最终美化后的图形如图 5-144 所示。

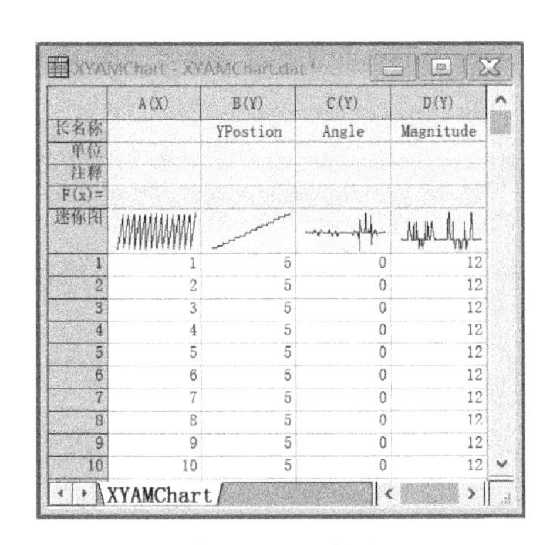

XYAMChart - XYAMChart.dat *

	A(X)	B(Y)	C(Y)	D(Y)
长名称		YPostion	Angle	Magnitude
单位				
注释				
F(x)=				
迷你图				
1	1	5	0	12
2	2	5	0	12
3	3	5	0	12
4	4	5	0	12
5	5	5	0	12
6	6	5	0	12
7	7	5	0	12
8	8	5	0	12
9	9	5	0	12
10	10	5	0	12

XYAMChart

图 5-141　工作表

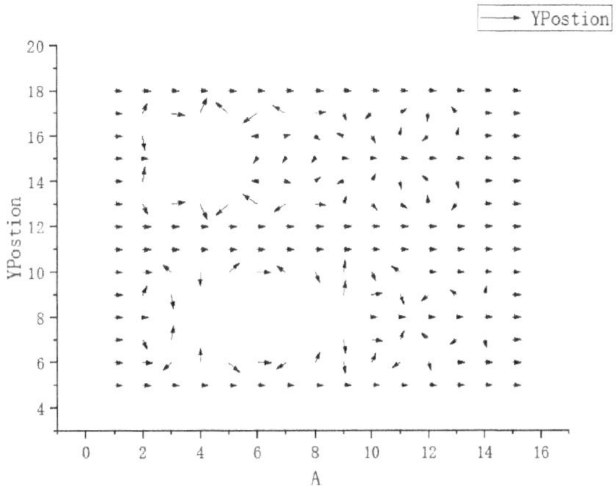

图 5-142　矢量图

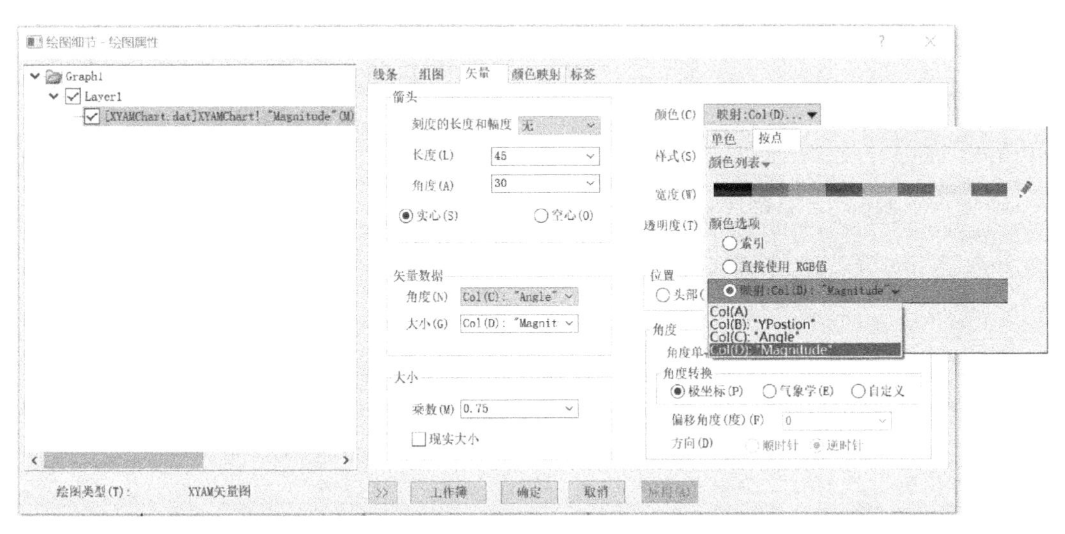

图 5-143　“绘图细节-绘图属性”对话框

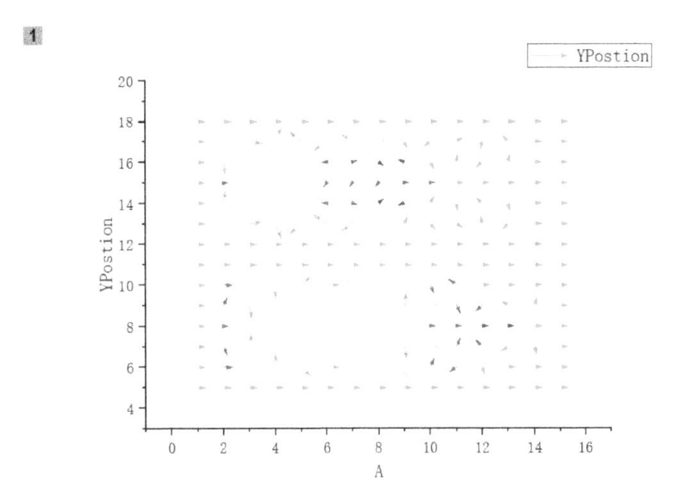

图 5-144　美化后的矢量图

5.8.7 XYXY 矢量图

XYXY 矢量图对数据的要求是数据列必须是 XYXY 型。该矢量图以矢量箭头表示两组 XY 列，矢量箭头起点是第一组 XY 列坐标值（X1,Y1），矢量箭头终点是第二组 XY 列坐标值（X2,Y2）。如果没有设定与该列相关的 X 列，工作表会提供 X 的默认值。

使用 XYXYChart. dat 素材文件中的数据，数据工作表如图 5-145 所示。XYXY 矢量图的绘制步骤如下。

1）单击数据表 C(Y)列，在弹出的迷你工具栏中选择 X，将其设置为 X 列。

2）选中工作表中的所有数据，执行菜单栏中的“绘图”→“专业图”→“XYXY 矢量图”命令，或单击“2D 图形”工具栏中的按钮，绘制的图形如图 5-146 所示。

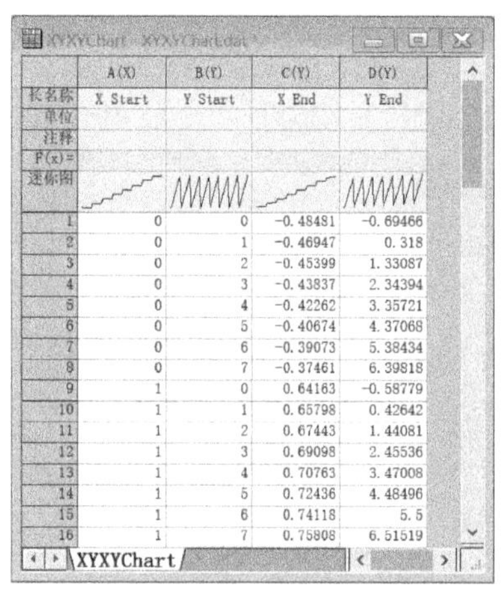

	A(X)	B(Y)	C(Y)	D(Y)
长名称	X Start	Y Start	X End	Y End
单位				
注释				
F(x)=				
迷你图				
1	0	0	-0.48481	-0.69466
2	0	1	-0.46947	0.318
3	0	2	-0.45399	1.33087
4	0	3	-0.43837	2.34394
5	0	4	-0.42262	3.35721
6	0	5	-0.40674	4.37068
7	0	6	-0.39073	5.38434
8	0	7	-0.37461	6.39818
9	1	0	0.64163	-0.58779
10	1	1	0.65798	0.42642
11	1	2	0.67443	1.44081
12	1	3	0.69098	2.45536
13	1	4	0.70763	3.47008
14	1	5	0.72436	4.48496
15	1	6	0.74118	5.5
16	1	7	0.75808	6.51519

图 5-145 工作表

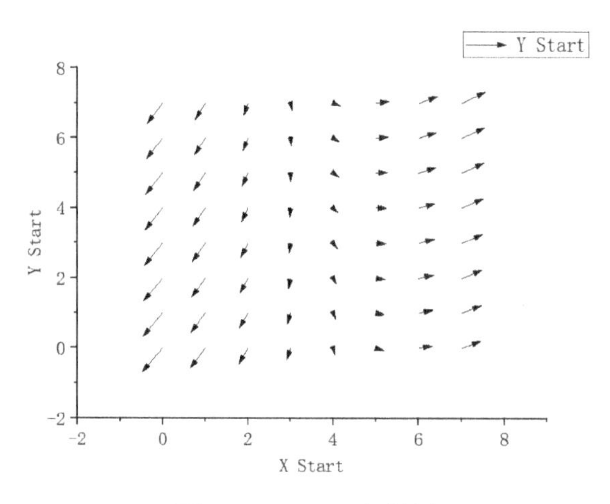

图 5-146 XYXY 矢量图

5.8.8 缩放图

在科技类绘图中，有时需要将图形进行局部放大，并将前后的数据曲线显示在同一绘图窗口内，此时就要用到缩放图模板。

导入 Nitrite. dat 数据文件，工作表如图 5-147 所示。双击 B(Y)下的迷你图，可以显示该数据中时间与电压的关系，且电压为脉冲电压，如图 5-148 所示。

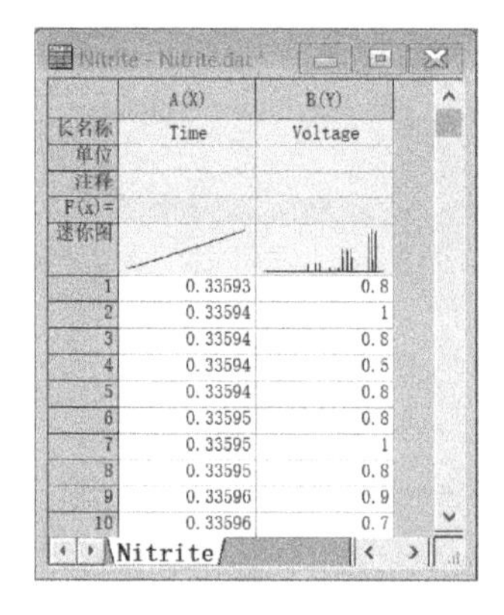

	A(X)	B(Y)
长名称	Time	Voltage
单位		
注释		
F(x)=		
迷你图		
1	0.33593	0.8
2	0.33594	1
3	0.33594	0.8
4	0.33594	0.5
5	0.33594	0.8
6	0.33595	0.8
7	0.33595	1
8	0.33595	0.8
9	0.33596	0.9
10	0.33596	0.7

图 5-147 工作表

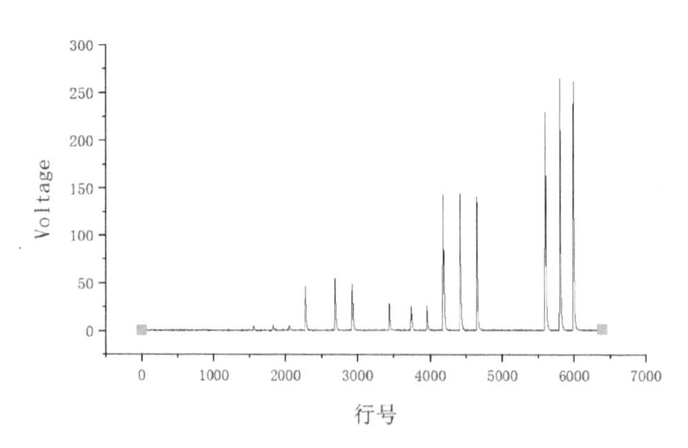

图 5-148 数据预览

绘制缩放图的具体步骤如下。

1）选中工作表中的所有数据，执行菜单栏中的“绘图”→“专业图”→“缩放图”命令，或单击“2D 图形”工具栏中的按钮，绘制的图形如图 5-149 所示。

2）此时打开一个有两个图层的绘图窗口，上层显示整条数据曲线，下层显示放大的曲线段。下层的放大图由上层全局图内的矩形选取框控制。

3）利用鼠标移动矩形框，选择需要放大的区域，则下层显示出相应部分的放大图，如图 5-150 所示。用户也可以根据显示需要调整矩形框的大小。

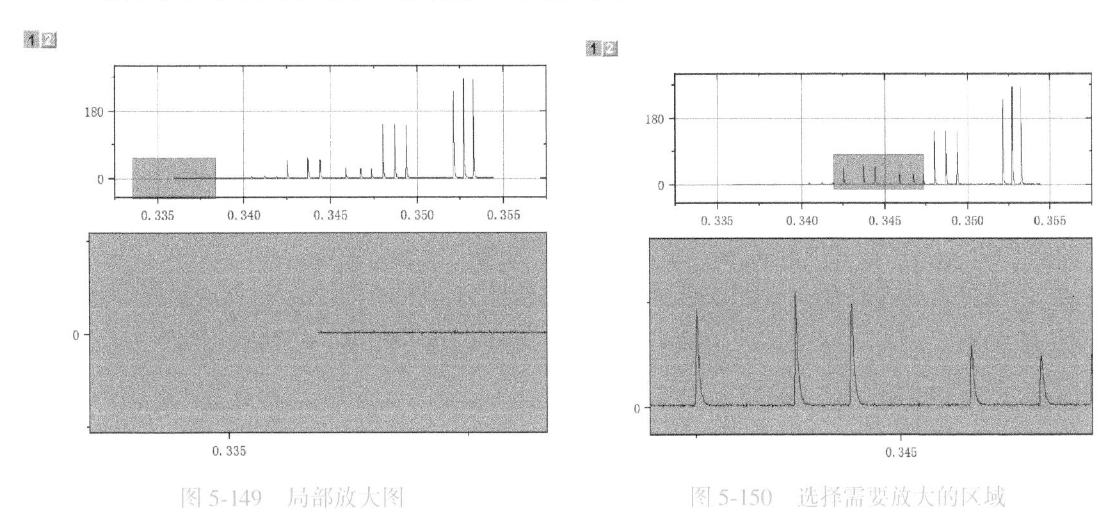

图 5-149　局部放大图　　　图 5-150　选择需要放大的区域

5.9　绘制分组图

在 Origin 中，分组散点图、桑基图、冲积图、弦图、带状图等归集为分组图模板。选中数据后，执行菜单栏中的“绘图”→“分组图”命令，在打开的菜单面板中选择绘图选项进行绘图，如图 5-151 所示。

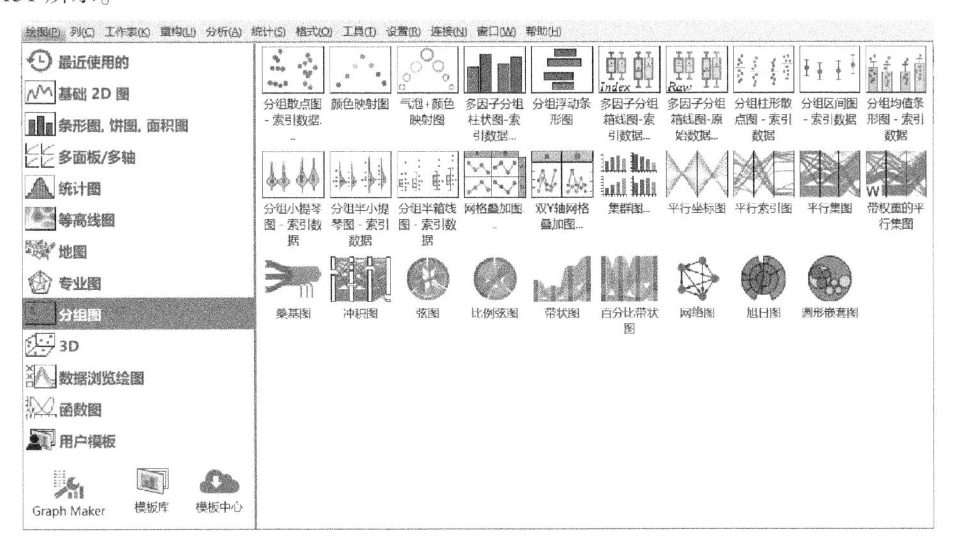

图 5-151　分组图

5.9.1 冲积图

本小节将对冲积图的创建方式进行介绍，具体步骤如下。

1）打开 Outlook Poll. opju 数据文件，选中 D～H 列数据，执行菜单栏中的“绘图”→“分组图”→“冲积图”命令，绘制的图形如图 5-152 所示。

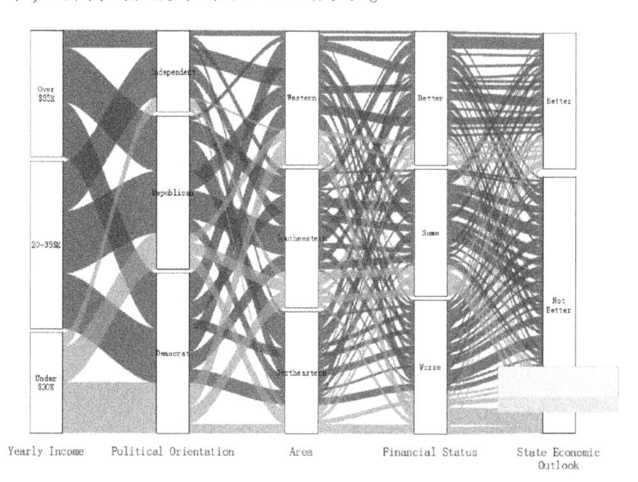

图 5-152　冲积图

2）执行菜单栏中的“查看”→“对象管理器”命令，打开“对象管理器”对话框，如图 5-153 所示。调整变量顺序，得到的冲积图效果如图 5-154 所示。

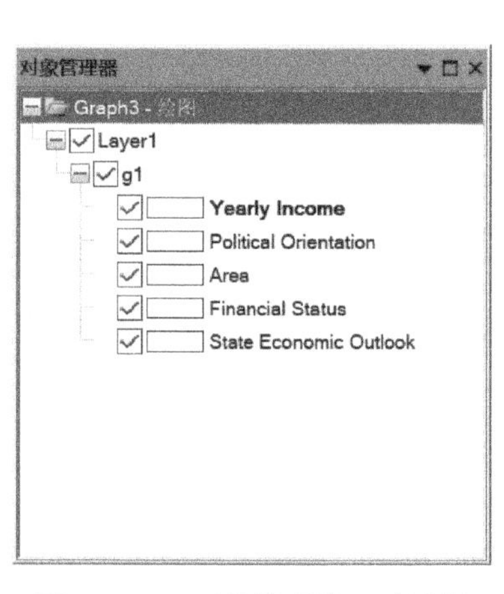

图 5-153　“对象管理器”对话框

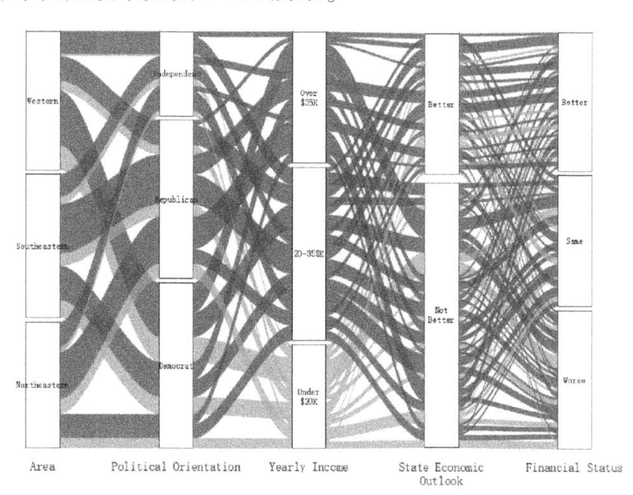

图 5-154　调整顺序后的冲积图

3）双击冲积图，在弹出的“绘图细节-绘图属性”对话框中选择“组”选项卡，设置“节点填充颜色”为“逐个”，如图 5-155 所示。单击“确定”按钮，此时图形效果如图 5-156 所示。

4）继续在“连接线”选项卡下设置“填充颜色”为“使用源节点的颜色”，设置“连接分类按照”为“包括颜色（如果存在）的所有类别”，如图 5-157 所示。单击“确定”按钮，此时的图形效果如图 5-158 所示。

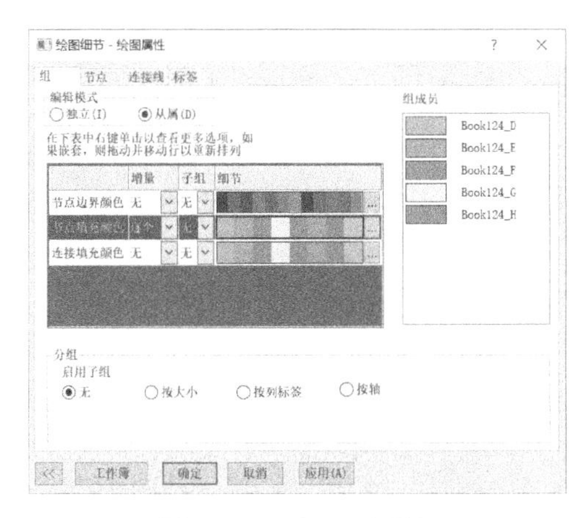

图 5-155　“组”选项卡

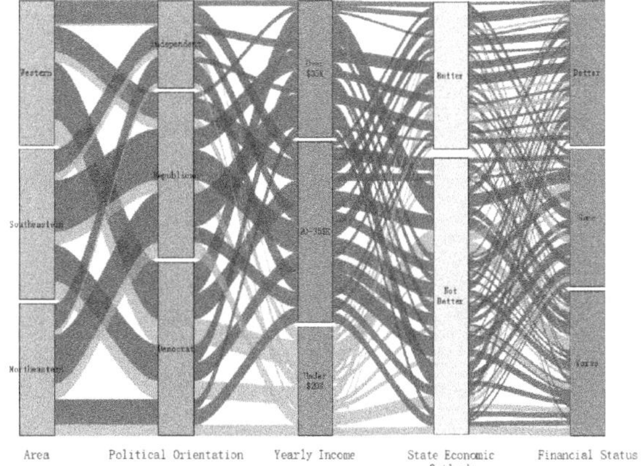

图 5-156　填充颜色后的冲积图

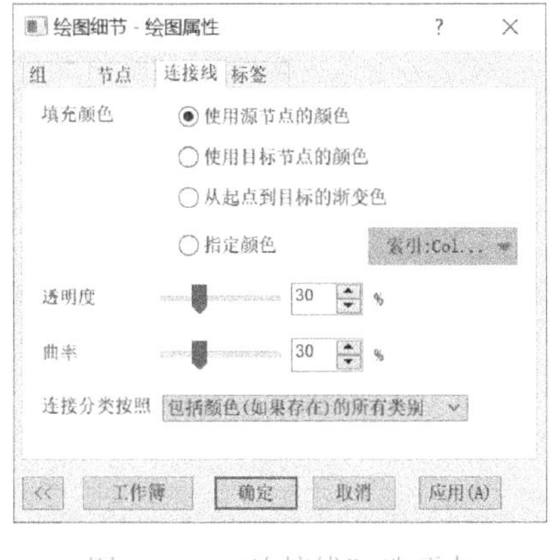

图 5-157　“连接线”选项卡

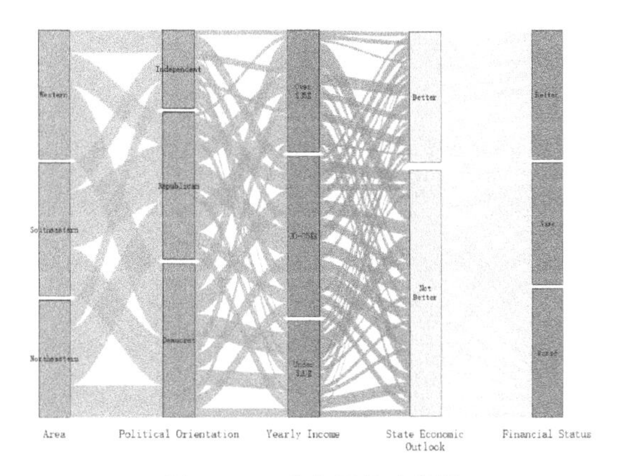

图 5-158　美化后的冲积图

5.9.2　弦图

本小节将对弦图的创建方式进行介绍，具体步骤如下。

1）打开 Global Migration Data. opju 数据文件，选中 B～D 列数据，执行菜单栏中的“绘图”→“分组图”→“弦图”命令，绘制的图形如图 5-159 所示。

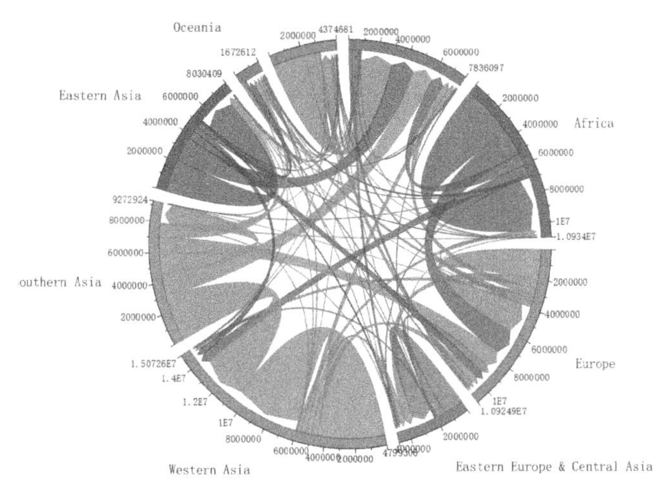

图 5-159　弦图

2）双击弦图，在弹出的“绘图细节-绘图属性”对话框中选择“标签”选项卡，取消勾选“刻度线标签”“线和刻度”复选框，选择字体的“旋转”为“角度”，设置“偏移”值为“50”，勾选“按字数换行”复选框，如图 5-160 所示。单击“确定”按钮，此时的图形效果如图 5-161 所示。

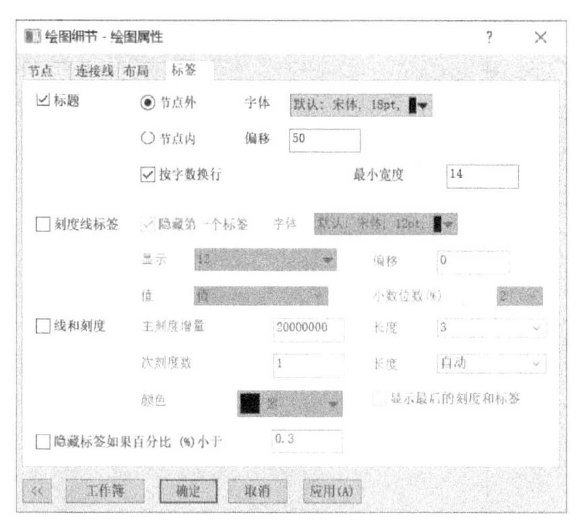

图 5-160 “标签”选项卡

图 5-161 修改参数后的弦图

5.9.3 平行索引图

打开 Fisher Iris Data. opju 数据文件，选中 A～E 列数据，执行菜单栏中的“绘图”→“分组图”→“平行索引图”命令，即可绘制出图 5-162 所示的平行索引图。

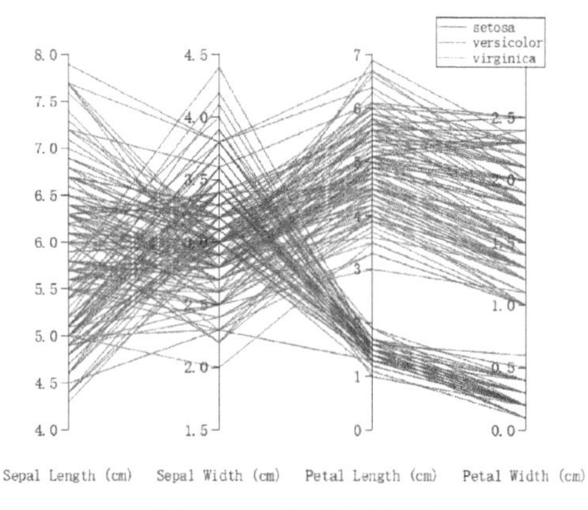

图 5-162 平行索引图

5.9.4 平行坐标图

打开 Fisher Iris Data. opju 数据文件，选中 A～D 列数据，执行菜单栏中的“绘图”→“分组图”→“平行坐标图”命令，即可绘制出图 5-163 所示的平行坐标图。

双击平行坐标图，在弹出的“绘图细节-绘图属性”对话框中选择“平行”选项卡，设置“曲率”为“0”，如图 5-164 所示。单击“确定”按钮，此时的图形效果如图 5-165 所示。

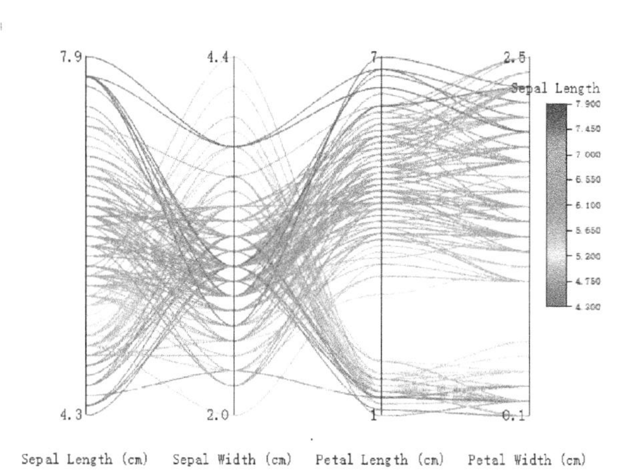

图 5-163　平行坐标图

图 5-164　“平行”选项卡

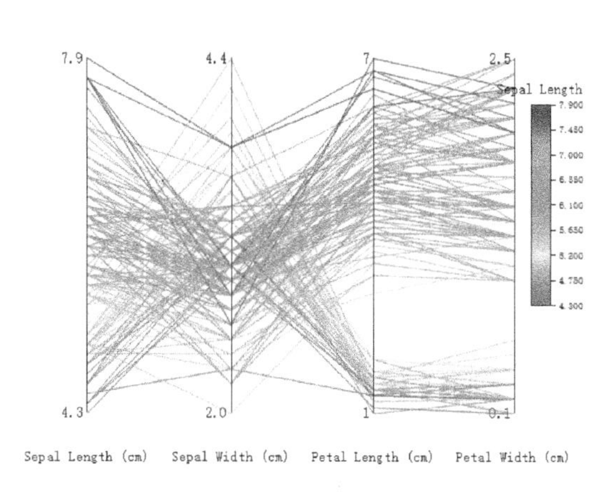

图 5-165　调整曲率后的平行坐标图

双击坐标轴，在弹出的“Axis1-图层 1”对话框中选择“所有”选项卡，取消勾选“各轴各自调整刻度”复选框，如图 5-166 所示。单击“确定”按钮，此时的图形效果如图 5-167 所示。

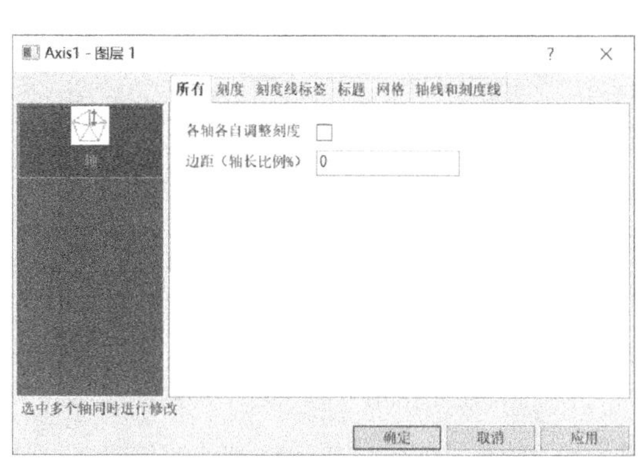

图 5-166　“所有”选项卡

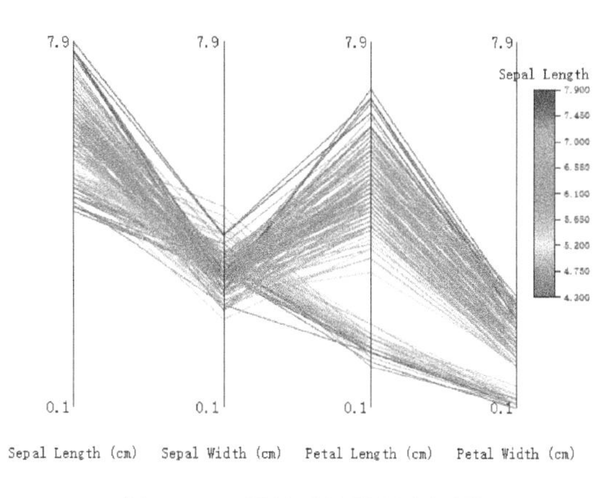

图 5-167　调整后的平行坐标图

5.10 主题绘图

Origin 将内置或用户定义的图形格式信息集合成为主题。它可以将一整套预先定义的绘图格式应用于图形对象、图形线段、一个或多个绘图窗口，从而改变原来的绘图格式。

有了主题绘图功能，用户可以方便地将一个绘图窗口中用主题定义过的图形元素格式的部分或全部应用于其他绘图窗口，利于立即更改图形视图，保证绘制出的图形之间的一致性。

Origin 除了主题绘图外，还将主题的含义扩展到了主题工作簿。由于篇幅限制，这里仅介绍主题绘图。

Origin 提供了大量的内置主题绘图格式和系统主题绘图格式。这些主题文件存放在子目录下，用户可以直接使用或对现有的主题绘图格式进行修改。

用户还可以根据需要重新定义一个系统主题绘图格式，系统主题绘图格式将应用于所有用户所创建的图形。

分株排列表是主题绘图的一个子集，用户可以根据组排序列表定义一列特定的图形元素（如图形颜色、图形填充方式等）排列，并用嵌套或协同的排序方式应用于用户图形。

下面通过实例介绍创建和应用主题绘图。

5.10.1 创建和应用主题绘图

下面将使用 Template. dat 数据文件来讲解如何进行主题绘图。具体操作步骤如下。

1）创建一个新的工作表，导入 Template. dat 的数据文件。选中该工作表中的 B(Y)数据，执行菜单栏中的“绘图”→“基础 2D 图”→“折线图”命令，或单击“2D 图形”工具栏中的 ╱（折线图）按钮，绘制的图形如图 5-168 所示。

2）将图中坐标轴的字号改为 26 号，更改之后的图形效果如图 5-169 所示。

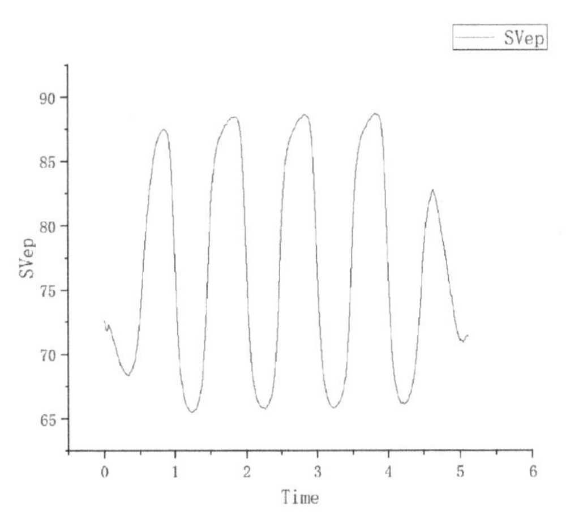

图 5-168　绘制的折线图

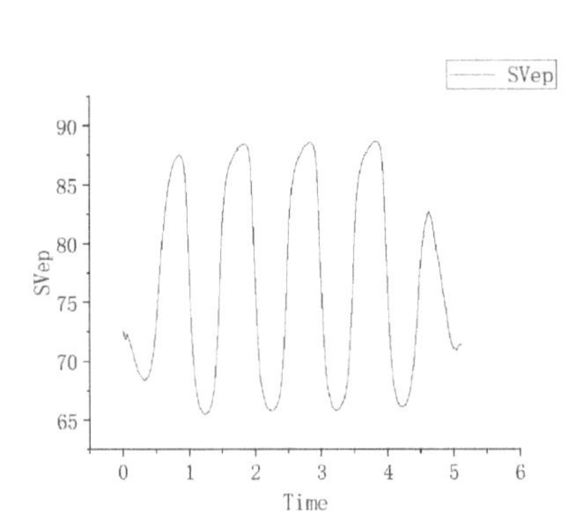

图 5-169　修改字号后的折线图

3）选中该图并右击，在弹出的快捷菜单中选择“保存格式为主题”命令，弹出“保存格式为主题”对话框，将“新主题的名称”改为“调整字号”，如图 5-170 所示。单击“确定”按钮，就创建了一个“调整字号”的主题。

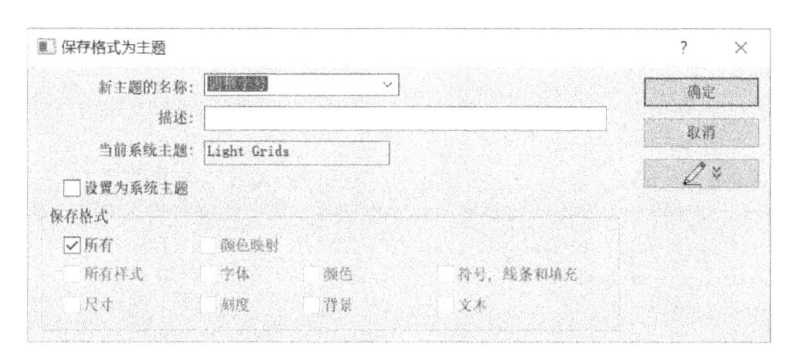

图 5-170　“保存格式为主题”对话框

4）选择工作表中 C(Y)数据列，执行菜单栏中的“绘图”→“基础 2D 图”→“折线图”命令，或单击“2D 图形”工具栏中的 ╱（折线图）按钮，绘制的图形如图 5-171 所示。

5）执行菜单栏中的“设置”→“主题管理器”命令，弹出“主题管理器”对话框，查看刚建立的“调整字号”主题并选中，如图 5-172 所示。单击“立即应用”按钮，即可将“调整字号”主题应用到当前绘图中。

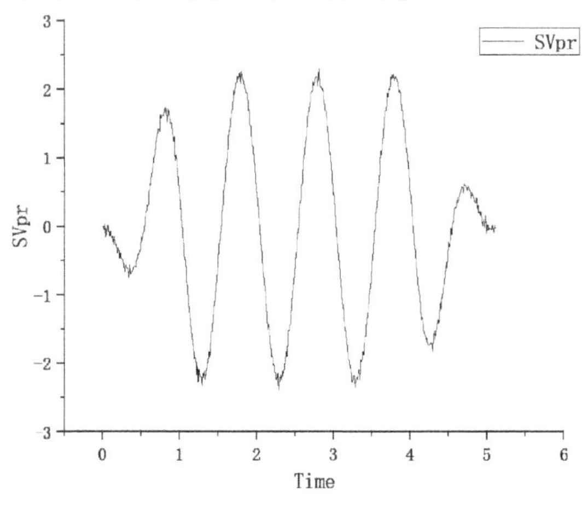

图 5-171　绘制的折线图

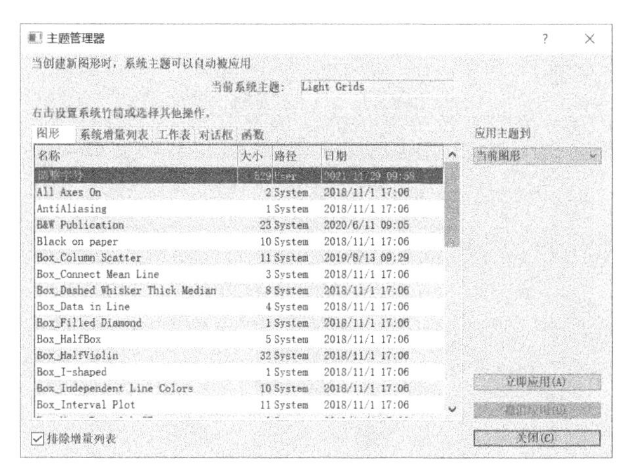

图 5-172　“主题管理器”对话框

6）此时坐标轴的显示范围并不是该图的显示范围，如图 5-173 所示。因此，需要调整显示范围。双击 Y 坐标轴，弹出“Y 坐标轴”对话框，调整“刻度”选项卡下的“起始”为−3、“终止”为 3，选择“主刻度”下的“类型”为“按数量”，设置“计数”为 7，单击“确定”按钮完成设置，最终绘制的图形效果如图 5-174 所示。

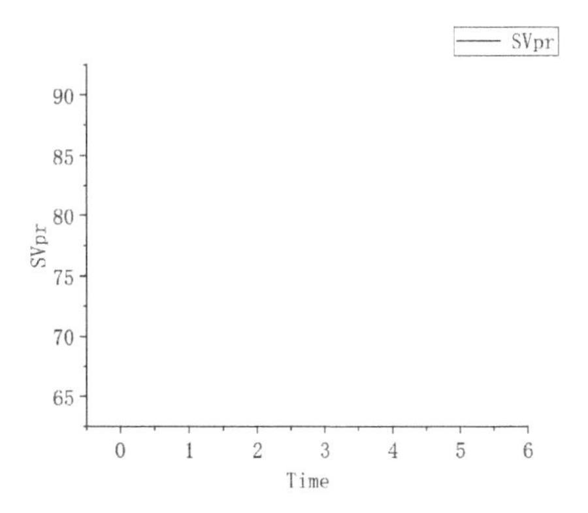

图 5-173　应用“调整字号”主题后的绘图界面

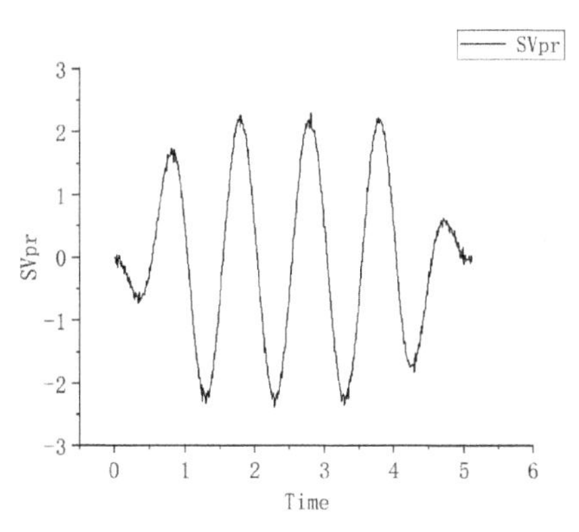

图 5-174　最终图形

5.10.2 主题管理器和系统主题

主题管理器是 Origin 存放内置的主题绘图格式、自定义主题和系统主题的地方。执行菜单栏中的“设置”→“主题管理器”命令，弹出“主题管理器”对话框，可以选中一个主题，右击，打开快捷菜单，执行复制、删除、编辑或将其设置为系统主题等命令。

用户还可以在该对话框右边的“应用主题到”下拉列表框中选择主题的应用范围，即当前图形、在文件夹里的图、项目中的图或指定的图等，如图 5-175 所示。通过使用主题管理器，可以大大提高绘图效率，保证图形之间格式的一致性。

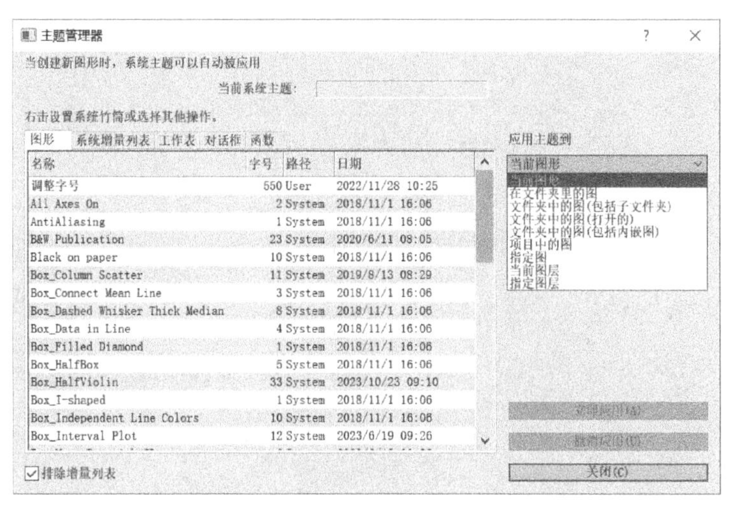

图 5-175 “主题管理器”对话框

下面以刚刚创建的主题为例，结合其他主题，创建一个新的名为“调整字号”主题的系统主题。

1）选中“调整字号”主题，右击，在打开的快捷菜单中选择“创建副本”命令，复制出一个主题。双击该主题名称后，可修改主题名称为“调整字号主题”。

2）双击“调整字号主题”主题其余位置，打开该主题的“编辑主题”对话框，如图 5-176 所示。在“描述”文本框中输入“常用调整字号主题”，单击“保存”按钮。

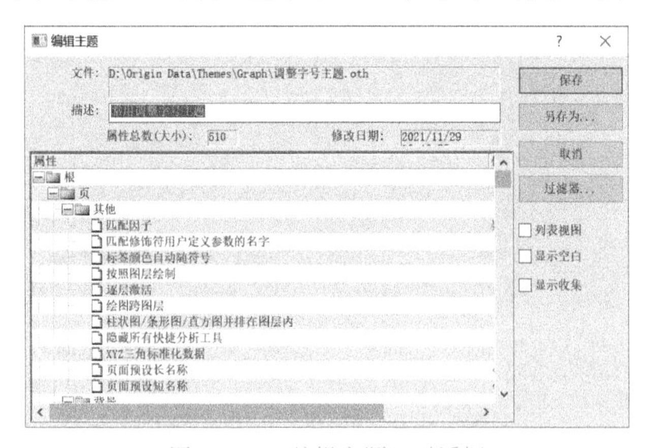

图 5-176 “编辑主题”对话框

3）右击该主题，在弹出的快捷菜单中选择“设置为系统主题”命令，可以将“调整字号主题”设置为新的系统主题。此时“主题管理器”对话框中该主题变为系统主题（字体变为加粗，以示区分），如图 5-177 所示。

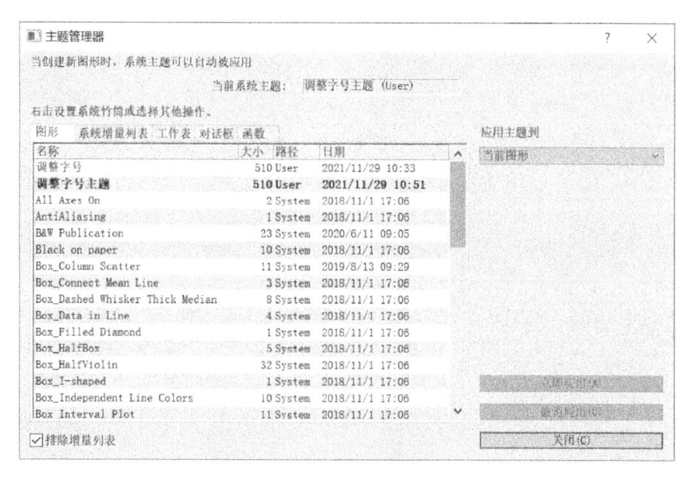

图 5-177　修改系统主题

同时，在界面上可以看到当前的系统主题已经改变为“调整字号主题”。默认情况下，系统就按照此主题进行绘图。

5.11 小结与思考

在科技类图形的制作过程中，二维图形绘制工具的使用频率最高，因此掌握二维图形的绘制方法尤为关键。Origin 中的二维图形种类繁多，本章以图文并茂的方式详细地介绍了各类二维图的绘制功能及其绘制过程，帮助用户快速掌握图形的绘制技巧，并对 Origin 的绘图功能有整体的印象，方便以后选择合适的图表类型来展现自己的数据。下面给出开放性的讨论题目供读者在学习时思考。

1）解释如何在 Origin 中使用函数进行图形绘制。

2）描述创建函数数据工作表的步骤。

3）比较折线图和水平阶梯图的视觉差异及应用场景。

4）绘制一个散点图，并解释如何调整图形的符号大小和颜色。

5）描述如何在 Origin 中创建 Y 误差图和 XY 误差图。

6）绘制一个气泡图，并解释如何根据数据值调整气泡的大小。

7）解释颜色映射图和气泡+颜色映射图的用途及差异。

8）绘制一个柱状图，并解释如何将其转换为带标签的柱状图。

9）解释堆积柱状图与堆积条形图的区别及应用。

10）描述浮动柱状图和浮动条形图的特点。

11）比较 3D 彩色饼图与 2D 彩色饼图的视觉效果和信息展现方式。

12）描述多个 Y 轴图的配置方法和适用情景。

13）解释瀑布图的视觉表现和数据解读方法。

14）描述如何在 Origin 中绘制面积图，并比较堆积面积图与填充面积图的差异。

15）描述三元图的绘制方法及其在数据展示中的应用。

16）描述如何在 Origin 中绘制分组图，例如冲积图或弦图。

第6章 三维图形绘制

在 Origin 中，数据的存储主要有位于工作簿内的工作表和矩阵簿内的矩阵表两种类型。工作表的数据结构主要适用于二维绘图及部分简单的三维绘图。矩阵表则全面支持三维图形的绘制。为了方便用户制作复杂的三维图形，Origin 提供了一种将工作表数据转换为矩阵表的功能。此外，Origin 还内置了众多三维图形模板，掌握这些模板的使用方法不仅可以节省绘图时间，还能显著地提升绘图质量。

6.1 矩阵数据窗口

三维立体图形可以分成两种：一种是具有三维外观的二维图形，如三维条状图、三维彩色饼图；另一种是具有三维空间数据的图形，即必须有 XYZ 三维数据的图形。

三维图的建立通常需要使用矩阵数据，而矩阵数据通常从 XYZ 数据转换而来。因此，学习三维绘图前，必须先熟悉矩阵簿及其操作。

6.1.1 创建矩阵簿

执行菜单栏中的“文件”→“新建”→“矩阵”命令，可以新建一个矩阵簿。矩阵簿中的矩阵表默认大小为 32×32，用户在矩阵表中自行输入数据即可，如图 6-1 所示。

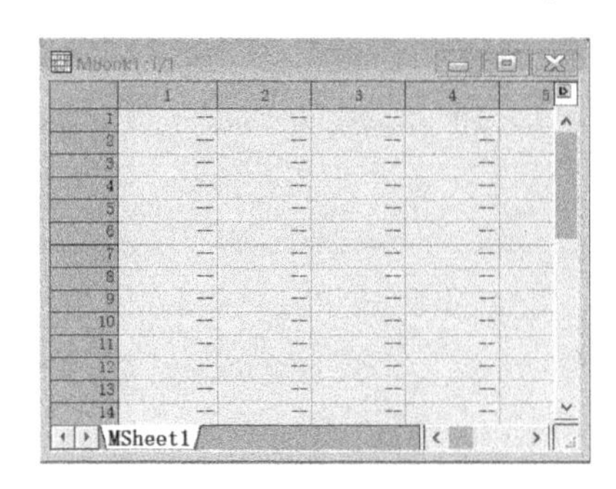

图 6-1 一个简单的矩阵簿

用户也可以单击“标准”工具栏中的 （新建矩阵）按钮，创建新的矩阵簿。

6.1.2 行列数/标签设置

执行菜单栏中的“矩阵”→“行列数/标签设置”命令，将弹出图 6-2 所示的“矩阵的行列数和标签”对话框，利用该对话框可以设置矩阵表的大小及标签。

其中，“矩阵行列数”参数用于设置矩阵表的大小，“xy 映射”选项卡用于设置匹配的区域。设置完成之后，执行菜单栏中的“查看”→“显示 X/Y”命令，可以观察和确认矩阵的设置，如图 6-3 所示。

图 6-2　“矩阵的行列数和标签”对话框

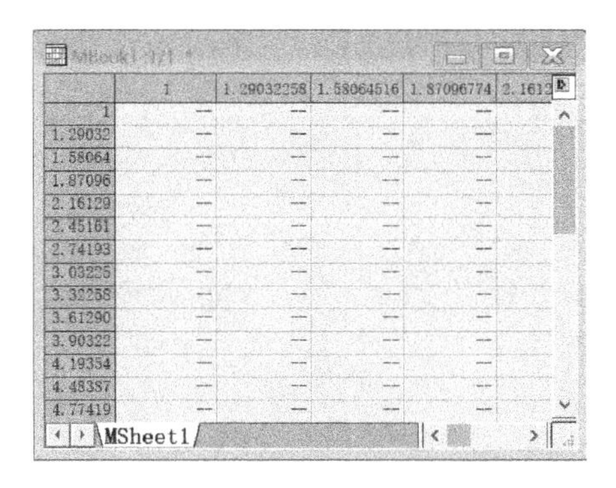

图 6-3　观察和确认矩阵设置

6.1.3　属性设置

执行菜单栏中的“矩阵”→“设置属性”命令，可以弹出图 6-4 所示的“矩阵属性”对话框。利用该对话框可以设置矩阵表的属性，包括“列宽”“数据类型”和“位数”等。

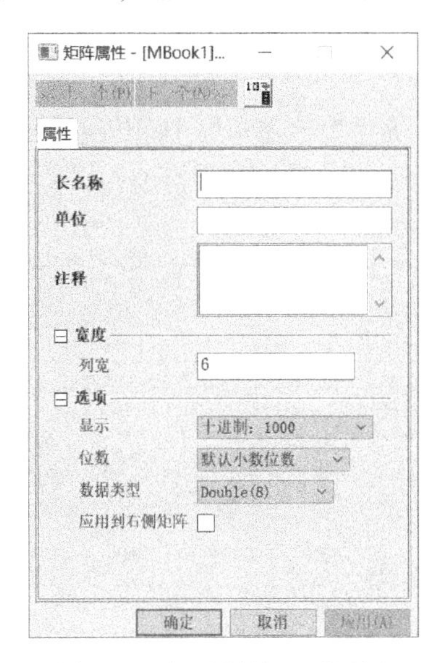

图 6-4　“矩阵属性”对话框

其中，“数据类型”下拉列表主要用于指定数据的类型。如果数据是正数，可以设为 Long；如果数据有小数部分，可以设为 Real；如果数据绝对值很大，则可以设置为 Double。

6.1.4　值设置

执行菜单栏中的“矩阵”→“设置值”命令，可以弹出图 6-5 所示的“设置值”对话框，利用该对话框可以对矩阵表设置填充矩阵表的数据。其中，x 代表 x 轴上的比例，y 代表 y 轴上的比例，由 1 至 10 分布。i 代表行号，j 代表列号。

在“设置值”对话框的文本框中输入“nlf_Plane（x，y，-1，1，1）”，单击“确定”按钮，即可得到图 6-6 所示填充后的矩阵表。

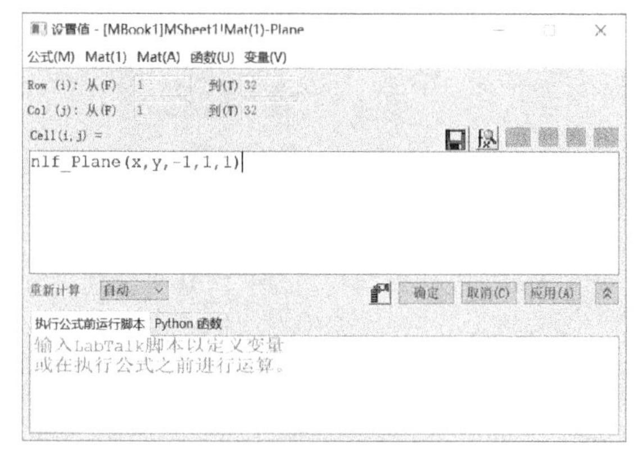

图 6-5 “设置值”对话框

	1	2	3	4	5
1	1	1.29032	1.58065	1.87097	2.16129
2	1.29032	1.58065	1.87097	2.16129	2.45161
3	1.58065	1.87097	2.16129	2.45161	2.74194
4	1.87097	2.16129	2.45161	2.74194	3.03226
5	2.16129	2.45161	2.74194	3.03226	3.32258
6	2.45161	2.74194	3.03226	3.32258	3.6129
7	2.74194	3.03226	3.32258	3.6129	3.90323
8	3.03226	3.32258	3.6129	3.90323	4.19355
9	3.32258	3.6129	3.90323	4.19355	4.48387
10	3.6129	3.90323	4.19355	4.48387	4.77419
11	3.90323	4.19355	4.48387	4.77419	5.06452
12	4.19355	4.48387	4.77419	5.06452	5.35484
13	4.48387	4.77419	5.06452	5.35484	5.64516
14	4.77419	5.06452	5.35484	5.64516	5.93548
15	5.06452	5.35484	5.64516	5.93548	6.22581
16	5.35484	5.64516	5.93548	6.22581	6.51613

MSheet1

图 6-6 通过公式填充数据

6.1.5 矩阵基本操作

矩阵的基本操作包括转置、水平/垂直翻转、旋转、扩展与收缩以及转化为工作表等，本小节将分别进行介绍。

1. 转置

执行菜单栏中的“矩阵”→“转置”命令，可以弹出图 6-7 所示的“转置”对话框，实现对矩阵的转置，即纵横数值反转。在“输入矩阵”文本框中选择需要设置转置的数据区域，单击“确定”按钮，即可完成对数据的转置操作，如图 6-8 所示。

图 6-7 “转置”对话框

	1	2	3	4
1	1	2	3	4
2	2	3	4	5
3	3	4	5	6
4	4	5	6	7
5	5	6	7	8
6	6	7	8	9

（a）转置前的数据

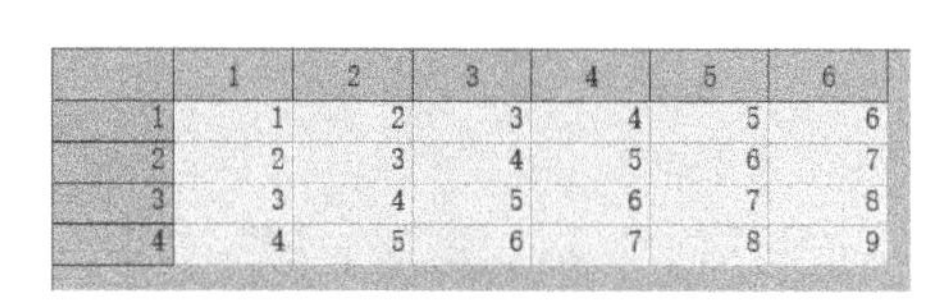

	1	2	3	4	5	6
1	1	2	3	4	5	6
2	2	3	4	5	6	7
3	3	4	5	6	7	8
4	4	5	6	7	8	9

（b）转置后的数据

图 6-8 数据转置

2. 水平/垂直翻转

执行菜单栏中的“矩阵”→“翻转”→“水平”命令，可以实现矩阵的水平翻转，如图 6-9 所示。

执行菜单栏中的“矩阵”→“翻转”→“垂直”命令，可以实现矩阵的垂直翻转，如图 6-10 所示。

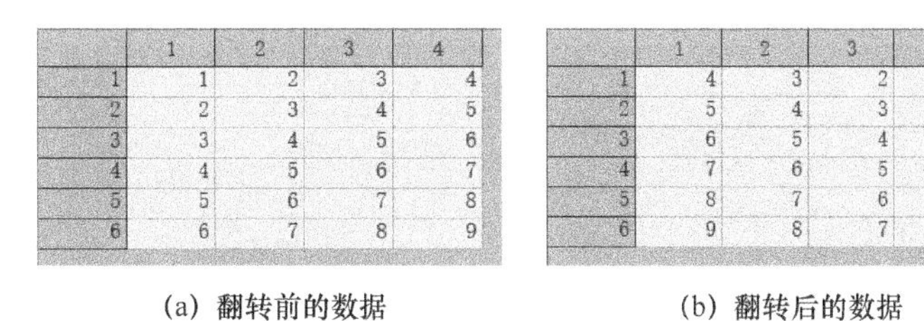

	1	2	3	4
1	1	2	3	4
2	2	3	4	5
3	3	4	5	6
4	4	5	6	7
5	5	6	7	8
6	6	7	8	9

(a) 翻转前的数据

	1	2	3	4
1	4	3	2	1
2	5	4	3	2
3	6	5	4	3
4	7	6	5	4
5	8	7	6	5
6	9	8	7	6

(b) 翻转后的数据

图 6-9　水平翻转矩阵

	1	2	3	4
1	1	2	3	4
2	2	3	4	5
3	3	4	5	6
4	4	5	6	7
5	5	6	7	8
6	6	7	8	9

(a) 翻转前的数据

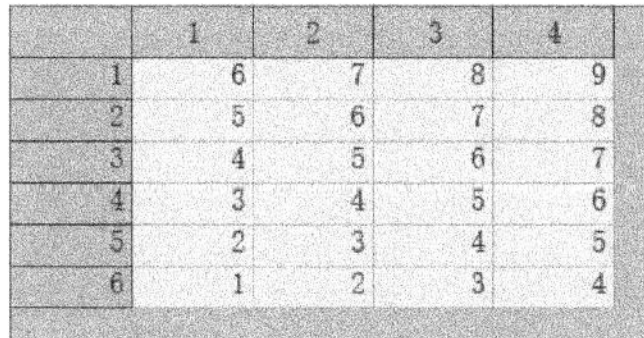

	1	2	3	4
1	6	7	8	9
2	5	6	7	8
3	4	5	6	7
4	3	4	5	6
5	2	3	4	5
6	1	2	3	4

(b) 翻转后的数据

图 6-10　垂直翻转矩阵

3. 旋转

Origin 中的“旋转 90”功能可以将矩阵向多个方向旋转，包括“逆时针 90°”“逆时针 180°”和“顺时针 90°”等。

执行菜单栏中的“矩阵”→“旋转 90”→“逆时针 90°”命令，可以实现矩阵的逆时针 90°旋转，如图 6-11 所示。

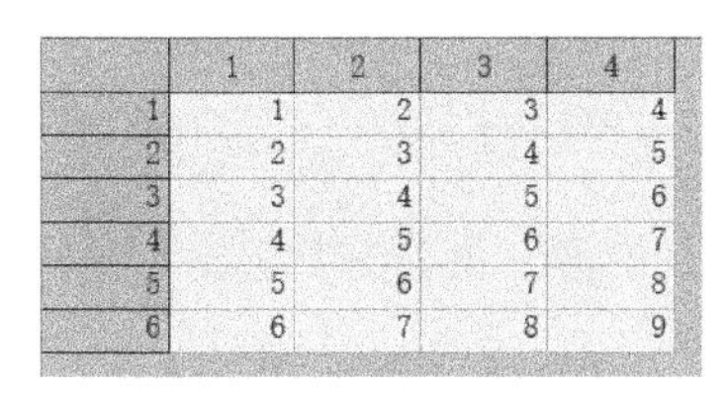

	1	2	3	4
1	1	2	3	4
2	2	3	4	5
3	3	4	5	6
4	4	5	6	7
5	5	6	7	8
6	6	7	8	9

(a) 旋转前的数据

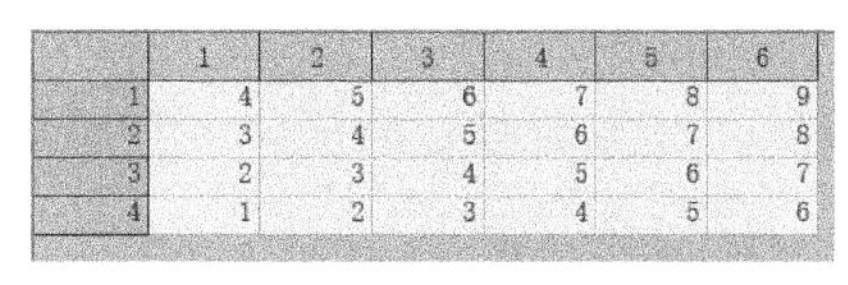

	1	2	3	4	5	6
1	4	5	6	7	8	9
2	3	4	5	6	7	8
3	2	3	4	5	6	7
4	1	2	3	4	5	6

(b) 旋转后的数据

图 6-11　数据的逆时针旋转

4. 扩展与收缩

执行菜单栏中的“矩阵”→“扩展”命令，可以弹出图 6-12 所示的“扩展”对话框，实现矩阵的扩展。

在对话框中设置“列因子”为 2、“行因子”为 2，单击“确定”按钮，扩展后的矩阵如图 6-13 所示。

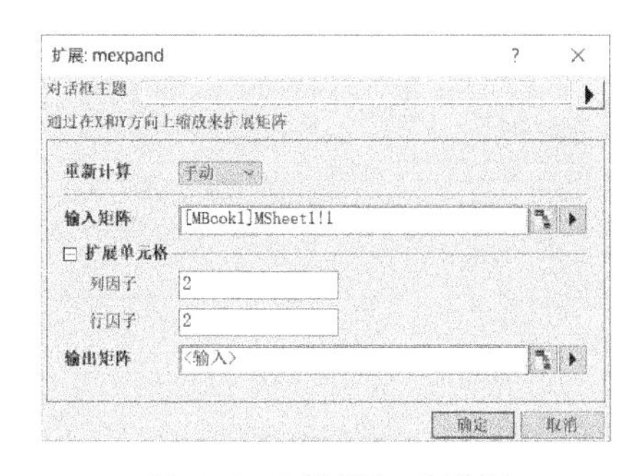

图 6-12　“扩展”对话框

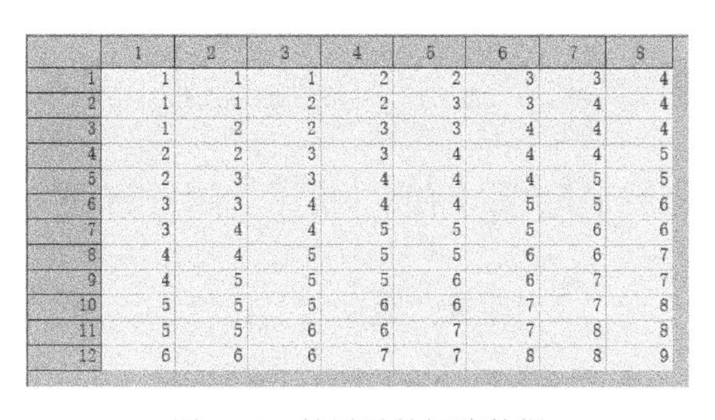

	1	2	3	4	5	6	7	8
1	1	1	1	2	2	3	3	4
2	1	1	2	2	3	3	4	4
3	1	2	2	3	3	4	4	4
4	2	2	3	3	4	4	4	5
5	2	3	3	4	4	4	5	5
6	3	3	4	4	4	5	5	6
7	3	4	4	5	5	5	6	6
8	4	4	5	5	5	6	6	7
9	4	5	5	5	6	6	7	7
10	5	5	5	6	6	7	7	8
11	5	5	6	6	7	7	8	8
12	6	6	6	7	7	8	8	9

图 6-13　扩展后的矩阵数据

执行菜单栏中的“矩阵”→“收缩”命令，可以弹出图 6-14 所示的“收缩”对话框，实现矩阵的收缩。

在对话框中设置“列因子”为 2、“行因子”为 2，单击“确定”按钮，收缩后的矩阵如图 6-15 所示。

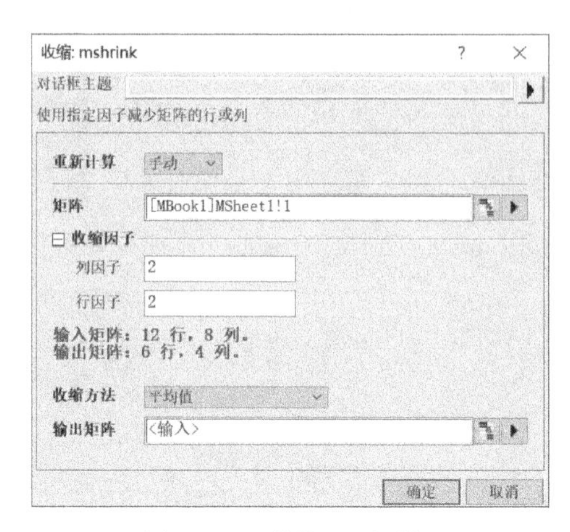

图 6-14 “收缩”对话框

5. 转化为工作表

对绘图来说，矩阵数据与工作表数据之间的转化是很重要的一项操作。

执行菜单栏中的“矩阵”→“转换为工作表”命令，可以弹出图 6-16 所示的“转换为工作表”对话框，实现矩阵到工作表的转换。

	1	2	3	4
1	1	1	2	3
2	1	2	3	4
3	2	3	4	5
4	3	4	5	6
5	4	5	6	7
6	5	6	7	8

图 6-15 收缩后的矩阵数据

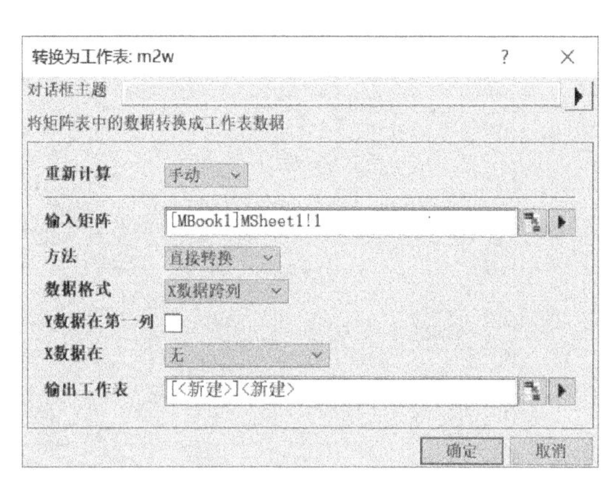

图 6-16 “转换为工作表”对话框

6.2 三维数据转换

在 Origin 中，要将工作表中的数据转换为矩阵，可以采用“直接转换”“扩展”“XYZ 网格化”和“XYZ 对数网格化”算法。实际应用时，用户需要根据工作表中数据的特点选择转换方法。

激活工作簿窗口，执行菜单栏中的“工作表”→“转换为矩阵”下的相关命令，可以弹出对应的对话框，实现工作表转换为矩阵的操作。下面通过实例介绍如何将工作表转换为矩阵表。

6.2.1 导入数据到工作表

导入 XYZ Random Gaussian. dat 数据文件，工作表如图 6-17 所示。

在默认状态下，从 ASCII 文件导入的数据在工作表中的格式是 XYY。要转换为矩阵格式，需要把导入工作表的数列格式变换为 XYZ。操作方法有以下几种：

方法 1：单击 C(Y)列的标题栏并停靠，在弹出的图 6-18 所示的迷你工具栏中单击 **Z** 按钮，即可将 C(Y)列转换为 C(Z)。

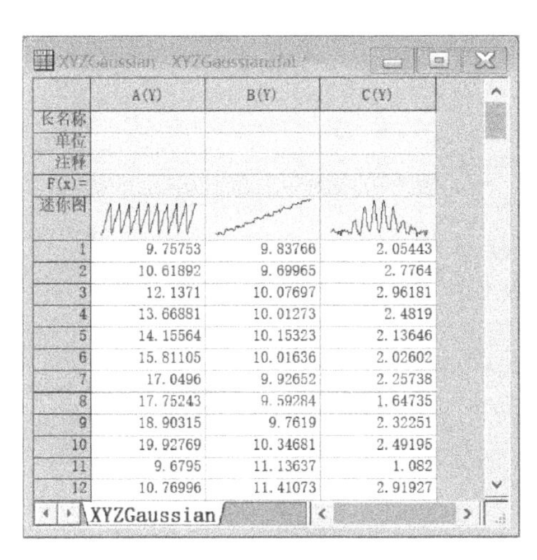

图 6-17　数据工作表

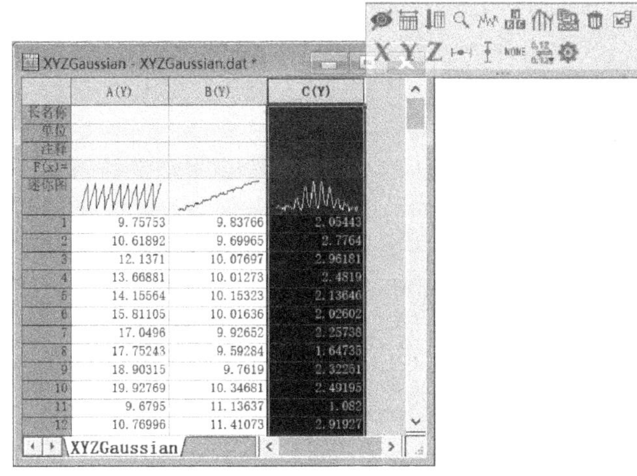

图 6-18　迷你工具栏

方法 2：在 C(Y)列标题栏上右击，在弹出的快捷菜单中执行“设置为”→“Z”命令，将 C(Y)列转换为 C(Z)。

方法 3：在 C(Y)列标题栏上右击，执行快捷菜单中的“设置为”→“属性 Z”命令，在弹出的“列属性”对话框中设置“绘图设定”为“Z”，单击“确定”按钮，即可将 C(Y)改变为 C(Z)，如图 6-19 所示。

数列格式变换为 XYZ 后的工作表如图 6-20 所示。

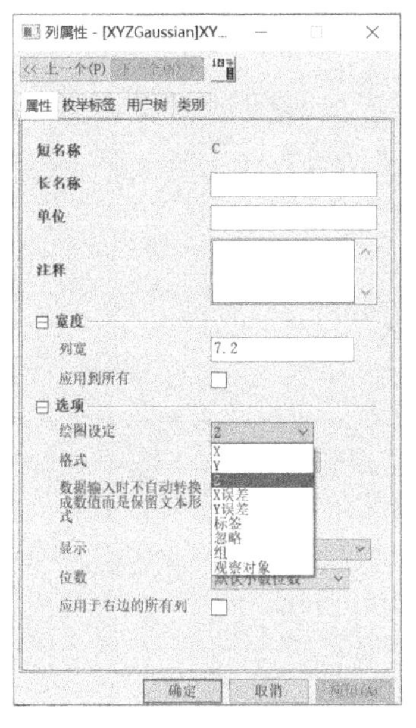

图 6-19　“列属性”对话框

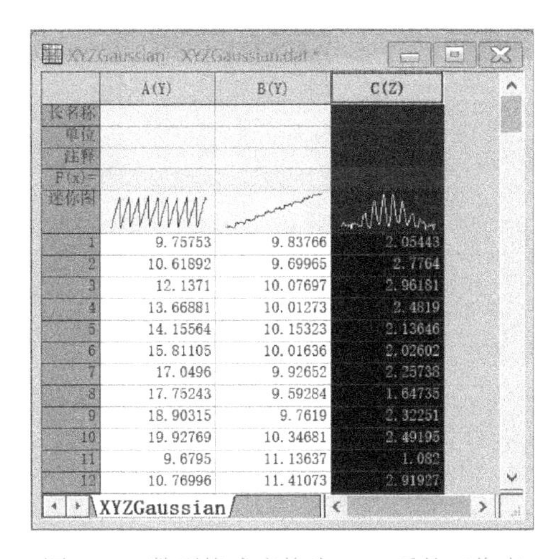

图 6-20　数列格式变换为 XYZ 后的工作表

6.2.2　将工作表中的数据转换为矩阵

执行菜单栏中的“工作表”→“转换为矩阵”→“直接转换”→“打开对话框”命令，即可弹出图 6-21 所示的“转换为矩阵>直接转换”对话框。

在对话框中，“转换选项”包括“数据格式”及“排除缺失值”，其中，“数据格式”可以设置为“没有 X 和 Y 数据”（用于转换整个工作表）、“X 数据跨列”（将第一列作为矩阵的 Y 轴显示）及“Y 数据跨列”（将第一行作为矩阵的 X 轴显示）三个选项。

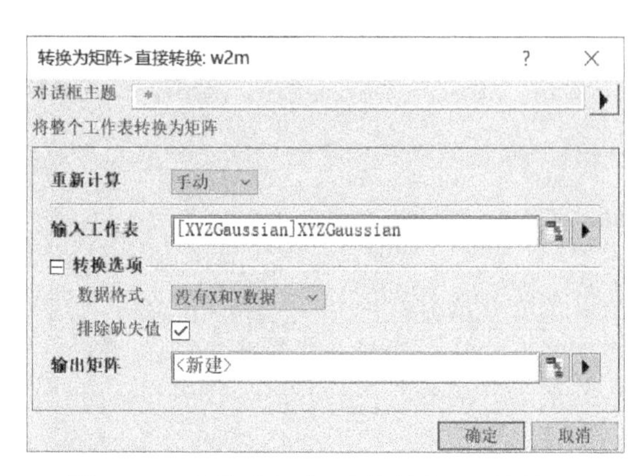

图 6-21 “转换为矩阵>直接转换”对话框

当选择“X 数据跨列”时，对话框中会出现如下选项：“X 值位于”用于选择数据来源，“Y 值在第一列中”复选框用于设定是否把第一列的值设置到 X 轴上面，“等间距相对容差”用于设置矩阵轴的刻度容差，如图 6-22 所示。

选择“Y 数据跨列”与选择“X 数据跨列”时类似。

“数据格式”可以设置为“没有 X 和 Y 数据”，单击“确定”按钮完成转换时，将弹出图 6-23 所示的矩阵表。

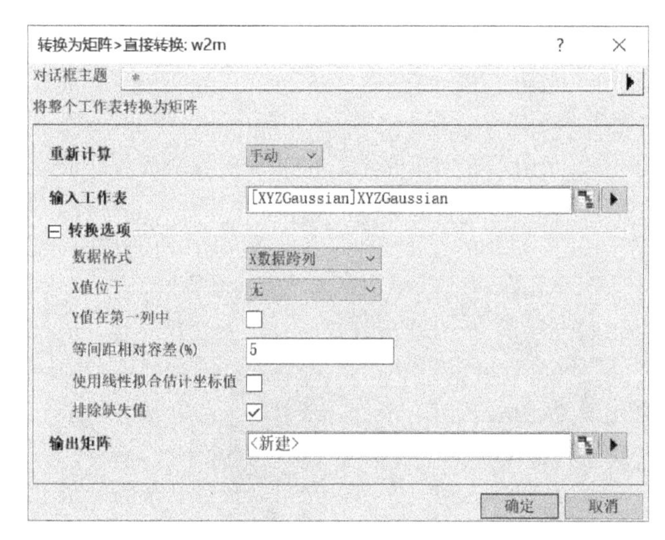

图 6-22 X 数据跨列

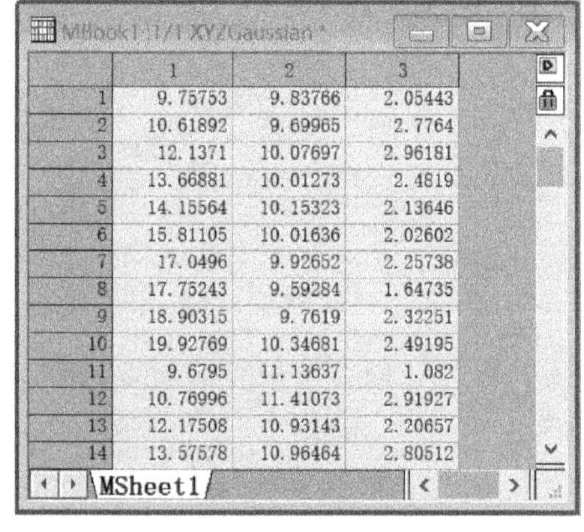

	1	2	3
1	9.75753	9.83766	2.05443
2	10.61892	9.69965	2.7764
3	12.1371	10.07697	2.96181
4	13.66881	10.01273	2.4819
5	14.15564	10.15323	2.13646
6	15.81105	10.01636	2.02602
7	17.0496	9.92652	2.25738
8	17.75243	9.59284	1.64735
9	18.90315	9.7619	2.32251
10	19.92769	10.34681	2.49195
11	9.6795	11.13637	1.082
12	10.76996	11.41073	2.91927
13	12.17508	10.93143	2.20657
14	13.57578	10.96464	2.80512

图 6-23 将工作表中的数据转换为矩阵

6.2.3 扩展矩阵

将工作簿置为当前窗口，执行菜单栏中的“工作表”→“转换为矩阵”→“扩展”→“打开对话框”命令，即可弹出“转化为矩阵>扩展”对话框。利用该对话框，用户可以对工作簿进行扩展并转换为矩阵表。

在“转化为矩阵>扩展”对话框中，“以每 N 行（列）扩展”用于指定扩展的倍数（该选项只接受整数输入），“方向”用于指定扩展的方向，如图 6-24 所示。在“以每 N 行（列）扩展”数值框中输入 2，单击“确定”按钮，即可完成转换，转换后的矩阵表如图 6-25 所示。

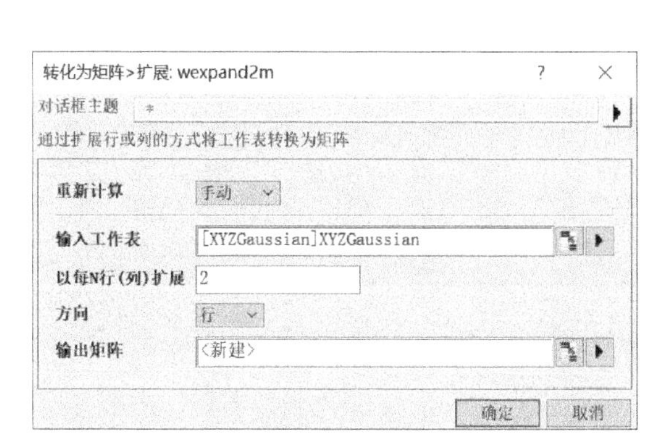

图 6-24　“转换为矩阵>扩展”对话框

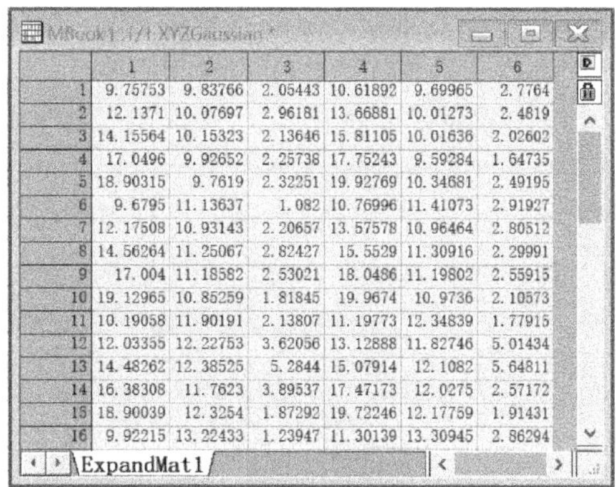

	1	2	3	4	5	6
1	9.75753	9.83766	2.05443	10.61892	9.69965	2.7764
2	12.1371	10.07697	2.96181	13.66881	10.01273	2.4819
3	14.15564	10.15323	2.13646	15.81105	10.01636	2.02602
4	17.0496	9.92652	2.25738	17.75243	9.59284	1.64735
5	18.90315	9.7619	2.32251	19.92769	10.34681	2.49195
6	9.6795	11.13637	1.082	10.76996	11.41073	2.91927
7	12.17508	10.93143	2.20657	13.57578	10.96464	2.80512
8	14.56264	11.25067	2.82427	15.5529	11.30916	2.29991
9	17.004	11.18582	2.53021	18.0486	11.19802	2.55915
10	19.12965	10.85259	1.81845	19.9674	10.9736	2.10573
11	10.19058	11.90191	2.13807	11.19773	12.34839	1.77915
12	12.03355	12.22753	3.62056	13.12888	11.82746	5.01434
13	14.48262	12.38525	5.2844	15.07914	12.1082	5.64811
14	16.38308	11.7623	3.89537	17.47173	12.0275	2.57172
15	18.90039	12.3254	1.87292	19.72246	12.17759	1.91431
16	9.92215	13.22433	1.23947	11.30139	13.30945	2.86294

图 6-25　转换结果

6.2.4　XYZ 网格化

选中工作表中的 A(X)、B(Y)、C(Z) 列数据，执行菜单栏中的“工作表”→“转换为矩阵”→“XYZ 网格化”命令，即可弹出图 6-26 所示的“XYZ 网格化：将工作表转换为矩阵”对话框。

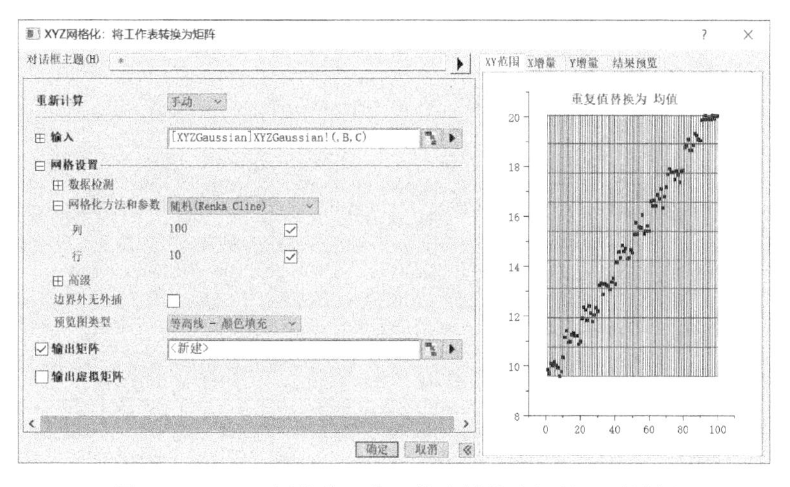

图 6-26　“XYZ 网格化：将工作表转换为矩阵”对话框

在该对话框中进行网格设置后，单击“确定”按钮，即可完成转换，如图 6-27 所示。

	1	2	3	4	5	6	7	8	9
1	2.3277	2.88407	2.96693	2.73086	2.32837	1.91195	1.63411	1.64735	1.86279
2	1.0776	1.89492	2.30407	2.38175	2.20463	1.84938	1.3927	0.53524	0.6308
3	-0.00985	1.27547	2.1654	2.73663	3.06582	3.22968	3.30486	3.36806	3.49596
4	-0.93008	0.82538	2.19821	3.26511	4.10276	4.78783	5.39701	6.00697	6.69441
5	-1.68272	0.54499	2.40286	3.96756	5.31578	6.5242	7.6695	8.82836	10.07746
6	-2.26743	0.43467	2.7797	4.84433	6.70525	8.43915	10.12269	11.83257	13.64546
7	-2.68385	0.49477	3.32908	5.89577	8.27152	10.53302	12.75694	15.01996	17.39877
8	-2.93162	0.72563	4.05136	7.12224	10.01495	12.80617	15.57259	18.39089	21.33774
9	-3.0104	1.12763	4.94689	8.52408	11.93588	15.25896	18.57001	21.94571	25.46274
10	-2.91982	1.7011	6.01603	10.10166	14.03467	17.89174	21.74954	25.68477	29.7741

MSheet1

图 6-27　转换结果

6.2.5 XYZ 对数网格化

XYZ 对数网格化方法与 XYZ 网格化方法基本一致，只是坐标轴以对数形式存在。

选中工作表中的 A(X)、B(Y)、C(Z) 列数据，执行菜单栏中的“工作表”→“转换为矩阵”→“XYZ 对数网格化”命令，即可弹出图 6-28 所示的“XYZ 对数网格化：将工作表转换为矩阵”对话框。

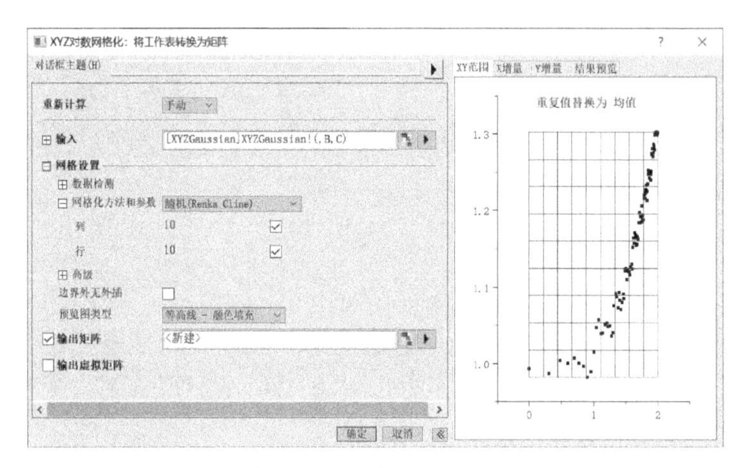

图 6-28 “XYZ 对数网格化：将工作表转换为矩阵”对话框

设置完成之后单击“确定”按钮，即可完成转换，如图 6-29 所示。

	1	2	3	4	5	6	7	8	9
1	3.43533	2.84142	2.27898	1.59693	1.59943	0.19884	1.37835	-6.06345	-7.90234
2	-1.06506	0.19165	2.38089	1.82829	0.85048	2.4392	2.24192	-3.72269	-5.49388
3	-5.57175	-4.98137	-3.46476	0.6745	1.22571	2.97591	3.04921	-1.30099	-3.27124
4	-10.08365	-9.59346	-8.85821	-6.8498	-1.32154	3.71981	1.63897	1.18515	-1.25635
5	-14.60075	-14.21051	-13.56589	-12.29706	-9.42103	-2.97361	0.38737	8.61455	0.52887
6	-19.12304	-18.83252	-18.2783	-17.09054	-14.8994	-10.77737	-1.45353	-12.48246	2.06248
7	-23.65052	-23.45948	-22.99542	-21.88851	-19.76888	-16.2667	-10.5177	2.35964	2.92634
8	-28.18319	-28.09139	-27.71726	-26.69095	-24.6426	-21.20239	-16.00045	-8.24093	5.08211
9	-32.72103	-32.72824	-32.4438	-31.49786	-29.52057	-26.14208	-20.99254	-13.70212	-3.61164
10	-37.26403	-37.37003	-37.17505	-36.30924	-34.40276	-31.08576	-25.9884	-18.74083	-8.9732

图 6-29 转换结果

6.3 三维绘图

将数据导入到矩阵表之后，即可利用这些数据进行三维绘图，下面将介绍如何从矩阵簿创建三维图形、三维图形的参数设置等内容。

6.3.1 从矩阵簿窗口创建三维图形

本小节以球形方程 $x^2+y^2+z^2=r^2$ 为例，介绍从矩阵簿创建三维图形的过程。由球形方程可得 $z=\sqrt{r^2-x^2+y^2}$（此处取正值）。

由前面的内容可知，x、y 分别代表在 x 轴、y 轴上的比例，由 1~10 分布。设球形半径 $r=$

10，并把 x、y 带入方程中得到 $z=\sqrt{r^2-x^2+y^2}$ 式，在 Origin 中可以表示为

$$z=\text{sqrt}(100-x^{\wedge 2}-y^{\wedge 2})$$

下面开始讲解从矩阵簿窗口创建三维图形的操作步骤。

1）新建一个项目，执行菜单栏中的“文件”→“新建”→“矩阵”→“构造”命令，在弹出的“新建矩阵”对话框中设置相关参数，如图 6-30 所示。即可创建一个 32×32 的矩阵，将 X 轴和 Y 轴的范围设置为-10～10。单击“确定”按钮，完成矩阵的创建。

2）执行菜单栏中的“矩阵”→“设置值”命令，弹出“设置值”对话框，在“Cell(i,j)=”文本框中输入“sqrt(100-x^2-y^2)”，如图 6-31 所示。单击“确定”按钮，即可得到图 6-32 所示的矩阵。

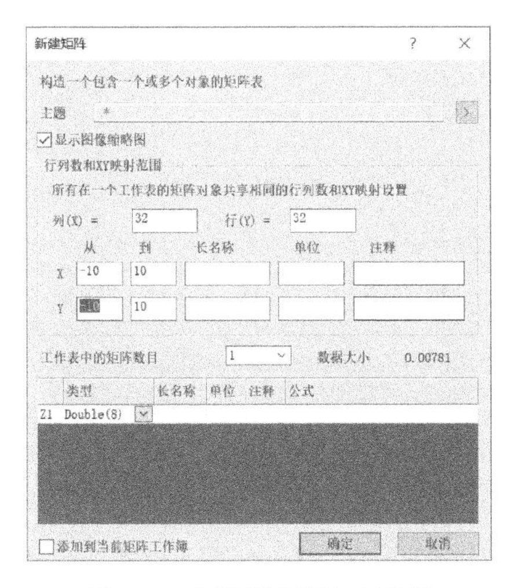

图 6-30　“新建矩阵”对话框

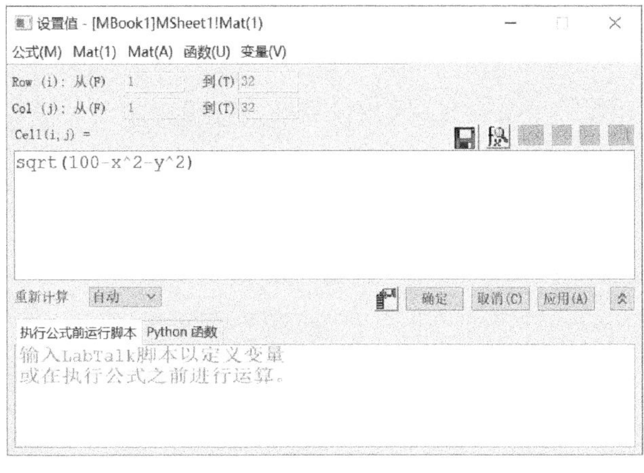

图 6-31　“设置值”对话框

注意：由于限定 Z 轴为正，因此该数据实际上只是一个半球的数据。

3）执行菜单栏中的“绘图”→“3D”→“3D 颜色映射曲面”命令，绘制的三维图形如图 6-33 所示。在该图中，X 轴与 Y 轴的范围是-10～10，而 Z 轴是 0～10，因此半球出现了变形。

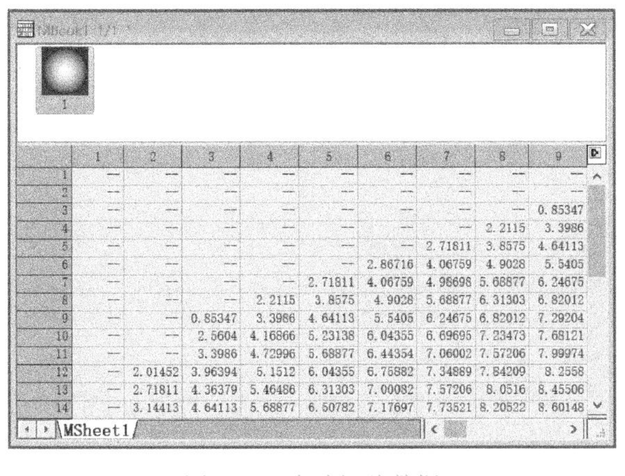

	1	2	3	4	5	6	7	8	9
1	—	—	—	—	—	—	—	—	—
2	—	—	—	—	—	—	—	—	—
3	—	—	—	—	—	—	—	—	0.85347
4	—	—	—	—	—	—	—	2.2115	3.3986
5	—	—	—	—	—	—	2.71811	3.8575	4.64113
6	—	—	—	—	—	2.86716	4.06759	4.9028	5.5405
7	—	—	—	—	2.71811	4.06759	4.96698	5.68877	6.24675
8	—	—	—	2.2115	3.8575	4.9028	5.68877	6.31303	6.82012
9	—	—	0.85347	3.3986	4.64113	5.5405	6.24675	6.82012	7.29204
10	—	—	2.5604	4.16866	5.23138	6.04355	6.69695	7.23473	7.68121
11	—	—	3.3986	4.72996	5.68877	6.44354	7.06002	7.57206	7.99974
12	—	2.01452	3.96394	5.1512	6.04355	6.75882	7.34889	7.84209	8.2558
13	—	2.71811	4.36379	5.46486	6.31303	7.00082	7.57206	8.0516	8.45506
14	—	3.14413	4.64113	5.68877	6.50782	7.17697	7.73521	8.20522	8.60148

MSheet1

图 6-32　半球矩阵数据

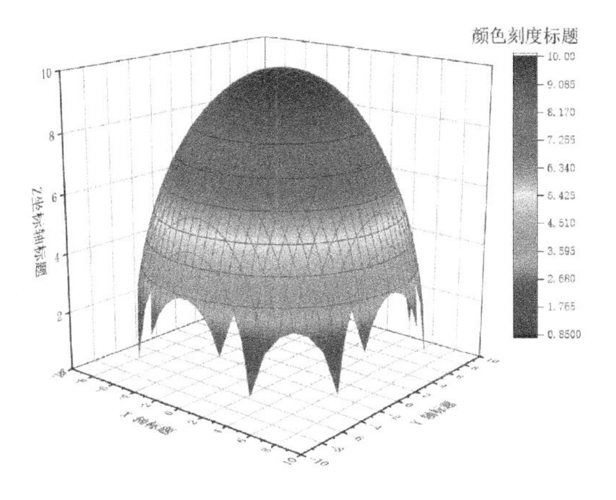

图 6-33　三维半球图形

4）将绘图窗口置于当前，执行菜单栏中的“图”→“快速模式”命令，在弹出的“快速模式”对话框中设置“快速模式”为“关闭”，可以提高图形的显示平滑度，如图 6-34 所示。

说明：在大数据量情况下，绘图过程开启快速模式，可以提高绘图效率，但是图形会显得过于粗糙。关闭快速模式可以得到更精细的图形。

5）双击 Z 轴坐标，弹出“Z 坐标轴”对话框，在“刻度”选项卡下设置调节 Z 轴的坐标刻度为-10~10，此时的半球显示如图 6-35 所示。

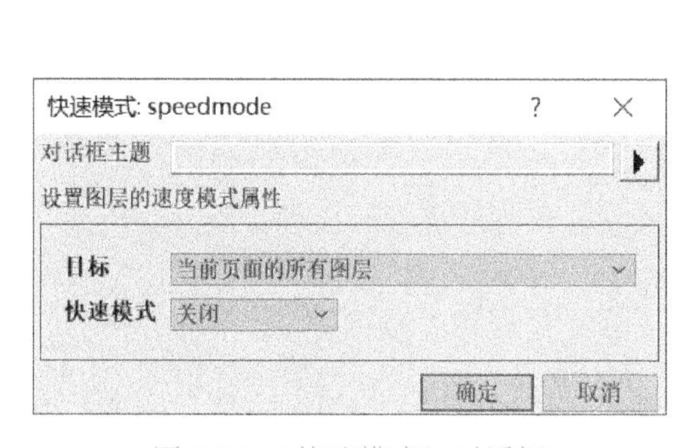

图 6-34 “快速模式”对话框

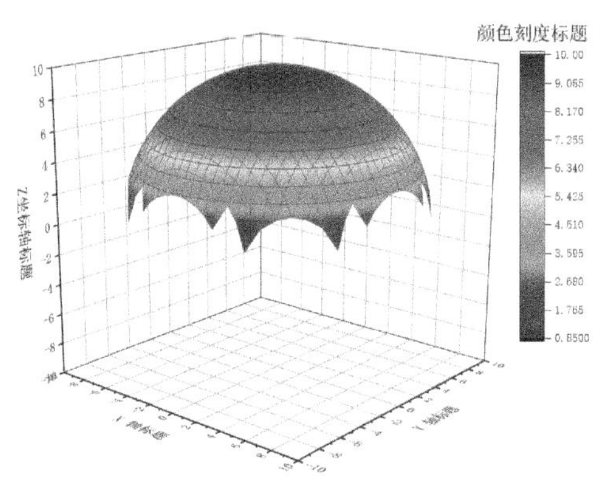

图 6-35 调整 Z 轴刻度

6）将矩阵簿窗口置前，在 MSheet1 上右击，在弹出的快捷菜单中执行“插入”命令，添加一个新的矩阵表 MSheet2，其设置与前面相同。在“设置值”对话框中设置公式为-sqrt（100-x^2-y^2），以得到另一个半球的数据。

7）将绘图窗口置前，双击左上角第一层的图层图标 **1**，弹出“图层内容：绘图的添加，删除，成组，排序”对话框，将 MSheet2 中的数据也添加到图形当中，如图 6-36 所示。

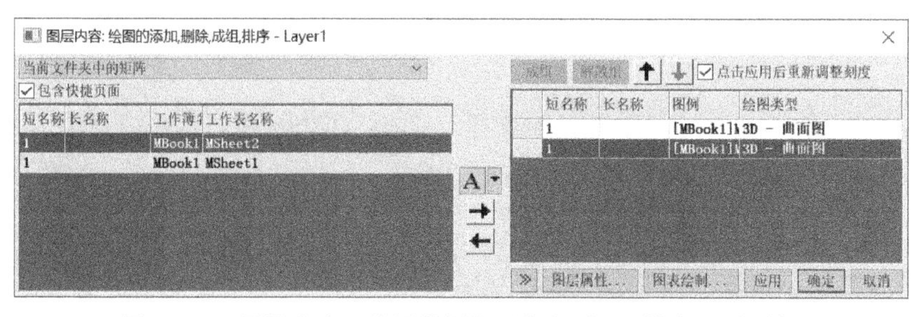

图 6-36 “图层内容：绘图的添加，删除，成组，排序”对话框

8）单击“确定”按钮，绘图得到的球体效果如图 6-37 所示。

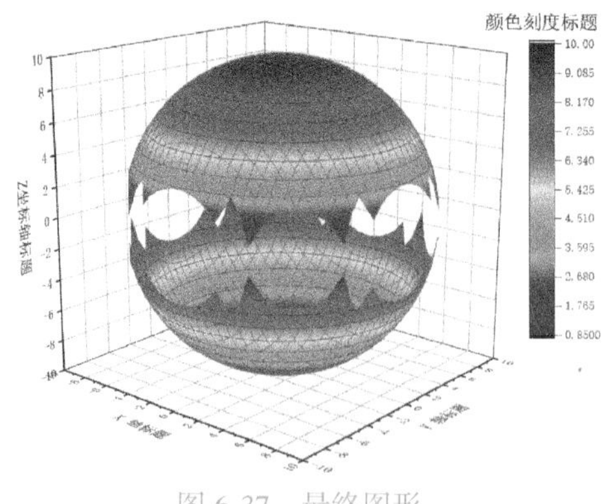

图 6-37 最终图形

6.3.2 通过数据转换建立三维图形

导入 XYZGaussian. dat 数据文件，通过数据转换建立三维图形的操作步骤如下。

1）选中工作表中的 A(X)、B(Y)、C(Z)列数据，执行菜单栏中的“工作表”→“转换为矩阵”→“XYZ 网格化”命令，即可弹出图 6-38 所示的“XYZ 网格化：将工作表转换为矩阵”对话框，将数据网格化。

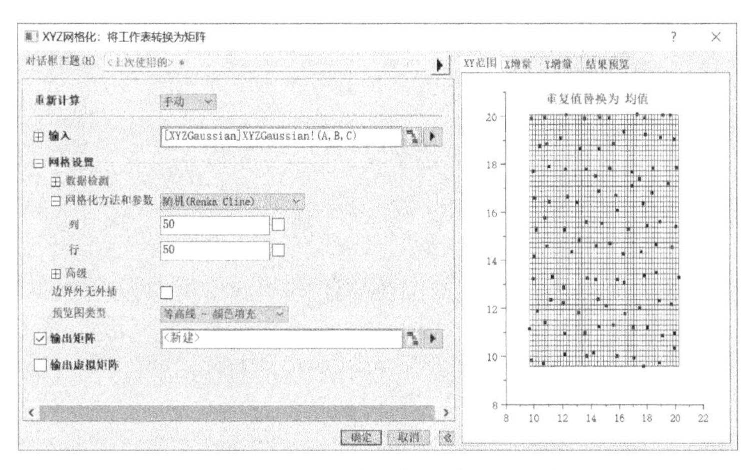

图 6-38 “XYZ 网格化：将工作表转换为矩阵”对话框

2）在该对话框的“网格设置”参数选项组中设置“列”为 50、“行”为 50，设置完成之后单击“确定”按钮，即可完成转换，得到的矩阵簿窗口如图 6-39 所示。

3）执行菜单栏中的“绘图”→“3D”→“3D 线框面”命令，绘制三维线框图，效果如图 6-40 所示。

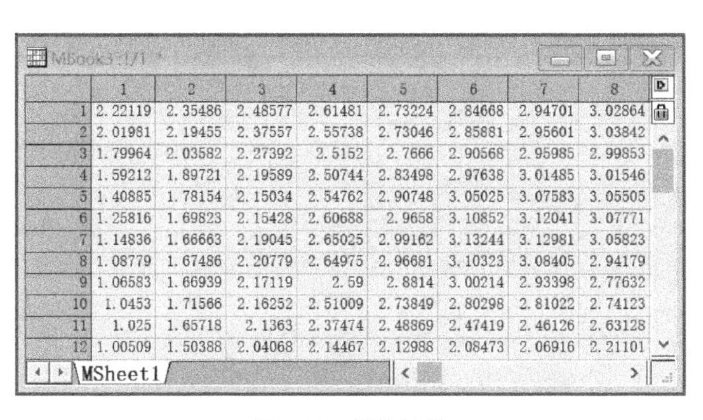

	1	2	3	4	5	6	7	8
1	2.22119	2.35486	2.48577	2.61481	2.73224	2.84668	2.94701	3.02864
2	2.01981	2.19455	2.37557	2.55738	2.73046	2.85881	2.95601	3.03842
3	1.79964	2.03582	2.27392	2.5152	2.7666	2.90568	2.95985	2.99853
4	1.59212	1.89721	2.19589	2.50744	2.83498	2.97638	3.01485	3.01546
5	1.40885	1.78154	2.15034	2.54762	2.90748	3.05025	3.07583	3.05505
6	1.25816	1.69823	2.15428	2.60688	2.9658	3.10852	3.12041	3.07771
7	1.14836	1.66663	2.19045	2.65025	2.99162	3.13244	3.12981	3.05823
8	1.08779	1.67486	2.20779	2.64975	2.96681	3.10323	3.08405	2.94179
9	1.06583	1.66939	2.17119	2.59	2.8814	3.00214	2.93398	2.77632
10	1.0453	1.71566	2.16252	2.51009	2.73849	2.80298	2.81022	2.74123
11	1.025	1.65718	2.1363	2.37474	2.48869	2.47419	2.46126	2.63128
12	1.00509	1.50388	2.04068	2.14467	2.12988	2.08473	2.06916	2.21101

图 6-39 转换结果

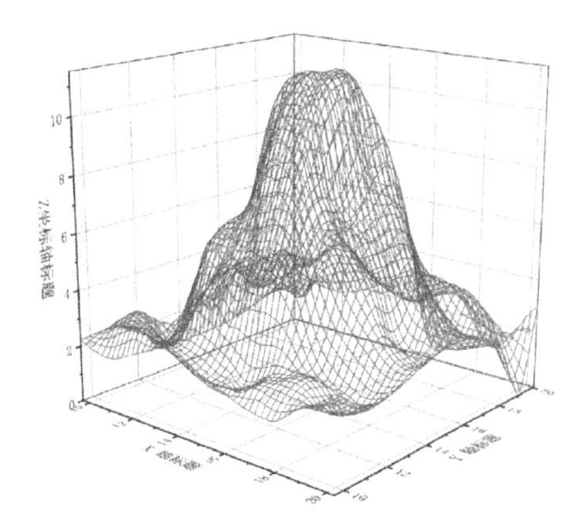

图 6-40 三维线框图

6.3.3 三维图形设置

三维图形图层参数设置与二维图形参数设置相同，右击图形左上角的图层图标，然后执行相应的快捷菜单命令即可，如图 6-41 所示。

1）在快捷菜单中执行“图层属性”命令，会弹出图 6-42 所示的“绘图细节-图层属性”对话框，设置显示参数。

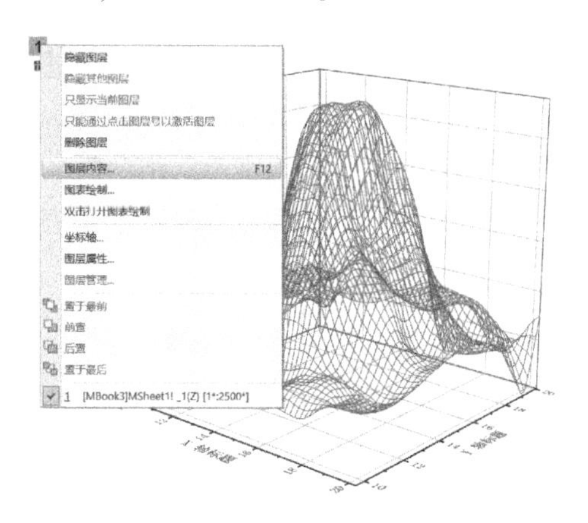

图 6-41　图形设置

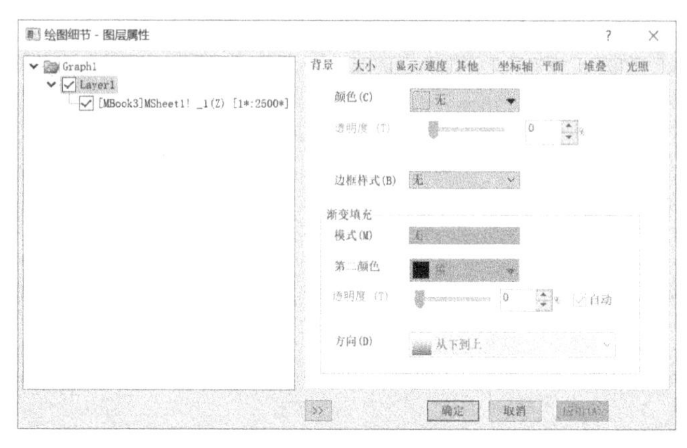

图 6-42　“绘图细节-图层属性”对话框

提示：用户也可以在图形空白区域双击，在弹出的“绘图细节-图层属性”对话框中进行设置。

2）双击三维图形的某个坐标轴，例如双击 X 坐标轴，可进入“X 坐标轴”对话框，设置坐标轴的参数，这与二维图形的设置方式基本一致，如图 6-43 所示。

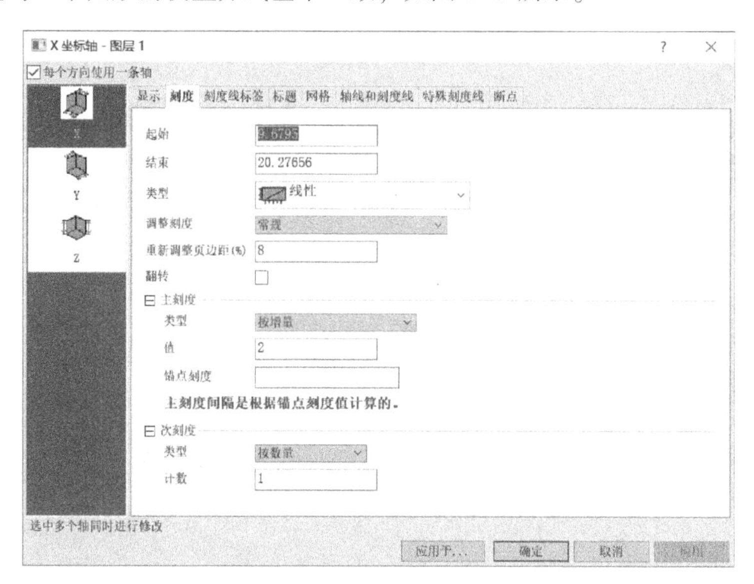

图 6-43　“X 坐标轴”对话框

3）单击图形空白区域，图形区域会显示三维框架，松开鼠标后，当光标变为✥时，按住鼠标左键可以拖动三维图在绘图窗口中移动。

4）单击图形空白区域，短暂停靠后会同时出现迷你工具栏，如图 6-44 所示。选择迷你工具栏中不同的工具，可以实现不同的功能。

5）将光标移至图形区域的三维框架的控点并拖动，可以调整图像的大小，实现图形整体缩放，也可以调整长宽比等，如图 6-45 所示。

6）单击迷你工具栏中的 （调整大小模式）按钮，在图形显示中心会出现一个三维坐标，在坐标控点上按住鼠标左键并拖动，可以实现沿不同坐标轴的缩放操作，如图 6-46 所示。

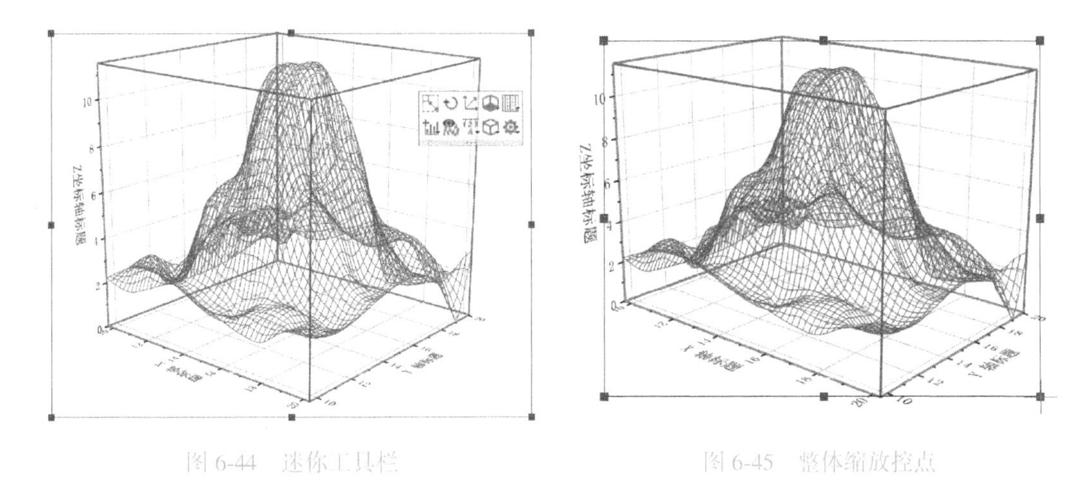

图 6-44　迷你工具栏　　　　图 6-45　整体缩放控点

7）单击迷你工具栏中的 ↻（旋转模式）按钮，可以实现图形的全方位旋转，如图 6-47 所示。

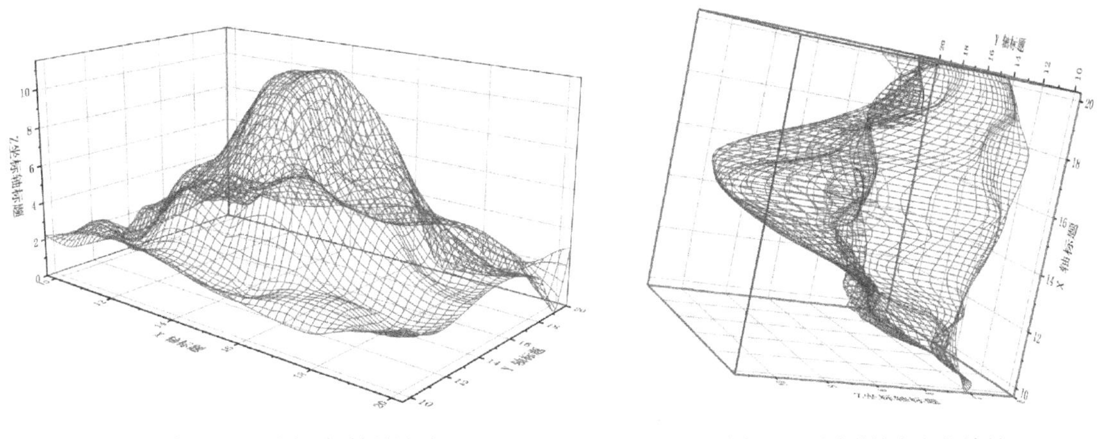

图 6-46　不同坐标轴的缩放　　　　图 6-47　图形的全方位旋转

8）双击曲线的线框，会弹出图 6-48 所示的“绘图细节-绘图属性”对话框，在该对话框下可以进行图形细节的设置。不同的三维图形需要设置的参数会略有不同。

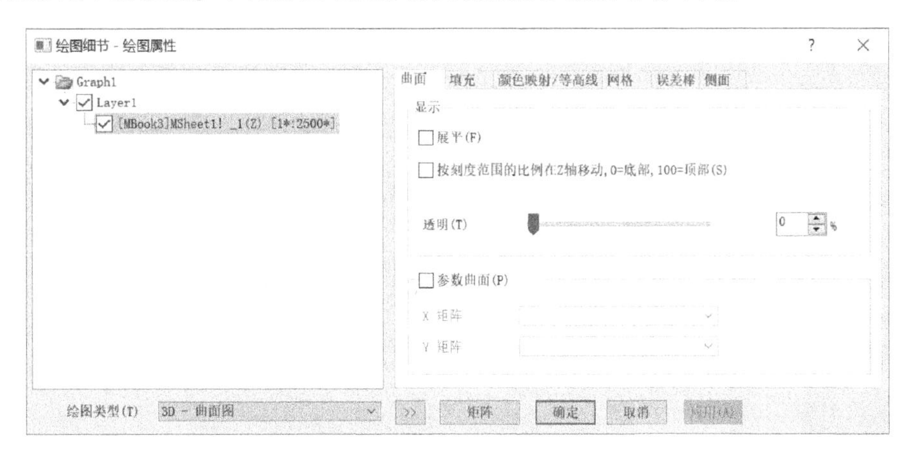

图 6-48　“绘图细节-绘图属性”对话框

6.3.4 三维图形旋转

当三维图形处于当前状态时，“3D 旋转”工具栏中的各工具按钮会处于激活状态，如图 6-49 所示。利用该工具栏可以对图形画布进行旋转、适应框架到图层、增加/减少透视等操作，各工具的功能与其名称匹配，这里不再赘述。

图 6-49 “3D 旋转”工具栏

6.3.5 三维图形类型介绍

Origin 提供了多种内置三维绘图模板用于科学试验中的数据分析，实现数据的多用途处理。在 Origin 中，可以绘制的三维图形包括颜色填充曲面图、条状/符号图、数据分析图、等高线图等多种绘图形式。

选择工作簿或矩阵簿中的数据进行绘图时，Origin 默认的三维绘图命令会有所不同，选择工作簿数据时的 3D 绘图命令，如图 6-50 所示。选择矩阵簿数据时的 3D 绘图命令，如图 6-51 所示。在下一节，我们将详细讲解各类三维图形的绘制方法。

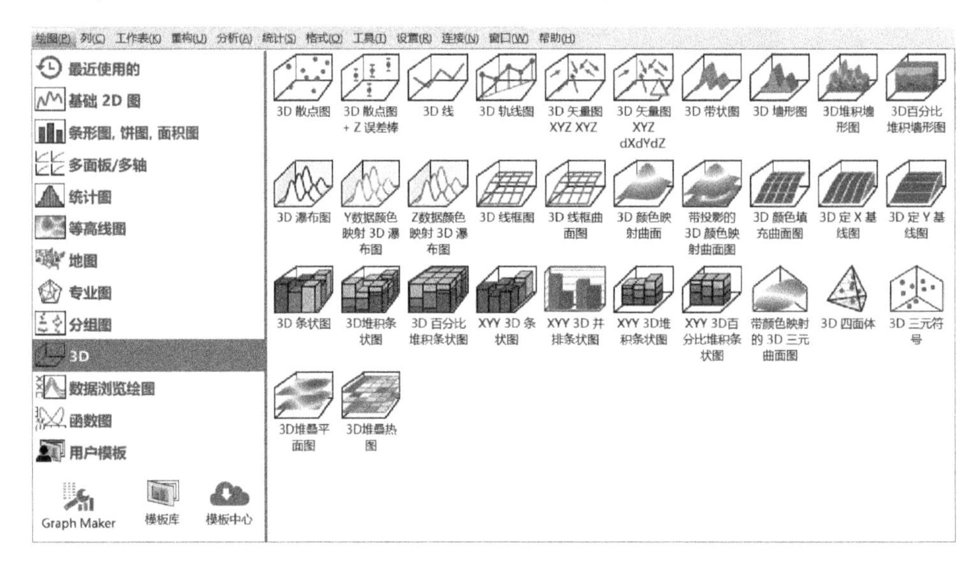

图 6-50 选择工作簿数据时的 3D 绘图命令

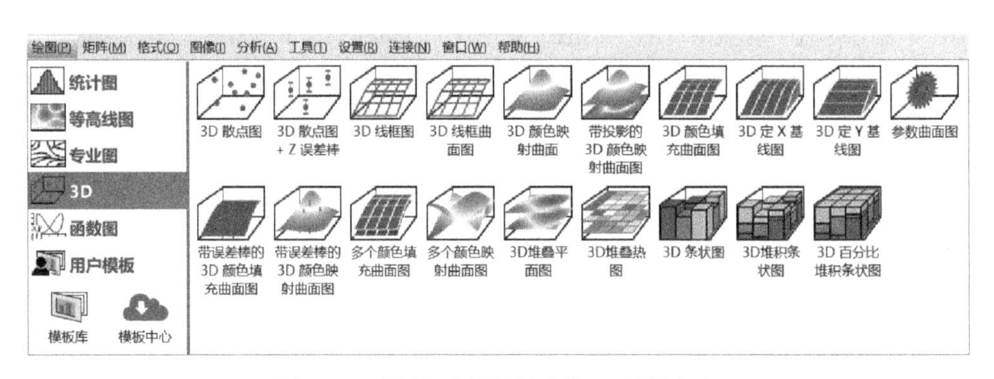

图 6-51 选择矩阵簿数据时的 3D 绘图命令

6.4　三维曲面图

Origin 的三维曲面图有 3D 颜色填充曲面图、3D 定 X 基线图、3D 颜色映射曲面、带误差棒的 3D 颜色填充曲面图等多种绘图模板。

执行菜单栏中的“绘图”→“3D”命令，在打开的菜单中选择所需的绘制方式进行绘图；或单击“3D 和等高线图形”工具栏中三维曲面图绘图组旁的▾按钮，在打开的下拉列表中选择所需的绘图方式进行绘图，如图 6-52 所示。

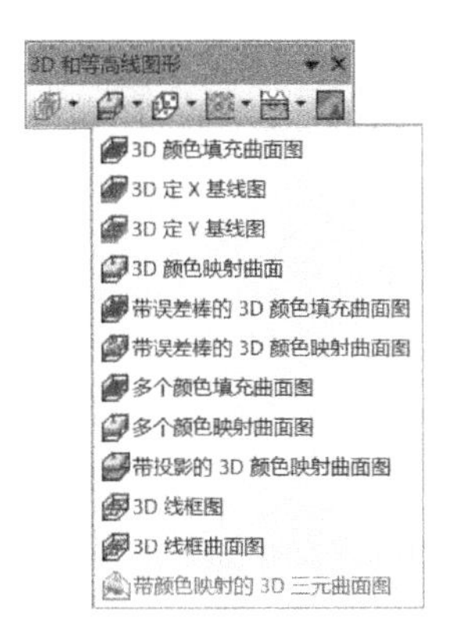

图 6-52　三维曲面图绘图工具

6.4.1　3D 颜色填充曲面图

要创建 3D 颜色填充曲面图，则首先使用 Surface. dat 数据文件建立三维图形，矩阵表如图 6-53 所示。

选中矩阵中的所有数据，执行菜单栏中的“绘图”→“3D”→“3D 颜色填充曲面图”命令，或单击“3D 和等高线图形”工具栏中的按钮，绘制的图形如图 6-54 所示。

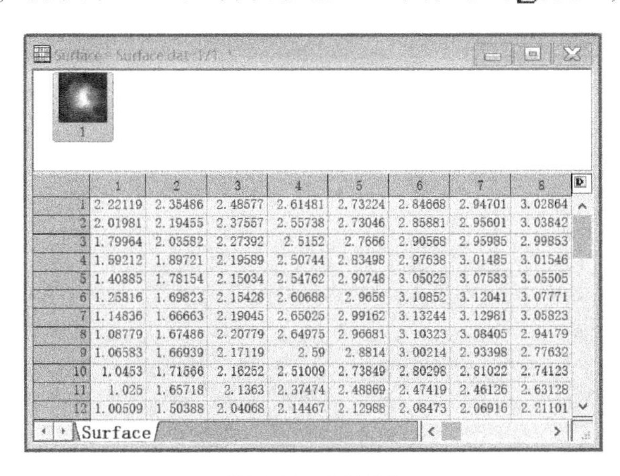

	1	2	3	4	5	6	7	8
1	2.22119	2.35486	2.48577	2.61481	2.73224	2.84668	2.94701	3.02864
2	2.01981	2.19455	2.37557	2.55738	2.73046	2.85881	2.95601	3.03842
3	1.79964	2.03582	2.27392	2.5152	2.7666	2.90568	2.95985	2.99853
4	1.59212	1.89721	2.19589	2.50744	2.83498	2.97638	3.01485	3.01546
5	1.40885	1.78154	2.15034	2.54762	2.90748	3.05025	3.07583	3.05505
6	1.25816	1.69823	2.15428	2.60688	2.9658	3.10852	3.12041	3.07771
7	1.14836	1.66663	2.19045	2.65025	2.99162	3.13244	3.12981	3.05823
8	1.08779	1.67486	2.20779	2.64975	2.96681	3.10323	3.08405	2.94179
9	1.06583	1.66939	2.17119	2.59	2.8814	3.00214	2.93398	2.77632
10	1.0453	1.71566	2.16252	2.51009	2.73849	2.80298	2.81022	2.74123
11	1.025	1.65718	2.1363	2.37474	2.48869	2.47419	2.46126	2.63128
12	1.00509	1.50388	2.04068	2.14467	2.12988	2.08473	2.06916	2.21101

Surface

图 6-53　矩阵表

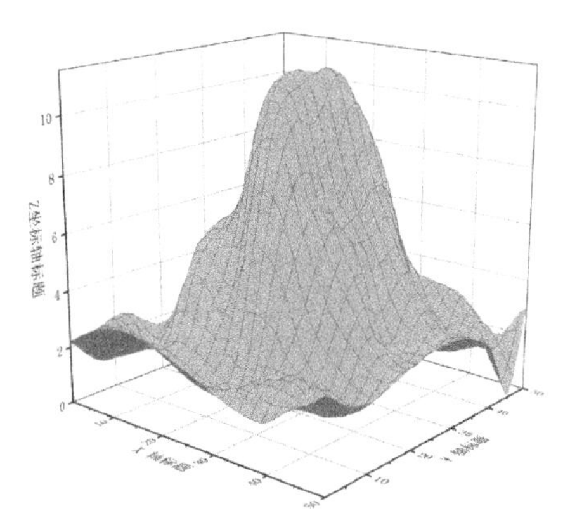

图 6-54　3D 颜色填充曲面图

在实际科技类绘图过程中，使用模板绘制 3D 颜色填充曲面图的过程比较复杂。下面将使用素材文件 XYZGaussian. dat 中的数据，详细介绍复杂曲面图的绘制过程。

1）新建项目文件，导入 XYZGaussian. dat 数据文件，此时的数据表如图 6-55 所示。将 C(Y)列转换为 C(Z)列。

2）执行菜单栏中的“工作表”→“转换为矩阵”→“XYZ 网格化”命令，即可弹出“XYZ 网格化：将工作表转换为矩阵”对话框，将数据网格化。

3）在该对话框中“网格设置”参数区域设置“列”为 50、“行”为 50，设置完成之后单击“确定”按钮，即可完成转换，得到的矩阵如图 6-56 所示。将矩阵表命名为 Surface。

4）选中工作表中的数据，执行菜单栏中的“绘图”→“3D”→“3D 散点图”命令，或单击“3D 和等高线图形”工具栏中的 （3D 散点图）按钮，绘制的三维图形如图 6-57 所示。

XYZGaussian - XYZGaussian.dat

	A(X)	B(Y)	C(Y)
长名称			
单位			
注释			
F(x)=			
迷你图			
1	9.75753	9.83766	2.05443
2	10.61892	9.69965	2.7764
3	12.1371	10.07697	2.96181
4	13.66881	10.01273	2.4819
5	14.15564	10.15323	2.13646
6	15.81105	10.01636	2.02602
7	17.0496	9.92652	2.25738
8	17.75243	9.59284	1.64735
9	18.90315	9.7619	2.32251
10	19.92769	10.34681	2.49195

XYZGaussian

图 6-55 工作表

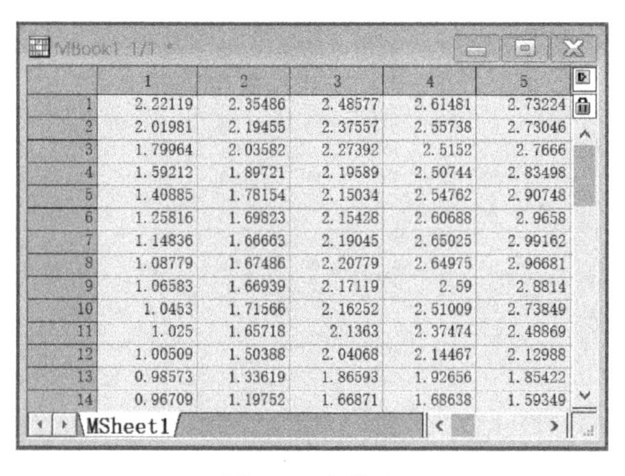

MBook1 1/1

	1	2	3	4	5
1	2.22119	2.35486	2.48577	2.61481	2.73224
2	2.01981	2.19455	2.37557	2.55738	2.73046
3	1.79964	2.03582	2.27392	2.5152	2.7666
4	1.59212	1.89721	2.19589	2.50744	2.83498
5	1.40885	1.78154	2.15034	2.54762	2.90748
6	1.25816	1.69823	2.15428	2.60688	2.9658
7	1.14836	1.66663	2.19045	2.65025	2.99162
8	1.08779	1.67486	2.20779	2.64975	2.96681
9	1.06583	1.66939	2.17119	2.59	2.8814
10	1.0453	1.71566	2.16252	2.51009	2.73849
11	1.025	1.65718	2.1363	2.37474	2.48869
12	1.00509	1.50388	2.04068	2.14467	2.12988
13	0.98573	1.33619	1.86593	1.92656	1.85422
14	0.96709	1.19752	1.66871	1.68638	1.59349

MSheet1

图 6-56 矩阵表

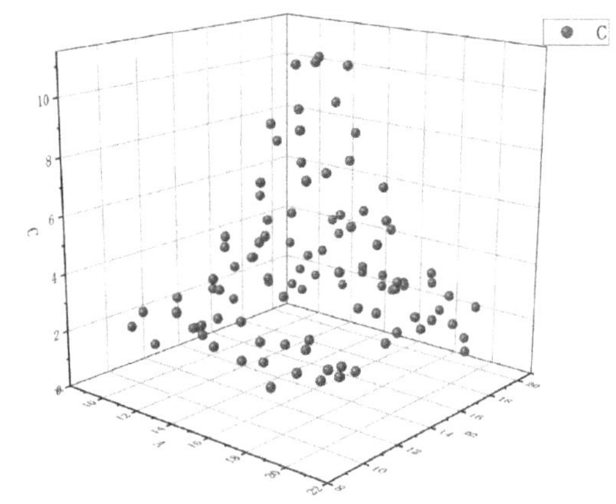

图 6-57 3D 散点图

5）下面将 3D 颜色填充曲面图添加到该三维散点图中。双击左上角第一层的图层图标 **1**，弹出“图层内容：绘图的添加,删除,成组,排序”对话框，在左上角的下拉列表框中选择“当前文件夹中的矩阵”。

6）在左侧面板中选择 Surface 数据选项，单击中间三角形旁边的按钮，并选择“3D-曲面图”选项，如图 6-58 所示。然后单击 按钮，将其添加到右边面板中，如图 6-59 所示。设置完

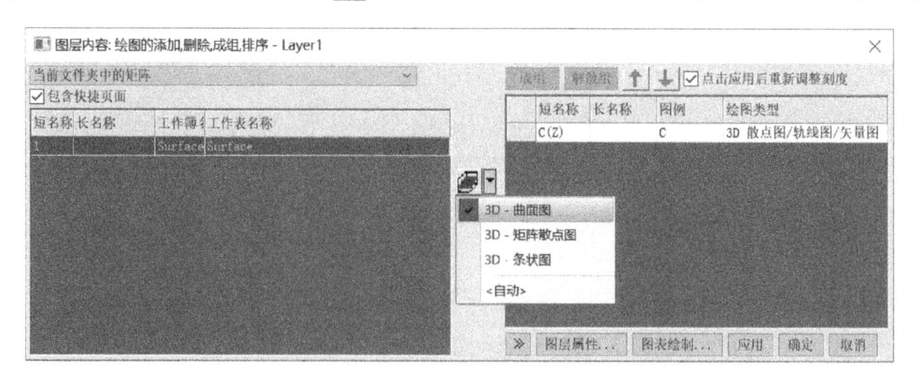

图 6-58 “图层内容：绘图的添加、删除、成组、排序”对话框

成后单击“确定”按钮，绘制的图形如图6-60所示。

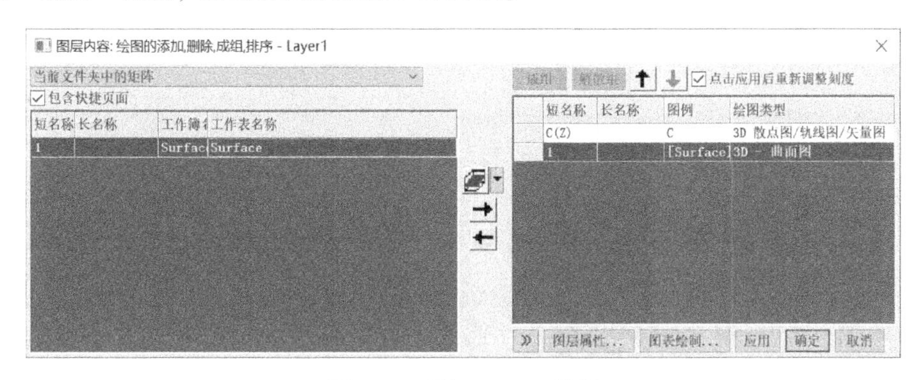

图6-59　添加Surface数据

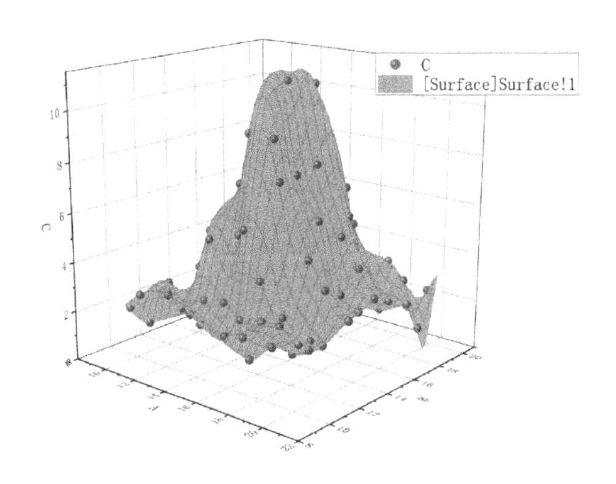

图6-60　添加三维彩色填充表面图

7）双击图形，打开“绘图细节-绘图属性”对话框，在左边的面板中选择“原始数据”选项，在右边选择“符号”选项卡，将“形状”设置为“球体”，“大小”设置为“8”，“颜色”设置为“洋红”，如图6-61所示。单击“应用”按钮完成设置，此时的图形如图6-62所示。

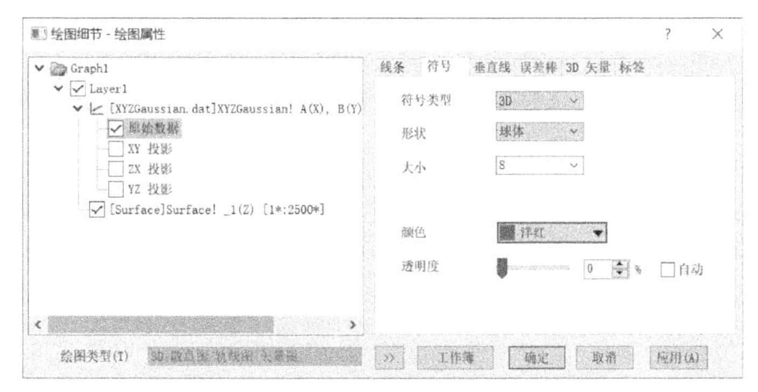

图6-61　“绘图细节-绘图属性”对话框

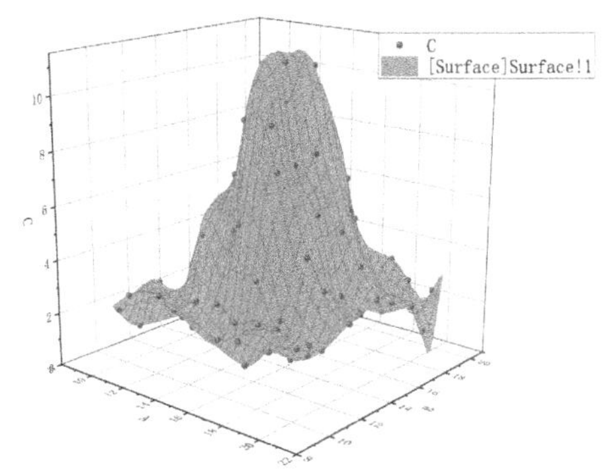

图6-62　设置符号后的图形

8）继续在左侧面板中选择Surface标签，然后切换至“填充”选项卡，将“逐块填充”修改为“绿”，取消勾选“自动”复选框，然后设置“透明”为60，如图6-63所示。单击“应用”按钮完成设置，此时的图形效果如图 6-64 所示。

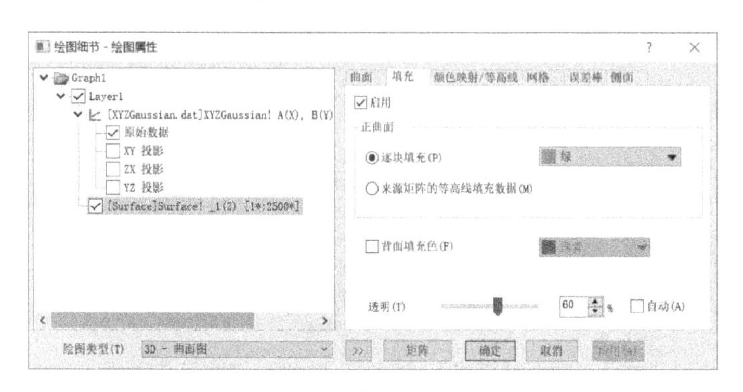

图 6-63　更改三维彩色填充表面图的属性

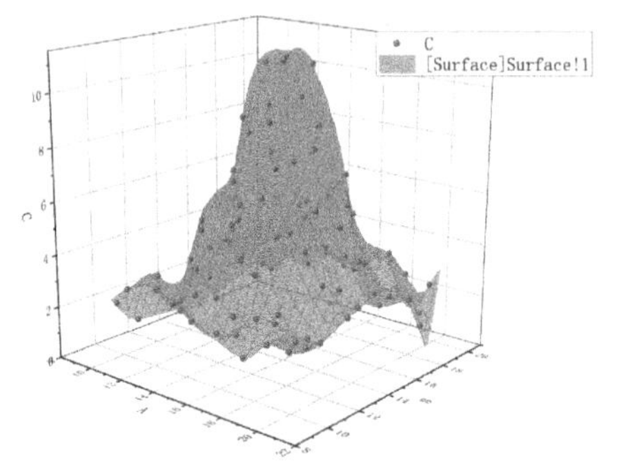

图 6-64　更改填充后的图形

9）继续选中“网格”选项卡，设置“线条宽度”为 1，选择“设置主网格线总数”单选按钮并设置 X 为 12、Y 为 12，如图 6-65 所示。单击“应用”按钮完成设置，此时图形效果如图 6-66 所示。

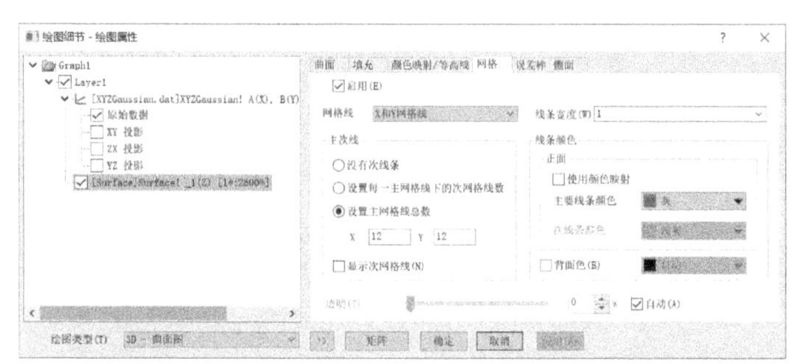

图 6-65　设置网格属性

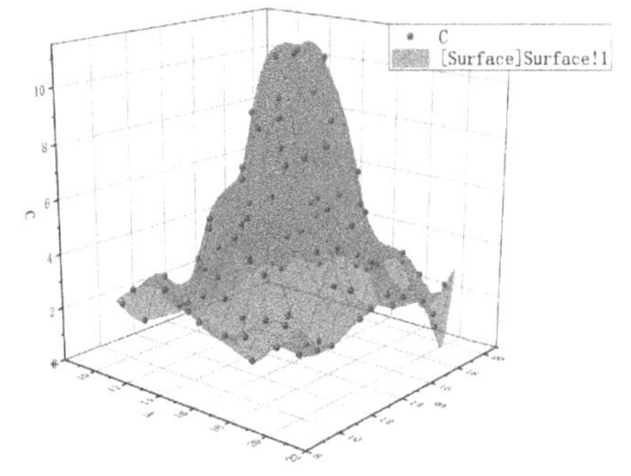

图 6-66　设置网格后的图形

10）要添加垂线，则在对话框左边的面板中选择“原始数据”选项，将右边的面板切换到“垂直线”选项卡，勾选“平行于 Z 轴”复选框，“宽度”设置为 1.5，“下垂至”设置为“Z=轴的起始面”，如图 6-67 所示。单击“应用”按钮完成设置，此时图形效果如图 6-68 所示。

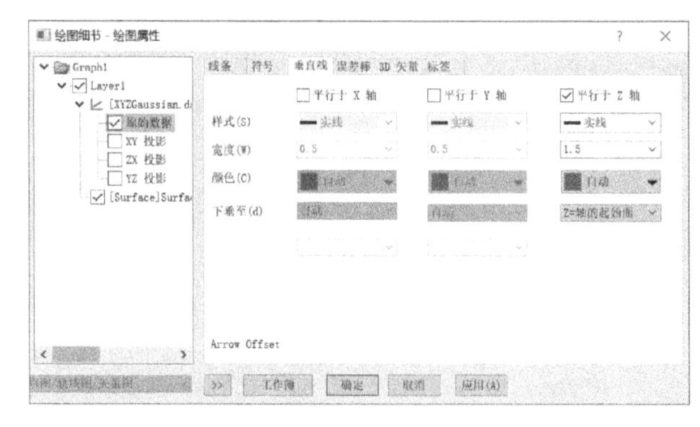

图 6-67　添加垂线

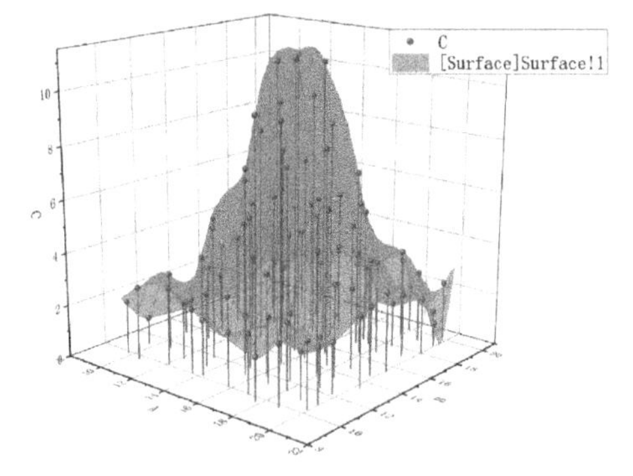

图 6-68　最终完成图

11）单击“确定”按钮退出对话框，完成对图形的设置。用户还可以根据绘图要求对图形的标题、坐标轴等进行美化处理，这里不再讲解。

6.4.2　3D 定 X 基线图

3D 定 X 基线图是由不同的 X 轴确定了的平行于 YZ 面的一系列平面，每个平面上，不同的 Z 值描述的点连接成直线，这些线段形成的三维曲面默认为蓝色。

下面将使用 Elevation. dat 数据文件创建 3D 定 X 基线图，步骤如下。

1）新建矩阵簿，导入 Elevation. dat 数据，如图 6-69 所示。执行菜单栏中的“绘图”→“3D”→“3D 定 X 基线图”命令，或单击“3D 和等高线图形”工具栏中的按钮，绘制的图形如图 6-70 所示。

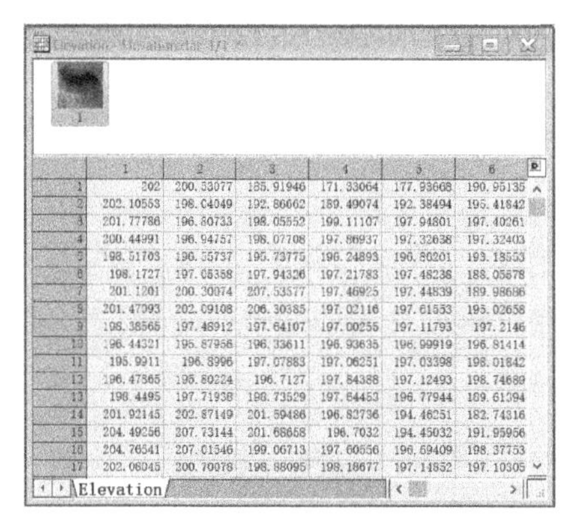

图 6-69　Elevation 数据

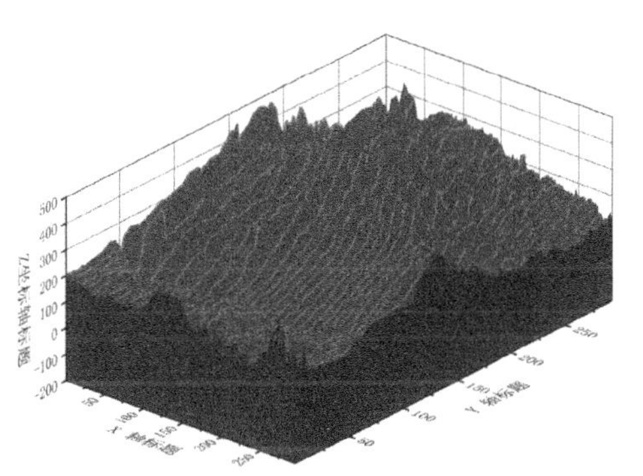

图 6-70　3D 定 X 基线图

2）双击图形，打开“绘图细节-绘图属性”对话框，在“填充”选项卡下设置“逐块填充”为“按点”→“颜色映射”下的 Mat(1)，如图 6-71 所示。单击“应用”按钮。

3）继续在“颜色映射/等高线”选项卡下单击“级别”，在弹出的“设置级别”对话框中单击下方的“查找最小值/最大值”按钮，然后选中“增量”单选按钮，并将其值设置为 20，设置“次级别数”为 9，如图 6-72 所示。单击“确定”按钮完成设置。

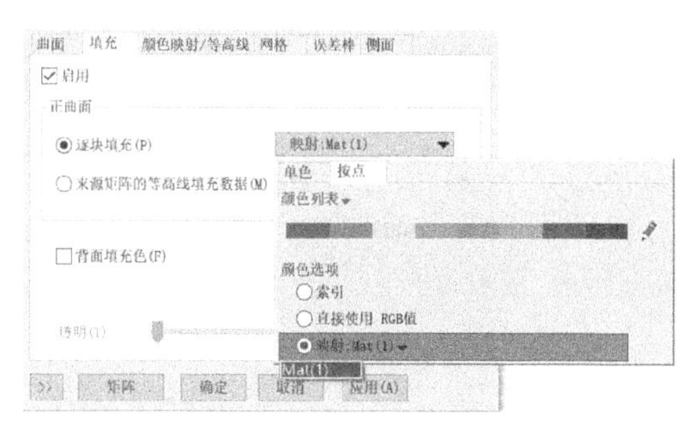

图 6-71　“填充”选项卡

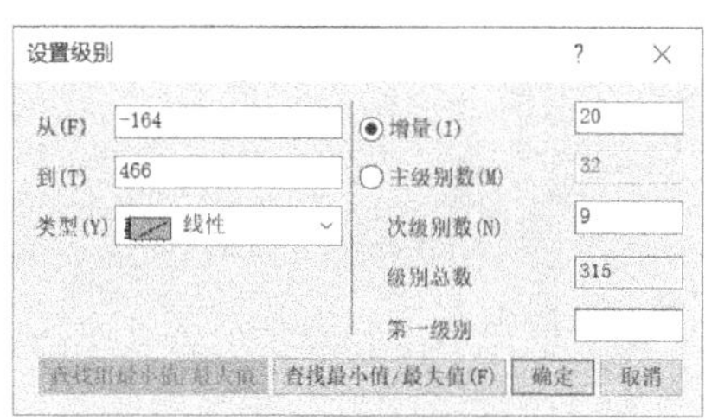

图 6-72　“设置级别”对话框

4）在“颜色映射/等高线”选项卡下单击“填充”，弹出“填充”对话框，在“内插法颜色生成”选项区域选择“加载调色板”单选按钮，然后单击“选择调色板”按钮，在弹出的调色板中选择 Watermelon 选项，如图 6-73 所示。单击“确定”按钮完成设置。

注意：如果没有该选项，请选择“更多调色板”进行加载。

5）设置完成后回到“颜色映射/等高线”选项卡，如图 6-74 所示。单击“应用”按钮，绘制的图形效果如图 6-75 所示。

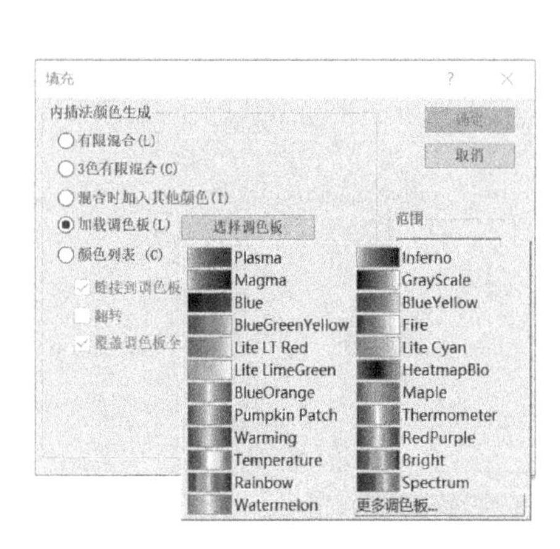

图 6-73　加载调色板

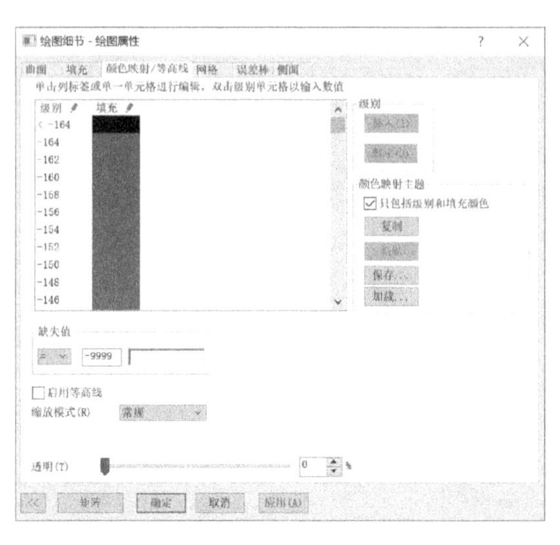

图 6-74　“颜色映射/等高线”选项卡

6）切换至“网格”选项卡，取消勾选“启用”复选框，单击“应用”按钮，此时的图形效果如图 6-76 所示。

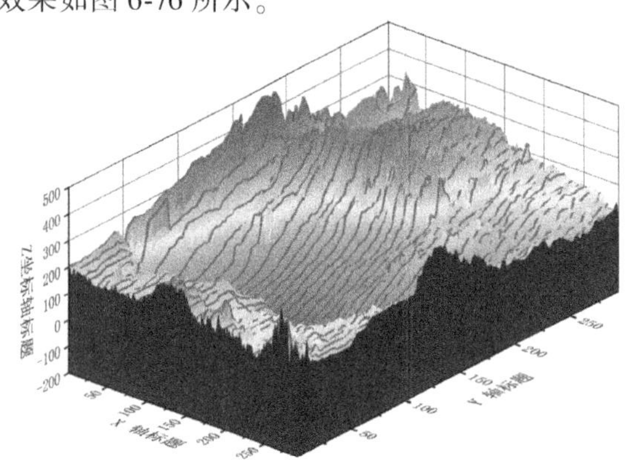

图 6-75　更改填充颜色后的图形

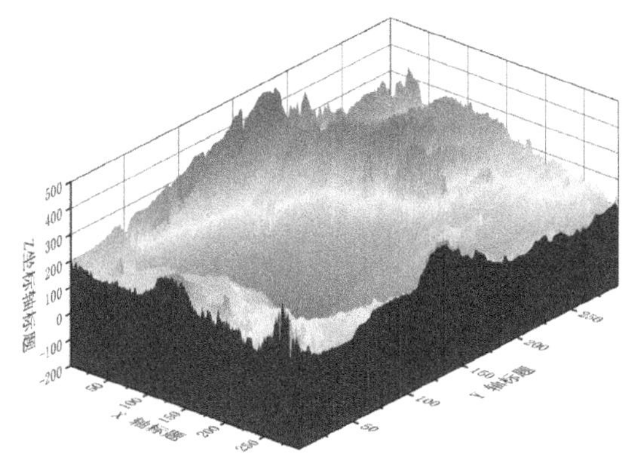

图 6-76　去掉网格后的图形

7）在“侧面”选项卡下勾选“启用”复选框，然后设置 X 颜色为“浅灰”、Y 颜色为“灰”，单击“应用”按钮完成设置。

8）在对话框左侧面板内选择 Layer1，然后切换到右侧的“光照”选项卡，在“模式”选项组中选择“定向光”单选按钮，如图 6-77 所示。单击“应用”按钮，完成设置，此时的图形效果如图 6-78 所示。

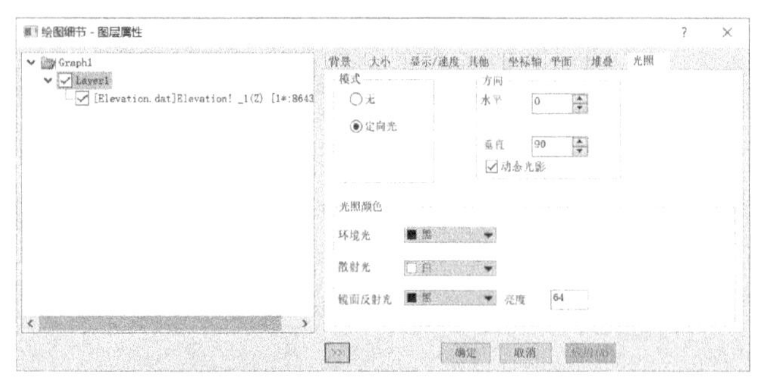

图 6-77　“光照”选项卡

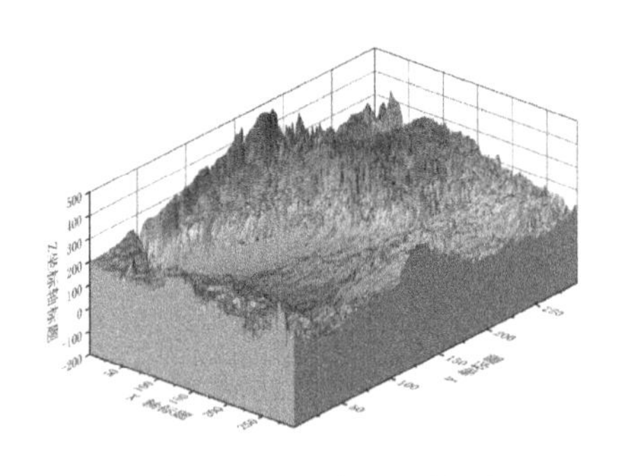

图 6-78　3D 定 X 基线图

9）在对话框中单击“确定”按钮，关闭“绘图细节-绘图属性”对话框，完成 3D 定 X 基线图图形的绘制。

6.4.3　3D 定 Y 基线图

3D 定 Y 基线图是由不同的 Y 轴确定了的一系列平行于 XZ 面的平面，每个平面上，不同的 Z 值描述的点连接成直线，这些线段形成三维曲面，默认情况下，图形颜色为蓝色。

继续使用 Elevation. dat 数据绘制 3D 定 Y 基线图，其过程与 3D 定 X 基线图的绘制基本一样，绘制图形的效果如图 6-79 所示。

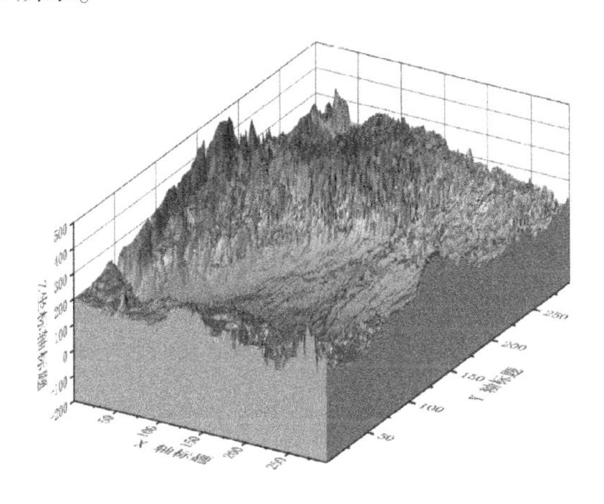

图 6-79　3D 定 Y 基线图

6.4.4　3D 颜色映射曲面图

3D 颜色映射曲面图是根据 X、Y、Z 的坐标确定点在三维空间内的位置，然后各点以直线连接，这些格栅线就确定了三维表面。

打开数据文件 MapSurface. dat（gid135），如图 6-80 所示。

执行菜单栏中的“绘图”→“3D”→“3D 颜色映射曲面”命令，或单击“3D 和等高线图形”工具栏中的按钮，绘制的图形如图 6-81 所示。

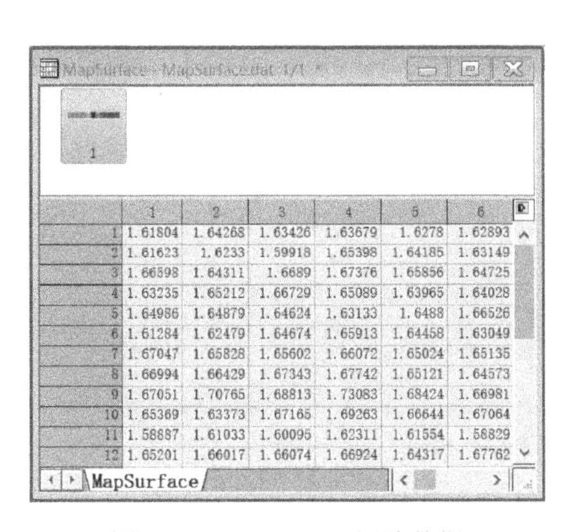

	1	2	3	4	5	6
1	1.61804	1.64268	1.63426	1.63679	1.6278	1.62893
2	1.61623	1.6233	1.59918	1.65398	1.64185	1.63149
3	1.66598	1.64311	1.6689	1.67376	1.65856	1.64725
4	1.63235	1.65212	1.66729	1.65089	1.63965	1.64028
5	1.64986	1.64879	1.64624	1.63133	1.6488	1.66526
6	1.61284	1.62479	1.64674	1.65913	1.64458	1.63049
7	1.67047	1.65828	1.65602	1.66072	1.65024	1.65135
8	1.66994	1.66429	1.67343	1.67742	1.65121	1.64573
9	1.67051	1.70765	1.68813	1.73083	1.68424	1.66981
10	1.65369	1.63373	1.67165	1.69263	1.66644	1.67064
11	1.58887	1.61033	1.60095	1.62311	1.61554	1.58829
12	1.65201	1.66017	1.66074	1.66924	1.64317	1.67762

MapSurface

图 6-80　MapSurface 矩阵数据

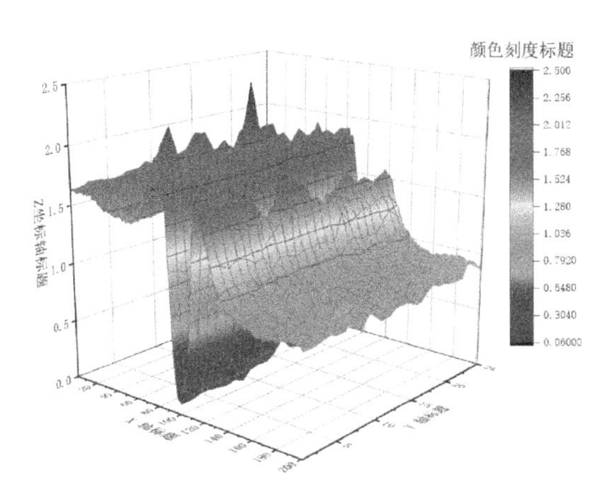

图 6-81　3D 颜色映射曲面图

6.4.5 带误差棒的 3D 颜色填充曲面图

使用数据文件 ErrorBarsA. dat 及 ErrorBarsA. dat 绘制带误差棒的 3D 颜色填充曲面图，具体步骤如下。

1）新建项目文件后，单击（新建矩阵）按钮，弹出矩阵簿窗口。

2）执行菜单栏中的“数据”→“从文件导入”→“单个 ASCII 文件”命令，在弹出的快捷菜单中选择 ErrorBarsA. dat 文件，按照前面的方法导入 ErrorBarsA 数据。

3）在矩阵簿窗口右上角单击按钮，在弹出的快捷菜单中选择“插入”命令，插入一张新的矩阵表，如图 6-82 所示。利用同样的方法，将数据文件 ErrorBarsA. dat 导入到该表中。此时矩阵表上方出现两套数据。

4）在第二张矩阵表上右击，在弹出的快捷菜单中执行“移到最前”命令，调整两张矩阵表的顺序，如图 6-83 所示。

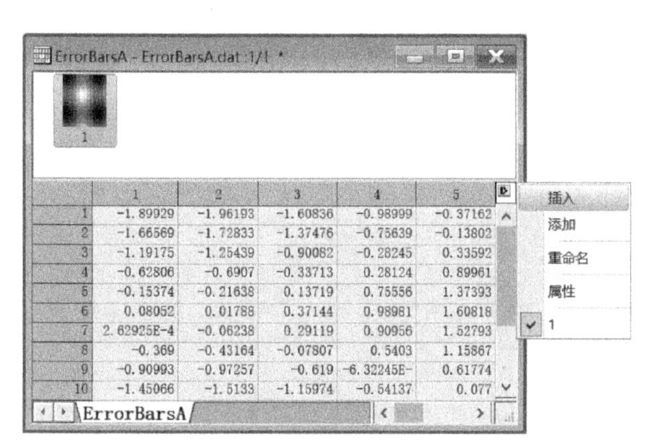

图 6-82　插入矩阵表

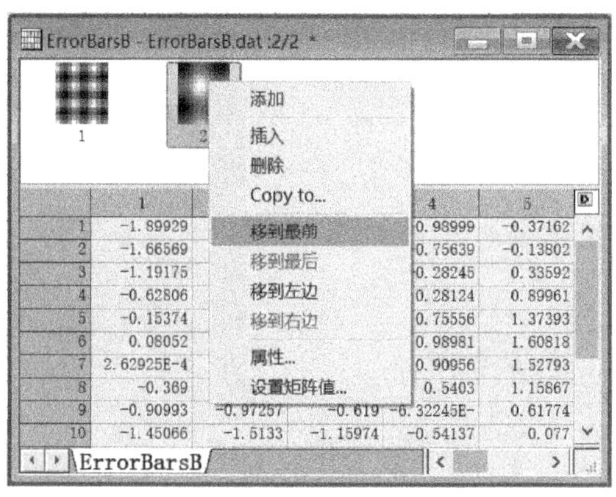

图 6-83　执行“移到最前”命令

5）将矩阵表 1 置于当前，执行菜单栏中的“绘图”→“3D”→“带误差棒的 3D 颜色填充曲面图”命令，或单击“3D 和等高线图形”工具栏中的按钮，绘制的图形如图 6-84 所示。

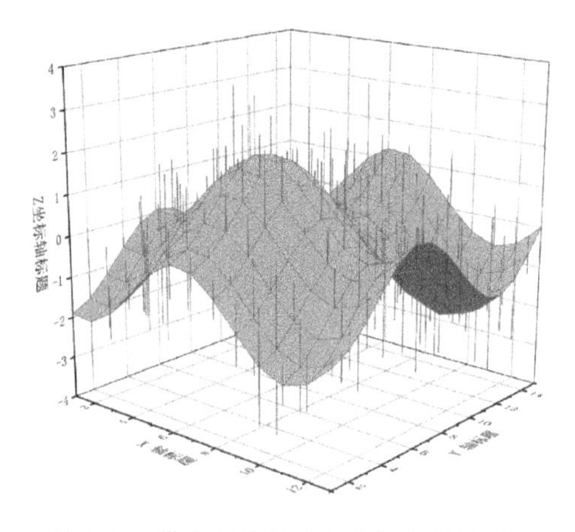

图 6-84　带误差棒的 3D 颜色填充曲面图

6）双击图形，打开“绘图细节-绘图属性”对话框，在“填充”选项卡下勾选“启用”复选框，同时选中“来源矩阵的等高线填充数据”单选按钮，勾选其后的“自身”复选框，如图 6-85 所示。然后单击“应用”按钮。

7）在“网格”选项卡下设置“线条宽度”为 1，单击“应用”按钮，修改后的图形效果如图 6-86 所示。

8）切换到“误差棒”选项卡，将“颜色”设置为“洋红”，“线帽”设置为“X Y 线”，如图 6-87 所示。单击“应用”按钮，美化后的图形效果如图 6-88 所示。

9）在对话框中单击“确定”按钮，退出“绘图细节-绘图属性”对话框，完成带误差棒的 3D 颜色填充曲面图的绘制。

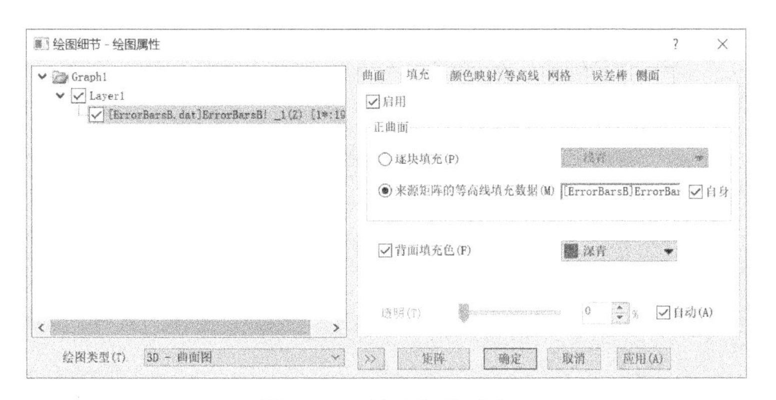

图 6-85 “填充”选项卡

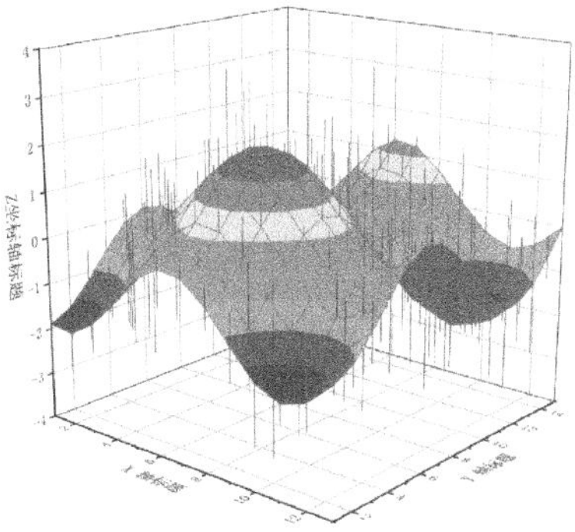

图 6-86 修改后的图形

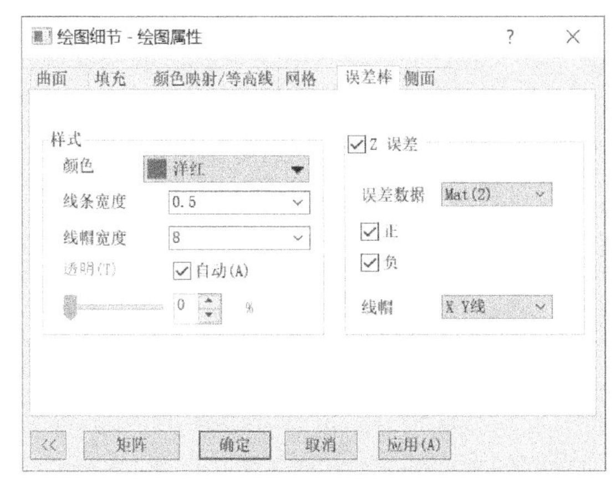

图 6-87 “误差棒”选项卡

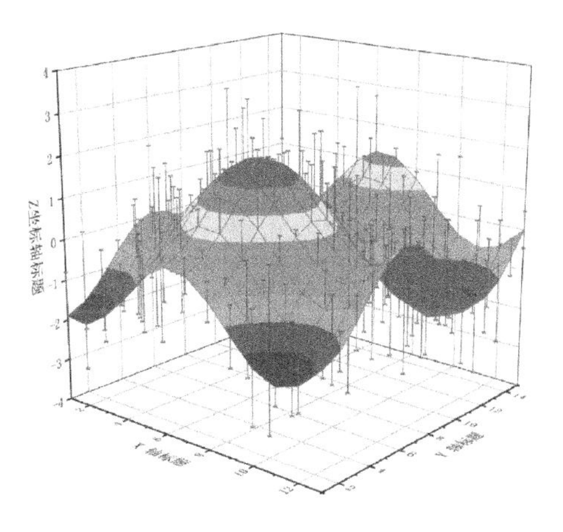

图 6-88 美化后的图形

6.4.6 带误差棒的 3D 颜色映射曲面图

带误差棒 3D 颜色映射表面图与带误差棒的 3D 颜色填充表面图有一定的差异，颜色映射图是用颜色的不同代表变量。

继续使用数据文件 ErrorBarsA. dat 及 ErrorBarsA. dat，沿用上面的操作绘制带误差棒的 3D 颜色映射曲面图，具体操作步骤如下。

1）将矩阵表 1 置于当前，执行菜单栏中的“绘图”→“3D”→“带误差棒的 3D 颜色映射曲面图”命令，或单击“3D 和等高线图形”工具栏中的按钮，绘制的图形如图 6-89 所示。

2）双击图形，打开“绘图细节-绘图属性”对话框，在“误差棒”选项卡下设置“颜色”为“洋红”，“线帽”为“X Y 线”，如图 6-90 所示。单击“应用”按钮，得到的图形效果如图 6-91 所示。

3）在对话框中单击“确定”按钮，退出“绘图细节-绘图属性”对话框，完成带误差棒的 3D 颜色映射曲面图的绘制。

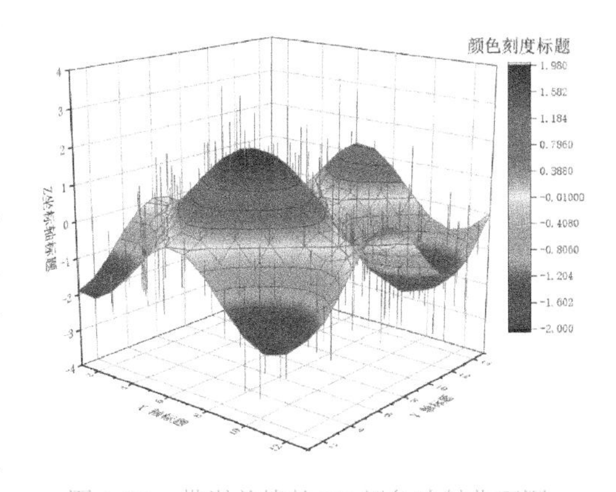

图 6-89 带误差棒的 3D 颜色映射曲面图

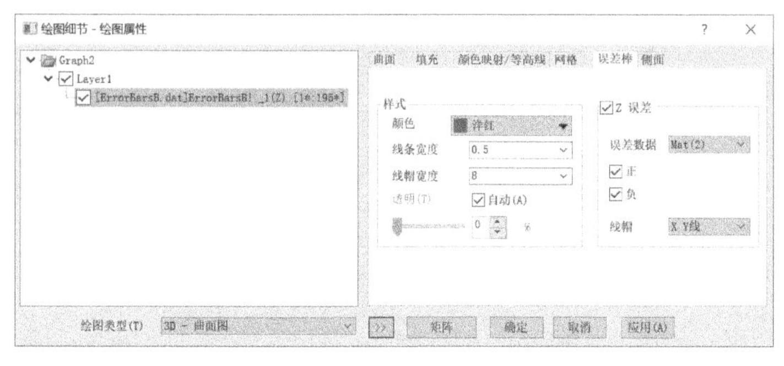

图 6-90 “误差棒”选项卡

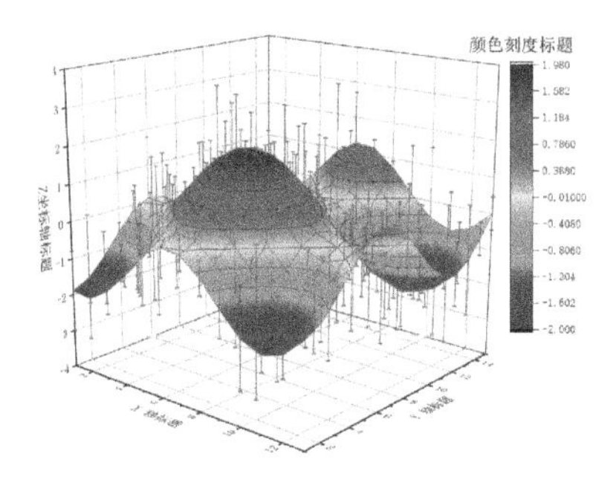

图 6-91 设置后的图形效果

6.4.7 多个颜色填充曲面图

本小节将使用数据文件 Intersect. ogmu 绘制多个颜色填充曲面图，矩阵数据如图 6-92 所示。

将矩阵表 1 置于当前，执行菜单栏中的“绘图”→“3D”→“多个颜色填充曲面图”命令，或单击“3D 和等高线图形”工具栏中的按钮，绘制的图形如图 6-93 所示。

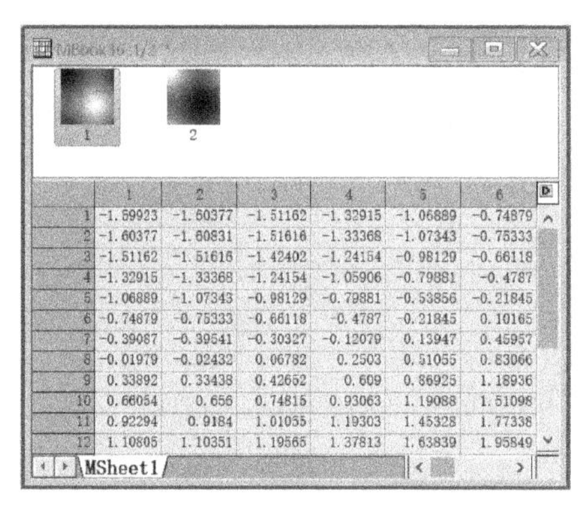

	1	2	3	4	5	6
1	-1.59923	-1.60377	-1.51162	-1.32915	-1.06889	-0.74879
2	-1.60377	-1.60831	-1.51616	-1.33368	-1.07343	-0.75333
3	-1.51162	-1.51616	-1.42402	-1.24154	-0.98129	-0.66118
4	-1.32915	-1.33368	-1.24154	-1.05906	-0.79881	-0.4787
5	-1.06889	-1.07343	-0.98129	-0.79881	-0.53856	-0.21845
6	-0.74879	-0.75333	-0.66118	-0.4787	-0.21845	0.10165
7	-0.39087	-0.39541	-0.30327	-0.12079	0.13947	0.45957
8	-0.01979	-0.02432	0.06782	0.2503	0.51055	0.83066
9	0.33892	0.33438	0.42652	0.609	0.86925	1.18936
10	0.66054	0.656	0.74815	0.93063	1.19088	1.51098
11	0.92294	0.9184	1.01055	1.19303	1.45328	1.77338
12	1.10805	1.10351	1.19565	1.37813	1.63839	1.95849

MSheet1

图 6-92 Intersect 矩阵数据

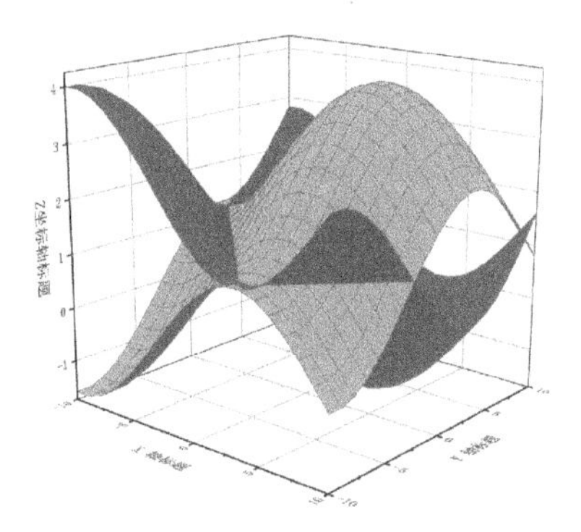

图 6-93 多个颜色填充曲面图

6.4.8 多个颜色映射曲面图

本小节将使用数据文件 Intersect. ogmu 来进行多个颜色映射曲面图绘制，具体操作方法如下。

将矩阵表 1 置于当前，执行菜单栏中的“绘图”→“3D”→“多个颜色映射曲面图”命令，或单击“3D 和等高线图形”工具栏中的按钮，绘制的图形如图 6-94 所示。

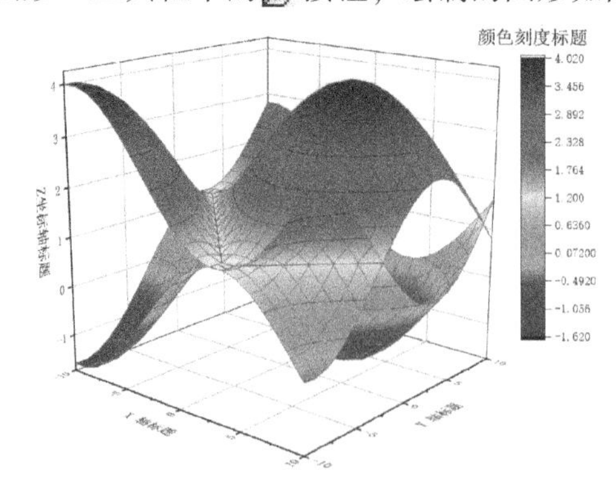

图 6-94 多个颜色映射曲面图

6.4.9　带投影的 3D 颜色映射曲面图

本小节将使用数据文件 Intersect. ogmu 来进行带投影的 3D 颜色映射曲面图绘制，具体操作方法如下。

将矩阵表 1 置于当前，执行菜单栏中的“绘图”→“3D”→“带投影的 3D 颜色映射曲面图”命令，或单击“3D 和等高线图形”工具栏中的按钮，绘制的图形效果如图 6-95 所示。

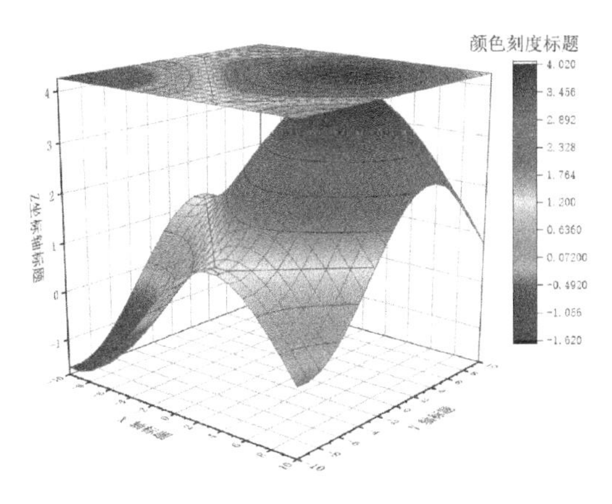

图 6-95　带投影的 3D 颜色映射曲面图

6.4.10　3D 线框图

本小节将使用数据文件 Intersect. ogmu 来进行 3D 线框图绘制，具体操作方法如下。

将矩阵表 1 置于当前，执行菜单栏中的“绘图”→“3D”→“3D 线框图”命令，或单击“3D 和等高线图形”工具栏中的按钮，绘制的图形如图 6-96 所示。

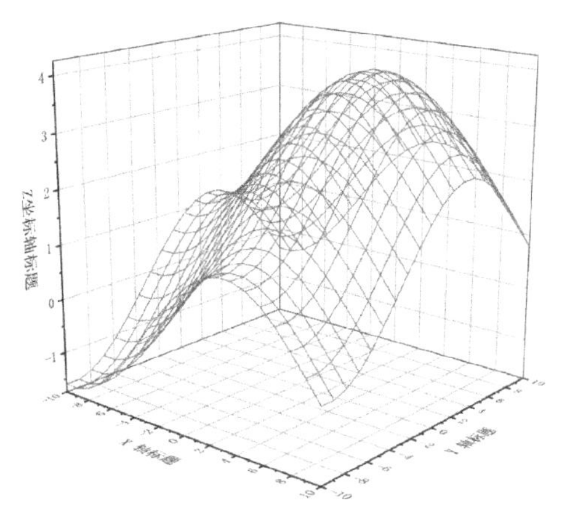

图 6-96　3D 线框图

6.4.11　3D 线框曲面图

本小节将使用数据文件 Intersect. ogmu 来进行 3D 线框曲面图绘制，具体操作方法如下。

将矩阵表 1 置于当前，执行菜单栏中的“绘图”→“3D”→“3D 线框曲面图”命令，或单击“3D 和等高线图形”工具栏中的按钮，绘制的图形如图 6-97 所示。

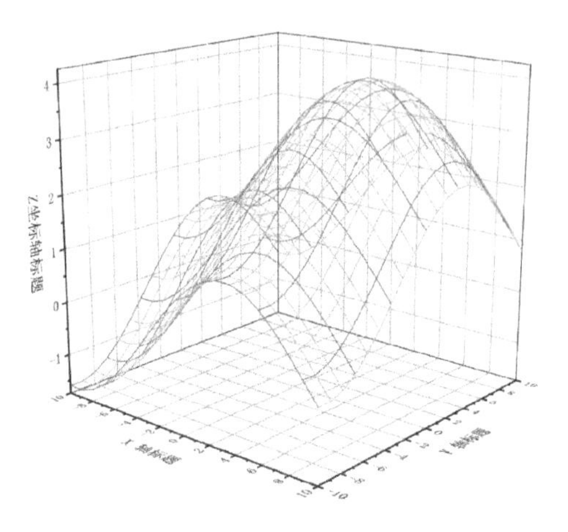

图 6-97　3D 线框曲面图

6.5 三维 XYY 图

三维 XYY 图是对工作簿中的数据表进行绘图操作，Origin 中的三维 XYY 图有 3D 条状图、3D 堆积条状图、3D 百分比堆积条状图等绘图模板。

执行菜单栏中的“绘图”→“3D”命令，在打开的菜单列表中选择所需的绘制方式进行绘图；或单击“3D 和等高线图形”工具栏中三维 XYY 图绘图组旁的▾按钮，在打开的下拉列表中选择所需的绘图方式进行绘图，如图 6-98 所示。

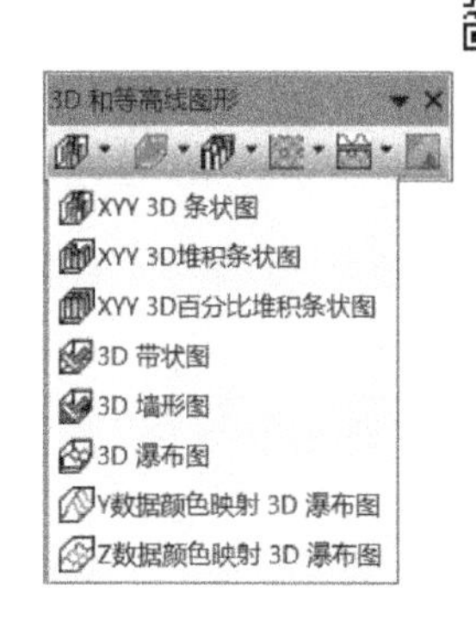

图 6-98　三维 XYY 图绘图工具

6.5.1 3D 条状图

3D 条状图对数据的要求是每列 Y 数据为图形棒的高度，Y 列的标题标在 Z 轴，如果没有设定与该列相关的 X 列，工作表取 X 的默认值。

下面使用 Group. dat 数据文件建立三维图形，首先选中 A(X)、B(Y)、C(Y)、D(Y) 作为数据，执行菜单栏中的“绘图”→“3D”→“3D 条状图”命令，或单击“3D 和等高线图形”工具栏中的按钮，绘制的 3D 条状图效果如图 6-99 所示。

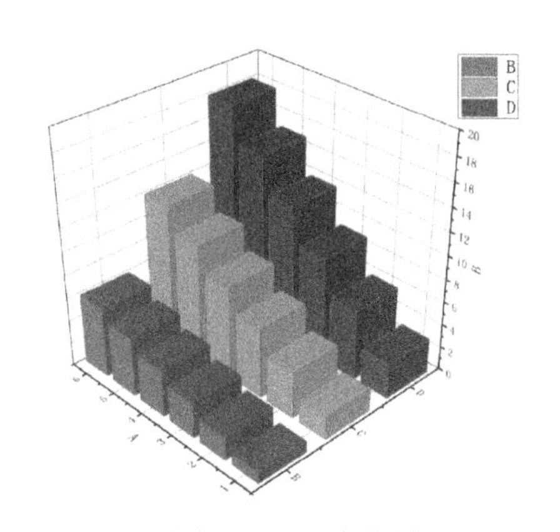

图 6-99　3D 条状图

6.5.2　3D 堆积条状图

3D 堆积条状图对数据的要求是每列 Y 数据为图形棒的高度，Y 列的标题标在 Z 轴，如果没有设定与该列相关的 X 列，工作表取 X 的默认值。

使用 Group. dat 数据文件建立三维图形，首先选中 A(X)、B(Y)、C(Y)、D(Y)作为数据，执行菜单栏中的“绘图”→“3D”→“3D 堆积条状图”命令，或单击“3D 和等高线图形”工具栏中的按钮，绘制的 3D 堆积条状图效果如图 6-100 所示。

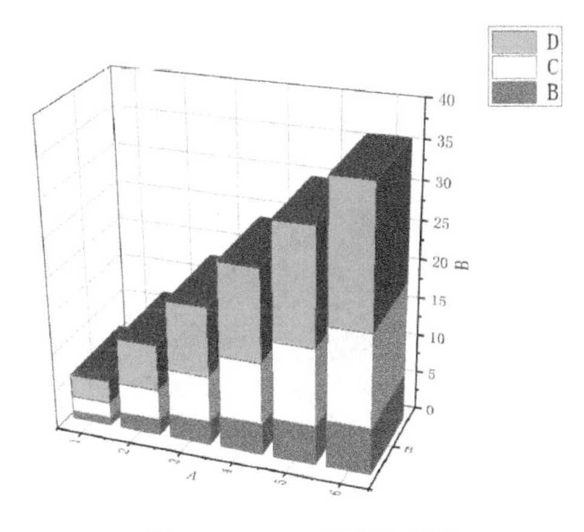

图 6-100　3D 堆积条状图

6.5.3　3D 带状图

3D 带状图对数据的要求是每列 Y 数据为图形条带的高度，Y 列的标题标在 Z 轴，如果没有设定与该列相关的 X 列，工作表取 X 的默认值。

使用 Ribbons. dat 数据文件建立三维图形，数据表如图 6-101 所示。选中 A(X)、B(Y)、C(Y)、D(Y)、E(Y)作为绘图数据源，执行菜单栏中的“绘图”→“3D”→“3D 带状图”命令，或单击“3D 和等高线图形”工具栏中的按钮，绘制的 3D 带状图效果如图 6-102 所示。

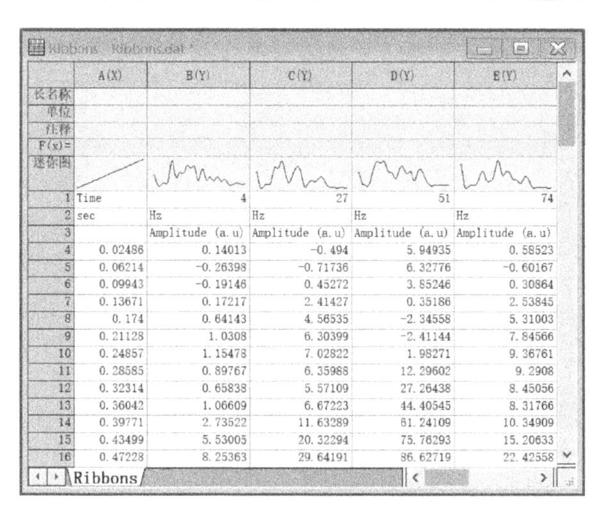

	A(X)	B(Y)	C(Y)	D(Y)	E(Y)
长名称					
单位					
注释					
F(x)=					
迷你图					
1	Time	4	27	51	74
2	sec	Hz	Hz	Hz	Hz
3		Amplitude (a.u)	Amplitude (a.u)	Amplitude (a.u)	Amplitude (a.u)
4	0.02486	0.14013	-0.494	5.94935	0.58523
5	0.06214	-0.26398	-0.71736	6.32776	-0.60167
6	0.09943	-0.19146	0.45272	3.85246	0.30864
7	0.13671	0.17217	2.41427	0.35186	2.53845
8	0.174	0.64143	4.56535	-2.34558	5.31003
9	0.21128	1.0308	6.30399	-2.41144	7.84566
10	0.24857	1.15478	7.02822	1.98271	9.36761
11	0.28585	0.89767	6.35988	12.29602	9.2908
12	0.32314	0.65838	5.57109	27.26438	8.45056
13	0.36042	1.06609	6.67223	44.40545	8.31766
14	0.39771	2.73522	11.63289	61.24109	10.34909
15	0.43499	5.53005	20.32294	75.76293	15.20633
16	0.47228	8.25363	29.64191	86.62719	22.42558

Ribbons

图 6-101　Ribbons 数据表

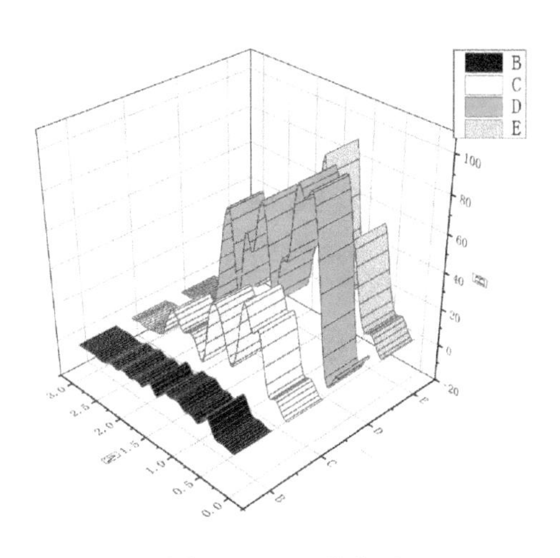

图 6-102　3D 带状图

6.5.4 3D 墙形图

本小节将使用 Ribbons. dat 数据文件建立三维图形，首先选中所有数据，执行菜单栏中的“绘图”→“3D”→“3D 墙形图”命令，或单击“3D 和等高线图形”工具栏中的按钮，绘制的图形效果如图 6-103 所示。

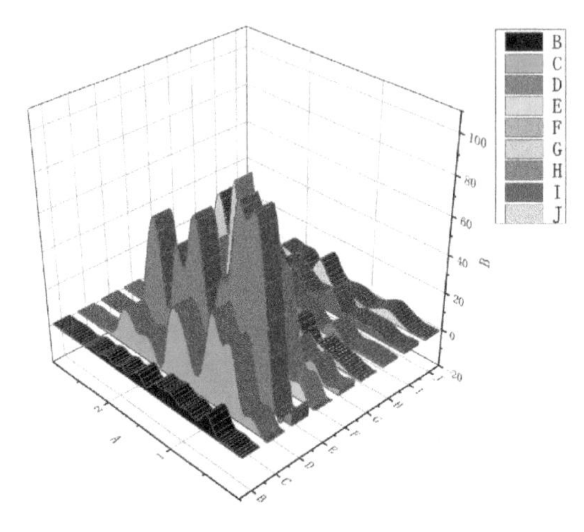

图 6-103 3D 墙形图

6.6 三维符号、条状、矢量图

Origin 的三维符号、条状、矢量图有 3D 条状图、3D 散点图、3D 轨线图、3D 散点图+Z 误差棒、3D 矢量图 XYZ XYZ、3D 矢量图 XYZ dX-dYdZ 等绘图模板。

执行菜单栏中的“绘图”→“3D”命令，在打开的菜单中选择所需的绘制方式进行绘图；或单击“3D 和等高线图形”工具栏中三维符号、条状、矢量图绘图组旁的按钮，在打开的菜单中，选择绘图方式进行绘图，如图 6-104 所示。为节省读者学习时间，本节只介绍常用的几种。

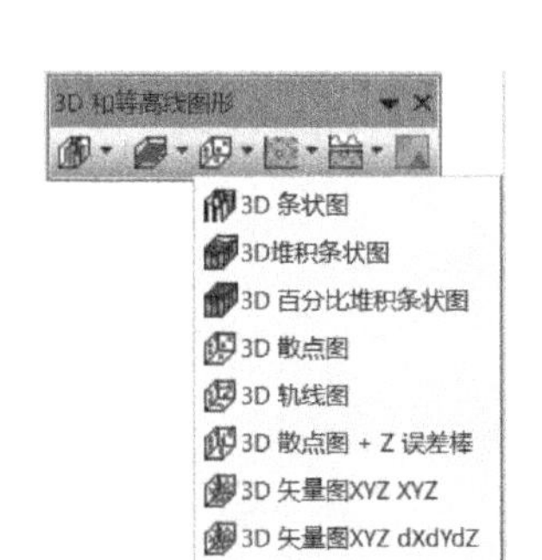

图 6-104 三维符号、条状、矢量图绘图工具

6.6.1 3D 条状图

使用 3Dbar. dat 数据文件建立三维图形。导入数据后，将数据列 C(Y)、D(Y)转换为 C(Z)、D(Z)并选中数据列 C(Z)，执行菜单栏中的“绘图”→“3D”→“3D 条状图”命令，或单击“3D 和等高线图形”工具栏中的按钮，得到的图形效果如图 6-105 所示。

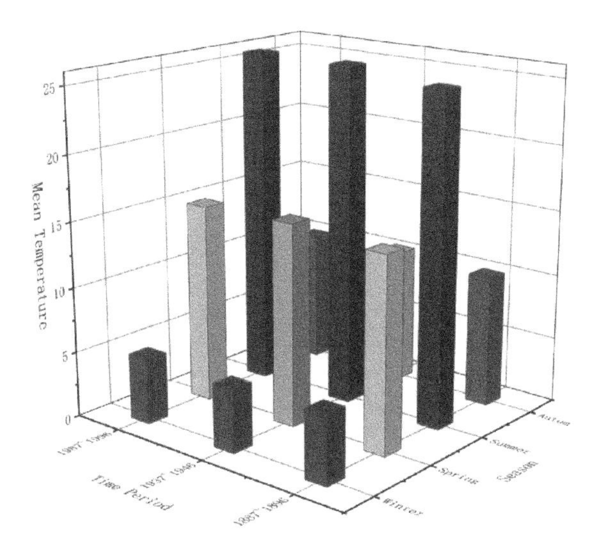

图 6-105　3D 条状图

6.6.2　3D 散点图

使用 3DScatter. ogwu 数据文件建立三维图形。选中所有数据后，执行菜单栏中的“绘图”→“3D”→“3D 散点图”命令，或单击“3D 和等高线图形”工具栏中的按钮，得到的图形效果如图 6-106 所示。

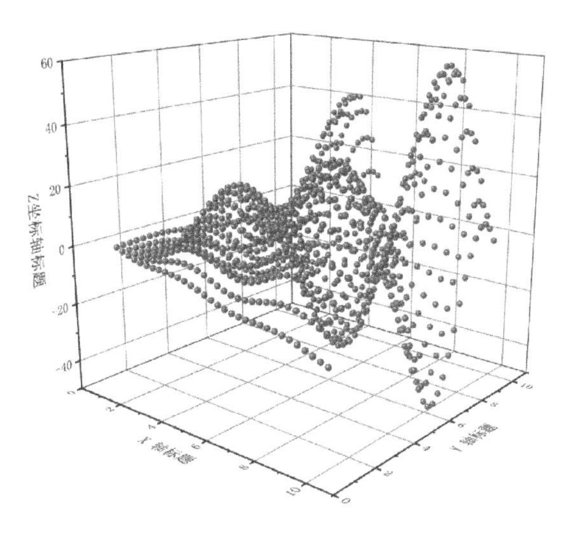

图 6-106　3D 散点图

6.6.3　3D 轨线图

继续使用 3Dbar. dat 数据文件建立三维图形。导入数据后，将数据列 C(Y)、D(Y)转换为 C(Z)、D(Z)并选中数据列 C(Z)，执行菜单栏中的“绘图”→“3D”→“3D 轨线图”命令，或单击“3D 和等高线图形”工具栏中的按钮，得到的图形效果如图 6-107 所示。

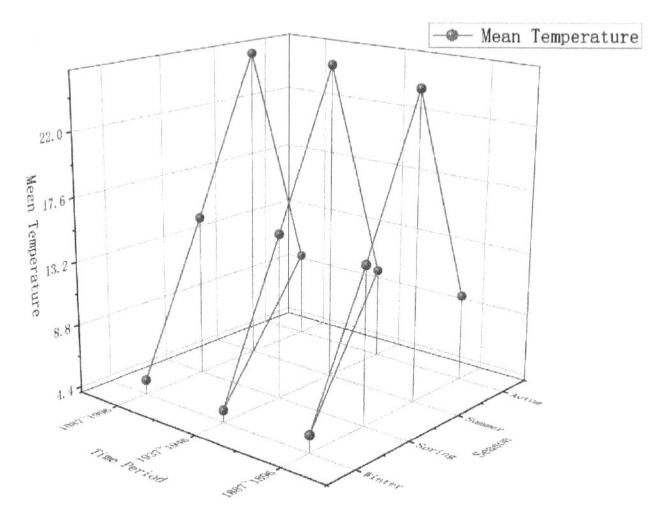

图 6-107　3D 轨线图

6.6.4　3D 散点图+Z 误差棒

继续使用 3Dbar. dat 数据文件建立三维图形。导入数据后，将数据列 C(Y)、D(Y)转换为 C(Z)、D(Z)并将其选中，执行菜单栏中的“绘图”→“3D”→“3D 散点图+Z 误差棒”命令，或单击“3D 和等高线图形”工具栏中的按钮，得到的图形效果如图 6-108 所示。

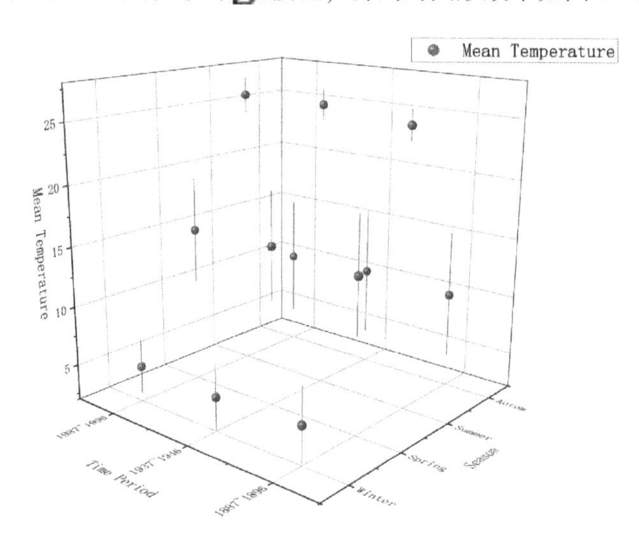

图 6-108　3D 散点图+Z 误差棒

6.6.5　3D 矢量图 XYZ XYZ

使用 3Dvector. ogwu 数据文件建立三维图形。选中所有数据后，执行菜单栏中的“绘图”→“3D”→“3D 矢量图 XYZ XYZ”命令，或单击“3D 和等高线图形”工具栏中的按钮，对相应的参数进行设置，得到的图形效果如图 6-109 所示。

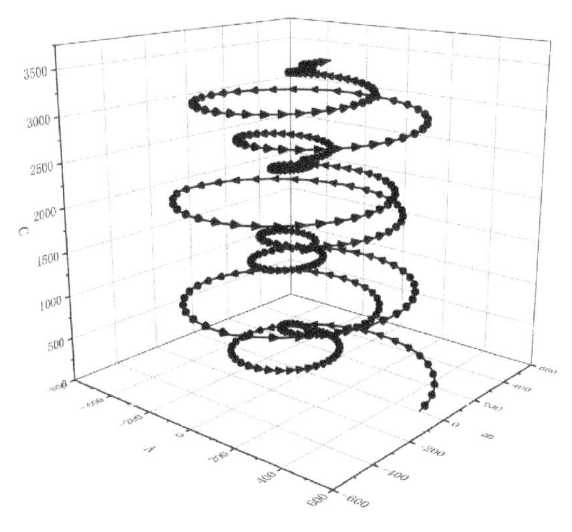

图 6-109 3D 矢量图 XYZ XYZ

6.7 等高线图

Origin 内置的等高线图绘图模板有等高线图-颜色填充、等高线-黑白线条+标签、灰度映射图、热图、带标签热图、极坐标等高线图 θ(X) r(Y)、三元等高线相图等。

执行菜单栏中的“绘图”→“3D”命令，在打开的菜单中选择绘制方式进行绘图；或单击“3D 和等高线图形”工具栏中等高线图绘图组旁的▾按钮，在打开的下拉列表中选择绘图方式进行绘图，如图 6-110 所示。为节省读者学习时间，本节只简单介绍常用的几种。

图 6-110 等高线图绘图工具

6.7.1 等高线图-颜色填充

使用 Waterfall. ogwu 数据文件建立等高线图。选中所有数据后，执行菜单栏中的“绘图”→“3D”→“等高线图-颜色填充”命令，或单击“3D 和等高线图形”工具栏中的按钮，对相应的参数进行设置，绘制的图形效果如图 6-111 所示。

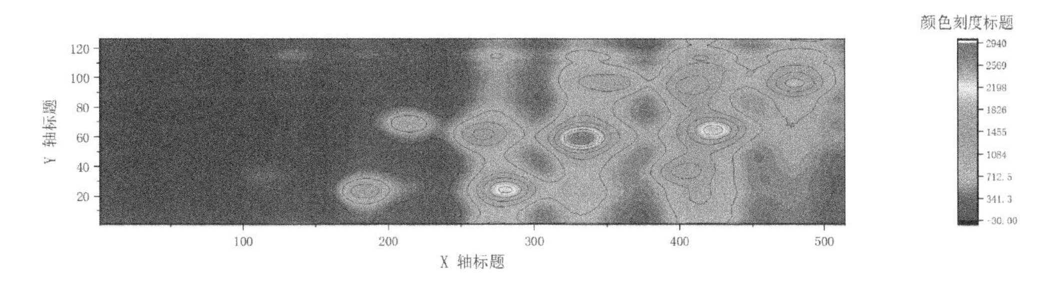

图 6-111 等高线图-颜色填充图

6.7.2 热图

使用 Waterfall. ogwu 数据文件建立等高线图。选中所有数据后，执行菜单栏中的“绘图”→“3D”→“热图”命令，或单击“3D 和等高线图形”工具栏中的按钮，对相应的参数进行设置，绘制的图形效果如图 6-112 所示。

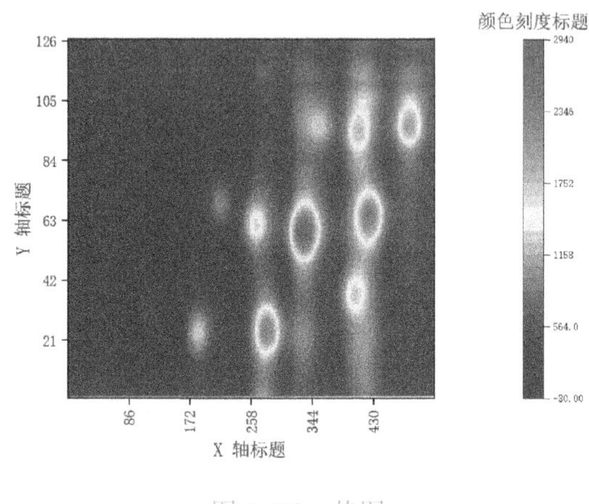

图 6-112　热图

6.7.3 极坐标等高线图

Origin 极坐标等高线图对工作表数据的要求是至少要有一组 X、Y、Z 数据。

极坐标图有两种绘图方式：一种是以 X 为极坐标半径坐标位置，Y 为角度（°），即极坐标等高线图 θ(X) r(Y)；另一种是以 Y 为极坐标半径坐标位置，X 为角度（°），即极坐标等高线图 r(X) θ(Y)。

使用 PolarContour. opj 项目中的数据文件建立极坐标等高线图。

选中所有数据后，执行菜单栏中的“绘图”→“3D”→“极坐标等高线图 θ(X) r(Y)”命令，或单击“3D 和等高线图形”工具栏中的按钮，对相应的参数进行设置，得到的图形如图 6-113 所示。

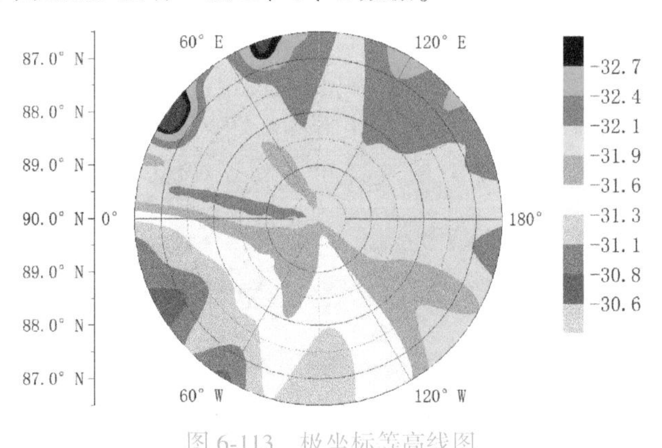

图 6-113　极坐标等高线图

6.7.4 三元等高线相图

本小节将使用 TernaryContour. opj 项目中的数据文件建立三元等高线相图。

选中所有数据后，执行菜单栏中的“绘图”→“3D”→“三元等高线相图”命令，或单击“3D 和等高线图形”工具栏中的按钮，对相应的参数进行设置，得到的图形效果如图 6-114 所示。

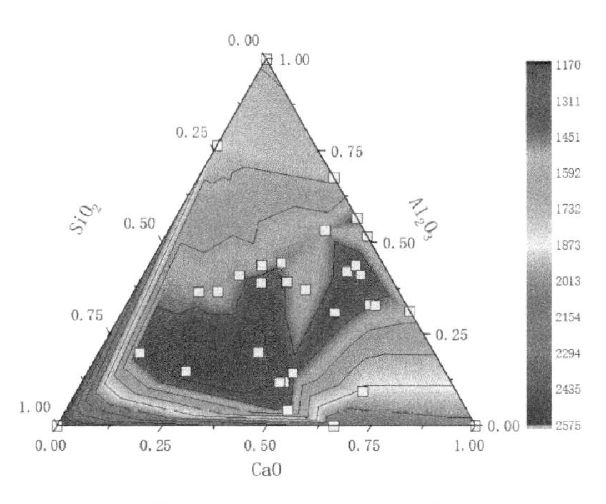

图 6-114　三元等高线相图

6.8 小结与思考

本章重点讲解了在 Origin 中进行三维表面图等复杂三维图形绘制的方法和技巧。三维图形的绘制大都是基于矩阵表进行的，因此本章还讲解了将工作表转换成矩阵表的方法。在 Origin 中有大量的三维图形内置模板，掌握这些模板的用法对于绘制三维图形至关重要，能节约绘图时间，同时还能提高绘图效果。使用内置三维图形模板绘制图形时，需要注意所需数据表是工作表还是矩阵表。下面给出开放性的讨论题目供读者在学习时思考。

1）描述如何在 Origin 中创建一个新的矩阵簿。

2）讨论将工作表中的数据转换为矩阵的步骤及其重要性。

3）解释扩展矩阵和 XYZ 网格化的过程及其用途。

4）描述从矩阵簿窗口创建三维图形的方法。

5）说明如何通过数据转换建立三维图形，以及如何进行三维图形的旋转操作。

6）解释三维颜色填充曲面图与 3D 定 X 基线图的区别。

7）讨论带误差棒的 3D 颜色映射曲面图的创建过程。

8）比较多个颜色填充曲面图与多个颜色映射曲面图的视觉效果。

9）讨论 3D 散点图和 3D 轨线图的特点及其绘制方法。

10）描述等高线图-颜色填充图的制作流程及其数据表现形式。

11）解释热图与极坐标等高线图的用途和创建步骤。

12）讨论三元等高线相图的绘制技巧及其在数据分析中的应用。

第7章 多图层图形绘制

Origin 提供的支持多图层绘图的功能，使得用户能够在同一绘图区域内绘制更多曲线，构建更加复杂的图形。图层是绘图过程中的核心概念和基础组成部分。一个绘图窗口可以包含多个图层，每个图层拥有自己的坐标轴，这决定了图层上数据的展示方式。利用多图层功能，可以在同一个绘图窗口中，通过使用不同的坐标轴刻度来绘制多样化的图形。

Origin 的图层具有高度的灵活性，它们既可以相互独立，也可以相互连接，以适应不同的绘图需求。这种设计允许用户在一个绘图窗口内有效地创建和管理多个曲线或图形对象，从而制作满足多样化科学研究需求的高质量科技图表。

7.1 图层的基本概念

图层是 Origin 绘图窗口中的基本要素之一，它是由一组坐标轴组成的 Origin 对象，一个绘图窗口至少有一个图层，最多可达 121 个图层。图层的标记在绘图窗口的左上角用数字显示，图层标记为深黑色时为当前图层。

单击图层标记，可以选择当前的图层，通过执行菜单栏中的“查看”→“显示”→“图层图标”命令，可以显示或隐藏图层标记，如图 7-1 所示。在绘图窗口中，对数据和对象的操作只能在当前图层中进行。

根据绘图要求，用户可以在绘图窗口中添加新图层。在以下情形下，一般需要加入新图层。

1）用不同的单位显示同一组数据，如摄氏温标（℃）和华氏温标（℉）。

2）在同一绘图窗口中创建多个图，或在一个图中插入另一个图。

执行菜单栏中的“格式”→“图层属性”命令，打开图 7-2 所示的“绘图细节-图层属性”

图 7-1 “图层图标”命令

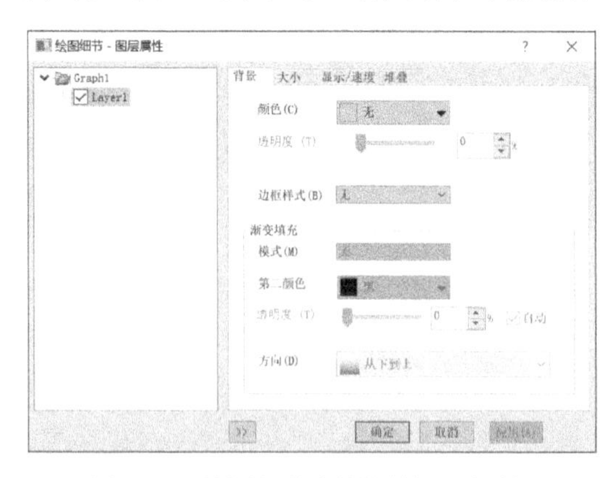

图 7-2 “绘图细节-图层属性”对话框

对话框，通过该对话框可以设置和修改图形的各图层参数，例如图层的背景和边框、图层的尺寸和大小、图层中坐标轴的显示等。

“绘图细节-图层属性”对话框左侧为该绘图窗口中的图层结构列表，便于用户了解各图层中的数据。单击图层节点，可以选中该图层。

对话框右侧由“背景”“大小”和“显示/速度”等选项卡组成，可对当前选中的图层进行设置。

7.2 图层的添加

在绘图窗口添加新的图层，有以下几种方式：通过图层管理器添加图层、通过菜单添加图层、通过“图形”工具栏添加图层、通过“合并图表”对话框创建多层图形。

7.2.1 通过图层管理器添加图层

使用素材文件 Nitrite. dat 中的数据，数据工作表如图 7-3 所示。双击 B(Y)下的迷你图，可以显示该数据为时间与电压的关系，且电压为脉冲电压，数据预览如图 7-4 所示。

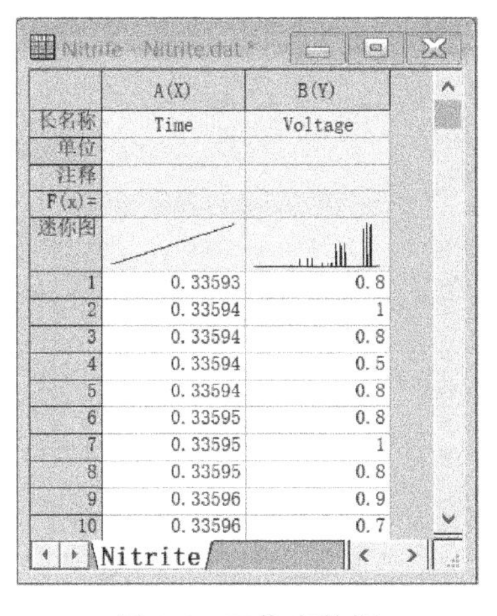

	A(X)	B(Y)
长名称	Time	Voltage
单位		
注释		
F(x)=		
迷你图		
1	0.33593	0.8
2	0.33594	1
3	0.33594	0.8
4	0.33594	0.5
5	0.33594	0.8
6	0.33595	0.8
7	0.33595	1
8	0.33595	0.8
9	0.33596	0.9
10	0.33596	0.7

图 7-3　工作表数据

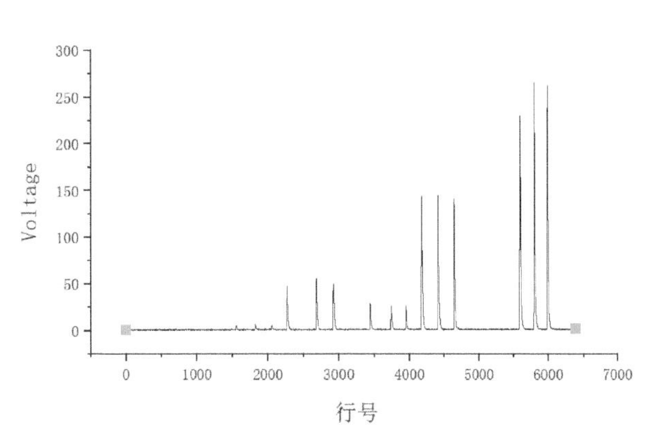

图 7-4　数据预览

1）选中工作表中的所有数据，执行菜单栏中的“绘图”→“专业图”→“缩放图”命令，或单击“2D 图形”工具栏中的按钮，得到的图形如图 7-5 所示。

2）此时打开一个有两个图层的绘图窗口，上层显示整条数据曲线，下层显示放大的曲线段。下层的放大图由上层全局图内的矩形选取框控制。

3）利用鼠标移动矩形框，选择需要放大的区域，则下层显示出相应部分的放大图，如图 7-6 所示。用户也可以根据显示需要调整矩形框的大小。

4）在原有的绘图窗口上，执行菜单栏中的“图”→“图层管理”命令，可以打开图 7-7 的“图层管理”对话框。在该对话框里面，可以添加新的图层，并可以设置与新建图层相关的参数。

其中，“添加”选项卡中的“类型”下拉列表框如图 7-8 所示。“排列图层”选项卡如图 7-9 所示。其他选项卡如图 7-10~图 7-13 所示。

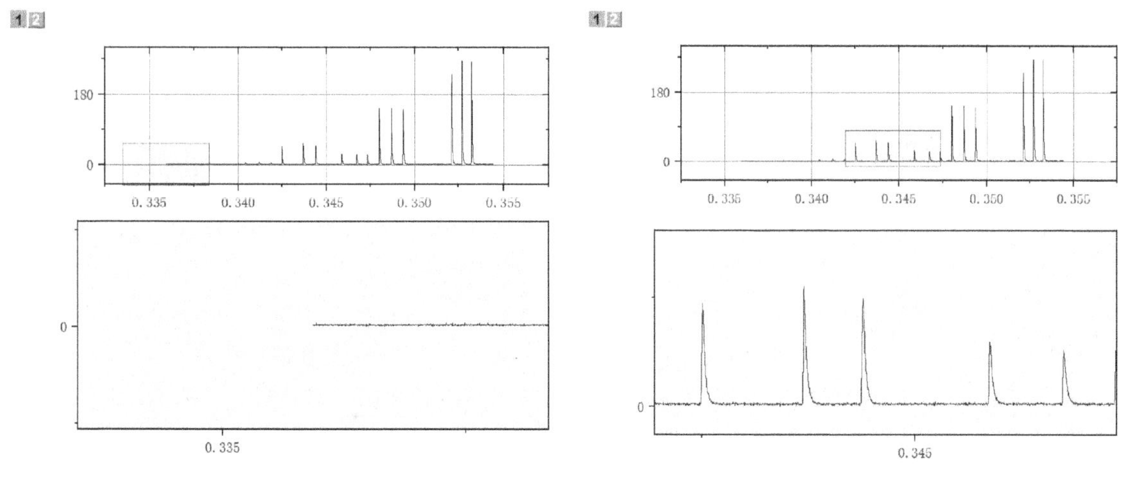

图 7-5　局部放大图

图 7-6　选择需要放大的区域

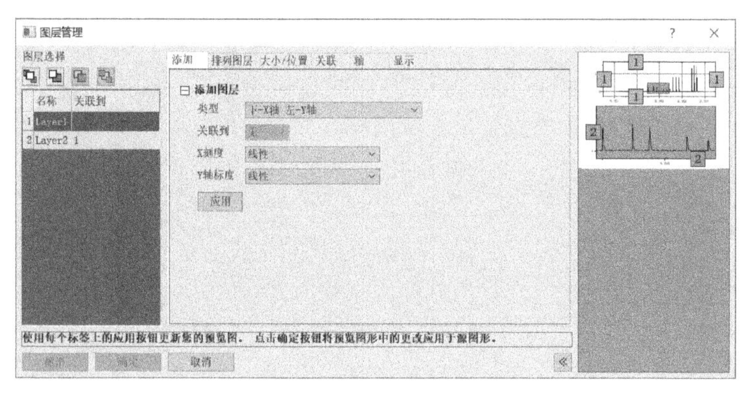

图 7-7　“图层管理”对话框

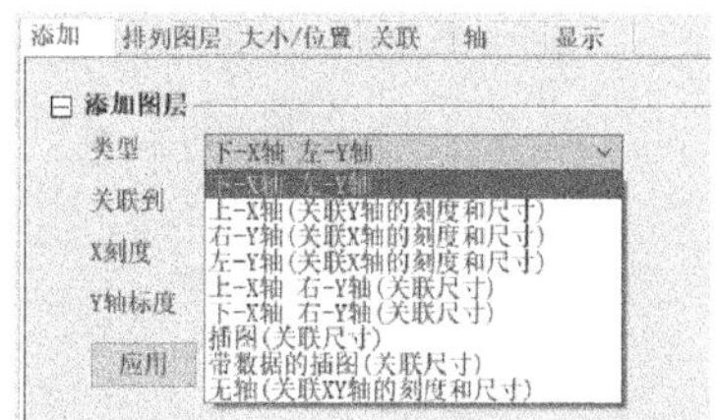

图 7-8　“类型”选项列表框

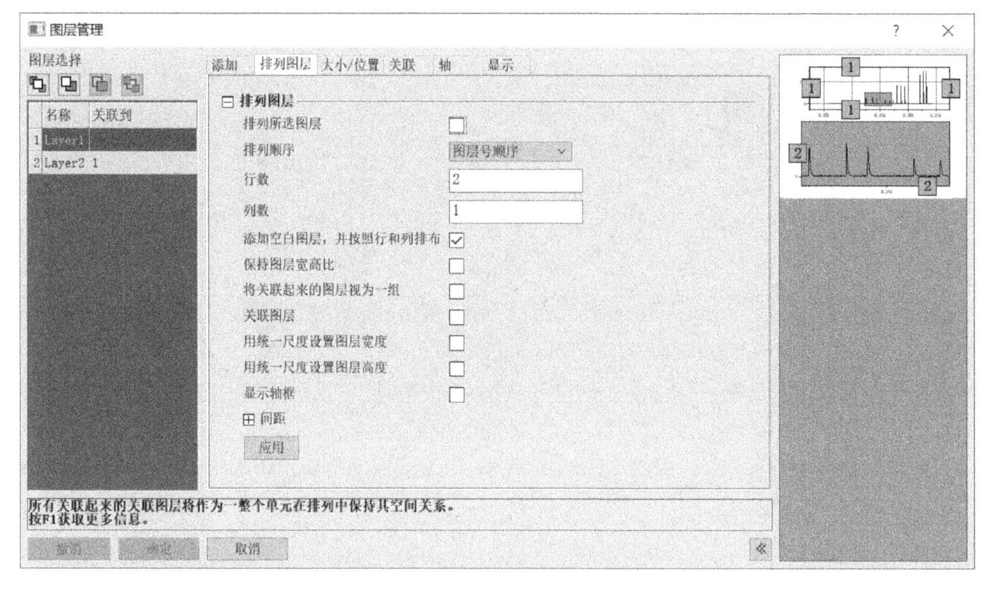

图 7-9　“排列图层”选项卡

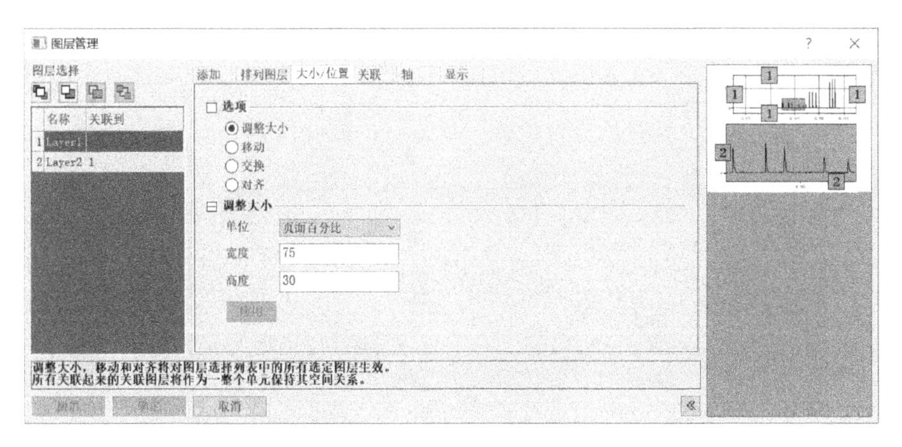

图7-10　“大小/位置”选项卡

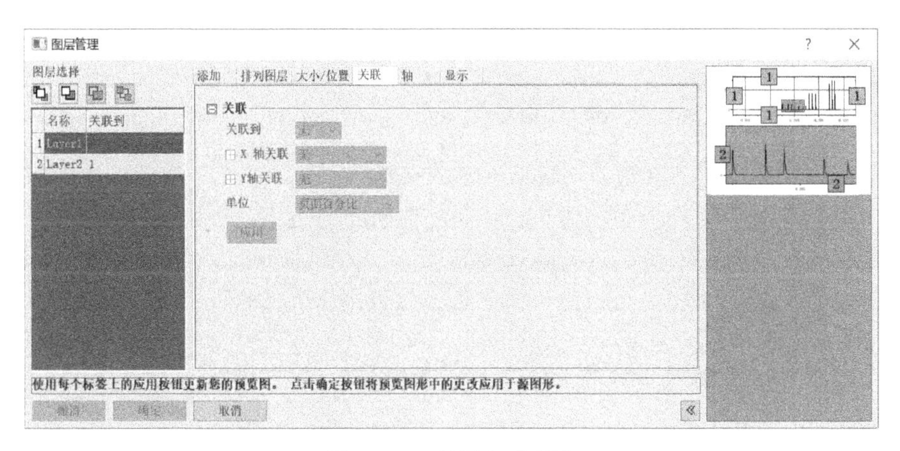

图7-11　“关联”选项卡

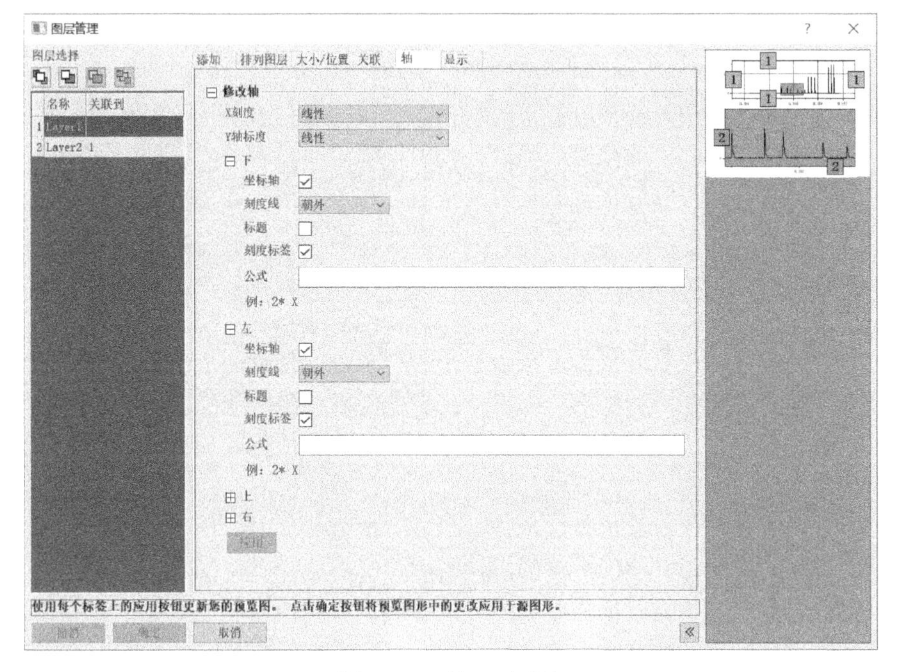

图7-12　“轴”选项卡

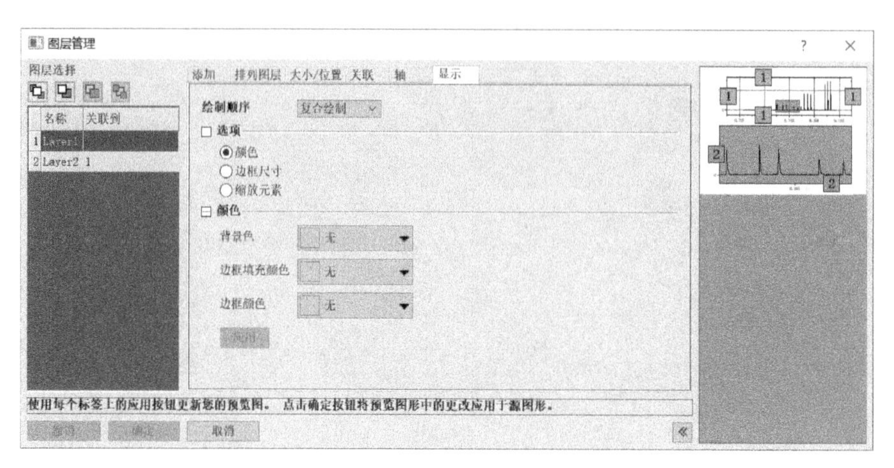

图 7-13 “显示”选项卡

7.2.2 通过新图层命令添加图层

在激活绘图窗口的情况下，执行菜单栏中的“插入”→“新图层（轴）”下的相关命令，如图 7-14 所示。即可直接在图形中添加包含相应坐标轴的图层。

执行菜单栏中的“插入”→“新图层（轴）”→“打开对话框”命令，可以打开图 7-15 所示的“新图层（轴）”对话框。在该对话框中勾选“自定义”复选框，可以进行图层定制。

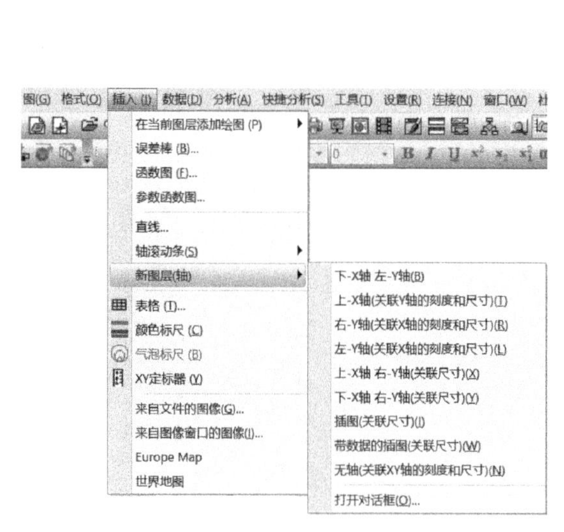

图 7-14 “新图层（轴）”菜单

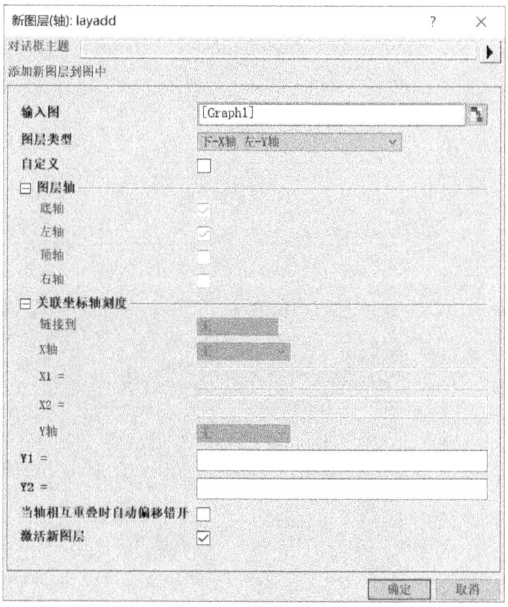

图 7-15 “新图层（轴）”对话框

定制的内容包括图层轴、关联坐标轴刻度等。设置完毕单击“确定”按钮，即可添加图层。

7.2.3 通过“图形”工具栏添加图层

在“图形”工具栏中，也包含相应的添加图层的按钮。在绘图窗口被选中的情况下，直接单击这些按钮即可添加图层，如图 7-16 所示。各图层按钮的功能介绍见表 7-1。

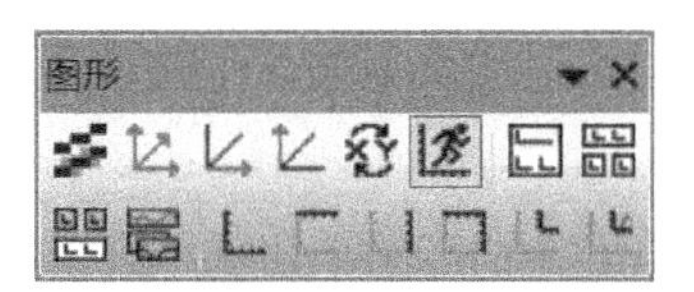

图 7-16 “图形”工具栏

表 7-1 按钮功能

按钮	名　称	功　能
	添加下-X 轴 左-Y 轴图层	添加包含底部 X 轴和左部 Y 轴的图层（默认）
	添加上-X 轴图层	添加包含顶部 X 轴的图层
	添加右-Y 轴图层	添加包含右部 Y 轴的图层
	添加上-X 轴 右-Y 轴图层	添加包含顶部 X 轴和右部 Y 轴的图层
	添加嵌入图形	在原有图形上插入小幅包含底部 X 轴和左部 Y 轴的图层
	添加嵌入图形（含数据）	在原有图形上插入关联的包含顶部 X 轴和右部 Y 轴的嵌入图层

7.2.4 通过“合并图表”对话框创建多层图形

在当前绘图窗口中执行菜单栏中的“图”→“合并图表”命令，可以打开图 7-17 所示的“合并图表”对话框。在该对话框中，用户可以将多个图形合并为一个多层图形，使用该方式制作复杂图形非常方便。

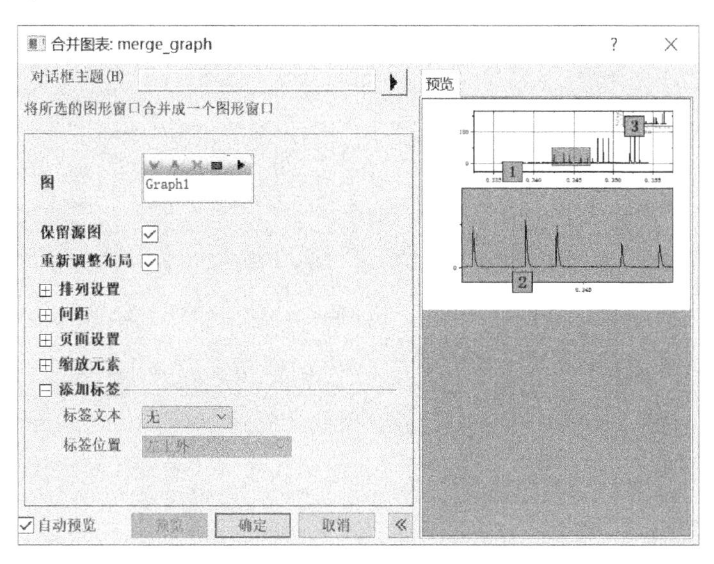

图 7-17 “合并图表”对话框

“合并图表”对话框的右边是预览区域，参数设置后会即时反映预览图效果。对话框左边是参数设置区域，具体介绍如下。

1）“图”下拉列表框：可以选择要合并的内容，包括当前页面、当前文件夹中的所有项、当前文件夹中的所有项（包括子文件）、当前文件夹中的所有项（打开的）、当前文件夹中的所有图（包括内嵌图）、当前项目中的所有项等。

2）“保留源图”复选框：用于设置是否保留原来的图形。

3）“重新调整布局”复选框：用于设置是将多个图层排列到网格之中还是以重叠的方式合并图层。

4）“排列设置”选项区域：可以设置网格的行数与列数、添加图层和保持图层的宽高比等。

5）“间距”选项区域：可以设置该网格的空隙大小。

6）“页面设置”选项区域：可以设置整个图形的尺寸大小。

7）“缩放元素”选项区域：可以设置缩放模式，选择固定因子模式时，可以设置该排列网格的比例大小。

8）“添加标签”选项区域：可以设置标签文本与位置。

设置完成后单击“确定”按钮，即可生成多层图形。

7.3 绘图过程调整图层

在 Origin 中，利用“图表绘制”对话框可以灵活地从绘图窗口中添加、删除数据，也可以在工程文件的图形中添加、删除数据，而不改变图形的格式（如 X/Y 轴、误差棒等）。此外，用户可以方便地向绘图窗口添加相关绘图数据和指定绘图数据范围。

以下是常用的三种打开“图表绘制”对话框的方法。

1）在图层标记上右击，在弹出的快捷菜单中选择“图表绘制”命令。

2）选择绘图窗口为当前窗口，执行菜单栏中的“图”→“图表绘制”命令。

3）选中整个绘图窗口后右击，在弹出的快捷菜单中选择“图表绘制”命令。

7.3.1 利用绘图模板绘图

本小节示例使用 LinkedLayerA. dat 数据文件中的数据，利用“图表绘制”对话框结合绘图模板来创建图形，具体步骤如下。

1）导入 LinkedLayerA. dat 数据文件，如图 7-18 所示。该数据的 X 轴为年代、Y 轴为各类物质的含量，其中，Lead、Arsenic、Cadmium、Mercury 的数值较小，而 DDT、PCBs 的数值较大，因此较适合用双 Y 轴图形模板。

LinkedLayerA - LinkedLayerA.dat *

	A(X)	B(Y)	C(Y)	D(Y)	E(Y)	F(Y)	G(Y)
长名称	Year	Lead	Arsenic	Cadmium	Mercury	DDT	PCBs
单位							
注释							
F(x)=							
迷你图							
1	1980	0.456	0.448	0.085	0.115	1.256	1.874
2	1981	0.455	0.436	0.083	0.116	1.157	1.852
3	1982	0.439	0.432	0.08	0.117	1.045	1.952
4	1983	0.427	0.355	0.076	0.117	1.002	1.421
5	1984	0.381	0.321	0.075	0.117	0.952	1.357
6	1985	0.38	0.315	0.064	0.118	0.961	1.1
7	1986	0.355	0.287	0.062	0.118	0.921	1.047
8	1987	0.346	0.285	0.055	0.119	0.874	0.982
9	1988	0.31	0.256	0.055	0.118	0.799	1.054
10	1989	0.269	0.22	0.054	0.118	0.752	0.964

LinkedLayerA

图 7-18　LinkedLayerA 工作表

2）执行菜单栏中的“绘图”→“模板库”命令，打开“模板库”窗口。在列表栏中选择“多面板/多轴”模板类型，然后选择“双 Y 轴图”模板，即采用双 Y 轴方式绘图，如图 7-19 所示。

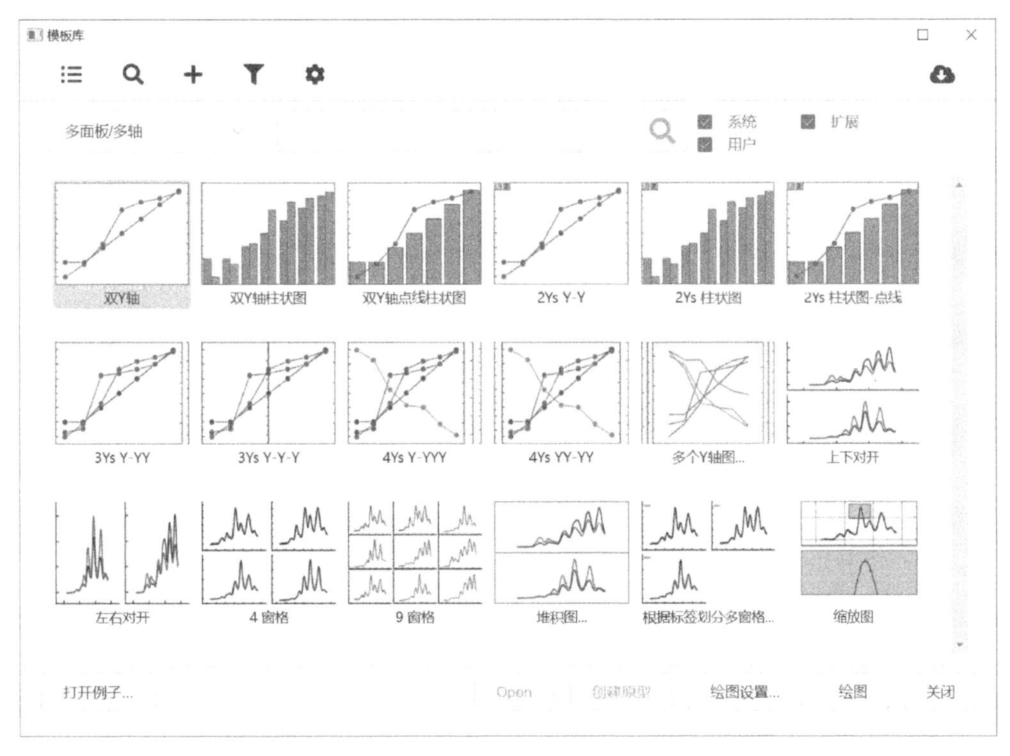

图 7-19　选择模板类型

3）单击“绘图设置”按钮，打开“图表绘制：选择数据来绘制新图”对话框，该对话框由上、中、下三个面板组成，上面板为绘图数据选择面板，下面板为绘图图层列表面板，中面板为绘图类型面板。通过窗口右边的 和 按钮，可打开或关闭显示的面板，如图 7-20 所示。

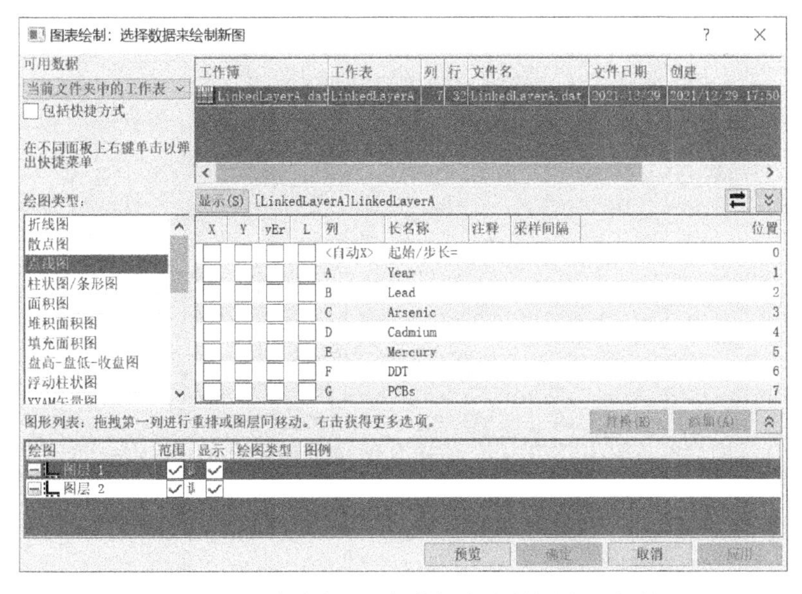

图 7-20　“图表绘制：选择数据来绘制新图”对话框

4）在上面板中选择 LinkeLayers. dat 工作表。在中面板中选择 Year 列为 X，选择 Lead、Arsenic、Cadmium 为 Y。单击“添加”按钮，将数据添加到“图层 1”。

5）同理，在“图层 2”中选择 DDT 和 PCBs 为 Y，单击“添加”按钮，将数据添加到“图层 2”，如图 7-21 所示。

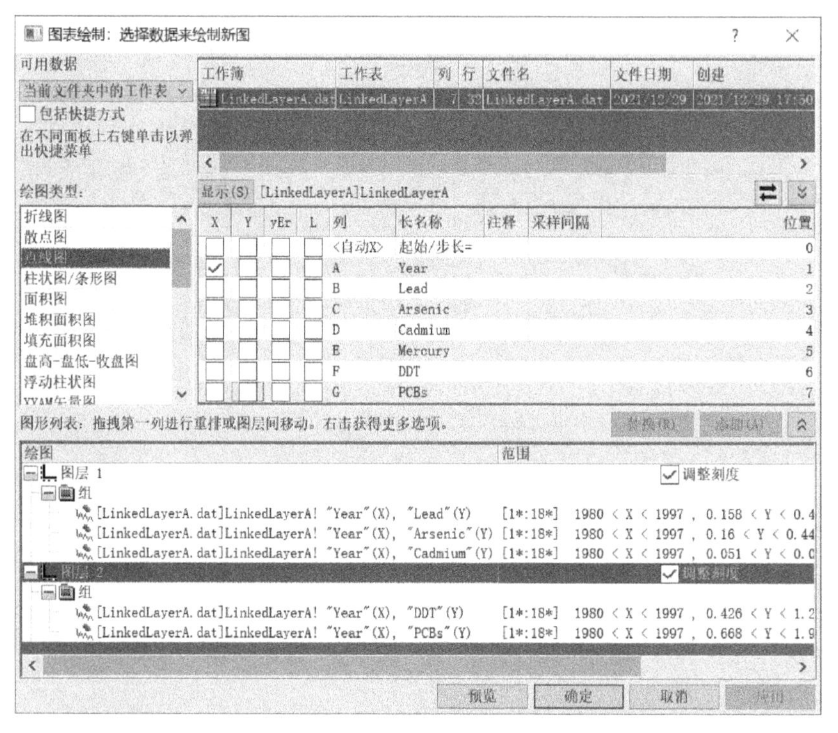

图 7-21 添加数据到图层

6）在下面板中，勾选“调整刻度”复选框，单击“确定”按钮完成绘图。最终用“图表绘制：选择数据来绘制新图”对话框和模板创建的图形如图 7-22 所示，图中具有两个图层。

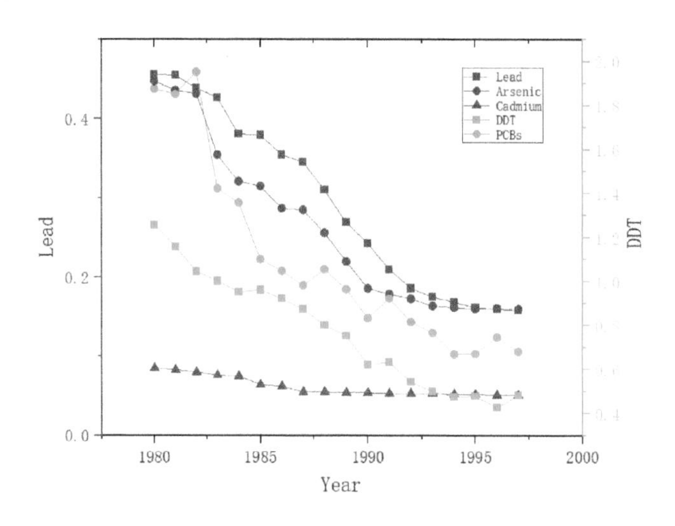

图 7-22 利用“图表绘制”对话框和模板绘制的图形

7.3.2　编辑图形

利用“图层内容”对话框，用户可以对已有的图形进行修改。下面以图 7-22 为例，在该图中加入 Mercury 数据并进行说明。

1）执行菜单栏中的“图”→“图层内容”命令，打开“图层内容：绘图的添加，删除，成组，排序”对话框。在左右面板中间单击▾下拉按钮，选择“点线图”样式，如图 7-23 所示。

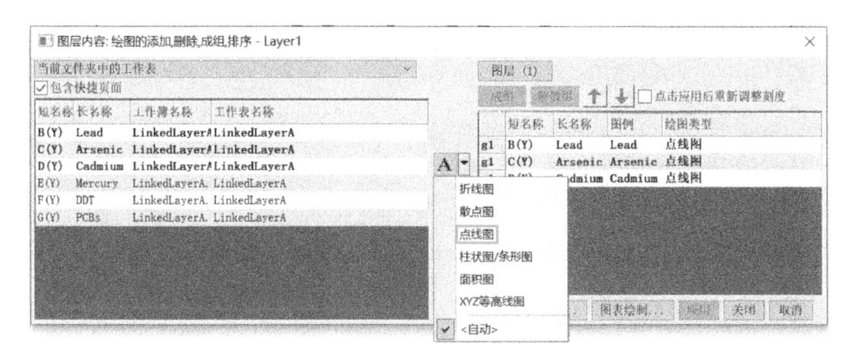

图 7-23　选择“点线图”样式

2）在对话框左侧选中 Mercury 数据，单击→按钮，将 Mercury 数据添加到图层 1 中，如图 7-24 所示。修改后的图形如图 7-25 所示。

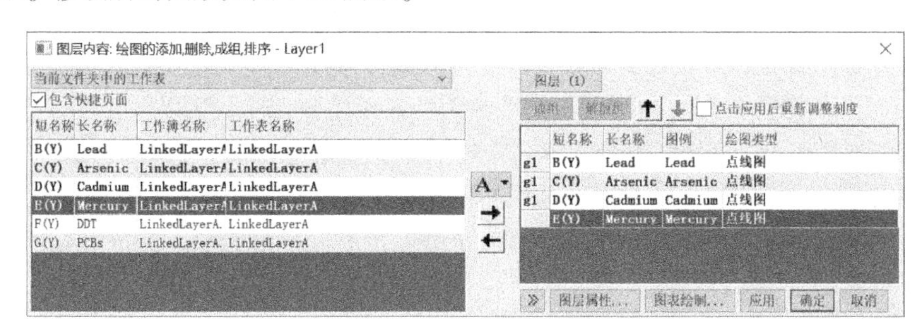

图 7-24　添加 Mercury 数据

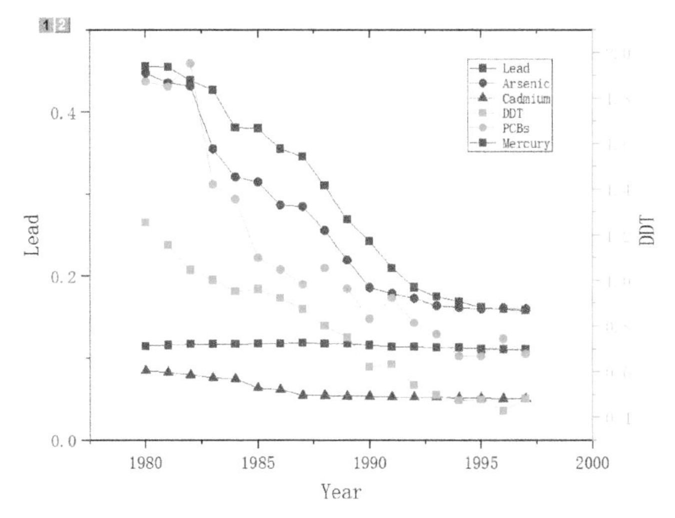

图 7-25　修改后的图形

7.3.3 不同工作表的绘图

下面以数据文件 ColorScaleA. dat 和 ColorScaleB. dat 中的工作表为例，说明用多个工作表数据绘图的方法。

1）分别导入 ColorScaleA. dat 和 ColorScaleB. dat 数据文件，其工作表如图 7-26 所示。

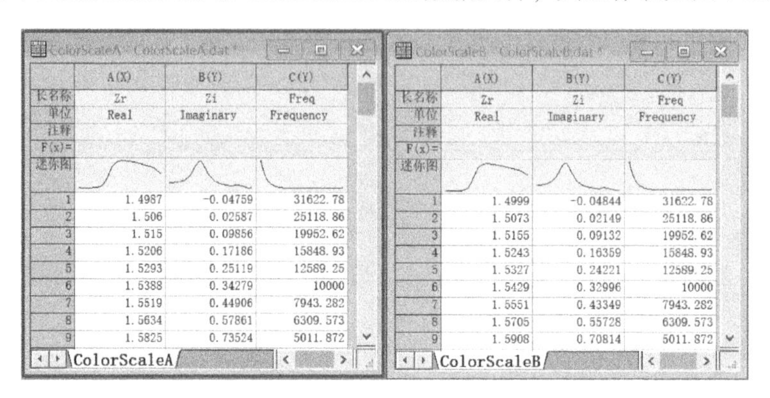

图 7-26 工作表

从数据文件看，这两个文件中的数据类型一样。比较两个数据表中的 Zi，可以采用左右对开图形模板。

2）执行菜单栏中的“绘图”→“模板库”命令，打开“模板库”对话框。在列表栏中选择“多面板/多轴”模板类型，在其中选择“左右对开”模板，即采用左右对开图形方式绘图，单击右下角的“绘图设置”按钮，弹出“图表绘制：选择数据来绘制新图”对话框。

3）在“图表绘制：选择数据来绘制新图”对话框左上角的“可用数据”下选择“当前文件夹中的工作表”，此时在上面板中出现两个工作表，如图 7-27 所示。在中面板中显示工作表中所共有的列（该项目文件的两个工作表都具有相同的列）。

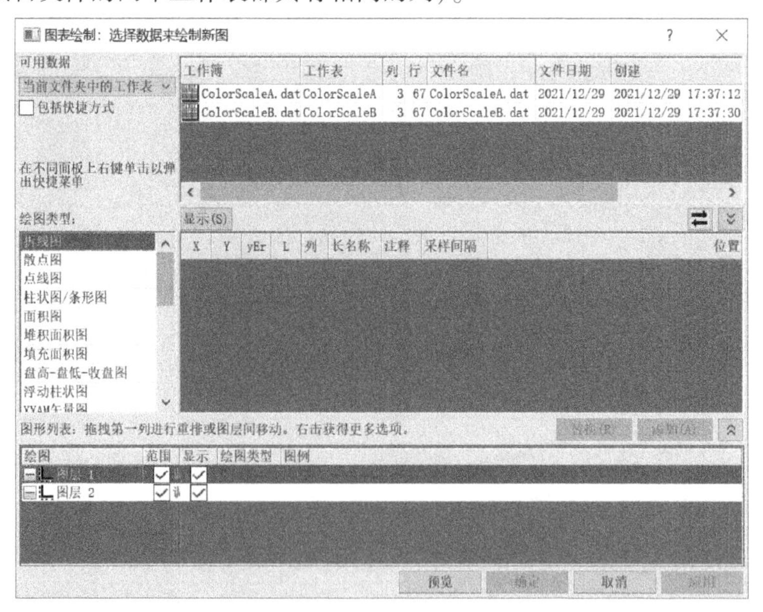

图 7-27 当前目录上面板中有两个工作表

4）选中 ColorScaleA，在中面板中将 Zr 设置为 X，将 Zi 设置为 Y。在下面板中选中“图层 1”，单击“添加”按钮，将 ColorScaleA 中的数据列添加到“图层 1”层。选中 ColorScaleB，在中面板中将 Zr 设置为 X，将 Zi 设置为 Y。在下面板中选中“图层 2”，单击“添加”按钮，将工作表 2 中数据列加入到“图层 2”层，如图 7-28 所示。

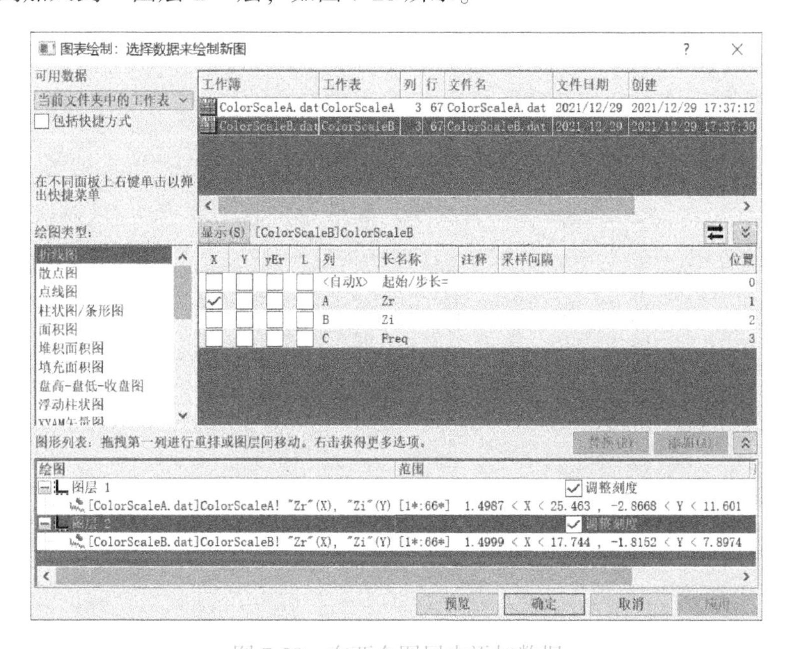

图 7-28　在两个图层中添加数据

5）设置完成后单击“确定”按钮，完成设置，绘制的图形如图 7-29 所示。然后将左右对开图形的坐标轴调整成相同的形式，用两个工作表数据进行绘图对比，如图 7-30 所示。

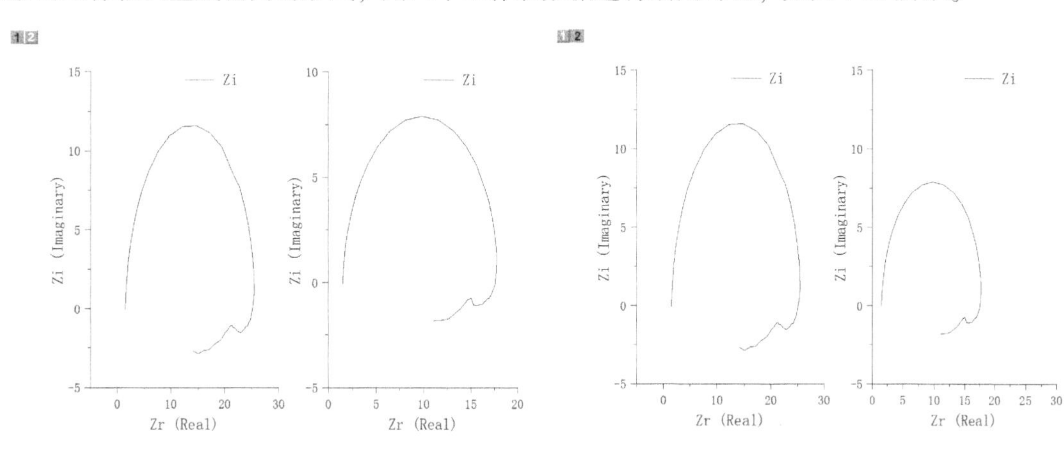

图 7-29　用两个工作表数据绘制图形

图 7-30　调整为一致的坐标轴

7.4　图层管理

Origin 允许用户自己定制图形模板，以满足不同图形的绘制需要。如果将创建的绘图窗口保存为模板，就可以直接基于此模板进行绘图。

7.4.1 创建双图层图形

双图层图形是最简单的多图层图形，掌握了双图层图形的创建方法，其他多图层图形的绘制方法可以依次类推。

下面将使用 LinkedLayerA. dat 数据文件中的数据，介绍如何用创建双图层图形。具体创建双图层图形的步骤如下。

1）导入 LinkedLayerA. dat 数据文件。

2）依次选中工作表中的 B(Y)、C(Y) 和 D(Y) 列数据，然后单击“2D 图形”工具栏中的 （点线图）按钮，绘制的图形如图 7-31 所示。这样就创建了以 Year 数据列为自变量 X，以 B(Y)、C(Y) 和 D(Y) 列数据列为因变量 Y 的曲线图。

3）选中工作表中的 E(Y)、F(Y) 和 G(Y) 列数据，然后单击“2D 图形”工具栏中的 （点线图）按钮，得到的图形如图 7-32 所示。这样就创建了以 Year 数据列为自变量 X，以 E(Y)、F(Y) 和 G(Y) 列数据为因变量 Y 的曲线图。

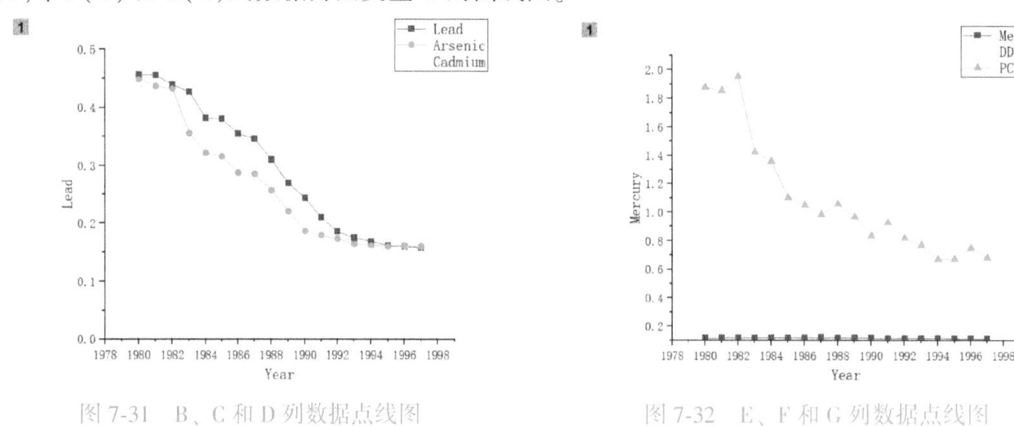

图 7-31 B、C 和 D 列数据点线图　　图 7-32 E、F 和 G 列数据点线图

4）执行菜单栏中的“图”→“合并图表”命令，弹出图 7-33 所示的“合并图表”对话框。选择合并图形方式进行绘图（此处采用默认设置），合并完成后的图形如图 7-34 所示。

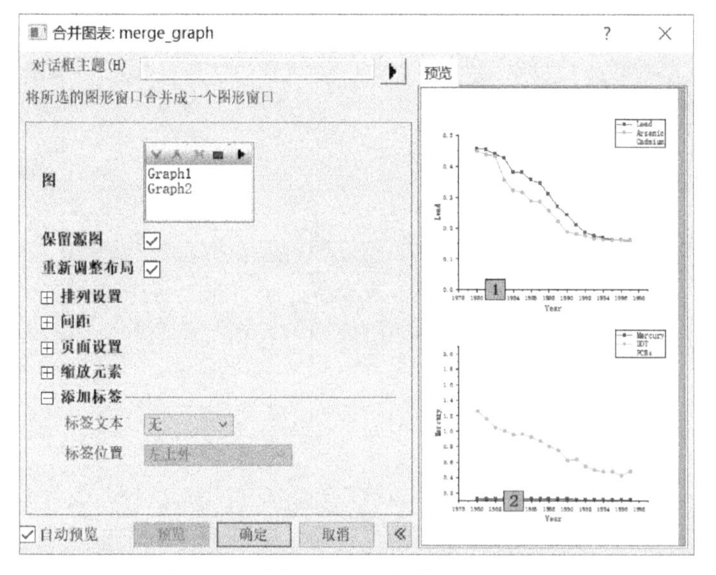

图 7-33 “合并图表”对话框的默认设置

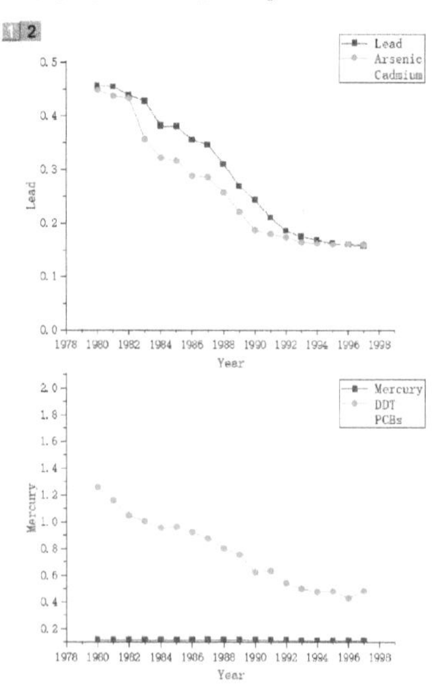

图 7-34 默认设置的图形合并

5）在“合并图表”对话框中重新设置参数，如图 7-35 所示。合并完成后的图形如图 7-36 所示。

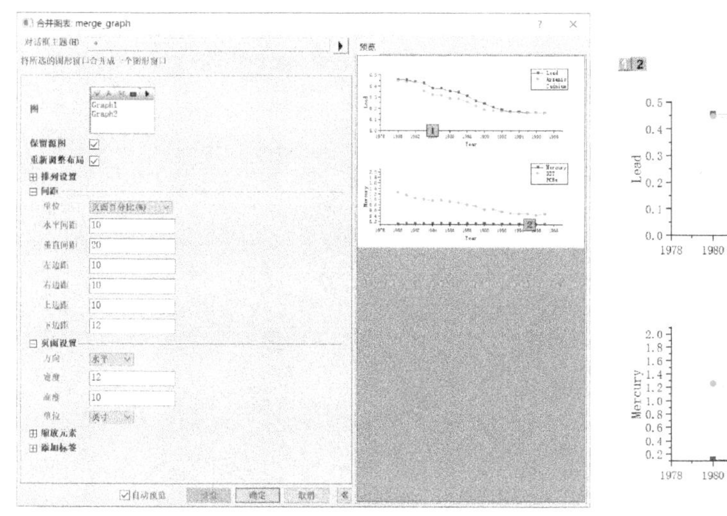

图 7-35　重新设置“合并图表”对话框中的参数

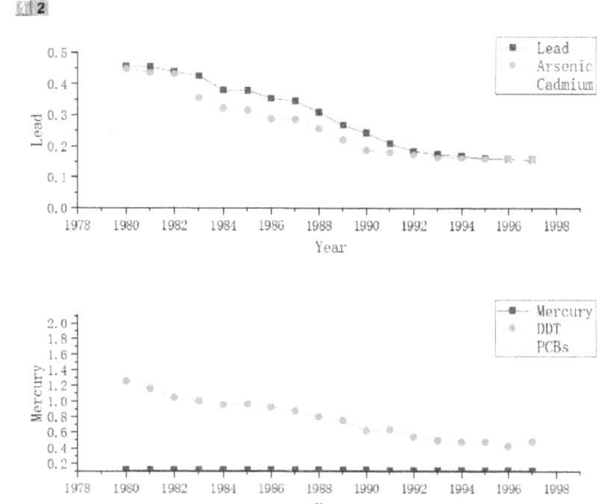

图 7-36　重新设置参数后的图形合并

6）用户也可以执行菜单栏中的“设置”→“主题管理器”命令，打开“主题管理器”对话框，在“图形”选项卡下选择 Physical Review Letters 主题对图形进行修改，如图 7-37 所示。单击“立即应用”按钮，修改完成的图形如图 7-38 所示。

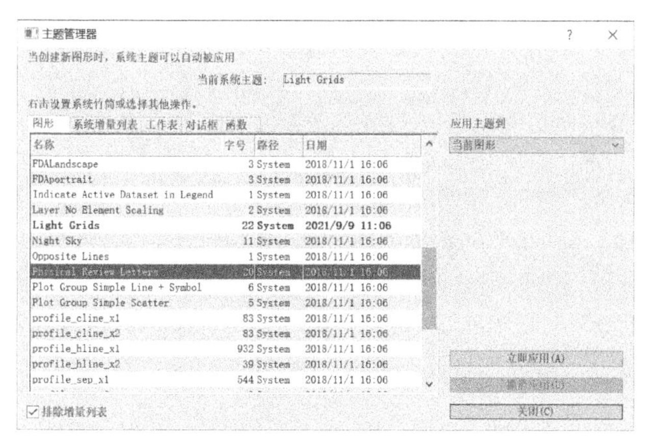

图 7-37　“主题管理器”对话框

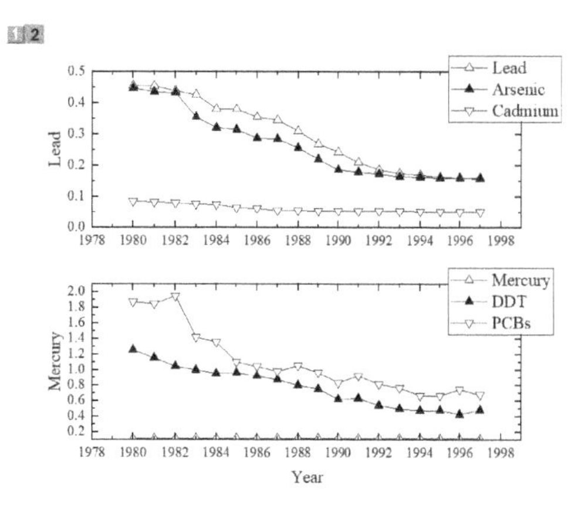

图 7-38　修改后的图形

7.4.2　调整图层

在多层图形中，用户可以通过以下方法调整图层的位置和尺寸等。

1. 鼠标直接拖动图层

在绘图窗口选中图层对象后，鼠标直接拖动可以调整图层的位置。该方法最简单、方便、直观，但不能精确量化。

2. 在“图层管理”对话框中调整

执行菜单栏中的“图”→“图层管理”命令，可以打开“图层管理”对话框，如图 7-39 所示。通过该对话框可以实现图层的管理。下面以图 7-36 为例，详细介绍在“图层管理”对话框中进行参数设置的方法。

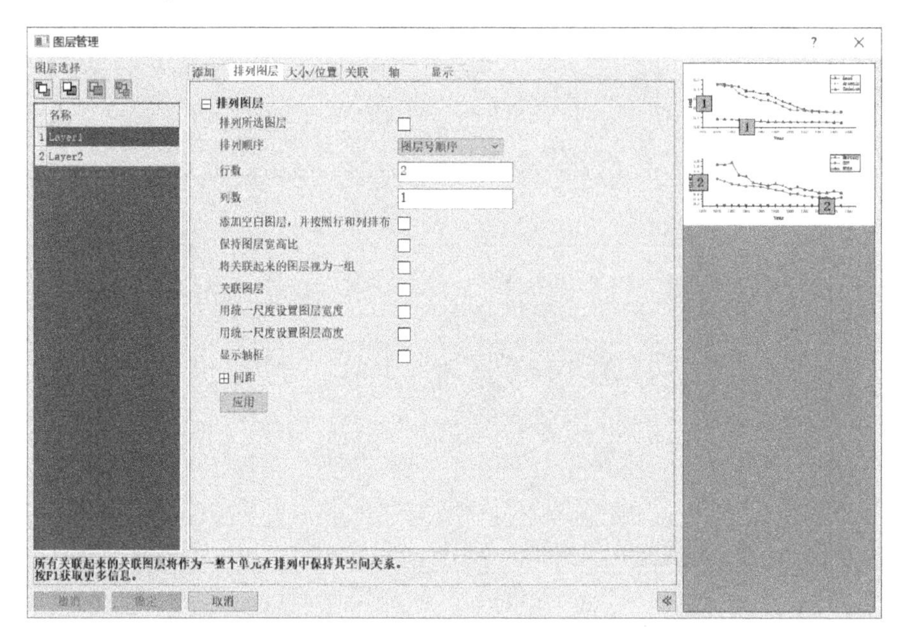

图 7-39 “图层管理”对话框

1）在“显示”选项卡中可以对图形的颜色进行设置。如将图层 1 背景色设为白色，将填充颜色与边框颜色设置为浅灰，如图 7-40 所示。注意，此时修改的是当前图层，即图层 1。若需要修改图层 2，则应该将图层 2 置为当前图层。

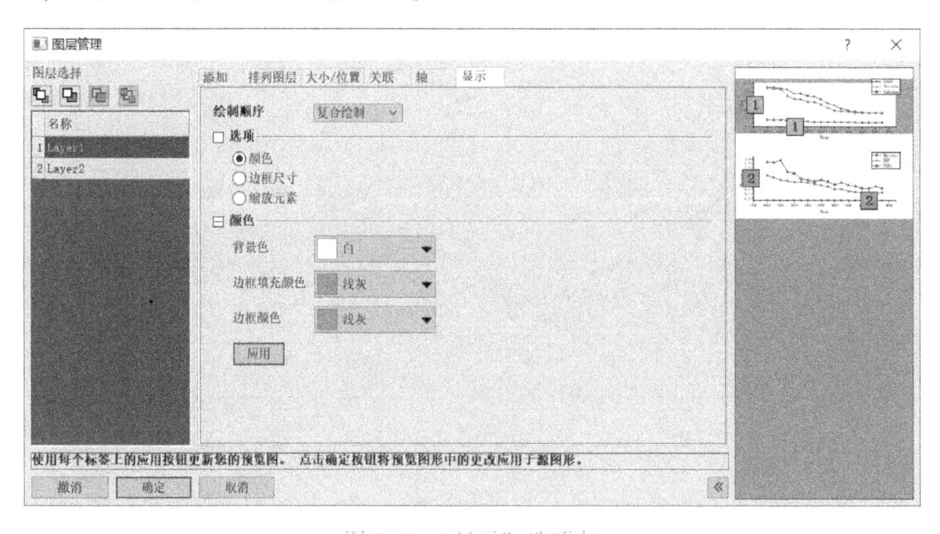

图 7-40 “显示”选项卡

2）在图 7-41 的“图层管理”对话框中，切换到“排列图层”选项卡，可以对绘制出的图形进行重新排列，例如，将“行数”和“列数”分别更改为“1”和“2”。单击“应用”按钮，可以看到原图发生了变化，图形效果如图 7-42 所示。

3）切换到“图层管理”对话框的“大小/位置”选项卡中进行图形调整的相关操作，请读者自行设置参数进行调整练习，观察参数修改后的图形变化。

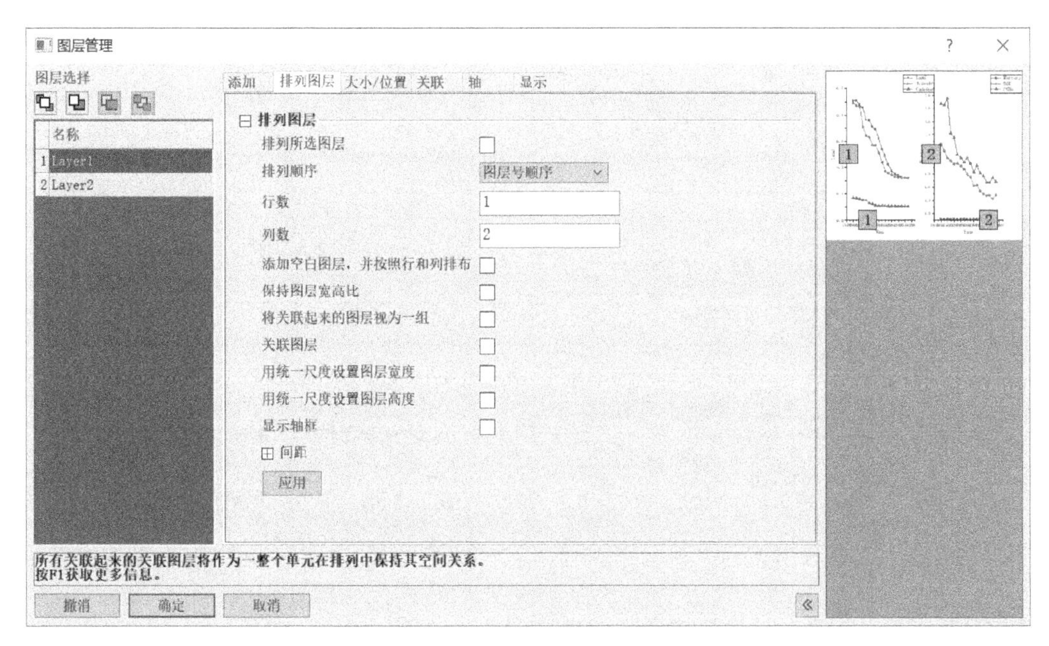

图 7-41　“排列图层”选项卡

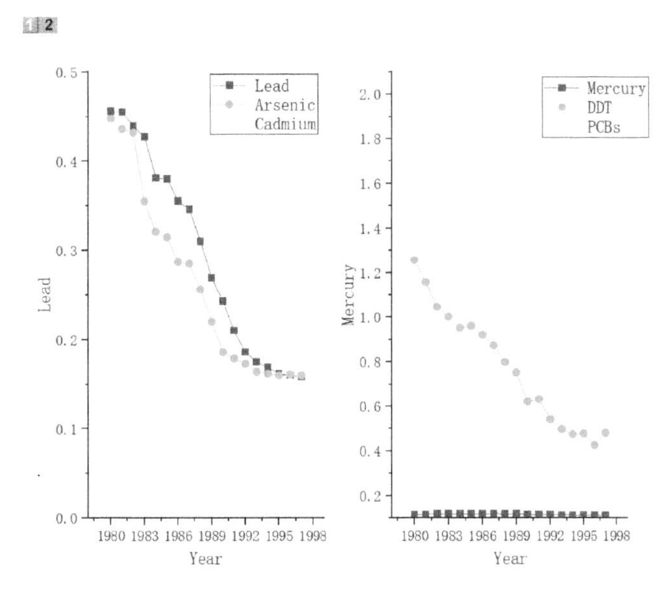

图 7-42　对图形进行重新排列

3. 在“绘图细节-图层属性”对话框中调整图层

双击图形会弹出“绘图细节-图层属性”对话框，在“大小”选项卡下的“图层面积”选项组可以设置图层的位置，这种方法可以实现精确定位。

“单位”一般保持默认的“页面比例（%）”，以便保持与页面的相对大小。调整过程中尽量单击“应用”按钮而非“确定”按钮，这样可以在不关闭对话框的情况下调整图形的位置和大小，如图 7-43 所示。

切换到图 7-44 的“显示/速度”选项卡下，在“快速模式，必要时忽略一些点”选项组中的“工作表数据，每条曲线的最大点数”文本框中，可以设置工作表数据的最大数据点数量；在“矩阵数据，每行/列的最大点数”下的 X 轴、Y 轴文本框中，可以设置矩阵数据的最大数据点数量。设置完毕单击“应用”或“确定”按钮，即可完成图层调整。

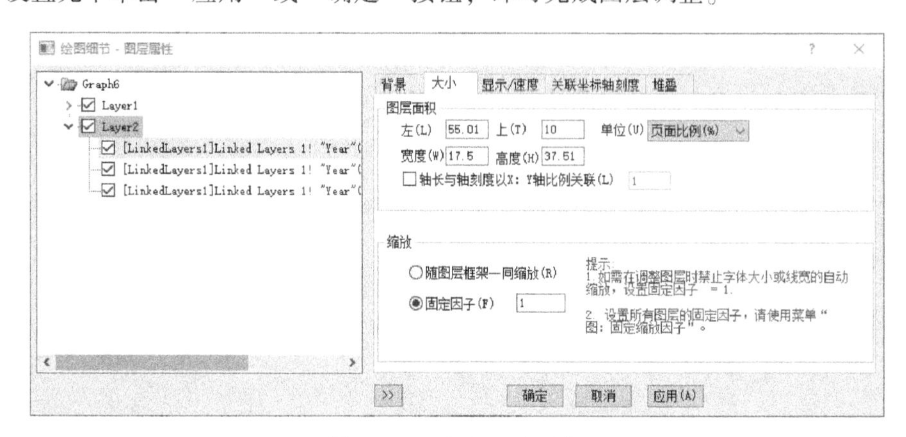

图 7-43 “大小”选项卡

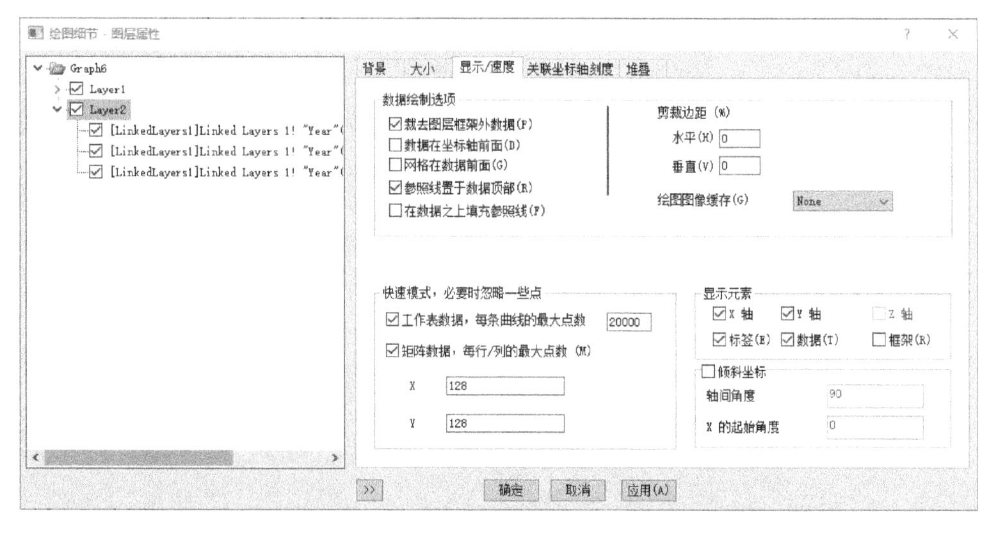

图 7-44 “显示/速度”选项卡

7.4.3 图层数据管理

本小节将对图层数据管理的相关内容进行介绍，具体如下。

1. 通过“图层内容”对话框添加数据

为了方便对比，可以将图 7-42 改为四个图层，将 Y 列数据分布在四个图层中。这里可以执行菜单栏中的“图”→“图层管理”命令，在弹出的“图层管理”对话框中实现图层中的数据添加与删除。

1）在“图层管理”对话框的“排列图层”选项卡中，将“行数”和“列数”均设置为 2，如图 7-45 所示。单击“应用”按钮，然后单击“确定”按钮关闭对话框，此时的图形如图 7-46 所示。

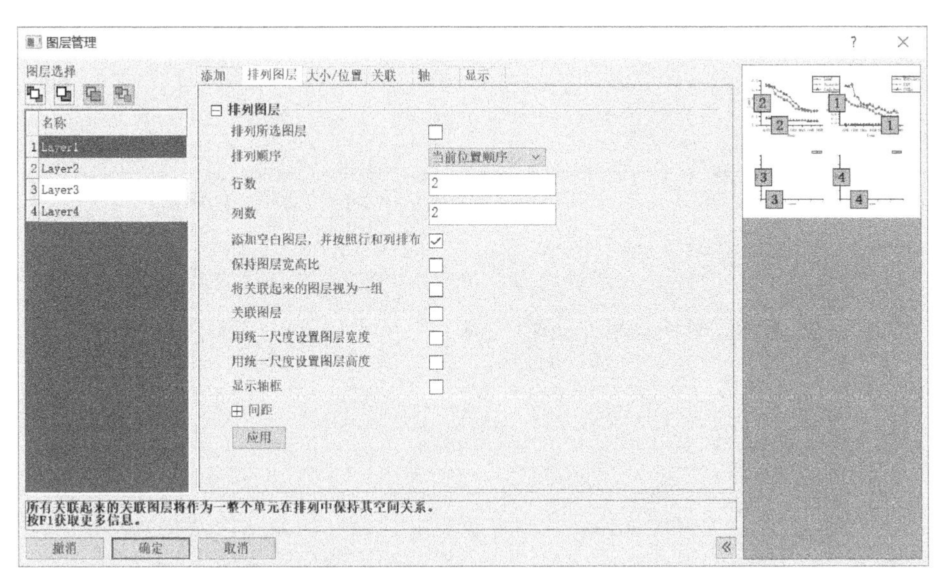

图 7-45　“图层管理”对话框

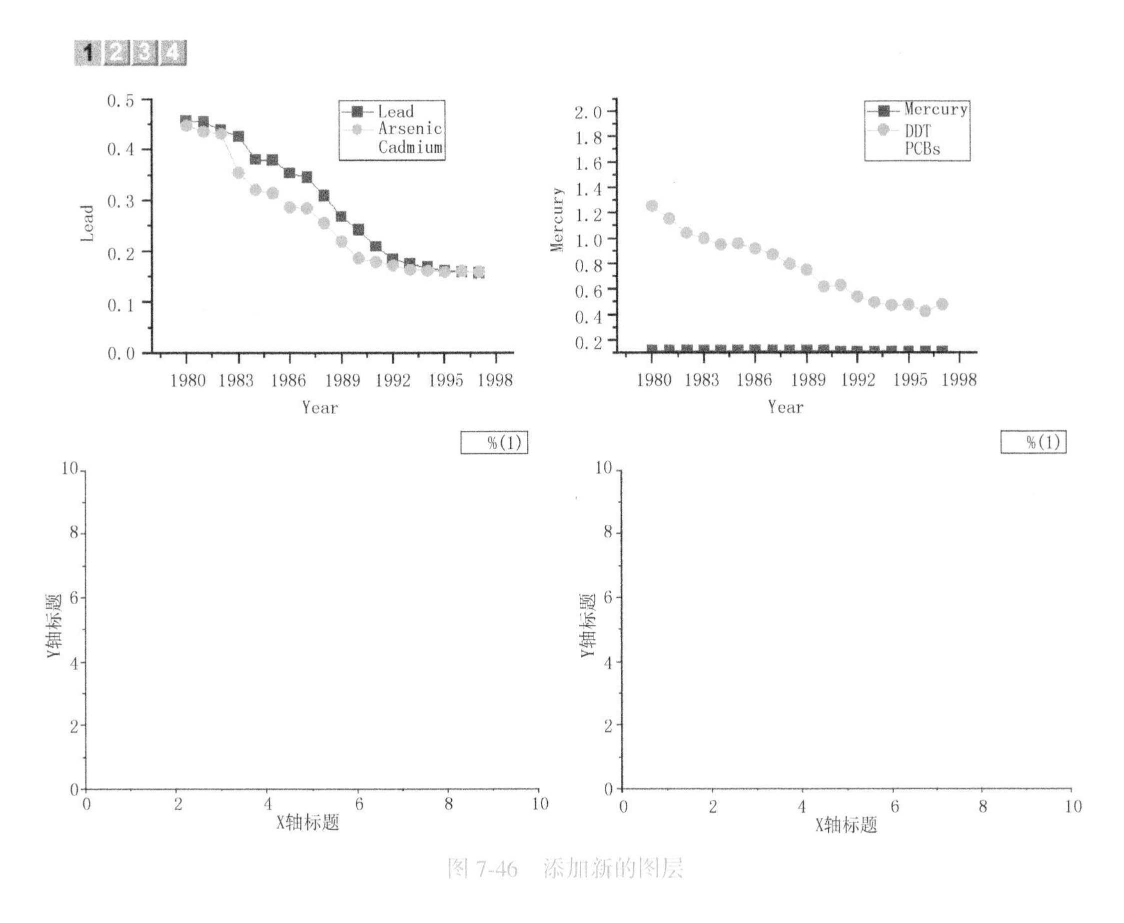

图 7-46　添加新的图层

2）执行菜单栏中的“图”→“图层内容”命令，进入“图层内容：绘图的添加，删除，成组，排序”对话框，在其中将 D(Y)列数据从图层 1 中删除，如图 7-47 所示。同样地，将图层 2 中的 E(Y)列数据删除，如图 7-48 所示。删除数据之后的图形如图 7-49 所示。

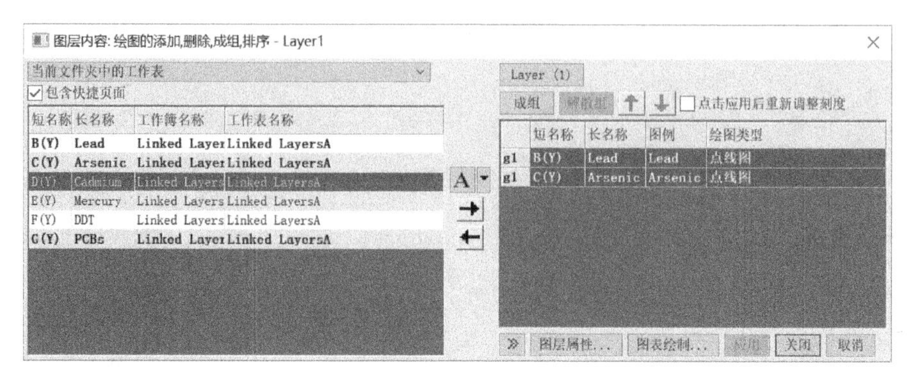

图 7-47　将 D(Y) 列数据从图层 1 中删除

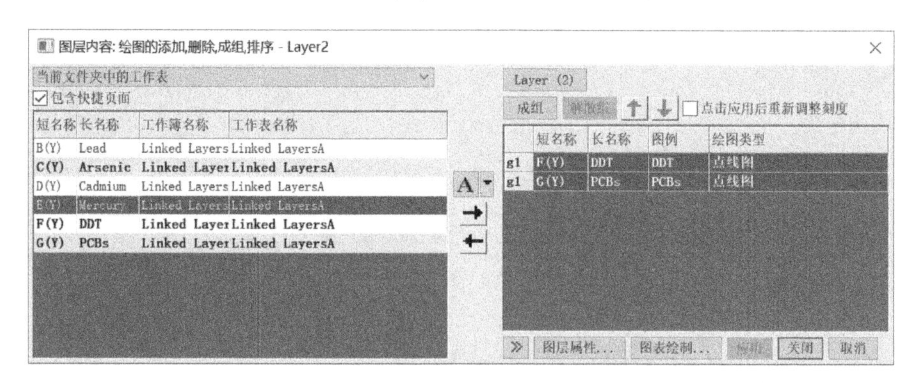

图 7-48　将 E(Y) 列数据从图层 2 中删除

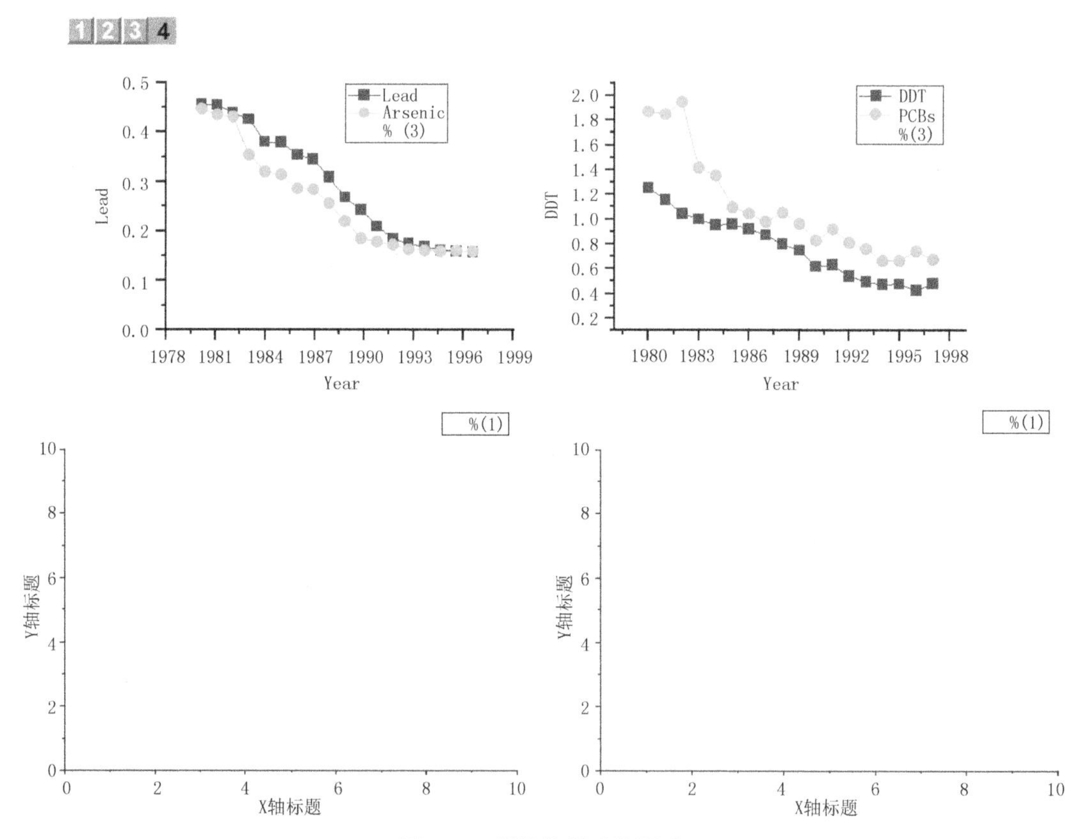

图 7-49　删除数据后的图形

3）将 D(Y)、E(Y)列数据分别添加到图层 3 和 4 中，如图 7-50 所示。进行数据的添加和删除之后，根据 D(Y)、E(Y)列数据调整图层 3 和图层 4 坐标轴的显示范围，绘制的图形如图 7-51 所示。

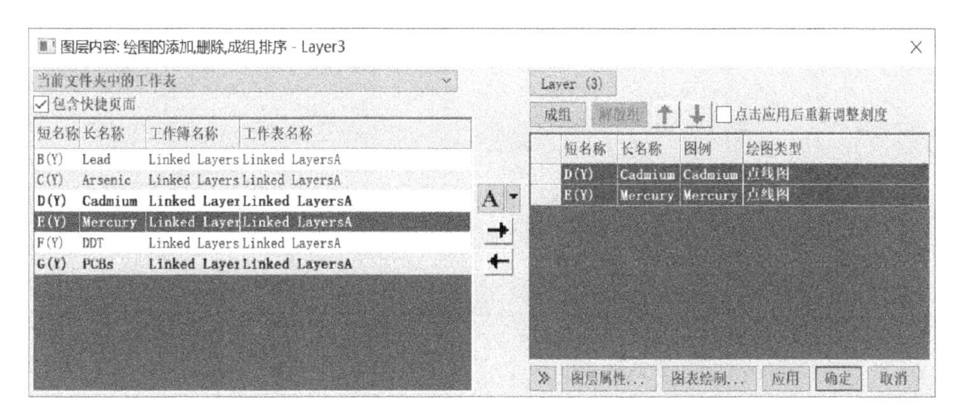

图 7-50　将 D(Y)、E(Y)列数据添加到图层 3 中

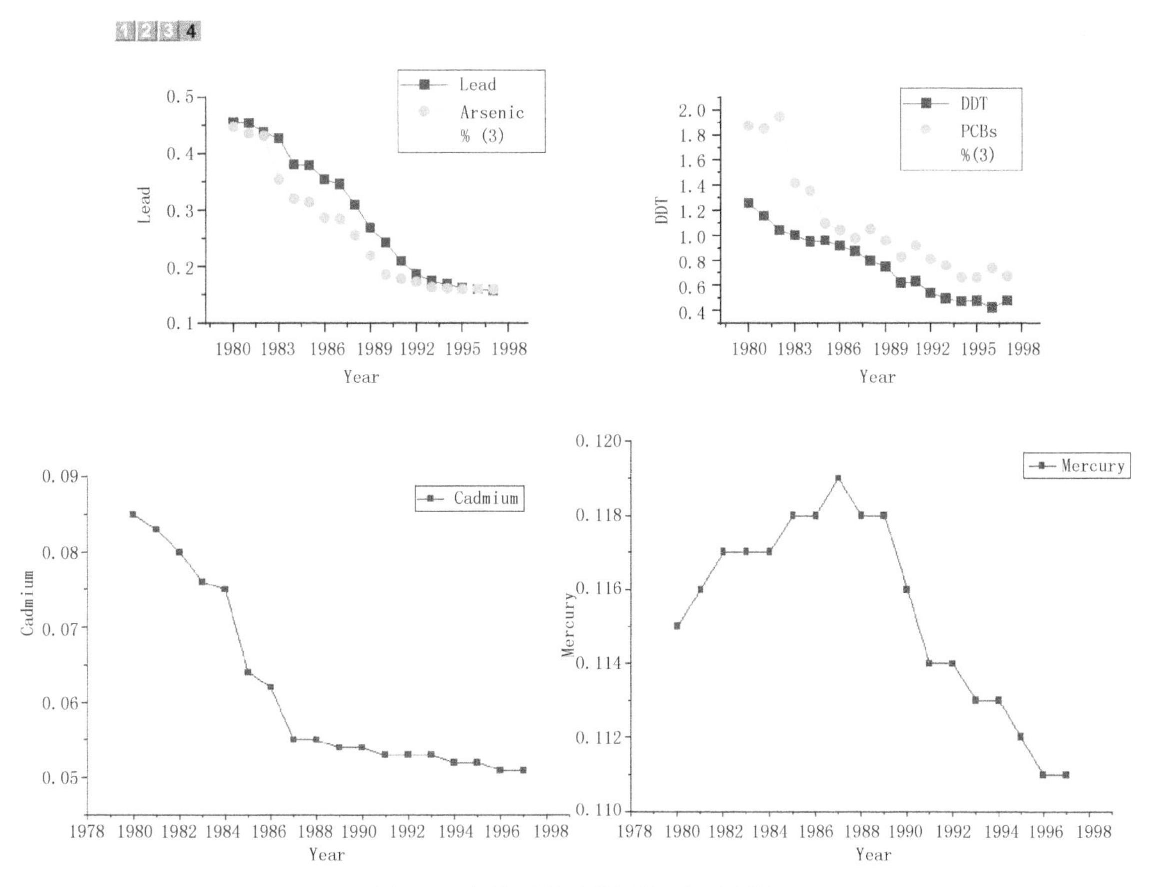

图 7-51　按要求实现数据的添加和删除

2. 通过“图表绘制：设置图层中的数据绘图”对话框管理图形数据

在当前绘图窗口选中图层的情况下，执行菜单栏中的“图”→“图表绘制”命令，弹出图 7-52 所示的“图表绘制：设置图层中的数据绘图”对话框，利用该对话框可以对图形的数据进行管理。

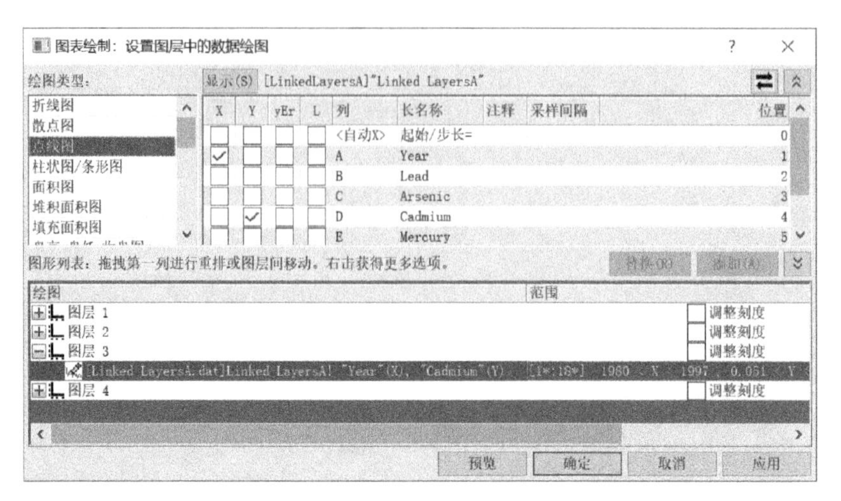

图 7-52 “图表绘制：设置图层中的数据绘图”对话框

例如，在下面板中选中图层 3，修改“显示”选项卡下的 Y 数据，勾选 C 列复选框，单击“添加”按钮，在下面板的“图层 3”中添加 C 列数据，单击“应用”按钮，即可在图形中添加数据，如图 7-53 所示。

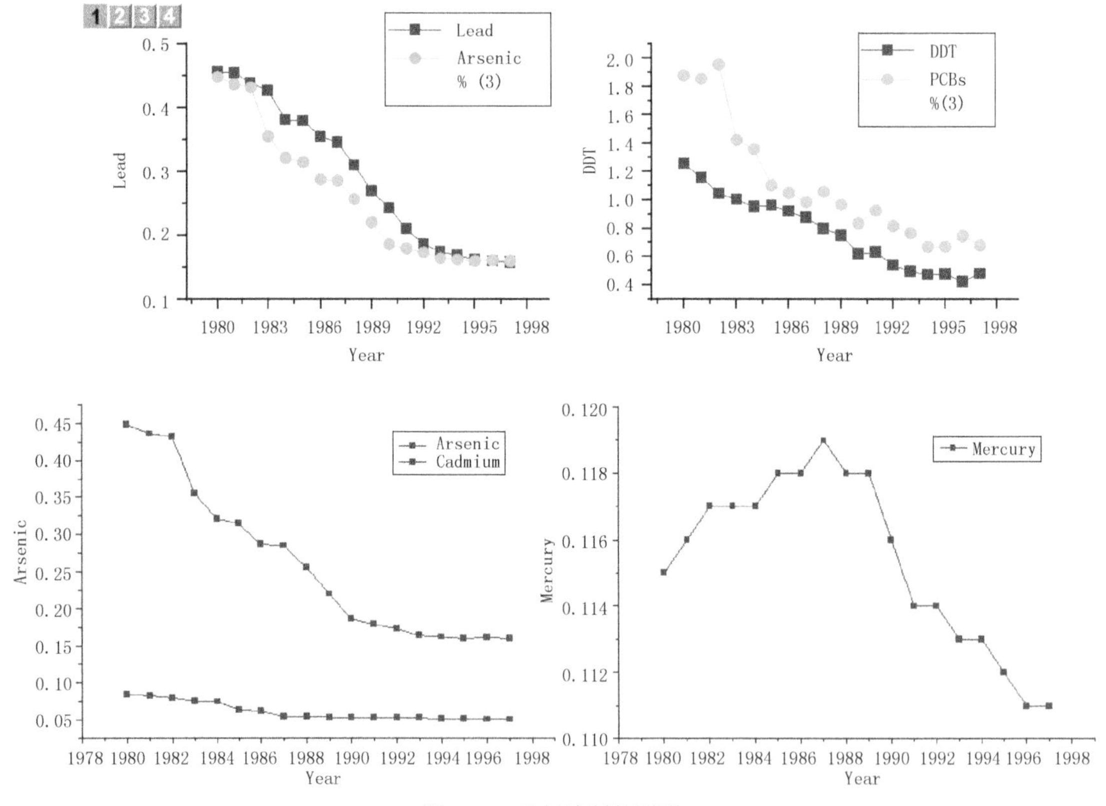

图 7-53 重新绘制的图形

7.4.4 关联坐标轴

Origin 能在绘图窗口中建立各图层间的坐标轴关联，方便配合不同图形间的设置。建立了各图层间的坐标轴关联后，改变某一图层的坐标轴标度，其他图层的坐标轴也将根据改变自动更新。以图 7-53 为例，具体的设置方法如下。

1）在图层 3 的图标上右击，在弹出的快捷菜单中选择“图层属性”命令，打开“绘图细节-图层属性”对话框。

2）切换到“关联坐标轴刻度”选项卡，在“关联到”下拉列表中选择 Layer1 选项。在“关联 X 轴”选项组内选择“直接（1∶1）（S）”，同样将图层 4 的 X 轴进行关联，单击“确定”按钮，如图 7-54 所示。

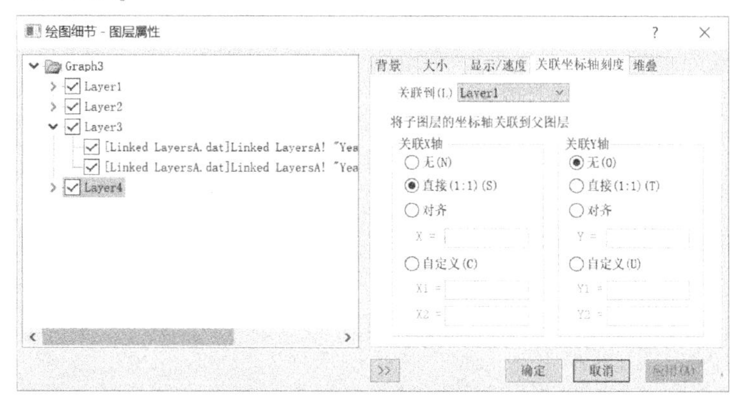

图 7-54　“绘图细节-图层属性”对话框

这样，图层 3 与图层 4 的 X 轴与图层 1 的 X 轴就建立起 1∶1 的关联，也就是说，两层的 X 轴相同。关联后的绘图窗口如图 7-55 所示。

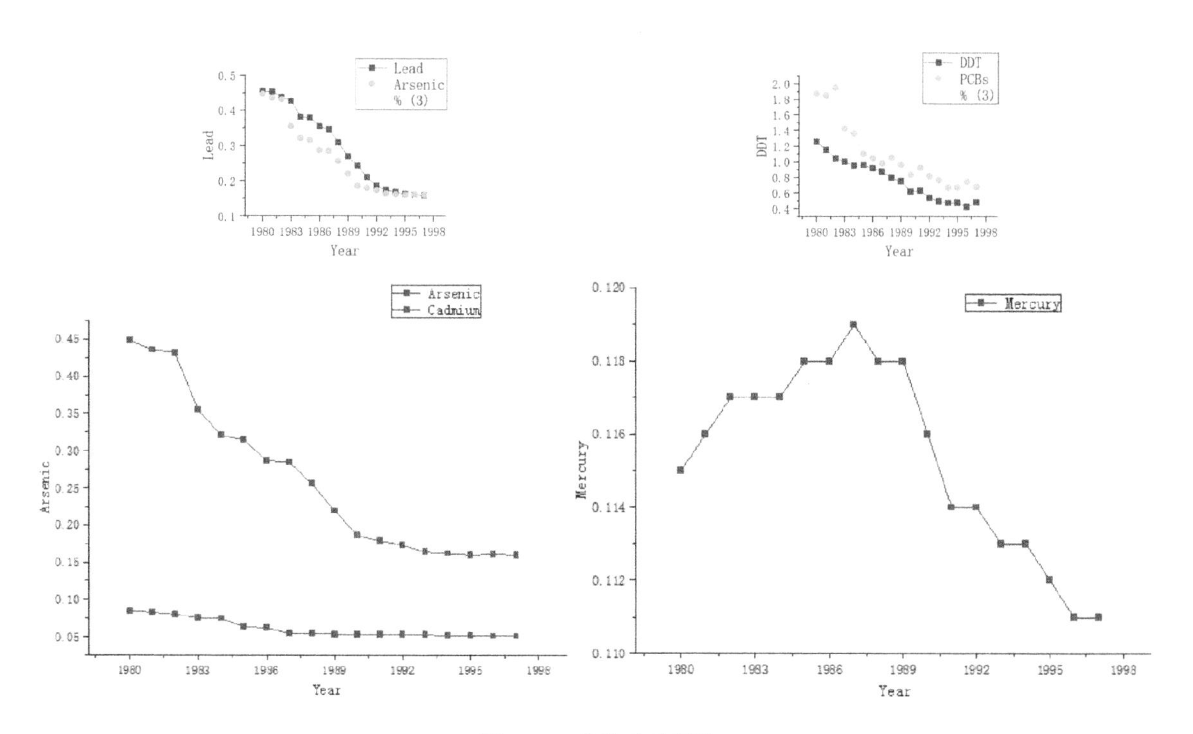

图 7-55　关联后的图形

3）切换到“大小”选项卡，在“缩放”选项组中选择“固定因子”，并将其参数设置为 1，同样将图层 4 的“固定因子”参数也设置为 1，如图 7-56 所示。单击“确定”按钮，此时的绘图窗口如图 7-57 所示。限于篇幅，关于图形的细节调整，这里不再介绍。

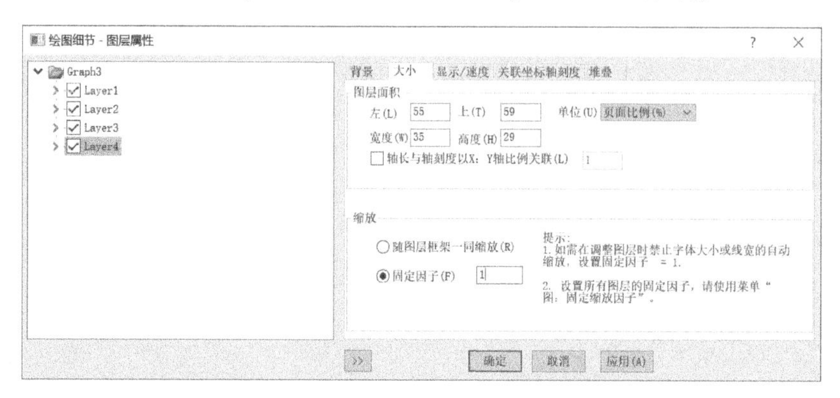

图 7-56 “绘图细节-图层属性”对话框

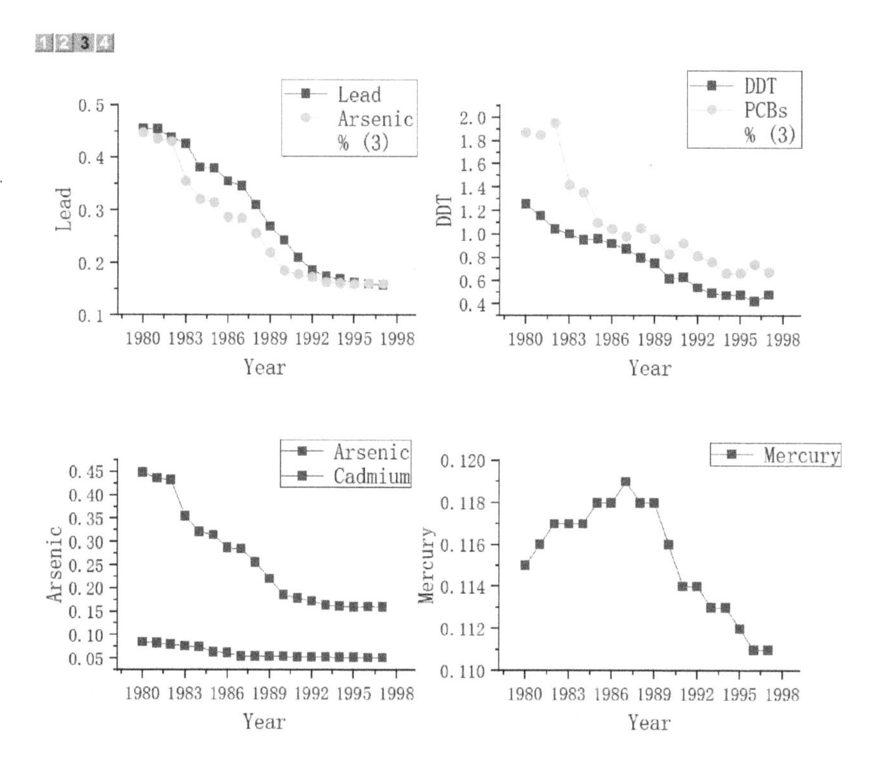

图 7-57 缩放后的关联图

7.4.5 定制图例

图例是对图形中曲线进行说明的部分。在默认状态下，Origin 在每个图层中都单独创建一个图例。向图层中添加数据时，图例会随数据自动更新。

执行菜单栏中的“格式”→“页面属性”命令，打开“绘图细节-页面属性”对话框。按图 7-58 进行设置，即可以把所有图层的情况在一个图例中反映出来，如图 7-59 所示。

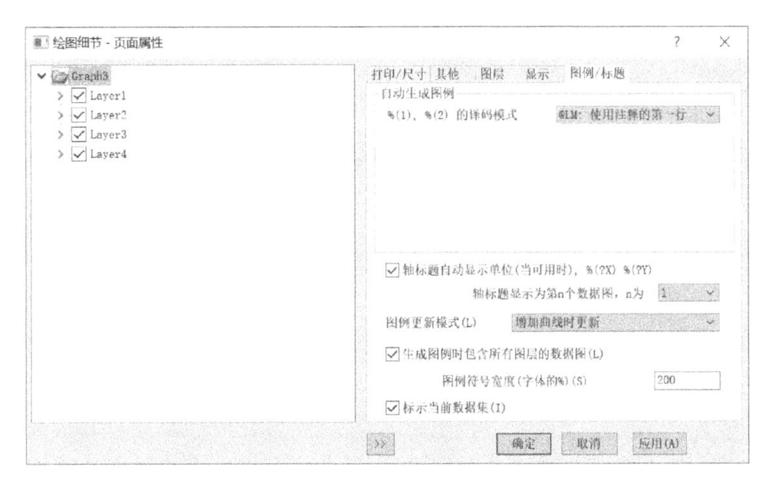

图 7-58　图例自动更新的选择

选中一个图层，执行菜单栏中的“图”→“图例”→“数据绘图”命令，即可在图形中添加图例，如图 7-59 所示。

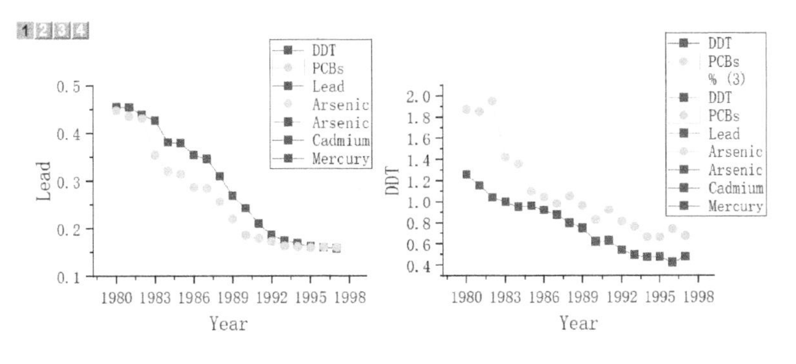

图 7-59　定制图例后的绘图窗口

选中第二幅图中的图例，执行菜单栏中的“图”→“图例”→“重构图例”命令，可以对图例进行重构，重构前后的图例对比如图 7-60 所示。

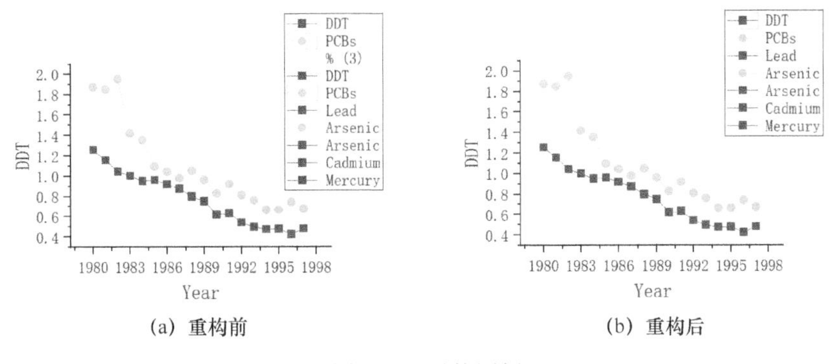

(a) 重构前　　(b) 重构后

图 7-60　重构图例

调整图例的大小和位置，删除其他图例，修改后的绘图窗口如图 7-61 所示。

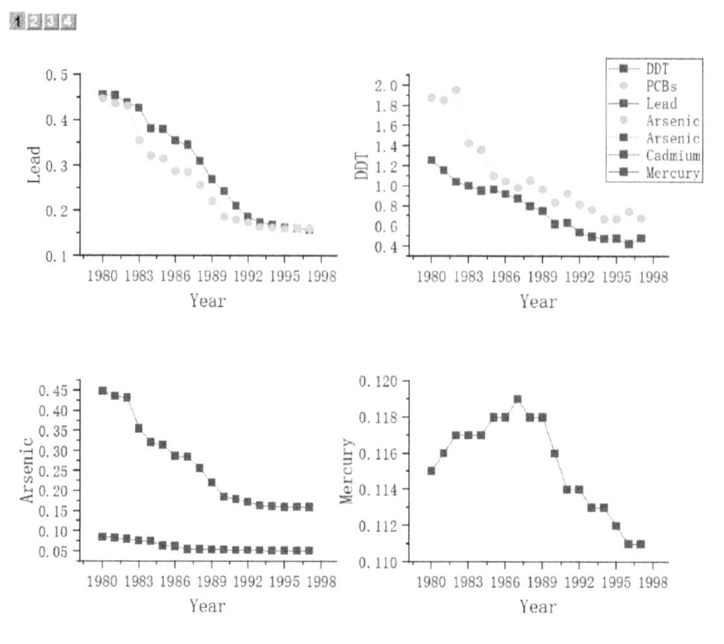

图 7-61　修改后的图例

7.4.6　自定义绘图模板

在需要大量绘制相同格式的图形时，可以使用 Origin 提供的图形模板。如果不存在合适的模板，则可以将自己的图形以模板的形式保存，以减少绘图时间和工序。

保存的图形模板文件只存储绘图的信息和设置，而不存储数据和曲线。在下次需要创建类似的绘图窗口时，只需选择工作表数列，再选择保存的图形模板即可。

操作时，将工作簿窗口置为当前窗口，单击“2D 图形”工具栏中的（模板库）按钮，或执行菜单栏中的“绘图”→“模板库”命令，即可选择绘图模板文件（模板文件的扩展名为 otp）。将绘图窗口保存为图形模板的操作步骤如下。

1）在绘图窗口的标题栏上右击，在弹出的快捷菜单中选择“保存模板为”命令，如图 7-62 所示。

2）在弹出的图 7-63 的对话框中将“类别”设置为 UserDefined，在“模板名”文本框内输入模板文件名“LineSymbUser”，单击“确定”按钮，即可将当前绘图窗口保存为自定义的绘图模板。

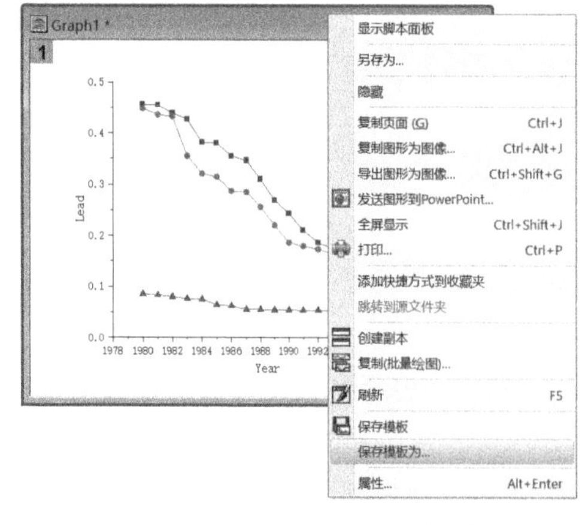

图 7-62　执行“保存模板为”命令

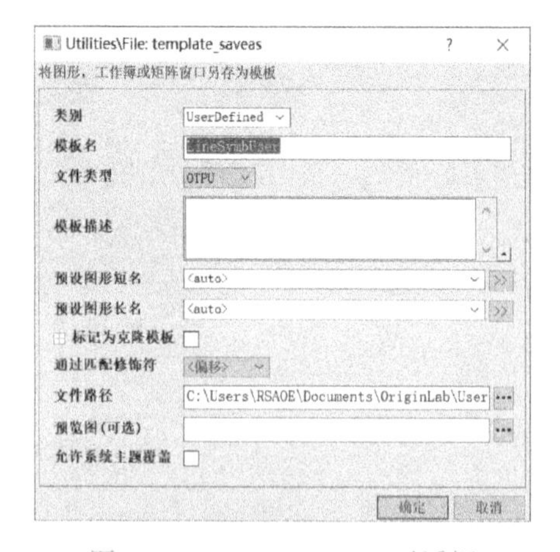

图 7-63　template_saveas 对话框

3）要测试刚保存的绘图模板则打开工作表，选中表中全部列，执行菜单栏中的“绘图”→“模板库”命令，在打开的“模板库”对话框列表里选择 UserDefined 目录，此时可以看到刚刚创建的绘图模板 LineSymbUser，如图 7-64 所示。

图 7-64　“模板库”对话框

4）单击“绘图”按钮，Origin 绘制出和模板完全相同的图形，说明模板创建成功。

7.4.7 图层形式转换

本小节将对图层形式转换的相关操作进行介绍，具体如下。

1. 将单层图形转换为多层图形

将单层图形转换为多层图形的操作步骤如下。

1）导入 Linked LayerB. dat 数据文件。选中 B(Y)、C(Y)数据列，执行绘图菜单下的折线图命令，绘制的单层双曲线图形如图 7-65 所示。

2）选中该图形，单击“图形”工具栏上的▣（提取数据到新图层）按钮，会弹出“图层总数”对话框，设置行数和列数，如图 7-66 所示。

3）设置完成后单击“确定”按钮，在出现的“间距（页面尺寸百分比）”对话框中设置网格高度空隙等参数，如图 7-67 所示。

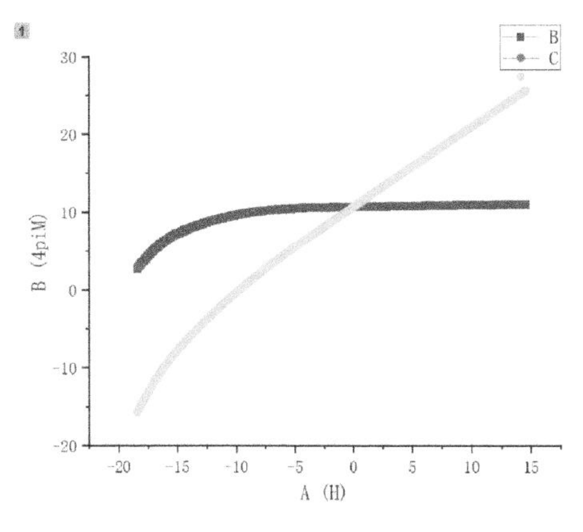

图 7-65　单层双曲线图形

图 7-66　设置图层总数

图 7-67　设置间距

4）设置完成后单击“确定”按钮，即可将单图层图形分解为多图层图形，如图 7-68 所示。

2. 将多层图形转换为多个绘图窗口

要将多层图形分解为多个独立的绘图窗口，可以在选中需要分解的图形后，单击“图形”工具栏中的（提取图层到新图表）按钮，打开图 7-69 所示的“提取图层到新图表：layextract”对话框。接下来将对其参数含义进行介绍。

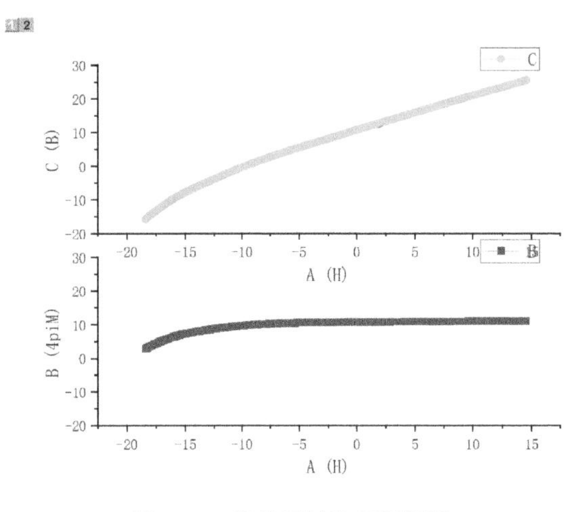

图 7-68　将单层转为双层图形

提取图层到新图表: layextract
对话框主题　<上次使用的>
提取指定图层到单独的图表窗口中
提取图层　1:0　自动
输入图层序号，以空格作为分隔，输入1:0则可提取所有图层。
保留原图
全窗口显示所提取图层
确定　取消

图 7-69　“提取图层到新图表：layextract”对话框

1）“提取图层”属性：表示设置要分解的图层，以“:”分隔始末图层序号，如“2:4”表示分解 2、3、4 号 3 个图层到独立的绘图窗口中。

2）“保留原图”复选框：设置是否保留原来的绘图窗口。

3）“全窗口显示所提取图层”复选框：设置是否重新计算并显示分解后图形的尺寸大小。

4）完成参数设置后，单击“确定”按钮，即可完成分解操作，分解后的图形如图 7-70 和图 7-71 所示。

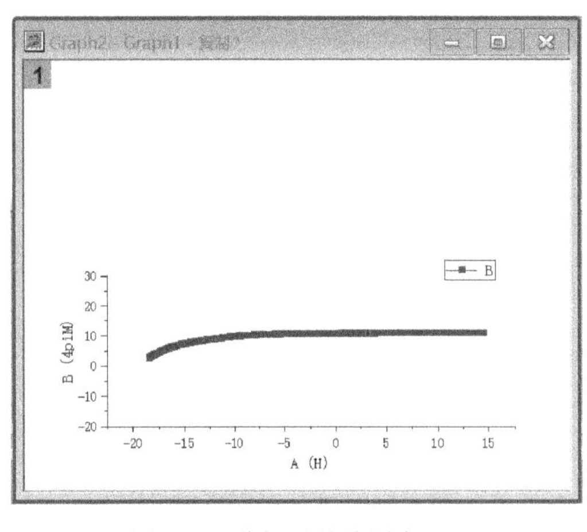

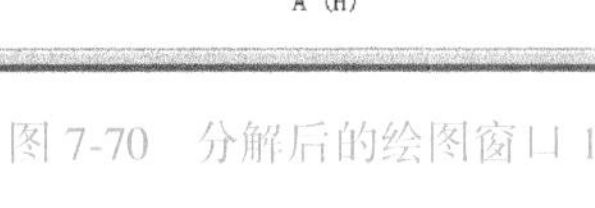

图 7-70　分解后的绘图窗口 1

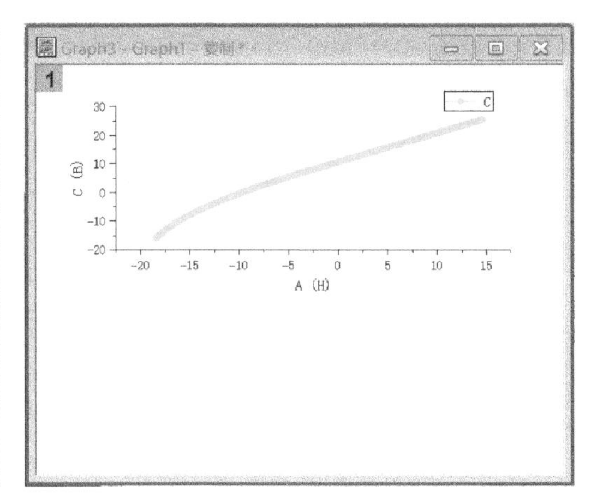

图 7-71　分解后的绘图窗口 2

7.4.8 插入图形和数据表

要在一个图形中插入另一个图形或数据表，可以通过复制、粘贴的方式进行。

1. 复制图形

首先选择一个图形对象进行复制，然后在目标窗口中执行粘贴命令，插入图形。选中该图形，通过图形的控点可以调整图形的大小，拖动图形可以调整图形的位置。复制的方法有以下两种。

方法 1：执行菜单栏中的“编辑”→“复制页面”命令。该命令用于复制这个绘图窗口，最终粘贴完成后，除了可以对图形进入缩放外，不能再进行编辑，也不会新建图层，而且不会随着目标图形的变化而变化，就像处理一个绘图对象。

方法 2：执行菜单栏中的“编辑”→“复制”命令或按快捷键<Ctrl+V>。使用该命令进行复制和粘贴，会自动建立新图层，粘贴后各部分的图形对象都可以进行编辑，图形会随数据的变化而变化（这其实是另一种建立图层的方法），如图 7-72 所示。

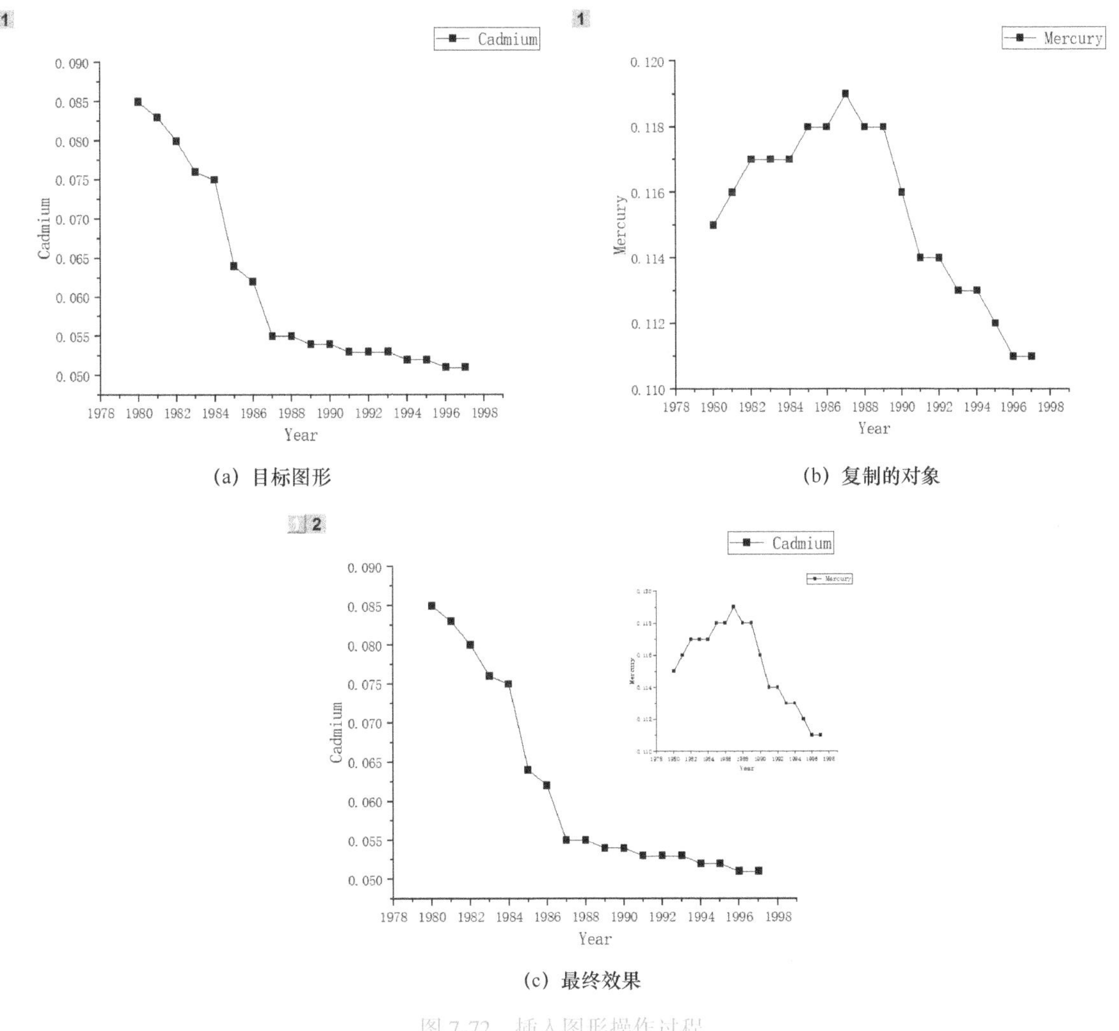

(a) 目标图形　　(b) 复制的对象

(c) 最终效果

图 7-72　插入图形操作过程

2. 复制数据表

复制数据表的操作与复制图形类似。首先选中数据表格中的数据（可只选部分单元格），然后在绘图窗口中粘贴，结果如图 7-73 所示。

该操作可以实现图、表的混合编排。双击表格可以进一步编辑其中的数据，返回后图形中的表格数据也随之改变。

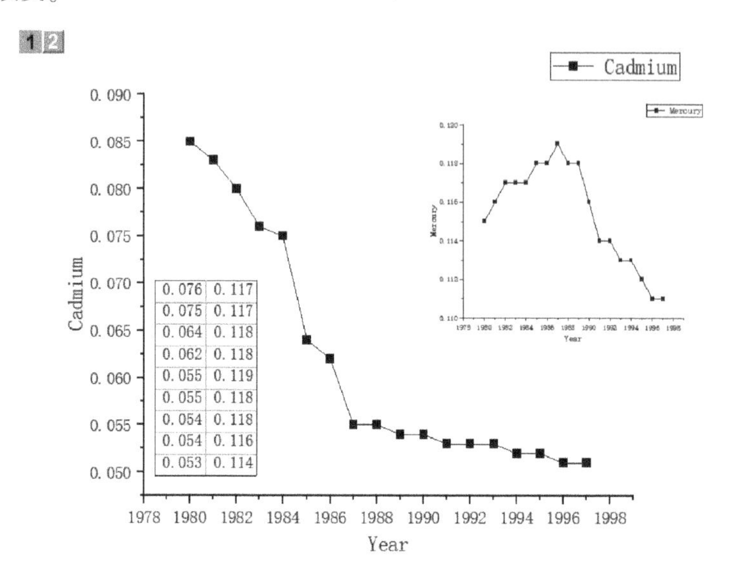

图 7-73　在图形中插入数据表

7.4.9　隐藏或删除图形元素

在绘图窗口置为当前的情况下，执行菜单栏中的“查看”→“显示”菜单下的命令，可以选择绘图窗口中需要显示的内容，如图 7-74 所示。

另外，在“绘图细节-图层属性”对话框“显示/速度”选项卡下，用户也可以在“显示元素”选项组中设置要显示的图形内容，如图 7-75 所示。

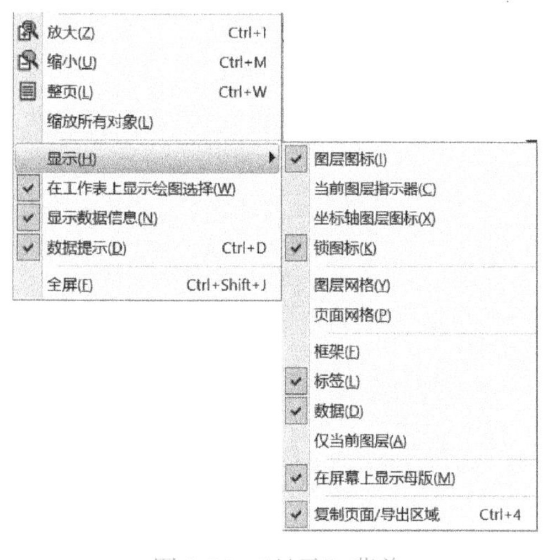

图 7-74　“显示”菜单

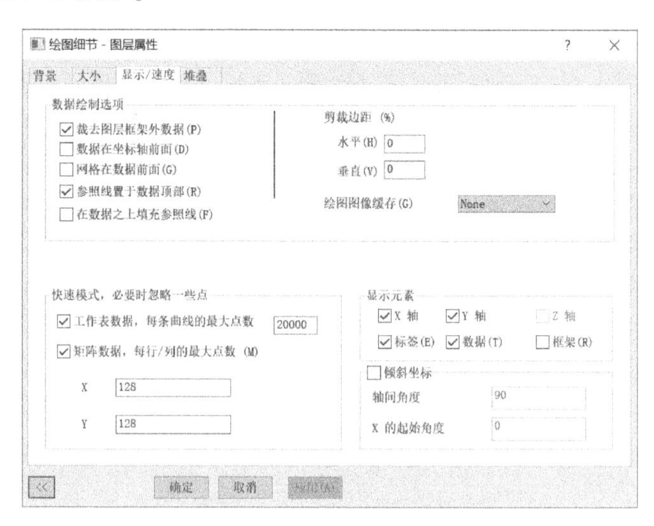

图 7-75　“显示/速度”选项卡

如果想删除图层，只要右击要删除图层的图层标记，执行“删除图层”命令即可，如图 7-76 所示。

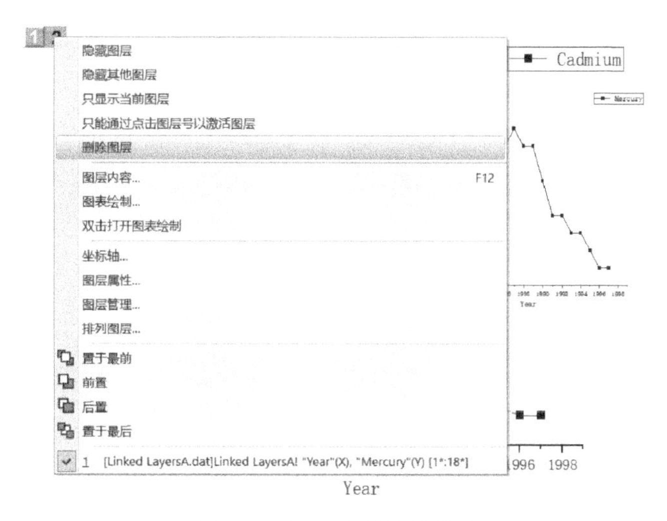

图 7-76　图层右键快捷菜单

7.5　图轴绘制

Origin 中的二维图层具有一个 XY 坐标轴系，在默认情况下仅显示底部 X 轴和左边 Y 轴，通过相应的设置，可完全显示四边的轴。Origin 中的三维图层具有一个 XYZ 坐标轴系，与二维图坐标轴系相同，在默认的情况下不完全显示，通过设置可使六边轴完全显示。

7.5.1　图轴类型

在 Origin 中，坐标轴系是在坐标轴对话框中进行设置的。坐标轴对话框中的选项卡提供了强大的坐标轴编辑和设置功能，可以满足科学绘图的需要。

在绘图窗口双击坐标轴，可以打开坐标轴对话框。如双击 Y 坐标轴，即可弹出图 7-77 所示的“Y 坐标轴-图层 1”（简称“坐标轴”）对话框，在对话框左侧的“选择”列表框中显示“水平”和“垂直”坐标轴选项。

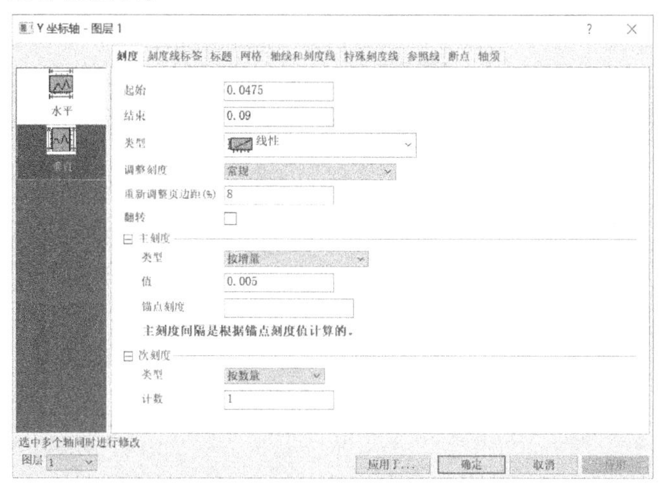

图 7-77　“Y 坐标轴-图层 1”对话框

“水平”图标默认表示选择底部和顶部 X 轴，但是当执行菜单栏中的“图”→“交换 X-Y 轴”命令或对棒状图、浮动棒状和堆叠棒状图进行编辑时，“水平”图标会与左右两侧 Y 轴相关联。

“垂直”图标默认表示选择左侧和右侧的 Y 轴，但是当执行菜单栏中的“图”→“交换 X-Y 轴”命令或对柱状图、浮动柱状和堆叠柱状图进行编辑时，“垂直”图标会与底部和顶部 X 轴相关联。

选择坐标轴后，在右侧“刻度”选项卡下，可以对坐标轴起止坐标和坐标轴类型进行选择。在“起始”和“结束”数值框中设置起止坐标值。在“类型”下拉列表框中可以选择坐标轴的类型。坐标轴类型说明见表 7-2。

表 7-2　Origin 的坐标轴类型说明

坐标轴类型	说　明
线性	线性坐标轴
Log10	以 10 为底的对数轴，X’ =log(X)
Probability	累积 Gaussian 概率分布轴，概率以百分数表示，取值范围为 0.0001~98.999
Probit	单位概率轴，刻度为线性，刻度增量为标准差
倒数	倒数轴，X’ =1/X
偏移倒数	偏移量倒数轴，X’=1/(X+Offset)，Offset 为偏移量
Logit	分对数轴，logit=ln(Y/(100-Y))
Ln	以 e 为底的对数轴
Log2	以 2 为底的对数轴
双对数倒数（Weibull）	双对数倒数

7.5.2 双坐标图轴设置

在科学绘图中，有时需要将数据用不同坐标在同一图形上表示。下面将通过 Origin 图轴设置，实现将 X 轴采用摄氏温标和绝对温标表示温度范围 0~100℃，其操作步骤如下。

1）新建绘图窗口，双击绘图窗口中的 X 坐标轴，打开“X 坐标轴-图层 1”对话框。

2）在“刻度”选项卡下的“起始”和“结束”数值框中分别输入 0 和 100。

3）在“类型”下拉列表框中选择“偏移倒数”坐标轴，并在“值”数值框中输入 10，如图 7-78 所示。

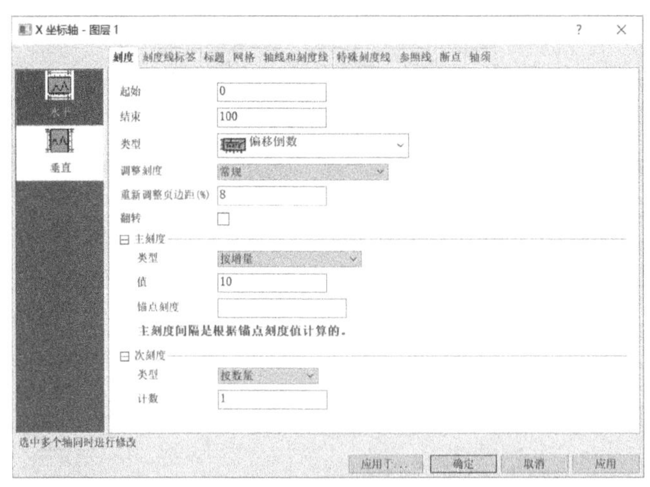

图 7-78　“X 坐标轴-图层 1”对话框

4）单击“确定”按钮完成设置并关闭“坐标轴”对话框，绘制图形如图 7-79 所示。

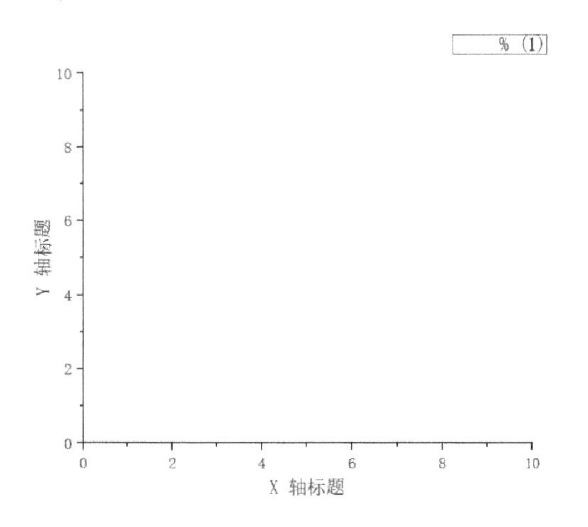

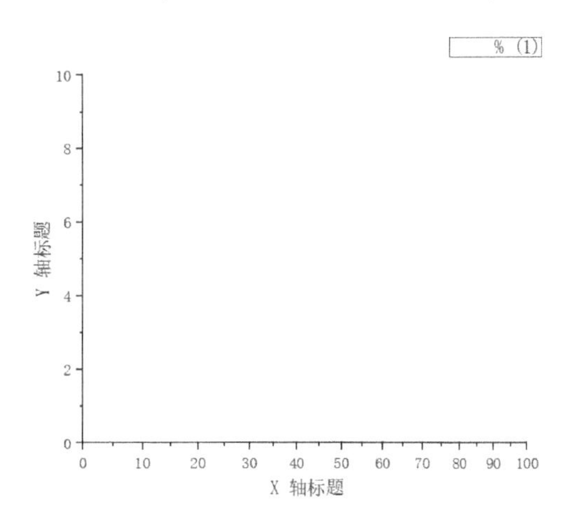

图 7-79　对 X 轴范围设置前后对比

5）在绘图窗口中右击，在弹出的快捷菜单中执行“新图层（轴）”→“上 X 轴（关联 Y 轴的刻度和尺寸）”命令，添加新图层 2。添加图层后的图形如图 7-80 所示。

6）在图层 2 标签上右击，在弹出的快捷菜单中执行“图层属性”命令，弹出“图层细节-图层属性”对话框，左侧选择图层 TopX（图层 2），右侧选择“关联坐标轴刻度”选项卡。

7）在“关联 X 轴”选项组中选择“自定义”单选按钮，并在 X1 文本框中输入“1/(X1+273.14)”，在 X2 文本框中输入“1/(X2+273.14)”，如图 7-81 所示。

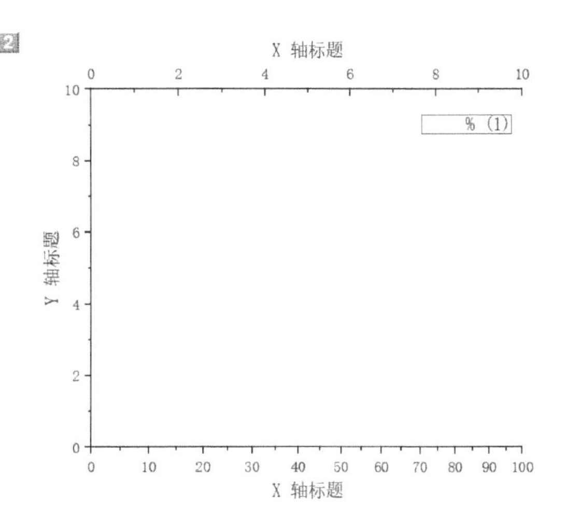

图 7-80　添加新图层

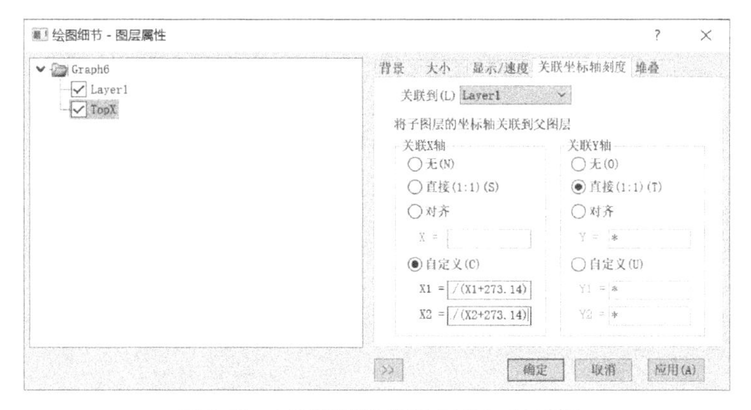

图 7-81　“绘图细节-图层属性”对话框

8）单击“确定”按钮，关闭“绘图细节-图层属性”对话框，绘制的图形如图 7-82 所示。

9）双击坐标轴标题，对图形坐标轴标题进行修改，完成坐标轴的设置，双温度坐标轴设置结果如图 7-83 所示。

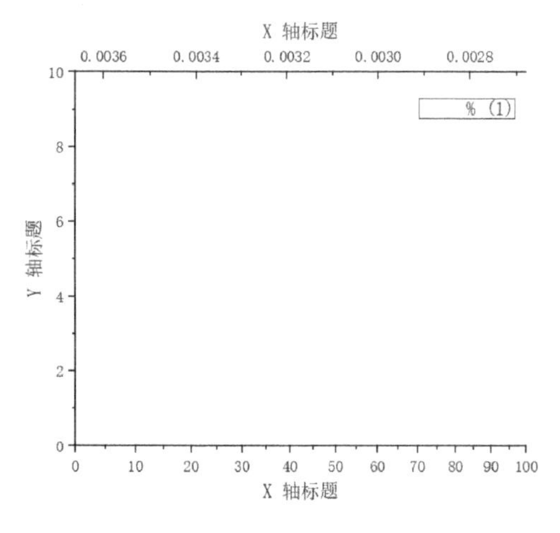

图 7-82　坐标轴刻度设置

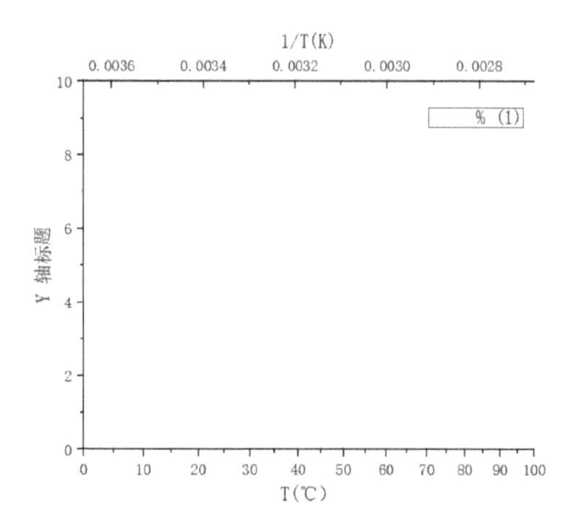

图 7-83　修改坐标轴标题

7.5.3　在坐标轴上插入断点

在图形坐标轴上插入断点，是为了能重点显示图形中部分重要区间，而将不重要的区间进行隐藏。在坐标轴上插入断点的操作步骤如下。

1）续上面的操作，双击绘图窗口中需要设置断点的坐标轴（以底部 X 轴为例），打开坐标轴对话框，选择“断点”选项卡。

2）勾选“启用”复选框，在“断点数”数值框中选择“1”，在“断点从”和“断点到”数值框中分别输入起止位置 40、70，如图 7-84 所示。

3）单击“确定”按钮，关闭坐标轴对话框。设置断点后的图形效果如图 7-85 所示。

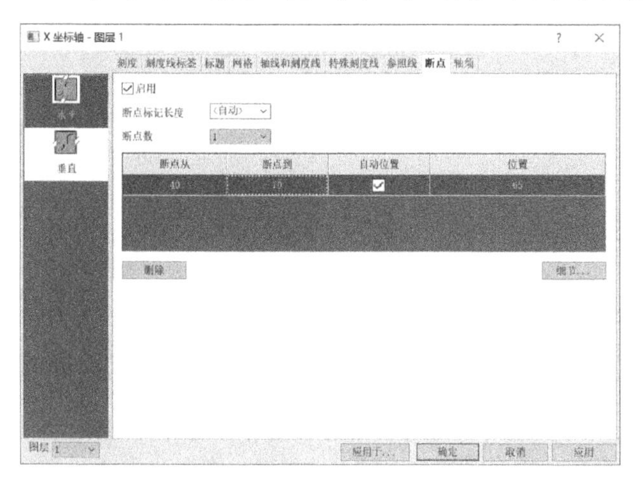

图 7-84　“断点”选项卡

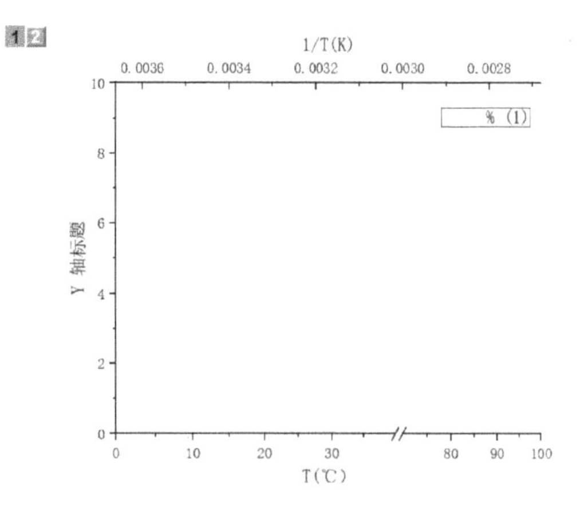

图 7-85　设置断点后的图形

7.5.4　调整坐标轴位置

默认情况下，坐标轴的位置是固定的，但有时根据绘图需要，需要调整坐标轴的位置。调整坐标轴位置的操作步骤如下。

1）双击绘图窗口中需要改变位置的坐标轴（以 Y 轴为例），打开坐标轴对话框，在左侧选择需要改变位置的左轴。

2）在右侧选择“轴线和刻度线”选项卡。在“轴位置”下拉列表中选择“在位置 =”选项，在“百分比/值”数值框中输入需要调整的数值，如图 7-86 所示。

3）单击“确定”按钮完成调整，调整后的坐标轴如图 7-87 所示。对 Y 轴也可以进行类似的调整。

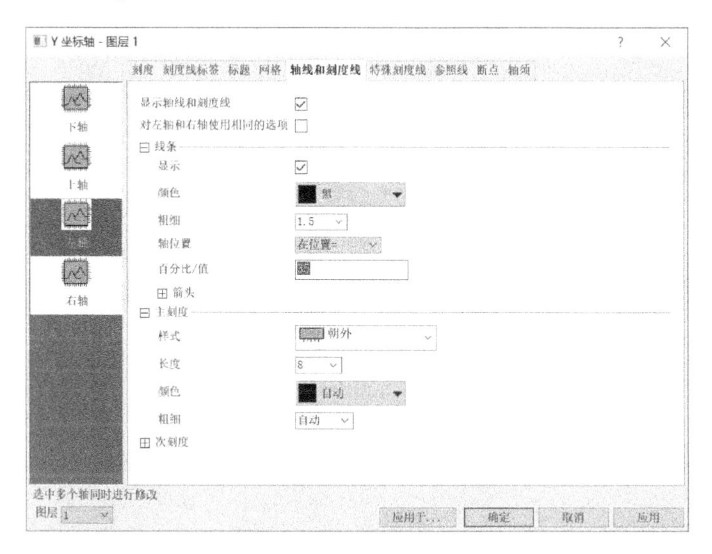

图 7-86　“轴线和刻度线”选项卡

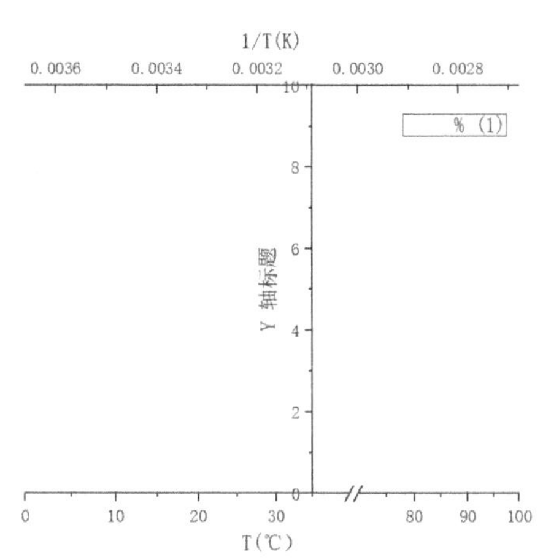

图 7-87　调整后的坐标轴

7.5.5　创建 4 象限坐标轴

本小节将对创建 4 象限坐标轴的操作方法进行介绍，具体步骤如下。

1）执行菜单栏中的“文件”→“新建”→“图”命令，新建一个绘图窗口，双击 X 轴，打开“坐标轴”对话框。

2）切换到“轴线和刻度线”选项卡。在“线条”选项组下单击“轴位置”下拉按钮，选择“在位置 =”选项，在“百分比/值”数值框中输入“0”，将 X 轴移到 Y 轴为 0 的位置。

3）选择“刻度”标签，将 X 轴设置为从 - 10 到 10。

4）选择左侧列表中的“左轴”，按照步骤 2）和 3）的步骤设置 Y 轴，完成后的 4 象限坐标轴图形如图 7-88 所示。

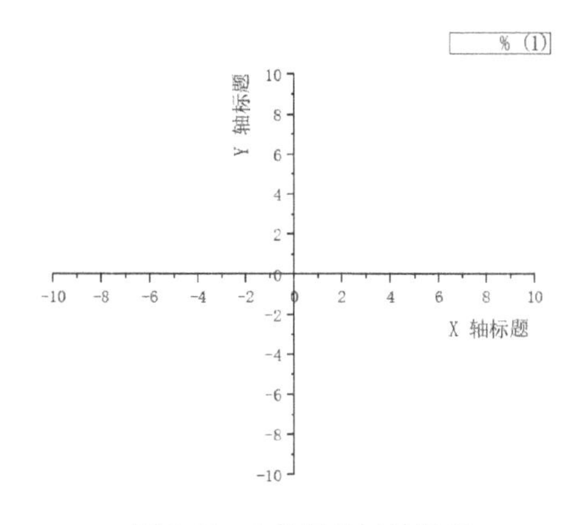

图 7-88　4 象限坐标轴图形

7.6　多图层绘图应用

在 Origin 科学绘图中经常需要进行多图层图形的绘制，如绘制多图层关联图形、多坐标图

形、插入放大多图层图形等。下面介绍插入放大多图层图形的绘制过程。

1）导入 Inset. dat 数据文件，选中 A(X)、B(Y)数据列，创建折线图，如图 7-89 所示。

2）在“图形”工具栏中单击（添加嵌入图像）按钮，加入一个具有与原图一样数据的新图层 2 并拖动，将新图层放置在原图的左上方，并调整图形的大小，如图 7-90 所示。

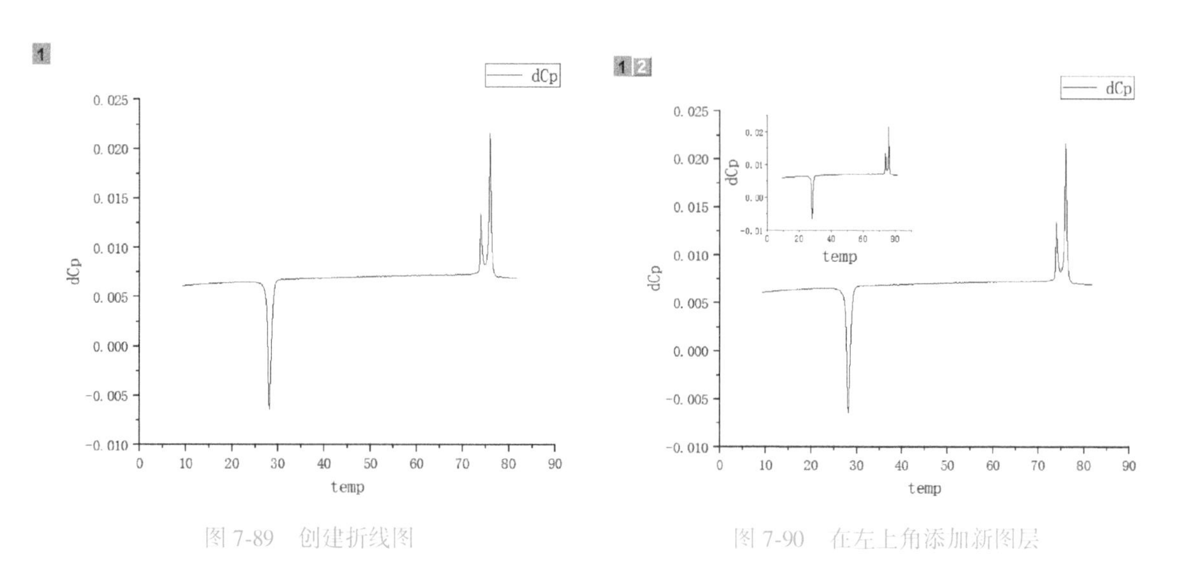

图 7-89　创建折线图　　　　图 7-90　在左上角添加新图层

3）将新图层的 X 坐标轴起止坐标设置为 70 和 80，将 Y 坐标轴起止坐标设置为 0.005 和 0.022，增大图层上的字号并删除坐标轴标题，结果如图 7-91 所示。

4）重复 2）和 3）步骤，再加入一个新图层，如图 7-92 所示。将该图层上的 X 坐标轴起止坐标设置为 25 和 35，将 Y 坐标轴起止坐标设置为−0.01 和 0.01。将该图层放置在右下方并调整图形大小，如图 7-93 所示。

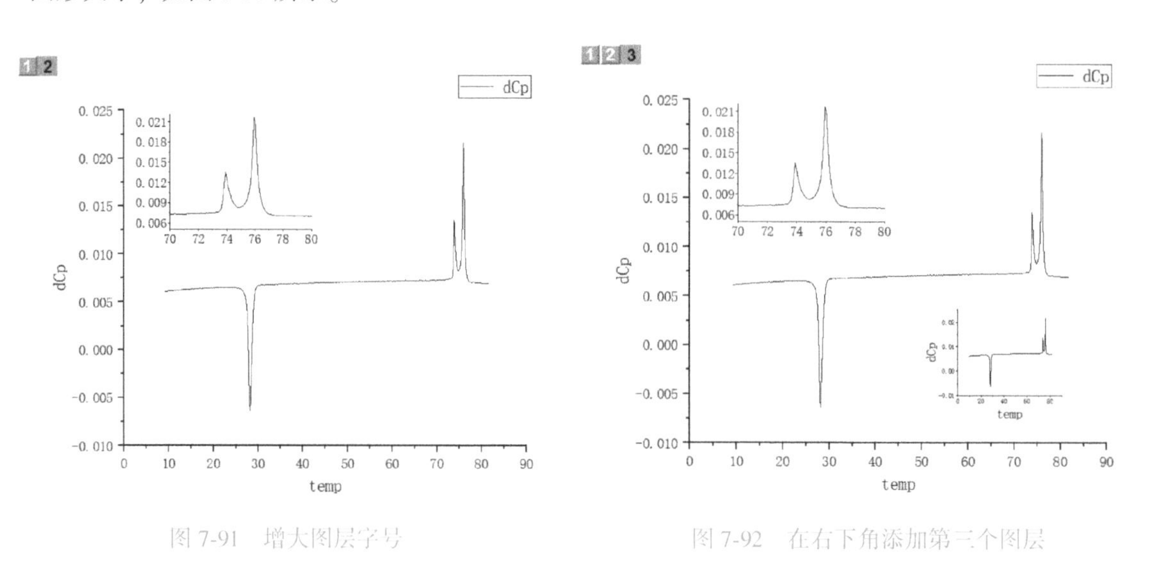

图 7-91　增大图层字号　　　　图 7-92　在右下角添加第三个图层

5）单击“工具”工具栏中的（矩形工具）、（弯曲箭头工具）按钮，在图形中加入“图层 2”和“图层 3”的解释框，并加入指示箭头。插入放大多图层图形的效果如图 7-94 所示。

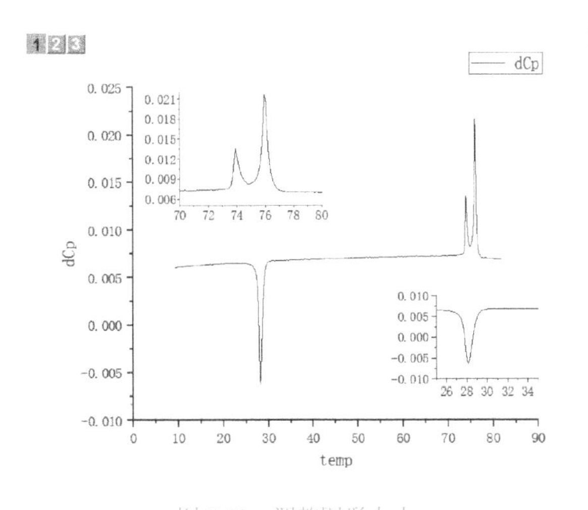

图 7-93　调整图形大小

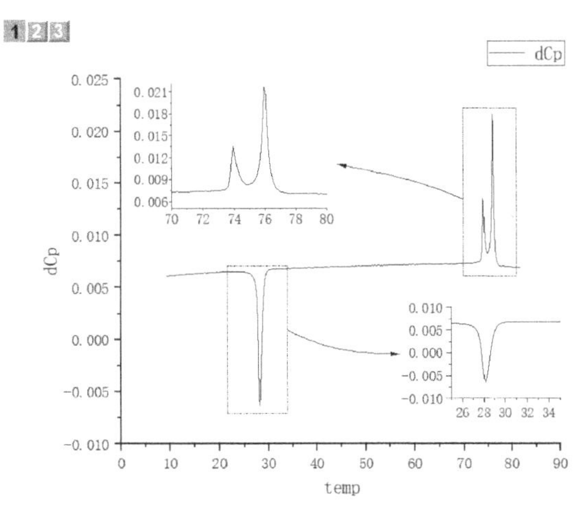

图 7-94　插入放大多图层图形

7.7 小结与思考

通过 Origin 的图层管理功能，用户能够在单一绘图窗口内创建和管理众多曲线或图形对象，从而设计出符合各种需求的复杂科技图形。在 Origin 中，图层可实现既相互独立又相互关联的灵活配置。利用这一特性，用户可以在同一绘图区域上叠加多条曲线，从而构建出层次丰富、具有不同坐标轴、尺寸或位置的复杂图形。

本章详细介绍了如何利用多层图形模板以及如何创建和自定义这些图形。为了精通这些技能，强调了理论学习与实践操作相结合的重要性。通过加强实践训练，使用户可以更牢固地掌握这些技术，从而有效提高绘图效率。下面给出开放性的讨论题目供读者在学习时思考。

1）描述通过图层管理器添加图层的步骤。

2）描述如何实现不同工作表数据的绘图并调整其图层。

3）详细说明创建双图层图形的过程。

4）讨论调整图层顺序对图形的影响。

5）描述如何关联不同图层的坐标轴。

6）讨论定制图例在多图层图形中的应用。

7）描述如何在图形中插入图形和数据表。

8）讨论隐藏或删除图形元素的方法及其对图形的影响。

9）描述如何设置双坐标图轴并解释其用途。

10）讨论在坐标轴上插入断点的目的及操作步骤。

11）解释调整坐标轴位置的方法及其对图形的影响。

12）描述如何创建 4 象限坐标轴及其在数据展示中的重要性。

第8章 布局与输出

Origin 中绘制的图形一直存放在 Origin 项目中，为方便交流与沟通，图形绘制完成后需要执行输出操作，将项目中的图形输出到要表达图形的文档中，并加以说明或讨论。Origin 可以与其他应用程序共享定制的布局（版面设计）图形，此时 Origin 对象链接和嵌入在其他应用程序中。本章将介绍这些内容。

8.1 布局窗口的使用

使用布局窗口，用户可以对现有的数据与图表进行排版。布局排版是基于图形的，整个窗口可以当成是一张白纸，然后多个图形或表格可以在其上任意排列。

8.1.1 向布局窗口添加对象

在布局窗口前置的情况下，单击“布局”工具栏上的 (添加绘图窗口) 按钮或执行菜单栏中“布局”菜单下的相关命令，可向布局窗口添加图形、工作表等。

单击“工具”工具栏中的 T (文本工具) 按钮，或直接从剪贴板粘贴，可以将文本嵌入布局窗口。通过“工具”工具栏中的相关绘图工具可以加入实体、线条和箭头等元素。

导入 LinkedLayers. dat 数据文件并选中 B(Y)列，绘制散点图。选择菜单栏中的“分析”→“拟合”→“线性拟合”命令，作线性回归。这样就创建了一个图 8-1 所示的数据窗口和一个图 8-2 所示的绘图窗口。

	A(X1)	B(Y1)	C(X3)	D(Y2)	E(Y2)	F(X3)	G(Y3)	H(X4)	I(Y4)	J(X5)	K(Y5)
长名称	自变量	LinkedLayers 列B"Lead"的线性拟合	自变量	LinkedLayers 列B"Lead"的常规残差	LinkedLayers 列B"Lead"的常规残差	拟合Y值	LinkedLayers 列B"Lead"的常规残差	LinkedLayers列B"Lead"的常规残差	百分位数	参照X	参照线
单位										mu = -0.000000	sigma = 0.020615
注释											
参数	拟合曲线图				残差的直方图	残差 vs. 预测值图		残差的正态概率图			
F(x)=											
1	1980	0.47073	1980	-0.01473	-0.01473	0.47073	-0.01473	-0.03437	3.42466	-0.04365	1.71233
2	1981.88889	0.43132	1981	0.00513	0.00513	0.44987	0.00513	-0.03123	8.90411	0.04365	98.28767
3	1983.77778	0.39191	1982	0.01	0.01	0.429	0.01	-0.0245	14.38356		
4	1985.66667	0.3525	1983	0.01886	0.01886	0.40814	0.01886	-0.01909	19.86301		
5	1987.55556	0.31309	1984	-0.00628	-0.00628	0.38728	-0.00628	-0.01473	25.34247		
6	1989.44444	0.27368	1985	0.01359	0.01359	0.36641	0.01359	-0.01396	30.82192		
7	1991.33333	0.23427	1986	0.00945	0.00945	0.34555	0.00945	-0.00964	36.30137		
8	1993.22222	0.19487	1987	0.02132	0.02132	0.32468	0.02132	-0.00628	41.78082		
9	1995.11111	0.15546	1988	0.00618	0.00618	0.30382	0.00618	0.00423	47.26027		
10	1997	0.11605	1989	-0.01396	-0.01396	0.28296	-0.01396	0.00513	52.73973		
11			1990	-0.01909	-0.01909	0.26209	-0.01909	0.00618	58.21918		
12			1991	-0.03123	-0.03123	0.24123	-0.03123	0.00945	63.69863		
13			1992	-0.03437	-0.03437	0.22037	-0.03437	0.01	69.17808		

LinkedLayers / FitLinearCurve1

图 8-1 线性拟合数据窗口

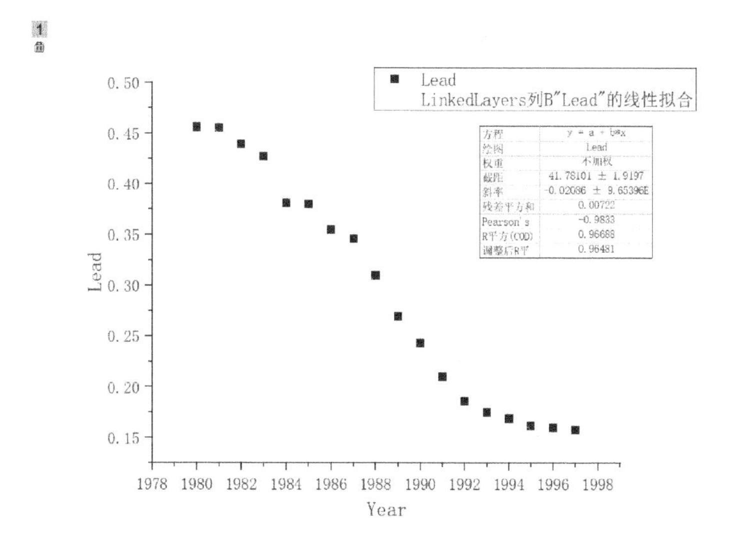

图 8-2　线性拟合绘图窗口

下面结合刚刚创建的窗口介绍创建布局窗口版面页的过程。

1. 新建布局窗口

新建布局窗口的操作步骤如下。

1）执行菜单栏中的“文件”→“新建”→“布局”命令，或单击“标准”工具栏中的（新建布局）按钮，此时 Origin 将打开一个空白的布局窗口。

2）默认的布局窗口为横向，在布局窗口灰白区域右击，在弹出的快捷菜单中选择“旋转页面”命令，如图 8-3 所示。则布局窗口旋转为纵向，如图 8-4 所示。

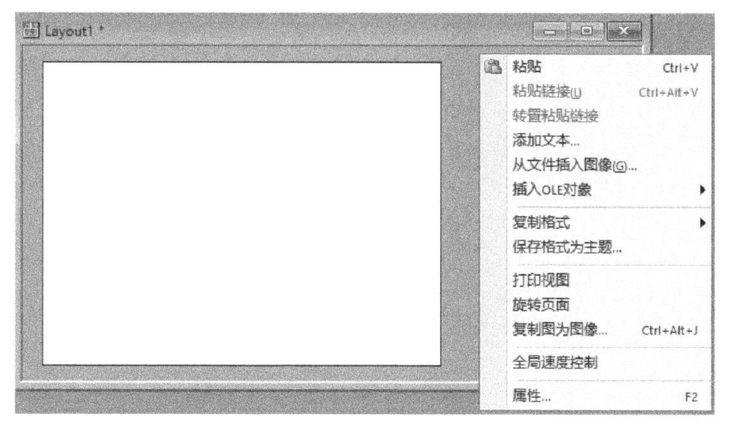

图 8-3　新建的横向布局窗口

图 8-4　新建的纵向布局窗口

2. 向布局窗口加入图形或工作表对象

数据窗口和绘图窗口创建完成后，向布局窗口加入图形或工作表的几种方法如下。

方法 1：在布局窗口打开的情况下，在布局窗口中右击，在弹出的快捷菜单中选择“添加绘图窗口”/“添加工作表”命令，或执行菜单栏中的“插入”→“图”/“工作表”命令。

方法 2：在打开的“图像浏览器”或“工作表浏览器”对话框中，选择想要加入的图形或工作表后，单击“确定”按钮，如图 8-5 和图 8-6 所示。

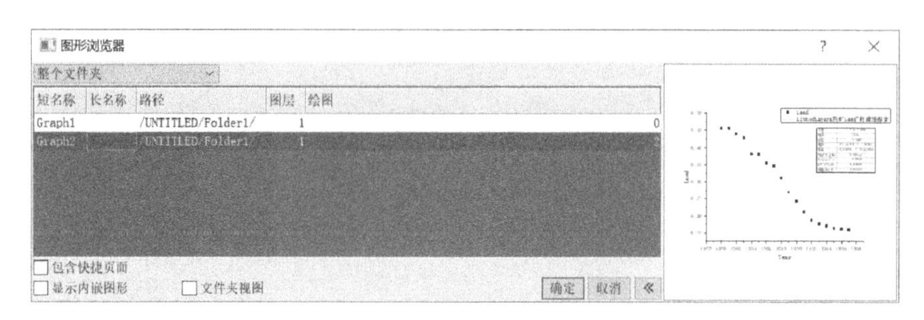

图 8-5　向布局中添加绘图窗口

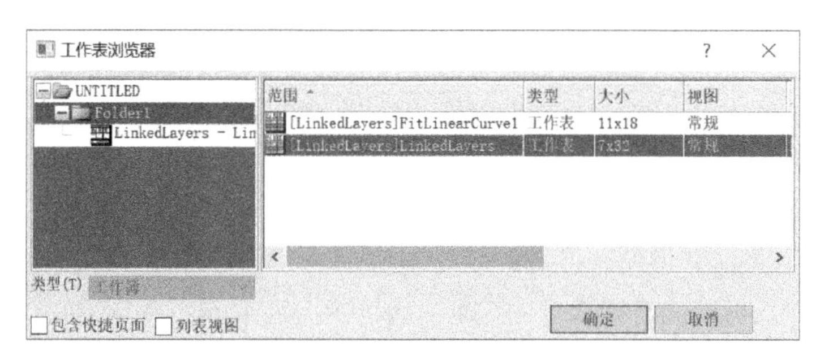

图 8-6　向布局中添加数据表

方法 3：在布局窗口中单击，即可将图形或工作表添加到布局图形。通过鼠标拖动添加对象的方框控点，可以调整该对象的大小和尺寸。释放鼠标，即可在布局窗口中显示该对象。选中图形或表格后，用鼠标左键拖动图形控点，可以适当地调整大小和位置。图 8-7 是将图形和表格混合排列在一起的效果。

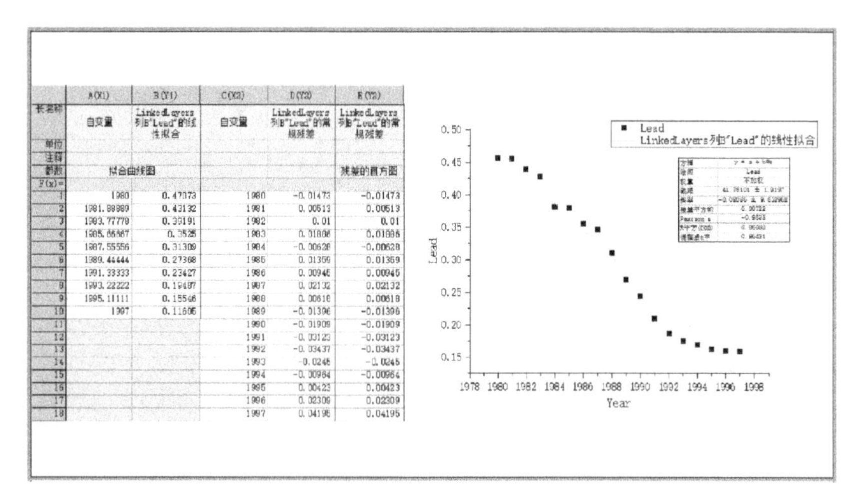

图 8-7　布局窗口中呈现数据表和图形

方法 4：在目标绘图窗口活动的情况下，执行“编辑”→“复制页面”命令，然后转到该布局窗口，执行“编辑”→“粘贴”命令，即可完成内容的添加，如图 8-8 所示。

说明：如果该对象是绘图窗口，则所有该绘图窗口中的内容将在布局窗口中显示；如果该对象是工作簿窗口，则在布局窗口中仅显示工作表中单元格数据和格栅，不显示工作表中的标签。

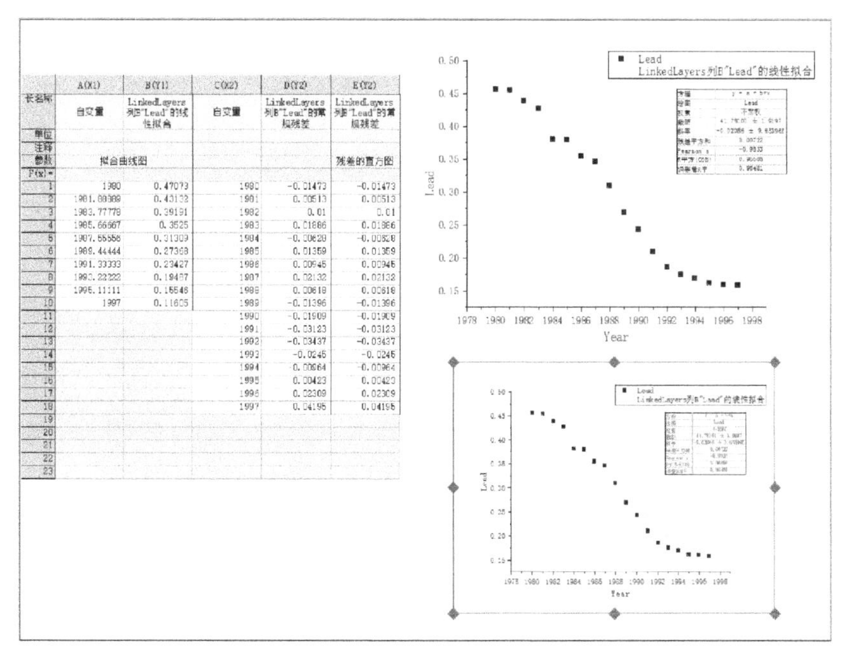

图 8-8　将图形粘贴到布局窗口

8.1.2　布局窗口对象的编辑

在布局窗口中，绘图窗口和工作簿窗口是作为图形对象加入的，Origin 提供的定制工具可对布局窗口中的对象进行编辑。

布局窗口中的对象可以在布局窗口中移动、改变尺寸和背景。但是，在布局窗口中，不能对图形对象直接编辑加工。

执行菜单中的“文件”→“页面设置”命令，弹出“页面设置”对话框，利用该对话框可以对布局窗口进行设置，如图 8-9 所示。

此外，在布局窗口中的对象上右击，在弹出的快捷菜单中选择“属性”命令，即可打开图 8-10 所示的“对象属性”对话框。

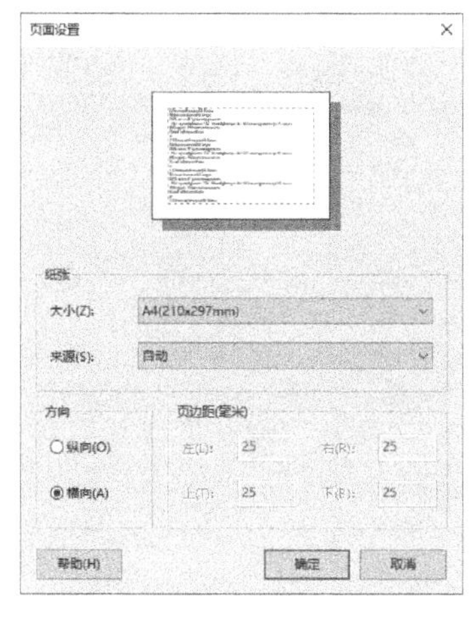

图 8-9　“页面设置”对话框

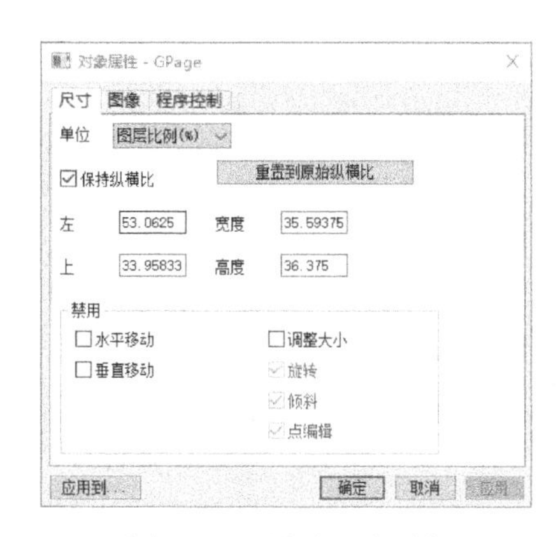

图 8-10　“尺寸”选项卡

利用该对话框可以编辑该对象在布局窗口中的属性。其中，“尺寸”选项卡如图 8-10 所示，“图像”选项卡如图 8-11 所示，“程序控制”选项卡如图 8-12 所示。

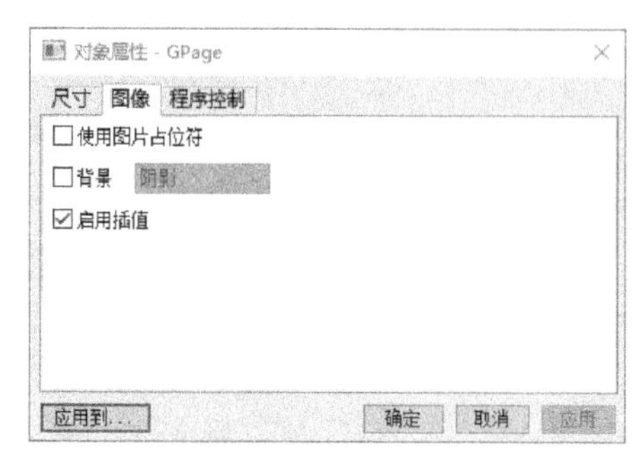

图 8-11 “图像”选项卡

图 8-12 “程序控制”选项卡

对图像对象进行编辑修改时，需要返回到原绘图窗口或工作簿窗口。在布局窗口中需要进行编辑加工的对象上右击，在弹出的快捷菜单中执行“跳转到窗口”命令，即可返回原绘图窗口或工作簿窗口。

在原绘图窗口或工作簿窗口中进行修改再返回布局窗口，执行菜单栏中的“窗口”→“刷新”命令，或单击“标准”工具栏中的 （刷新）按钮，即可刷新并显示布局窗口中的对象。

8.1.3 排列布局窗口中的对象

在 Origin 中对布局窗口的对象进行排列，可以采用下面的方法。

1. 利用格栅线辅助

利用格栅排列对象的方法如下。

1）将布局窗口置为当前，执行菜单栏中的“查看”→“显示网格”命令，则布局窗口会显示格栅，如图 8-13 所示。

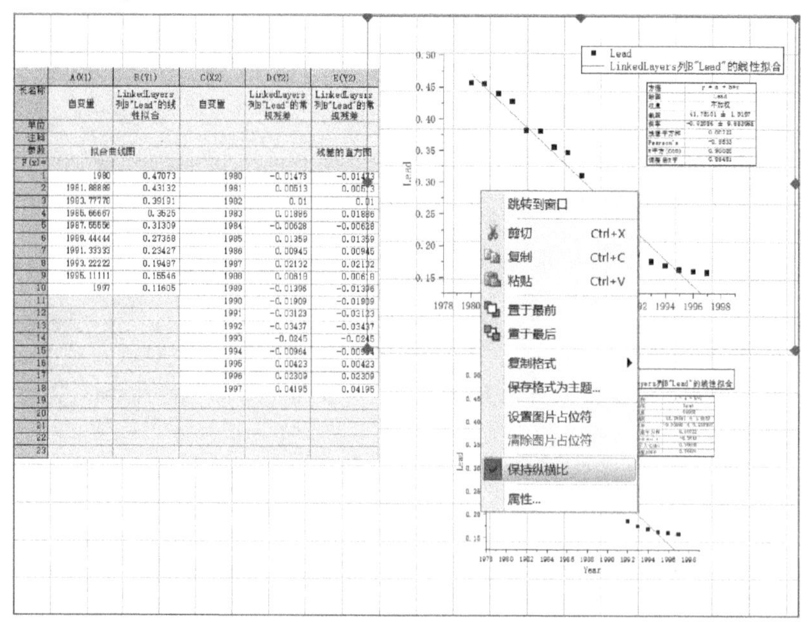

图 8-13 布局窗口出现格栅并打开快捷菜单

2）右击图形对象，在弹出的图 8-13 所示的快捷菜单中选中“保持纵横比”命令，此时布局窗口中的对象和它的原绘图窗口保持对应的比例。

3）此时拖动右侧的控点水平调整对象，对象的大小会等比例发生变化。用同样的方法调整其他图形对象。

4）借助格栅，调整文本的位置，使其在布局窗口的水平正中。

2. 利用“对象编辑”工具栏中的工具

选中需要排列的对象，单击“对象编辑”工具栏中的相关工具按钮，如图 8-14 所示。即可排列对象，具体方法如下。

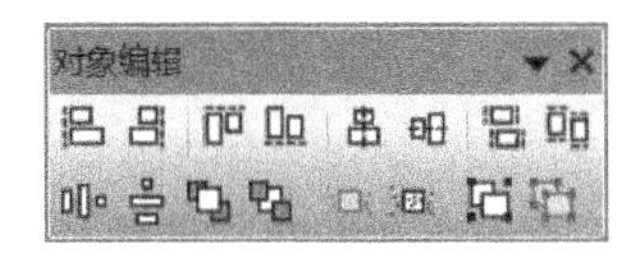

图 8-14　“对象编辑”工具栏

1）执行菜单栏中的“查看”→“工具栏”命令，在弹出的对话框中勾选“对象编辑”复选框。此时“对象编辑”工具栏即可显示在工作界面中。

2）选中布局窗口中的对象（按住<Shift>键的同时单击对象，可以选中多个对象）。

3）单击“对象编辑”工具栏中的相关工具排列对象。

3. 利用“对象属性”对话框

在“对象属性”对话框中设置排列图形对象，可以对多个图形对象进行设置，实现精确定位，其方法如下。

1）在布局窗口中的对象上右击，在弹出的快捷菜单中执行“属性”命令，打开“对象属性”对话框。

2）选择“尺寸”选项卡，输入尺寸和位置数值，即可完成对象的布局排列。

例如将 4 幅图像排列在一个布局窗口中，排列后的结果如图 8-15 所示。具体操作步骤如下。

1）添加 4 幅图形，并放置于布局窗口中，初步排列让 4 个图形位于布局窗口左上角。

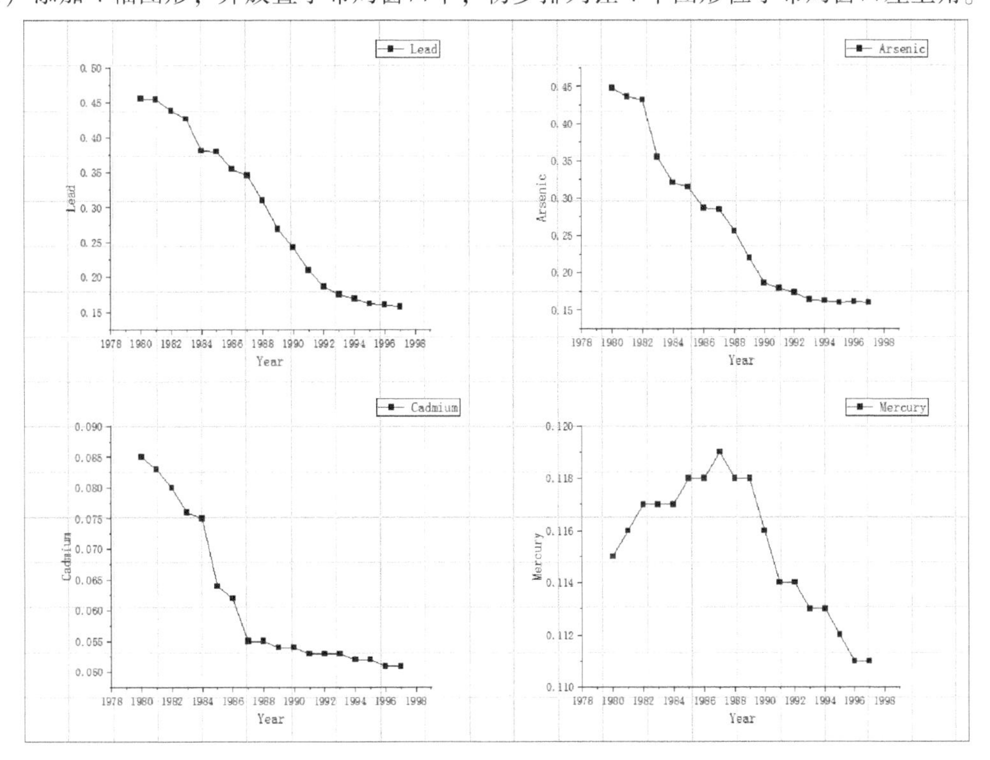

图 8-15　排列多个图形

2）使用“对象编辑”工具栏调整 4 幅图形至大小相同，再两两左对齐和顶对齐，适当调整一下图形间的距离。

3）同时选中 4 个图形（使用鼠标或按<Shift>键的同时单击），用鼠标拖动图形右下角的控点调整大小。

布局窗口中执行输出操作时，可以直接执行菜单栏中的“编辑”→“复制布局为图像”命令，然后粘贴到 Word 文档中。当然也可以选择将布局窗口导出为图形文件，再在 Word 中插入使用。

8.2 与其他软件共享图形

Origin 生成的图形对象可以连接或嵌入到任何支持 OLE 技术的软件中，典型的软件包括 Word、Excel 或 PowerPoint 等。

8.2.1 共享 Origin 图形概述

Origin 图形共享的方式保持了 Origin 软件对图形对象的控制。在软件中双击图形对象，就可以打开并对对象进行编辑，编辑完成后执行更新命令，文档中的图形也会随之同步更新。

由于 Origin 的图形与数据一一对应，拥有了图形对象也就拥有了原始数据，保存文档时会自动保存这些数据，不用担心图形文件丢失。

在其他应用软件中使用 Origin 图形时，有输入和共享两种方式。采用输入方式时输入的 Origin 图形仅能显示图形，而不能用 Origin 工具进行编辑。采用共享方式共享 Origin 图形时，不仅能显示 Origin 图形，还能用 Origin 工具进行编辑。当 Origin 中的原文件改变时，在其他应用软件中也发生相应的更新。

在其他 OLE 兼容应用软件中使用 Origin 图形时，有嵌入和链接两种共享方式。这两种方式的主要差别是数据存储位置的不同。采用嵌入共享方式，数据存储在应用软件程序文件中；采用链接共享方式，数据存储在 Origin 程序文件中，而该应用程序的文件仅保存在 Origin 图形的链接。

选择嵌入或链接共享方式的主要依据如下。

1）如果要减小目标文件的大小，可采用创建链接的方法。

2）如果要在不止一个目标文件中显示 Origin 图形，应采用创建链接的办法。

3）如果仅有一个目标文件包含 Origin 图，可采用嵌入图形的方法。

OLE 的缺点是阅读该文档的计算机上必须安装 Origin 软件，且版本必须相同，否则容易出现无法编辑的情况。

8.2.2 嵌入图形到其他软件

Origin 提供了以下几种将 Origin 图形嵌入其他应用软件的文件中的方式。

1. 通过剪贴板实现数据交换

Worksheet 和 Matrix 类型的对象可以使用“粘贴”命令复制到 .xls 之类的数据表文件或 .doc 和 .txt 这样的文本文件中。

1）选择需要输出的绘图窗口，执行菜单栏中的“编辑”→“复制页面”命令，复制整页。

2）选择目标文档，执行“粘贴”命令，将Origin的图形嵌入到应用程序文件中，这其实是一种对象嵌入的快捷操作方式，如图8-16所示。

说明：如果希望将Excel或文本文件的多列数据复制到Origin工作表或矩阵表中，建议采用导入向导中的粘贴板导入功能，以避免数据错位。

2. 插入Origin绘图窗口文件

当Origin图形已保存为绘图窗口文件（*.ogg），在其他应用程序文件中作为对象插入时，可采取如下步骤。

1）在目标应用程序中（以Word为例）执行“插入”→“对象”命令，打开“对象”对话框。

2）选择“由文件创建”选项卡，如图8-17所示。

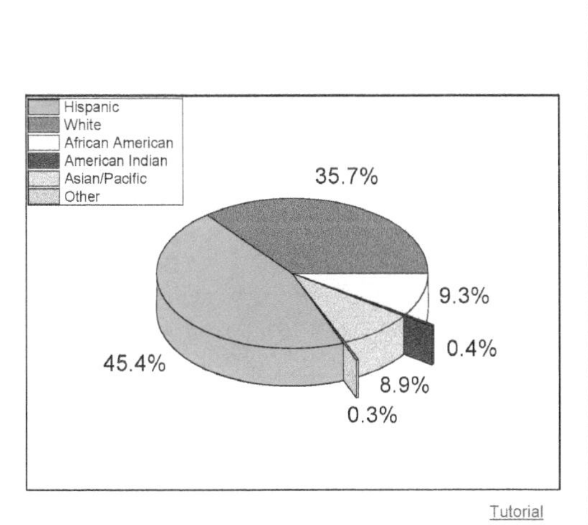

图8-16 将Origin图形粘贴到Word文档

图8-17 Word中的“对象”对话框

3）单击“浏览”按钮，打开“浏览”对话框，选择要插入的“*.ogg”文件，单击“打开”按钮。

4）在“对象”对话框中，确认未勾选“链接到文件”复选框，单击“确定”按钮。此时Origin图形就嵌入到Word应用程序的文件中了。

3. 创建并插入新的Origin图形对象

以上是将已有Origin文件嵌入或插入到Word文档中的操作，用户也可以直接在Word文档中进行操作，方法如下。

1）在Word中选择“插入”→“对象”命令，打开“对象”对话框，然后在“新建”选项卡下选择Origin Graph选项，如图8-18所示。

2）单击“确定”按钮，此时会运行Origin并打开一个新的绘图窗口，由于绘图窗口中仅出现默认坐标轴，因此需要新建一个工作表，如图8-19所示。

3）在工作表中输入或导入数据，并使用“图层内容”对话框添加数据到图层，与常规Origin一样执行绘图操作。

4）执行菜单栏中的“文件”→“更新”命令，返回图形到Word文档。

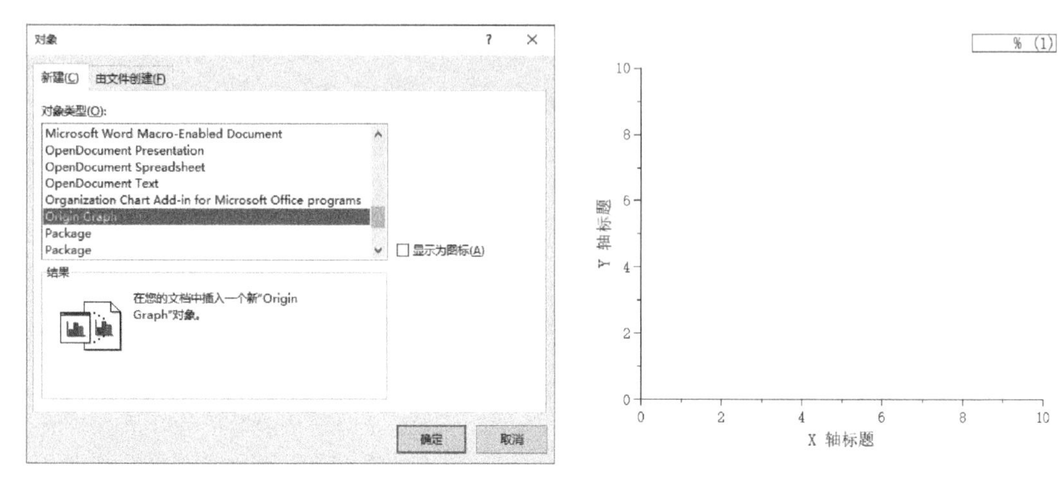

图 8-18　Word 中插入对象对话框　　图 8-19　从绘图窗口建立图形

4. 使用嵌入式图表

1）在 Origin 中执行菜单栏中的“设置”→“选项”命令，在弹出的“选项”对话框中选择“图形”选项卡，勾选右下角的“启用 OLE 就地编辑”复选框，如图 8-20 所示。

2）使用剪贴板把图像复制到 Word 之类的软件中时图像会以控件的方式嵌入文档中。此时即可直接在文档中编辑该图像而不用另行打开 Origin。

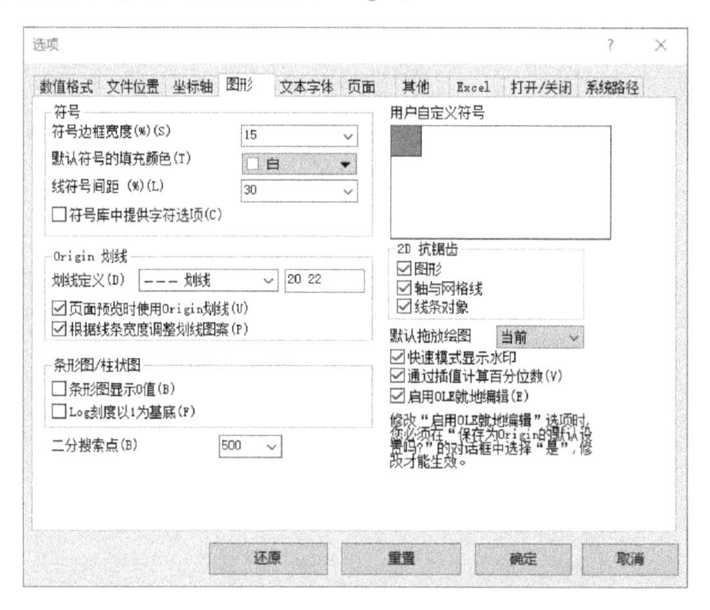

图 8-20　“选项”对话框

8.2.3　在其他软件中创建图形链接

Origin 提供了两种在其他应用程序中创建 Origin 图形链接的方法，下面分别进行介绍。

1. 要创建链接的 Origin 图形在项目文件（*.opj）中

在其他应用程序中创建 Origin 项目文件（*.opj）中的图形链接，操作步骤如下。

1）启动 Origin，打开项目文件，将要创建链接的 Origin 绘图窗口置为当前窗口。

2）执行菜单栏中的“编辑”→“复制页面”命令，将该图形放到剪贴板。

3）在其他应用程序中（如 Word）选择“编辑”→“选择性粘贴”命令，打开“选择性粘贴”对话框，如图 8-21 所示。

4）在“形式”列表框中选择所需的对象选项，单击“确定”按钮。此时 Origin 的图形就被链接到应用程序文档中。

2. 创建现存的绘图窗口文件（*.ogg）链接

在其他应用程序中创建现存的绘图窗口文件（*.ogg）的链接，操作步骤如下。

1）在目标应用程序中选择“插入”→“对象”命令，打开“对象”对话框。

2）打开“由文件创建”选项卡，如图 8-22 所示。

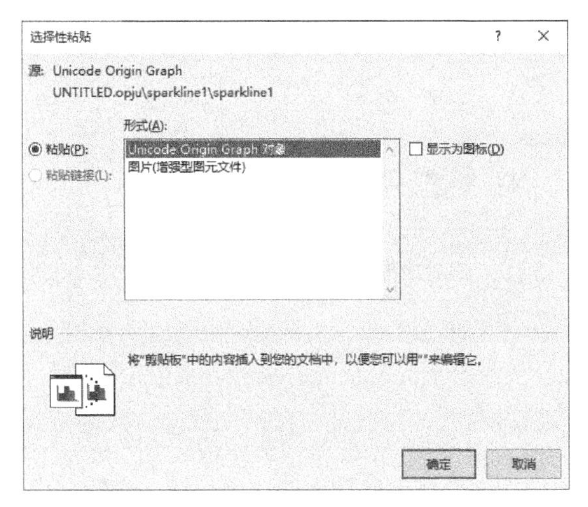

图 8-21　“选择性粘贴”对话框

图 8-22　“由文件创建”选项卡

3）单击“浏览”按钮，在打开的对话框中选择所要插入的 *.ogg 文件，单击“打开”按钮。

4）在“对象”对话框中确认“链接到文件”复选框已勾选，单击“确定”按钮。这样，Origin 图形就链接到 Word 应用程序的文件中了。

在目标应用程序中建立对 Origin 图形的链接后，该图形即可使用 Origin 软件进行编辑。操作步骤如下。

1）启动 Origin，打开包含链接源图形的项目文件或绘图窗口文件。

2）在 Origin 中修改图形后，执行菜单栏中的“编辑”→“更新客户端”命令，目标应用程序中所链接的图形随之更新。

用户也可以直接在目标应用程序中采用如下操作步骤。

1）双击链接的图形，启动 Origin，在绘图窗口中显示该图形。

2）在 Origin 中修改图形后，执行菜单栏中的“编辑”→“更新客户端”命令，此时应用程序中所链接的图形随之更新。

8.3　图形和布局窗口的输出

Origin 提供的图形输出过滤器，可以把图形或布局窗口保存为图形文件，供其他应用程序使用。此时该图形可在其他应用程序中显示，但不能使用 Origin 软件编辑。该方法的缺点是每当图形被修改，需要重新输出和插入，不能自动更新。

8.3.1 通过剪贴板输出

通过剪贴板输出的操作方法如下。

1）激活绘图窗口，执行菜单栏中的“编辑”→“复制页面”命令，图形即被复制进剪贴板。

2）切换到其他应用程序中，执行菜单栏中的“编辑”→“粘贴”命令，即可完成通过剪贴板将 Origin 图形和布局窗口输出到应用程序的操作。

通过剪贴板输出的图形默认比例为 100%，该比例为输出图形与图纸的比例。通过在 Origin 的菜单栏中执行“设置”→“选项”命令，可以打开“选项”对话框，切换到“页面”选项卡的“复制图”选项组，在“大小因子”下拉列表框中可以对输出比例进行设置，如图 8-23 所示。

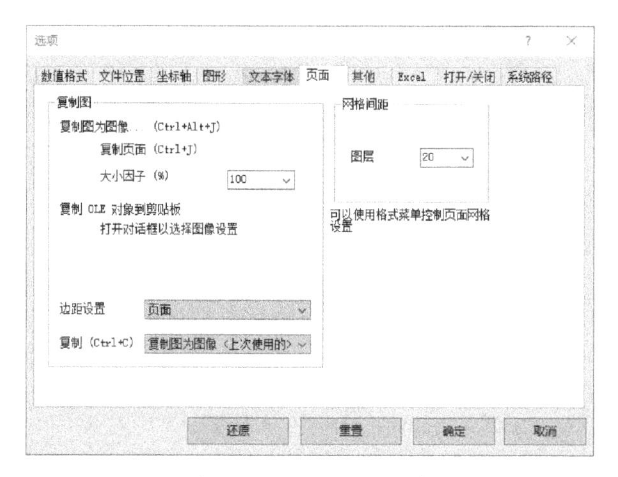

图 8-23 “页面”选项卡

8.3.2 图形输出基础

无论是 Origin 的绘图窗口还是布局窗口，都可以执行菜单栏中的“文件”→“导出图（高级）”/“导出布局（高级）”命令，在弹出的图 8-24 所示的对话框中进行设置，将窗口输出为图形文件。

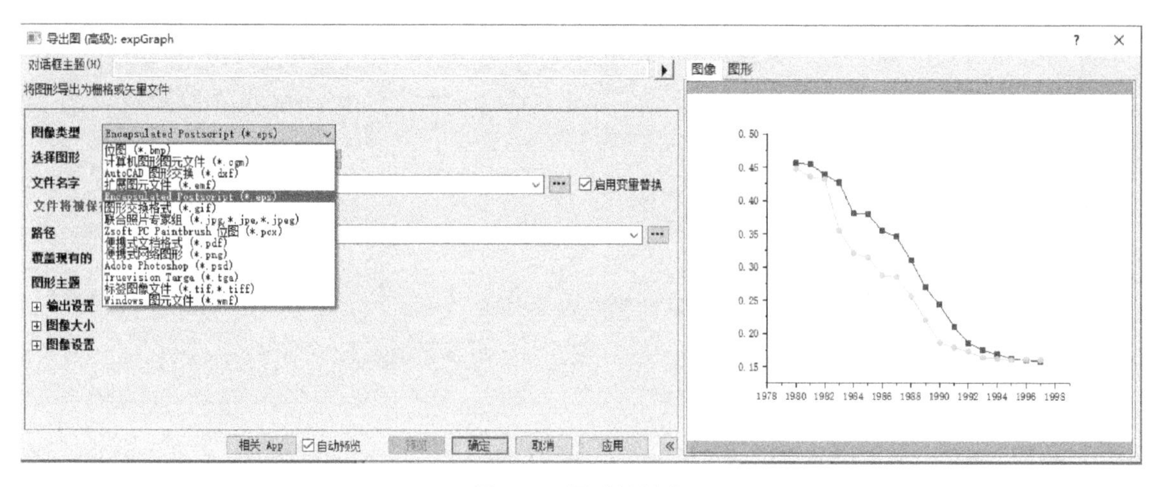

图 8-24 图形的导出

选择其中一种图形文件格式，输入文件名和文件保存路径，单击“确定”按钮即可保存文件。

Origin 支持多种图形格式，每种格式的使用范围并不相同。图形可以分为矢量图和位图两类。

1）矢量图是以点、直线和曲线等形式保存在文件中，文件很小，可以无限缩放而不失真，既适合屏幕显示，又适合打印输出。

2）位图（或称光栅图）保存后文件很大，一般不适宜放大，放大可能存在失真现象，受限于图形的分辨率，使用场合不同分辨率也要不同。

Origin 图形格式及其特性见表 8-1。

表 8-1 图形的格式及特性

格式来源	扩展名	格式	适用范围及特性
位图	*.BMP	矢量图	Windows 通用
计算机图形文件	*.CGM	矢量图	
AutoCAD 图形交换	*.DXF	矢量图	
Encapsulated PostScript	*.EPS	矢量图	出版
扩展图元文件	*.EMF	矢量图	Windows 通用
图形交换格式	*.GIF	矢量图	网络，最多 256 色
联合照片专家组	*.JPG	矢量图	网络，真彩图有损压缩
Zsoft PC Paintbrush 位图	*.PCX	矢量图	
便携式网络图形	*.PNG	矢量图	网络
Truevision Targa	*.TGA	矢量图	出版
便携式文档格式	*.PDF	矢量图	出版
Adobe Photoshop	*.PSD	矢量图	
标签图像文件	*.TIF	矢量图	出版
Windows 图元文件	*.WMF	矢量图	Windows 通用

8.3.3 图形格式选择

矢量图在处理曲线图形时拥有很多优秀特性，适合在文档中插入（可以无限缩放而不失真）和输出到打印机中进行打印（与分辨率无关，可以得到高质量的输出）。

在矢量图格式中，EPS 是一种平台和打印机硬件无关的矢量图，是所有矢量图的首选格式，而 EMF 和 WMF（EMF 是 WMF 的扩展）这两种格式则是 Windows 平台中最常用的矢量图格式，也属于推荐选择。

EMF 格式输出的对话框如图 8-25 所示。其中，“文件名字”选项默认采用长名称自动命名。输出文件后，在 Word 中通过“插入”选项卡中的“插入图片”命令，导入文件到文档中并调整大小，调整时请保持图像的纵横比。

在很多情况下出版印刷并不支持矢量图，而支持 TIF 位图格式。由于位图受到多种因素的影响，因此其参数比矢量图要复杂一些，重点需要关注图形的分辨率，建议的 DPI 分辨率为 600 或 1200，这也是很多杂志要求的分辨率，如图 8-26 所示。

注意：TIF 格式提高分辨率后输出的文件会非常大，通常一个文件会达到 100MB，因此在发给出版机构前需要对文件进行压缩，通常采用 LZW 压缩方式。

图 8-25　输出 EMF 格式文件

图 8-26　输出 TIF 格式

GIF 格式用于输出到网络，只需要使用 72~96DPI 即可。PNG 格式可以作为 GIF 格式的扩展（GIF 格式只支持 256 色图形，PNG 格式不受此限制）。

说明：除了图形的输出外，分析报告也可以输出。分析报告多采用 PDF 格式，输出时可以设置为黑白或彩色。工作表也可以输出为 ASCII 格式，以便其他软件使用。

8.4 打印输出

绘图窗口中显示的元素一般都可以打印输出。相反，如果元素没有显示在绘图窗口中，就不能打印输出。因此，在打印之前，需要设置显示元素。

8.4.1 元素显示控制

Origin 提供了菜单命令来控制绘图窗口中元素的显示，执行菜单栏中的“查看”→“显示”下的相关命令，选中想要显示在打印图形中的元素即可，如图 8-27 所示。

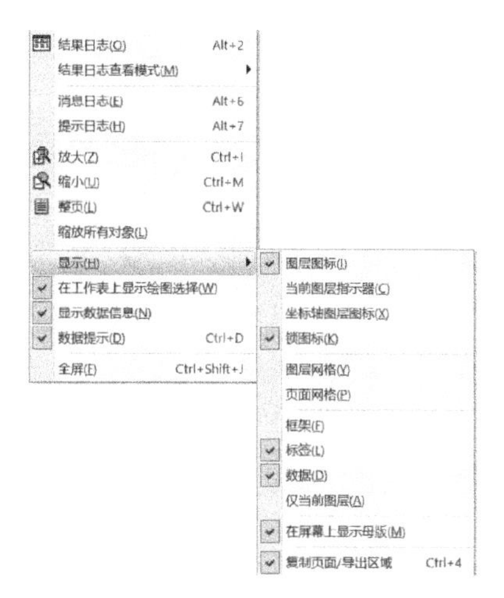

图 8-27 “显示”菜单

当“显示”菜单中选项前有勾选符号时，表示该项已经被选中，即可以显示和打印。“显示”子菜单中部分选项含义见表 8-2。

表 8-2 “显示”子菜单中各选项含义

元素名称	选项含义	元素名称	选项含义
图层图标	显示/隐藏图层的图标	框架	显示/隐藏激活层的图形边框
当前图层指示器	显示/隐藏激活图层的图标	标签	显示/隐藏图例
图层网格	显示/隐藏对象格栅	数据	显示/隐藏数据曲线
页面网格	显示/隐藏坐标轴格栅	仅当前图层	显示/隐藏非激活的图层

8.4.2 打印的页面设置和预览

打印页面设置的操作步骤如下。

1）执行菜单栏中的“文件”→“页面设置”命令，打开“页面设置”对话框。

2）在对话框中对纸张的大小、方向、页边距等进行设置后，单击“确定”按钮，完成页面设置。

Origin 在打印一个图形文件前，提供了打印预览功能。通过打印预览，可以查看绘图页上的图形是否处于合适的位置、是否符合打印纸的要求等。

执行菜单栏中的“文件”→“打印预览”命令，即可打开打印预览窗口。

8.4.3 打印参数设置

本小节将对如何打印绘图窗口、如何打印工作簿窗口或矩阵窗口以及如何打印到文件的相关设置进行介绍。

1. 打印绘图窗口

Origin 的“打印”对话框与打印的窗口有关。当 Origin 当前窗口为绘图窗口、函数窗口或布局窗口时，“打印”对话框如图 8-28 所示。

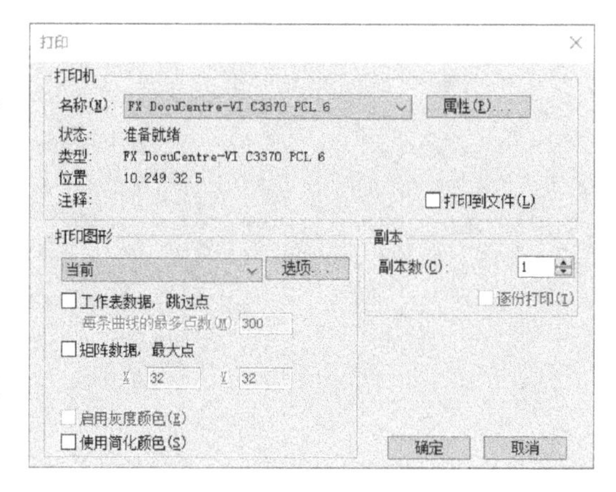

图 8-28　绘图窗口的“打印”对话框

1）在对话框的“名称”下拉列表中选择打印机（打印机可在 Windows 的控制面板中添加），勾选“打印到文件”复选框，可以把所选的窗口打印到文件，创建 PostScript 文件。

2）“打印图形”下拉列表中包括“当前”“项目里的所有”“当前文件夹的所有”等选项。

3）“工作表数据，跳过点”和“矩阵数据，最大点”复选框用于控制打印图形上曲线的点数，以提高打印速度。勾选复选框以后，在其后的文本框中输入每条曲线最大的数据点数。当数列的长度超过规定的点数时，Origin 就会排除超过的点数，在数列内均匀取值。

4）“启用灰度颜色”复选框：使用黑白打印机时，Origin 默认把所有的非白颜色都视为黑色。如果勾选该复选框，Origin 将用灰度模式打印彩色图形。

2. 打印工作簿窗口或矩阵簿窗口

工作簿窗口或矩阵簿窗口被激活时，“打印”对话框如图 8-29 所示。在该对话框中，用户可以设置打印的行和列的起始、结束序号，从而打印某个范围内的数据。

3. 打印到文件

打印到 PostScript 文件的步骤如下。

1）激活要打印的窗口，执行菜单栏中的“文件”→“打印”命令，打开“打印”对话框。

2）在“名称”下拉列表中选择一台 PostScript 打印机。

3）在对话框内勾选“打印到文件”复选框。

4）单击“确定”按钮，打开“打印到文件”对话框，如图 8-30 所示。

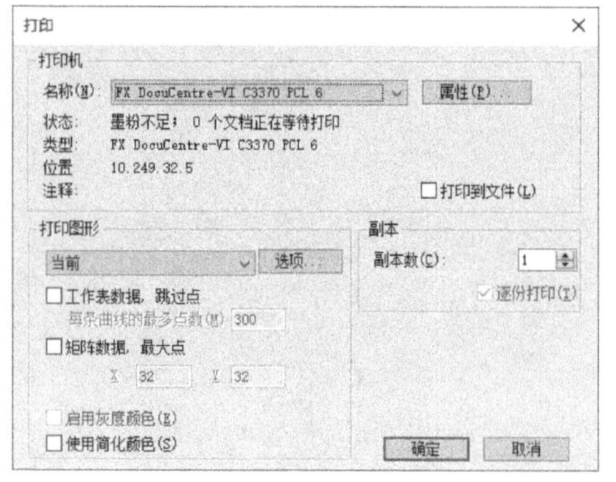

图 8-29　“打印”对话框

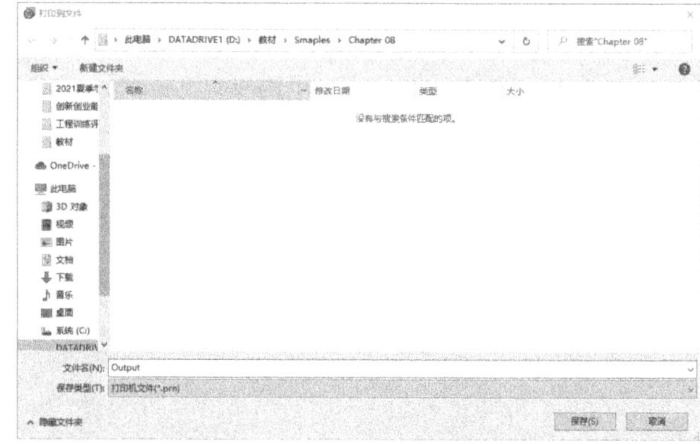

图 8-30　“打印到文件”对话框

5）在对话框中选择保存文件的位置，并输入文件名，单击“保存”按钮，此时该窗口即可打印到指定的文件。

8.4.4 论文出版图形输出技巧

论文的出版要求图形较小（由于是分栏排版，宽度最小要求为 6cm），但仍要能清晰地阅读坐标、数据、数据曲线、多曲线比较等信息，即要求图形“可读性”很高，因此要做一些特殊处理。下面给出部分学术论文写作和发表时图形的处理技巧，供参考。

- 所有的曲线颜色使用深色调，因为论文最终是黑白印刷的。
- 所有线条（包括坐标轴）加粗。
- 不同曲线使用不同的符号，符号大小值要调大。
- 图形中出现的文字（标题、坐标轴数值、标记等）设置为 36 点。
- 字形的选择原则上以清晰为主，文字部分可以加粗体，坐标轴数值不要加粗。
- 如果输出时出现乱码，则要将出现乱码的符号字体改为中文字体。
- 将图形输出为 EMF 或 EPS 格式，在文档中插入图形，保持图形的纵横比调整大小，并以此为基础进行打印。
- 论文出版前，出版机构一般要求单独提供 TIF 格式的图形文件，不低于 600DPI。然后按前面介绍的方法进行输出，一起打包压缩后发给出版机构。

8.5 小结与思考

Origin 可与其他应用程序共享定制的图形，本章主要介绍了 Origin 中图形的输出方式，包括以图形对象（Object）的形式输出到其他软件（如 Word 中共享）、以图形文件（包括矢量图或位图）的形式输出以便插入到文档中使用、以布局页面的形式输出和打印输出。下面给出开放性的讨论题目供读者在学习时思考。

1）描述如何向布局窗口添加图形、工作表等对象。

2）讨论排列布局窗口中对象的技巧和最佳实践。

3）概述共享 Origin 图形到其他软件的方法。

4）讨论在其他软件中创建与 Origin 图形的链接的步骤及其用途。

5）介绍图形输出的基本步骤和注意事项。

6）比较不同图形格式的选择及其适用场景。

7）描述论文出版图形输出时的技巧。

8）描述在 Origin 中进行打印输出前的元素显示控制方法。

9）综合上述内容，介绍如何设计一个完整的版面设计与输出流程，包括从创建图形到输出最终图形的所有步骤。

第9章 编程及自动化

Origin 软件提供了数据表、科技绘图、数学分析的框架和丰富的功能，但在实际应用中经常需要 Origin 没有提供的功能，这时就需要使用编程和定制来实现。

Origin 是一种基于开放式框架的绘图软件，不但允许进行个性化的定制，如使用 Import Filter（导入过滤器）定制导入参数、使用 Templates（模板）定制各种子窗口、使用 Themes（主题）定制对象格式等，Origin 提供了 LabTalk 脚本和 Origin C 编程语言两套编程环境，以及包括 X-Function 在内的 3 种编程方法。

9.1 LabTalk 脚本语言

LabTalk 脚本是 Origin 内置的编程语言，使用起来比较简单。LabTalk 属于解释型的脚本语言。使用时直接输入命令运行而不用其他复杂操作，具有良好的交互性。

9.1.1 命令窗口

执行菜单栏中的“窗口”→“命令窗口”命令，可以打开图 9-1 的命令窗口，进行 LabTalk 程序编写。使用时在右侧的命令行中输入合法的语句，按下<Enter>键便会执行程序，同时在左边的窗口中记录下执行过程的程序代码。

执行菜单栏中的“窗口”→“脚本窗口”命令，可以打开图 9-2 所示的脚本窗口，其作用与命令窗口大同小异，功能略有差异。

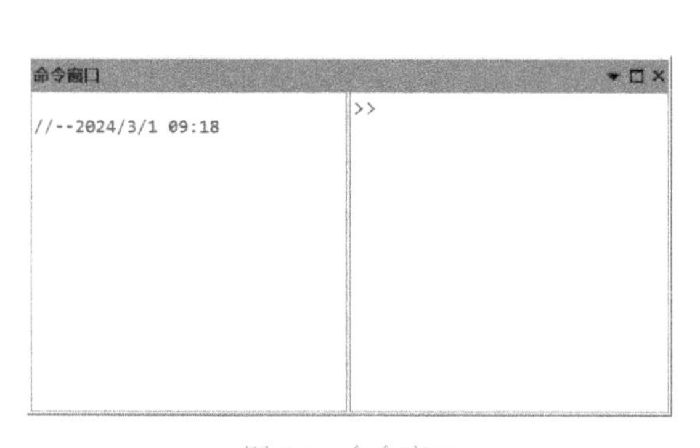

图 9-1 命令窗口

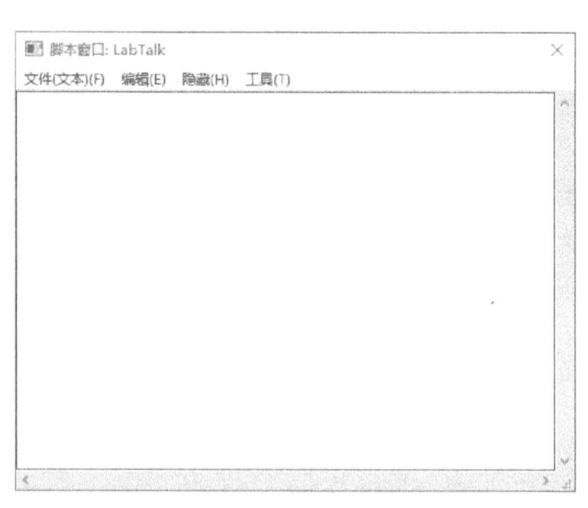

图 9-2 脚本窗口

在命令窗口进行输入的过程中，会提示可能的输入函数，方便使用，如图 9-3 所示。

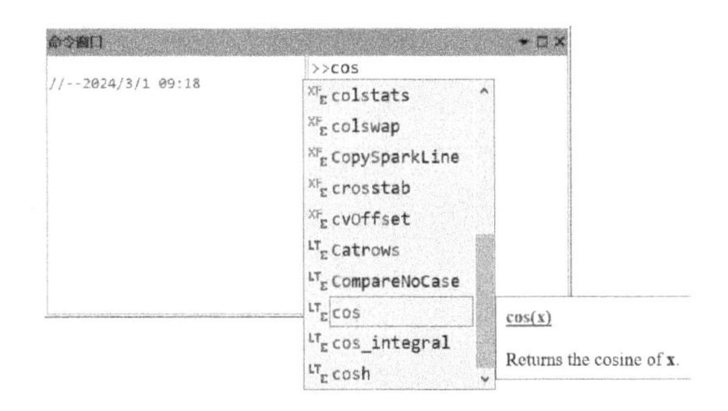

图 9-3　提示功能

9.1.2　执行命令

在命令窗口右边的命令行中输入要执行的命令，按下<Enter>键即可执行命令代码。如同 MATLAB 命令行窗口，结果会即时显示在代码下方，同时左边的窗口记录下曾经执行的代码（历史功能），如图 9-4 所示。

每执行一行代码，得到的变量值都会被 Origin 记录，所以可以一行一行地输入要执行的代码，以便完成多行代码的执行，如图 9-5 所示。

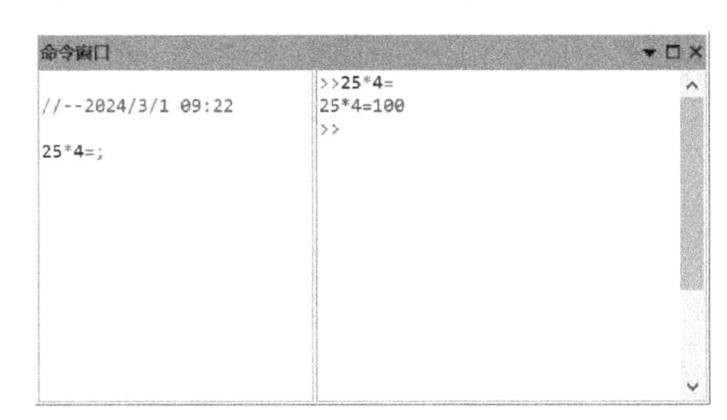

图 9-4　直接运算

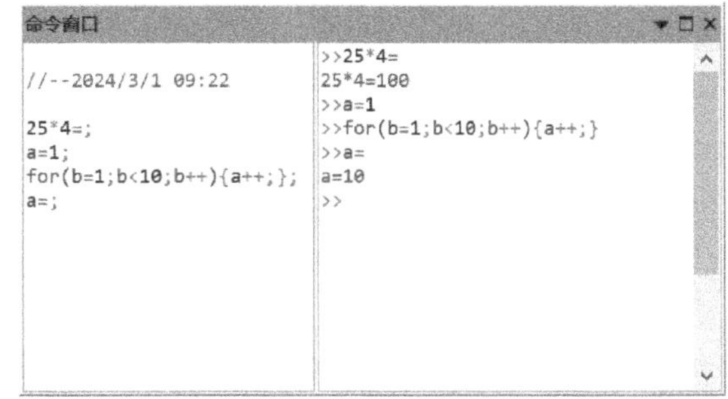

图 9-5　多行命令

在命令窗口里，编写的代码一般不宜太长，并且要注意符合语法规则，因为在这个窗口里，代码是即时检验的，一旦发生语法错误，会马上因为报错（#Command Error！）而终止，如图 9-6 所示。

用户也可以在其他的文本编辑器里面事先编写好代码，然后粘贴到命令栏中执行，这样可以提高编程效率，如图 9-7 和图 9-8 所示。

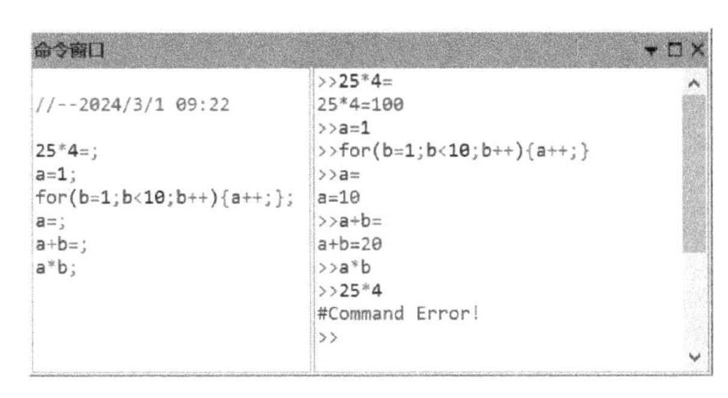

图 9-6　语法检测

图 9-7　用记事本编辑批命令

在 LabTalk 中，除了使用基本语句之外，还可以在语句中使用函数，在输入过程，会提示响应的函数，如图 9-9 所示。

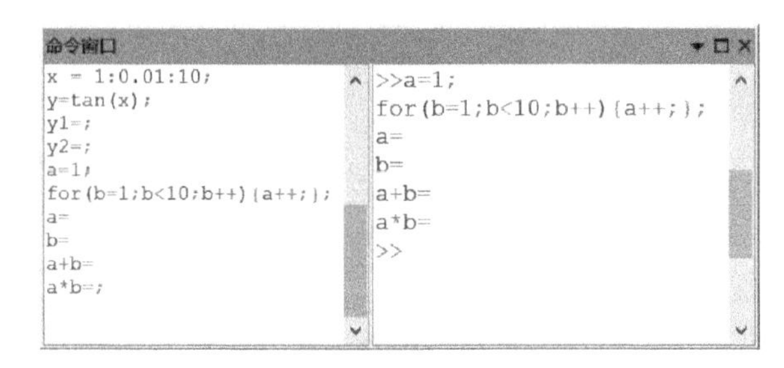

图 9-8　粘贴到命令窗口中执行

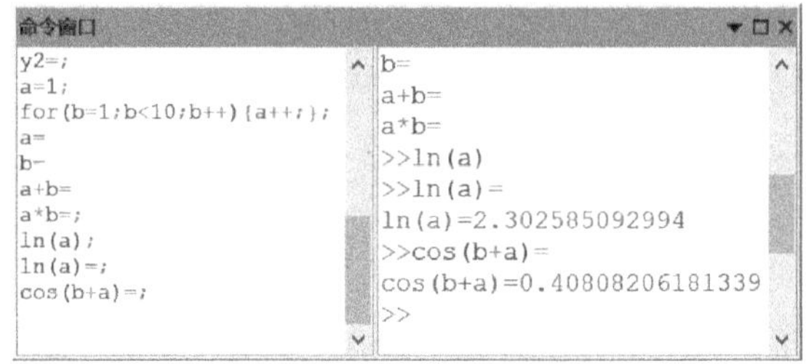

图 9-9　使用函数

LabTalk 可以从工作表中读取数据，或者输出结果到工作表中。当不存在工作簿或工作表时，创建的对象会根据结果自动创建，如图 9-10～图 9-12 所示。

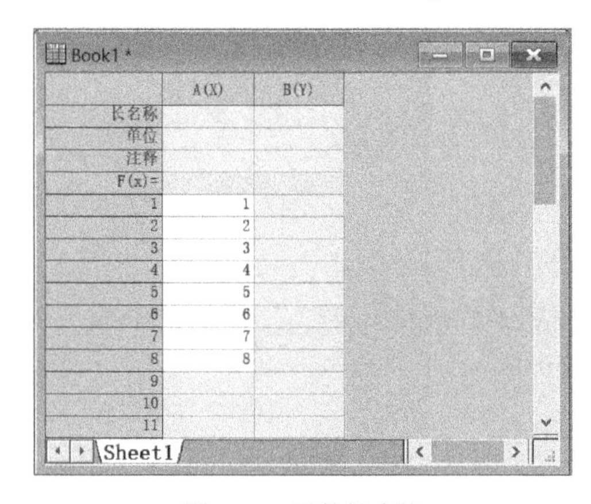

图 9-10　源数据表格

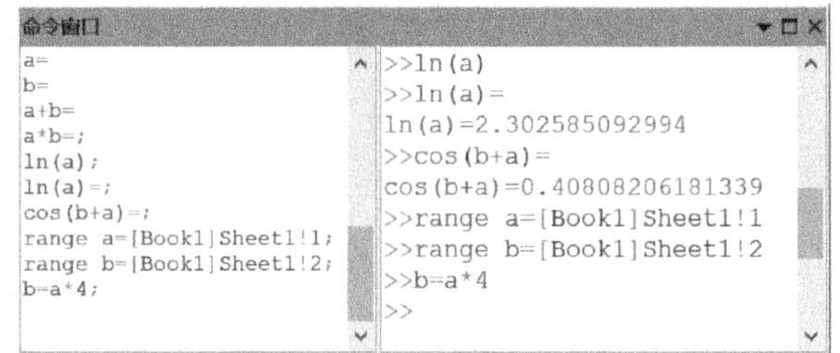

图 9-11　使用数据表中的内容进行运算

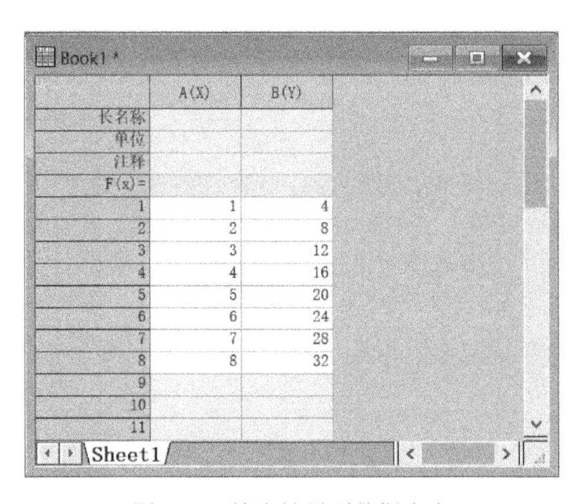

图 9-12　输出结果到数据表中

9.1.3　LabTalk 语法

本节将对 LabTalk 的语法结构进行介绍。

1. 变量和对象

1）LabTalk 支持整型、双精度、字符串、字符串数据组、范围、二叉树、数列等变量类型，如 A=52、strTemp $=" hello world"、a=[Book1]Sheet1!1 等。

2）编程语言经常是以对象作为基本概念，一个对象拥有与之相关的属性用于读写等一系列的操作方法。

3）在 Origin 中进行编程，除抽象意义上的对象概念外，还需要操作包括工作簿、绘图窗口、层、表、数据集等对象。

2. 赋值

1）基本格式为：“对象名=表达式”。

2）字符串对象不能用于运算，数据对象可以用于运算。

3）对象名只能以英文开头，而且完全由英文和数字组成；如果对象不存在，则会自动生成对象并对其赋值。

4）当对象名前面不带任何标识符时，则表示该对象是一个数据变量，并把表达式的值赋予该变量。例如，输入 a=35，则 a 的值为 35。

5）当对象名有一个%加一个大写的 A~Z，表达式为一个字符串时，则表示该对象是一个字符串，并把表达式的值赋予该变量。例如，输入%A=OriginLab，则%A 的值为字符串 OriginLab。

6）如果对象名是一个%加一个大写的 A~Z 时，而表达式为一个数据集名，则表示该对象是一个数据集，并把表达式的值赋予该对象。

7） $(数据) 可以把数据转换成字符串。例如，输入%A= $(66)，则%A 的值为字符串 66。

8）#或//后可以添加注释，注释不会被执行。例如，输入 a=8;//b=6，则 a 的值为 8，“b=6”没有执行，b 仍然未被赋值。

3. 操作数据集

1）创建数据集的格式为：“数据集名 数据集大小”。例如，输入 Create origin 20，则可以创建一个名为 origin 的 Worksheet。

2）编辑数据集为：“edit 数据集名”。例如，输入 edit origin 可以打开 Worksheet origin，用户会发现它有 X、Y 两列，X 列默认标题为 A、行数为 17。

3）“表名_列名”为要操作的列。比如 origin_A 是指 origin 数据集中名为 A 的列。

4）“数据集名=data（初始数字，结尾数字，间隔数字）”可以直接创建数据集并以“初始数字”为开始，“结尾数字”为结尾，“间隔数字”为间隔，把数字填入数据集。例如，输入 origin=data（1，100，3），则可以在 Worksheet origin 的 Y 轴从 1 至 34 行以 1，4，7，10，13……的顺序填入数据。

5）要填入确定值的数据，可以用“数据集名= {表达式 1，表达式 2，…} ”。

6）要给特定数据赋值，可以用“数据集名［下标］=表达式”的形式。例如，输入 origin1[3]=160，则可以在 Y 轴的第 3 行填入数据 160。

7）用“col(列号)= 表达式”的形式可以给列赋值。“col(列号)[行号]=表达式”的形式可以给表中特定元素赋值。例如，输入 col(2)= 50，则可以在 Y 轴所有单元格填入数据 50。

8）如果表中包含文本，则要用“col(列号)[行号] $=表达式”的形式来赋值。

9）可以用“变量=表名_列名(表达式)”来搜索表达式在数据集中的位置。例如，输入 origin_A(10)=，则输出 origin_A(10)= 28。

10）需要注意的是，要使用已有的数据集，不能只写“edit 数据集名”，要先用“create 数据集名”做一个同名的数据集。

11）“%（数据集名，列号，行号）”可以返回特定单元格的值。

12）“%（列号，@L）”可以返回列名。例如，输入%(1,@L)，则输出 A=--。

说明：选项为#时，返回数据集的列总数；选项为 C 时，返回该列名；选项为 D 时，返回该数据集名；选项为 T 时，返回该列数据类型。更多信息请参考 Origin 编程帮助文档。

4. 数据运算

Origin 可以用函数来操作数据，这些函数中包括 sin( )、cos( ) 等复杂一些的数据操作方法，具体可以参考 Origin 的编程帮助文件。LabTalk 的基本数据操作见表 9-1。

表 9-1　数据操作符号

<table>
<tr><th>符号</th><th>表达式</th><th>作　　用</th><th>符号</th><th>表达式</th><th>作　　用</th></tr>
<tr><td>+</td><td>x+y</td><td>加法</td><td>+=</td><td>x+=y</td><td>将 x 赋为 x 加 y，同 x=x+y</td></tr>
<tr><td>-</td><td>x-y</td><td>减法</td><td>-=</td><td>x-=y</td><td>将 x 赋为 x 减 y，同 x=x-y</td></tr>
<tr><td>*</td><td>x * y</td><td>乘法</td><td>*=</td><td>x * =y</td><td>将 x 赋为 x 乘以 y，同 x=x * y</td></tr>
<tr><td>/</td><td>x/y</td><td>除法</td><td>/=</td><td>x/=y</td><td>将 x 赋为 x 除以 y，同 x=x/y</td></tr>
<tr><td>^</td><td>x^y</td><td>乘幂</td><td>^=</td><td>x^=y</td><td>将 x 赋为 x 的 y 次方，同 x=x^y</td></tr>
<tr><td>=</td><td>x=y</td><td>赋值</td><td>>=</td><td>>=</td><td>判断 x 是否大于或等于 y</td></tr>
<tr><td>&</td><td>x&y</td><td>按位与（二进制）</td><td><=</td><td>x<=y</td><td>判断 x 是否小于或等于 y</td></tr>
<tr><td>|</td><td>x | y</td><td>按位或（二进制）</td><td>==</td><td>x==y</td><td>判断 x 是否等于 y</td></tr>
<tr><td>></td><td>></td><td>判断 x 是否大于 y</td><td>!=</td><td>x!=y</td><td>判断 x 是否不等于 y</td></tr>
<tr><td><</td><td><</td><td>判断 x 是否小于 y</td><td>&&</td><td>x&&y</td><td>判断 x 与 y 是否均为 true</td></tr>
<tr><td>++</td><td>x++</td><td>将 x 增加 1，同 x=x+1</td><td>||</td><td>x||y</td><td>判断 x 或 y 是否为 true</td></tr>
<tr><td>--</td><td>x--</td><td>将 x 减少 1，同 x=x-1</td><td>?:</td><td>x? y: z</td><td>x 为 true 时返回 y
x 为 false 时返回 x</td></tr>
</table>

在 Origin 矩阵簿下编辑矩阵时，执行菜单栏中的“矩阵”→“设置值”命令，弹出“设置值”对话框，在“函数”下拉菜单中也给出了这些函数及其用法，基本上可以在脚本窗口中直接使用。表 9-2 列出一些常用的数学函数。

表 9-2　常用数学函数表

函　数	返　回　值	函　数	返　回　值
Prec(x,p)	返回 x 的 p 位有效数字的科学记数法表示的形式	Round(x,p)	返回 x 的 p 位有效数字四舍五入的数字
Abs(x)	返回 x 的绝对值	Angle(x,y)	返回 x，y 以弧度表示的角度
Exp(x)	返回以自然对数 E 为底数，x 为指数的表达式的值	Ln(x)	返回以自然对数 E 为底数的 x 的指数
Sqrt(x)	返回 x 的开平方根	Log(x)	返回以 10 为底数的 x 的指数
Int(x)	返回 x 的 Integer 值	Nint(x)	相当于 round(x,0)
Sin(x)	返回 x 的正弦值	Asin(x)	返回 x 的反正弦值
Cos(x)	返回 x 的余弦值	Acos(x)	返回 x 的反余弦值
Tan(x)	返回 x 的正切值	Atan(x)	返回 x 的反正切值

5. 流程控制

1）程序执行。“程序段 1；程序段 2；…程度段 N”，就是说，程序段之间用分号隔开，直到程序段后不带分号，按下<Enter>键时，程序就会执行（记住写完整之前不要换行）。

2）宏语句。“define 宏名 {内容} ”，创建宏以后可以直接用它的名字来代替执行宏的内容，而且宏比一般程序段的优先级高。

9.2 Origin C 语言

由于脚本语言（如 LabTalk）是没有经过编译的，在处理大量程序时，速度比较慢。为了提高运行速度，Origin 中添加了 Origin C 语言，它是建立在 C/C++的基础上的，其编译器是在 ANSI C 的基础上扩充的。

9.2.1 工作环境

执行菜单栏中的“查看”→“代码编译器”命令，可以打开 Origin C 的编辑窗口 Code Builder，如图 9-13 所示。此窗口即为 Origin C 集成开发环境（Integrated Development Environment，IDE）。

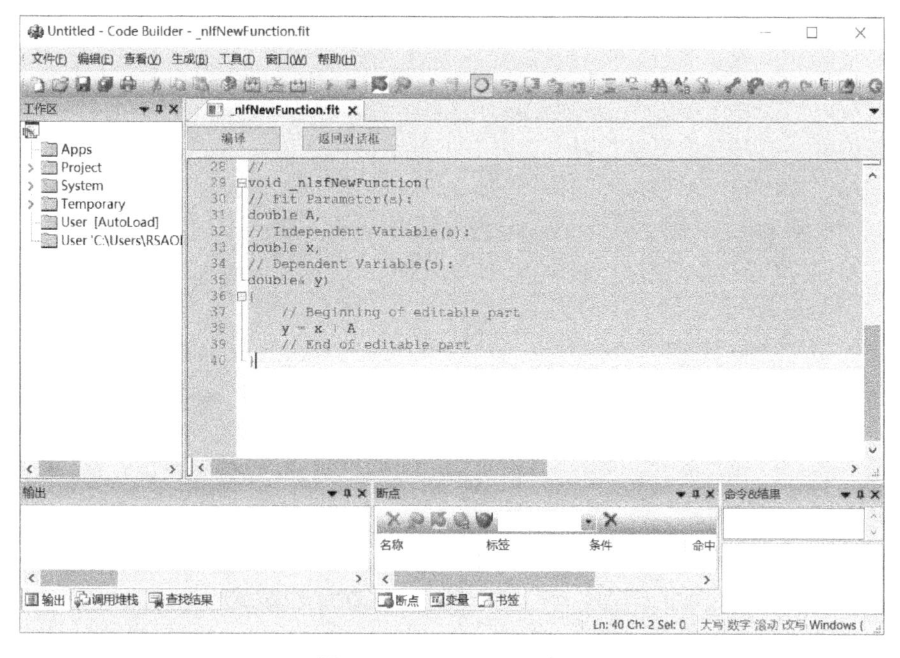

图 9-13　Code Builder 窗口

用户可以把 Code Builder 窗口当成一个文本编辑器，在左侧工作区文件目录树中可以选择要打开的程序。

右侧是文本编辑框，用于程序的编写；右下是 LabTalk 窗口，可以用来测试写好的程序；左下的窗口用于显示编译器运行的情况。

在工具栏中，（编译）按钮可以编译当前的程序文件，（生成）按钮可以编译已修改的程序文件，（全部生成）按钮则是将所有程序重新编译。

9.2.2 创建和编译 Origin C 程序

在 Code Builder 窗口中单击 （新建）按钮，打开“新文件”对话框。在该对话框中选择 C File 类型，在“文件名称”文本框中输入文件名“My Function”，勾选“添加到工作区”和“使用默认代码模板”复选框，如图 9-14 所示。

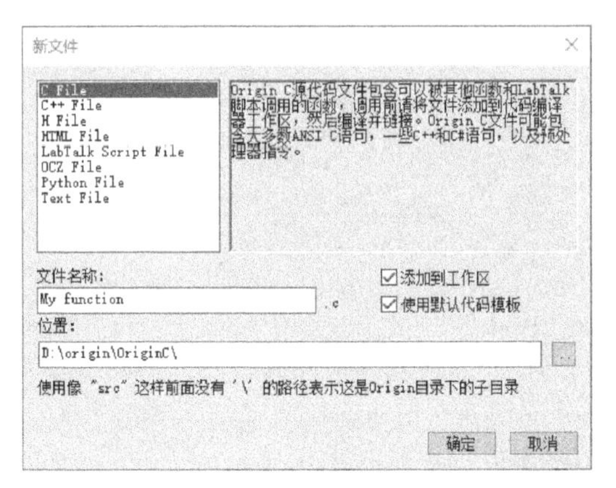

图 9-14 “新文件”对话框

单击“确定”按钮，此时在 Code Builder 的多文档界面中创建了一个新的原程序。像所有 C 语言程序一样，Origin C 在原程序中须含有一个头文件。

```
#include<origin.h>
```

在 Origin C 集成开发环境中输入 AsymGauss 函数，如图 9-15 所示。

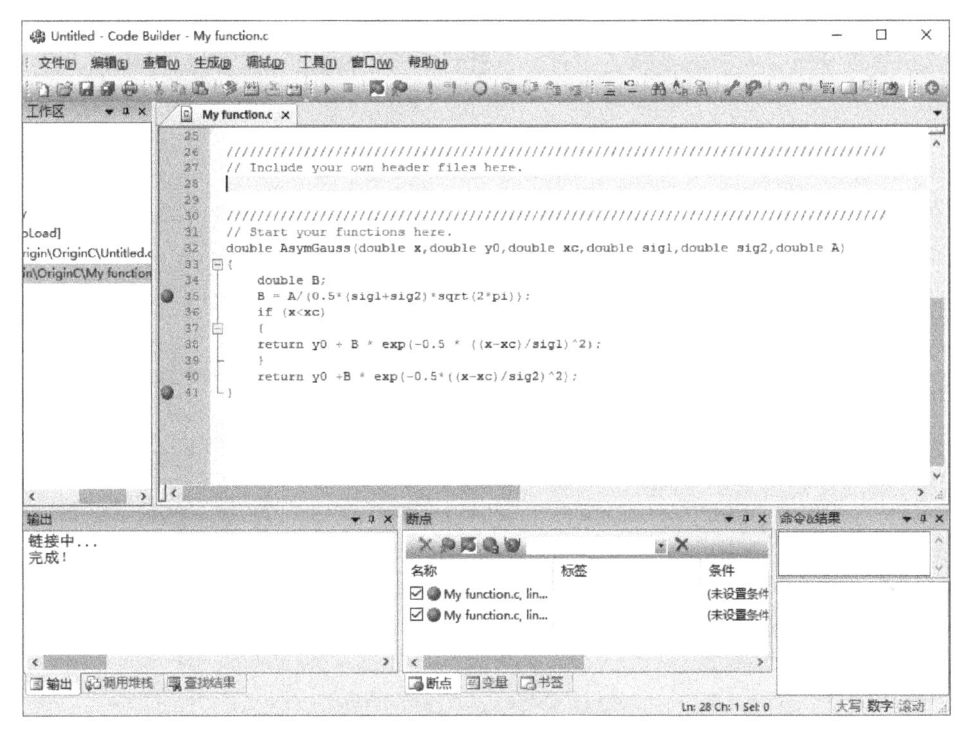

图 9-15 创建新的原程序

函数内容如下。

```
double AsymGauss (double x, double y0,double xc,double sig1,double sig2,double A)
{
    double B;
    B = A/(0.5 * (sig1+sig2) * sqrt(2 * pi));
    if(x<xc)
    {
```

```
        return y0+B * exp(-0.5 * ((x-xc)/sig1)^2);
    }
    return y0+B * exp(-0.5 * ((x-xc)/sig1)^2);
}
```

Origin C 集成开发环境中的原程序需要编译和链接后才能使用。在 Code Builder 的菜单栏中执行“生成”→“生成”命令，或单击“常规”工具栏中的按钮，进行编译和连接。编译和链接成功后显示在“输出”提示栏中，如图 9-16 所示。

在 Code Builder 的 LabTalk 窗口“命令 & 结果”栏中输入“AsymGauss (1, 2, 3, 4, 5, 6) = ”文本并按<Enter>键，则在其下方文本框中输出计算结果，如图 9-17 所示。通过该方法，可以检验编译的 AsymGauss 函数是否正确。

图 9-16　编译和链接成功提示

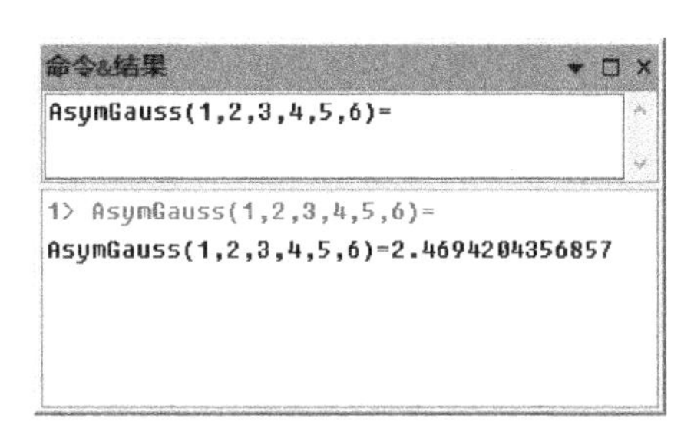

图 9-17　检验 AsymGauss 函数

9.2.3　使用 Origin C 函数

成功创建 Origin C 函数后，就可以在 Origin 的脚本窗口中调用了。例如，使用刚刚创建的 AsymGauss 函数对工作表中的列输入 AsymGauss 函数值的步骤如下。

1）在 Origin 中创建一个新的工作表，在工作表的 A(X)列输入自然数 1～10。

2）选中 B(Y)列，执行菜单栏中的“列”→“设置列值”命令，打开“设置值”对话框，在该对话框中输入“AsymGauss(col(A), 2, 3, 4, 5, 6)”，如图 9-18 所示。

3）单击“确定”按钮，则工作表 B(Y)列输入了对应于 A 列的 AsymGauss 函数计算值，如图 9-19 所示。

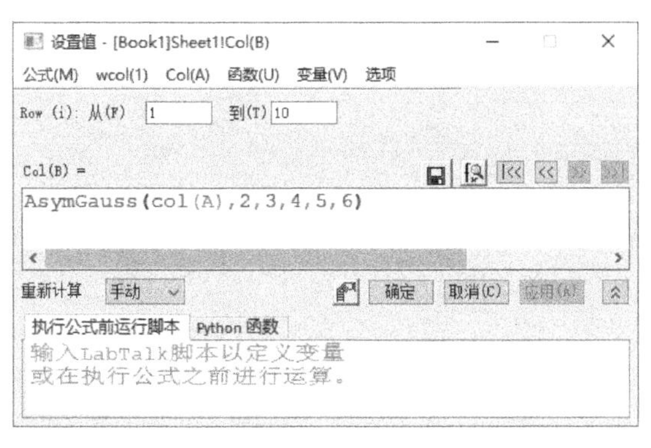

图 9-18　“设置值”对话框

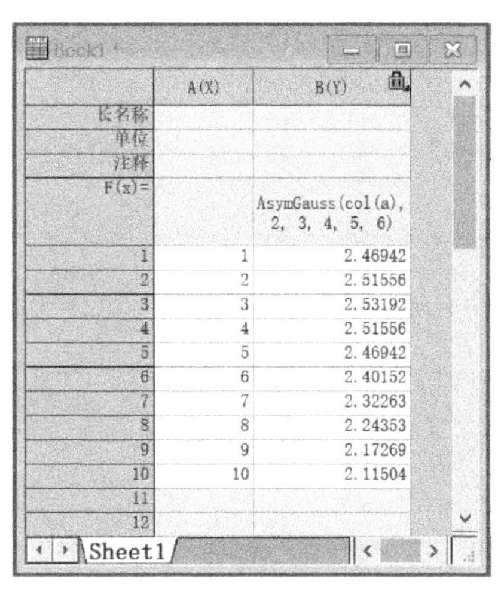

图 9-19　对应的 AsymGauss 函数计算值

9.3 X-Function

在 Origin 中，每个 X-Function 都是一个已编译好的 Origin C 程序。利用这些现成的 X-Function 可以方便地对 Origin 进行操作，用户也可以编写一些小程序来对数据进行批处理等操作。

9.3.1 X-Function 的使用

Origin 中除一部分 X-Function 函数可以通过菜单命令直接调用外，主要是在命令窗口中通过程序语句进行调用。其中的参数以参数名后跟：来表示，参数值用 = 号赋予参数。如 Average 函数，其中，iy 参数表示输入数据的范围，使用时语法为：

```
Average iy: =(col(1), col(2)) method:=2
```

格式使用方法如图 9-20 所示。

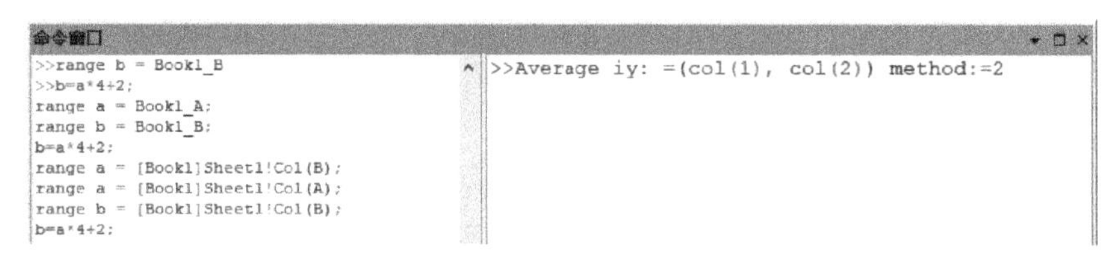

图 9-20　调用 X-Function 函数

关于 X-Function 的作用，可以参考 Origin 自带的帮助文档 *X-Function Reference*，里面很详尽地说明了各个函数的具体作用以及使用方法。

9.3.2 创建 X-Function

除了 Origin 自带的 X-Function 外，用户还可以创建自己的 X-Function。执行菜单栏中的“工具”→“X-Function 生成器”命令，可以打开图 9-21 的“X-Function 生成器”对话框。

单击对话框中的 （新建 X-Function 向导）按钮，打开“新建 X-Function 向导-输入变量数目”对话框。在该对话框中设置好输入和输出参数的个数和类型，如图 9-21～图 9-27 所示。然后编写各个参数之间的联系，参数的符号可以直接在代码里面使用。

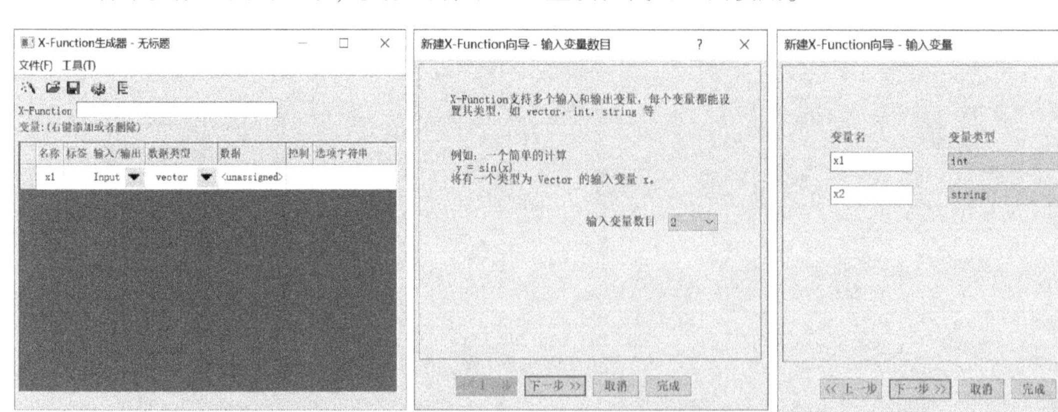

图 9-21　打开对话框　　图 9-22　输入变量数目　　图 9-23　输入变量

图 9-24 输出变量数目　　图 9-25 输出变量　　图 9-26 函数体

设置好各参数后单击"完成"按钮，返回到"X-Function 生成器"对话框，如图 9-28 所示。在 X-Function 文本框中填入函数名称"MyXFun"，单击 （保存）按钮，即可完成 X-Function 的创建与编辑。

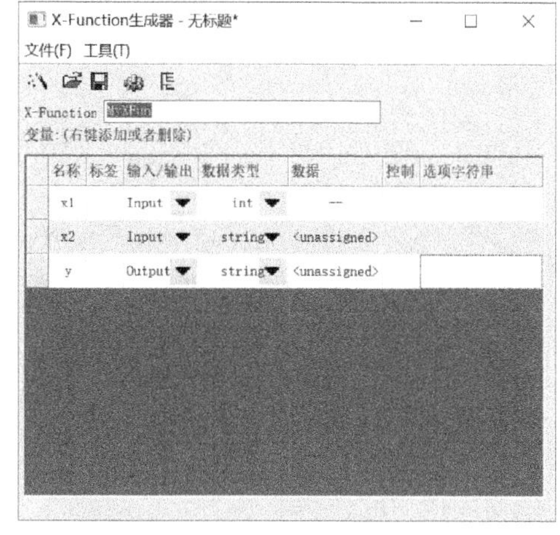

图 9-27 变量的默认数值　　图 9-28 保存 X-Function 设置

接下来测试所制作的 X-Function。在命令窗口中输入函数以及参数，运行结果如图 9-29 所示。

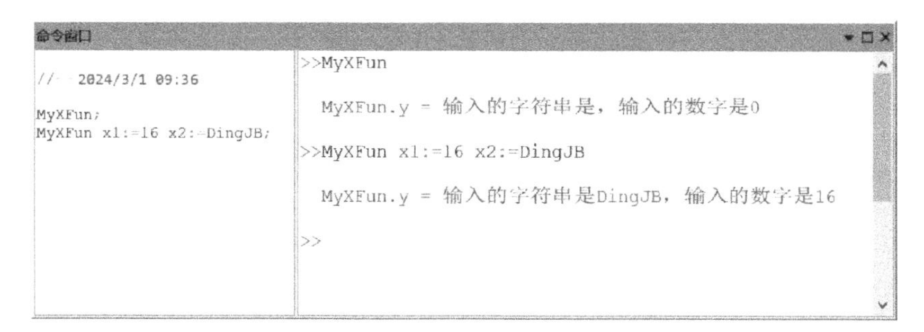

图 9-29 运行 X-Function

由上可以看出，在 Origin 中，通过编写 X-Function 可以实现用户想要的功能，并可重复调用，提高工作效率。

9.3.3 XF 脚本对话框

Origin 中内置了很多 X-Functions，执行菜单栏中的“工具”→“X-Function 脚本实例”命令，打开“XF 脚本对话框”对话框，如图 9-30 所示。

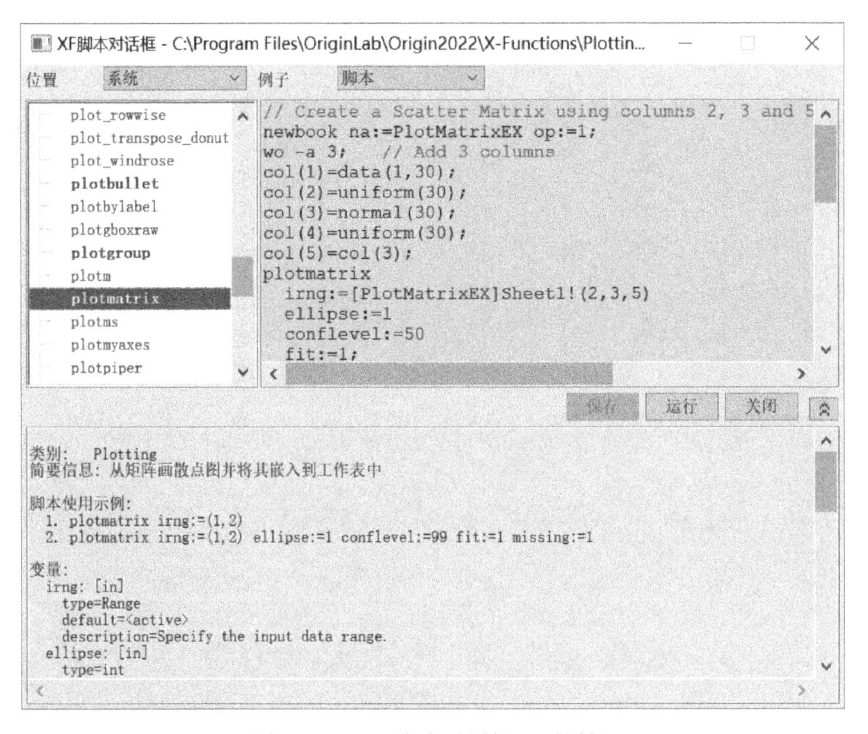

图 9-30 “XF 脚本对话框”对话框

在该对话框中可以看到部分 X-Function 的代码和函数的使用实例。系统 X-Function 是不能修改的；自定义 X-Function 是可以修改的。

在“XF 脚本对话框”对话框中选中 Plotmatrix 系统 X-Function 函数实例，单击“运行”按钮，即可运行该 X-Function 实例。

9.3.4 访问 X-Functions

Origin 提供了大量用于数据处理的 X-Function，其中的大部分可以通过 LabTalk 脚本进行访问。

通过脚本可以在命令窗口列出可以进行访问的 X-Function，了解函数语法。命令窗口前面已经介绍，它可以通过执行菜单栏中的“查看”→“命令窗口”命令打开。

X-Function 函数语法通常的形式：

```
xfname [-option]arg1 arg2…argM:=value…(argN:=value)
```

其中，arg1 arg2…argM 表示各参数，“:=”为参数赋值符号，后面为具体的参数值。例如：

```
Smooth (1, 2) npts:=5  method:=1  b:=1
```

表示采用 Savitzky-Golay 平滑方法、反射边界条件、平滑时窗口的数据点 5 对数据进行处理。

下面以平滑处理 X-Function 函数对信号数据进行处理为例，介绍在命令窗口中如何访问X-Function。

在命令窗口中输入 help smooth，打开 smooth 的帮助信息。smooth 的帮助目录如图 9-31 所示。从中可以了解该函数的各种信息和使用方法。例如：

在命令窗口输入 smooth(1,2)，表示采用 Savitzky-Golay 滤波默认设置对当前工作表第 1 ~ 2 列 XY 数据进行平滑处理。在命令窗口输入 smooth % c，表示采用默认设置对当前绘图窗口的数据进行平滑处理。下面结合实例进行介绍。

1）导入 Signal with Shot Noise. dat 数据文件，工作表如图 9-32 所示。

2.11.17 smooth

Contents

1 Menu Information
2 Brief Information
3 Additional Information
4 Command Line Usage
5 X-Function Execution Options
6 Variables
7 Examples
8 More Information
9 Related X-Functions

图 9-31　smooth 帮助目录

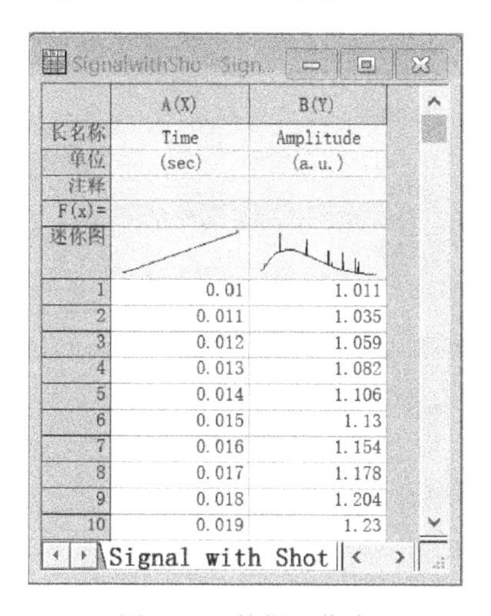

	A(X)	B(Y)
长名称	Time	Amplitude
单位	(sec)	(a. u.)
注释		
F(x)=		
迷你图		
1	0.01	1.011
2	0.011	1.035
3	0.012	1.059
4	0.013	1.082
5	0.014	1.106
6	0.015	1.13
7	0.016	1.154
8	0.017	1.178
9	0.018	1.204
10	0.019	1.23

图 9-32　数据工作表

2）在命令窗口中输入 smooth iy: = Col(2) method: = 1 npts: = 200（method: = 1 为默认 Savitzky-Golay 平滑方法，method: = 2 为 percentile filter 平滑方法，method: = 0 为 Adjacent-Averaging 平滑方法，npts: = 200 表示采用平滑时窗口的数据点），如图 9-33 所示。

对该数据进行了平滑处理，并在该工作表中新建两列，存放平滑处理后的数据，如图 9-34 所示。绘制图形如图 9-35 和图 9-36 所示。

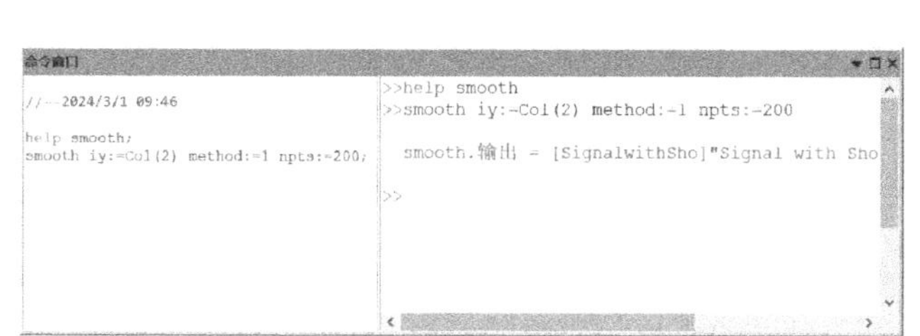

图 9-33　命令窗口

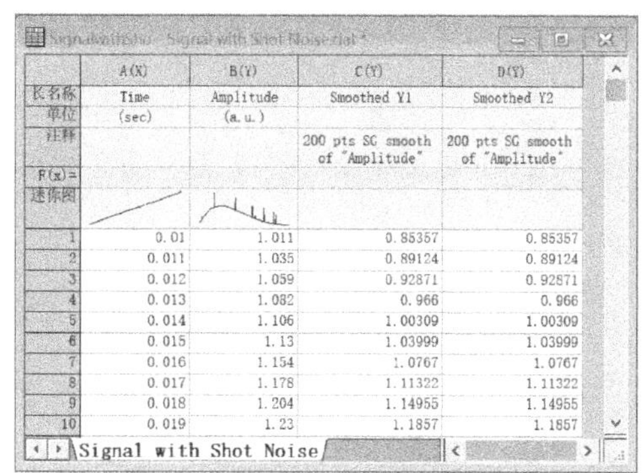

	A(X)	B(Y)	C(Y)	D(Y)
长名称	Time	Amplitude	Smoothed Y1	Smoothed Y2
单位	(sec)	(a. u.)		
注释			200 pts SG smooth of "Amplitude"	200 pts SG smooth of "Amplitude"
F(x)=				
迷你图				
1	0.01	1.011	0.85357	0.85357
2	0.011	1.035	0.89124	0.89124
3	0.012	1.059	0.92871	0.92871
4	0.013	1.082	0.966	0.966
5	0.014	1.106	1.00309	1.00309
6	0.015	1.13	1.03999	1.03999
7	0.016	1.154	1.0767	1.0767
8	0.017	1.178	1.11322	1.11322
9	0.018	1.204	1.14955	1.14955
10	0.019	1.23	1.1857	1.1857

图 9-34　平滑处理后的数据工作表

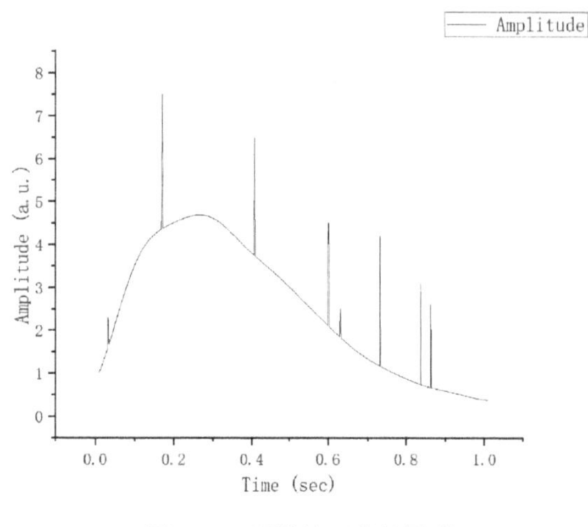

图 9-35　平滑处理前的图形

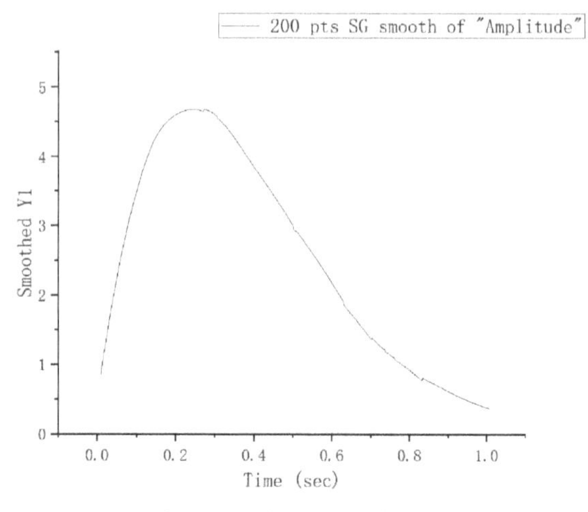

图 9-36　平滑处理后的图形

9.4 小结与思考

Origin 为不同科研领域的科学工作者进行绘图和数据分析设计提供了编程和定制方法，使用户能够根据不同需要灵活使用 Origin 工具。本章初步介绍了 LabTalk 脚本语言、Origin C 编程方法及 X-Function 功能的使用方式，读者应该结合实例，掌握 Origin 软件中有关编程和自动化的相关知识。下面给出开放性的讨论题目供读者在学习时思考。

1）描述 LabTalk 脚本语言在 Origin 中的作用。

2）讨论如何在 Origin 中执行 LabTalk 命令。

3）概述 LabTalk 语法的基本结构和规则。

4）解释创建和编译 Origin C 程序的步骤。

5）描述 X-Function 的基本使用方法。

6）讨论创建 X-Function 的过程和要点。

7）解释 XF Script 对话框在自定义 X-Function 中的作用。

8）描述如何访问和运行 X-Functions 以及它们在数据分析和图形绘制中的应用。

9）综合 LabTalk 脚本、Origin C 语言和 X-Function，设计一个自动化流程，包括数据处理、图形绘制和输出结果。

10）讨论编程及自动化在提高数据分析效率中的重要性，并给出实际应用实例。

第10章 曲线拟合

曲线拟合是数据分析中的常用方法，在试验数据处理和科技论文对试验结果讨论中，经常需要对试验数据进行曲线拟合，以描述不同变量之间的关系，找出相应函数的系数，建立经验公式或数学模型。Origin 提供了强大的曲线拟合功能，本章就来讲解这些内容。

10.1 分析报表

Origin 电子表格支持复杂的格式输出，并且使用专门的输出模块来呈现分析结果，这就是分析报表。

Origin 分析报表是一种动态报表，数据源可以动态改变（分析结果会自动重新计算），或者分析参数可以随时调整（分析结果也自动重算）。一份典型的分析报表主要包括以下几个方面。

1）报表按树形结构组织，可以根据需要进行收缩或展开。

2）每个节点数据输出的内容可以是表格、图形、统计和说明。

3）报表的呈现形式是电子表格，但没有把所有表格线显示出来。

4）除分析报表外，报表附带的一些数据还会生成一个新的结果工作表。

10.1.1 报表信息构成

下面对拟合分析结果报表中包含的信息进行简单介绍。

1）备注主要用于记录用户名、操作时间，以及拟合方程式等，如图 10-1 所示。

2）输入数据主要用于显示输入数据的来源，如图 10-2 所示。

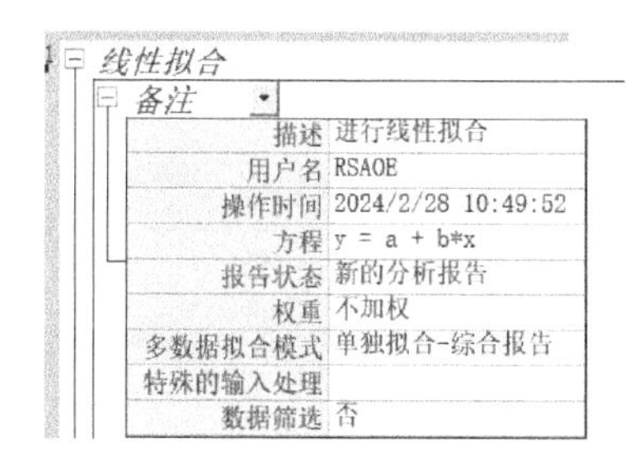

线性拟合

备注

描述	进行线性拟合
用户名	RSAOE
操作时间	2024/2/28 10:49:52
方程	y = a + b*x
报告状态	新的分析报告
权重	不加权
多数据拟合模式	单独拟合-综合报告
特殊的输入处理	
数据筛选	否

图 10-1 分析报表的备注部分

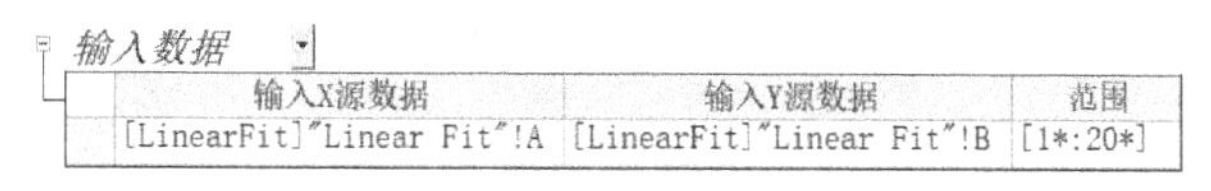

输入数据

输入X源数据	输入Y源数据	范围
[LinearFit]"Linear Fit"!A	[LinearFit]"Linear Fit"!B	[1*:20*]

图 10-2 分析报表的输入数据部分

3）屏蔽的数据，即排除的计算数值，如图 10-3 所示。

4）坏数据，即在绘图过程中丢失的数据，如图 10-4 所示。

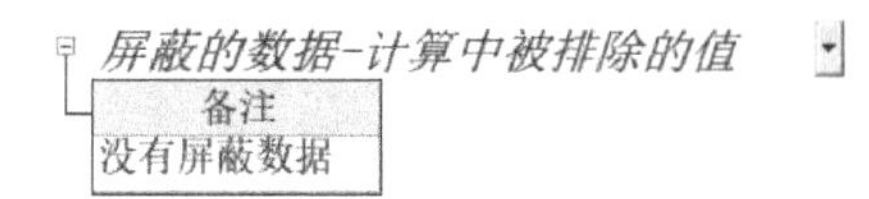

屏蔽的数据-计算中被排除的值

备注
没有屏蔽数据

图 10-3　分析报表的屏蔽数据部分

坏数据(缺失值)-计算中未被使用的无效值

备注
没有缺失值

图 10-4　分析报表的坏数据部分

5）参数主要用于显示斜率、截距和标准误差，如图 10-5 所示。

6）统计主要用于显示一些统计数据，如数据点个数等，如图 10-6 所示。其中比较重要的是 R 平方（即相关系数），这个数字越接近±1，则表示数据相关度越高，拟合越好，因为这个数值可以反映试验数据的离散程度，通常来说需要保证两个 9，即 0. 99 以上。

参数

		值	标准误差	t值	概率>|t|
B	截距	-0. 24317	0. 64366	-0. 3778	0. 71
	斜率	1. 25883	0. 10007	12. 58005	2. 35151E-10

图 10-5　分析报表的参数部分

统计

	B
点数	20
自由度	18
残差平方和	29. 9643
Pearson's r	0. 94756
R平方(COD)	0. 89788
调整后R平方	0. 8922

图 10-6　分析报表的统计部分

7）汇总用于显示一些摘要信息，就是整合了以上几个表格，包括斜率、截距和相关系数等，如图 10-7 所示。

8）方差分析用于显示方差分析的结果，如图 10-8 所示。

汇总

	截距		斜率		统计
	值	标准误差	值	标准误差	调整后R平方
B	-0. 24317	0. 64366	1. 25883	0. 10007	0. 8922

图 10-7　分析报表的汇总部分

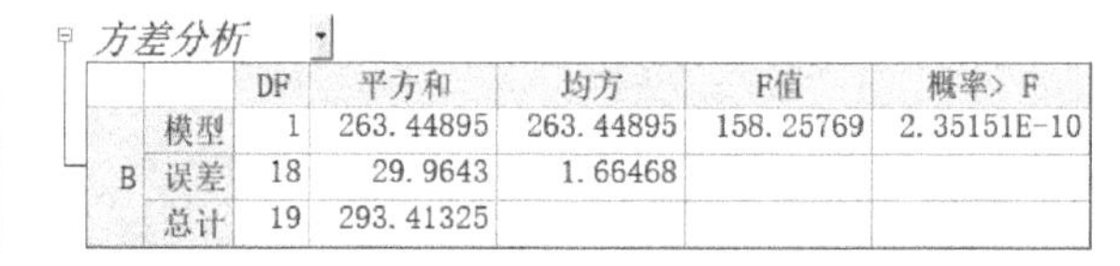

方差分析

		DF	平方和	均方	F值	概率> F
B	模型	1	263. 44895	263. 44895	158. 25769	2. 35151E-10
	误差	18	29. 9643	1. 66468		
	总计	19	293. 41325			

图 10-8　分析报表的方差分析部分

9）拟合曲线图主要用于显示图形的拟合结果缩略图，如图 10-9 所示。在这里再次显示图形看似多此一举，其实这是因为系统假设分析报告将要单独输出用于显示。

10）残差图主要是在“线性拟合”对话框的“残差图”选项卡下设置显示的图表，如图 10-10 所示。

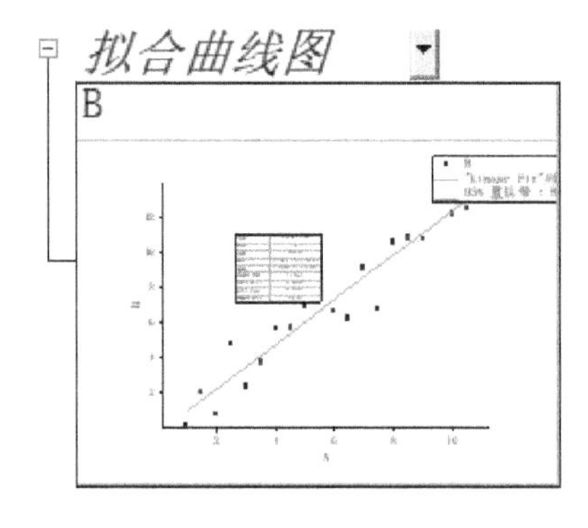

图 10-9　拟合曲线图

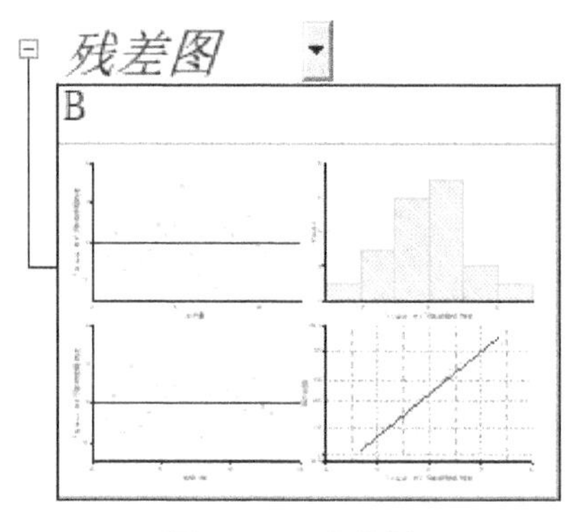

图 10-10　残差图

10.1.2　报表基本操作

在 Origin 中，报表的基本操作主要是通过右键快捷菜单进行的。在报表相关位置右击，即可弹出针对该条信息的快捷菜单，如图 10-11 所示。

在不同的位置右击，弹出的快捷菜单会有所不同。通过快捷菜单命令可以实现报表的基本操作，这里不做过多讲解。

双击报表中要编辑的图形，可以打开相应的绘图窗口并对图形进行编辑。对报表进行操作时，需要注意以下几点。

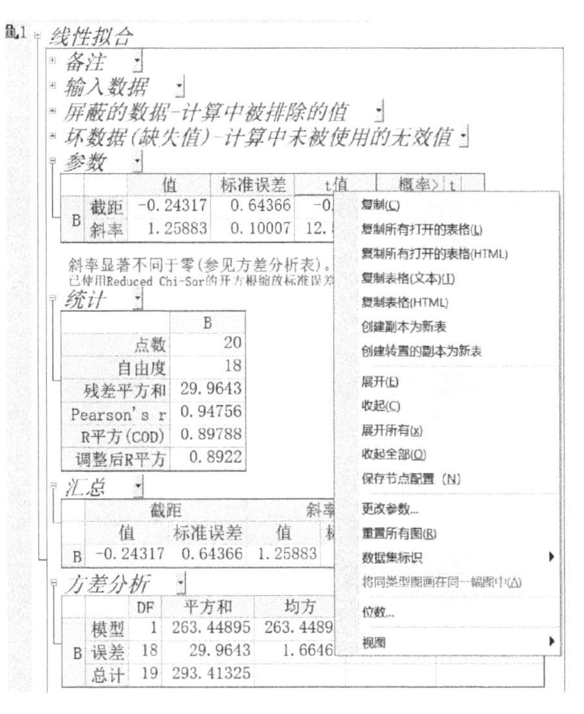

图 10-11　快捷菜单

1. 工作表中的拟合结果数据

在生成结果表格中的一系列标签上标记锁定记号，防止数据被随意改动。标记这种记号的，在拟合参数设置对话框的“重新计算”选项中已设置为“手动”或“自动”。也就是说，当外部参数（包括数据源和拟合参数）发生改变时，会重新计算。

通常情况下，用户不要随意改动分析报表中的数据。一定要改变时，可以设置“重新计算”为“无”，此时报表不会显示锁定记号。

2. 分析模板

重复使用分析模板，可以大大减少工作量从而提高效率。分析模板的有两种储存方法：一是直接保存为项目文件（opj），二是保存为工作簿（otw）。要保存为分析模板时，一般需要将分析选项中的“重新计算”设置为“自动”。

由于分析报表已经与源数据关联，因此当源数据发生改变，分析报表也会自动重新计算分析结果。也就是说，用户可以导入新的数据，或手动改变源数据，分析结果也会跟着发生改变，而不用重新设置参数。可见，分析模板可以方便反复运算，或用于分析模块参数的共享。

10.1.3　分析报表的输出

同图形文件一样，分析报表是一个完整的报告文件，报表可以通过“文件”菜单的“导出”命令导出，典型的导出为 PDF 格式（学术论文的国际通用格式），使用 Acrobat Reader 可以进行浏览或打印。

执行菜单栏中的“文件”→“导出”→“作为 PDF 文件”命令，即可弹出图 10-12 所示的“作为图像文件：expWks”对话框。完成设置后，单击“确定”按钮，即可输出 PDF 格式的分析报表。

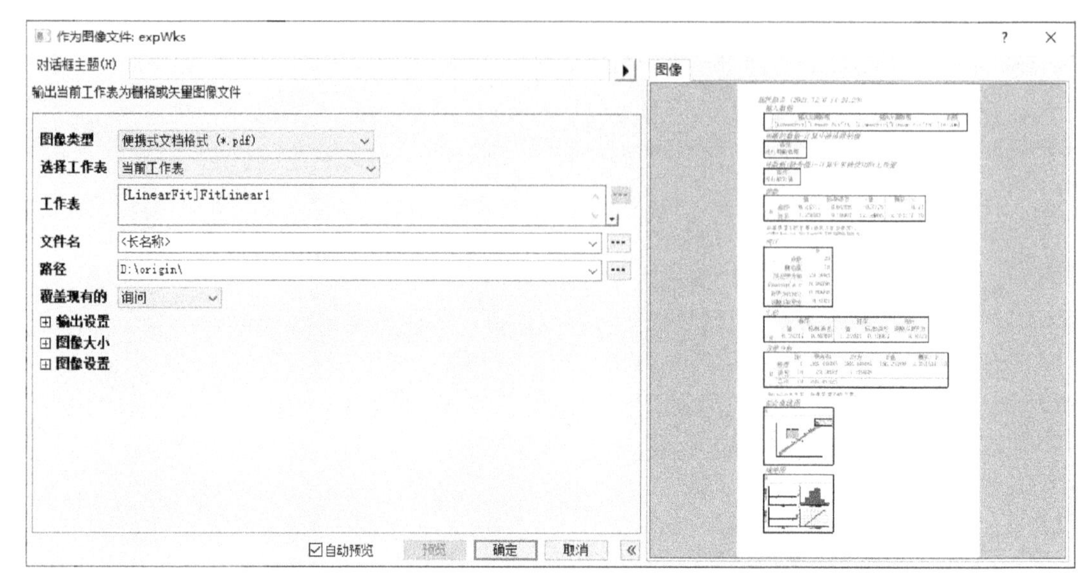

图 10-12　输出 PDF 格式

10.2　线性拟合

线性拟合分析主要目标是寻找数据集中数据增长的大致方向，以便排除某些误差数值，也可以对未知数据的值做出预测。

10.2.1　拟合菜单

在 Origin 中，拟合工具集成在菜单栏中的“分析”→“拟合”子菜单下，如图 10-13 所示。Origin 可以直接使用的命令有线性拟合、多项式拟合、非线性曲线拟合和非线性曲面拟合等。

图 10-13　“拟合”子菜单

进行拟合时，必须激活要拟合的数据或曲线，而后在“拟合”菜单下选择相应拟合类型进行拟合。大多数“拟合”菜单命令不需要输入参数，拟合将自动完成。部分拟合可能要求输入参数，但是也可以根据拟合数据给出默认值进行拟合。

因此，这些拟合方法比较适合初学者。拟合完成后，拟合曲线存放在绘图窗口里，Origin 会自动创建一个工作表，用于存放输出回归参数的结果。

下面通过一个线性拟合实例来学习如何在 Origin 中实现线性拟合。进行线性拟合时，首先需要建立数据表，导入要进行分析的数据。

1）导入 Liner Fit. dat 数据文件，数据如图 10-14 所示。选中 B(Y)数据列，生成散点图，如图 10-15 所示。

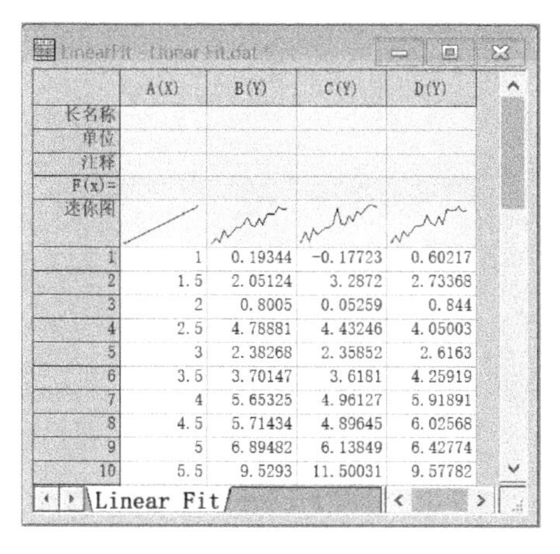

	A(X)	B(Y)	C(Y)	D(Y)
长名称				
单位				
注释				
F(x)=				
迷你图				
1	1	0.19344	-0.17723	0.60217
2	1.5	2.05124	3.2872	2.73368
3	2	0.8005	0.05259	0.844
4	2.5	4.78881	4.43246	4.05003
5	3	2.38268	2.35852	2.6163
6	3.5	3.70147	3.6181	4.25919
7	4	5.65325	4.96127	5.91891
8	4.5	5.71434	4.89645	6.02568
9	5	6.89482	6.13849	6.42774
10	5.5	9.5293	11.50031	9.57782

图 10-14　原始数据

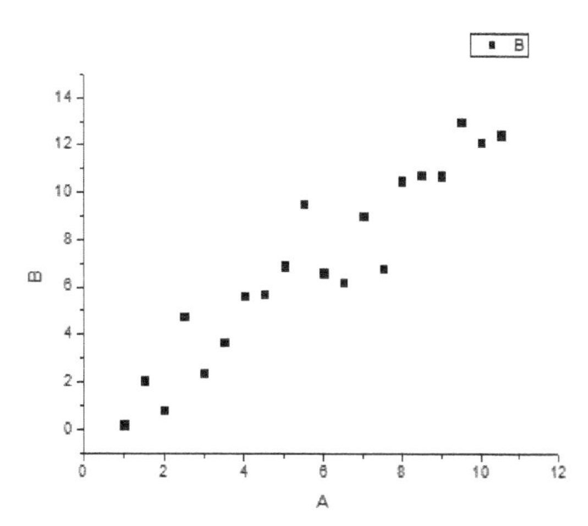

图 10-15　使用原始数据绘制散点图

2）执行菜单栏中的“分析”→“拟合”→“线性拟合”命令，在弹出的“线性拟合”对话框中设置相关拟合参数，如图 10-16 所示。

在“线性拟合”对话框中，用户可以对拟合输出的参数进行选择和设置，包括对拟合范围、输出拟合参数报告、置信区间等进行设置。例如，在“拟合曲线图”选项卡下勾选“置信带”复选框，将在图形上输出置信区间，如图 10-17 所示。

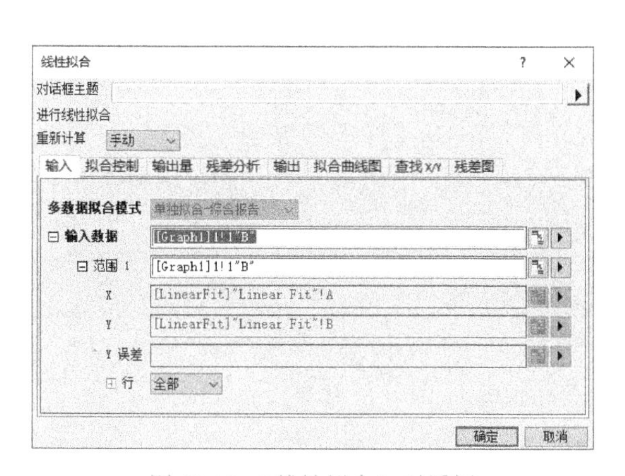

图 10-16　“线性拟合”对话框

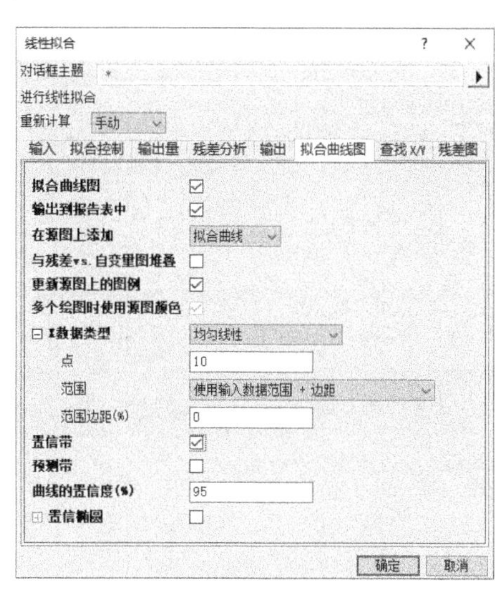

图 10-17　对“拟合曲线图”选项卡进行设置

3）设置完成后，单击“确定”按钮，即完成了拟合曲线以及相应的报表。在散点图上给出对其拟合的直线和主要结果，如图 10-18 所示。

4）与此同时，根据输出设置自动生成具有专业水准的拟合结果分析报表（如图 10-19 所示）和拟合数据工作表。

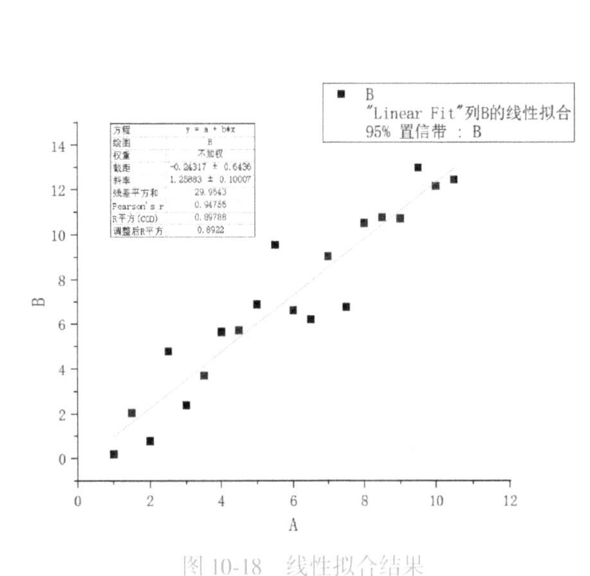

图 10-18　线性拟合结果

线性拟合

备注

输入数据

屏蔽的数据-计算中被排除的值

坏数据(缺失值)-计算中未被使用的无效值

参数

		值	标准误差	t值	Prob>|t|
B	截距	-0.24317	0.64366	-0.3778	0.71
	斜率	1.25883	0.10007	12.58005	2.35151E-10

斜率显著不同于零(参见方差分析表)。
已使用Reduced Chi-Sqr的开方根缩放标准误差。

统计

	B
点数	20
自由度	18
残差平方和	29.9643
Pearson's r	0.94756
R平方(COD)	0.89788
调整后R平方	0.8922

汇总

	截距		斜率		统计
	值	标准误差	值	标准误差	调整后R平方
B	-0.24317	0.64366	1.25883	0.10007	0.8922

方差分析

		DF	平方和	均方	F值	Prob>F
B	模型	1	263.44895	263.44895	158.25769	<0.0001
	误差	18	29.9643	1.66468		
	总计	19	293.41325			

在0.05的水平下，斜率显著不同于零。

拟合曲线图

残差图

图 10-19　拟合结果分析报表

10.2.2　拟合参数设置

下面介绍“拟合参数”对话框中各选项的含义。

1. 重新计算

在“重新计算”选项中，包括“自动”“手动”和“无”3 个选项，可以设置输入数据与输出数据的连接关系，如图 10-20 所示。

“自动”表示当原始数据发生变化后，自动进行线性回归；“手动”表示当数据发生变化后，通过右键快捷菜单命令手动选择重算操作；“无”则表示不进行任何处理。

2. 输入数据

“输入数据”选项用于设置输入数据的范围，包括输入数据区域以及误差数据区域，如图 10-21 所示。

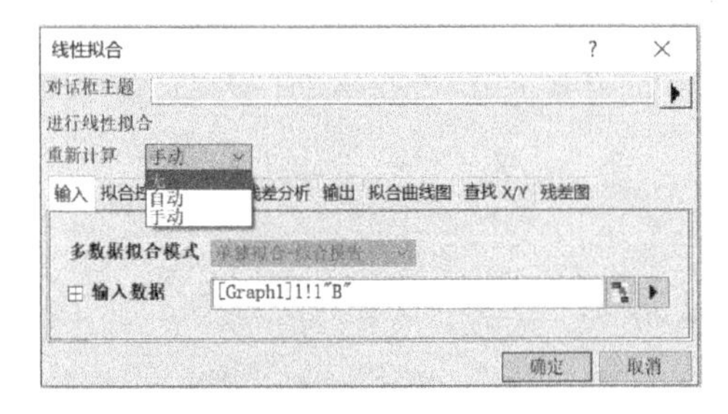

图 10-20　“重新计算”选项

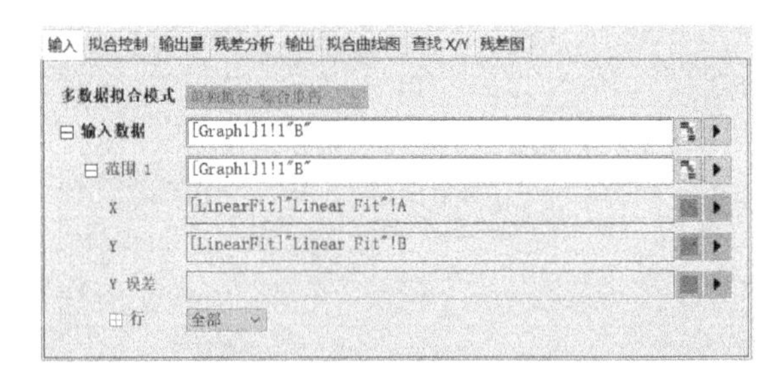

图 10-21　“输入数据”选项

单击按钮，会弹出图 10-22 所示的“在工作表中选择”对话框，表示要重新选择数据范围。使用鼠标选择所需数据及范围后，单击对话框右边的按钮进行确认。

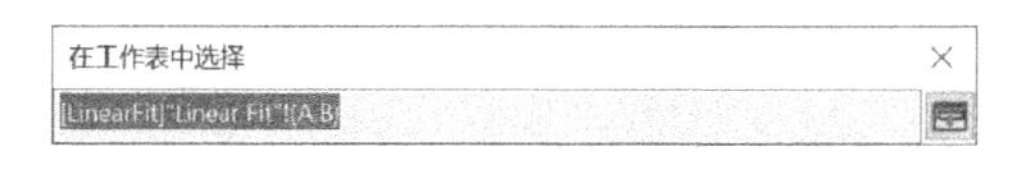

图 10-22 “在工作表中选择”对话框

单击按钮，利用弹出的（见图 10-23）快捷菜单可以实现对原始数据的调整。选择快捷菜单中的“选择列”命令，会弹出图 10-24 所示的“数据集浏览器”对话框，利用该对话框可以实现对当前项目中所有数据的选择、增删和设置。

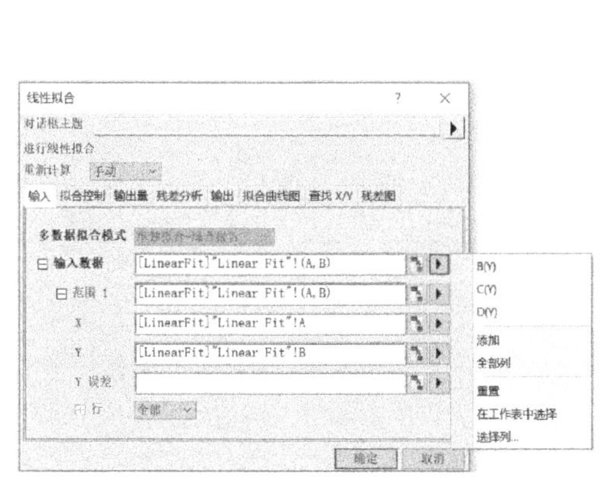

图 10-23 快捷菜单

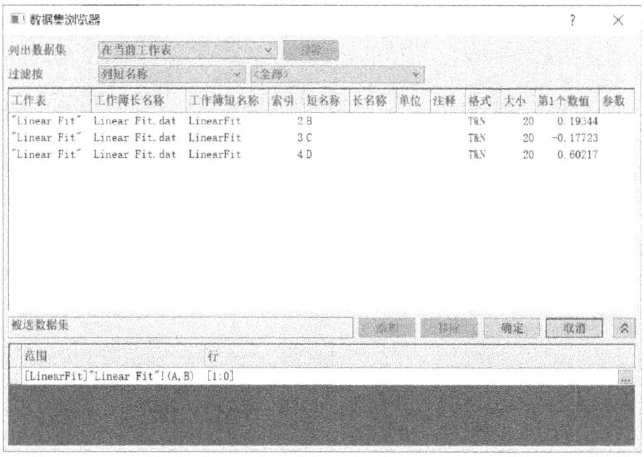

图 10-24 “数据集浏览器”对话框

说明：和两个按钮在 Origin 的其他对话框中也会经常出现，使用方法基本相同，以后不再重述。

3. 拟合控制

“拟合控制”选项卡如图 10-25 所示。该选项卡下可以设置的参数如下。

- “误差值作为权重”：增加权重，拟合时将数据点的误差当作权重。
- “固定截距”和“固定截距为”：拟合曲线的截距限制，如果选择 0，则通过原点。
- “固定斜率”和“固定斜率为”：拟合曲线斜率的限制。
- “使用开方缩放误差”：该数据也能揭示误差情况。
- “表观拟合”：可用于使用 log 坐标对指数衰减进行直线拟合。

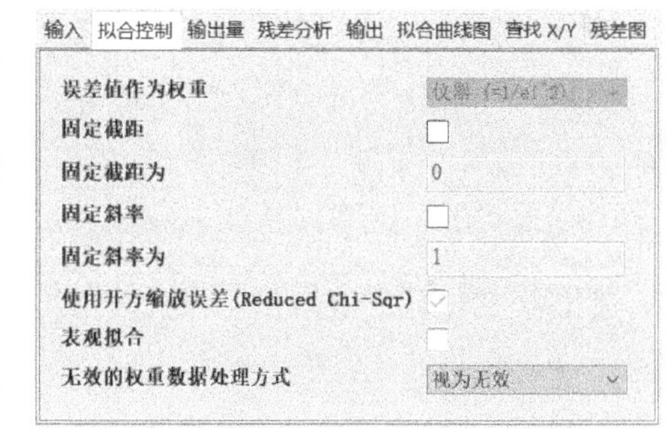

图 10-25 “拟合控制”选项卡

4. 输出量

“输出量”选项卡如图 10-26 所示。在该选项卡下，用户可以设置拟合参数、拟合统计量、拟合汇总、方差分析、协方差矩阵、相关矩阵等参数。

5. 残差分析

“残差分析”选项卡用于设置残差分析的类型，如图 10-27 所示。

输入 拟合控制 输出量 残差分析 输出 拟合曲线图 查找 X/Y 残差图
拟合参数
值
标准误差
置信区间下限
置信区间上限
参数的置信度(%) 95
t值
概率>|t|
置信区间半宽
拟合统计量
拟合汇总
方差分析
失拟检验
协方差矩阵
相关矩阵
异常值
X轴截距
输入 拟合控制 输出量 残差分析 输出 拟合曲线图 查找 X/Y 残差图
拟合参数
拟合统计量
点数
自由度
Reduced Chi-Sqr
R值
残差平方和
Pearson's r
R平方(COD)
调整后R平方
均方根误差(SD)
残差平方和根
拟合汇总
方差分析
失拟检验
协方差矩阵
相关矩阵
异常值
X轴截距

(a) 展开拟合参数　　(b) 展开拟合统计量

图 10-26 “输出量”选项卡

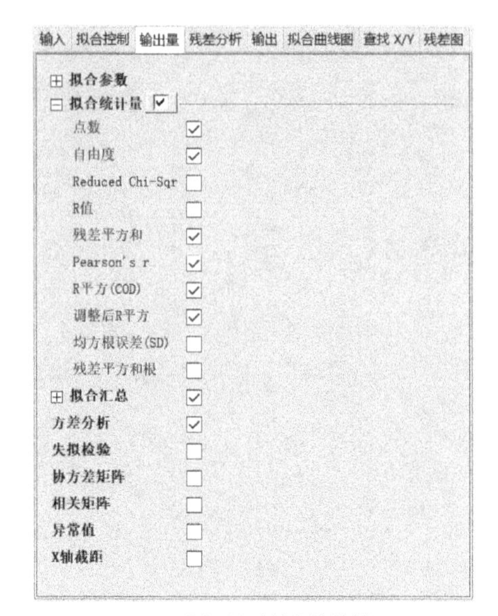

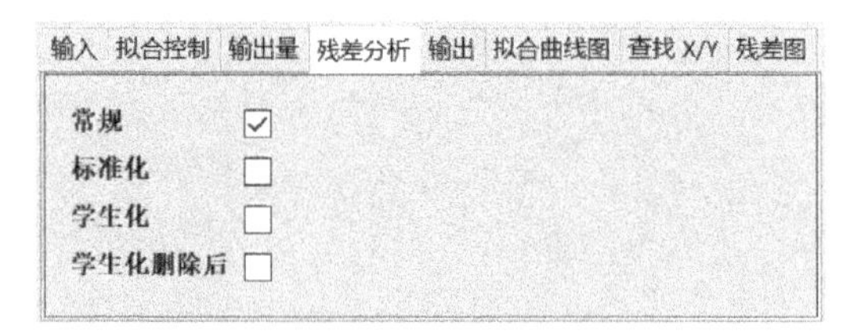

6. 输出

“输出”选项卡用于设置输出内容与目标、是否定制分析报表等，如图 10-28 所示。其中，“图形”表示是否在拟合的图形上显示拟合结果表格；“数据集标识”表示数据设定分辨器；“查找特定的 X/Y 表”表示输出时包含一个表格，自动计算 X 对应的 Y 值或 Y 对应的 X 值。

输入 拟合控制 输出量 残差分析 输出 拟合曲线图 查找 X/Y 残差图
常规
标准化
学生化
学生化删除后

图 10-27 “残差分析”选项卡

7. 拟合曲线图

“拟合曲线图”选项卡用于设置拟合曲线图的相关参数，如图 10-29 所示。其中，勾选“拟合曲线图”复选框，表示在报告表中添加拟合曲线；“在源图上添加”表示在原图上做拟合曲线；“置信带”复选框，用于显示置信区间；“预测带”复选框用于显示预计区间；“曲线的置信度（%）”用于设置置信度。

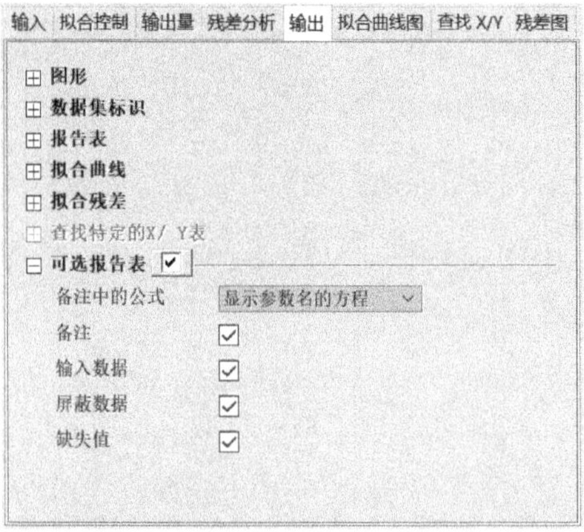

输入 拟合控制 输出量 残差分析 输出 拟合曲线图 查找 X/Y 残差图
图形
数据集标识
报告表
拟合曲线
拟合残差
查找特定的X/ Y表
可选报告表
备注中的公式 显示参数名的方程
备注
输入数据
屏蔽数据
缺失值

图 10-28 “输出”选项卡

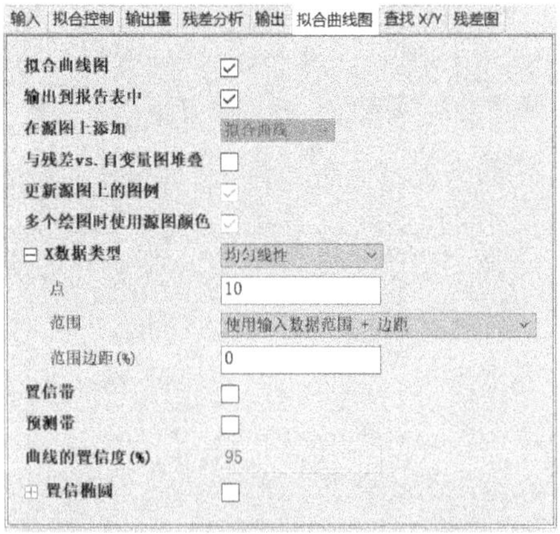

输入 拟合控制 输出量 残差分析 输出 拟合曲线图 查找 X/Y 残差图
拟合曲线图
输出到报告表中
在源图上添加 拟合曲线
与残差vs. 自变量图堆叠
更新源图上的图例
多个绘图时使用源图颜色
X数据类型 均匀线性
点 10
范围 使用输入数据范围 + 边距
范围边距(%) 0
置信带
预测带
曲线的置信度(%) 95
置信椭圆

图 10-29 “拟合曲线图”选项卡

8. 查找 X/Y

“查找 X/Y”选项卡主要用于设置是否产生一个表格，显示 Y 列或 X 列中寻找另一列所对应的数据，如图 10-30 所示。

在实践中，经常需要根据 X 值或 Y 值寻找对应的 Y 值或 X 值，在查找之前需要在 X 和 Y 之间建立一定的函数关系。

9. 残差图

“残差图”选项卡主要用于设置一些残差分析的参数，如图 10-31 所示。

输入 拟合控制 输出量 残差分析 输出 拟合曲线图 查找 X/Y 残差图
⊟ 根据Y查找X ☑
计算95%置信区间 ☐
⊟ 根据X查找Y ☑
计算95%置信区间 ☐

图 10-30 “查找 X/Y”选项卡

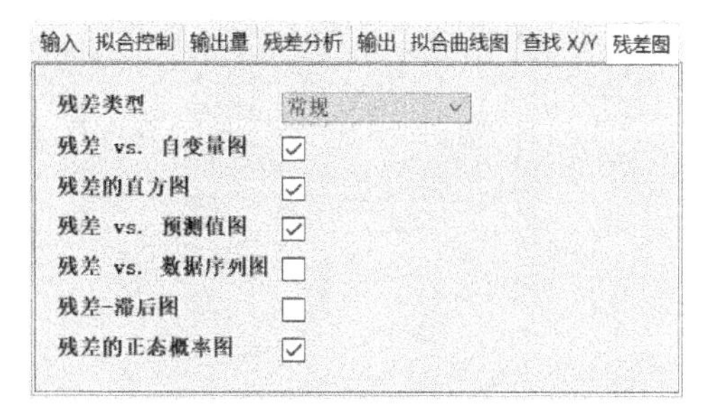

图 10-31 “残差图”选项卡

10.2.3 多元线性回归

多元线性回归用于分析多个自变量与一个因变量之间的线性关系。Origin 在进行多元线性回归时，需将工作表中一列设置为因变量（Y），将其他的设置为自变量（$X_1, X_2, \cdots, X_k$）。一般多元线性方程为

$$Y = A + B_1X_1 + B_2X_2 + \cdots + B_kX_k$$

多元线性回归的实现步骤如下。

1）导入 Multiple Linear Regression. dat 数据文件。

2）执行菜单栏中的“分析”→“拟合”→“多元线性回归”命令，系统会弹出图 10-32 的“多元回归”对话框。

3）在该对话框中设置因变量(Y)和自变量（$X_1, X_2, X_3, \cdots$），单击“确定”按钮。

4）根据输出设置自动生成了具有专业水准的多元线性回归分析报表，如图 10-33 所示。

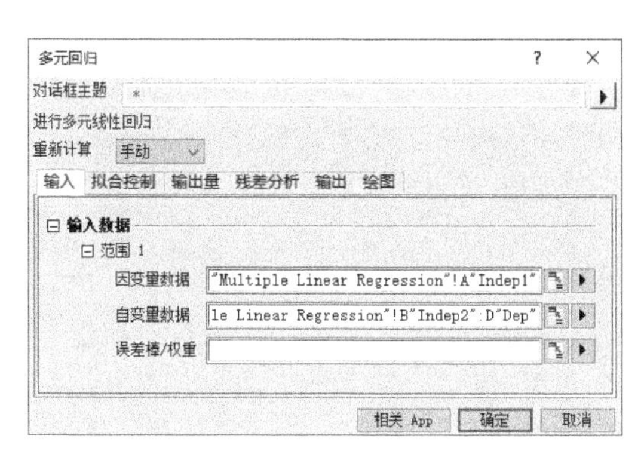

图 10-32 “多元回归”对话框

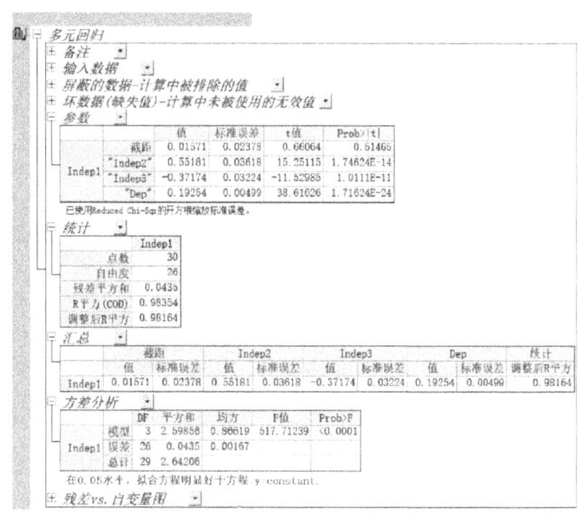

多元回归
备注
输入数据
屏蔽的数据-计算中被排除的值
坏数据(缺失值)-计算中未被使用的无效值
参数

		值	标准误差	t值	Prob>|t|
Indep1	截距	0.01571	0.02378	0.66064	0.51465
	"Indep2"	0.55181	0.03618	15.25115	1.74624E-14
	"Indep3"	-0.37174	0.03224	-11.52985	1.0111E-11
	"Dep"	0.19254	0.00499	38.61626	1.71624E-24

已使用Reduced Chi-Sqr的开方根缩放标准误差。

统计

	Indep1
点数	30
自由度	26
残差平方和	0.0435
R平方(COD)	0.98354
调整后R平方	0.98164

汇总

	截距		Indep2		Indep3		Dep		统计
	值	标准误差	值	标准误差	值	标准误差	值	标准误差	调整后R平方
Indep1	0.01571	0.02378	0.55181	0.03618	-0.37174	0.03224	0.19254	0.00499	0.98164

方差分析

		DF	平方和	均方	F值	Prob>F
Indep1	模型	3	2.59856	0.86619	517.71239	<0.0001
	误差	26	0.0435	0.00167		
	总计	29	2.64206			

在0.05水平，拟合方程明显好于方程 y=constant.

残差vs. 自变量图

图 10-33 多元线性回归分析报表

10.2.4 多项式拟合

设 X 为自变量，Y 为因变量，多项式的阶数为 k（Origin 中阶数取 1~9），线性回归方程为

$$Y=A+B_1X+B_2X^2+\cdots+B_kX^k$$

多项式回归的实现步骤如下。

1）导入 Polynomial Fit. dat 数据文件。选中数据 Polynomial Fit 工作表中的 A(X)和 C(Y)列数据，绘制散点图，如图 10-34 所示。

2）执行菜单栏中的“分析”→“拟合”→“多项式拟合”命令，在弹出的“多项式拟合”对话框中设置“多项式阶”为 3，如图 10-35 所示。其他的参数设置以及结果输出请参考线性回归，内容基本相同。

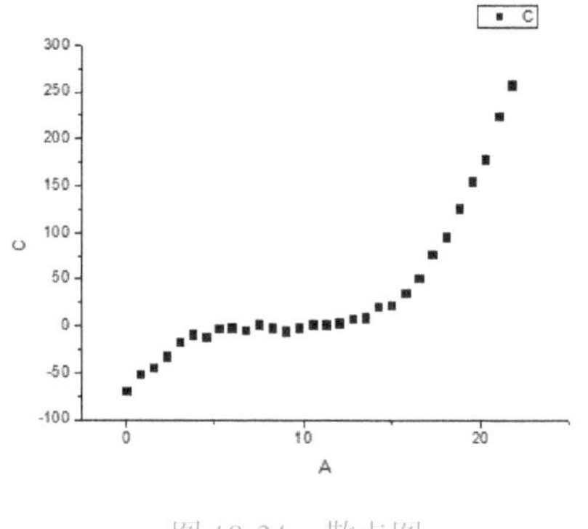

图 10-34 散点图

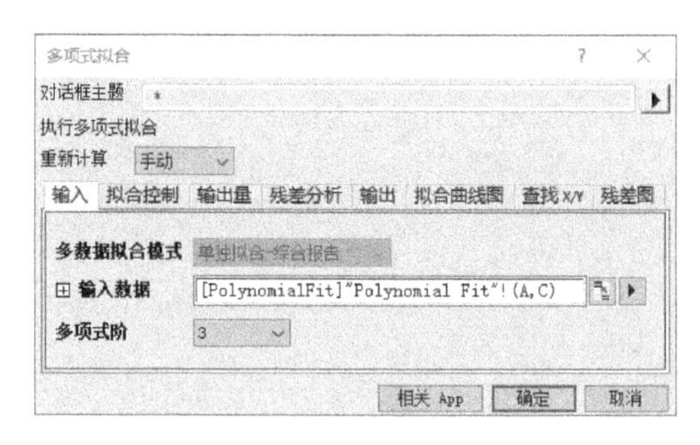

图 10-35 “多项式拟合”对话框

3）散点图上显示了回归曲线和拟合结果，如图 10-36 所示。事实上，如果多项式的 $k=1$，其实就是 $Y=A+BX$，即直线方程。对于弯曲的图形来说，理论上 k 值越大，拟合效果越好，不过实际使用时，k 值越多，项也就越多。

4）与此同时，根据输出设置自动生成了具有专业水准的拟合参数分析报表（如图 10-37 所示）和拟合数据工作表。拟合参数分析报表中，各参数含义见表 10-1。

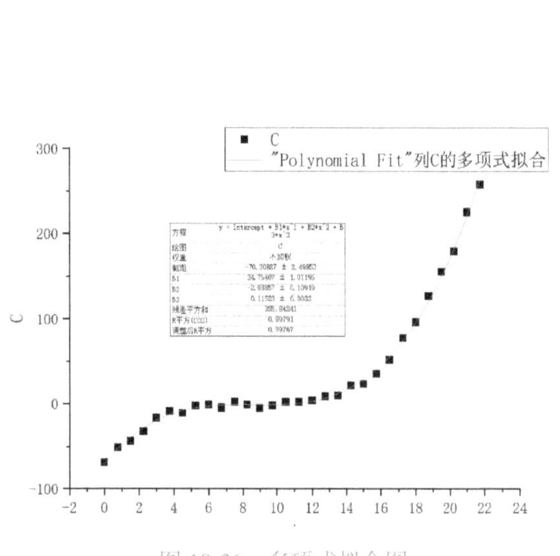

图 10-36 多项式拟合图

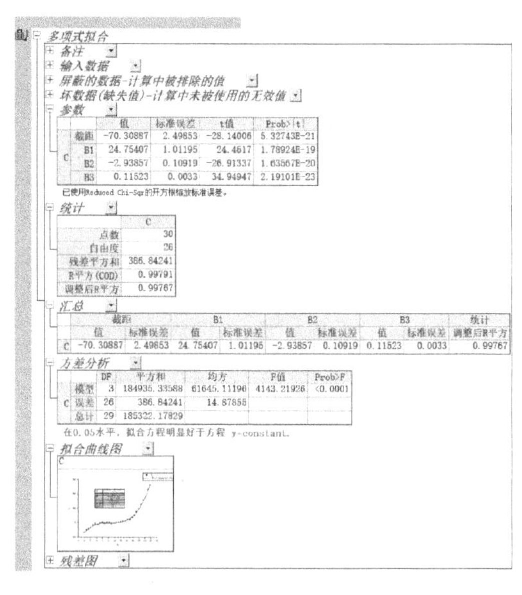

图 10-37 多项式拟合分析报表

表 10-1 分析报表中各参数的含义

参　数	含　义	参　数	含　义
Intercept，B1，B2…	回归方程系数	N	数据点数
R-square	=(SYY-RSS)/SYY	SD	回归标准差
p	R-square 为 0 的概率		

10.2.5 指数拟合

指数拟合可分为指数衰减拟合和指数增长拟合，指数函数有一阶函数和高阶函数。指数衰减拟合的操作步骤如下。

1）导入 Exponential Decay. dat 数据文件，从工作簿窗口“迷你图”图形可以看出，包括了 Decay 1、Decay 2 和 Decay 3 三列呈指数衰减的数据。

2）选中数据中的 B(Y) 列绘图。执行菜单栏中的“分析”→“拟合”→“指数拟合”命令，可以弹出“NLFit”对话框。

此时，在“函数”下拉列表中给出了使用一阶指数衰减函数的拟合，如图 10-38 所示。如果需要更改指数衰减函数的阶数，可以在“函数”下拉列表中进行选择。

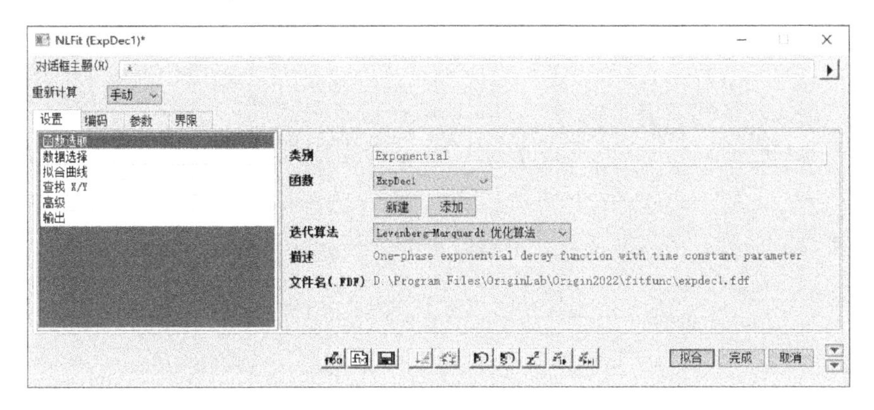

图 10-38 “NLFit”对话框

3）单击对话框中的“参数”选项卡，选择对象参数性质的设置。这里将 y0 和 A1 设置为常数，如图 10-39 所示。

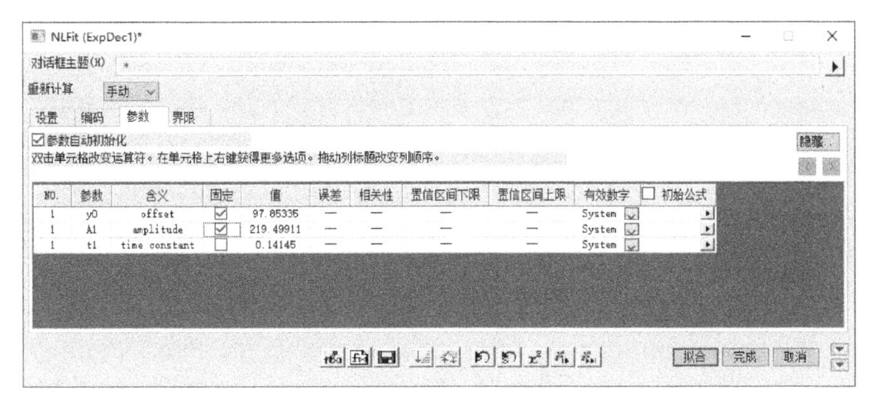

图 10-39 “参数”选项卡

4）单击图 10-39 中的 按钮，可以打开该对话框的下半部分，如图 10-40 所示。单击不同的选项卡，可以分别查看拟合效果、拟合函数和其他信息。图 10-40 和图 10-41 分别为拟合效果图和拟合函数。

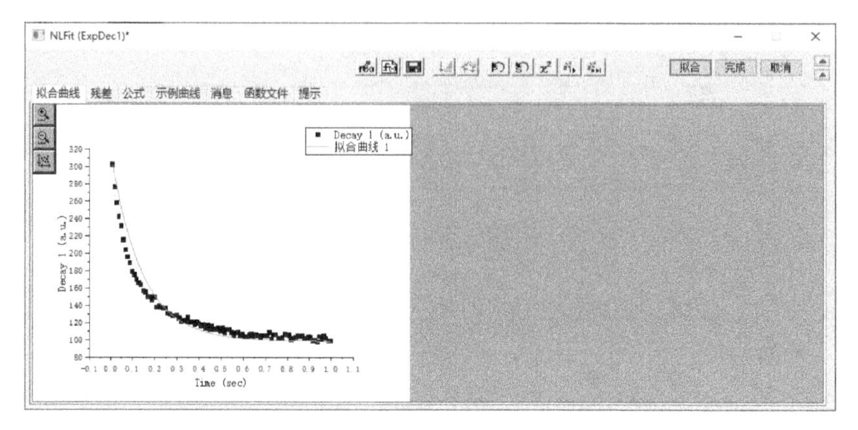

图 10-40 “拟合曲线”选项卡

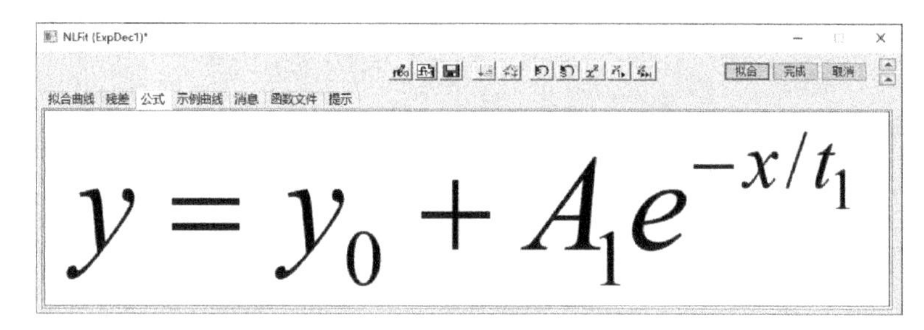

图 10-41 “公式”选项卡

5）单击“拟合”按钮，完成数据的一阶指数衰减函数拟合，根据输出设置自动生成具有专业水准的拟合参数分析报表和拟合数据工作表。图 10-42 为拟合曲线。图 10-43 为输出分析报告表。

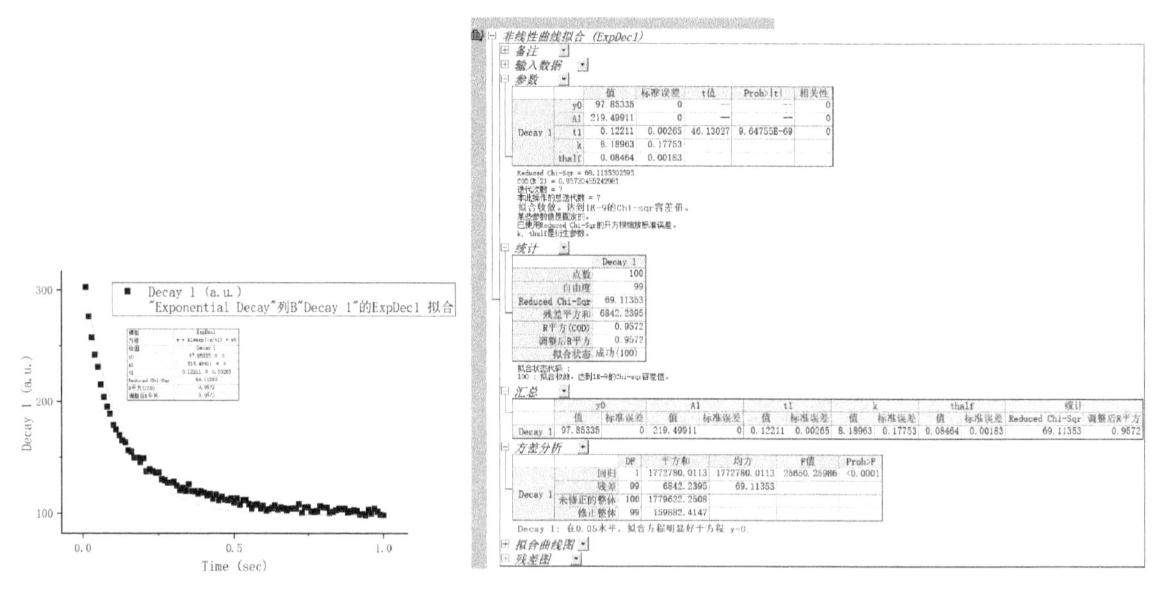

图 10-42 拟合曲线

图 10-43 分析报告

10.3 非线性拟合

在实际工作中，大部分实验数据不能拟合为直线关系，因此需要使用非线性函数进行拟合。非线性拟合是 Origin 中功能最强大、使用最复杂的数据拟合工具。

10.3.1 拟合过程

非线性拟合工具内置超过 200 种拟合函数，可以满意各学科数据拟合的需求，使用时可以对函数的参数进行定制。非线性曲线拟合的过程如下。

1）导入 Gaussian. dat 数据文件，选中 B(Y)，执行菜单栏中的“绘图”→“基础 2D 图”→“散点图”命令，绘制的散点图如图 10-44 所示。

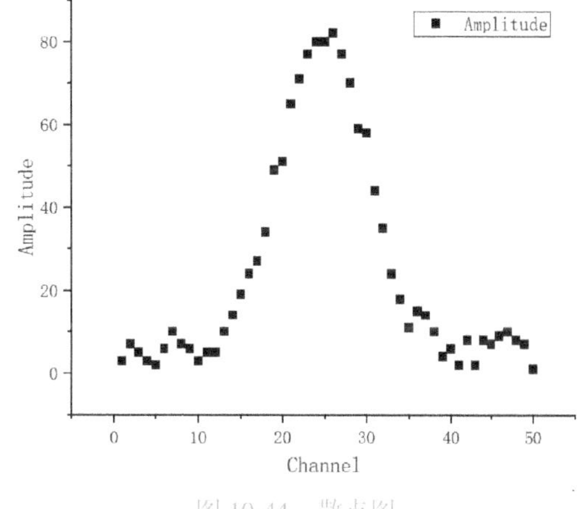

图 10-44 散点图

2）执行菜单栏中的“分析”→“拟合”→“非线性曲线拟合”命令，打开“NLFit”对话框，如图 10-45 所示。

3）在该对话框中，设置“类别”为 Origin Basic Functions，设置“函数”为 Gauss，根据具体情况设置其他初始参数，单击“拟合”按钮，即可完成拟合。拟合好的图形如图 10-46 所示，拟合结果报表如图 10-47 所示。

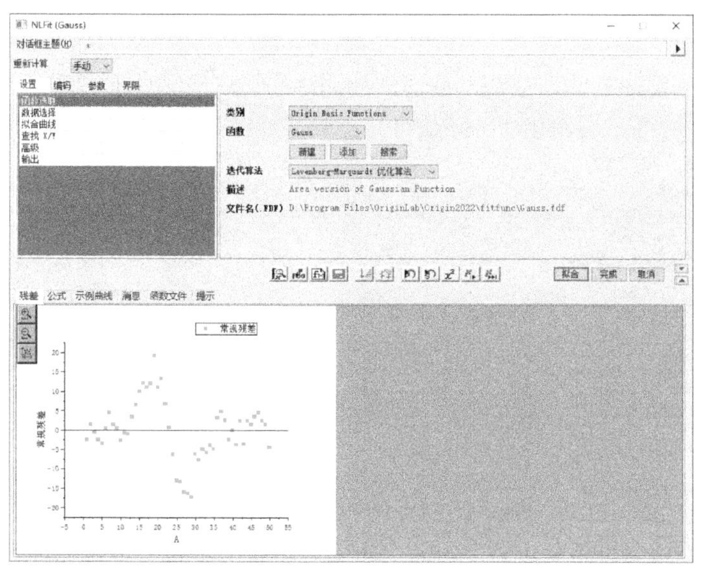

图 10-45 “NLFit”对话框

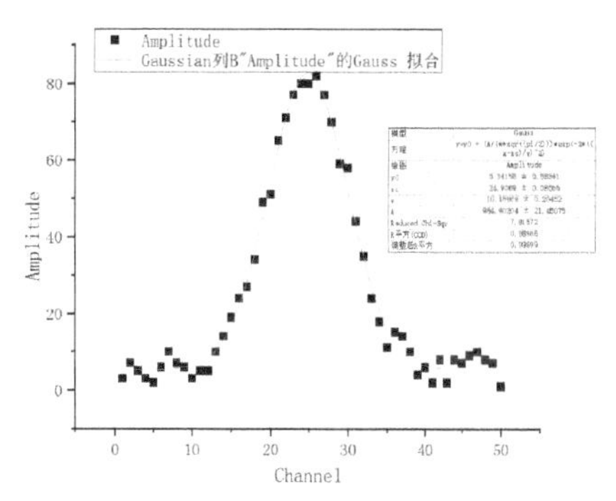

图 10-46 用 Gauss 函数进行拟合

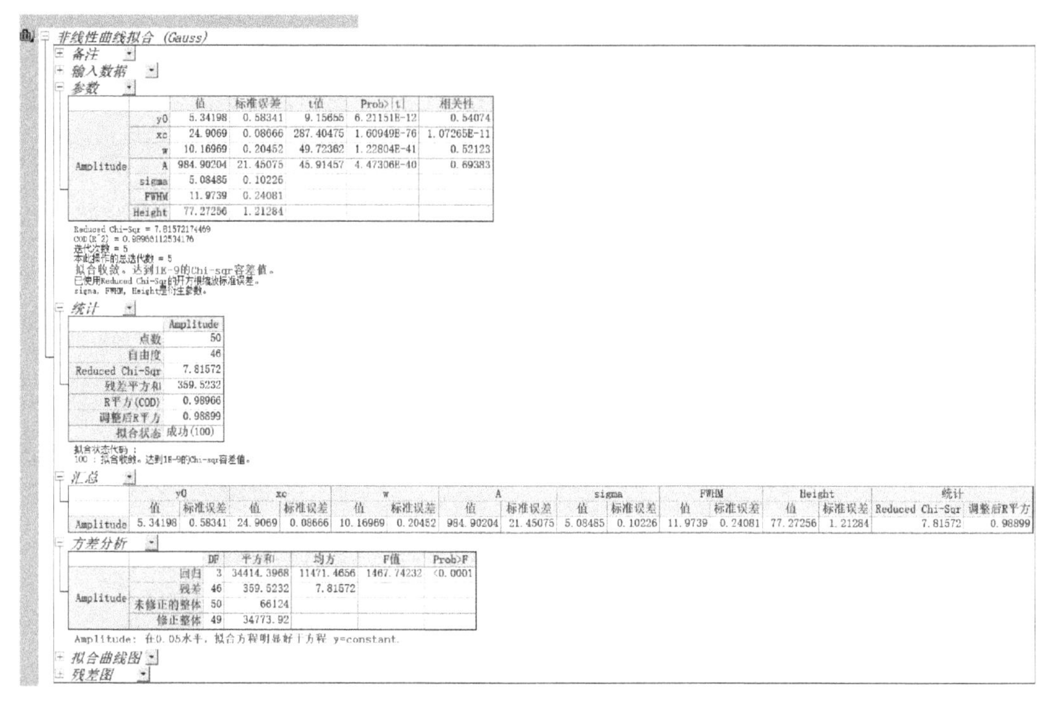

非线性曲线拟合 (Gauss)

备注

输入数据

参数

		值	标准误差	t值	Prob>|t|	相关性
Amplitude	y0	5.34198	0.58341	9.15655	6.21151E-12	0.54074
	xc	24.9069	0.08666	287.40475	1.60949E-76	1.07265E-11
	w	10.16969	0.20452	49.72362	1.22804E-41	0.52123
	A	984.90204	21.45075	45.91457	4.47306E-40	0.69383
	sigma	5.08485	0.10226			
	FWHM	11.9739	0.24081			
	Height	77.27256	1.21284			

Reduced Chi-Sqr = 7.81572174469
COD(R^2) = 0.98966112534176
迭代次数 = 5
本此操作的总迭代数 = 5
拟合收敛。达到1E-9的Chi-sqr容差值。
已使用Reduced Chi-Sqr的开方根缩放标准误差。
sigma, FWHM, Height是衍生参数。

统计

	Amplitude
点数	50
自由度	46
Reduced Chi-Sqr	7.81572
残差平方和	359.5232
R平方(COD)	0.98966
调整后R平方	0.98899
拟合状态	成功(100)

拟合状态代码：
100 ：拟合收敛。达到1E-9的Chi-sqr容差值。

汇总

	y0		xc		w		A		sigma		FWHM		Height		统计	
	值	标准误差	值	标准误差	值	标准误差	值	标准误差	值	标准误差	值	标准误差	值	标准误差	Reduced Chi-Sqr	调整后R平方
Amplitude	5.34198	0.58341	24.9069	0.08666	10.16969	0.20452	984.90204	21.45075	5.08485	0.10226	11.9739	0.24081	77.27256	1.21284	7.81572	0.98899

方差分析

		DF	平方和	均方	F值	Prob>F
Amplitude	回归	3	34414.3968	11471.4656	1467.74232	<0.0001
	残差	46	359.5232	7.81572		
	未修正的整体	50	66124			
	修正整体	49	34773.92			

Amplitude：在0.05水平，拟合方程明显好于方程 y=constant.

拟合曲线图

残差图

图 10-47 拟合结果报表

10.3.2 拟合参数设置

"NLFit" 对话框主要由三部分组成，上部为参数设置选项、中间为控制按钮、下部为信息显示选项。上部参数设置选项如图 10-48 所示，主要是用来设置拟合参数。

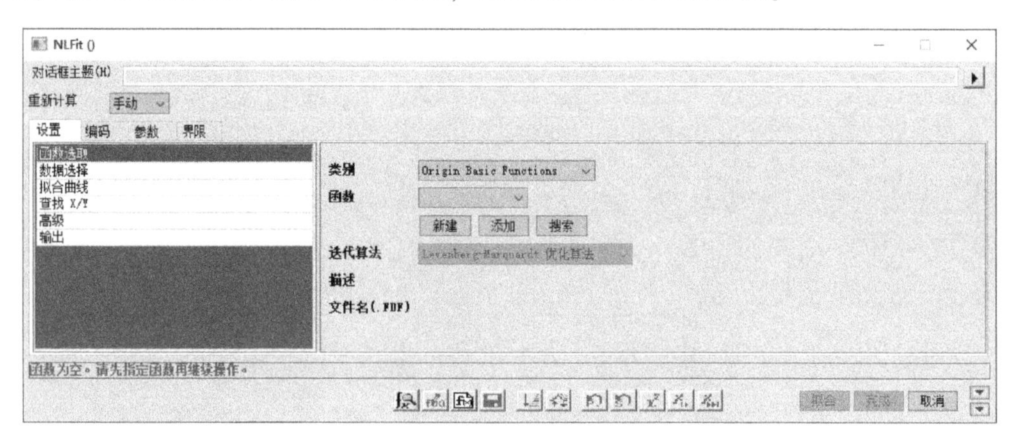

图 10-48 控制按钮上部的一组选项卡

1. "设置" 选项卡

"设置" 选项卡用于拟合函数的选取等设置。

1）函数选取：可以选择要使用的拟合函数，包括类别、函数、迭代算法、描述和文件名等。

- 基本类别：选择 Origin Basic Functions。
- 按形式分：包括 Exponential（指数）、Growth/Sigmoid（生长/S 曲线）、Hyperbola（双曲

线）、Logarithm（对数）、Peak Functions（峰函数）、Polynomial（多项式）、Power（幂函数）、Rational（有理数）、Waveform（波形）。

- 按领域分：包括 Chromatography（色谱学）、Electrophysiology（生理学）、Pharmacology（药理学）、Spectroscopy（光谱学）、Statistics（统计学）和用户自定义函数。

表 10-2 列出了各类常用函数的方程及基本图形。

表 10-2　各类常用函数的方程及基本图形

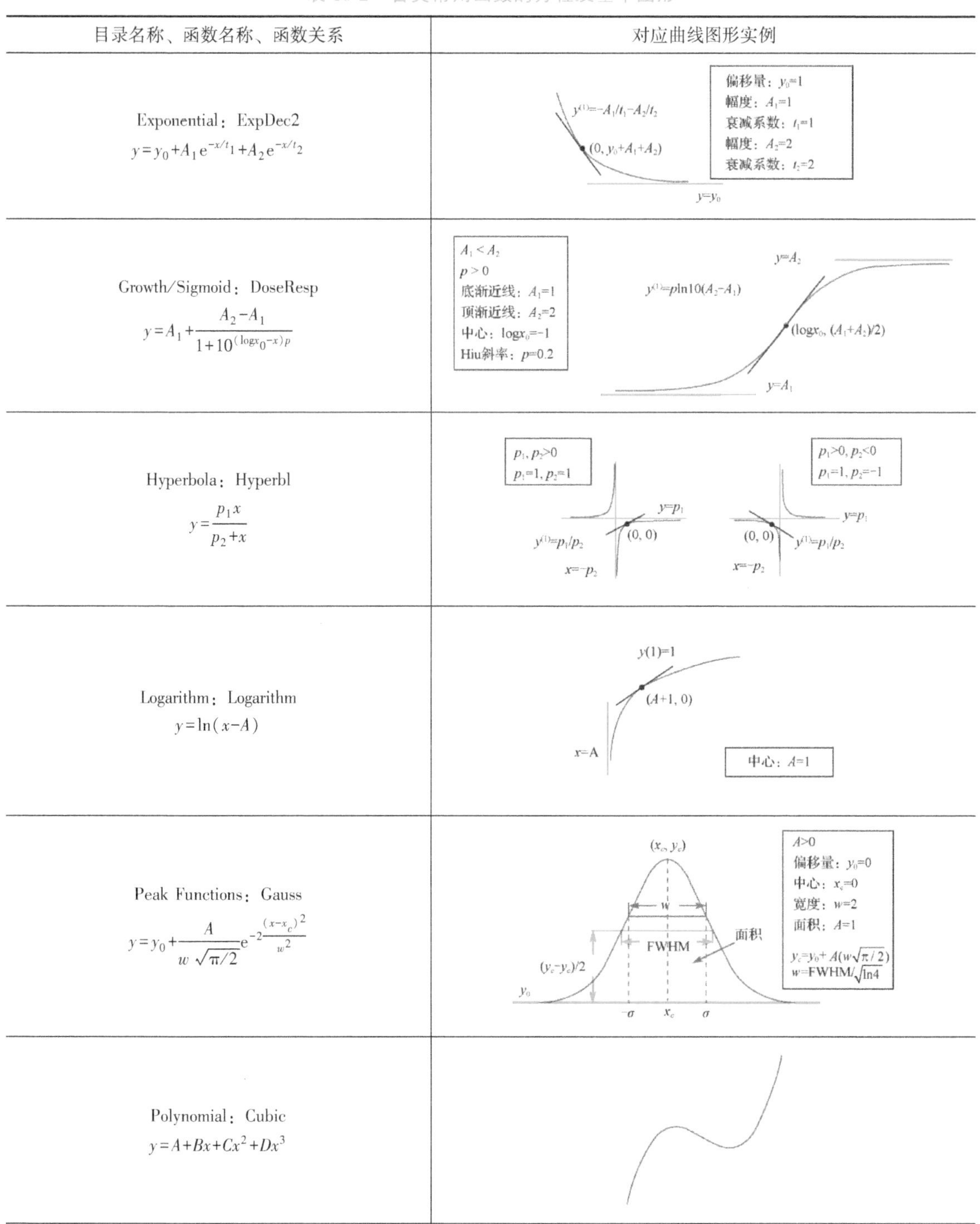

目录名称、函数名称、函数关系	对应曲线图形实例
Exponential：ExpDec2 $y=y_0+A_1e^{-x/t_1}+A_2e^{-x/t_2}$	
Growth/Sigmoid：DoseResp $y=A_1+\frac{A_2-A_1}{1+10^{(\log x_0-x)p}}$	
Hyperbola：Hyperbl $y=\frac{p_1x}{p_2+x}$	
Logarithm：Logarithm $y=\ln(x-A)$	
Peak Functions：Gauss $y=y_0+\frac{A}{w\sqrt{\pi/2}}e^{-2\frac{(x-x_c)^2}{w^2}}$	
Polynomial：Cubic $y=A+Bx+Cx^2+Dx^3$	

（续）

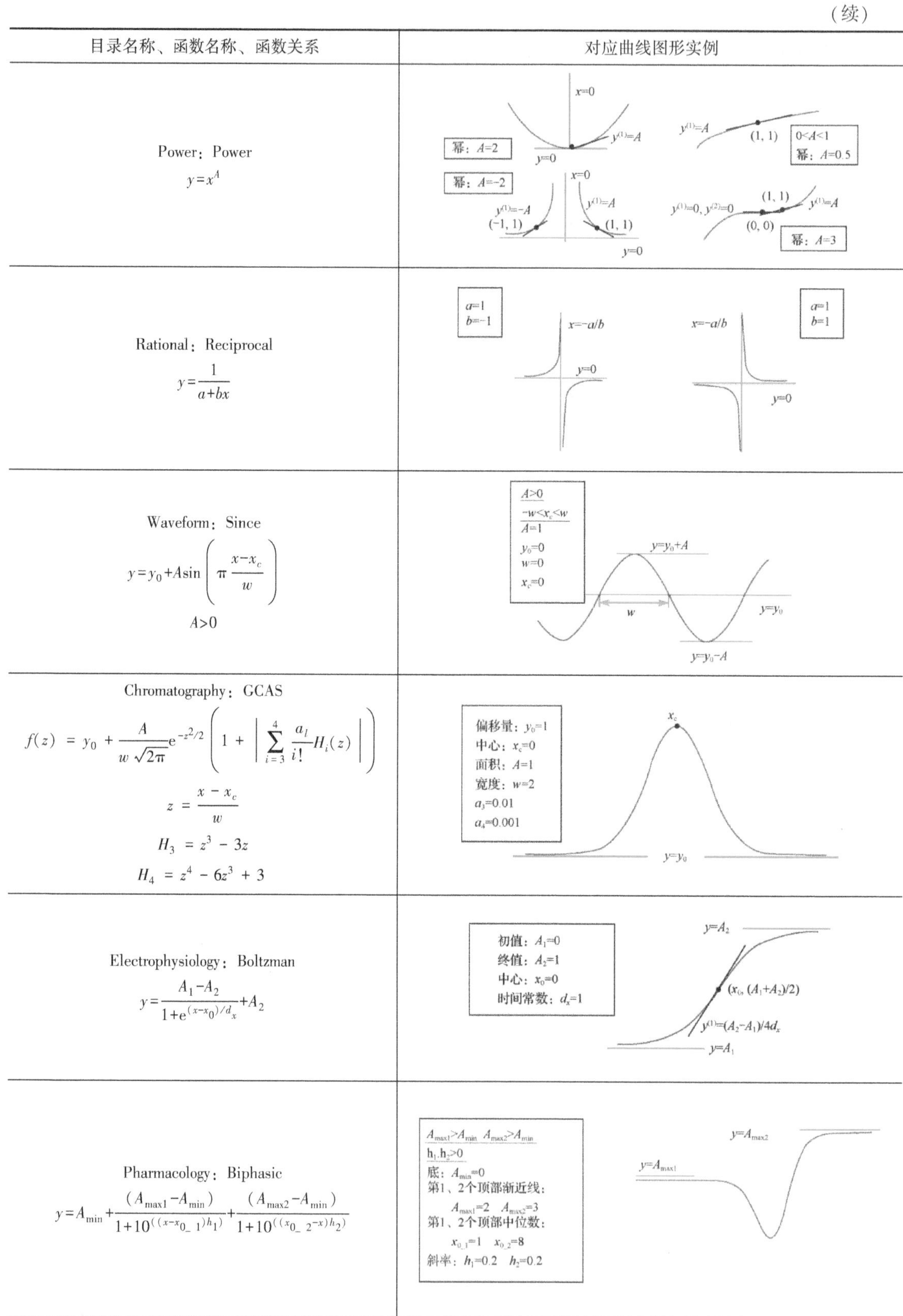

目录名称、函数名称、函数关系	对应曲线图形实例
Power：Power $y=x^A$	
Rational：Reciprocal $y=\frac{1}{a+bx}$	
Waveform：Since $y=y_0+A\sin\left(\pi\frac{x-x_c}{w}\right)$ $A>0$	
Chromatography：GCAS $f(z) = y_0 + \frac{A}{w\sqrt{2\pi}}e^{-z^2/2}\left(1 + \left\lvert\sum_{i=3}^{4}\frac{a_i}{i!}H_i(z)\right\rvert\right)$ $z = \frac{x - x_c}{w}$ $H_3 = z^3 - 3z$ $H_4 = z^4 - 6z^3 + 3$	
Electrophysiology：Boltzman $y=\frac{A_1-A_2}{1+e^{(x-x_0)/d_x}}+A_2$	
Pharmacology：Biphasic $y=A_{min}+\frac{(A_{max1}-A_{min})}{1+10^{((x-x_{0\_1})h_1)}}+\frac{(A_{max2}-A_{min})}{1+10^{((x_{0\_2}-x)h_2)}}$	

（续）

目录名称、函数名称、函数关系	对应曲线图形实例
Spectroscopy：GaussAmp $y=y_0+Ae^{-\frac{(x-x_c)^2}{2w^2}}$	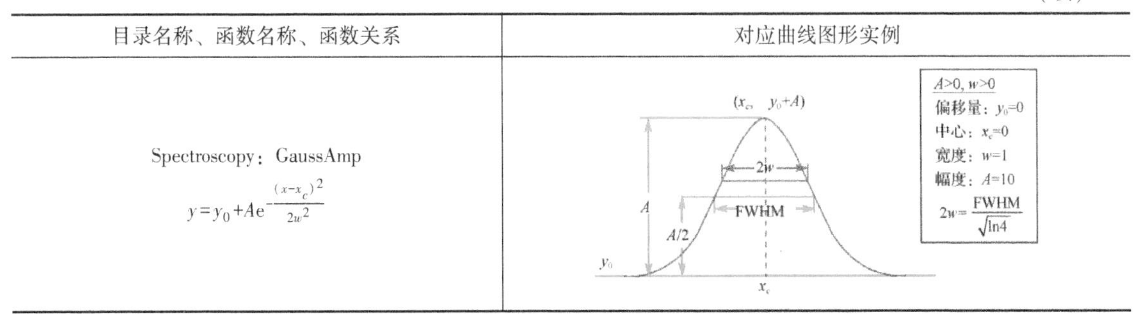

2）数据选择：输入数据的设置，如图 10-49 所示。

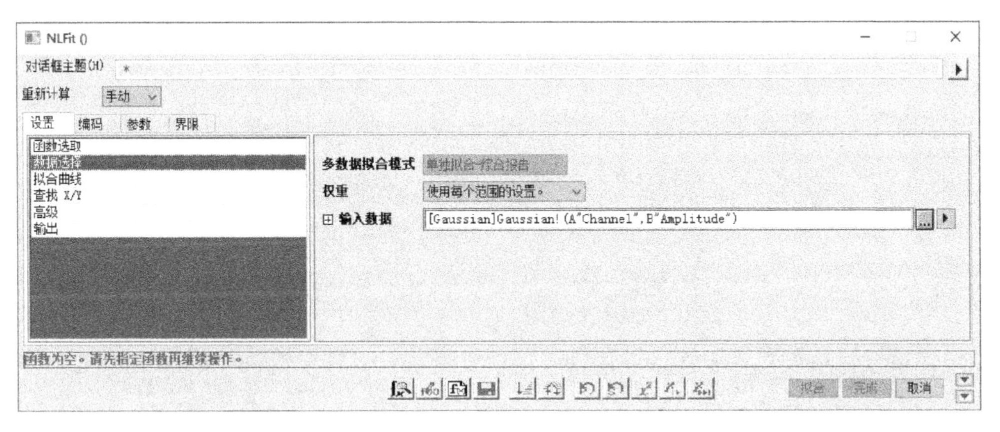

图 10-49 数据选择选项

3）拟合曲线：拟合图形的参数设置，如图 10-50 所示。

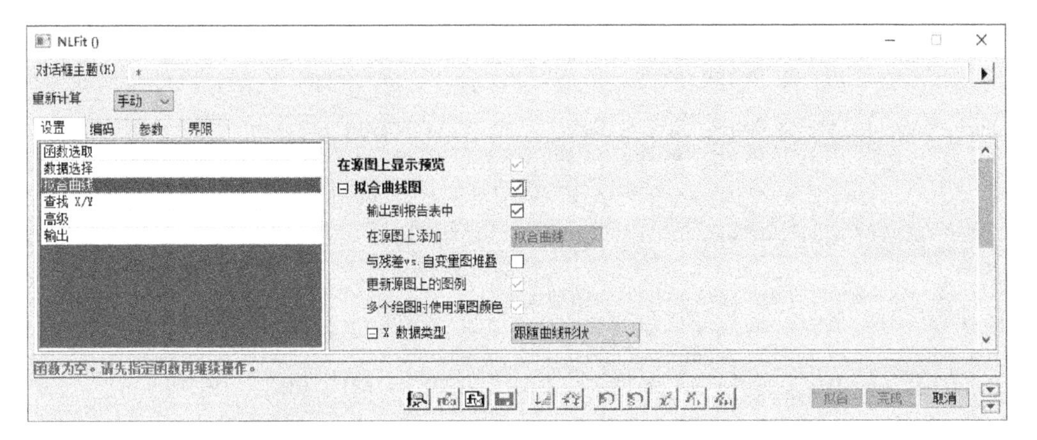

图 10-50 拟合曲线选项

4）高级：高级参数设置，参考线性拟合部分，如图 10-51 所示。

5）输出：输出设置，如图 10-52 所示。

2. “编码”选项卡

“编码”选项卡显示拟合函数的代码、初始化参数和限制条件，如图 10-53 所示。

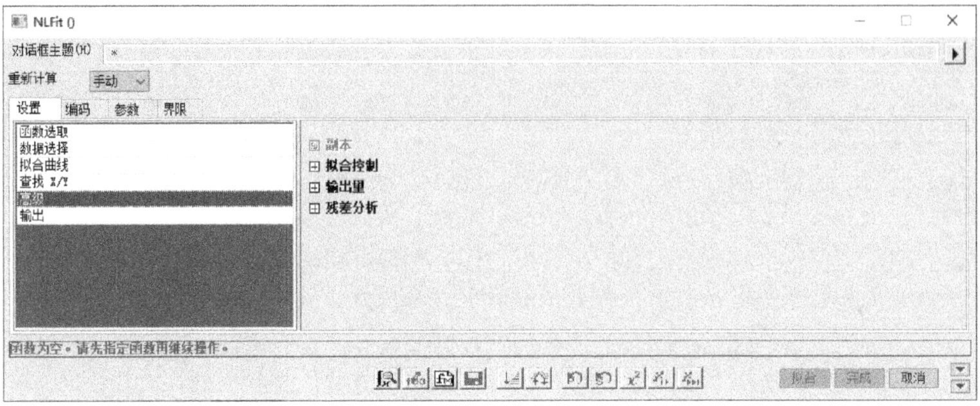

图 10-51　高级选项

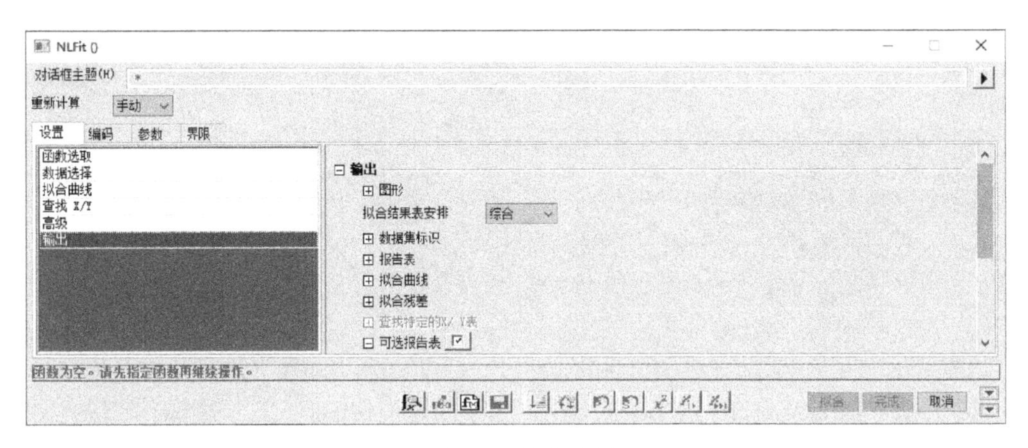

图 10-52　输出选项

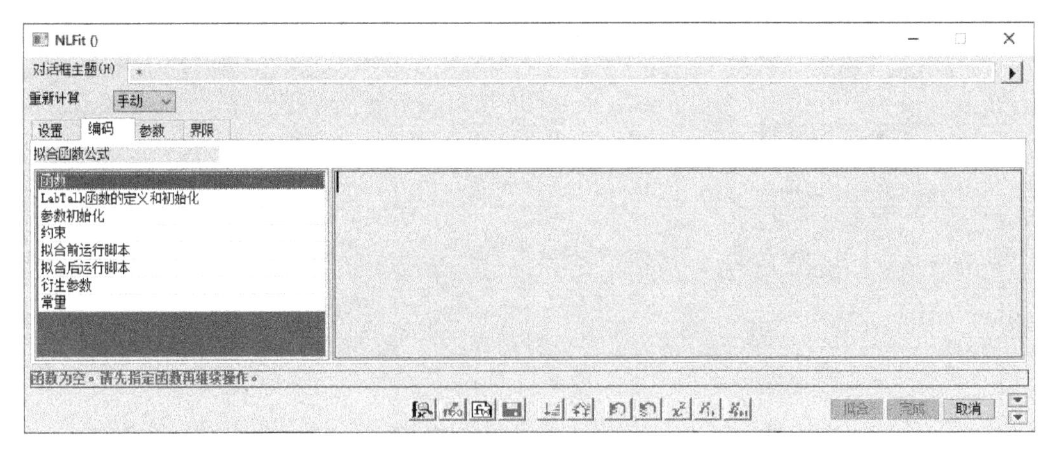

图 10-53　“编码”选项卡

3. “参数”选项卡

“参数”选项卡可以将各参数列为一个表格，如图 10-54 所示。

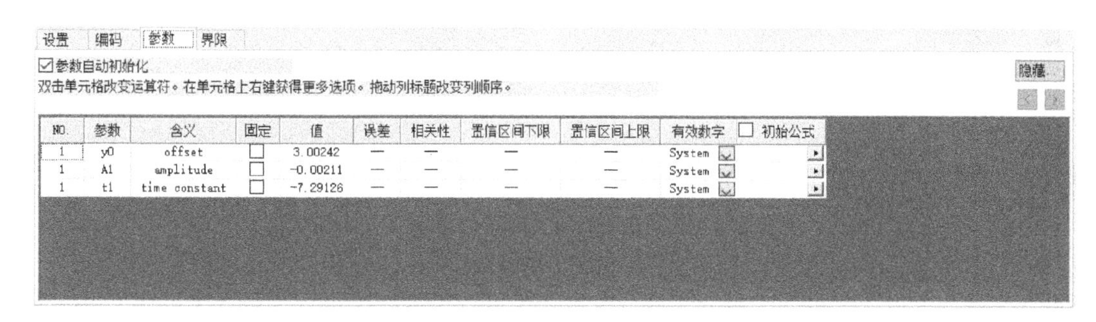

图 10-54 “参数”选项卡

4. “界限”选项卡

“界限”选项卡可以设置参数的上下限，包括下限值、下限值与参数的关系、参数名、上限值、上限与参数的关系，如图 10-55 所示。

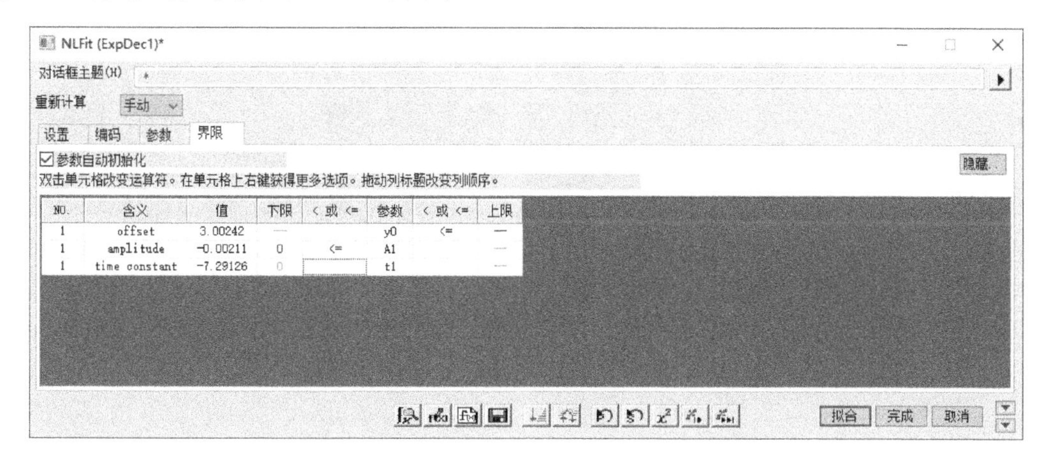

图 10-55 “界限”选项卡

10.3.3 拟合控制

“NLFit”对话框中间的一组控制按钮及功能见表 10-3。

表 10-3 控制按钮及功能

按　钮	功　能	按　钮	功　能
	编辑拟合函数		创建新的拟合函数
	保存拟合函数		计算卡方值
	给参数赋予近似值		初始化参数
	1 次迭代。使当前函数每次运行时只执行一次		拟合直至收敛。使当前函数每次运行时不断循环执行，直到结果在规定范围内

10.3.4 拟合信息显示设置

在“NLFit”对话框中控制按钮的下方是一组信息显示选项，用于控制信息的显示方式。

1）“拟合曲线”选项卡用于拟合结果的预览，如图 10-56 所示。

图 10-56 “拟合曲线”选项卡

2）“残差”选项卡用于预览残差分析的图形，如图 10-57 所示。

图 10-57 “残差”选项卡

3）“公式”选项卡用于显示拟合函数的数学公式，如图 10-58 所示。

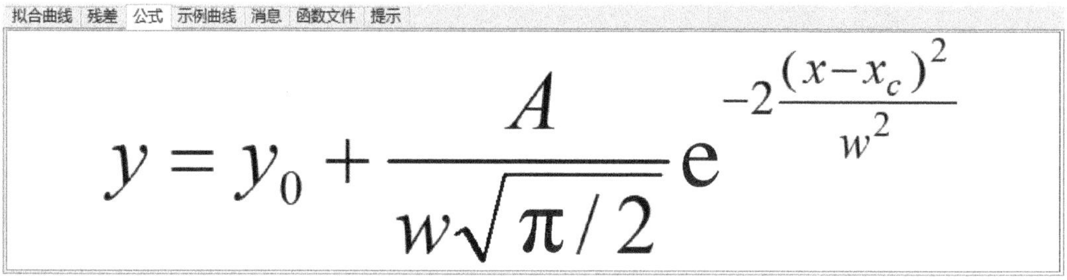

拟合曲线 残差 公式 示例曲线 消息 函数文件 提示

$$y = y_0 + \frac{A}{w\sqrt{\pi/2}} e^{-2\frac{(x-x_c)^2}{w^2}}$$

图 10-58 “公式”选项卡

4）“实例曲线”选项卡用于显示拟合实例曲线（图形），如图 10-59 所示。

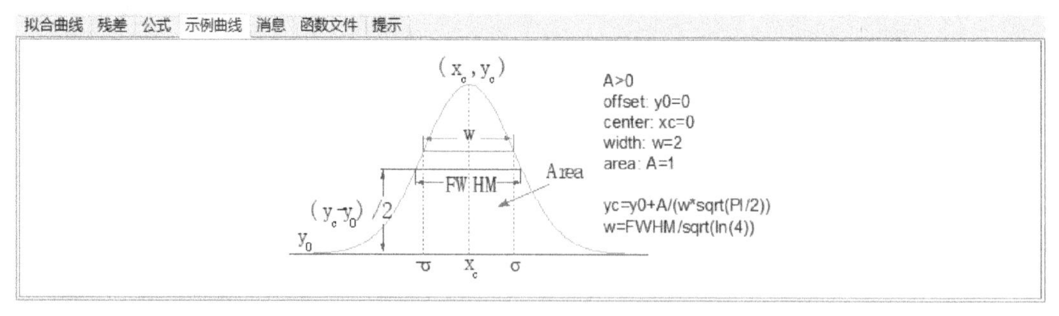

图 10-59 “实例曲线”选项卡

5）“消息”选项卡用于显示用户的操作过程，如图 10-60 所示。

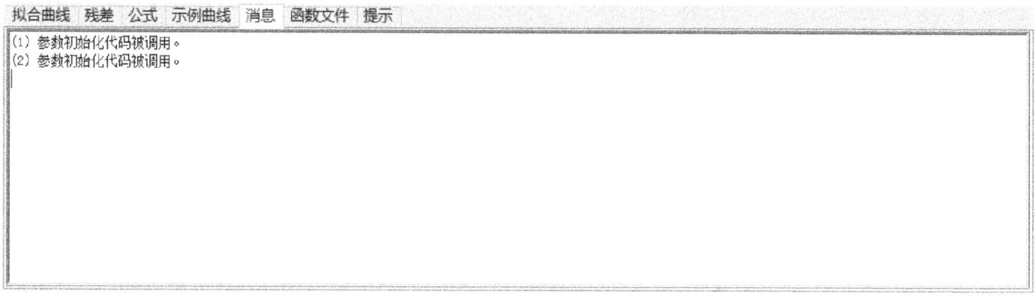
拟合曲线
残差
公式
示例曲线
消息
函数文件
提示
(1) 参数初始化代码被调用。
(2) 参数初始化代码被调用。

图 10-60 “消息”选项卡

6）“函数文件”选项卡用于显示该拟合函数的信息，如图 10-61 所示。

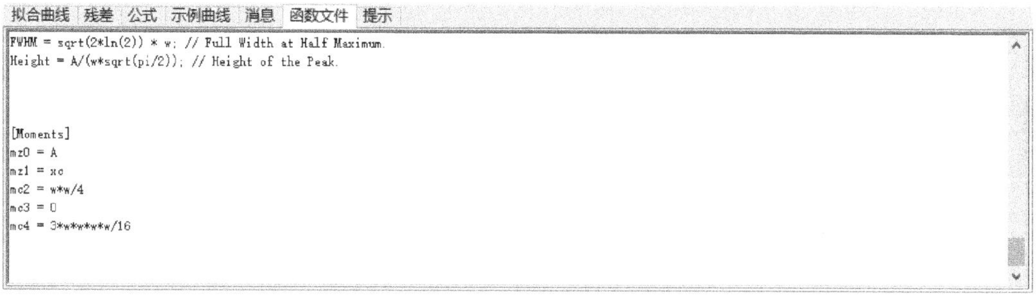
拟合曲线
残差
公式
示例曲线
消息
函数文件
提示
FWHM = sqrt(2*ln(2)) * w; // Full Width at Half Maximum.
Height = A/(w*sqrt(pi/2)); // Height of the Peak.
[Moments]
mz0 = A
mz1 = xc
mc2 = w*w/4
mc3 = 0
mc4 = 3*w*w*w*w/16

图 10-61 “函数文件”选项卡

7）“提示”选项卡用于显示使用的提示信息，如图 10-62 所示。

拟合曲线
残差
公式
示例曲线
消息
函数文件
提示
[函数选取]
Specify a fitting function.

图 10-62 “提示”选项卡

10.3.5 非线性曲面拟合

通过 Origin 内置的表面拟合函数，可以完成对三维数据的非线性曲面拟合。非线性曲面拟合操作与非线性曲线拟合基本相同。

拟合数据为工作表数据时，要求工作表有 X、Y、Z 列数据。选中工作表中 X、Y、Z 列数据，执行菜单栏中的“分析”→“拟合”→“非线性曲面拟合”命令，即可完成非线性曲面拟合。

拟合数据为矩阵表数据时，直接选中矩阵表中的数据，执行菜单栏中的“分析”→“非线性矩阵拟合”命令，完成非线性曲面拟合。

对三维曲面进行拟合时，该三维曲面必须采用矩阵绘制。因为曲面拟合有两个自变量，因此散点图无法表示平面的残差，必须采用轮廓图。

非线性曲面拟合的操作步骤如下。

1）使用素材文件 XYZGaussian. dat 中的数据，通过数据转换建立三维图形。选中工作表中的 A(X)、B(Y)、C(Z)列数据，执行菜单栏中的“工作表”→“转换为矩阵”→“XYZ 网格化”命令，即可弹出图 10-63 所示的“XYZ 网格化：将工作表转换为矩阵”对话框，将数据网格化。

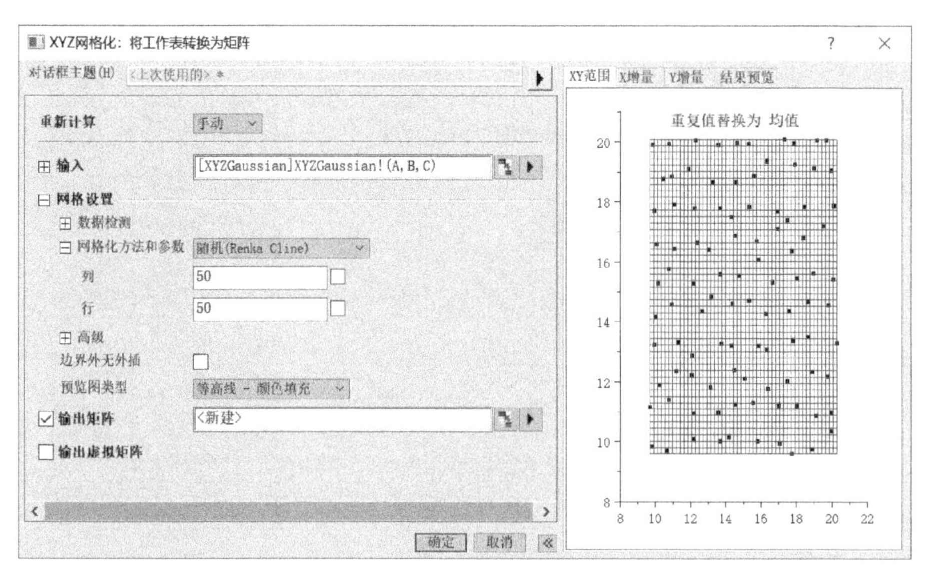

图 10-63 “XYZ 网格化：将工作表转换为矩阵”对话框

2）在对话框中“网格设置”选项组中设置“列”为 50、“行”为 50，设置完成后，单击“确定”按钮即可完成转换，得到的矩阵簿窗口如图 10-64 所示。

3）执行菜单栏中的“绘图”→“3D”→“3D 线框面”命令，绘制三维线框图如图 10-65 所示。

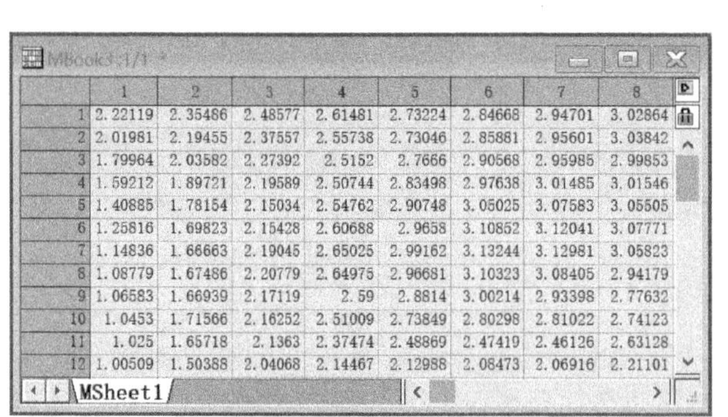

	1	2	3	4	5	6	7	8
1	2.22119	2.35486	2.48577	2.61481	2.73224	2.84668	2.94701	3.02864
2	2.01981	2.19455	2.37557	2.55738	2.73046	2.85881	2.95601	3.03842
3	1.79964	2.03582	2.27392	2.5152	2.7666	2.90568	2.95985	2.99853
4	1.59212	1.89721	2.19589	2.50744	2.83498	2.97638	3.01485	3.01546
5	1.40885	1.78154	2.15034	2.54762	2.90748	3.05025	3.07583	3.05505
6	1.25816	1.69823	2.15428	2.60688	2.9658	3.10852	3.12041	3.07771
7	1.14836	1.66663	2.19045	2.65025	2.99162	3.13244	3.12981	3.05823
8	1.08779	1.67486	2.20779	2.64975	2.96681	3.10323	3.08405	2.94179
9	1.06583	1.66939	2.17119	2.59	2.8814	3.00214	2.93398	2.77632
10	1.0453	1.71566	2.16252	2.51009	2.73849	2.80298	2.81022	2.74123
11	1.025	1.65718	2.1363	2.37474	2.48869	2.47419	2.46126	2.63128
12	1.00509	1.50388	2.04068	2.14467	2.12988	2.08473	2.06916	2.21101

图 10-64 转换结果

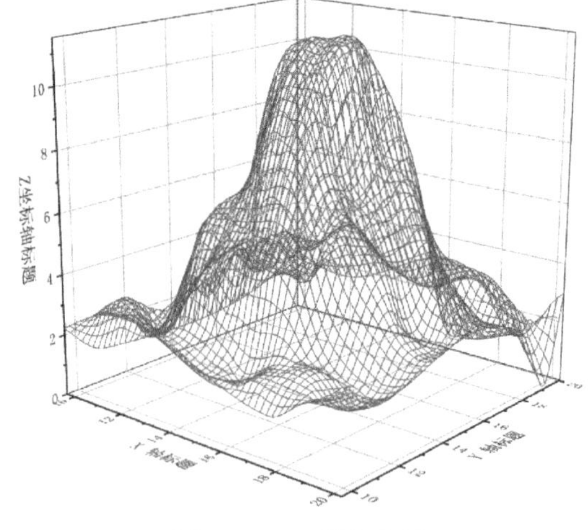

图 10-65 三维线框图

4）将矩阵簿窗口设置为当前窗口，执行菜单栏中的“分析”→“非线性矩阵拟合”命令，弹出“NLFit”对话框，选择“Plane”曲面函数，如图 10-66 所示。

说明：将绘图窗口设置为当前窗口，执行菜单栏中的“分析”→“拟合”→“非线性曲面拟合”命令，也可以弹出“NLFit”对话框执行非线性曲面拟合操作。

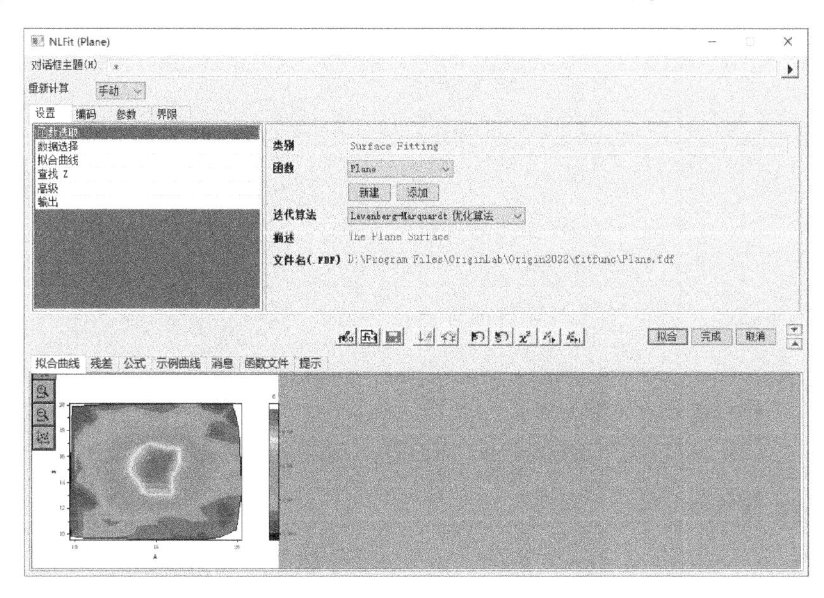

图 10-66　“NLFit”对话框

5）单击“拟合”按钮，完成曲面拟合，拟合得到的数据存放在新建的工作表中，报表如图 10-67 所示。将绘图窗口置前，可以发现绘图窗口中显示了拟合信息，如图 10-68 所示。

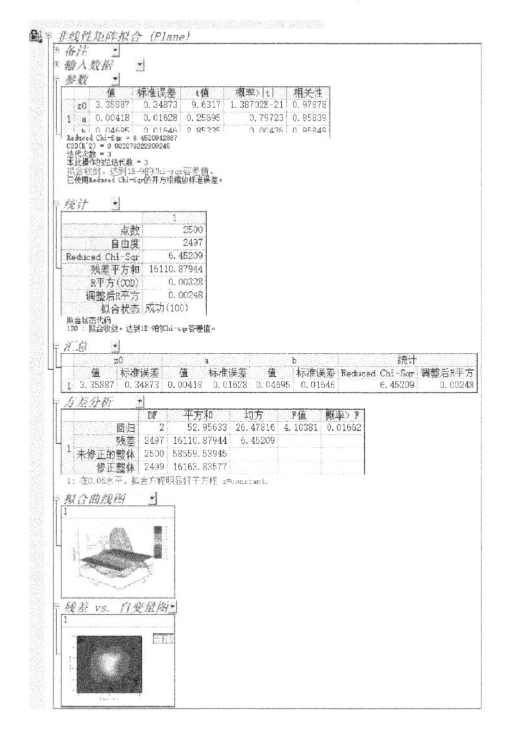

非线性矩阵拟合 (Plane)

备注

输入数据

参数

		值	标准误差	t值	概率>|t|	相关性
1	z0	3.35887	0.34873	9.6317	1.38702E-21	0.97878
	a	0.00418	0.01628	0.25695	0.79723	0.95839
	b	0.04695	0.01646	2.85335	0.00436	0.95849

Reduced Chi-Sqr = 6.4520942887
COD(R^2) = 0.003276222909246
迭代次数 = 3
本此操作的总迭代数 = 3
拟合收敛。达到1E-9的Chi-sqr容差值。
已使用Reduced Chi-Sqr的开方根缩放标准误差。

统计

	1
点数	2500
自由度	2497
Reduced Chi-Sqr	6.45209
残差平方和	16110.87944
R平方(COD)	0.00328
调整后R平方	0.00248
拟合状态	成功(100)

拟合状态代码
100 ：拟合收敛。达到1E-9的Chi-sqr容差值。

汇总

	z0		a		b		统计	
	值	标准误差	值	标准误差	值	标准误差	Reduced Chi-Sqr	调整后R平方
1	3.35887	0.34873	0.00418	0.01628	0.04695	0.01646	6.45209	0.00248

方差分析

		DF	平方和	均方	F值	概率>F
1	回归	2	52.95633	26.47816	4.10381	0.01662
	残差	2497	16110.87944	6.45209		
	未修正的整体	2500	58559.53945			
	修正整体	2499	16163.83577			

1：在0.05水平，拟合方程明显好于方程 z=constant.

拟合曲线图

残差 vs. 自变量图

图 10-67　输出报表

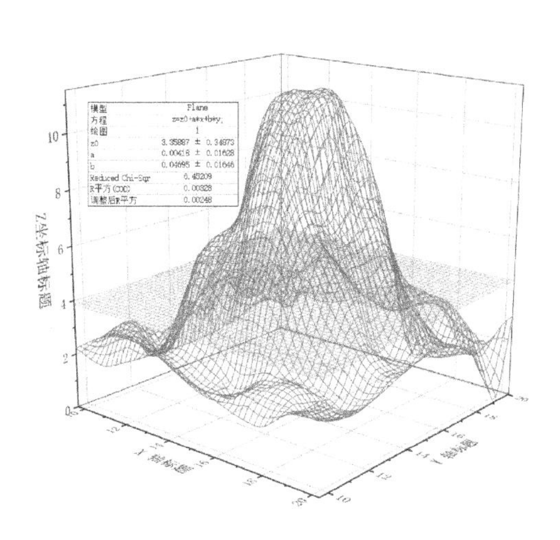

图 10-68　绘图窗口显示拟合信息

10.4 拟合函数

Origin 中的所有内置拟合函数和自定义拟合函数都由拟合函数管理器进行管理。每一个拟合函数都以扩展名为 .fdf 的文件形式存放，内置拟合函数存放在 Origin/FitFunc 子目录下，自定义拟合函数存放在 Origin 用户目录的 FitFunc 子目录下。

10.4.1 拟合函数管理器

执行菜单栏中的“工具”→“拟合函数管理器”命令，可以打开图 10-69 所示的“拟合函数管理器”对话框，拟合函数管理器分为上、下两个面板。

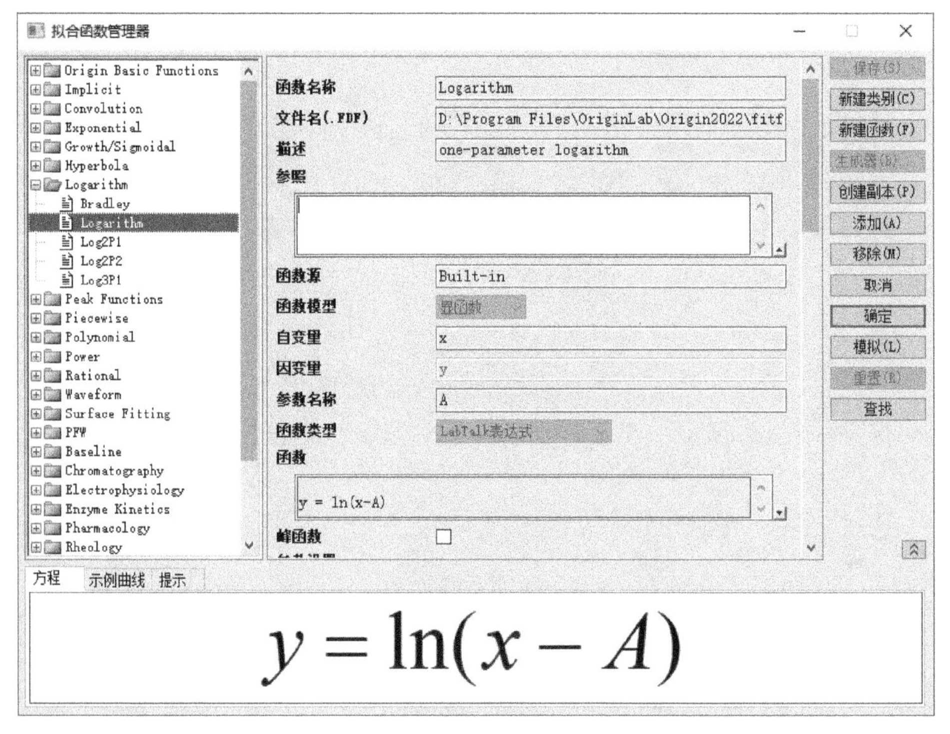

图 10-69 “拟合函数管理器”对话框

上面板左边为内置拟合函数，它们按类别存放在不同的子目录中，通过鼠标单击，即可选择拟合函数，例如选择 Logarithm 子目录中的 Logarithm 拟合函数。上面板中间为对选中函数的说明，例如拟合函数的文件名、参数名等。上面板右边为新建函数的编辑按钮。下面板用于选中函数公式、图形等的显示。

10.4.2 自定义函数

在使用 Origin 时，经常会发生找不到适用的内置拟合函数的情况，这就需要自定义函数。自定义的函数一般是预先确定的，这些函数要么来源于文献中的模型，要么是通过数学运算推导而来，拟合结果必然具有一定的物理意义，其结果是可以解释的。

如果随意使用一种数学函数，即使拟合结果再好，也是毫无意义的。下面介绍用户自定义函数拟合的过程。

1）执行菜单栏中的“工具”→“拟合函数管理器”命令。在左侧 User Defined（用户自定义）下建立目录和函数。

在右侧单击“新建类别”按钮，在中间出现的“名称”文本框中输入文件夹名 MyFuncs，建立目录。

单击“新建函数”按钮，在中间出现的“函数名称”文本框中输入函数名 MyExp。

2）构建函数。一个函数关系是由自变量、因变量和相关常量构成的，常量在这里称为“参数名称”，事实上曲线拟合就是为了求得这些参数的最佳值，在拟合前这些参数是未知的，因此需要使用各种代码来表示。

保持自变量为 x、因变量为 y 不变，拟合时这些 x 和 y 对应源数据记录，参数名称修改为 y0、a、b，即有三个参数。

当用鼠标左键单击相应文本框时，在对话框最下面的“提示”框中会给出该文本框的提示，如图 10-70 所示。譬如将光标停留在“参数名称”文本框时，“提示”框中会提供如何命名参数名称等信息。

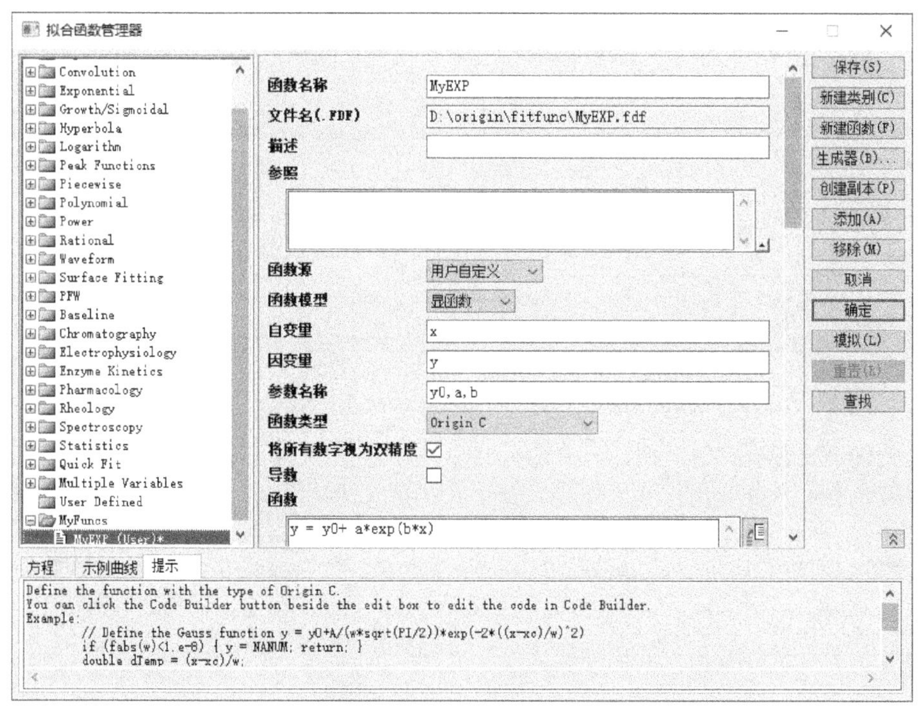

图 10-70 使用拟合函数管理器建立自定义目录和函数

3）完成函数定义后，必须经过代码编译才能够在 Origin 中使用，编译后的自定义函数就与内置函数一样成为系统的一部分。

单击按钮，可以调用 Coder Builder 编译器进行编译。在编译器中可以看到系统自动将刚刚定义的函数编译成 C 语言代码。

4）直接单击“编译”按钮，可以看到左下角出现编译和链接状态提示信息。看到“完成”提示时表示编译工作完成，如图 10-71 所示。单击“返回对话框”按钮，返回“拟合函数管理器”对话框。

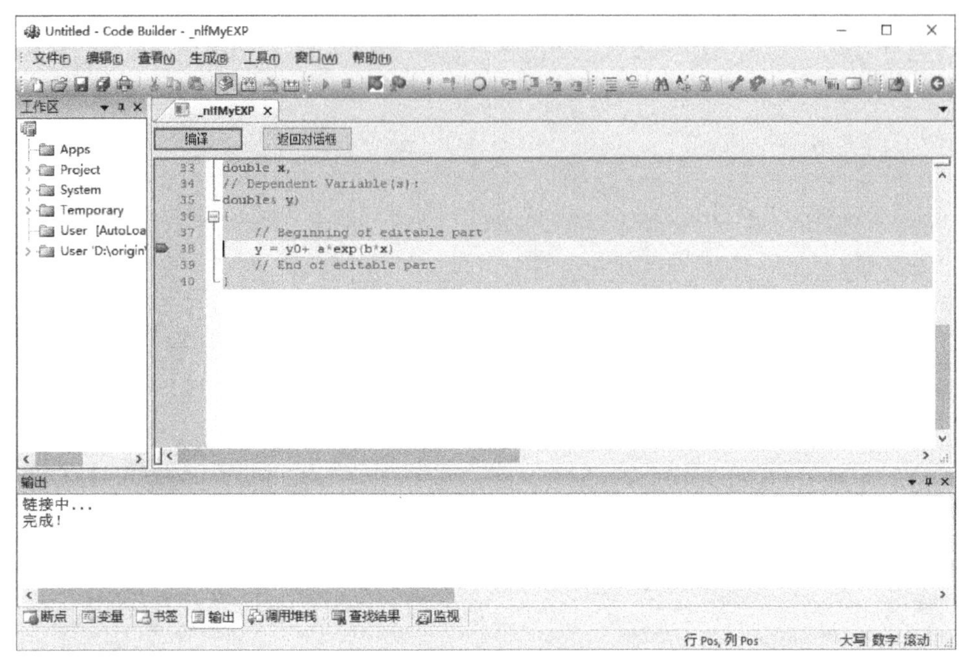

图 10-71　代码编译

5）单击“保存”按钮进行保存。单击“模拟”按钮，会弹出“拟合曲线模拟”对话框，利用该对话框可以对刚刚自定义的拟合函数进行模拟。

6）单击“确定”按钮返回 Origin 主界面，即可完成自定义函数的定义操作。

10.4.3 用自定义函数拟合

利用自定义拟合函数进行拟合的操作步骤如下。

1）导入 Exponential Decay. dat 数据文件，选择 B(Y)数据列作散点图。

2）执行菜单栏中的“分析”→“拟合”→“非线性曲线拟合”命令，打开“NLFit”对话框。在“类别”下拉列表中选择用户拟合函数目录 MyFuncs，在“函数”下拉列表中选择 MyEXP 函数进行拟合，如图 10-72 所示。

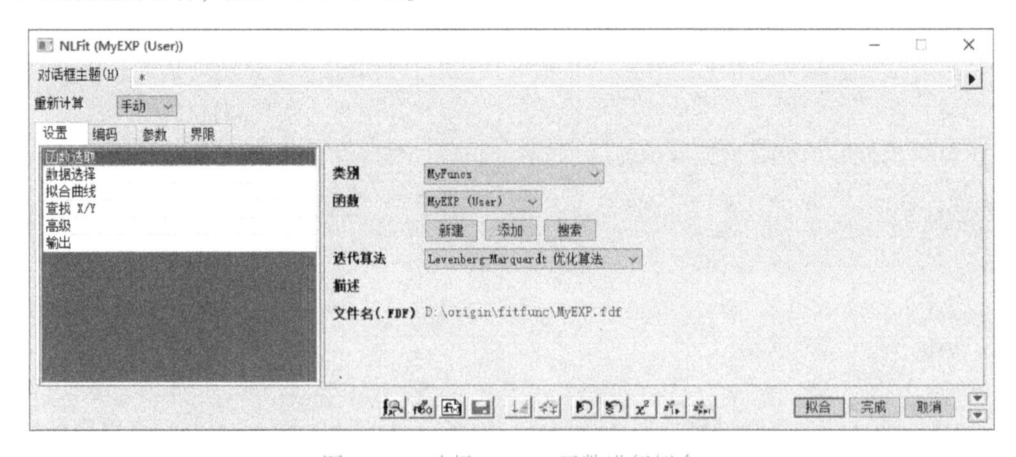

图 10-72　选择 MyEXP 函数进行拟合

3）为了得到有效的结果和减少处理工作量，必须进入“参数”选项卡进行参数设置，如图 10-73 所示。输入自定义的三个参数原始值，此处均定义为 1。

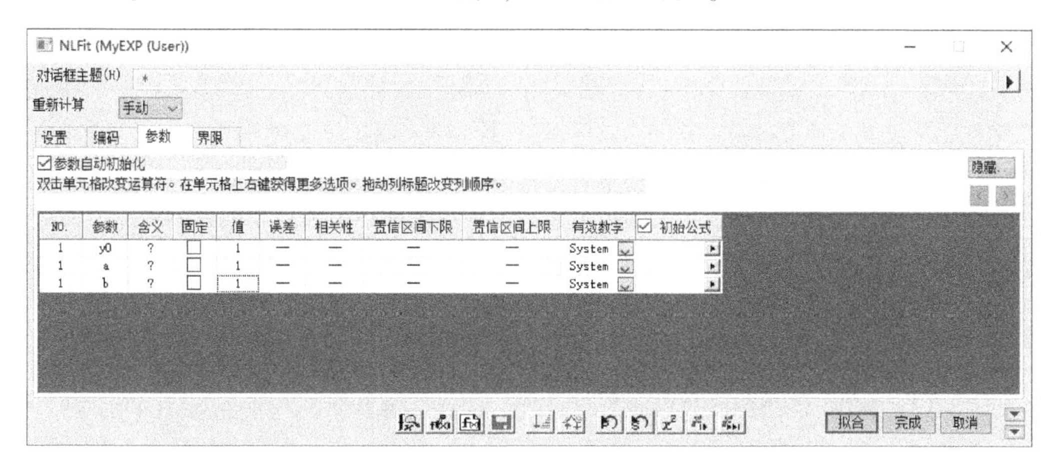

图 10-73　在“参数”选项卡中进行参数设置

4）单击“拟合”按钮进行曲线拟合，完成收敛后即可得到 y0、a 和 b 的值，单击“完成”按钮返回主界面，完成拟合。结果如图 10-74 所示。

5）将拟合结果存放到报告中，如图 10-75 所示。表格显示了自定义函数方程式、三个参数以及相关系数 R^2 的数值，$R^2=0.985$ 表示拟合情况良好。

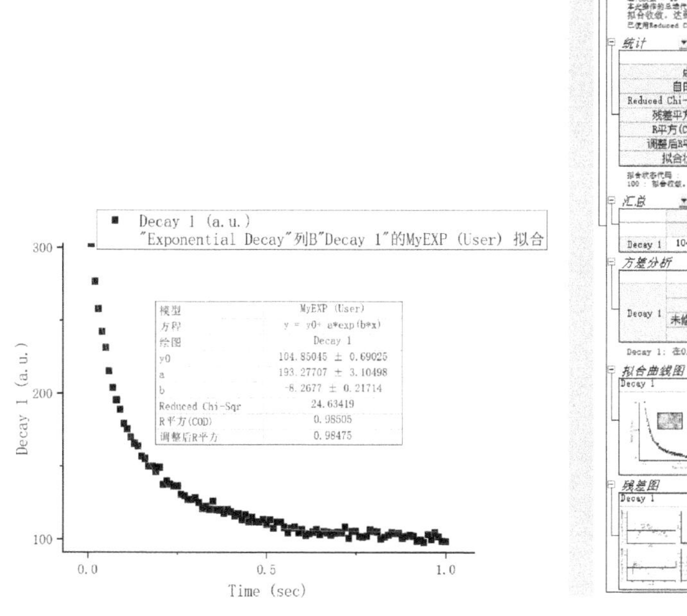

图 10-74　用自定义拟合函数拟合的结果

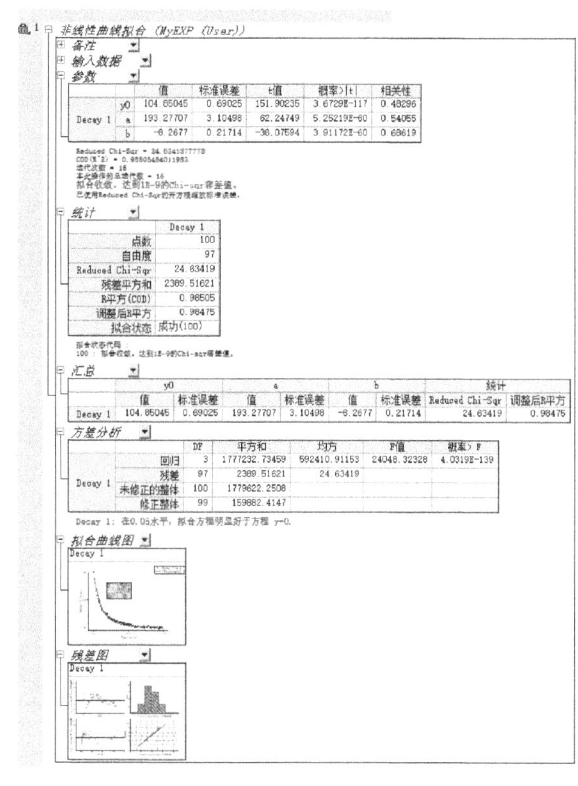

非线性曲线拟合 (MyEXP (User))

备注

输入数据

参数

		值	标准误差	t值	概率>|t|	相关性
Decay 1	y0	104.85045	0.69025	151.90235	3.6729E-117	0.48296
	a	193.27707	3.10498	62.24749	5.25219E-60	0.54055
	b	-8.2677	0.21714	-38.07594	3.91172E-60	0.68619

拟合收敛。达到1E-9的Chi-sqr容差值。

统计

	Decay 1
点数	100
自由度	97
Reduced Chi-Sqr	24.63419
残差平方和	2389.51621
R平方(COD)	0.98505
调整后R平方	0.98475
拟合状态	成功(100)

汇总

	y0		a		b		统计	
	值	标准误差	值	标准误差	值	标准误差	Reduced Chi-Sqr	调整后R平方
Decay 1	104.85045	0.69025	193.27707	3.10498	-8.2677	0.21714	24.63419	0.98475

方差分析

		DF	平方和	均方	F值	概率>F
Decay 1	回归	3	1777232.73459	592410.91153	24048.32328	4.0319E-139
	残差	97	2389.51621	24.63419		
	未修正的整体	100	1779622.2508			
	修正整体	99	159882.4147			

拟合曲线图

Decay 1

残差图

Decay 1

图 10-75　拟合结果报表

10.4.4 拟合数据集对比

实际工作中，仅仅对曲线进行拟合或找出参数是不够的，有时还需要进行多次拟合，从中找出最佳的拟合函数与拟合参数。例如，比较两组数据集以确定两组数据的样本是否属于同一总体空间，或确认数据集是用 Gaussian 模型还是 Lorentz 模型拟合更佳。

Origin 提供了数据集对比和拟合模型对比工具，用于比较不同数据集之间是否有差别和对同一数据集采用哪一种拟合模型更好。Origin 拟合对比是在拟合报表中进行的，所以必须采用不同的拟合方式进行拟合，得到包括残差平方和、自由度和样本值的拟合报表。

下面给出实例，分析数据工作表中数据集 B(Y) 与 C(Y) 是否有明显差异。具体拟合数据集对比步骤如下。

1）导入 Lorentzian. dat 数据文件，其中，B(Y)、C(Y) 为需要拟合的对比数据。

2）选中 B(Y) 列数据，执行菜单栏中的“分析”→“拟合”→“非线性曲线拟合”命令，对该列数据进行拟合。拟合时采用“Lorentz”模型，如图 10-76 所示。将拟合结果输出到拟合报表中，具体设置如图 10-77 所示。

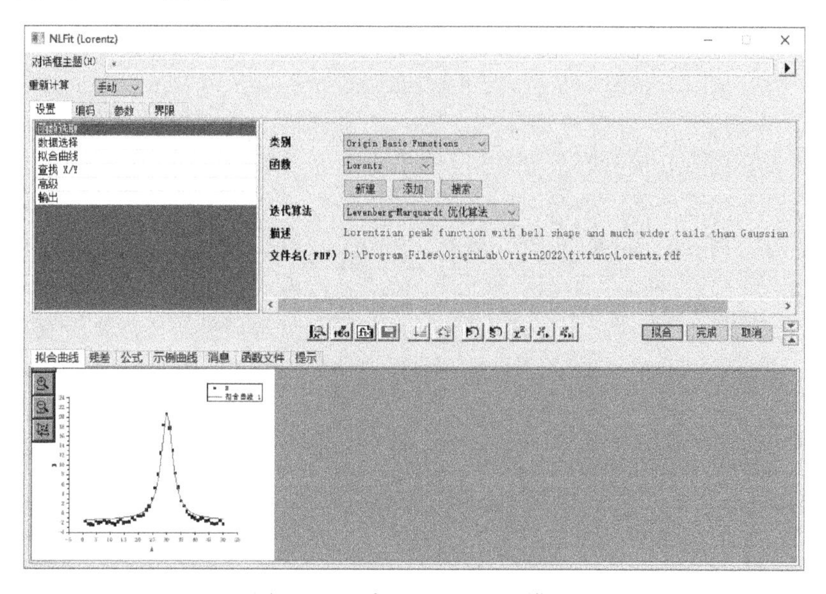

图 10-76　采用“Lorentz”模型

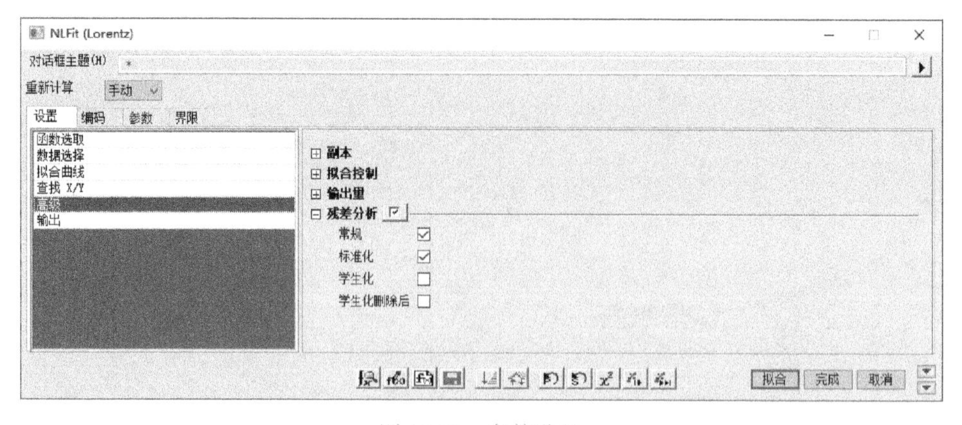

图 10-77　参数设置

3）在“NLFit”对话框中单击 按钮完成拟合，单击“完成”按钮退出拟合。其拟合报表如图 10-78 所示。

4）同理，选中 C(Y) 列数据，按照步骤 2）~3）进行拟合操作，得到的拟合报表如图 10-79 所示。

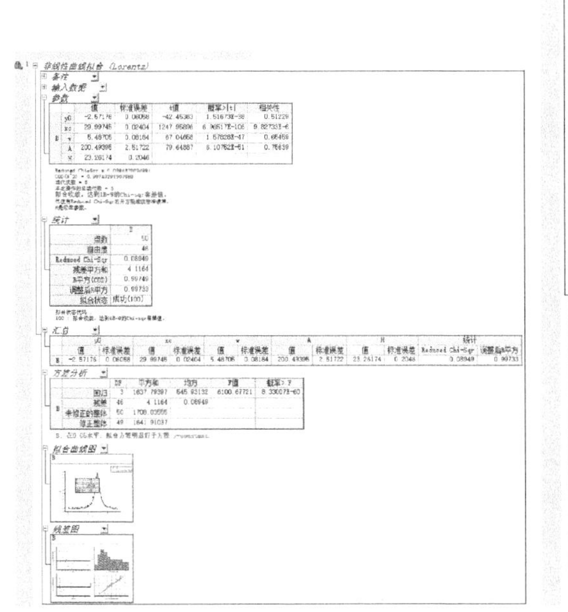

图 10-78　B(Y) 列数据得到的拟合报表

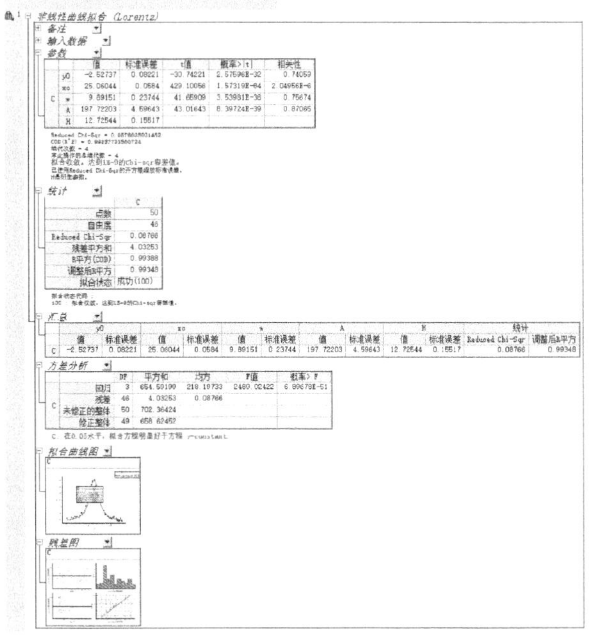

图 10-79　C(Y) 列数据得到的拟合报表

5）在完成两个拟合报表后，执行菜单栏中的“分析”→“拟合”→“拟合数据比较”命令，打开“拟合数据比较”对话框，如图 10-80 所示。

6）分别单击“拟合结果 1”和“拟合结果 2”右侧的 按钮，弹出“报告树浏览器”对话框，选择输入拟合报表名称，如图 10-81 和图 10-82 所示。

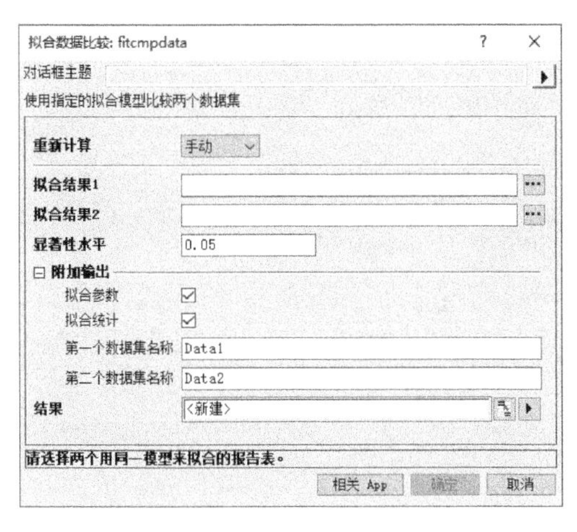

图 10-80　“拟合数据比较”对话框

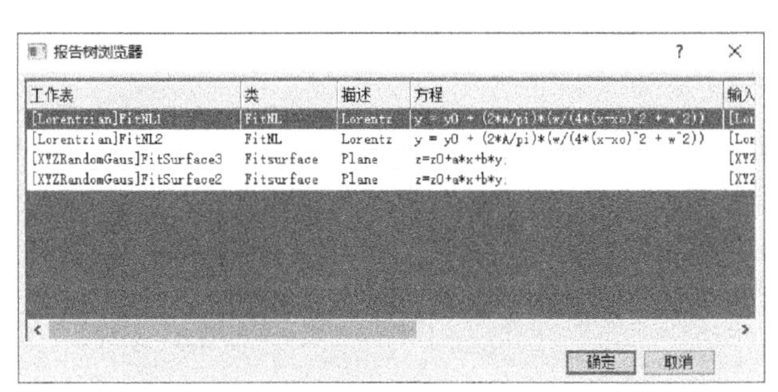

图 10-81　“报告树浏览器”对话框

7）设置完成后单击“确定”按钮，完成整个拟合数据集对比过程，最终得到数据比较报表如图 10-83 所示。

从报表中可以看出，由于两组数据差别较大，数据比较报表给出的拟合对比信息为：在置信度水平为 0.95 的条件下，两组数据差异显著。通过拟合对比，证明这两数据组不可能属于同一总体空间。

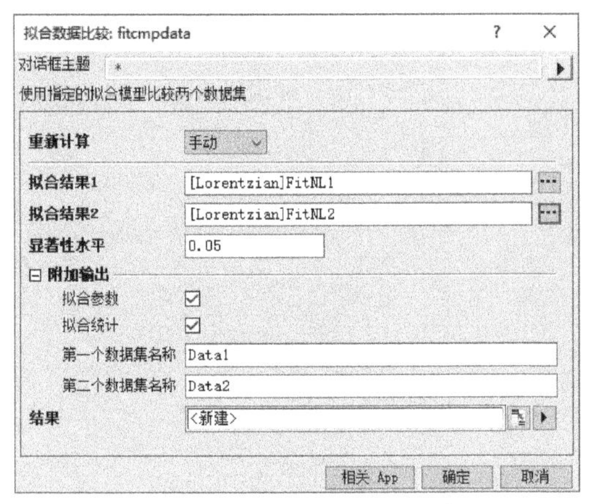

图 10-82　选择输入拟合报表名称

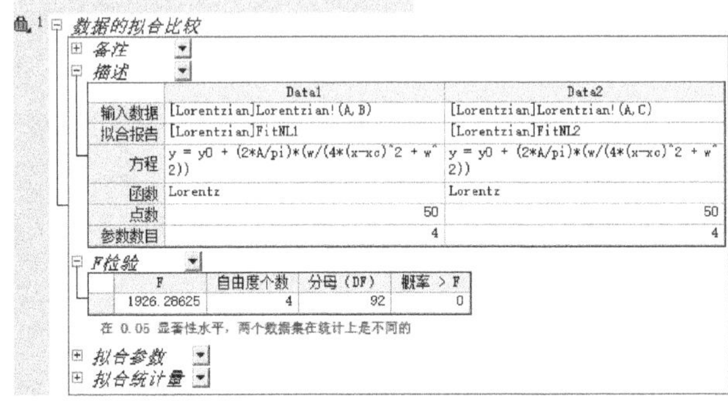

图 10-83　数据比较报表

10.5 拟合结果分析

在实际工作中，对曲线进行拟合或找出参数仅是完成第一步工作，此后还必须根据拟合结果（如拟合报表）结合专业知识对拟合给出正确的解释。通常根据拟合的决定系数、加权卡方检验系数及对拟合结果的残差分析，得出拟合结果的优劣。

10.5.1 最小二乘法

最小二乘法是检验参数最常用的方法，根据最小二乘法理论，最佳拟合是最小的残差平方和（RSS）。用残差 $y_i-\hat{y}_i$ 表示实际数据与最佳拟合值之间的关系，如图 10-84 所示。

在实际拟合中，拟合的好坏也可以从拟合曲线与实际数据是否接近加以判断，但这都不是定量判断，而残差平方和或加权卡方检验系数可以作为定量判断的标准。

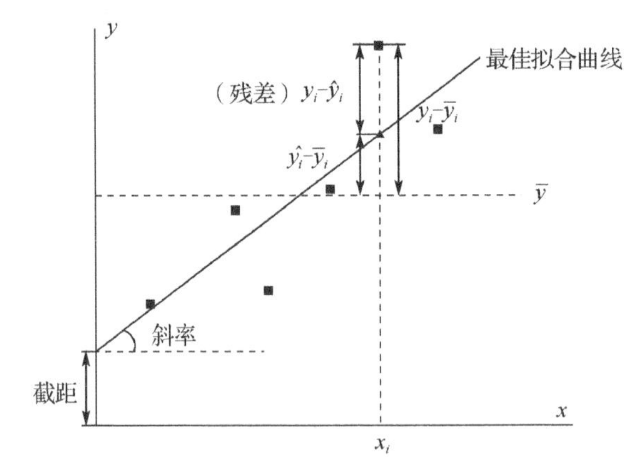

图 10-84　实际数据与最佳拟合值之间的关系

10.5.2　拟合优度

虽然残差平方和可以对拟合做出定量的判断，但残差平方和也有一定的局限性。为获得最佳的拟合优度，引入了决定系数 R^2，其值在 0~1 变化。R^2 越接近 1，拟合效果越好。决定系数 R^2 不是 r（相关系数）的平方。如果 Origin 在计算时出现 R^2 值不在 0~1 之间，则表明该拟合效果很差。

从数学角度看，决定系数 R^2 受拟合数据点数量的影响，增加样本数量可以提高 R^2 值。为了消除这一影响，Origin 软件引入了校正决定系数 R^2_{adj}。

在某些场合，仅有决定系数 R^2 和校正系数 R^2_{adj} 还是不能完全正确地判断拟合效果。例如，对图 10-85 中的数据点进行拟合，四个数据集都可以得到理想的 R^2 值，但很明显图 10-85(b)~(d) 拟合得到的模型是错误的，仅有图 10-85(a) 拟合得到的模型是比较理想的。

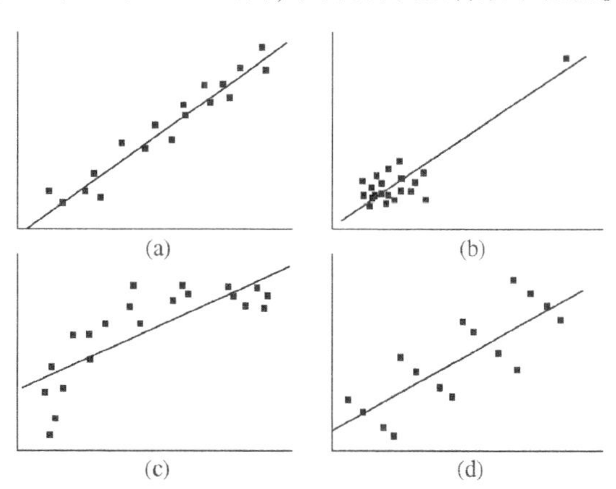

图 10-85　决定系数不能完全判断拟合效果的示意图

因此，在拟合完成时，要认真分析拟合图形，在必要时还须对拟合模型进行残差分析，才可以确定最佳的拟合优度。

10.5.3　残差图形分析

Origin 为拟合报表提供了包括残差-自变量图形、残差-数据序列图形和残差-预测值图形在内的多种拟合残差分析图形。根据需要可以在 NLFit 对话框“拟合曲线”的“残差图”选项组中设置残差分析图的输出，如图 10-86 所示。

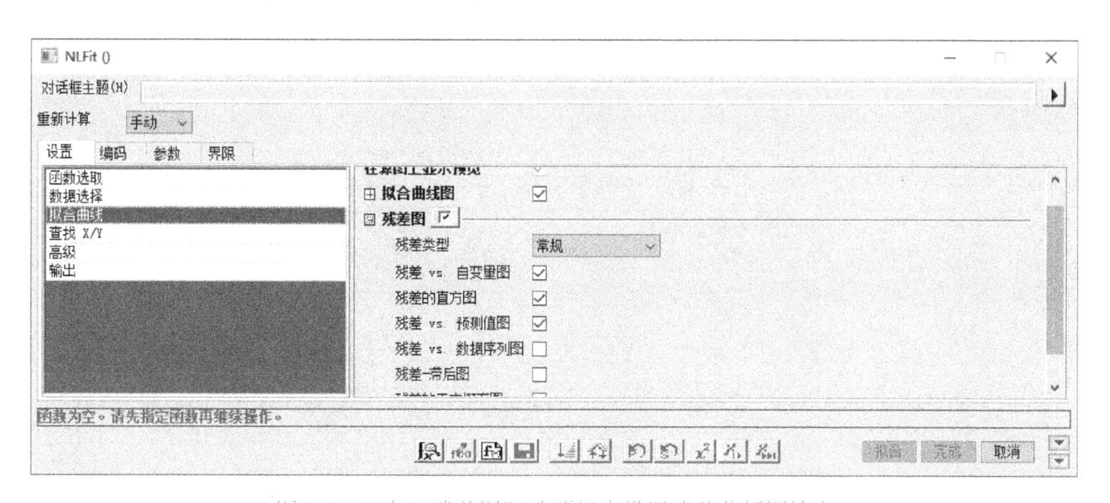

图 10-86　在“残差图”选项组中设置残差分析图输出

不同的残差分析图形可以帮助用户判断模型假设是否正确，提供改善模型思路等有效信息。例如，残差散点图显示无序，表明拟合优度较好。根据需要选择相应的残差分析图形，可以对拟合模型进行分析。

残差散点图可以提供很多有用的信息。譬如，当残差散点图显示残差值随自变量变化具有增加或降低的趋势时，表明随自变量变化拟合模型的误差增大或减小，如图 10-87(a)、(b)所示。误差增大或减小都表明该模型不稳定，可能还有其他因素影响模型。图 10-87(c)的情况为残差值不随自变量变化，这表明模型是稳定的。

残差-数据序列图可以用于检验与实践有关的变量在试验过程中是否漂移。当残差在 0 周围随机分布时，表明该变量在试验过程中没有漂移，如图 10-88 上图所示。反之，表明该变量在试验过程中有漂移，如图 10-88 下图所示。

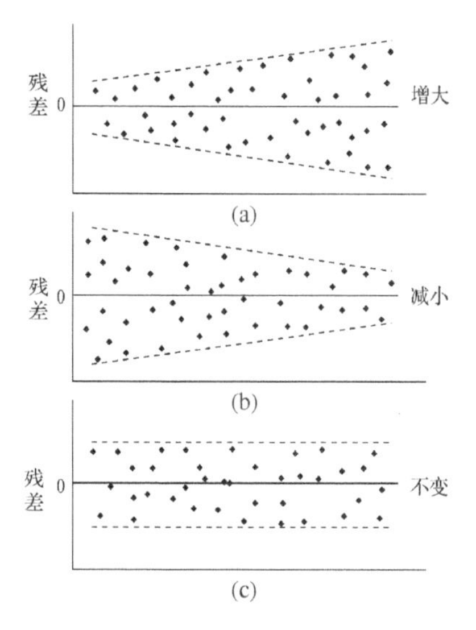

图 10-87　散点图残差值随自变量变化趋势

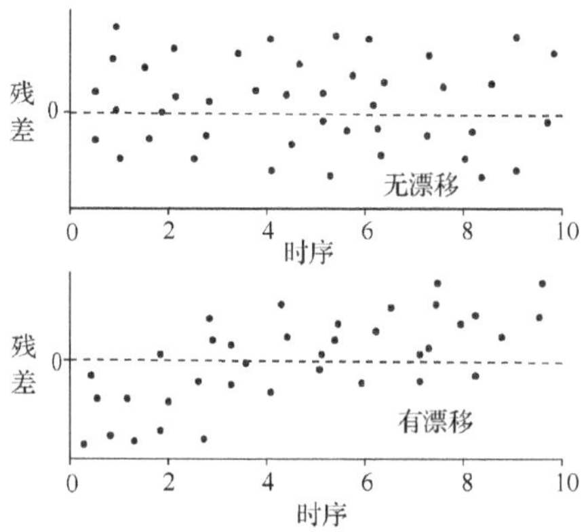

图 10-88　检验变量是否漂移残差散点图

残差散点图还可以提供改善模型的信息。例如，拟合得到的具有一定曲率的残差-自变量散点图，如图 10-89 所示。该残差散点图表明，如果采用更高次数的模型进行拟合，可能会获得更好的拟合效果。当然，这只是一般情况，在分析过程中，还要根据具体情况和专业知识进行分析。

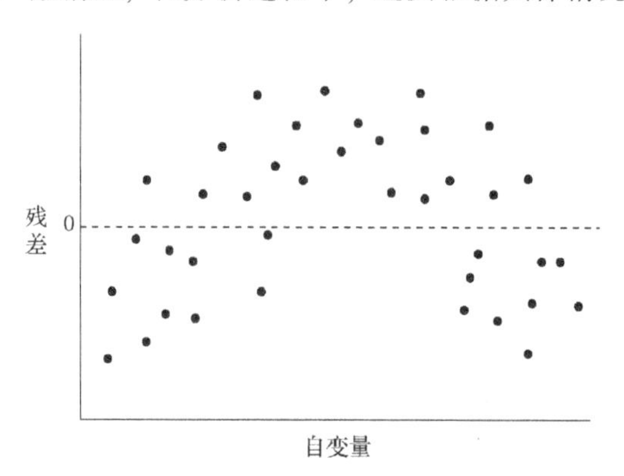

图 10-89　具有一定曲率的残差-自变量散点图

10.5.4　置信带和预测带

在“线性拟合”对话框中切换到“拟合曲线图”选项卡，勾选“置信带”和“预测带”复选框，可以在拟合分析报告中输出置信带和预测带。

置信带也称为置信区间，是指拟合模型用于计算在给定置信水平（默认为95%）下，拟合模型计算值与真值差落在置信带内。预测带与置信带类似，但是表达式不同，预测带一般宽于置信带。图10-90为拟合模型的置信带与预测带示意图。

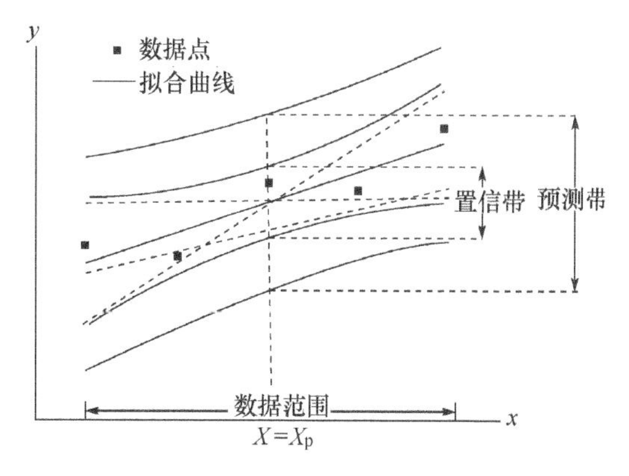

图10-90 置信带与预测带示意图

10.5.5 在拟合曲线上获取数据

当需要在拟合曲线上获取数据时，可以打开“NLFit”对话框，切换到“设置”选项卡，在“查找X/Y”对应的选项区域进行设置，如图10-91所示。拟合完成后，会自动生成FitNLFindYfromX1工作表。

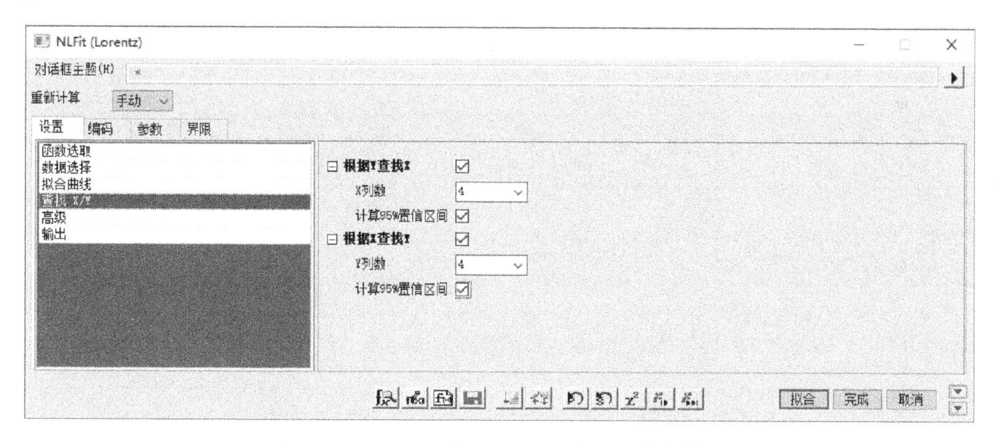

图10-91 对“查找X/Y”对应选项进行设置

10.6 拟合应用

本节将通过具体的实例，展示如何使用Origin进行曲线拟合。

10.6.1 自定义函数拟合

通过试验获得激光功率与加工线宽的试验数据见表10-4。下面将通过激光功率与线宽之间的关系式进行分析。理论分析获得的激光功率 x 与线宽 y 关系为：

$$y=a\sqrt{\ln\frac{x}{b}}$$

表 10-4　某试验结果

激光功率/mW	6.11	6.44	6.79	7.17	7.57	7.00	7.47	7.98	8.53
线宽/nm	121	228	255	290	317	341	367	378	413

在 Origin 内置函数中无该拟合函数，因此需要自定义拟合函数。

1. 建立用户自定义函数

1）执行菜单栏中的“工具”→“拟合函数管理器”命令，打开“拟合函数管理器”对话框。单击“新建类别”按钮，创建一个函数类 MyFuncs。

2）单击“新建函数”按钮，在这个类下面创建一个新的函数，并命名为 NewFunction。

3）对该函数进行简短的描述，定义函数所需参数，输入函数方程 y = a * sqrt(ln(x/b))，其中，a、b、x 为待定参数，定义函数如图 10-92 所示。

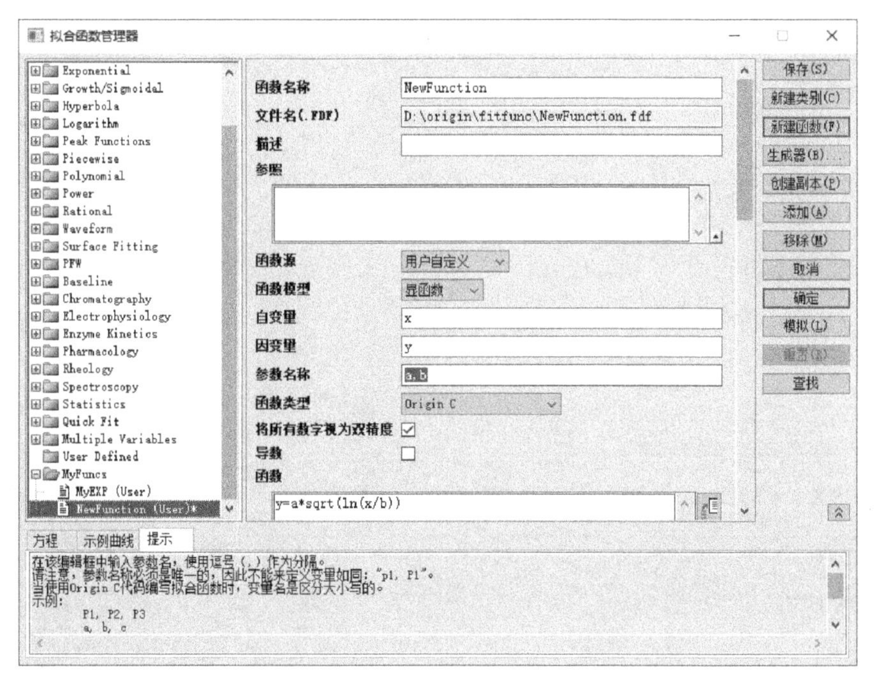

图 10-92　“拟合函数管理器”对话框

4）参数声明和方程建立完成后，进行函数编译。单击按钮进入编译界面，单击“编译”按钮，完成编译将出现图 10-93 所示的界面。

2. 使用自定义拟合函数

曲线拟合的目的是得到曲线的方程，从而通过计算得到自己关心的数据。以半圆为例，自定义拟合函数的调用如下。

1）依据题意在工作表中输入数据。利用该数据绘制散点图，绘出的散点图如图 10-94 所示。

2）单击曲线，执行菜单栏中的“分析”→“拟合”→“非线性曲线拟合”命令，打开“NLFit”对话框，选定自定义的函数，如图 10-95 所示。

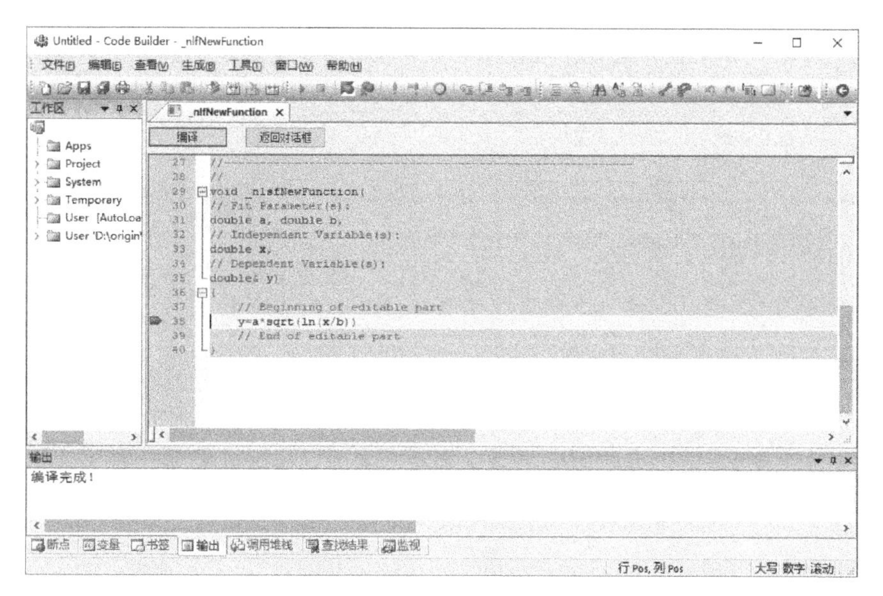

图10-93 编译界面

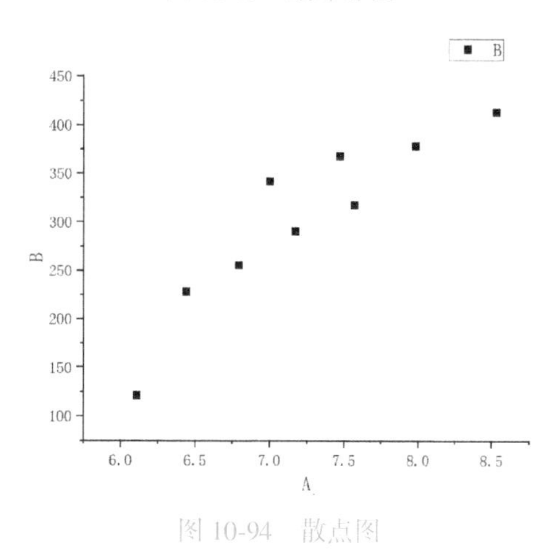

图10-94 散点图

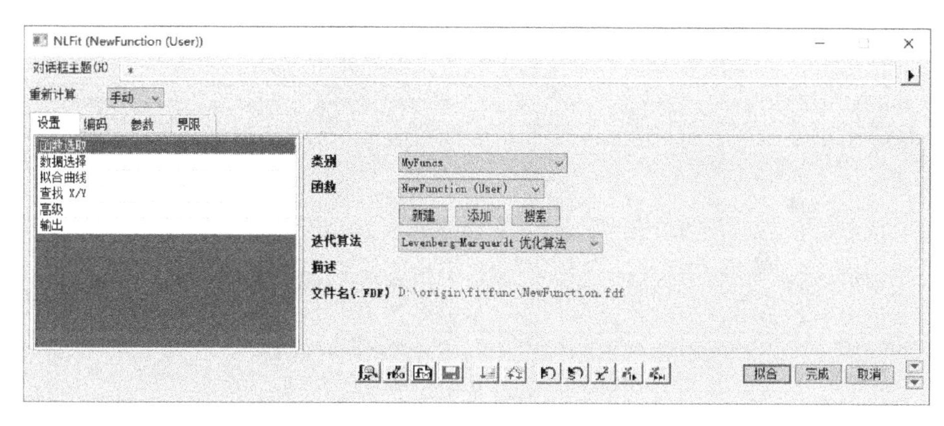

图10-95 调用自定义函数

3）单击“参数”选项卡，设置初始值。初始值的大小根据经验给定一个大概的值即可，此处输入400、6，如图10-96所示。

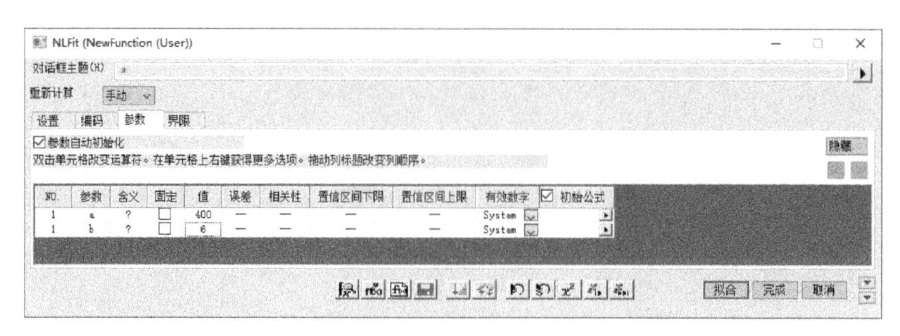

图 10-96 “参数”选项卡

4）单击“拟合”按钮，直接拟合到收敛，得到的值如图 10-97 所示。拟合效果较好。单击“确定”按钮完成拟合，得到的拟合图形和拟合报表如图 10-98 和图 10-99 所示。

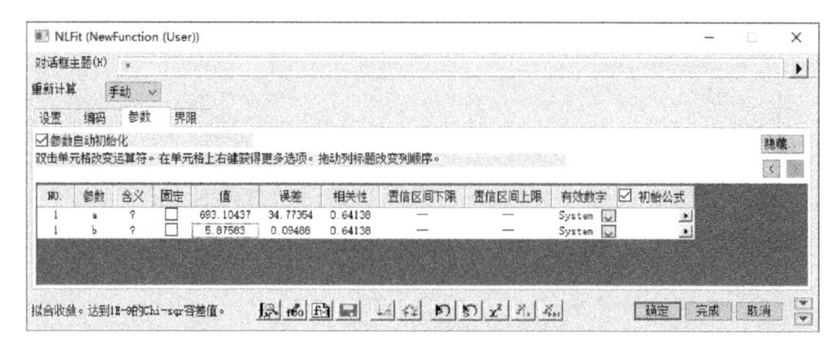

图 10-97 直接拟合到收敛

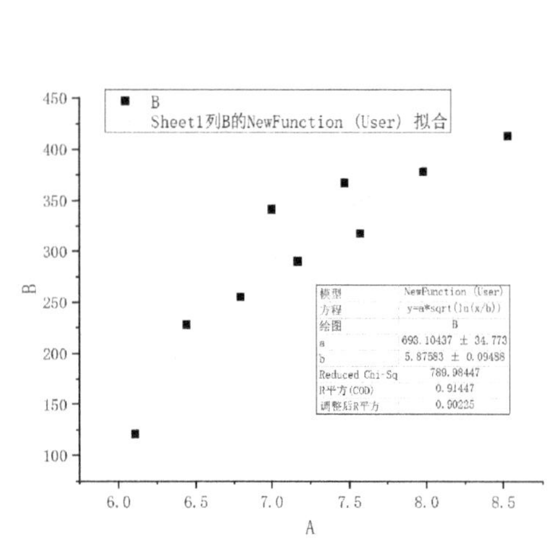

图 10-98 拟合的结果

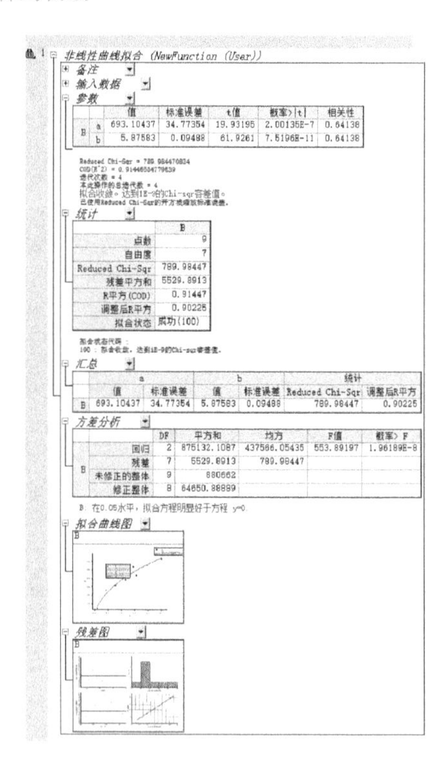

图 10-99 拟合报表

10.6.2　指数函数线性回归

指数函数线性回归要求图形由上下两部分组成。上半部分纵坐标为以 10 为底的对数，下半部分为普通直角坐标，纵坐标和横坐标分别为 Rate 和 Time。数据中 Rate(Y)和 Time(X)随 Time(X)成指数下降趋势。绘图后对图中的数据进行线性回归。绘图步骤如下。

1）导入 Apparent Fit. dat 数据文件，将其工作表选择为当前窗口，新建一列，将该列值设置为 log(B)。

2）分别选中工作表中的 B(Y)、C(Y)列数据，并执行菜单栏中的“绘图”→“基础 2D 绘图”→“散点图”命令，绘制散点图，如图 10-100 和图 10-101 所示。

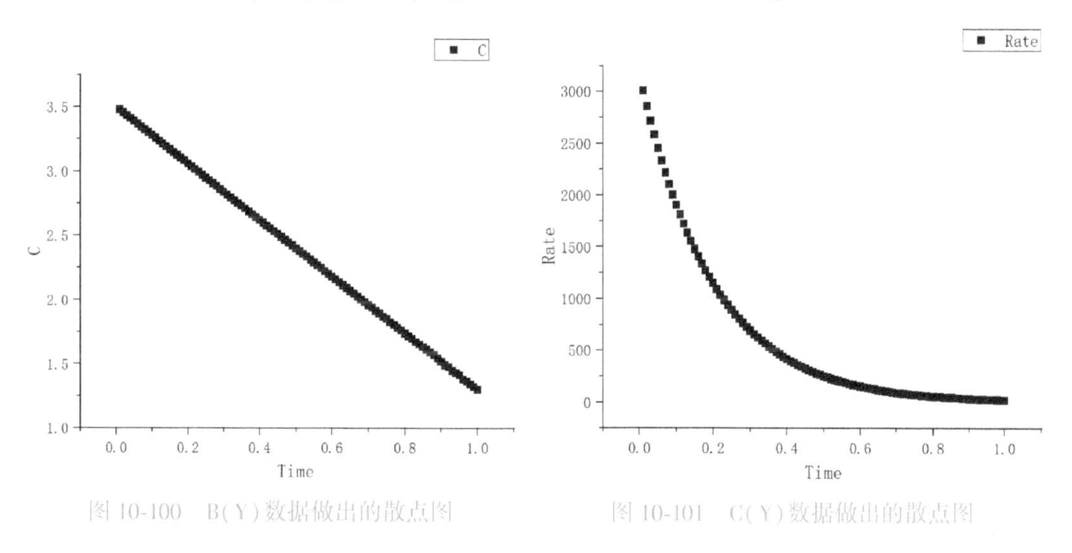

图 10-100　B(Y)数据做出的散点图　　图 10-101　C(Y)数据做出的散点图

3）执行菜单栏中的“分析”→“拟合”→“线性拟合”命令，弹出“线性拟合”对话框，对 C(Y)栏数据绘制的图形进行线性拟合，得到回归线性方程和图形，如图 10-102 所示。

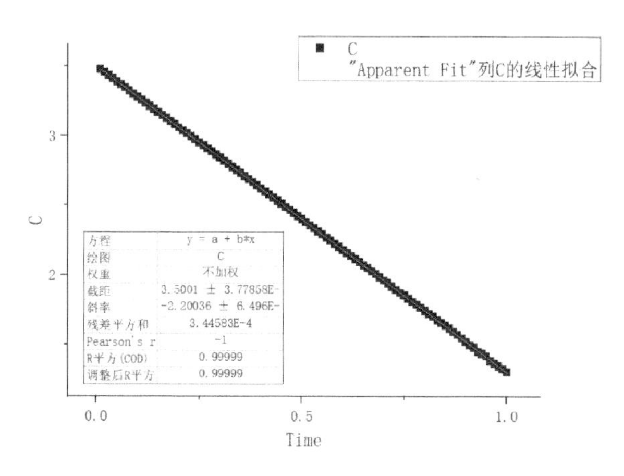

图 10-102　回归线性方程和图形

4）执行菜单栏中的“图”→“合并图表”命令，弹出“合并图表”对话框。在“排列设置”选项组中选取 2 行 1 列，在“间距”选项组中将“垂直间距”设为 0，如图 10-103 所示。

5）单击“确定”按钮，得到绘制的回归图形，如图 10-104 所示。

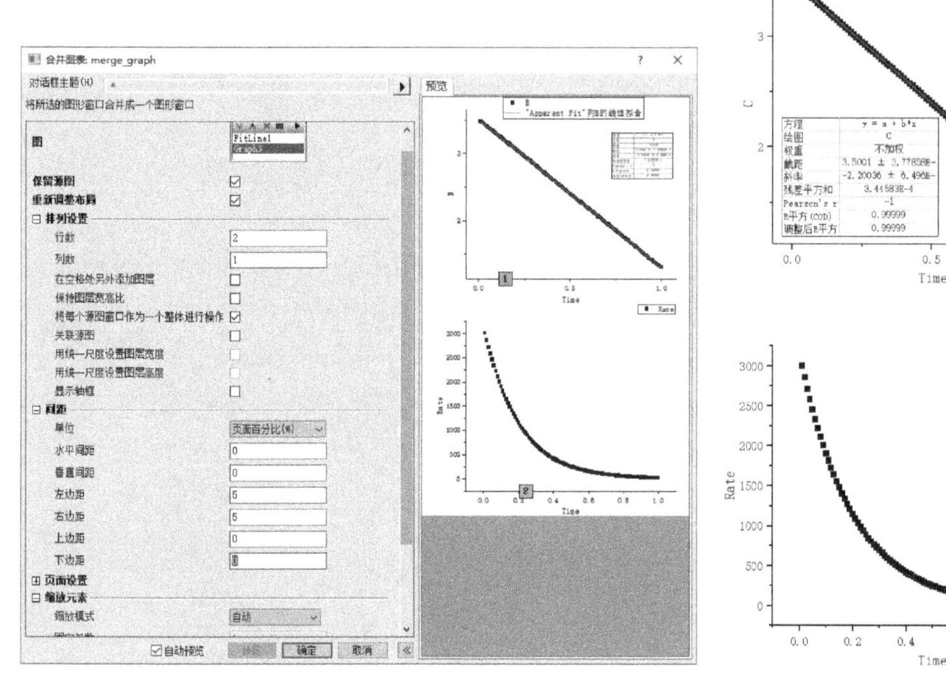

图 10-103 “合并图表”对话框

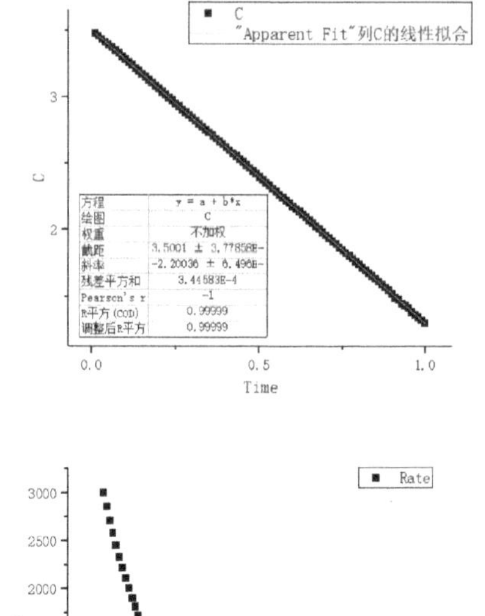

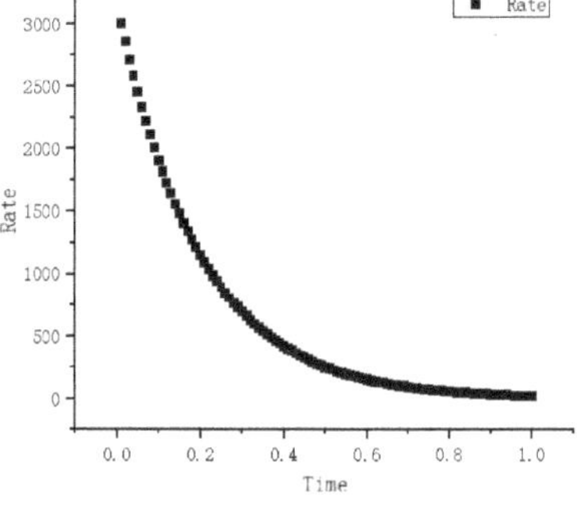

图 10-104 回归图形

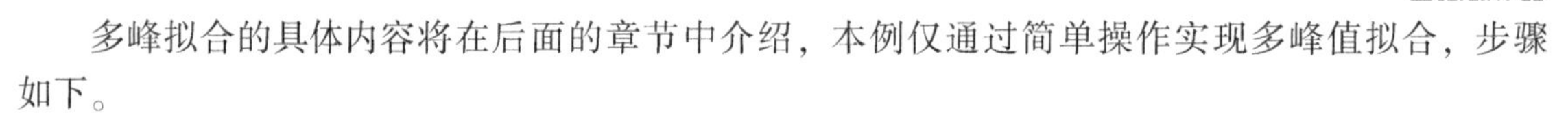

10.6.3 多峰拟合

多峰拟合的具体内容将在后面的章节中介绍，本例仅通过简单操作实现多峰值拟合，步骤如下。

1）导入 Multi-peak. dat 数据文件，选择 B(Y)列数据，生成数据的曲线图，绘制的图形如图 10-105 所示。

2）执行菜单栏中的“分析”→“峰值及基线”→“多峰拟合”命令，打开“多峰拟合”对话框，如图 10-106 所示。在该对话框中设置拟合方法、峰数目以及输入、输出等参数后，单击“确定”按钮。

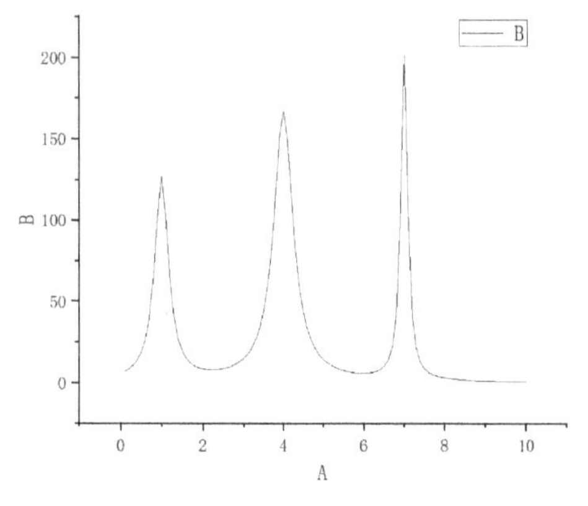

图 10-105 B(Y)列数据生成的曲线图

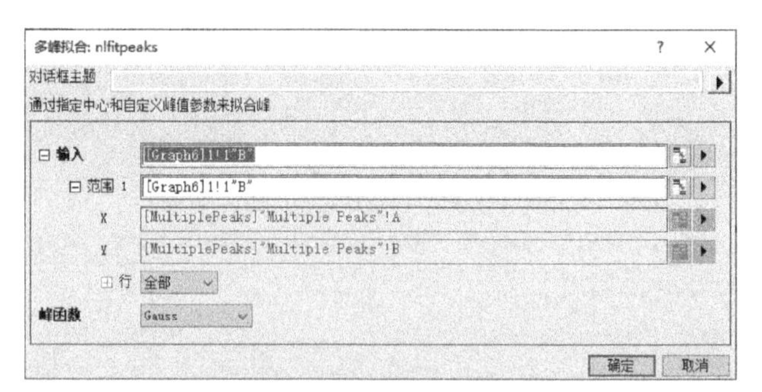

图 10-106 “多峰拟合”对话框

3）在图形上寻找指定数目的峰值，寻找完毕之后便绘制出峰值拟合结果，如图 10-107 所示。拟合报表如图 10-108 所示。

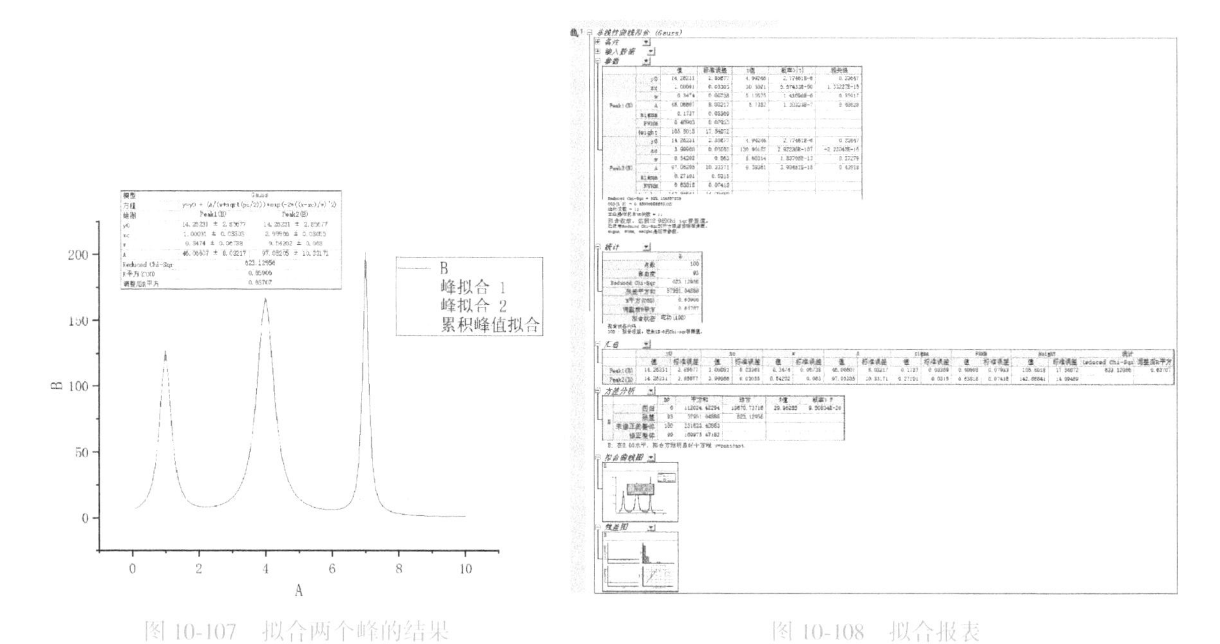

图 10-107　拟合两个峰的结果

图 10-108　拟合报表

10.7 小结与思考

Origin 的曲线拟合功能极大地方便了科技工作者的绘图分析要求。本章重点介绍了线性拟合和非线性拟合的方法，并在此基础上讲解了采用自定义函数拟合的方法，希望读者认真研读，熟练掌握，以便提高科研工作中的绘图与分析效率，起到事半功倍的效果。下面给出开放性的讨论题目供读者在学习时思考。

1）描述分析报表的信息构成要素。

2）解释报表的基本操作流程。

3）讨论分析报表输出的格式和设置。

4）概述线性拟合在数据分析中的应用。

5）解释如何在 Origin 中设置拟合参数。

6）描述多元线性回归的操作步骤。

7）详细说明非线性拟合的过程和参数设置。

8）讨论自定义函数的创建和在数据拟合中的应用。

9）解释最小二乘法在拟合结果分析中的作用。

10）讨论拟合优度的计算，并解释其重要性。

11）描述残差图形分析的过程和目的。

12）解释置信带和预测带在拟合分析中的作用。

13）讨论如何在拟合曲线上获取数据及其应用。

14）讨论多峰拟合的挑战和解决方案。

第11章 数据操作与分析

在试验数据处理和科技论文对试验结果分析中，除采用回归分析和曲线拟合方法建立经验公式或数学模型外，还会采用其他数据操作和分析方法对试验数据进行处理。Origin 拥有强大易用的数据分析功能，包括插值和外推处理、简单数学运算、微分和积分计算、曲线运算等处理手段。

11.1 插值与外推

在 Origin 中，数学处理主要包括插值与外推、简单数学运算、微分和积分、曲线平均等。这些分析都可以通过菜单栏中的“分析”→“数学”下的相应命令进行操作，如图 11-1 所示。操作时只要打开对话框，设置好相关参数，单击“确定”按钮，即可在指定的位置输出结果。

图 11-1 数学运算子菜单

这些数据运算可以在数据表中进行，也可以在绘图窗口中进行。在绘图窗口中进行操作时，可以实时看到处理结果的曲线。

本节先介绍差值与外推。插值是在当前数据曲线的数据点之间，利用某种算法估算出新的数据点；外推是在当前数据曲线的数据点外，利用某种算法估算出新的数据点。

11.1.1　从 X 插值/外推 Y

插值与外推增加数据点是基于原有的数据趋势。Origin 提供了多种算法可供选择，实质是根据一定的算法来找到新的 X 坐标对应的 Y 值。

Origin 中可以实现一维、二维和三维的插值。一维插值是给出 x，插值得到 y 值；二维插值是给出 (x,y)，插值得到 z 值；三维插值则是给出 (x,y,z) 数值，插值得到 f 值。

利用“从 X 插值/外推 Y”命令可以进行外推/插值操作。本功能在工作表中操作，可以根据原数据的趋势，再根据设定的 X 值，计算出 Y 值。

将绘图窗口或工作簿置为当前窗口，执行菜单栏中的“分析”→“数学”→“从 X 插值/外推 Y”命令，弹出“从 X 插值/外推 Y”对话框，如图 11-2 所示。其中，“方法”列表中包括“线性”“三次样条”“三次 B 样条”和“Akima 样条插值”的分析算法。

1）导入 Interpolation. dat 数据文件。选中工作簿中的 A(X)、B(Y) 数据列绘制散点图，如图 11-3 所示。

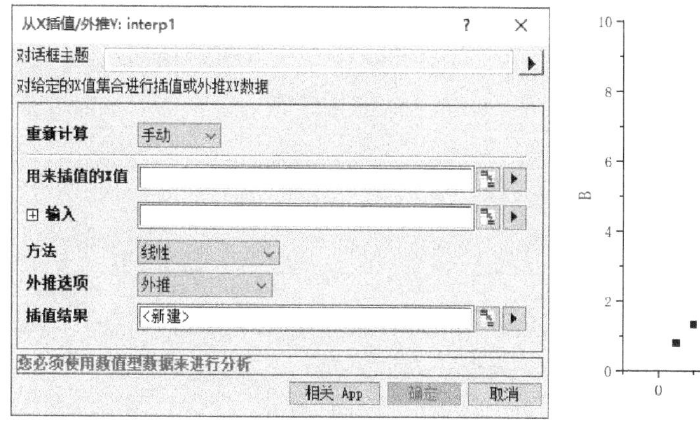

图 11-2　“从 X 插值/外推 Y”对话框

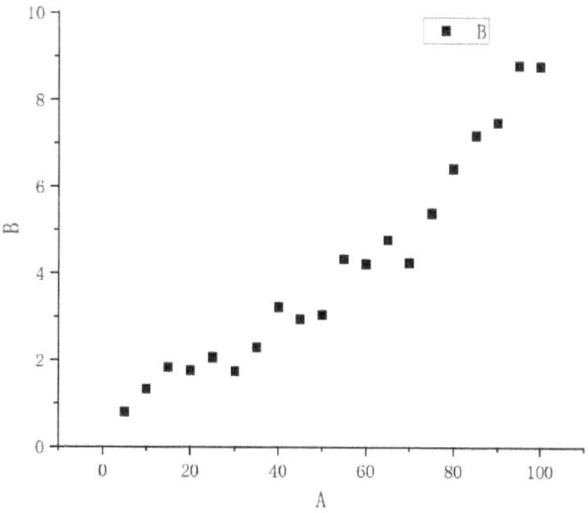

图 11-3　A(X)、B(Y) 数据列绘制散点图

2）将绘图窗口或工作簿窗口置为当前窗口，执行菜单栏中的“分析”→“数学”→“从 X 插值/外推 Y”命令，弹出“插值/外推”对话框，按图 11-4 进行设置后，单击“确定”按钮，进行插值计算。

3）插值曲线绘制在绘图窗口中，如图 11-5 所示。插值数据会自动保存在工作表中。

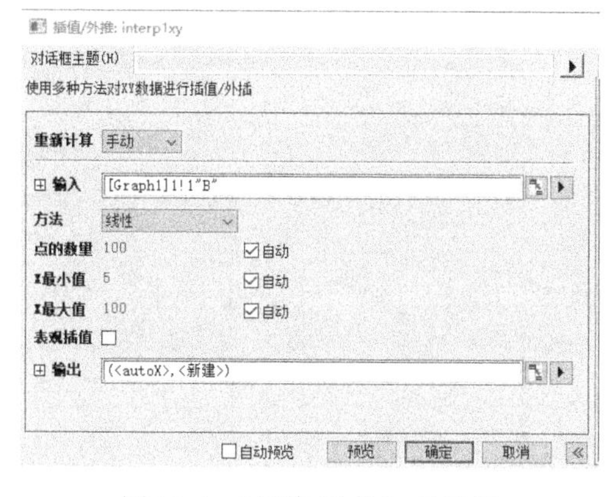

图 11-4　“插值/外推”对话框

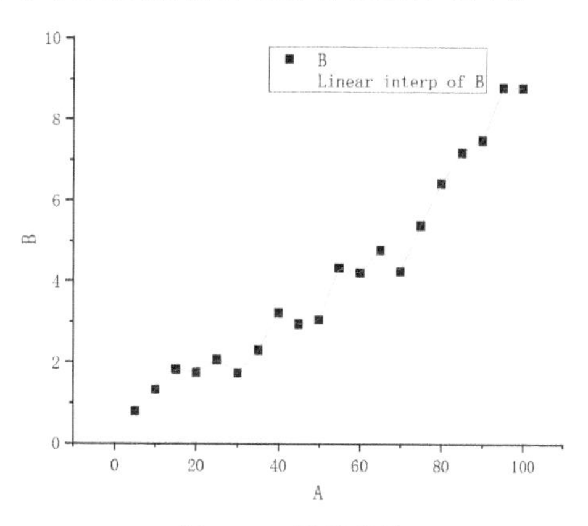

图 11-5　插值曲线

若不想插某个特定点的值，只是想通过插值增加或减少一些数据点，则可以在“从 X 插值/外推 Y”对话框中，指定被插入曲线和要插入的数据点的数量，Origin 会自动生成均匀间隔的插值曲线。

11.1.2 轨线插值

利用“轨线插值”命令可以进行趋势插值操作，适用于工作表或绘图窗口。利用“轨线插值”命令可以在原有曲线中均匀地插入 n 个数据点，默认是 100 个点。轨线插值工具只能插入间隔均匀的值。

1）导入 Circle. dat 数据文件，选中工作表中的 A(X)、B(Y)数据列绘制散点图，如图 11-6 所示。

2）执行菜单栏中的“分析”→“数学”→“轨线插值”命令，弹出“轨线插值”对话框，按图 11-7 进行设置后，单击“确定”按钮，进行插值计算。其中，“方法”列表中显示插值分析算法，包括“线性”“三次样条”和“三次 B 样条”。

3）用原始数据和插值数据绘制散点图，其中，大黑点（矩形）为原始数据点，小红点为插值数据点，如图 11-8 所示。

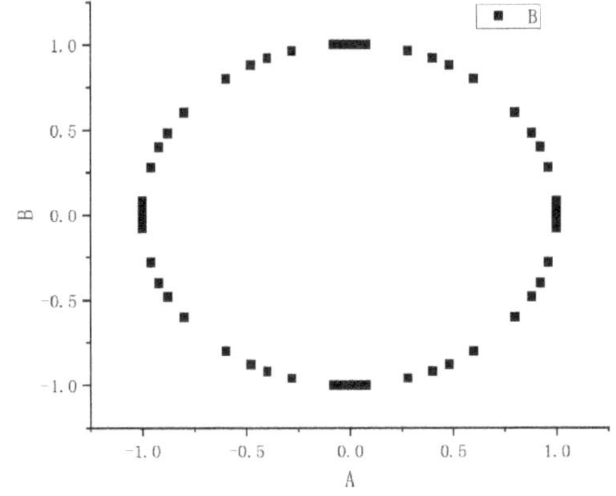

图 11-6 根据 A(X)、B(Y)数据列绘制散点图

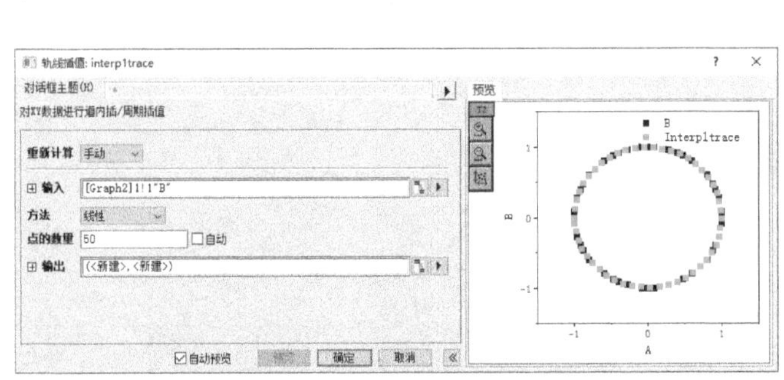

图 11-7 “轨线插值”对话框

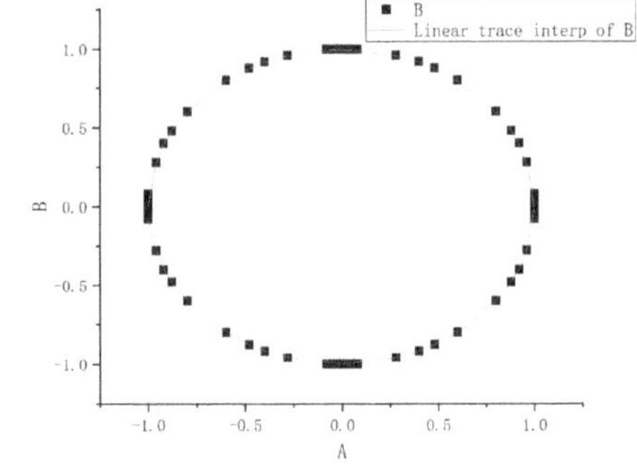

图 11-8 用原始数据和插值数据绘制散点图

11.1.3 插值/外推

数据外推是指在已经存在的最大或最小 X、Y 数据点的前后加入数据。Origin 中利用“插值/外推”命令可以进行插值/外推操作，利用该命令可以设定一个较大的范围（超过原有 X 坐标范围）均匀插入 n 个点。

执行菜单栏中的“分析”→“数学”→“插值/外推”命令，弹出“插值/外推”对话框，如图 11-9 所示。其中，“方法”为分析算法，包括“线性”“三次样条”和“三次 B 样条”。

采用 Interpolation. dat 数据文件，选中工作表中的 A(X)、B(Y)数据列作散点图，执行“插值/外推”命令。如果要实现外推，则需要在“插值/外推”对话框中将 X 最小值和 X 最大值的数值重新设定，让 X 值的范围超过原有范围，结果如图 11-10 所示。

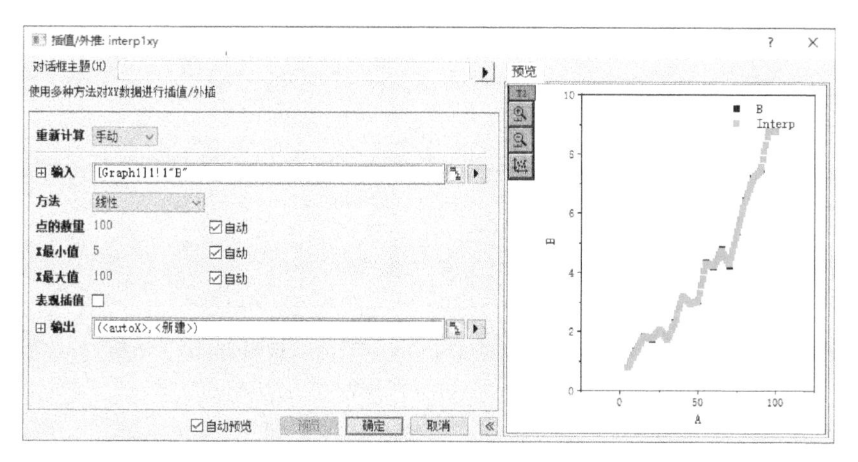

图 11-9　“插值/外推”对话框

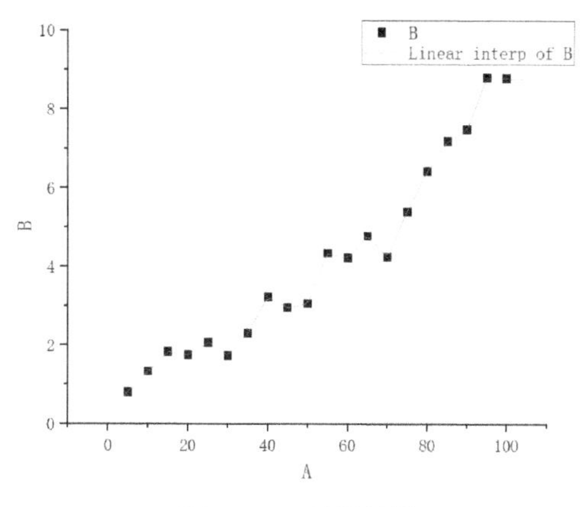

图 11-10　外推结果

11.1.4　3D 插值

3D 插值是指依据（x,y,z,f）数据插入第四维 f 值，获得新的数据点，读者可以通过不同颜色、大小的 3D 散点图来观察效果。

导入 3D Interpolation. dat 数据文件，执行菜单栏中的“分析”→“数学”→“3D 插值”命令，弹出“3D 插值”对话框，其中，“计算控制”区域的参数用于设定各个方向上的最大/最小插值点。

设置完毕之后，单击“确定”按钮，完成插值，如图 11-11 所示。例如，在“每个维度点的数量”文本框中输入“10”，则会插值出 10×10×10 个点。这些插值出的点会自动保存在新建的工作表中。

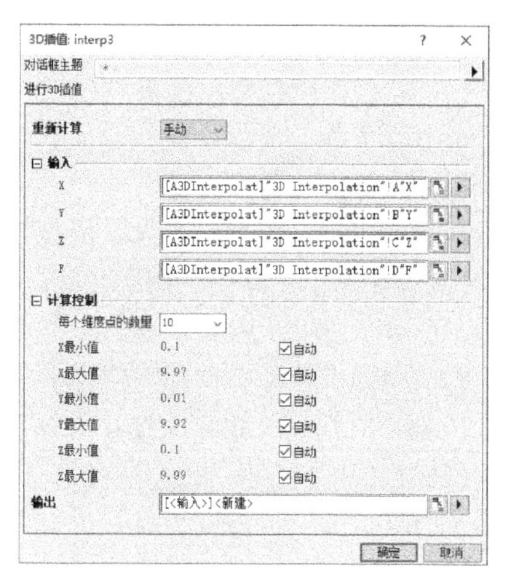

图 11-11　“3D 插值”对话框

11.2 数学运算

在 Origin 中，对绘图窗口进行数学运算时，需要先对 X 列的数据进行排序，然后进行数学运算。对工作簿窗口进行数学运算时，可以直接用数学工具进行运算。

11.2.1 简单曲线运算

利用简单曲线运算命令可以方便地对数据或曲线进行简单的加减乘除运算。对于图形来说，可以利用加减运算进行平移或升降，利用乘除运算调整曲线的纵横深度。当对多条曲线进行比较时，该功能非常有用。

1）导入 Multiple Peaks. dat 数据文件。选中所有数据列绘制曲线图，如图 11-12 所示。可以发现所有曲线重叠在一起，不方便观察和描述。

2）执行菜单栏中的“分析”→“数学”→“简单曲线运算”命令，弹出“简单曲线运算”对话框，如图 11-13 所示。

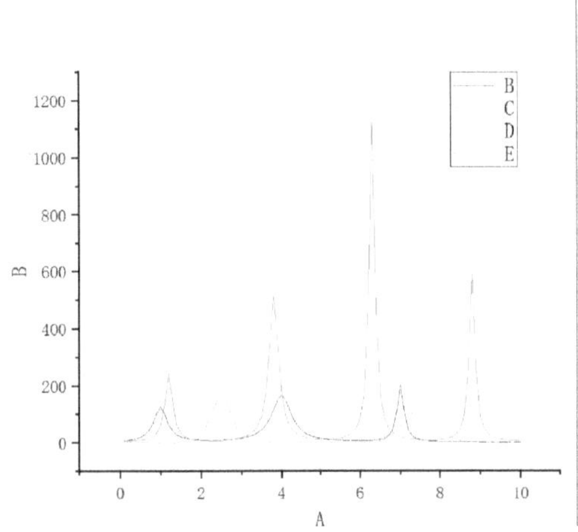

图 11-12　选中所有数据列做曲线图

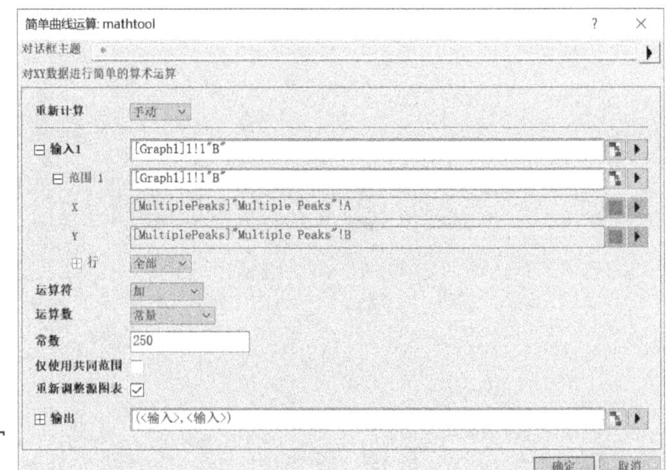

图 11-13　“简单曲线运算”对话框

其中，“运算符”操作符包括加、减、乘、除和幂的操作；“运算数”为操作数类型，包括常量和参数数据（如用于扣除背景），“参照数据”表示使用数据集作为操作数，“常量”表示使用常量作为操作数。

3）通过观察原来曲线的数据，并通过加减操作，调整 4 条曲线的数值，结果如图 11-14 所示。

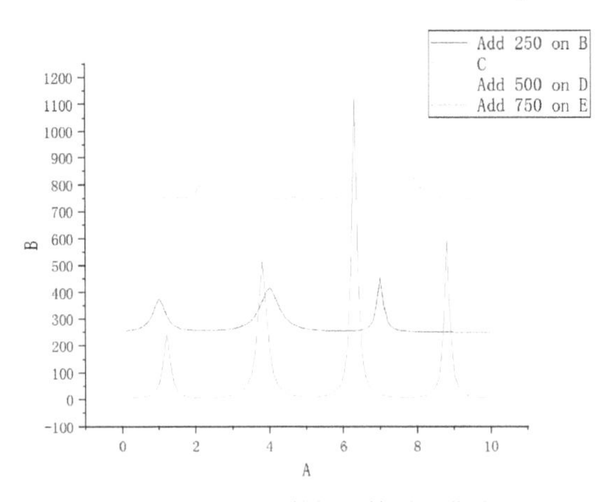

图 11-14　通过数据运算平衡曲线

11.2.2 垂直和水平移动

垂直移动是指选定的数据曲线沿 Y 轴垂直移动。

1）导入 Multiple Peaks. dat 数据文件，选中 C(Y)数据列作曲线图，如图 11-15 所示。

2）执行菜单栏中的“分析”→“数据操作”→“垂直平移”命令，此时将在图形上添加一条红色的水平线，如图 11-16 所示。

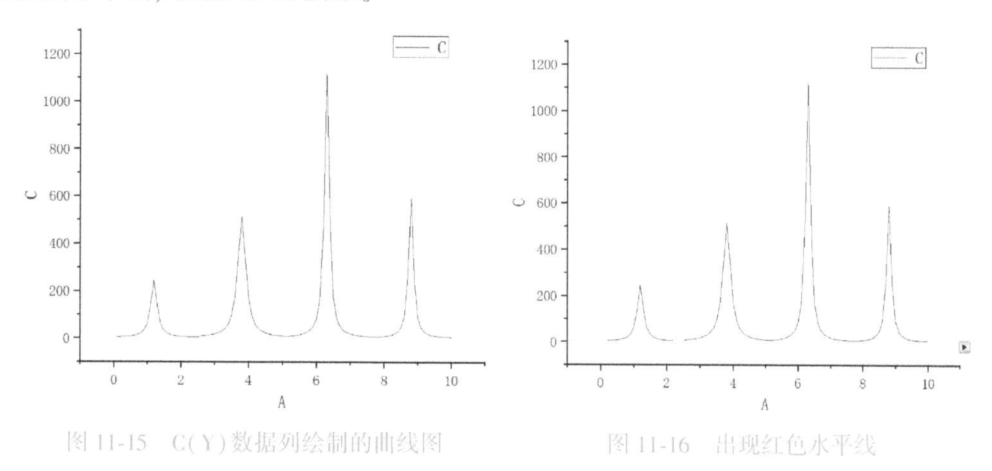

图 11-15 C(Y)数据列绘制的曲线图　　图 11-16 出现红色水平线

3）选中红线并按住鼠标左键，将图形上下移动到需要的位置，如图 11-17 所示。

4）左右移动的功能和方法与垂直移动完全相同。执行菜单栏中的“分析”→“数据操作”→“水平平移”命令，由计算纵坐标差值改为计算横坐标差值，该曲线的 X 值即可发生变化。

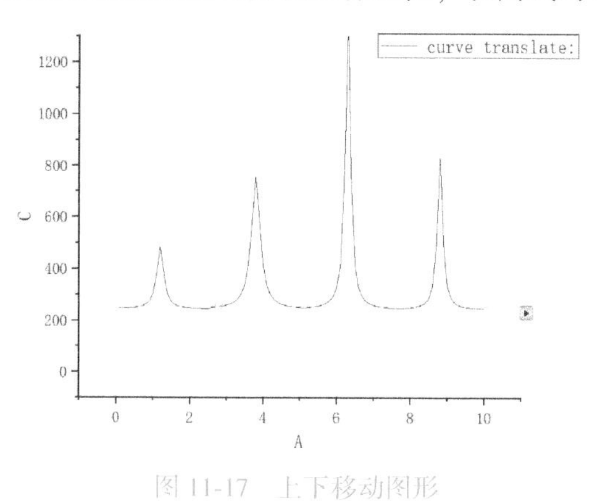

图 11-17 上下移动图形

11.2.3 计算多条曲线的均值

计算多条曲线的均值是指计算当前激活的图层内所有数据曲线 Y 值的平均值。对于 X 单调上升或下降的数据，利用“计算多条曲线的均值”命令可以实现多条曲线进行平均化操作。

1）导入 Multiple Peaks. dat 数据文件，选中 B(Y)、C(Y)列数据，绘制曲线图，如图 11-18 所示。

2）执行菜单栏中的“分析”→“数据”→“计算多条曲线的均值”命令，打开“计算多条曲线的均值”对话框，如图 11-19 所示。该对话框中“方法”列表中包括“求均值”和“连结”选项，用于对多条曲线求平均值。

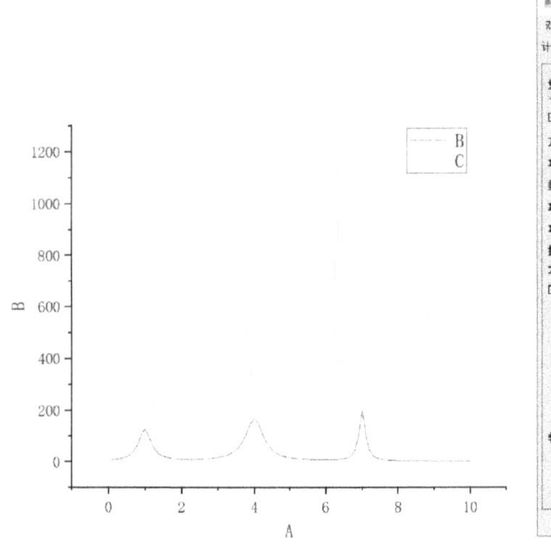

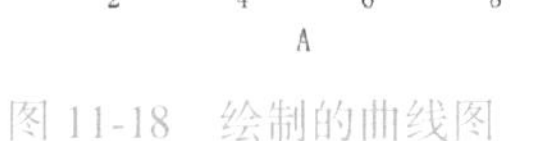
图 11-18　绘制的曲线图

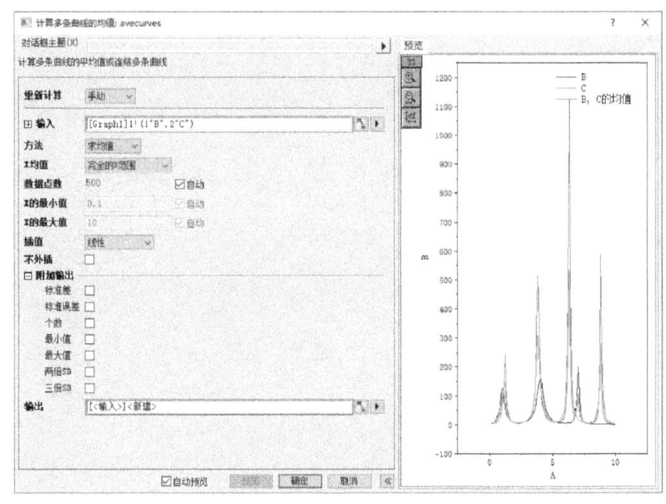

图 11-19　“计算多条曲线的均值”对话框

3）选择数据范围和求值方法，单击“确定”按钮，则计算出当前激活图层内所有数据曲线 Y 值的平均值，绘制的图形如图 11-20 所示。计算结果存储在一个新的工作表中，如图 11-21 所示。

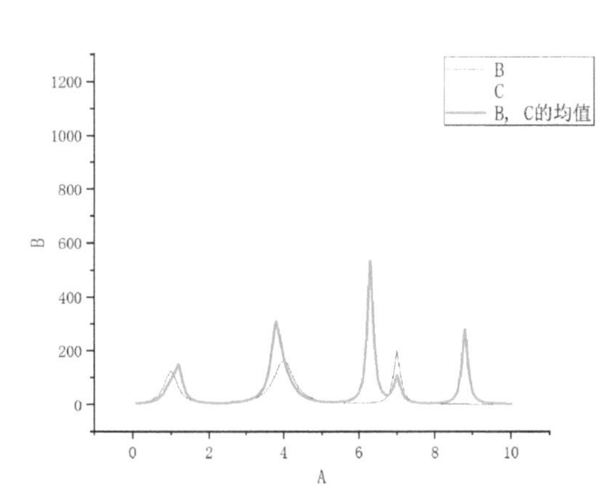

图 11-20　平均两条曲线的结果

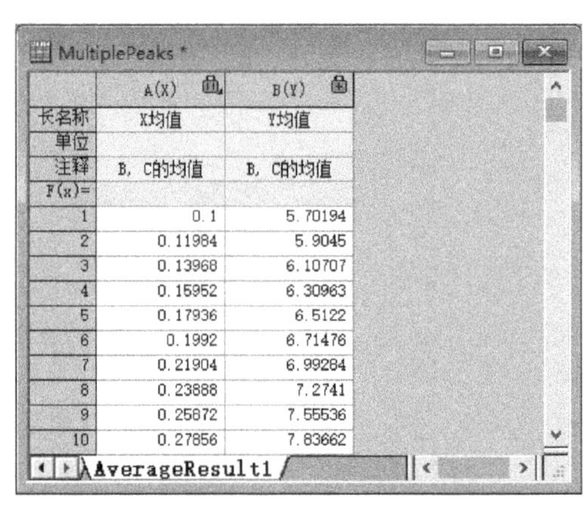
MultiplePeaks *

	A(X)	B(Y)
长名称	X均值	Y均值
单位		
注释	B，C的均值	B，C的均值
F(x)=		
1	0.1	5.70194
2	0.11984	5.9045
3	0.13968	6.10707
4	0.15952	6.30963
5	0.17936	6.5122
6	0.1992	6.71476
7	0.21904	6.99284
8	0.23888	7.2741
9	0.25872	7.55536
10	0.27856	7.83662

AverageResult1

图 11-21　计算结果

11.2.4　减去参考数据与减去直线

“减去参考数据”与“减去直线”可以实现数据扣除运算。

“减去参考数据”用于扣除一列已经存在的数据，多用于扣除空白试验数据（即背景或基底），可用于工作表或图。

“减去直线”则直接扣除一条已绘制的直线（水平线或斜线），当原有数据随试验过程明显偏移基线时，可人为地进行修正。

1）导入 Raman Baseline. dat 数据文件，选中 B(Y) 列数据绘制曲线图，结果如图 11-22 所示。

2）执行菜单栏中的“分析”→“数据操作”→“减去直线”命令，通过双击确定起点、终点，绘制一条斜线（用于扣除），结果如图 11-23 所示。

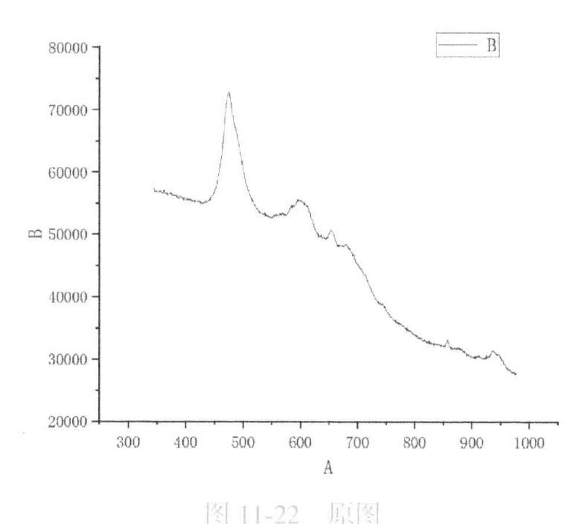

图 11-22　原图

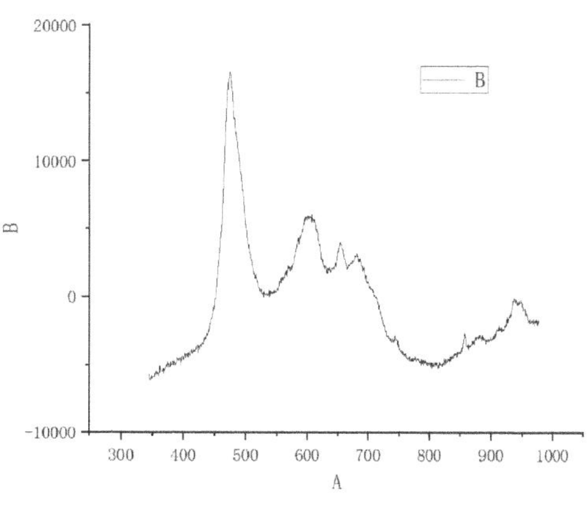

图 11-23　扣除斜线的结果

11.3　微分和积分运算

本节将介绍曲线数值微分和积分的相关内容。

11.3.1　曲线数值微分

曲线数值微分就是对当前激活的数据曲线进行求导。微分值通过计算相近两点的平均斜率得到，即：

$$y'=\frac{1}{2}\left(\frac{y_{i+1}-y_i}{x_{i+1}-x_i}+\frac{y_i-y_{i-1}}{x_i-x_{i-1}}\right)$$

1）导入 Since Curve. dat 数据文件，绘制曲线图，如图 11-24 所示。

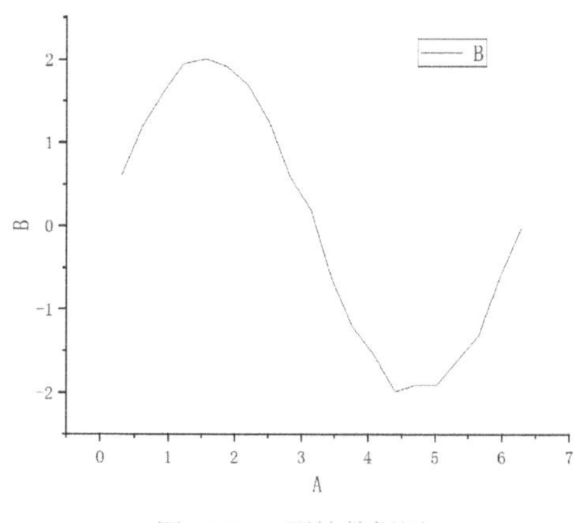

图 11-24　原始数据图

2）执行菜单栏中的令“分析”→“数学”→“微分”命令，打开“微分”对话框，如图 11-25 所示。

3）在该对话框中对相关参数进行设置，设置完成后单击“确定”按钮，自动生成数值微分曲线图，如图 11-26 所示。

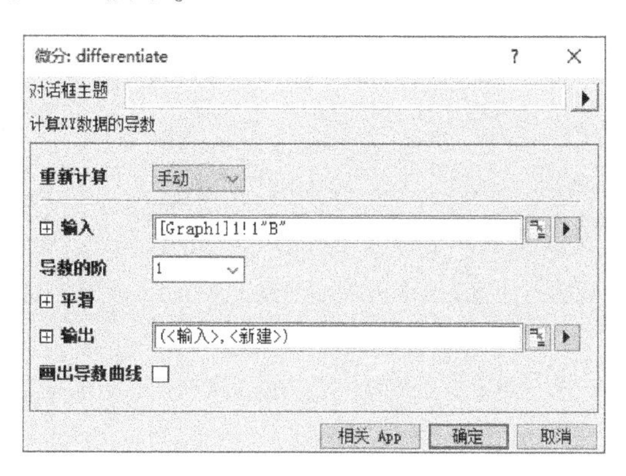

图 11-25　“微分”对话框

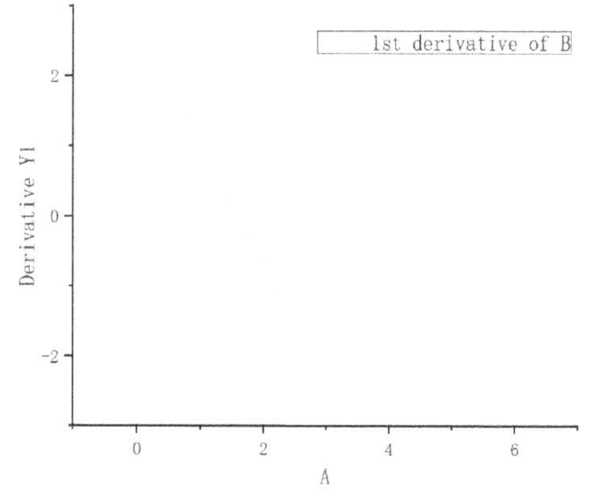

图 11-26　数值微分曲线图

11.3.2 曲线数值积分

曲线数值积分指对当前激活的数据曲线用梯形法进行数值积分。

1）导入 Since Curve. dat 数据文件。

2）执行菜单栏中的“分析”→“数学”→“积分”命令，打开“积分”对话框，如图 11-27 所示。其中，“面积类型”参数用于设置积分的形式。

3）设置完成后，单击“确定”按钮，自动生成数值积分曲线图，如图 11-28 所示。

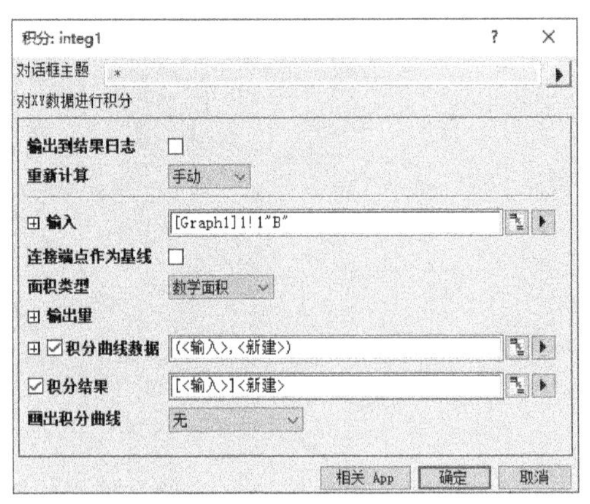

图 11-27 “积分”对话框

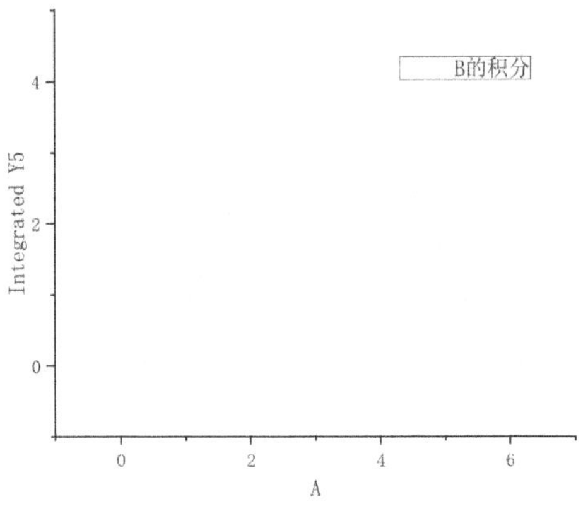

图 11-28 数值积分曲线图

11.4 数据排序及曲线归一化

在 Origin 中，数据排序主要用于对工作表中数据的排序，曲线归一化用于对绘图窗口中的曲线进行规范化操作。

11.4.1 数据排序

工作表数据排序类似数据库系统中的记录排序，是指根据某列或某些列数据的升降顺序进行排序。Origin 可以进行单列、多列，甚至整个工作表数据的排序。

1. 简单排序

单列、多列和工作表排序的方法类似，下面只介绍单列数据的简单排序，其操作步骤如下。

1）打开工作表，选择一列数据。

2）执行菜单栏中的“工作表”→“列排序”命令，选择相应的排序方法，如“升序”或“降序”。

如果选择工作表中多列或部分数据，则排序仅在该范围内进行。其他数据排序的菜单命令也在“工作表”下拉菜单中，如图 11-29 所示。

2. 嵌套排序

对工作表部分数据进行嵌套排序时，应先打开工作表，选择该部分数据，然后执行菜单栏中的“工作表”→“列排序”→“自定义”命令，打开“嵌套排序”对话框，如图 11-30 所示，进行排序。

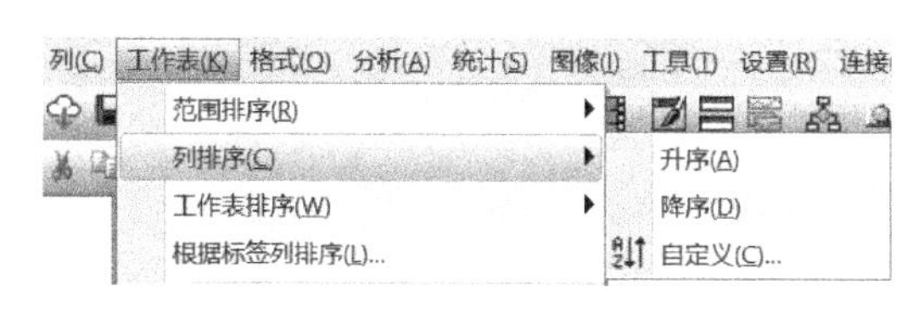

(a) 列排序

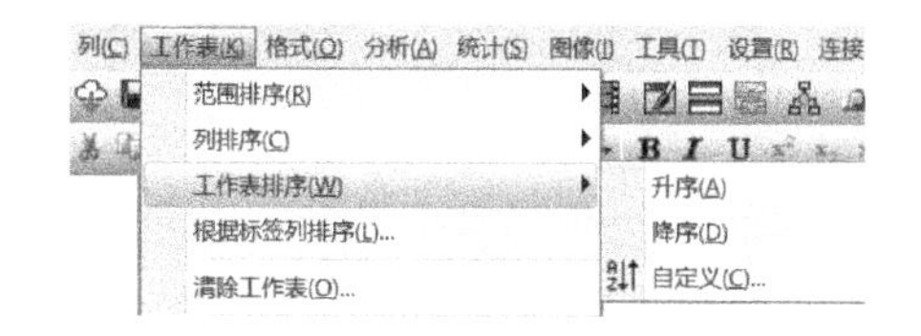

(b) 工作表排序

图 11-29　数据排序的菜单命令

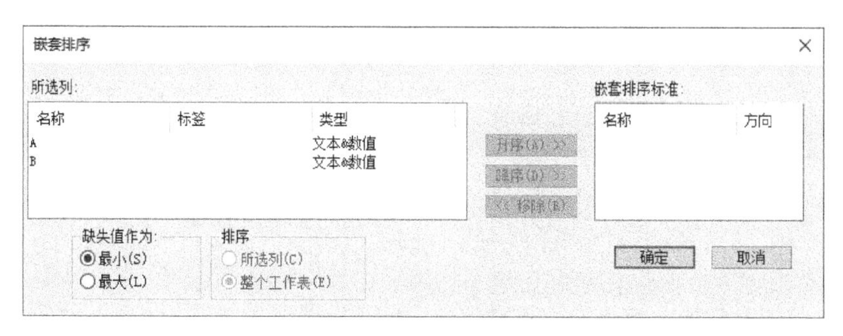

图 11-30　“嵌套排序”对话框

如果需要对整个工作表进行嵌套排序，可以直接执行“自定义”命令，打开“嵌套排序”对话框，选择所选列，单击“升序”或“降序”按钮进行排序。

11.4.2　曲线归一化

将绘图窗口置为当前窗口，利用“曲线归一化”命令可以将数值除以一个值以便产生新的结果，实现曲线的规范化操作。

1）导入数据文件，选中数据列做曲线图。

2）执行菜单栏中的“分析”→“数学”→“曲线归一化”命令，打开“曲线归一化”对话框，如图 11-31 所示。其中，“归一化方法”包括“除以给定的值”“归一化到区间［0,1］”“归一化到区间［0,100］”“Z 分数（标准化为 N(0,1)）”“除以最大值”“除以最小值”“除以平均值”“除以中位数”“除以 SD”“除以范数”和“除以众数”等。

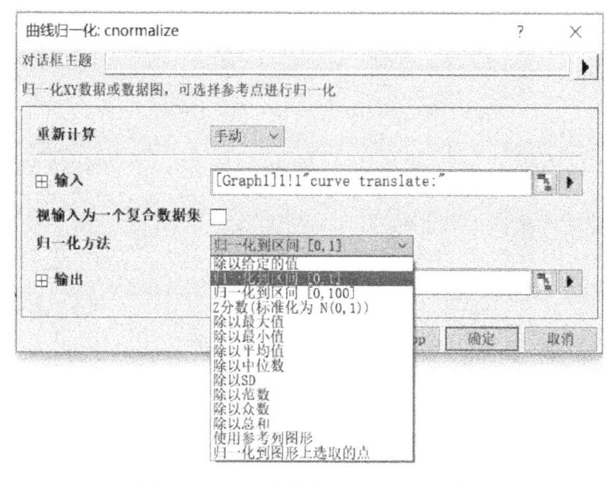

图 11-31　“曲线归一化”对话框

3）设置完成后，单击“确定”按钮。完成曲线的归一化操作，此时在数据表中增加归一化的新列。

11.5 小结与思考

Origin 提供了强大、易用的数据分析功能，包括简单数学运算、微积分、插值和外推、曲线运算等。本章主要介绍了插值和外推的方法、简单数学运算方式以及数据的排列及归一化等。通过本章的学习，读者可以掌握利用 Origin 对数据进行操作。下面给出开放性的讨论题目供读者在学习时思考。

1）描述轨线插值的方法和重要性。

2）讨论不同场景下插值/外推的策略和选择。

3）解释 3D 插值的操作步骤及其在数据分析中的应用。

4）描述简单曲线运算的类型和执行方法。

5）讨论垂直和水平移动数据的技术及其应用。

6）描述减去参考数据与减去直线的过程和目的。

7）解释曲线微分的计算过程及其在分析中的应用。

8）描述曲线积分的实施方法及其用途。

9）讨论数据排序的方法及其在数据分析中的重要性。

10）解释曲线归一化的步骤和目的。

峰　拟　合　第12章

现代仪器分析技术覆盖光谱（电磁波）、色谱、电学、热学等，旨在探究物质对特定波长光的响应情况、固液气之间的相互作用等。鉴于仪器使用、环境条件和分析方法自身可能引入的误差，我们有必要对生成的图谱进行预处理，这包括去除基线或背景噪声、数据平滑等操作。本章将介绍在 Origin 中实现峰值拟合和光谱分析的方法。

12.1 单峰拟合和多峰拟合

Origin 具有很强的多峰分析和谱线分析功能，不仅能分析单峰、多个不重叠的峰，也能分析具有重叠、噪声的谱线峰，同时也可以对隐峰进行分峰及图谱解析。

12.1.1 单峰拟合

单峰拟合实际上就是非线性曲线拟合中的峰拟合，其对话框与非线性曲线拟合相同。

1）导入 Lorentzian. dat 数据文件。选中工作表中的 A(X)、D(Y) 数据列，执行菜单栏中的“绘图”→“基础 2D 图”→“折线图”命令，绘制的线图如图 12-1 所示。

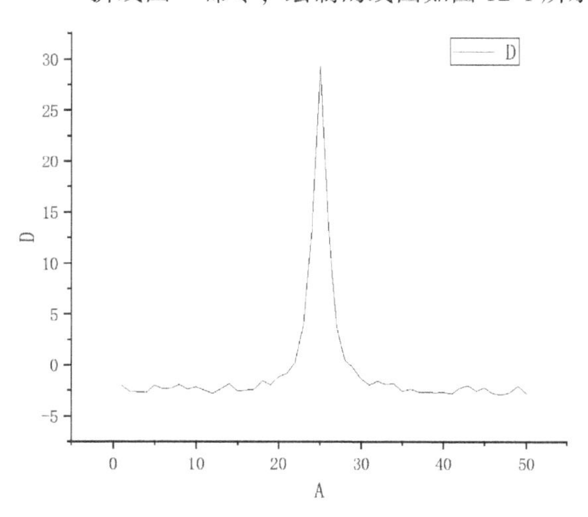

图 12-1　用工作表 D(Y) 绘制线图

2）执行菜单栏中的“分析”→“拟合”→“单峰拟合”命令，打开“NLFit”对话框，在“函数”下拉列表中选择“Lorentz”拟合函数，如图 12-2 所示。

3）设置完成后，单击“拟合”按钮，完成曲线拟合，拟合曲线与原始数据曲线如图 12-3 所示。同时 Origin 会自动输出拟合数据报表，如图 12-4 所示。

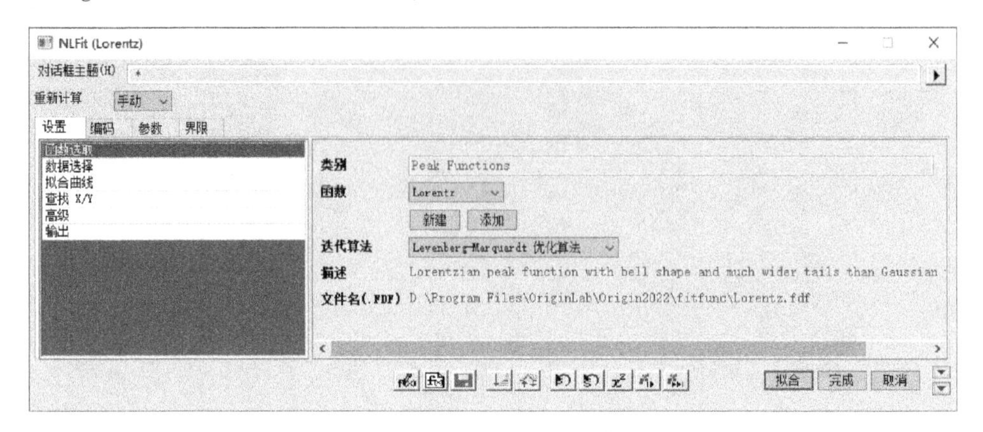

图 12-2 “NLFit” 对话框

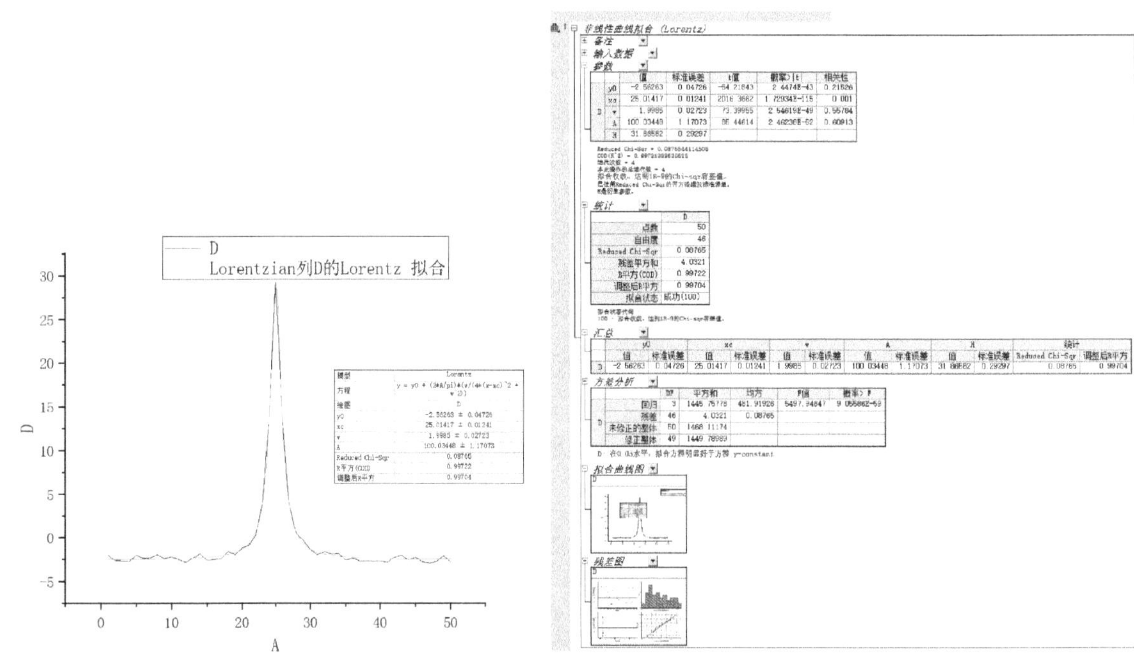

图 12-3 拟合曲线与原始数据曲线

图 12-4 拟合数据报表

12.1.2 多峰拟合

多峰拟合是采用 Guassian 或 Lorentzian 峰函数对数据进行拟合，使用时需要确定峰的数量。

1）导入 MultiplePeaks. dat 数据文件，选中工作表中的 A(X)、B(Y) 数据列，执行菜单栏中的“绘图”→“基础 2D 图”→“折线图”命令绘制曲线图，如图 12-5 所示。

2）执行菜单栏中的“分析”→“峰值及基线”→“多峰拟合”命令，打开“多峰拟合”对话框，如图 12-6 所示。

3）在曲线图中 3 个峰处双击，确认拟合范围，如图 12-7 所示。

4）设置完成后，单击“拟合”按钮，完成拟合，拟合曲线与原始数据曲线如图 12-8 所示。同时 Origin 会自动生成拟合数据报表，如图 12-9 所示。

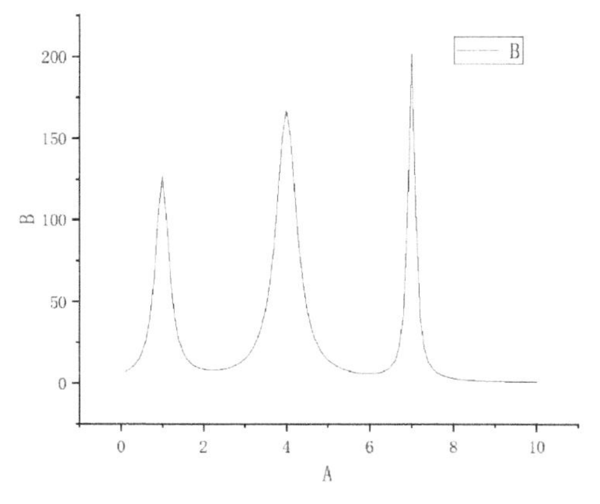

图 12-5　绘制曲线图

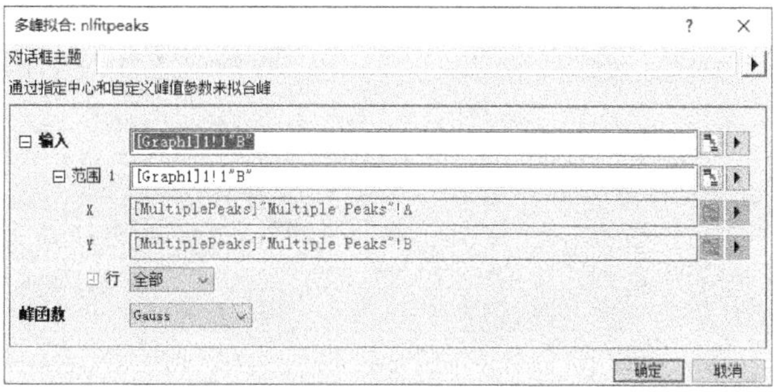

多峰拟合: nlfitpeaks
对话框主题
通过指定中心和自定义峰值参数来拟合峰
⊟ 输入　[Graph1]1!1"B"
⊟ 范围 1　[Graph1]1!1"B"
X　[MultiplePeaks]"Multiple Peaks"!A
Y　[MultiplePeaks]"Multiple Peaks"!B
⊞ 行　全部
峰函数　Gauss
确定　取消

图 12-6　“多峰拟合”对话框

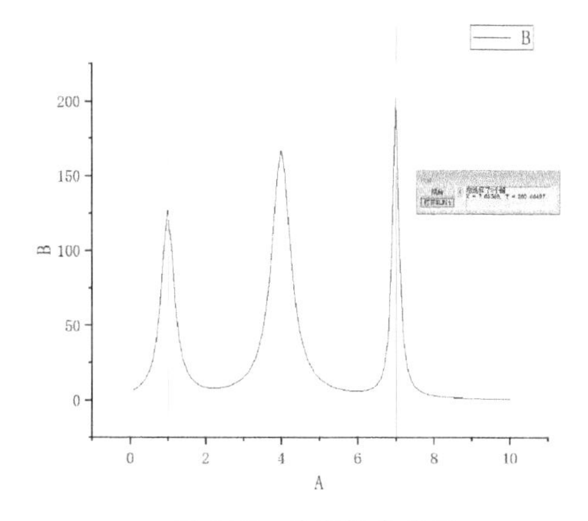

图 12-7　确定拟合范围

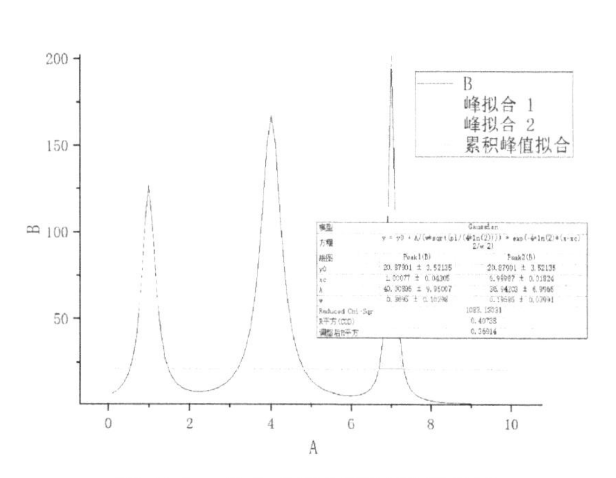

图 12-8　拟合曲线与原始数据曲线

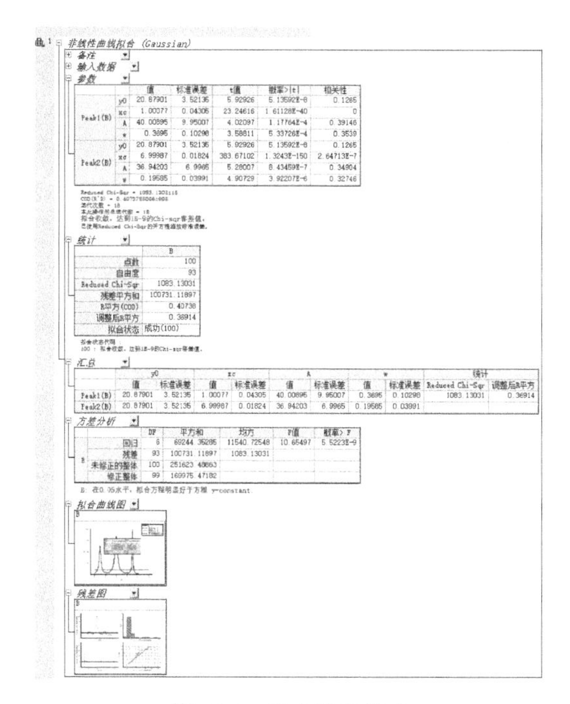

非线性曲线拟合 (Gaussian)

备注

输入数据

参数

		值	标准误差	t值	概率>|t|	相关性
Peak1(B)	y0	20.87901	3.52136	5.92926	5.13592E-8	0.1265
	xc	1.00077	0.04305	23.24616	1.61128E-40	0
	A	40.00895	9.95007	4.02097	1.17764E-4	0.39146
	w	0.3695	0.10298	3.58811	5.33726E-4	0.3539
Peak2(B)	y0	20.87901	3.52136	5.92926	5.13592E-8	0.1265
	xc	6.99987	0.01824	383.67102	1.3243E-150	2.64713E-7
	A	36.94203	6.9965	5.28007	8.43459E-7	0.34904
	w	0.19585	0.03991	4.90729	3.92207E-6	0.32746

统计

	B
点数	100
自由度	93
Reduced Chi-Sqr	1083.13031
残差平方和	100731.11897
R平方(COD)	0.40738
调整后R平方	0.36914
拟合状态	成功(100)

汇总

	y0		xc		A		w		统计	
	值	标准误差	值	标准误差	值	标准误差	值	标准误差	Reduced Chi-Sqr	调整后R平方
Peak1(B)	20.87901	3.52135	1.00077	0.04305	40.00895	9.95007	0.3695	0.10298	1083.13031	0.36914
Peak2(B)	20.87901	3.52135	6.99987	0.01824	36.94203	6.9965	0.19585	0.03991		

方差分析

		DF	平方和	均方	F值	概率>F
B	回归	6	69244.35285	11540.72548	10.65497	5.5223E-9
	残差	93	100731.11897	1083.13031		
	未修正的整体	100	251623.48863			
	修正整体	99	169975.47182			

B：在0.05水平，拟合方程明显好于方程 y=constant.

拟合曲线图

残差图

图 12-9　拟合数据报表

12.2 基线分析

为获得最佳拟合效果，在进行分析前需要对数据进行预处理，预处理的目的是去除谱线的“噪音数据”。常用的数据预处理方法有去除噪音处理、平滑处理和基线校正处理，通过对基线校正，能更好地对峰进行检测。

在 Origin 中，利用峰值分析向导可以对峰的面积进行积分计算或减去基线计算。该向导提供可视化和交互式界面一步一步地引导用户进行高级峰分析。用户可以采用内置函数或自定义函数创建基线，在介绍基线之前，先讲解峰值分析向导。

12.2.1 峰值分析向导

Origin 峰值分析向导可以自动检测基线和峰的位置，并能对 100 多个峰进行拟合，同时可以对每个单峰灵活选择丰富的内置拟合函数或自定义函数进行拟合。

选中工作表数据或将工作表数据绘制完成的绘图窗口作为当前窗口，执行菜单栏中的“分析”→“峰值及基线”→“峰值分析”命令，即可弹出图 12-10 所示的“峰值分析”对话框。“峰值分析”对话框由上面板、下面板和中间按钮组 3 个部分组成。

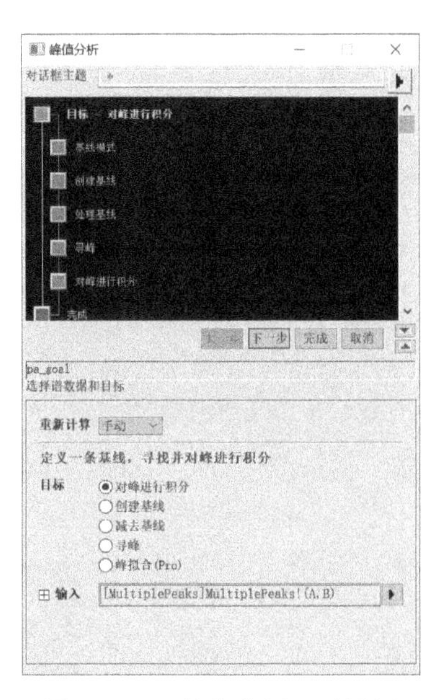

图 12-10 “峰值分析”对话框

- 上面板主要包括主题控制和峰分析向导。前者用于主题选择或将当前的设置保存为峰分析主题为以后所用；后者用于该向导不同页面的导航，单击向导中不同页面标记进入该页面。向导中页面标记用不同颜色区分，绿色为当前页面，黄色为未进行的页面，红色为已进行过的页面。
- 下面板是用于调整每一页面中分析的选项，通过不同 X 函数完成基线创建和校正、寻峰、峰拟合等综合分析。用户可以通过下面板的控制进行计算选择。
- 中间按钮组中的“上一步”和“下一步”按钮用于向导中不同页面的切换；“完成”按钮用于跳过后面的页面，根据当前的主题一步完成分析；“取消”按钮用于取消分析，关闭对话框。

峰值分析向导能进行的分析项目包括对峰进行积分、创建基线、减去基线、寻峰、峰拟合等。

12.2.2 创建基线

用谱线分析向导创建基线的方法如下。

1）在“峰值分析”对话框的下面板中选择“创建基线”单选按钮，此时的向导页面如图 12-11 所示。

2）单击“下一步”按钮，向导进入“基线模式”页面，如图 12-12 所示。

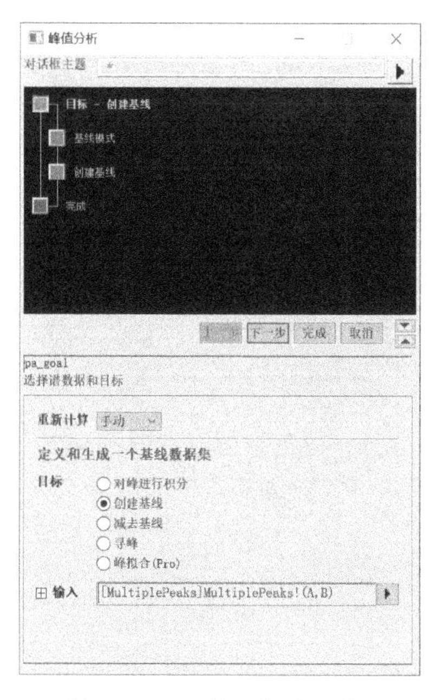

图 12-11　选择“创建基线”

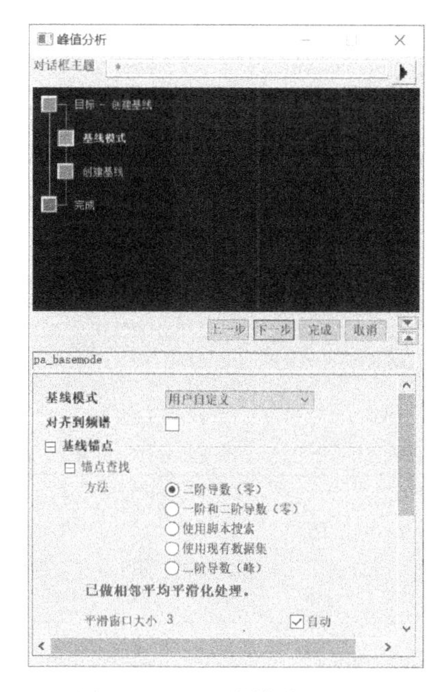

图 12-12　“基线模式”页面

在该页面下，仅可以采用自定义基线方式。读者也可以在该页面中定义基线定位点，而后在创建基线页面连接这些定位点，构成用户自定义基线。

3）单击“下一步”按钮，向导进入“创建基线”页面。此时，向导页面如图 12-13 所示。在其下面板中可以对创建的基线进行调整和修改，当创建的基线达到要求后，单击“完成”按钮，完成基线创建。

下面结合实例具体介绍创建基线的方法。

1）导入 Peaks with Base. dat 数据文件，选择工作表中的 A(X)和 B(Y)数据列，执行菜单栏中的“绘图”→“基础 2D 图”→“折线图”命令绘制线图，如图 12-14 所示。

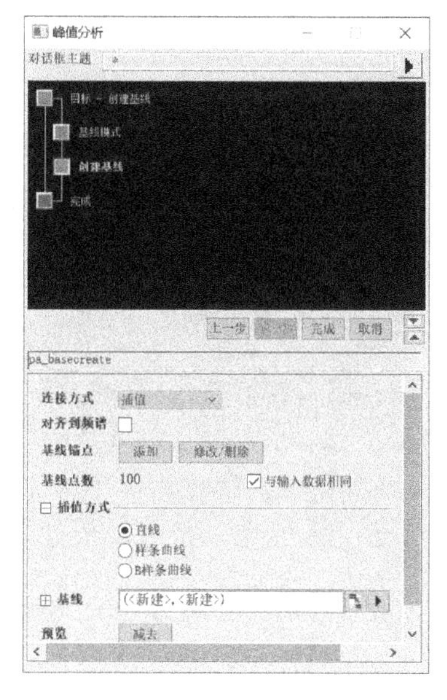

图 12-13　“创建基线”页面

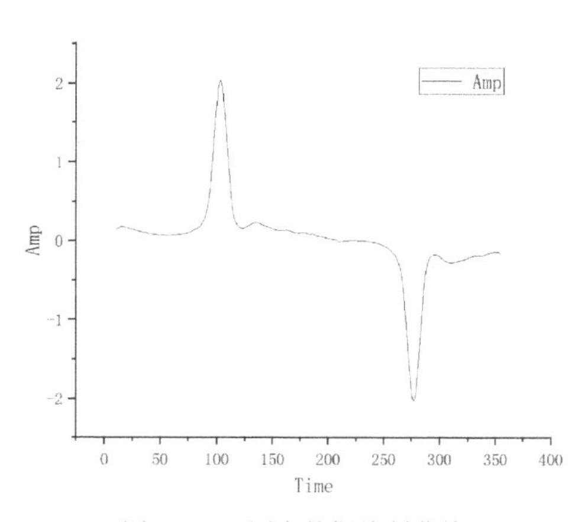

图 12-14　原有数据绘制曲线

2）执行菜单栏中的“分析”→“峰值及基线”→“峰值分析”→“打开对话框”命令，弹出“峰值分析”对话框。在下面板选中“创建基线”单选按钮，进入创建基线页面。

3）单击“下一步”按钮，向导进入“基线模式”页面。在下面板“基线锚点”下勾选“启用自动查找”复选框，此时要查找的点数后面文本框中会出现数字 8。

4）单击“下一步”按钮，向导进入“创建基线”页面。此时图中会出现一条红色的基线，如图 12-15 所示。如果该基线的部分位置不太理想，可以采用下面的方式进行调整。

5）在“创建基线”页面的下面板的“基线锚点”栏中单击“添加”按钮，在线图中添加一个定位点，而后在弹出的“取点”对话框中单击“完成”按钮，此时的基线如图 12-16 所示。

6）若创建的基线满足要求时，单击“完成”按钮，完成基线创建。该基线的数据将保存在原有工作表中。

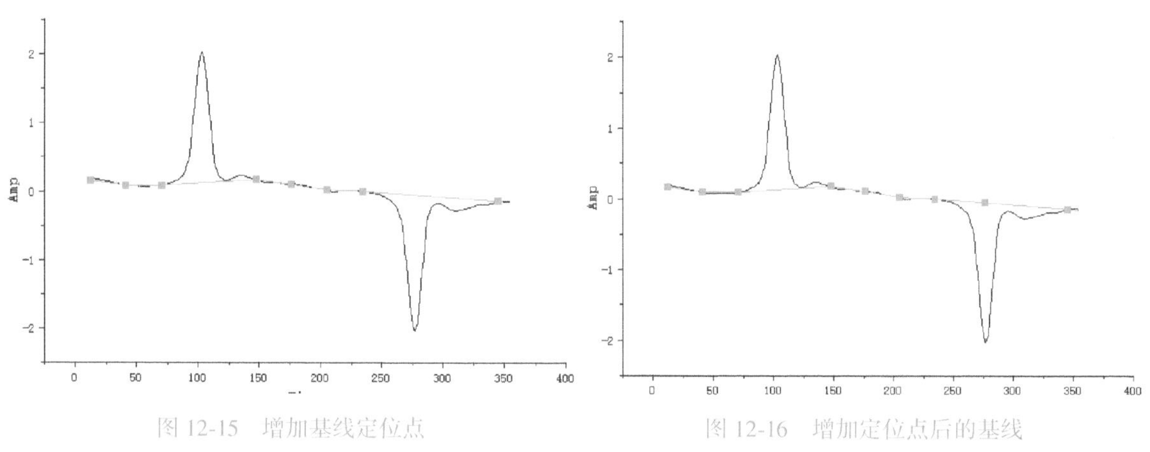

图 12-15　增加基线定位点　　图 12-16　增加定位点后的基线

12.3 对峰进行积分

在“峰值分析”对话框的下面板中，分析项目选择“对峰进行积分”单选按钮，此时上面板如图 12-17 所示。

向导会进入“基线模式”“创建基线”“处理基线”“寻峰”和“对峰进行积分”页面。此时用户可以通过峰值分析向导创建基线、从输入数据汇总减去基线、寻峰和计算峰的面积。

图 12-17　多峰分析项目的上面板

对峰进行积分项目的基线模式与前面提到的创建基线不完全相同。在对峰进行积分项目中，可以通过选择基线模式和创建基线，还可以在扣除基线页面中减去基线。此外，对峰进行积分项目中有用于检测峰的寻峰页面和用于定制分析报告的多峰分析页面。

12.3.1 多峰项目基线分析

对峰进行积分项目中的基线分析过程如下。

1）在多峰分析项目中，单击“下一步”按钮，向导进入“基线模式”页面，如图12-18所示。在该页面的“基线模式”下拉列表框中，有“常量”“用户自定义”“使用现有数据集”“无”“XPS”“直线”“非对称最小二乘平滑”和“终点加权”8种选项。

2）单击“下一步”按钮，向导进入“创建基线”页面，如图12-19所示。此时图中会出现一条红色的基线，读者可以根据基线的情况进行修改调整。

3）单击“下一步”按钮，向导进入“处理基线”页面，如图12-20所示。在该页面中，读者可以进行减去或缩放基线操作。

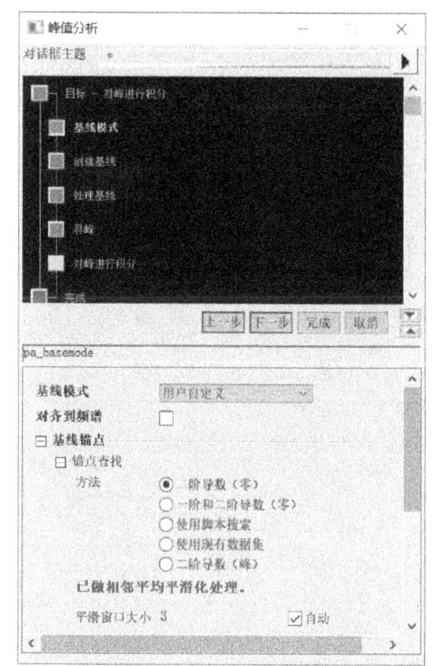

图12-18 “基线模式”页面

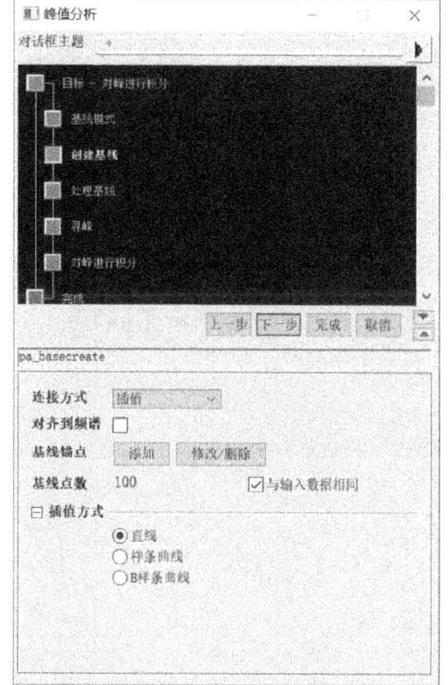

图12-19 “创建基线”页面

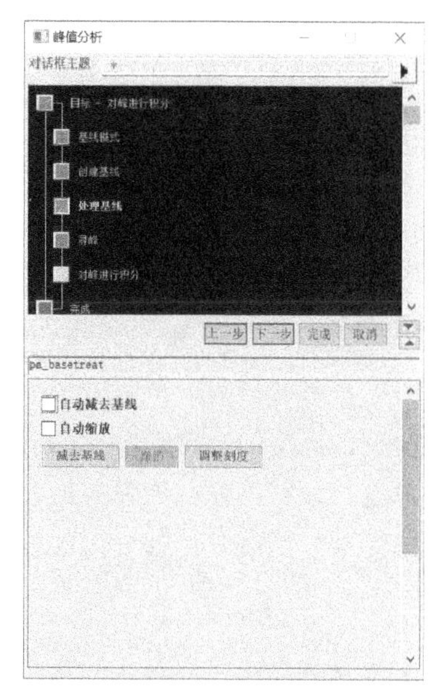

图12-20 “处理基线”页面

说明：如果在开始页面中选择的是“峰拟合”项目，则在“处理基线”页面还可以考虑是否在拟合峰的同时对基线进行拟合处理。

12.3.2 寻峰和多峰分析

延续上面的讲解，开始对多峰项目进行寻峰，即多峰分析操作。

1）在多峰分析项目中，单击“下一步”按钮，向导进入“寻峰”页面，如图12-21所示。在该页面中，可以设置峰的寻找策略，勾选“允许自动寻找”复选框后，单击“查找”按钮可以进行自动寻峰。

还可以在“寻峰设置”下拉列表框中选择“局部最大”“窗口搜索”“一阶导数”“二阶导数（搜索隐藏峰）”“一阶导数的残差（搜索隐藏峰）”和“傅里叶自解卷积（pro）”等方式。

其中，“二阶导数（搜索隐藏峰）”和“一阶导数的残差（搜索隐藏峰）”寻峰方式对寻隐峰非常有效。

2）单击“下一步”按钮，向导进入“对峰进行积分”页面，如图12-22所示。在该页面中，可以对输出的内容（如峰面积、峰位置、峰高、峰中心和峰半高宽等）及输出的位置进行设置。设置完成后单击“完成”按钮，则对峰分析的结果保存在新建的工作表中。

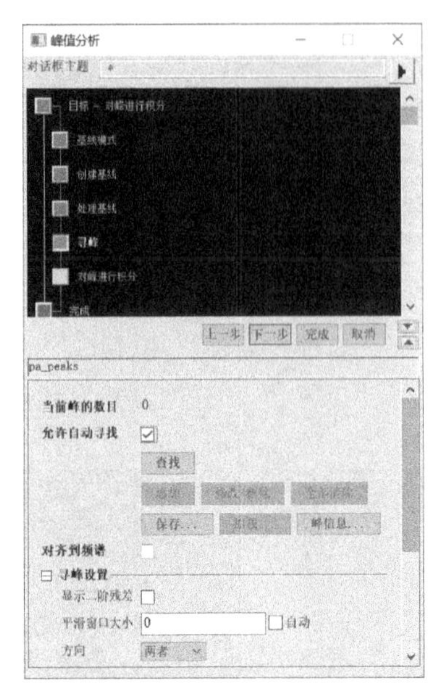

图 12-21 “寻峰” 页面

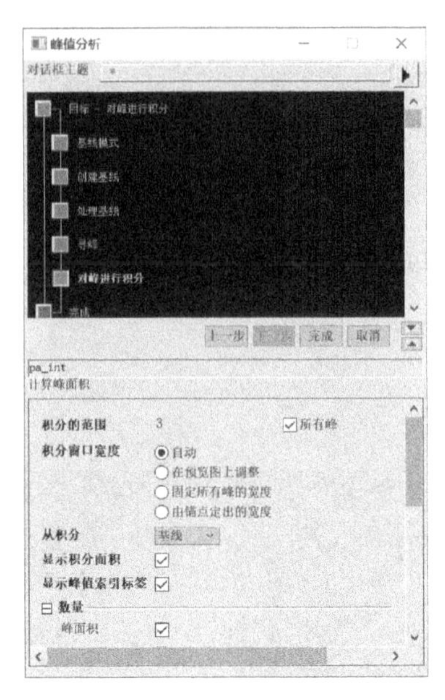

图 12-22 “对峰进行积分” 页面

12.3.3 多峰分析项目实例

下面结合实例具体介绍峰值分析向导中“峰拟合”项目的使用。该例要求完成创建基线、扣除基线、寻峰和多峰积分等内容。具体步骤如下。

1）导入 Peaks on Exponential Baseline. dat 数据文件，利用工作表中 A(X)、B(Y)绘制曲线图，如图 12-23 所示。

2）执行菜单栏中的“分析”→“峰值及基线”→“峰值分析”命令，打开“峰值分析”对话框。选择“对峰进行积分”项目，单击“下一步”按钮，进入“基线模式”页面，在“基线模式”下拉列表中选择“用户自定义”，其下面板如图 12-24 所示。

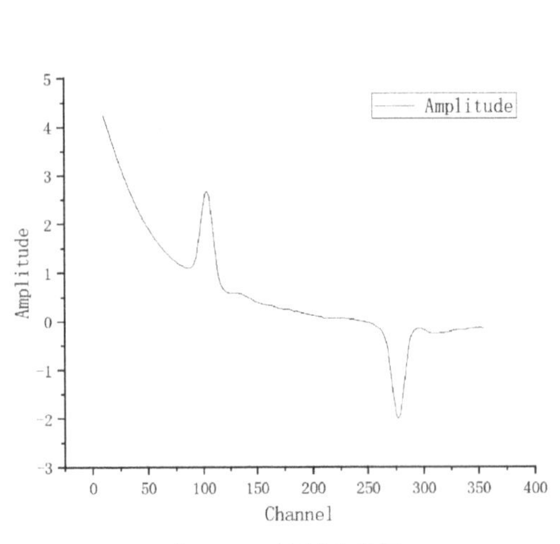

图 12-23 绘制曲线图

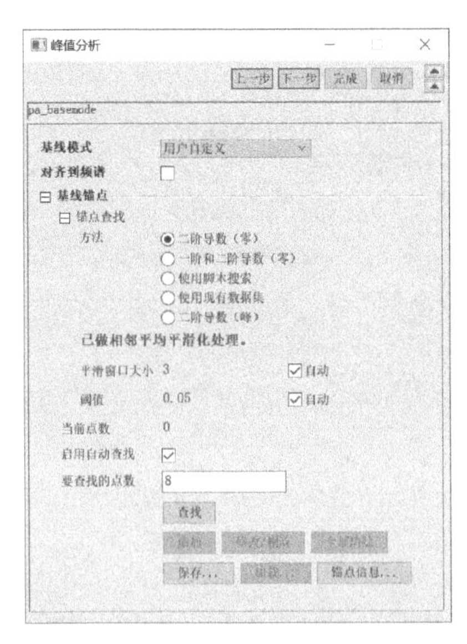

图 12-24 “基线模式” 页面下面板

3）勾选“启用自动查找”复选框，单击“查找”按钮，其曲线图中出现基线定位点，如图 12-25 所示。

4）单击“下一步”按钮，进入“创建基线”页面，其下面板如图 12-26 所示。选择创建基线的选项，此时曲线图中基线定位点连接成红色的基线，如图 12-27 所示。

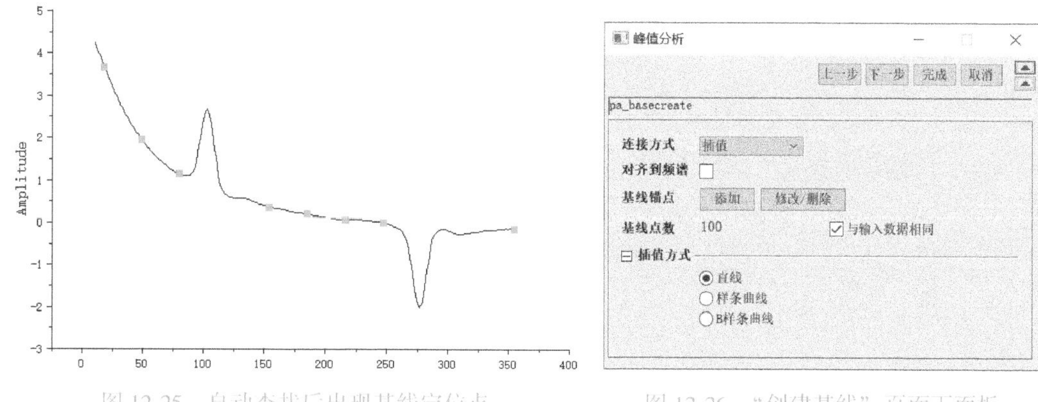

图 12-25　自动查找后出现基线定位点

图 12-26　“创建基线”页面下面板

5）根据基线的情况适当修改。在“创建基线”页面下面板中的“基线锚点”右侧单击“添加”按钮，在线图中添加一个定位点，在弹出的窗口中单击“完成”按钮，如图 12-28 所示。此时基线得到了修改，修改后的图形如图 12-29 所示。

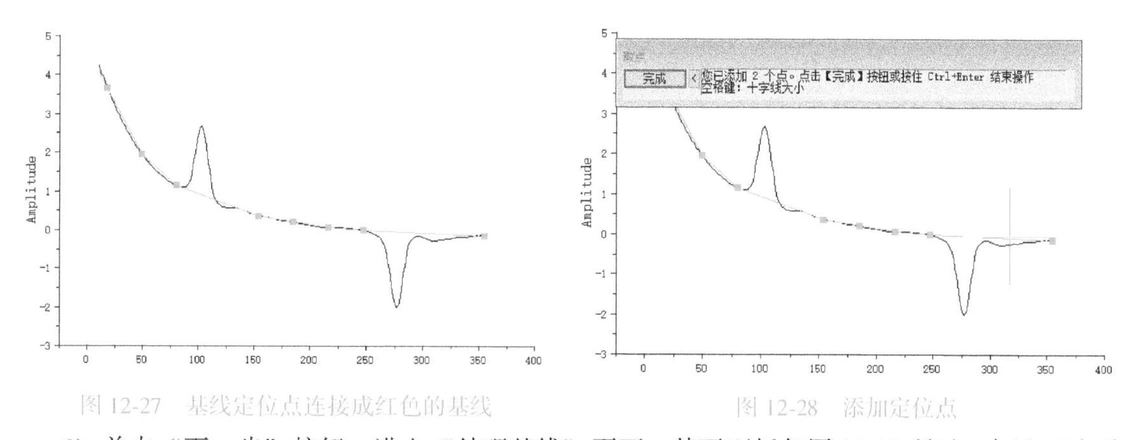

图 12-27　基线定位点连接成红色的基线

图 12-28　添加定位点

6）单击“下一步”按钮，进入“处理基线”页面，其下面板如图 12-30 所示。勾选“自动减去基线”复选框，单击“减去基线”按钮，此时减去基线的线图，图形如图 12-31 所示。

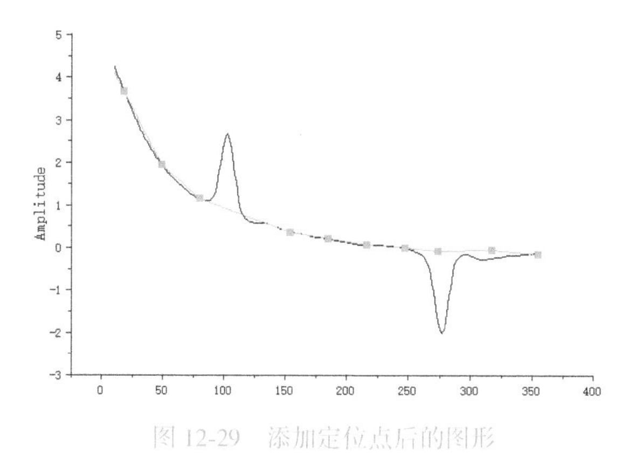

图 12-29　添加定位点后的图形

图 12-30　“处理基线”页面下面板

7）单击“下一步”按钮，进入“寻峰”页面，其下面板如图 12-32 所示。勾选“允许自动寻找”复选框，其余参数保持默认设置。此时，在图 12-31 的基础上添加了矩形框和数字，表示峰的数量和位置两个数字，如图 12-33 所示。

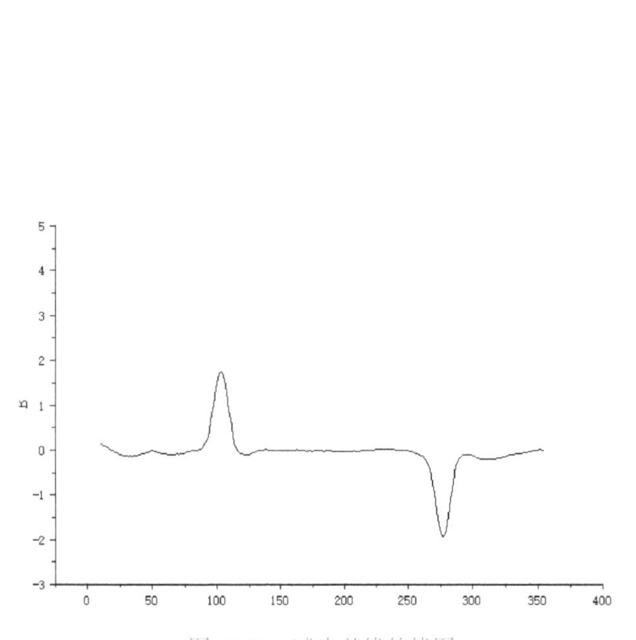

图 12-31　减去基线的线图

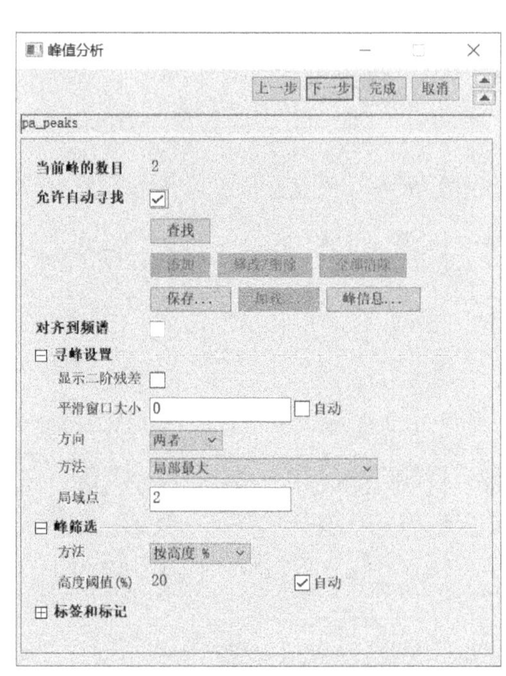

图 12-32　“寻峰”页面下面板

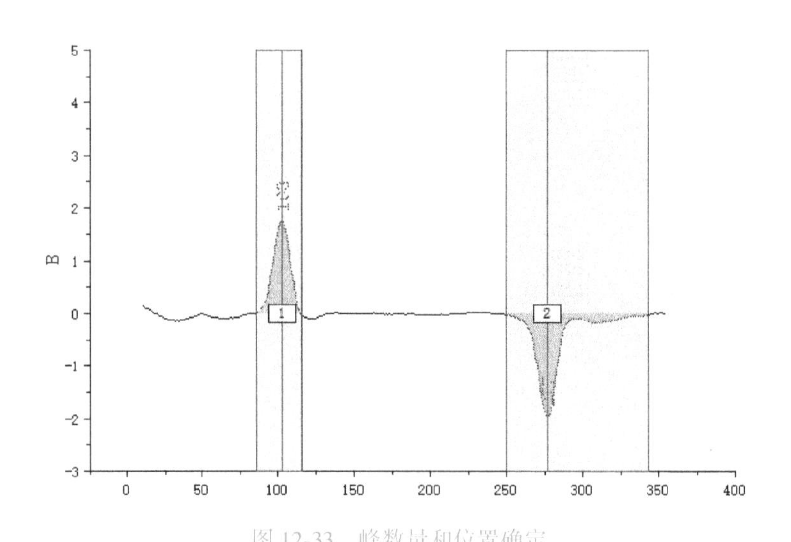

图 12-33　峰数量和位置确定

8）单击“下一步”按钮，进入“对峰进行积分”页面，其下面板如图 12-34 所示。保持默认输出选项，单击“完成”按钮，完成多峰分析。

最后分析的曲线如图 12-35 所示。多峰分析数据如图 12-36 和图 12-37 所示。

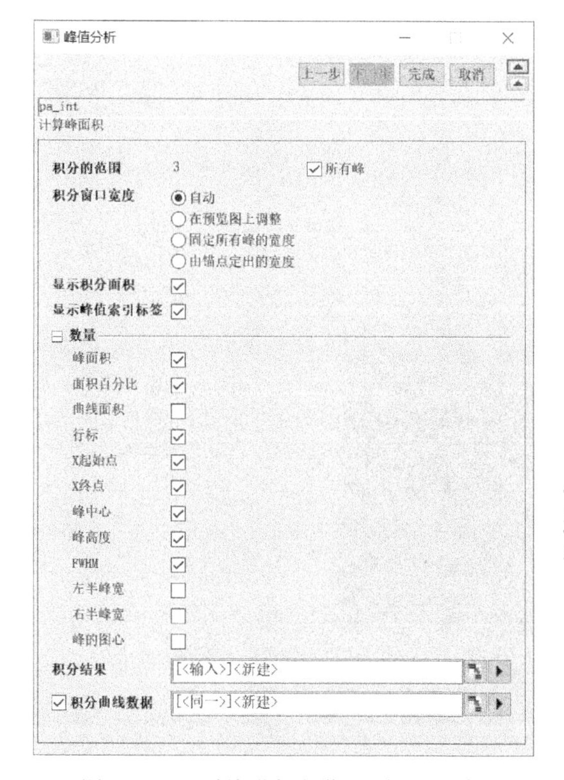

图 12-34　“对峰进行积分”页面下面板

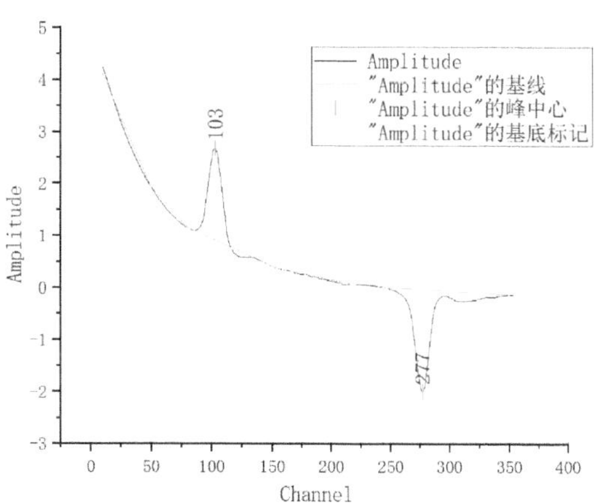

图 12-35　最后分析的峰曲线

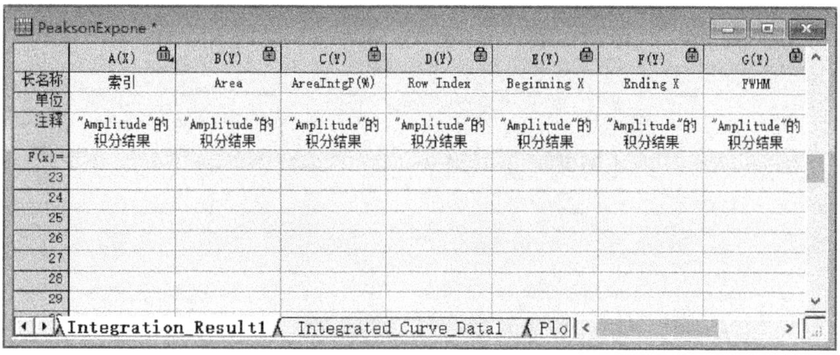

PeaksonExpone *

	A(X)	B(Y)	C(Y)	D(Y)	E(Y)	F(Y)	G(Y)
长名称	索引	Area	AreaIntgP(%)	Row Index	Beginning X	Ending X	FWHM
单位							
注释	"Amplitude"的积分结果	"Amplitude"的积分结果	"Amplitude"的积分结果	"Amplitude"的积分结果	"Amplitude"的积分结果	"Amplitude"的积分结果	"Amplitude"的积分结果
F(x)=							
23							
24							
25							
26							
27							
28							
29							

Integration_Result1 / Integrated_Curve_Data1 / Plo

图 12-36　对峰进行积分分析的结果

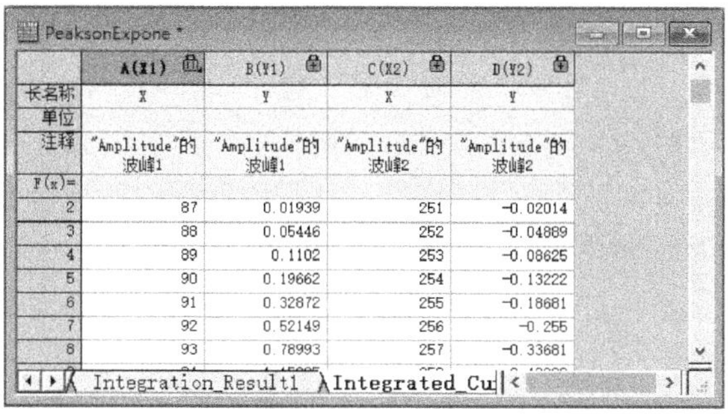

PeaksonExpone *

	A(X1)	B(Y1)	C(X2)	D(Y2)
长名称	X	Y	X	Y
单位				
注释	"Amplitude"的波峰1	"Amplitude"的波峰1	"Amplitude"的波峰2	"Amplitude"的波峰2
F(x)=				
2	87	0.01939	251	−0.02014
3	88	0.05446	252	−0.04889
4	89	0.1102	253	−0.08625
5	90	0.19662	254	−0.13222
6	91	0.32872	255	−0.18681
7	92	0.52149	256	−0.255
8	93	0.78993	257	−0.33681

Integration_Result1 / Integrated_Cu

图 12-37　对峰进行积分分析的线图数据

12.4 用峰值分析向导做多峰拟合

在“峰值分析”对话框目标页面的下面板中，分析目标选择“峰拟合（Pro）”单选按钮，此时多峰拟合项目的面板如图 12-38 所示。

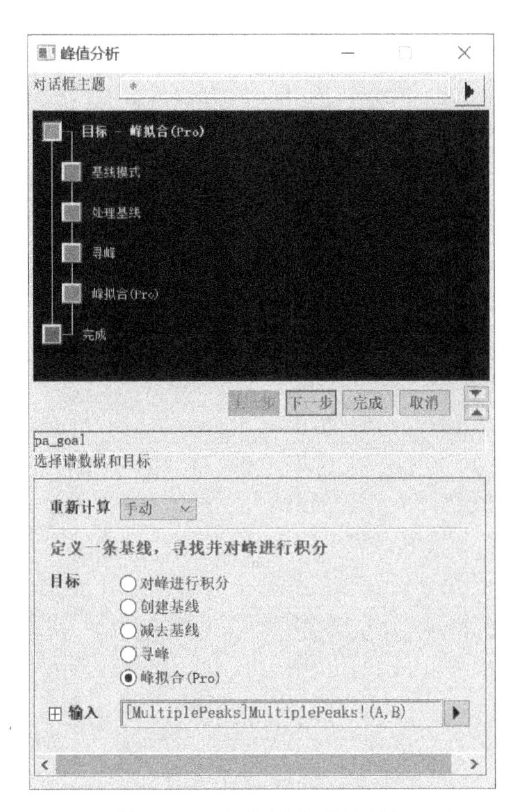

图 12-38　多峰拟合项目面板

向导会进入“基线模式”“处理基线”“寻峰”和“峰拟合”页面。通过峰值分析向导可以创建基线、从输入数据中减去基线、寻峰和对峰进行拟合。

在该向导中，“基线模式”页面、“处理基线”页面、“寻峰”页面都在前面介绍过了，下面仅对“峰拟合”页面进行介绍。

12.4.1 “峰拟合”页面

在“峰拟合”页面采用 Levenberg-Marquardt 算法，完成对多峰的非线性拟合基线的非线性拟合和定制拟合分析报告。

“峰拟合”页面的下面板如图 12-39 所示。单击“拟合控制”按钮，可以打开“峰拟合参数”对话框，该对话框由上面板和下面板组成，其中还包含有一些控制按钮。

“峰拟合参数”对话框上面板由“参数”“界限”和“拟合控制”选项卡组成。“参数”选项卡如图 12-40 所示。“参数”选项卡中列出了所有函数的所有参数，可以通过选择确定该参数在拟合过程中是否为共享。通过该上面板可以很好地监控拟合效果。

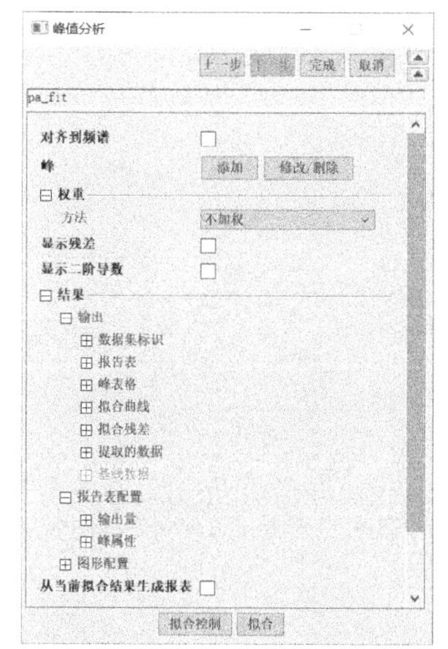

图 12-39　“峰拟合”页面下面板

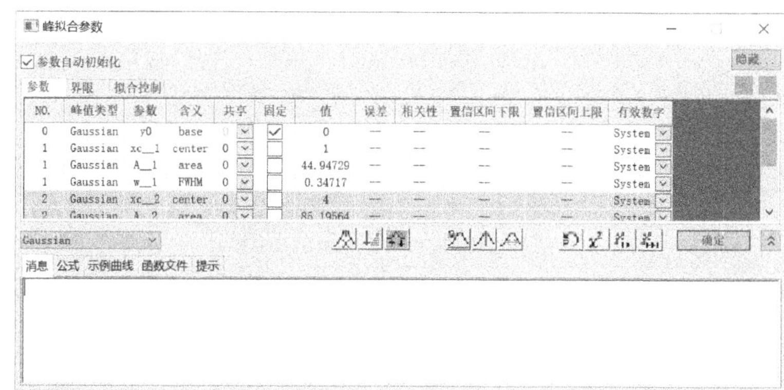

图 12-40　“参数”选项卡

“界限”选项卡如图 12-41 所示，该选项卡用于设置函数参数的上下界限。“拟合控制”选项卡如图 12-42 所示，该选项卡用于设置拟合过程中的相关参数。

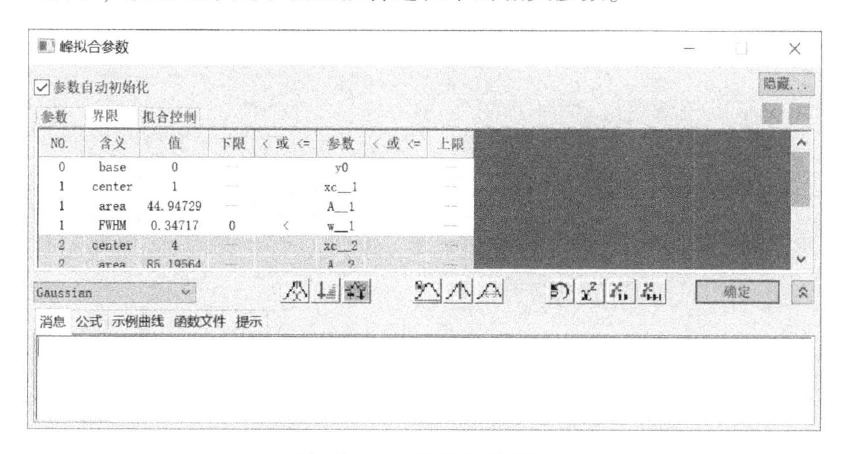

图 12-41　“界限”选项卡

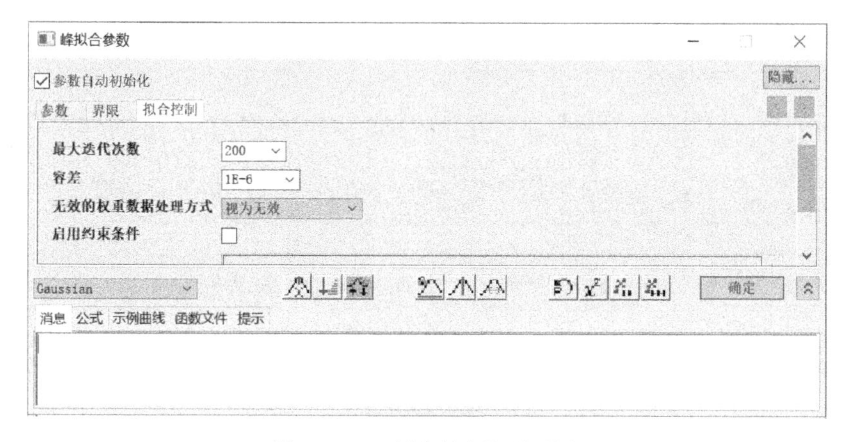

图 12-42　“拟合控制”选项卡

在“峰拟合参数”对话框中间区域有一个拟合函数下拉列表框，可以对不同的峰选择不同的函数。Origin 能采用内置函数或用户自定义函数进行多峰拟合。

在“峰拟合参数”对话框中间区域的按钮所代表的含义见表 12-1。

表 12-1　按钮含义

按钮	功　能	含　义
	切换峰值标签	指定峰值标签类型。它可以使用峰值指标、x 值、y 值的 x 值和 y 值为峰的标签
	重新对峰排序	当需要对已经排列的峰恢复默认设置时，启用此按钮，用来将峰值恢复默认顺序
	峰排序	单击该按钮打开“对峰值进行排序”对话框对峰值进行排序。峰值可以按中心、宽度、振幅排序，可以按升序或降序排列
	固定或释放基线参数	指定是否要修复的基线参数，当基线参数是固定的，将出现一个锁定此按钮，表示基线参数固定；再次单击该按钮，则锁的图标消失，表示基线参数不固定
	固定或释放所有峰中心	指定是否要修复代表峰值中心的参数。峰值中心固定时，峰值的中心会出现一个锁定按钮
	固定或释放所有峰宽	指定是否要修复代表峰值宽度的参数。峰宽固定时，将出现一个锁定按钮
	初始化参数	初始化参数的参数的初始化代码（或初始值）
	计算卡方	用于卡方计算
	1 次叠代	单击此按钮可以执行一个单一的叠代。可以选择多种峰值中心，直到收敛为止，其结果将显示在下部面板
	拟合直至收敛	单击此按钮可进行叠代，直到拟合收敛。结果将显示在下部面板

“峰拟合参数”对话框下面板用于监视拟合效果，通过该面板可以了解拟合是否收敛等信息。典型的拟合参数对话框如图 12-43 所示。

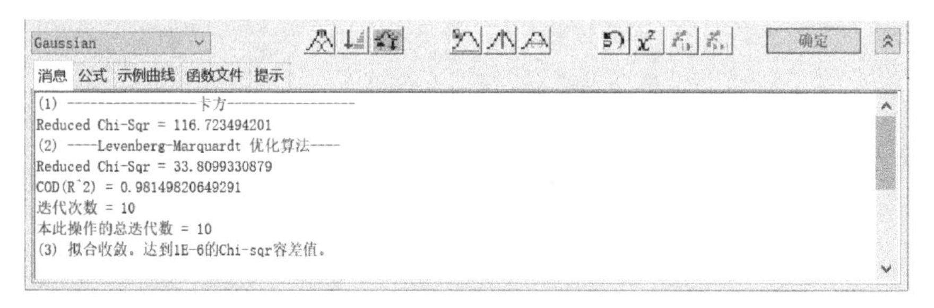

图 12-43　典型的拟合参数对话框下面板

12.4.2　多峰拟合实例

下面通过实例介绍峰值分析向导中多峰拟合项目的使用。该实例要求完成创建基线、减去基线、寻峰和多峰拟合报告等内容。

1）导入 HiddenPeaks.dat 数据文件，选择工作表中的 A(X) 和 B(Y) 列数据绘制曲线图，如图 12-44 所示。

2）执行菜单栏中的“分析”→“峰值及基线”→“峰值分析”命令，打开“峰值分析”

对话框。

在下面板中选择“峰拟合（Pro）”单选按钮，单击“下一步”按钮，进入“基线模式”页面。此时，在曲线图下出现一条红色的基线，如图 12-45 所示。

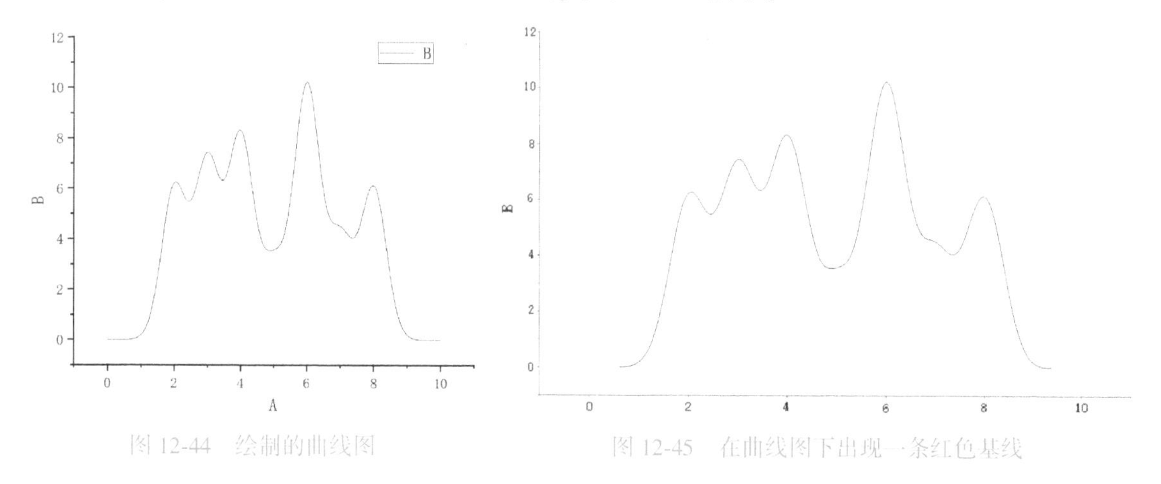

图 12-44 绘制的曲线图　　图 12-45 在曲线图下出现一条红色基线

根据图形可以考虑将“基线模式”设置为“常量”。“基线模式”页面如图 12-46 所示。

3）单击“下一步”按钮，进入“处理基线”页面。勾选“自动减去基线”复选框，如图 12-47 所示。单击“减去基线”按钮，可得到减去基线的线图。

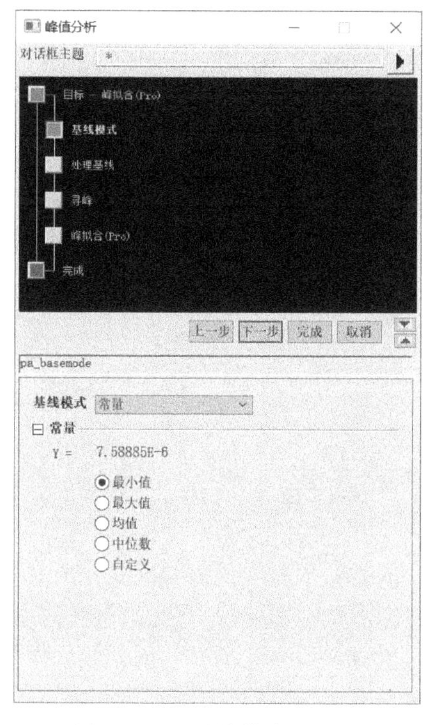

图 12-46 “基线模式”页面

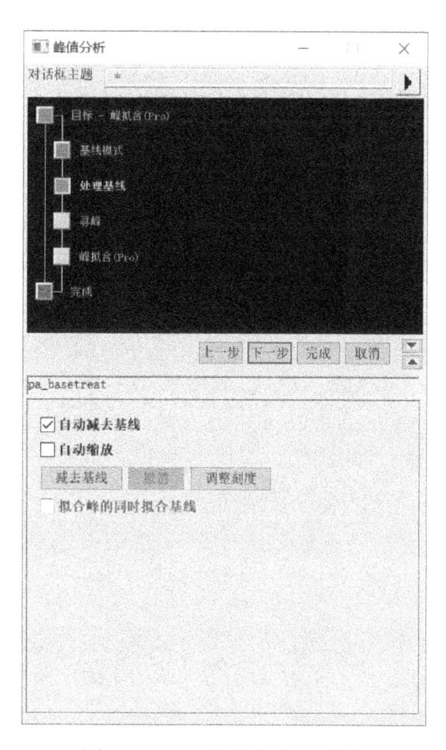

图 12-47 “处理基线”页面

4）单击“下一步”按钮，进入“寻峰”页面，该页面的下面板如图 12-48 所示。曲线图可能会有隐峰，因此在“寻峰设置”的“方法”下拉列表框中选择“二阶导数（搜索隐藏峰）”选项，搜寻隐峰。

单击该页面中的“查找”按钮，此时在曲线图中显示有 7 个峰，其中有两个隐峰，如图 12-49 所示。

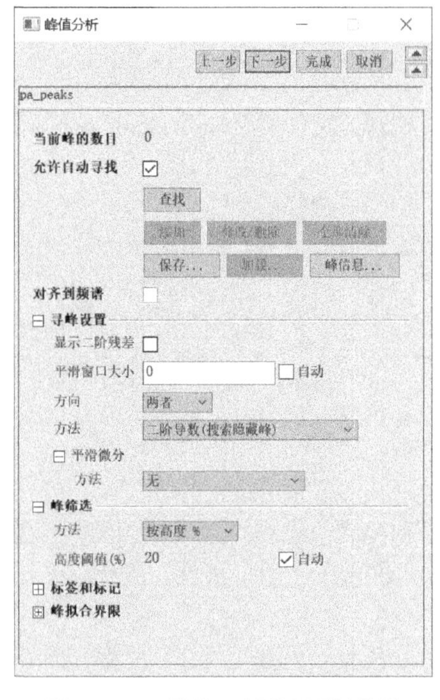

图 12-48 “寻峰”页面下面板设置

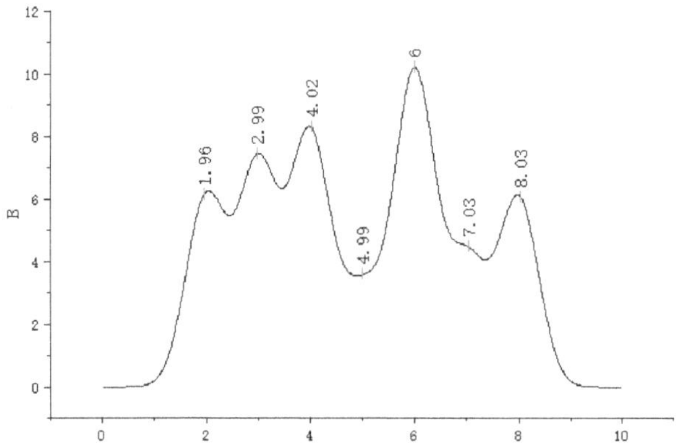

图 12-49 线图中有两个隐峰

5）单击“下一步”按钮，进入“多峰拟合”页面，该页面的下面板如图 12-50 所示。单击“拟合控制”按钮，打开“峰拟合参数”对话框。

6）在“峰拟合参数”对话框中，选择“Gaussian”拟合函数进行设置。单击（1 次叠代）按钮或（拟合直至收敛）按钮进行拟合，拟合结果表明收敛，如图 12-51 所示。

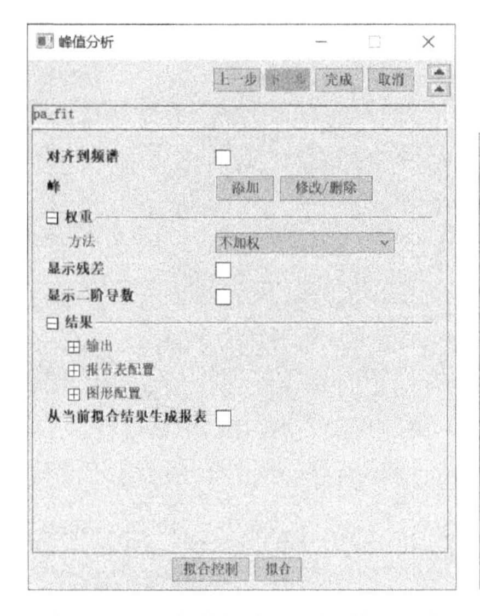

图 12-50 “多峰拟合”页面的下面板

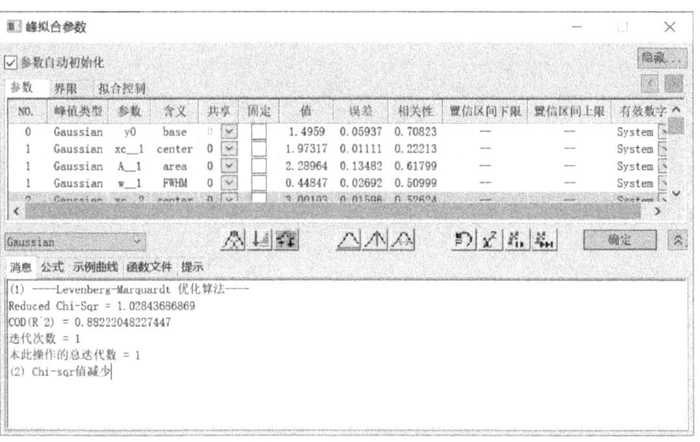

NO.	峰值类型	参数	含义	共享	固定	值	误差	相关性	置信区间下限	置信区间上限	有效数字
0	Gaussian	y0	base	0		1.4959	0.05937	0.70823	—	—	System
1	Gaussian	xc__1	center	0		1.97317	0.01111	0.22213	—	—	System
1	Gaussian	A__1	area	0		2.28964	0.13482	0.61799	—	—	System
1	Gaussian	w__1	FWHM	0		0.44847	0.02692	0.50999	—	—	System

图 12-51 拟合结果表明收敛

7）单击“确定”按钮，回到“峰拟合”页面。保持默认输出设置，单击“完成”按钮，完成多峰拟合。峰拟合曲线图如图 12-52 所示，分析拟合数据报表如图 12-53 所示。

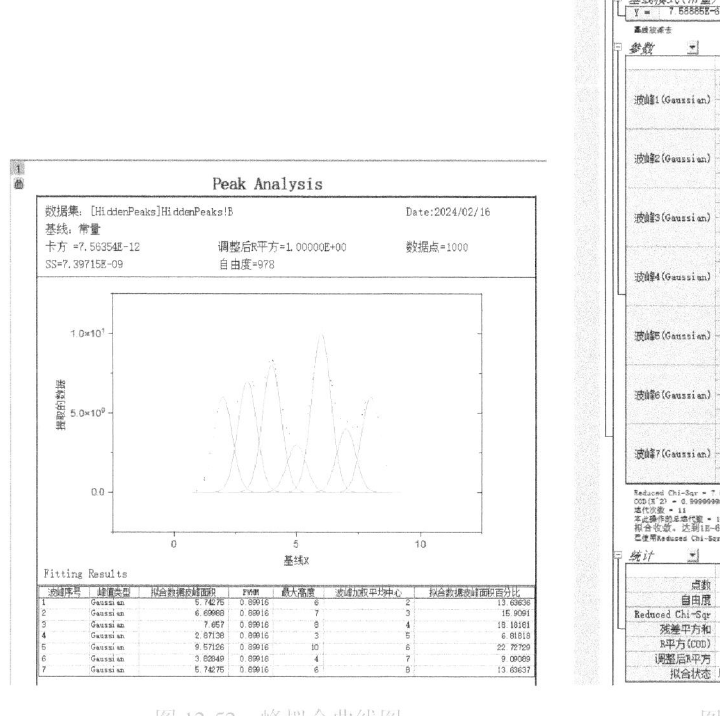

波峰序号	峰值类型	拟合数据皮峰面积	FWHM	最大高度	波峰加权平均中心	拟合数据皮峰面积百分比
1	Gaussian	5.74275	0.89916	6	2	13.63636
2	Gaussian	6.69988	0.89916	7	3	15.9091
3	Gaussian	7.657	0.89916	8	4	18.18181
4	Gaussian	2.87138	0.89916	3	5	6.81818
5	Gaussian	9.57126	0.89916	10	6	22.72729
6	Gaussian	3.82849	0.89916	4	7	9.09089
7	Gaussian	5.74275	0.89916	6	8	13.63637

图 12-52　峰拟合曲线图

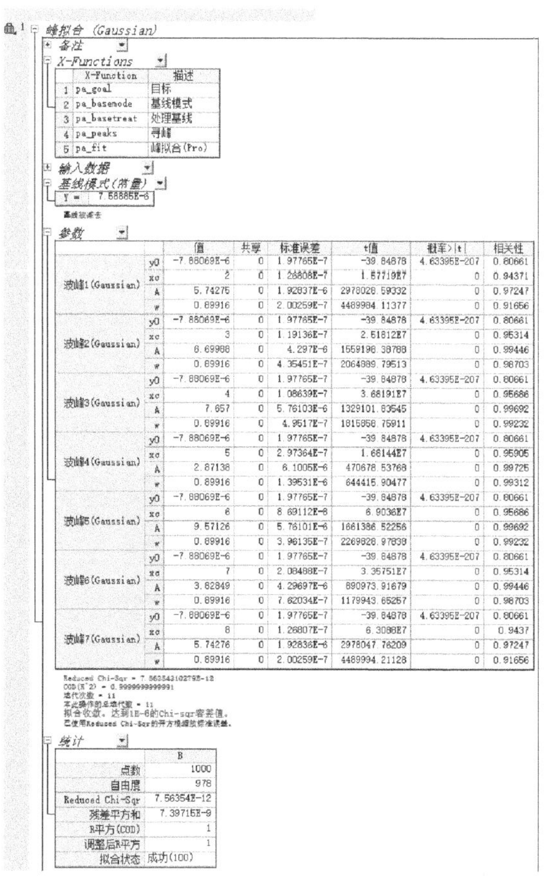

	X-Function	描述
1	pa_goal	目标
2	pa_basemode	基线模式
3	pa_basetreat	处理基线
4	pa_peaks	寻峰
5	pa_fit	峰拟合(Pro)

		值	共享	标准误差	t值	概率>|t|	相关性
波峰1(Gaussian)	y0	-7.88069E-6	0	1.97765E-7	-39.84878	4.63395E-207	0.80661
	xc	2	0	1.26808E-7	1.57719E7	0	0.94371
	A	5.74275	0	1.92837E-6	2978028.59332	0	0.97247
	w	0.89916	0	2.00259E-7	4489984.11377	0	0.91656
波峰2(Gaussian)	y0	-7.88069E-6	0	1.97765E-7	-39.84878	4.63395E-207	0.80661
	xc	3	0	1.19136E-7	2.51812E7	0	0.95314
	A	6.69988	0	4.297E-6	1559198.38788	0	0.99446
	w	0.89916	0	4.35451E-7	2064889.79513	0	0.98703
波峰3(Gaussian)	y0	-7.88069E-6	0	1.97765E-7	-39.84878	4.63395E-207	0.80661
	xc	4	0	1.08639E-7	3.68191E7	0	0.95686
	A	7.657	0	5.76103E-6	1329101.83545	0	0.99692
	w	0.89916	0	4.9517E-7	1815858.75911	0	0.99232
波峰4(Gaussian)	y0	-7.88069E-6	0	1.97765E-7	-39.84878	4.63395E-207	0.80661
	xc	5	0	2.97364E-7	1.68144E7	0	0.95905
	A	2.87138	0	6.1005E-6	470678.53768	0	0.99725
	w	0.89916	0	1.39531E-6	644415.90477	0	0.99312
波峰5(Gaussian)	y0	-7.88069E-6	0	1.97765E-7	-39.84878	4.63395E-207	0.80661
	xc	6	0	8.69112E-8	6.9036E7	0	0.95686
	A	9.57126	0	5.76101E-6	1661386.52256	0	0.99692
	w	0.89916	0	3.96135E-7	2269828.97838	0	0.99232
波峰6(Gaussian)	y0	-7.88069E-6	0	1.97765E-7	-39.84878	4.63395E-207	0.80661
	xc	7	0	2.08488E-7	3.35751E7	0	0.95314
	A	3.82849	0	4.29697E-6	890973.91679	0	0.99446
	w	0.89916	0	7.62034E-7	1179943.65257	0	0.98703
波峰7(Gaussian)	y0	-7.88069E-6	0	1.97765E-7	-39.84878	4.63395E-207	0.80661
	xc	8	0	1.26807E-7	6.3088E7	0	0.9437
	A	5.74276	0	1.92836E-6	2978047.76209	0	0.97247
	w	0.89916	0	2.00259E-7	4489994.21128	0	0.91656

	B
点数	1000
自由度	978
Reduced Chi-Sqr	7.56354E-12
残差平方和	7.39715E-9
R平方(COD)	1
调整后R平方	1
拟合状态	成功(100)

图 12-53　分析拟合数据报表

12.5 峰值分析主题

在 Origin 中可以通过峰值分析向导上面板中的对话框主题，将峰值分析的设置保存为某一主题，可以下一次进行同样分析时自动调用。将峰值分析设置保存为主题的方法如下。

1）单击“峰值分析”对话框上页面右上角“对话框主题”下三角按钮，在弹出的列表中选择“主题设定”选项，如图 12-54 所示。打开“峰值分析主题设置”对话框，如图 12-55 所示。

2）在“峰值分析主题设置”对话框中，选择希望保存在主题中的内容。单击“确定”按钮，关闭该对话框。

3）再次单击“峰值分析”向导页面右上角“对话框主题”下三角按钮，在弹出的列表中选择“另存为”选项，并输入主题名称（如 HiddenPeak1），进行保存；也可以选择“另存为<默认>”选项，将该主题保存为默认的主题。

调用峰值分析主题的方法为，单击“峰值分析”向导页面右上角“对话框主题”下三角按钮，在弹出的列表中选择已有的主题，如图 12-54 所示。

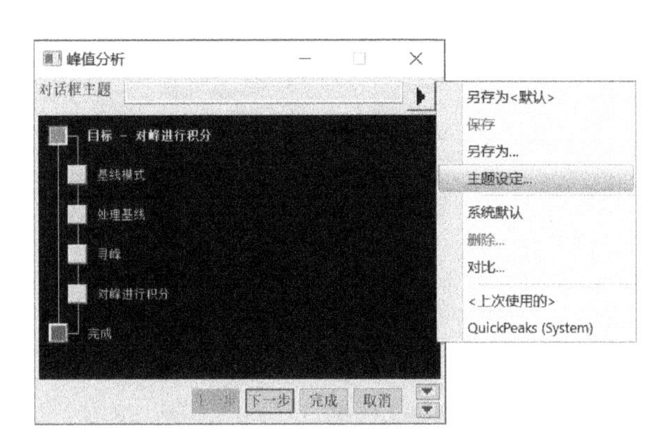

图 12-54　弹出的列表

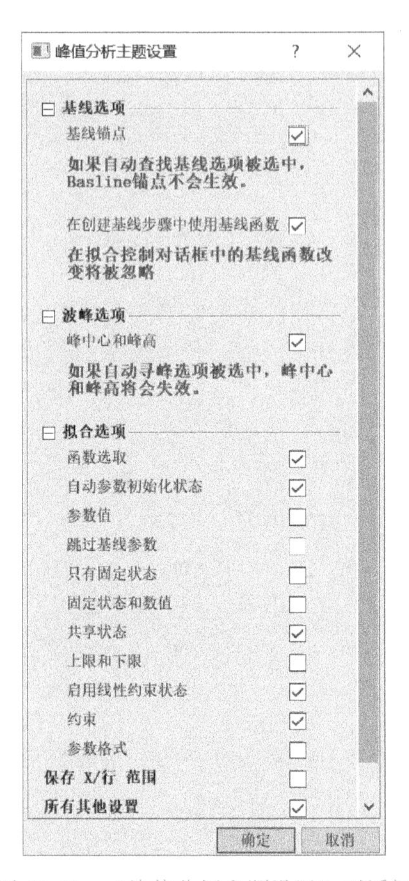

图 12-55　“峰值分析主题设置”对话框

12.6　小结与思考

本章详细介绍了单峰和多峰的拟合方法，峰值分析及分析向导的使用方法以及利用“峰值分析”向导对峰进行积分、峰拟合的方法。峰拟合在科技绘图中经常会用到，读者应认真学习，方可在使用时灵活运用。下面给出开放性的讨论题目供读者在学习时思考。

1）描述单峰拟合的过程及其在数据分析中的应用。

2）解释多峰拟合的策略和步骤。

3）讨论在进行峰值分析时，如何使用“峰值分析”向导。

4）描述创建基线的方法及其对峰值分析的重要性。

5）解释对多个峰进行基线分析的过程。

6）讨论寻峰和多峰分析的技术及其应用场景。

7）提供一个多峰分析项目的实例，并解释其分析流程。

8）描述使用峰值分析向导进行多峰拟合的具体步骤。

9）通过一个多峰拟合实例，解释如何评估和优化拟合结果。

10）总结峰值分析主题中学到的关键点和技巧。

统 计 分 析 第13章

统计分析在日常工作中越来越重要，为满足分析和绘图需要，Origin 提供了一系列的统计方法，包括描述统计、单样本与双样本假设检验、单因素与双因素方差分析，以及直方图和箱线图等多种统计图表。另外，OriginPro 版还额外提供了高级统计分析工具，如重复测量方差分析和接收者操作特性（ROC）曲线分析等。本章将介绍这部分内容。

13.1 统计图形

Origin 统计图包括直方图、分布图、直方+概率、多面板直方图、质量控制、帕累托图、矩阵散点图和概率图等。

执行菜单栏中的“绘图”→“统计图”命令，如图 13-1 所示，在打开的二级绘图面板中选择绘制方式进行统计图形的绘制。

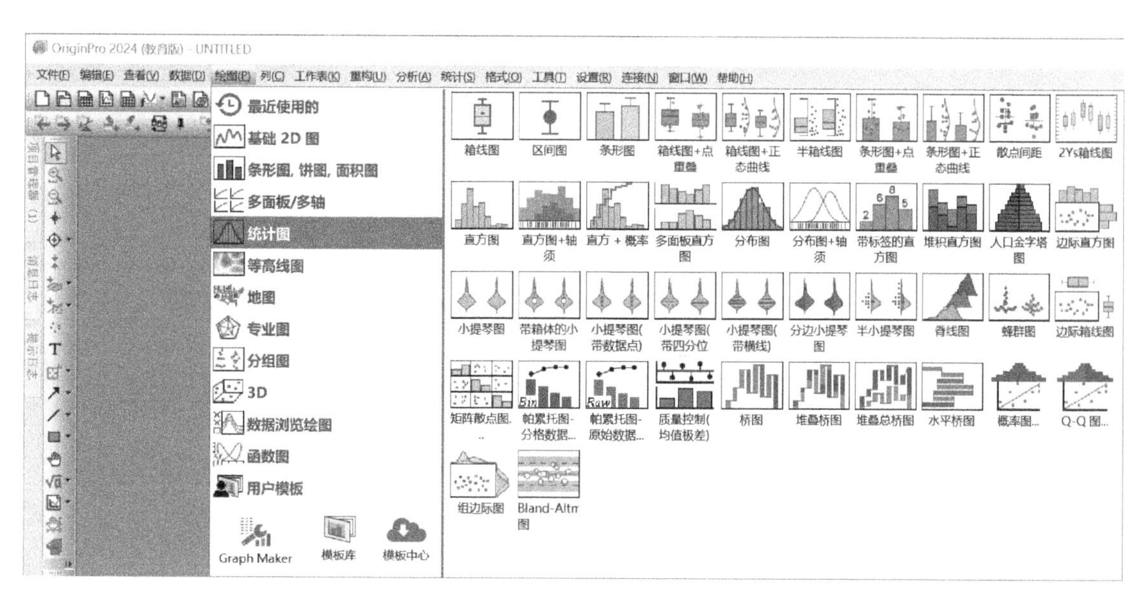

图 13-1 统计图绘图工具

13.1.1 直方图

在统计分析中，直方图用于对选定数列统计各区间段里数据的个数，给出变量数据组的频率

分布情况。通过直方图可以方便地得到数据组中心、范围、偏度，数据存在的轮廓和数据的多重形式。

1）导入 Histogram. dat 数据文件，并选择工作表的 B(Y)列。

2）执行菜单栏中的“绘图”→“统计图”→“直方图”命令，或单击“2D 图形”工具栏中的按钮，Origin 会自动计算区间段，生成图 13-2 所示的直方统计图。

3）直方图保存统计数据工作表中包括区间中心、计数、累积总和、累积百分比等内容。在直方图上右击，在弹出的快捷菜单中选择“跳转到分格工作表”命令，可以激活该工作表，如图 13-3 所示。

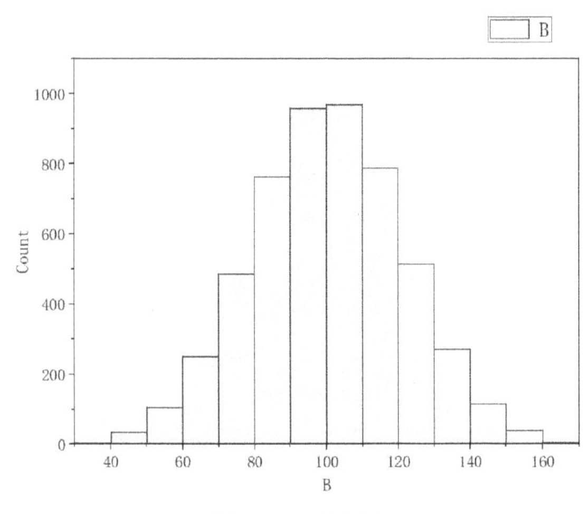

图 13-2　直方图

Histogram

	A(X)	B(Y)	C(Y)	D(Y)
长名称	区间中心	计数	累计总和	累积百分比
单位				
注释	Bins	Bins	Bins	Bins
F(x)=				
1	35	2	2	0.03775
2	45	34	36	0.6795
3	55	105	141	2.66138
4	65	251	392	7.39902
5	75	487	879	16.59117
6	85	762	1641	30.97395
7	95	958	2599	49.05625
8	105	969	3568	67.34617
9	115	787	4355	82.20083
10	125	514	4869	91.9026

Histogram_B Bins

图 13-3　数据工作表

4）双击图形对象，打开“绘图细节-绘图属性”对话框，该对话框中最重要的参数为“分布”选项卡下的“曲线类型”，如图 13-4 所示。

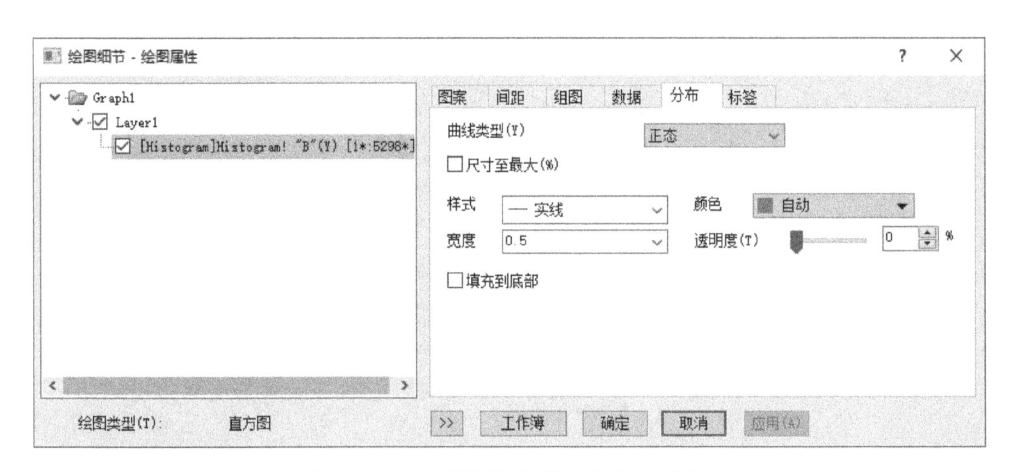

图 13-4　“绘图细节-绘图属性”对话框

5）在“分布”选项卡中，把“曲线类型”由“无”改为“正态”，单击“确定”按钮，则会在原直方图上加入一条正态分布曲线，如图 13-5 所示。

该曲线是利用原始数据的平均值和标准差生成的正态分布曲线。在打开的对话框中，还可以对直方图的填充、颜色等其他属性进行调整。

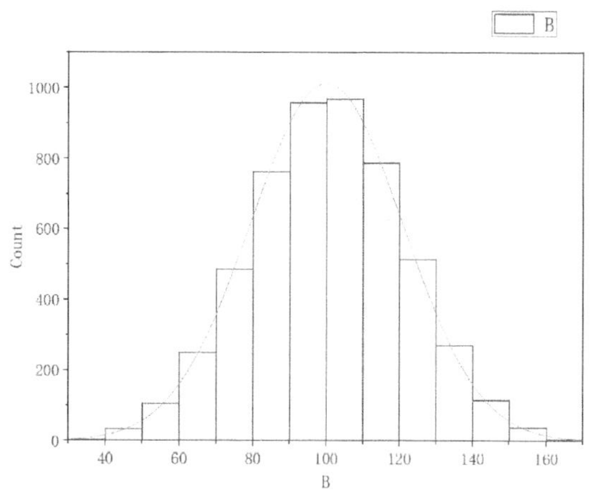

图 13-5　带正态分布曲线的直方图

13.1.2　直方+概率图

直方+概率图与普通直方图的差别在于，直方+概率图中有两个图层，一层是普通的直方图，另一层是累积和的数据曲线。

继续使用 Histogram. dat 数据文件。在工作簿窗口内选择 B(Y)数据列，执行菜单栏中的“绘图”→“统计图”→“直方+概率”命令，或单击“2D 图形”工具栏中的按钮，生成的直方+概率图如图 13-6 所示。同时会弹出“结果日志”文件如图 13-7 所示。

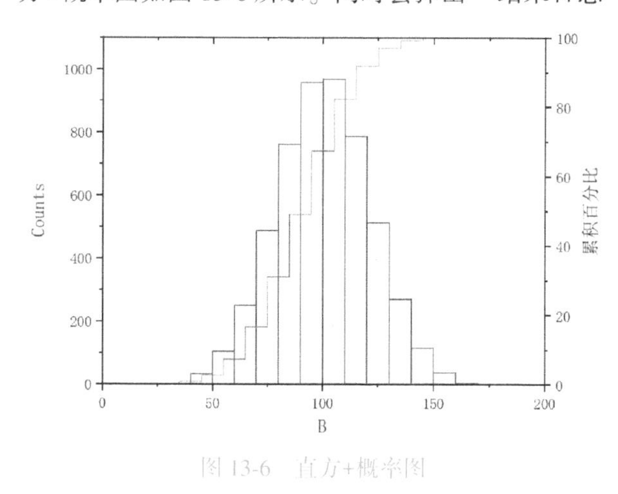

图 13-6　直方+概率图

结果日志

[　　　　"/Folder1/Histogram"
(2460369.644884)]
对Histogram col(B)画直方图和概率图:

均值	标准差	最大值	最小值	大小
100	20.874672094612	161	39	5298

图 13-7　“结果日志”文件

13.1.3　多面板直方图

多面板直方图是将多个直方图堆叠起来，以便进行比较。Origin 中的多面板直方图模板可根据工作表中的数据自动生成多面板直方图。

继续使用 Histogram. dat 数据文件，在导入该数据文件后，创建 C(Y)、D(Y)列，分别为 C(Y)= B(Y)+5 和 D(Y)= B(Y)+10，完成创建 C(Y)、D(Y)列后的工作表如图 13-8 所示。

依次选择工作表中的 B(Y)、C(Y)、D(Y)列，执行菜单栏中的“绘图”→“统计图”→“多面板直方图”命令，或单击“2D 图形”工具栏中的按钮，软件自动建立 3 个图层，生成多面板直方图，如图 13-9 所示。

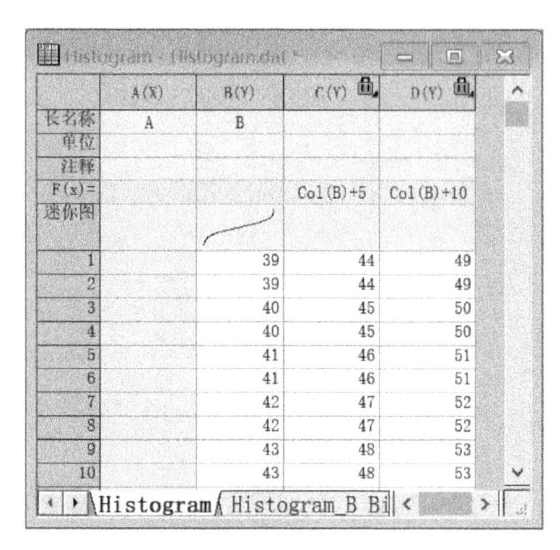

图 13-8　创建新的列

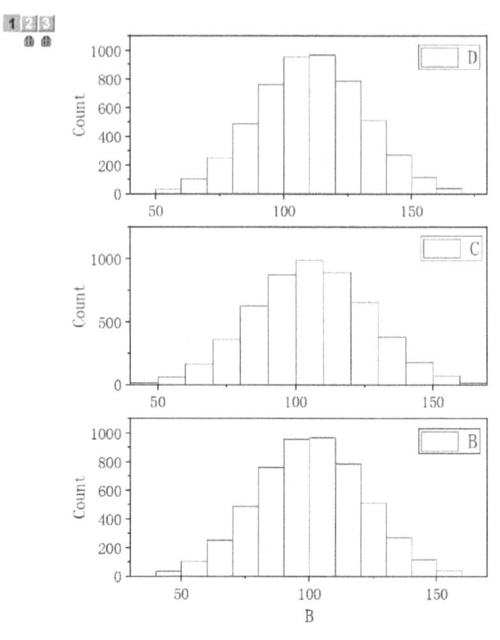

图 13-9　多面板直方图

13.1.4　箱线图

箱线图是一种重要的统计图。创建箱线图时，首先在工作表中选择一个或多个 Y 列（或其中的一部分），每个 Y 列用一个方框表示，列名称在 X 轴上用标签表示。绘图时，不能选择 X 列数据，只能选择单个或多个 Y 列。

1. 单列数据箱线图

导入 BoxChart. dat 数据文件。选择工作表中的 February 列数据，执行菜单栏中的“绘图”→“统计图”→“箱线图”命令，或单击“2D 图形”工具栏中的按钮，系统将自动生成箱线图，如图 13-10 所示。

为了在图形中更直观地观察 Y 列的数值，并与箱线图各线条对比，可以对坐标轴进行栅格的显示设置。

1）双击坐标轴，弹出“Y 坐标轴-图层 1”对话框，切换到对话框中的“网格”选项卡，如图 13-11 所示。

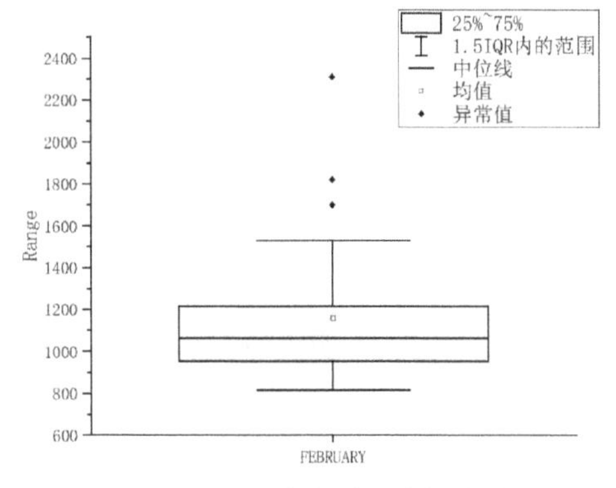

图 13-10　系统自动生成箱线图

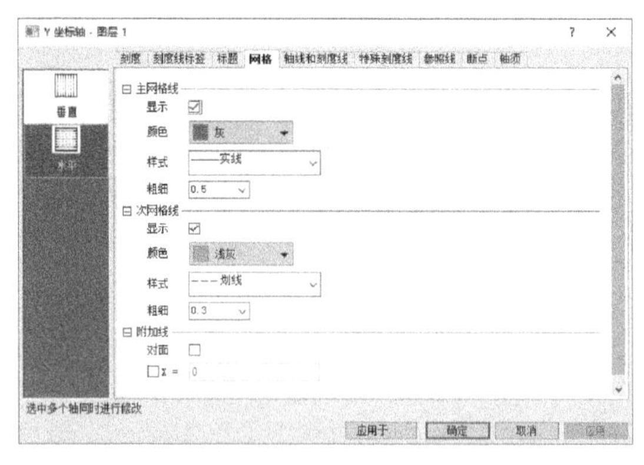

图 13-11　添加栅格线条

2）在对话框左侧选择“水平”选项，勾选右侧“主网格线”和“次网格线”区域中的“显示”复选框。单击“应用于”按钮，添加栅格线条的箱线图如图13-12所示。读者也可以设置栅格线条的颜色、线宽等参数。

3）对箱线图的图形进行属性设置。双击箱线图形，在弹出“绘图细节-绘图属性”对话框，如图13-13所示。在“箱体”选项卡下的“样式”列表中选择“菱形箱体”选项，单击“确定”按钮，设置完成后图形如图13-14所示。

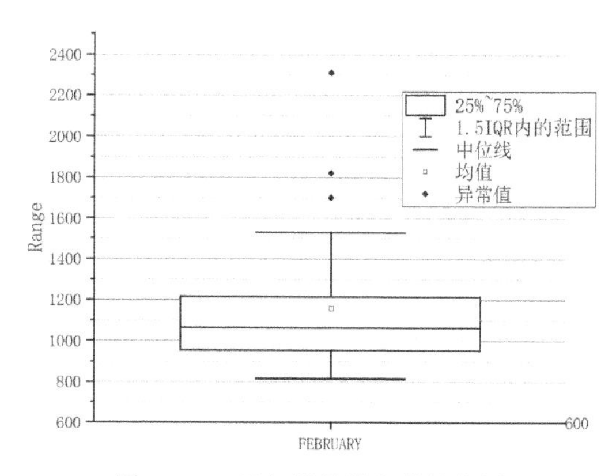

图13-12 添加栅格线条的箱线图

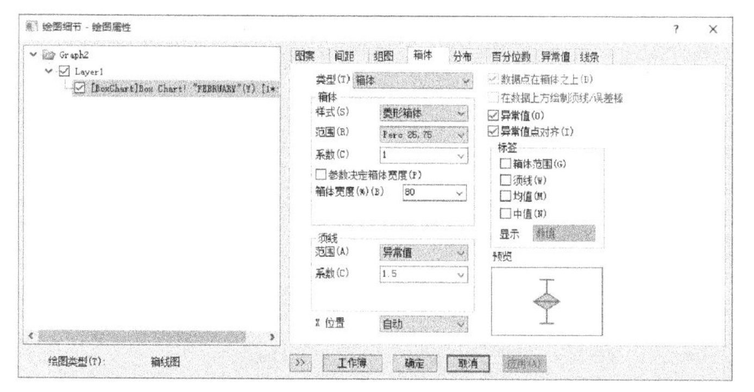

图13-13 “绘图细节-绘图属性”对话框

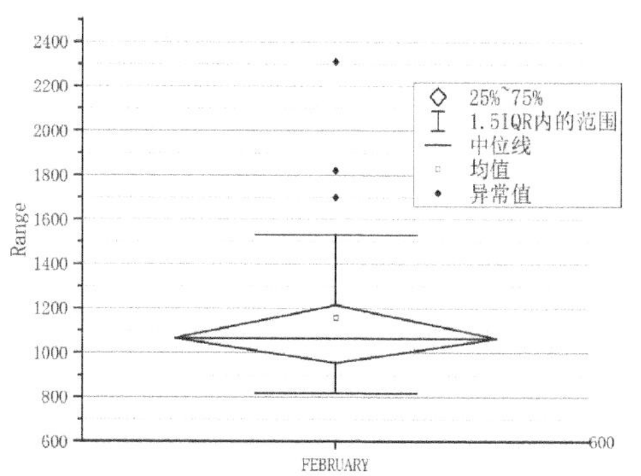

图13-14 设置完成的箱线图

2. 多列数据箱线图

导入BoxChart.dat数据文件。选择工作表中的JANUARY、FEBRUARY和MARCH列数据，执行菜单栏中的“绘图”→“统计图”→“箱线图”命令，或单击“2D图形”工具栏中的按钮，系统将自动生成箱线图，如图13-15所示。

右击箱线图，在弹出的快捷菜单中选择“跳转到分格工作表”命令，可激活BoxChart_G Bins工作表进行查看，如图13-16所示。该工作表给出了区间中心的X值、计数值、累积总和及累积百分比等统计数据。

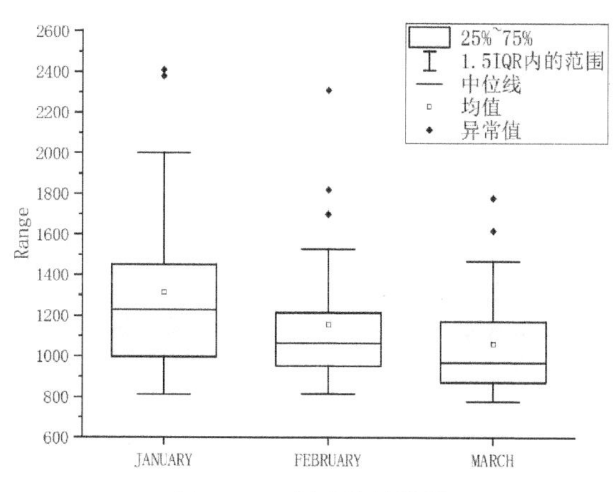

图13-15 创建的箱线图

BoxChart - BoxChart.dat

	A(X)	B(Y)	C(Y)	D(Y)
长名称	区间中心	计数	累计总和	累积百分比
单位				
注释	Bins	Bins	Bins	Bins
F(x)=				
1	700	3	3	9.67742
2	900	13	16	51.6129
3	1100	8	24	77.41935
4	1300	2	26	83.87097
5	1500	3	29	93.54839
6	1700	2	31	100
7	1900	0	31	100
8	2100	0	31	100
9	2300	0	31	100
10	2500	0	31	100
11				
12				

BoxChart | BoxChart_G Bins

图13-16 BoxChart_G Bins工作表

3. 定制箱线图

1）定制显示格栅。双击 Y 轴，打开“Y 坐标轴-图层 1”对话框，切换到“网格”选项卡，勾选“主网格线”区域中的“显示”复选框，如图 13-17 所示。在“样式”下拉列表中选择“点线”选项，单击“确定”按钮。

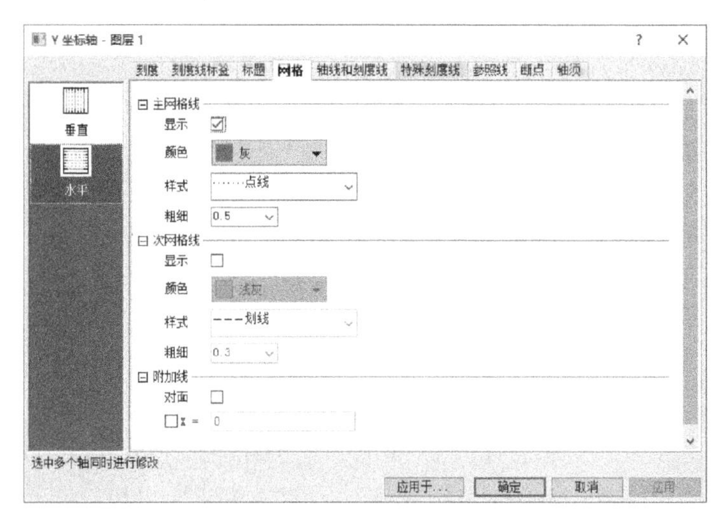

图 13-17 “Y 坐标轴-图层 1”对话框

2）定制箱体属性。双击箱线图，打开“绘图细节-绘图属性”对话框，切换至“箱体”选项卡，如图 13-18 所示。在“类型”下拉列表中选择“数据”选项，设置“样式”为“箱体［右］+数据［左］”，单击“应用”按钮。

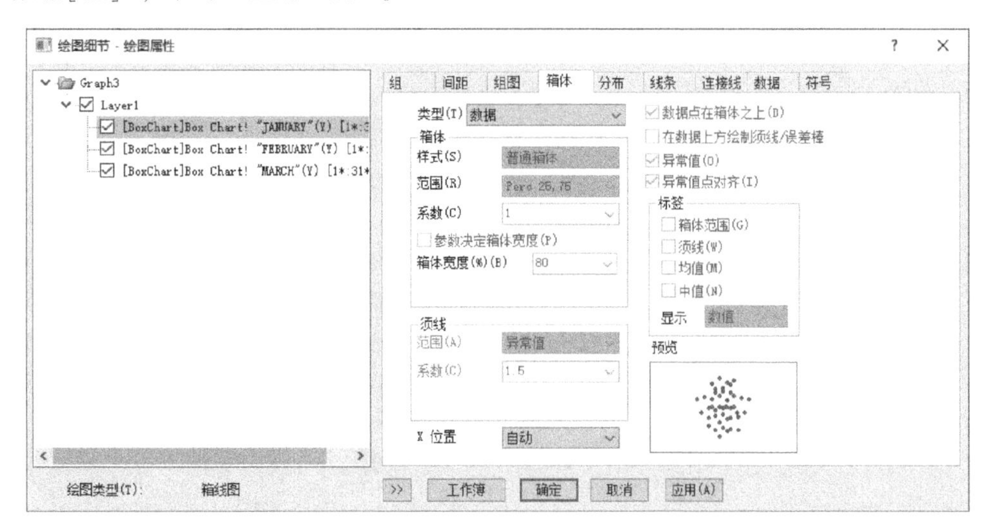

图 13-18 “箱体”选项卡

3）定制分布属性。在“绘图细节-绘图属性”对话框中切换至“分布”选项卡。在“曲线类型”下拉列表中将“无”改为“正态”，如图 13-19 所示。单击“应用”按钮，则在方框中增加了曲线。

4）定制颜色、填充。在“绘图细节-绘图属性”对话框中切换至“组”选项卡，在“编辑模式”区域中选择“从属”单选按钮，则各方框的颜色相同，单击“应用”按钮，如图 13-20 所示。

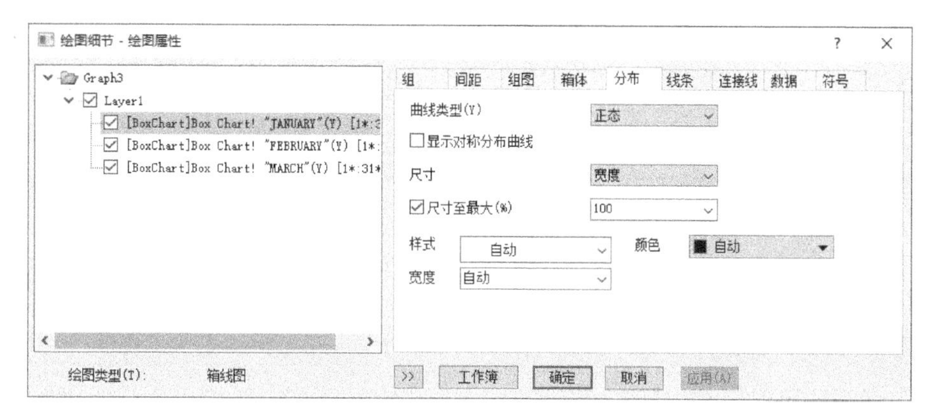

图 13-19　“分布”选项卡

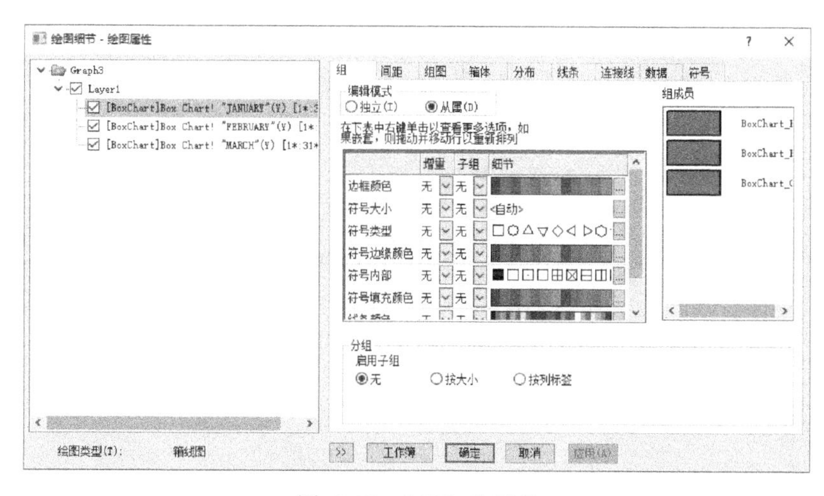

图 13-20　“组”选项卡

在“图案”选项卡内，将“边框”区域中的“颜色”设为“红”、“填充”区域中的“颜色”设为“浅灰”，单击“应用”按钮，如图 13-21 所示。则方框的边框为红色，内部填充色为浅灰色。

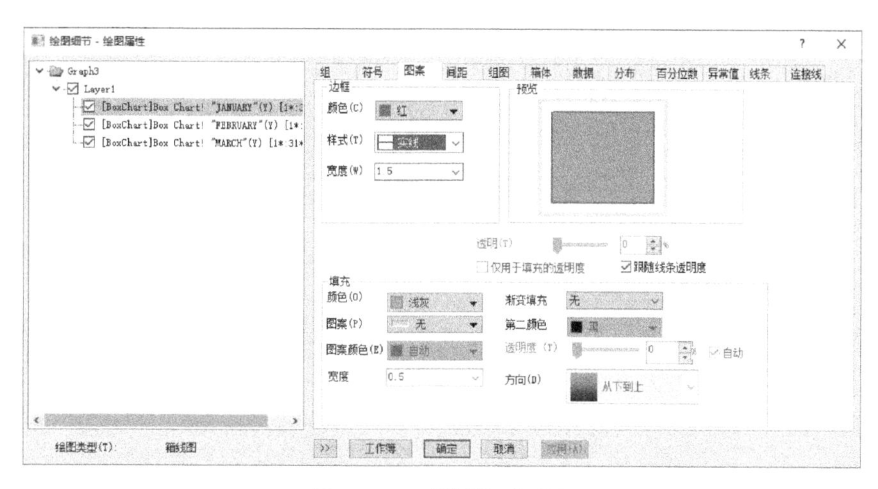

图 13-21　“图案”选项卡

最终完成定制的箱线图效果如图 13-22 所示。

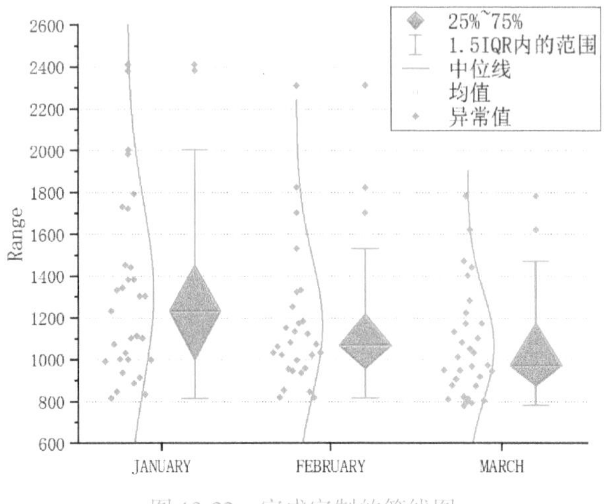

图 13-22　完成定制的箱线图

13.1.5　质量控制（均值极差）图

质量控制图是平均数 $\overline{X}$ 控制图和极差 R 控制图同时使用的一种质量控制图，用于研究连续过程中的数据波动。数据不能选 X 列，只能选择单个或多个 Y 列。

导入 QC Chart. dat 数据文件。选中工作表中的 B(Y)列，执行菜单栏中的“绘图”→“统计图”→“质量控制（均值极差）图”命令，或单击“2D 图形”工具栏中的按钮，会弹出“X bar R 图”对话框，如图 13-23 所示。

该对话框可以设定数据子集的大小，本例中输入 2，单击“确定”按钮，即可生成质量控制图，同时弹出质量控制图的统计表，如图 13-24 所示。

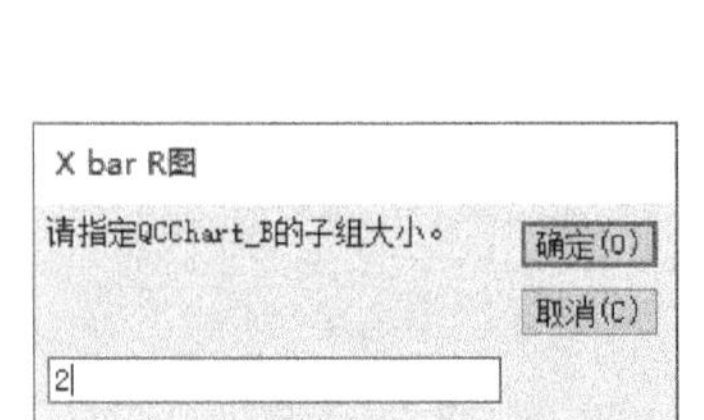

图 13-23　“X bar R 图”对话框

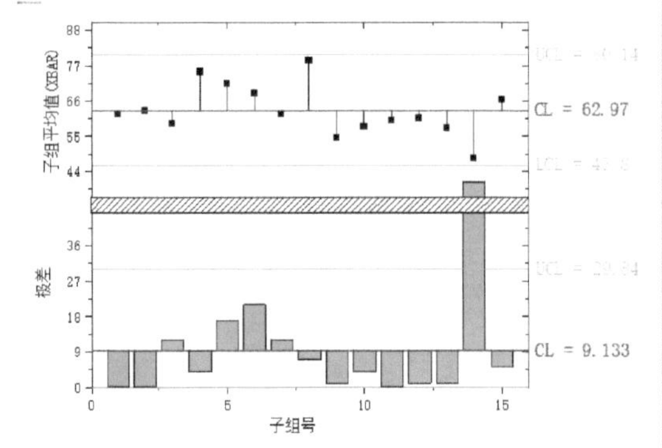

图 13-24　质量控制图

生成的质量控制图有两个图层，图层 1 是 XBAR 图，该层由一组带垂线于平均值的散点图组成。图中有三条平行线，中间一条为中心线（CL 线），上下等间距的两条分别为上控制线（UCL）和下控制线（LCL）。在生产过程中，如果数据点落在上、下控制线之间，则说明生产处于正常状态。

图层 2 是 R 图，该层由一组柱状图组成，从每一组值域平均线开始。

生成质量控制图的同时，还会弹出图 13-25 所示的存放统计数据点的工作表，该工作表包含了平均值、值域和标准差等统计数据。

QC1 *

	A(Y)	B(Y)	C(Y)
1	62	0	0
2	63	0	0
3	59	12	8.48528
4	75	4	2.82843
5	71.5	17	12.02082
6	68.5	21	14.84924
7	62	12	8.48528
8	78.5	7	4.94975
9	54.5	1	0.70711
10	58	4	2.82843
11	60	0	0
12	60.5	1	0.70711
13	57.5	1	0.70711
14	48	52	36.76955
15	66.5	5	3.53553

绘制质量控制图

工作表	QCChart
组大小	2
Sigma 数	3.0
列1	2
列2	2
图形窗口	XbarR1

Sheet1

图 13-25　统计结果报表

13.1.6　矩阵散点图

矩阵散点图主要用于分析各分量与其数学期望之间的平均偏离程度（即判别分析），以及各分量之间的线性关系。

矩阵散点图模板将选中的列之间以一个矩阵图的形式进行绘制，图形存放在新建的工作表中。选中 N 组数据，绘制出的矩阵散点图的数量为 N^2-N。因此随着 N 的增加，图形尺寸会变小，绘图计算时间会增加。

1）导入 Automobile. dat 数据文件。选中工作表中的 C(Y)、E(Y)、G(Y) 列，执行菜单栏中的“绘图”→“统计图”→“矩阵散点图”命令，或单击“2D 图形”工具栏中的按钮，打开“Plotting：plot_matrix”对话框。

2）在该对话框的“选项”区域中勾选“置信椭圆”复选框，设置“置信度”为 95，勾选“线性拟合”复选框。设置完成后的对话框如图 13-26 所示。

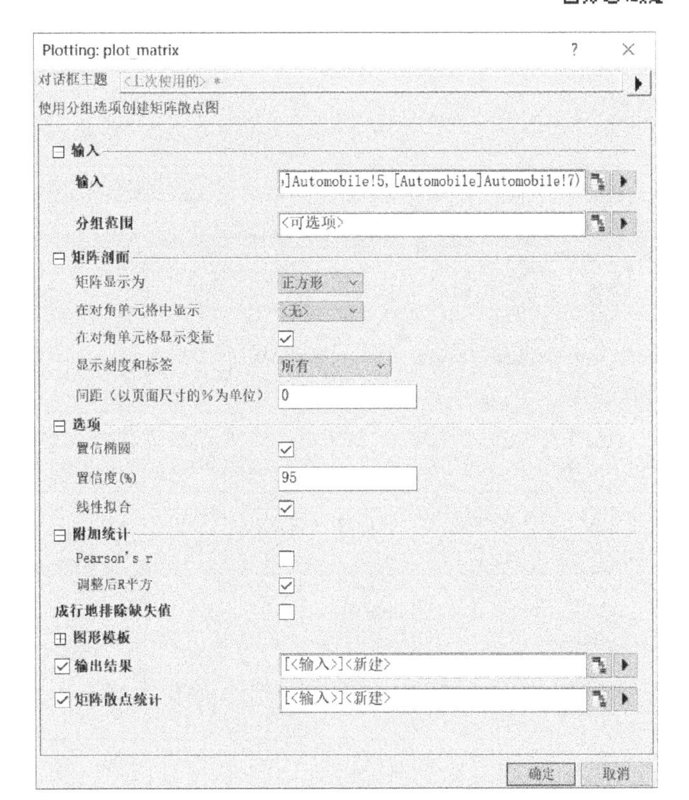

图 13-26　“Plotting：plot_matrix”对话框

3）单击“确定”按钮，进行计算并绘图，自动生成的矩阵散点图如图 13-27 所示。同时 Origin 自动生成两个新工作表，一个用于存放绘图数据，一个用于存放矩阵散点图。

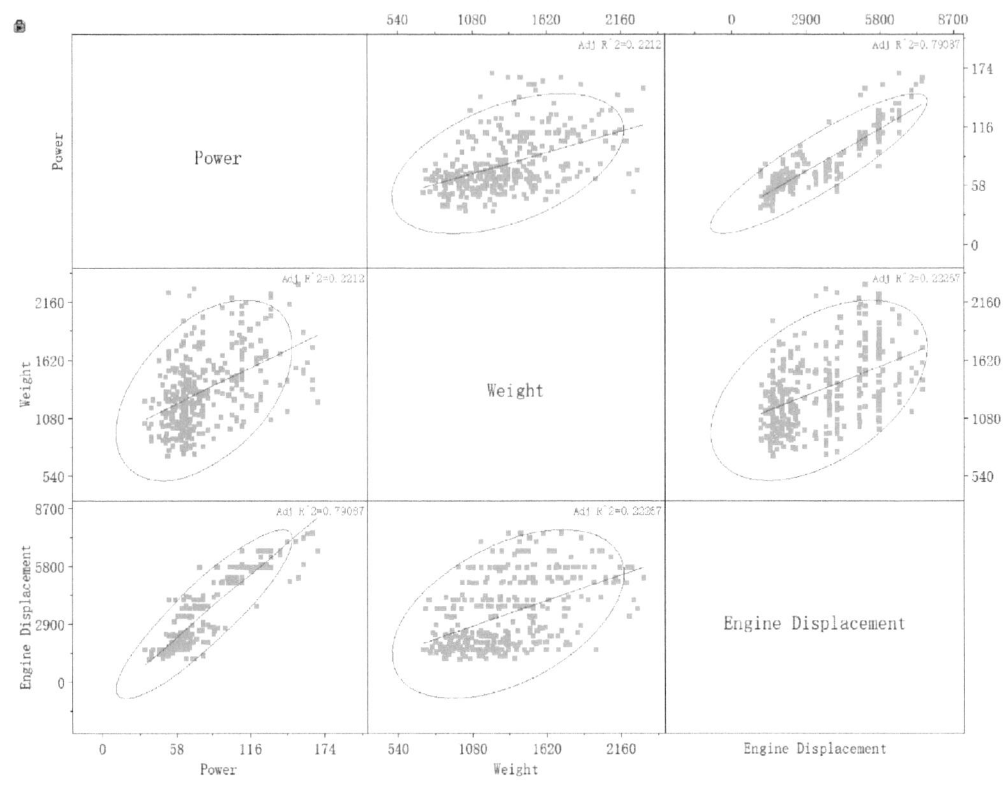

图 13-27 矩阵散点图

13.1.7 帕累托图

帕累托图是一种垂直条形统计图，图中的相对频率值从左至右以递减方式进行排列。表示频率的较高条形能清晰显示某一特定体系中具有最大累积效应的变量，因此帕累托图可有效应用于分析首要关注问题。

帕累托图中横坐标显示自变量，因变量由条形高度表示。表示累积相对频率的点对点图可附加在该条形图上。由于统计变量值按相对频率顺序进行排列，所以图表可清晰地显示因素的影响力，并分析出可能会产生最大利益的因素。

帕累托图分为帕累托图-分格数据和帕累托图-原始数据数据两种形式。

1. 帕累托图-分格数据图

1）导入 ParetoBin. dat 数据文件。选中工作表中的 B(Y)、C(Y)数据列，执行菜单栏中的“绘图”→“统计图”→“帕累托图-分格数据”命令，或单击“2D 图形”工具栏中的按钮，弹出“Plotting：plot_paretobin”对话框，如图 13-28 所示。

2）参数置完毕之后，单击“确定”按钮，进行计算绘图，生成帕累托图-分格数据图如图 13-29 所示。

3）双击图形，在弹出的“绘图细节-绘图属性”对话框的“图案”选项卡中设置填充颜色，如图 13-30 所示。

4）双击 Y 轴，在弹出的“Y 坐标轴-图层 1”对话框中对 Y 轴属性进行设置，设定 Y 轴

“起始”为 0、“结束”为 60、“值”为 10，如图 13-31 所示。

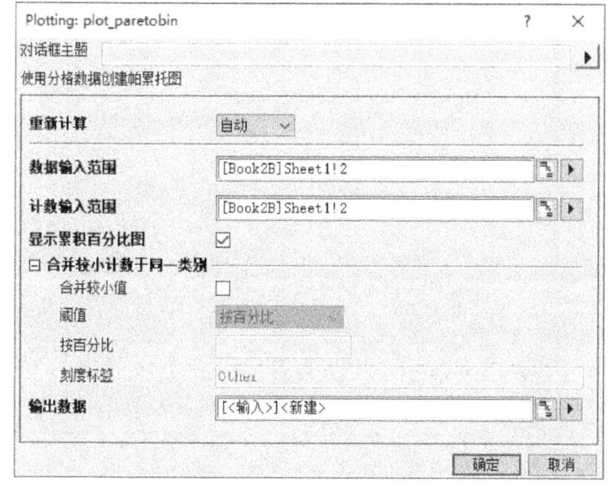

图 13-28　“Plotting：plot_paretobin”对话框

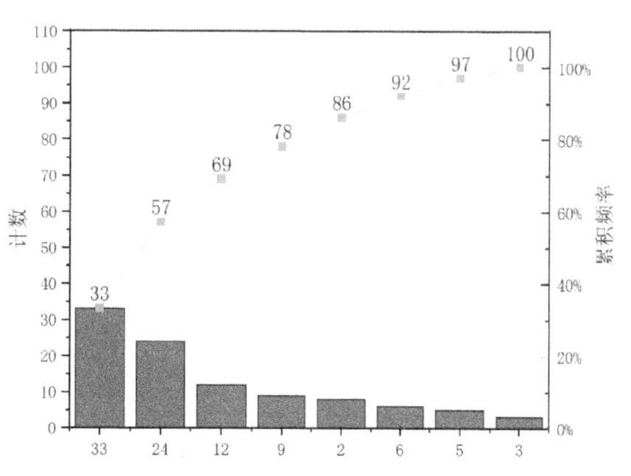

图 13-29　帕累托图-分格数据图

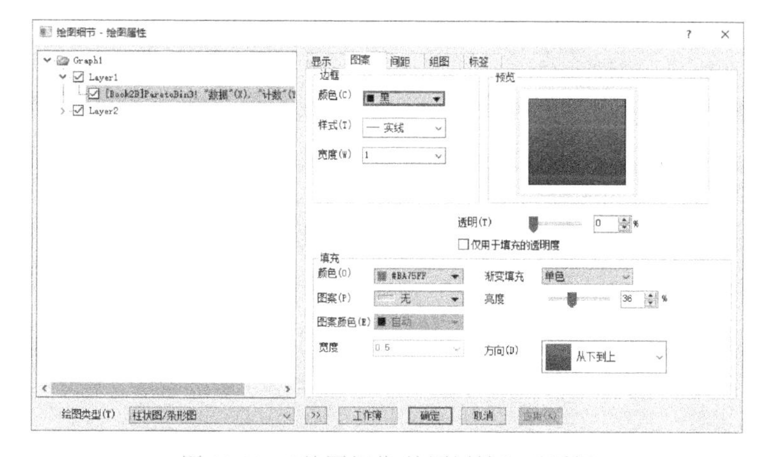

图 13-30　“绘图细节-绘图属性”对话框

5）设置完成后，单击“确定”按钮，绘制的数据图如图 13-32 所示。

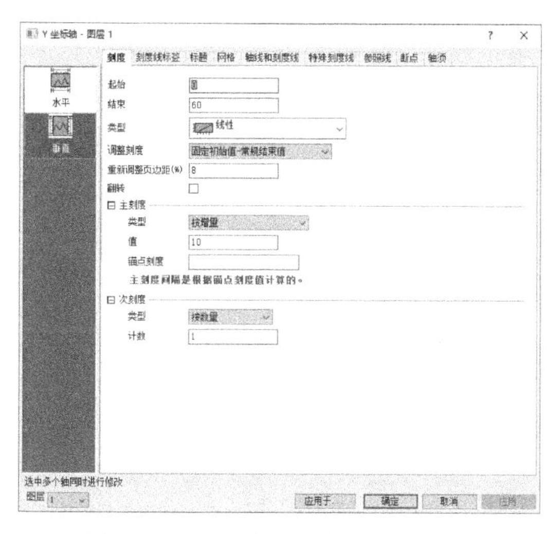

图 13-31　“Y 坐标轴-图层 1”对话框

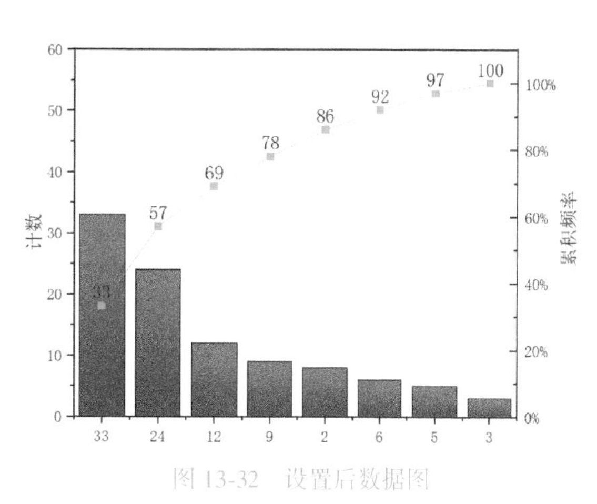

图 13-32　设置后数据图

2. 帕累托图-原始数据图

导入 ParetoRaw. dat 数据文件。选中工作表中的 B(Y)数据列，执行菜单栏中的“绘图”→“统计图”→“帕累托图-原始数据”命令，或单击“2D 图形”工具栏中的按钮，绘制的帕累托图-原始数据图如图 13-33 所示。

设置图形的填充颜色和 Y 轴，最终图形效果如图 13-34 所示。

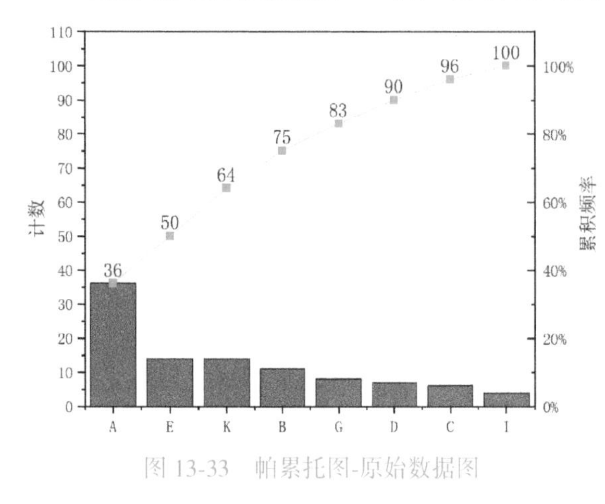

图 13-33　帕累托图-原始数据图

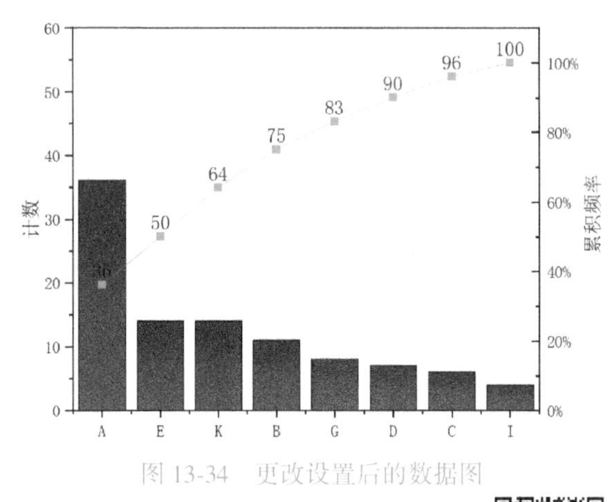

图 13-34　更改设置后的数据图

13.1.8 概率图

概率图可以用于检验任何数据的已知分布。通过概率图，可以在任意已知分布概率表中查找分位数。

导入 Probabily. dat 数据文件。选中工作表中的 A(X)数据列，执行菜单栏中的“绘图”→“统计图”→“概率图”命令，或单击“2D 图形”工具栏中的按钮。

在弹出的“Plotting：plot_prob”对话框中进行参数设置，如图 13-35 所示。最终绘制的概率图效果如图 13-36 所示。

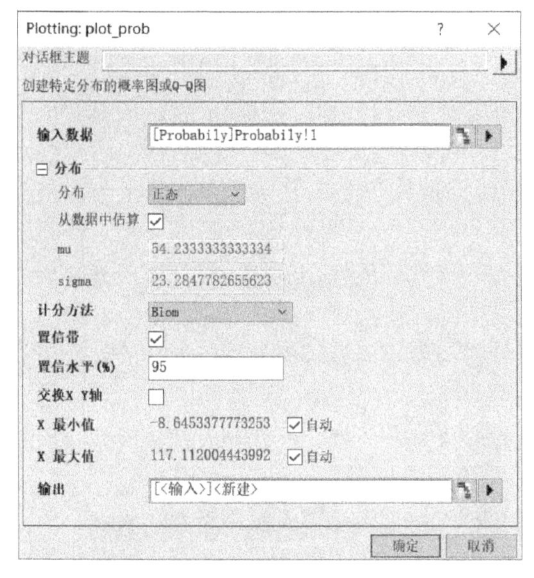

图 13-35　“Plotting：plot_prob”对话框

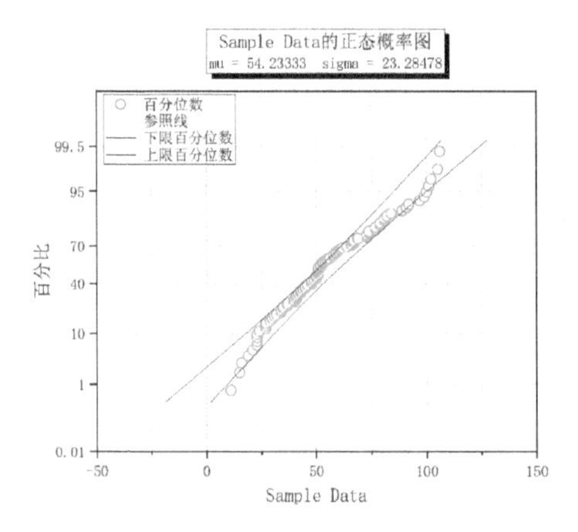

图 13-36　概率图

13.1.9　Q-Q 图（分位数-分位数图）

在 Origin 中，任意两个数据集都可以通过比较来判断是否服从同一分布，并计算每个分布的分位数。绘图时一个数据集对应于 X 轴，另一个对应于 Y 轴，绘制一条 45°的参照线。如果这两个数据集来自同一分布，那么这些点就会靠近这条参照线。

导入 Quantile. dat 数据文件。选中工作表中的 A(X)数据列，执行菜单栏中的“绘图”→“统计图”→“Q-Q 图”命令，或单击“2D 图形”工具栏中的按钮。

在弹出图 13-37 所示的“Plotting：plot_prob”对话框中进行参数设置，绘制的 Q-Q 图如图 13-38所示。

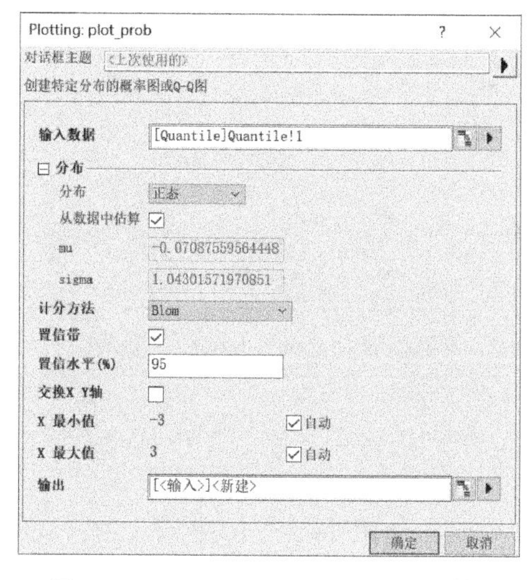

图 13-37　“Plotting：plot_prob”对话框

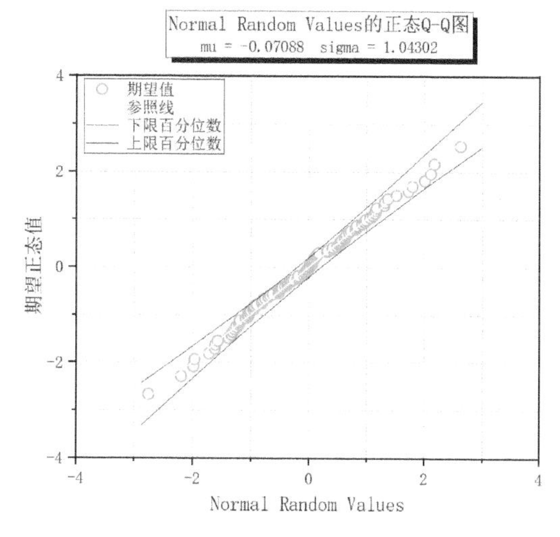

图 13-38　Q-Q 图

13.2　描述统计

在 Origin 中统计量的描述包括列统计和行统计、相关系数、频数分布和正态性检验等。统计描述操作位于 Origin 菜单栏中“统计”→“描述统计”子菜单下，如图 13-39 所示。

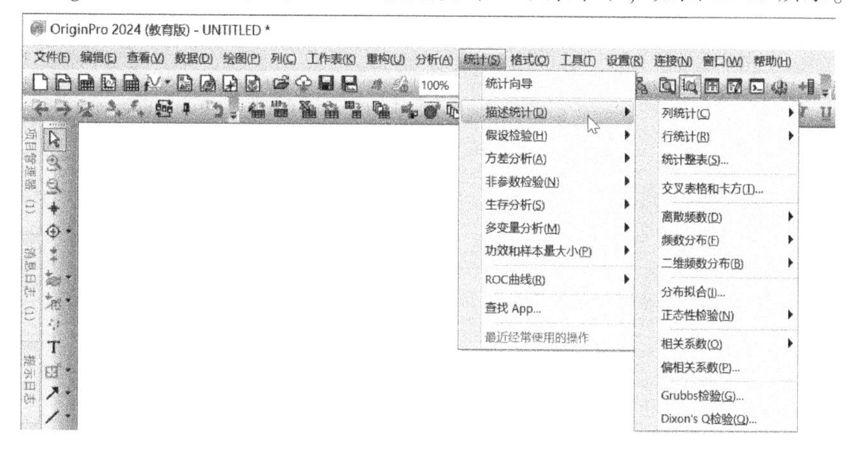

图 13-39　“描述统计”子菜单

本节采用 Body. dat 数据文件中的数据，该文件为学生的基本情况登记表。在选中要分析的数据后，通过执行“统计”→“描述统计”下的相关命令，可以进行数据分析，并输出分析报表。

13.2.1 列统计

选中工作表中的 D(Y)列（身高），执行“统计”→“描述统计”→“列统计”命令，打开“列统计”对话框，如图 13-40 所示。单击“确定”按钮，第一次执行会弹出“提示信息”对话框，再次单击“确定”按钮，生成的统计结果报表如图 13-41 所示。

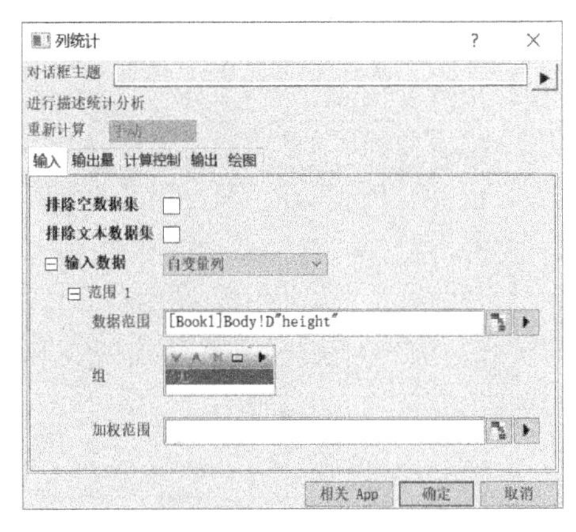

图 13-40 “列统计”对话框

列统计

备注

输入数据

	数据	范围
数据	[Body]Body!D"height"	[1*:40*]

描述统计

	总数N	均值	标准差	总和	最小值	中位数	最大值
height	40	154.25	10.47525	6170	126	155	173

图 13-41 统计结果报表

13.2.2 行统计

选中要统计的数据列 D(Y)，也可以选择数据行，然后执行“统计”→“描述统计”→“行统计”命令，打开“行统计”对话框，即可对该行数据进行统计分析，如图 13-42 所示。

此时在工作表中显示描述统计的列，给出了 D(Y)列的每一行的均值、标准差，如图 13-43 所示。

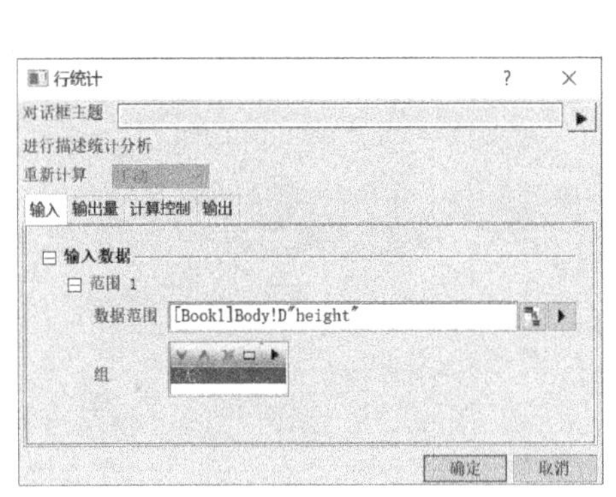

图 13-42 “行统计”对话框

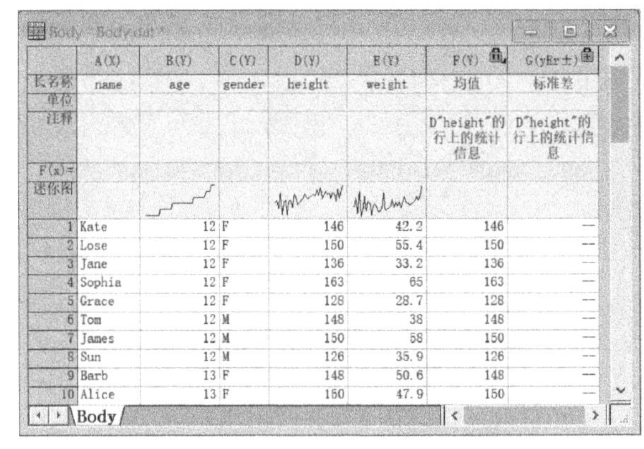

	A(X)	B(Y)	C(Y)	D(Y)	E(Y)	F(Y)	G(yEr±)
长名称	name	age	gender	height	weight	均值	标准差
单位							
注释						D"height"的行上的统计信息	D"height"的行上的统计信息
F(x)=							
迷你图							
1	Kate	12	F	146	42.2	146	--
2	Lose	12	F	150	55.4	150	--
3	Jane	12	F	136	33.2	136	--
4	Sophia	12	F	163	65	163	--
5	Grace	12	F	128	28.7	128	--
6	Tom	12	M	148	38	148	--
7	James	12	M	150	58	150	--
8	Sun	12	M	126	35.9	126	--
9	Barb	13	F	148	50.6	148	--
10	Alice	13	F	150	47.9	150	--

图 13-43 行统计结果

13.2.3 相关系数统计

相关系数分析是采用相关系数（r）来表示两个变量之间的线性关系，并判断其密切程度的统计方法。

相关系数没有单位，在-1～+1范围内变动。其绝对值越接近1，两个变量间的直线相关性越大；越接近0，相关越小。相关系数若为正，说明一个变量随另一个变量增减而增减，方向相同；若为负，表示一变量增加，另一变量减少，即方向相反，但它不能表达线性以外（如曲线）的关系。

选中工作表中要统计的两列数据或两列数据的一段，执行“统计”→“描述统计”→“相关系数”命令，即可打开图13-44所示的“相关系数”对话框。该对话框中部分参数含义如下。

1）Pearson，是否计算并显示Pearson积差相关系数。

2）Spearman，是否计算并显示Spearman秩相关系数。

3）Kendall，是否计算并显示Kendall系数。

4）散点图，是否根据数据制作点线图。

5）添加置信椭圆，是否计算输出置信度。

6）椭圆置信度，设置置信度。

7）排除缺失值，可以选择按对还是按列表排除异常数据。

在“相关系数”对话框中，选择相关系数计算方法、输出位置和统计图类型等，然后单击“确定”按钮，即可进行相关系数分析。分析结果会保存在自动创建的工作簿窗口中，显示相关系数、散点图等工作表。

采用Body. dat数据文件，在“输入”框中选择D(Y)列（身高）和E(Y)列（体重），执行“统计”→“描述统计”→“相关系数”命令，进行身高和体重相关系数分析。

其分析工作表如图13-45所示。双击工作表中的“散点图”可以弹出散点图绘图窗口，散点图如图13-46所示。从身高和体重相关系数分析工作表中可以看出，身高和体重具有一定的相关性。

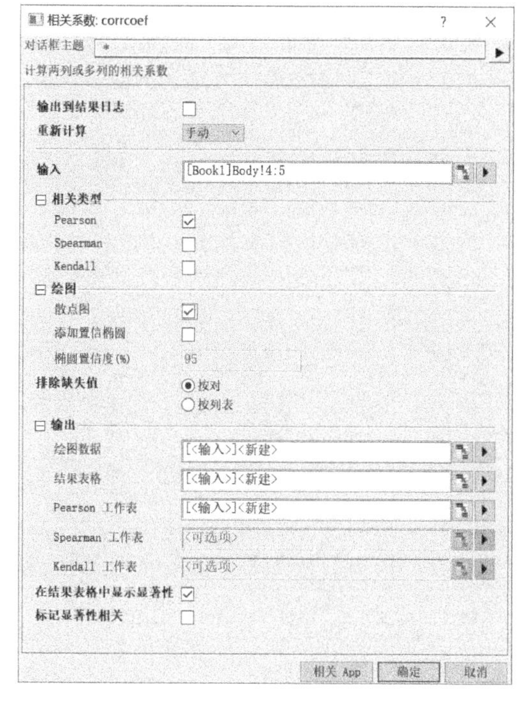

图13-44　“相关系数”对话框

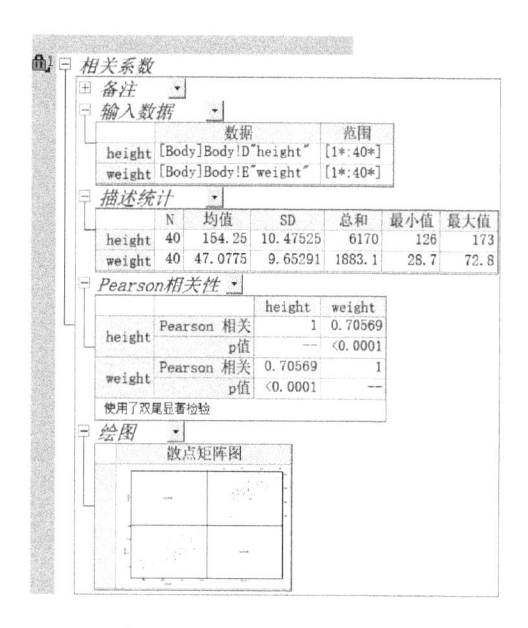

图13-45　相关系数分析工作表

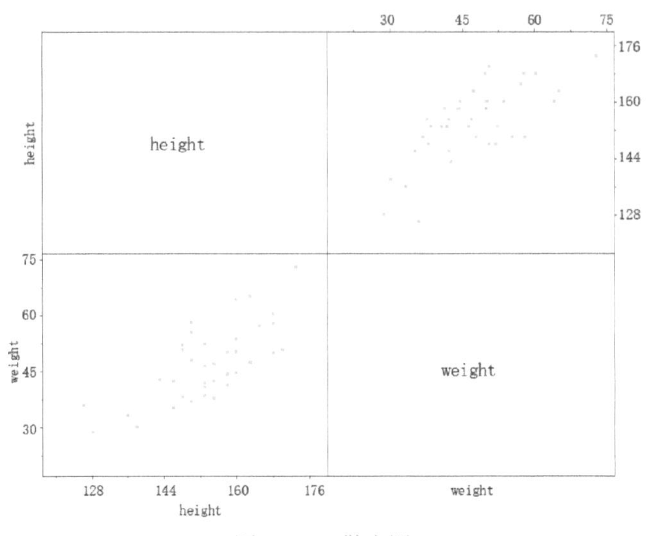

图 13-46　散点图

13.2.4　频数分布统计

频数分布统计即将数据分成一系列区间，然后分别计算负荷区间的数值。是对工作表中的一列或其中的一部分进行频率计数的统计方法，输出结果可以用于绘制直方图。

执行菜单栏中的“统计”→“描述统计”→“频数分布”命令，打开图 13-47 所示的“频数分布”对话框。在该对话框中，Origin 自动（也可以手动）设置最小值、最大值和增量值等参数。

根据这些信息，Origin 将创建一列数据区间段，该区间段存放的数据由最小值开始，按增量值递增，每一区间段数值范围大小为增量值。而后 Origin 对要进行频率计数的数列进行计数，将计数结果等有关信息存放在新创建的工作表中。

输出的工作表第 1 列为每一区间段数值范围的中间值；第 2 列为每一区间段数值范围的结束值；第 3 列记录了每一区间段中的频率计数；第 4 列记录了第 3 列的累积计数。

采用 Body. dat 数据文件，选中 D(Y)列进行频率分布统计。频数分布分析结果如图 13-48 所示。

频数分布: freqcounts
对话框主题
计算频数分布
重新计算　手动
输入数据格式　原始数据
输入　[Book1]Body!4
指定区间范围依据　区间终点
计算控制
要计算的量
区间 ☐
区间始点 ☐
区间中心 ☑
区间终点 ☑
频数 ☑
累计频数 ☑
相对频率 ☐
累积频率 ☐
频率按　分数　百分比
输出　[<输入>]<新建>
相关 App　确定　取消

图 13-47　“频数分布”对话框

body *

	A(X)	B(Y)	C(Y)	D(Y)
长名称	区间中心	区间终点	计数	累计频数
单位				
注释	频数	频数	D"height"的频数	D"height"的频数
F(x)=				
1	125	130	2	2
2	135	140	2	4
3	145	150	6	10
4	155	160	16	26
5	165	170	12	38
6	175	180	2	40
7				

Pearson1　FreqCounts1

图 13-48　频数分布分析的输出工作表

13.2.5 离散频数统计

离散频数统计可以对各个数据段中数据出现的频率进行统计。操作过程与频数分布统计基本相同，只是离散频数可以统计在试验数据中某些具体值出现的次数。

采用 Body. dat 数据文件，选中工作表中 D(Y)列数据。执行菜单栏中的“统计”→“描述统计”→“离散频数”命令，打开图 13-49 所示的“离散频数”对话框。设置完成后单击“确定”按钮，即可在所选的工作表中生成相应的分析结果，图 13-50 所示。

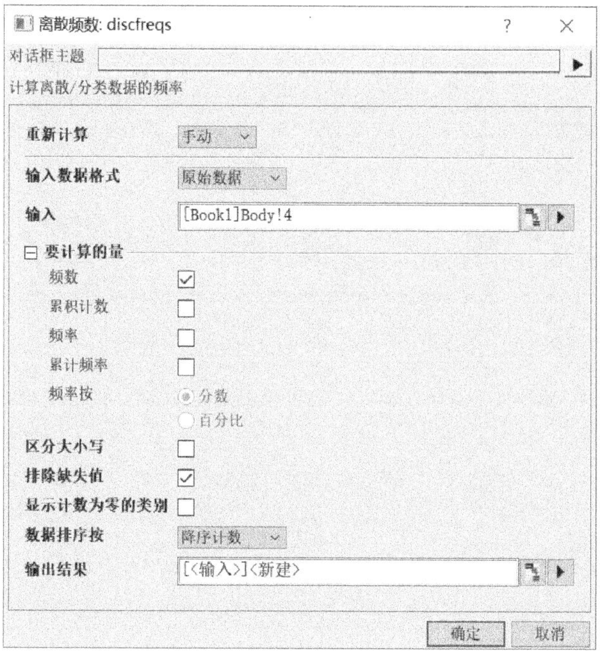

图 13-49 “离散频数”对话框

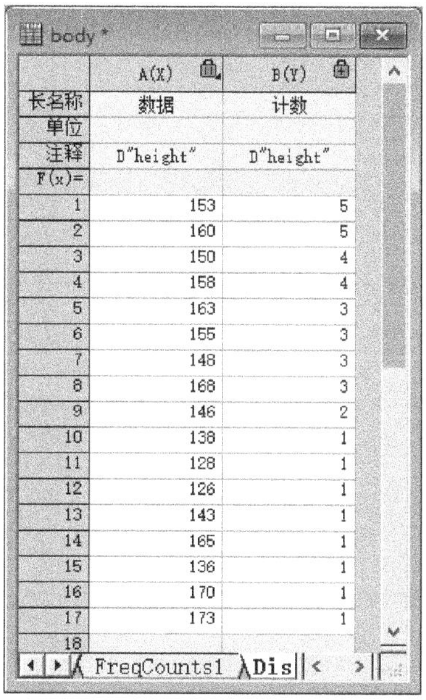

图 13-50 离散频数统计结果

13.2.6 正态性检验

为获得有效的结果，很多统计方法（如 t 检验和 ANOVA 检验等）要求数据从正态分布数据总体中取样获得，因此，测试数据是否符合正态分布变得非常重要。

在 Origin 中，正态测试有 Shapiro-Wilk 法、Kolmogoroc-Smirnov 法和 Lilliefors 法。下面主要介绍 Shapiro-Wilk 法。

Shapiro-Wilk 正态测试是用于确定一组数据（X_i，$i=1\sim N$）是否服从正态分布的非常有用的工具。

在正态测试中计算出统计量 W，该统计值对进行统计决策非常有用，定义为：

$$W = \frac{\left(\sum_{i=1}^{N} A_i X_i\right)^2}{\sum_{i=1}^{n} (X_i - \overline{X})^2}$$

式中，$\overline{X} = \frac{1}{n}\sum_{i=1}^{n} X_i$，$A_i$为权重因子。

采用 Body. dat 数据文件，选中工作表中 D(Y) 列数据。执行菜单栏中的“统计”→“描述统计”→“正态性检验”命令，打开“正态性检验”对话框，如图 13-51 所示。

在该对话框中，可以设置正态测试方法和输出图形等，单击“确定”按钮，即可完成正态测试，输出正态测试结果如图 13-52 所示。

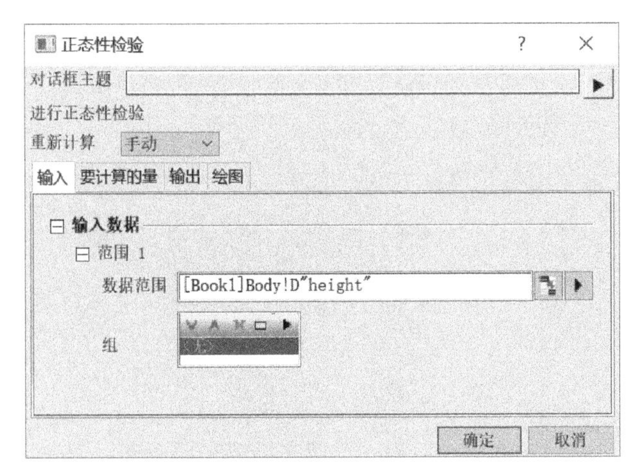

图 13-51 “正态性检验”对话框

正态性检验

备注

输入数据

描述统计

	分析数量	缺失值数量	均值	标准差	均值SE
height	40	0	154.25	10.47525	1.65628

正态检验

Shapiro-Wilk

	DF	统计	p值	在(5%)水平下的结论
height	40	0.95443	0.10774	不能排除正态性

height：在0.05水平下，数据显著地来自正态分布总体。

直方图

图 13-52 输出正态测试结果

13.2.7 二维频率分布统计

二维频率分布统计可以统计二维数据集的数据频率，并在二维直角坐标系中显示出来。

采用 Body. dat 数据文件，选中工作表中 A(X)、D(Y) 列数据。执行菜单栏中的“统计”→“描述统计”→“二维频数分布”命令，即可打开图 13-53 所示的“二维频数分布”对话框。设置完毕后单击“确定”按钮，即可生成相应的矩阵表，图 13-54 所示。

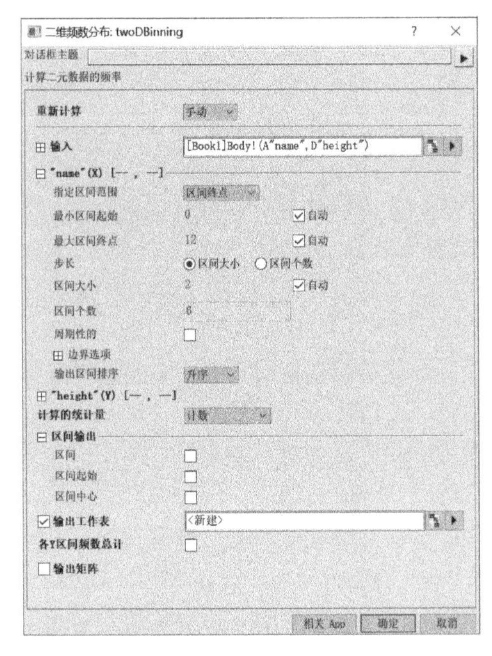

图 13-53 “二维频数分布”对话框

Body - Body.dat *

	A(X)	B(Y)	C(Y)	D(Y)	E(Y)	F(Y)	G(Y)
长名称	"name"的区间终点	计数	计数	计数	计数	计数	计数
单位							
注释		0 - 2	2 - 4	4 - 6	6 - 8	8 - 10	10 - 12
"height"的区间起始		0	2	4	6	8	10
"height"的区间中心		1	3	5	7	9	11
"height"的区间终点		2	4	6	8	10	12
F(x)=							
1	2	0	0	0	0	0	0
2	4	0	0	0	0	0	0
3	6	0	0	0	0	0	0
4	8	0	0	0	0	0	0
5	10	0	0	0	0	0	0
6	12	0	0	0	0	0	0
7							
8							

CorrCoef1 / Pearson1 / TwoDBin1

图 13-54 分析结果表

13.3 方差分析

方差分析的目的是，通过数据分析找出对该事物具有显著影响的因素、各因素之间的交互作用，以及显著影响因素的最佳水平等。

Origin 中提供方差分析功能，用于检验多组样本均值间的差异是否具有统计意义。Origin 的方差分析工具有单因素方差分析、双因素方差分析、单因素重复测量方差分析和双因素重复测量方差分析等。

方差分析操作位于 Origin 菜单栏中的“统计”→“方差分析”子菜单下，如图 13-55 所示。

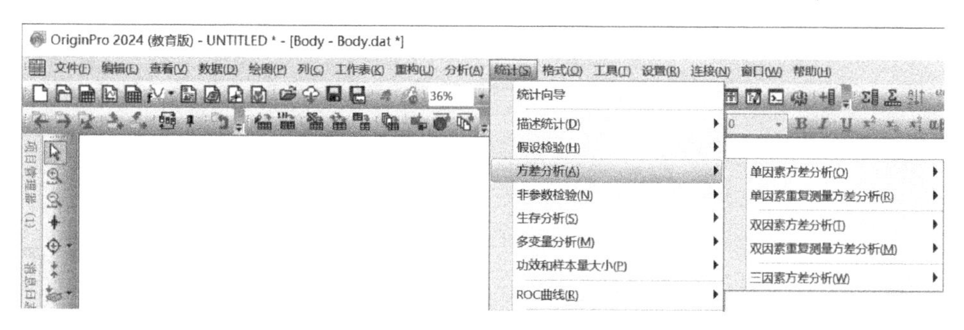

图 13-55 “方差分析”子菜单

13.3.1 单因素方差分析

单因素方差分析适于检验两个或两个以上的样本总体是否具有相同的平均值。该方法是建立在各数列均方差为常数，服从正态分布的基础上。

如果 P 值比显著性水平值小，那么拒绝原假设，断定各数列的平均值显著不同，即至少有一个数列的平均值与其他几个显著不同；如果 P 值比显著性水平值大，那么接受原假设，断定各数列的平均值没有显著不同。

1）导入 OneWayRM_ANOVA_raw. dat 数据文件，该工作表记录了 3 个班级的 20 组考试成绩。

2）执行菜单栏中的“统计”→“方差分析”→“单因素方差分析”命令，弹出“ANOVA-OneWay”对话框，在该对话框中进行参数设置，如图 13-56 所示。

3）在“ANOVAOneWay”对话框的“均值比较”中勾选 Bonferroni 复选框，“方差齐性检验”中勾选 Levene Ⅱ复选框，在“绘图”中选中“条形图”。

4）单击“确定”按钮，进行方差分析，自动生成方差分析报表，如图 13-57 所示。结果报告中包括各数列的名称、平均值、长度、方差，以及 F 值、P 值和检验的精度等。

根据该方差分析报告表可以得出：在显著性水平为 0. 05 时，所有的总体平均值显著不同。Bonferroni 检验表明，Class 2 和 Class 3 的平均值显著不同。方差齐性检验表明总体方差不存在显著不同。

生成的数据按照组、班级和考试成绩以列的形式存放在 OneWayANOVA_indexed. dat 数据文件中。下面以该数据为例继续进行方差分析。

1）导入 OneWayANOVA_indexed. dat 数据文件，该工作表记录了 3 个班级的 20 组考试成绩，按照组、班级和考试成绩，以列的形式存放。

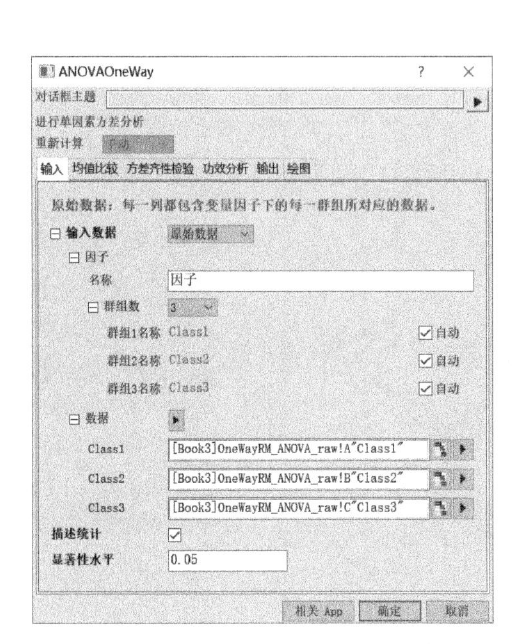

图 13-56 “ANOVAOneWay”对话框

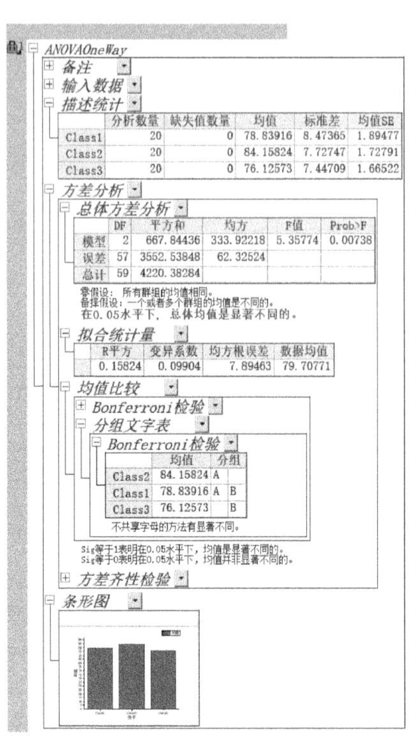

图 13-57 方差分析报表

2）执行菜单栏中的“统计”→“方差分析”→“单因素方差分析”命令，弹出图 13-58 所示的“ANOVAOneWay”对话框。

3）在“ANOVAOneWay”对话框的“输入数据”列表中选择“索引数据”选项，并在“因子”列表中选择“Class”列，在“数据”列表中选择 Data 列。

4）“方差齐性检验”中勾选 Levene Ⅱ复选框，在“绘图”中选中“条形图”。单击“确定”按钮，进行方差分析，自动生成方差分析报告，如图 13-59 所示。

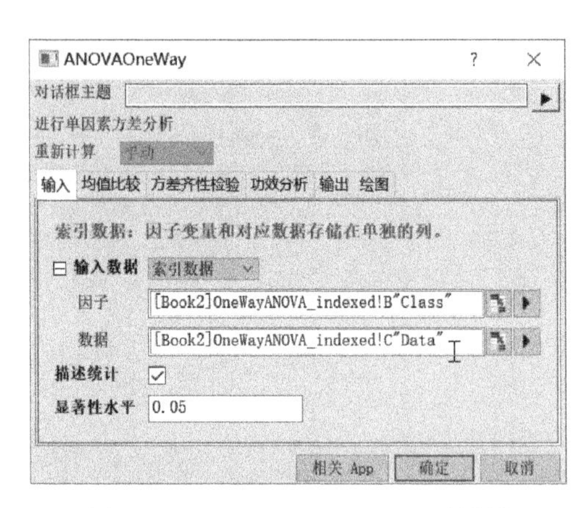

图 13-58 “ANOVAOneWay”对话框

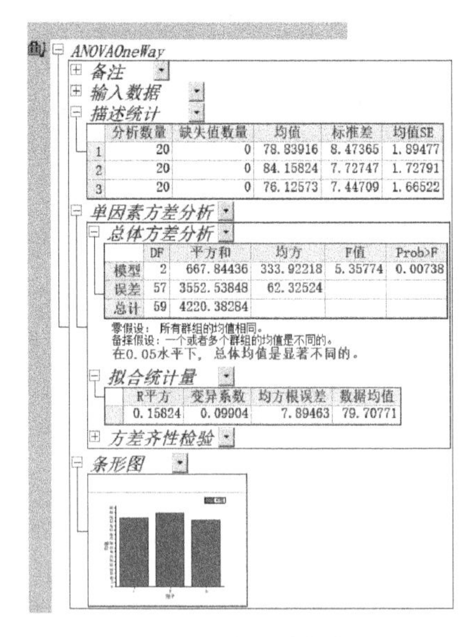

图 13-59 方差分析报告

根据方差分析报告表可以得出的结论是，在显著性水平为0.05时，所有的总体平均值显著不同。

13.3.2　单因素重复测量方差分析

单因素重复测量方差分析主要用于独立变量的重复测量。在重复测量情况下，不能采用单因素方差的无关性假设，这是因为可能存在重复的因素在某一水平上相关。

与单因素方差分析一样，单因素重复测量方差分析可以用于检验不同测量的均值和不同主题的均值是否相等。除确定均值间是否存在差别外，单因素重复测量方差分析还提供了多均值比较，以确定哪一个均值有差别。

单因素重测方差检验对数据的要求是，每一水平数据样本大小相同。

1）导入OneWayANOVA.dat数据文件，该工作表记录了3种不同水平的30组重复试验数据。

2）执行菜单栏中的“统计”→“方差分析”→“单因素重复测量方差分析”命令，弹出图13-60所示的“ANOVAOneWayRM”对话框。

3）在该对话框中设置参数，确定数据输入方式。在“输入数据”列表中选择“原始数据”选项，并设置“群组数”为“3”，并选择dose1、dose2和dose3数据。

4）勾选“描述统计”复选框进行统计分析，勾选“均值比较”中“Tukey”复选框进行均值比较。

5）单击“确定”按钮进行分析，单因素重复测量方差分析报告，如图13-61所示。

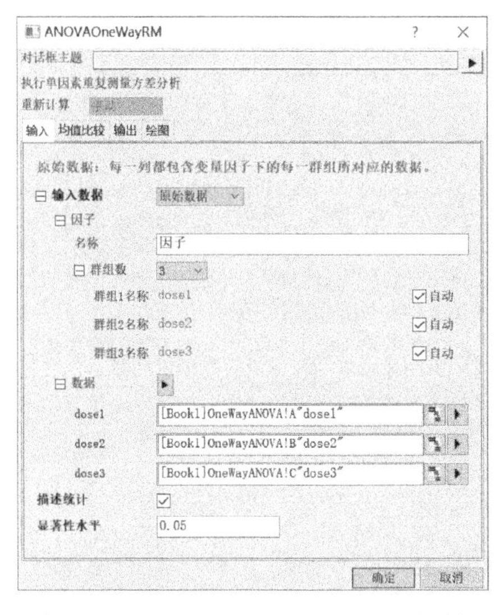

图13-60　“ANOVAOneWayRM”对话框

ANOVAOneWayRM

备注

输入数据

多变量检验

		值	F	Num df	DF	Prob>F
因子	Pillai追踪	0.17777	3.02689	2	28	0.06455
	Wilks' Lambda	0.82223	3.02689	2	28	0.06455
	Hotelling跟踪	0.21621	3.02689	2	28	0.06455
	Roy的最大根	0.21621	3.02689	2	28	0.06455

球形Mauchly检验

	Mauchly's W	近似卡方值	DF	Prob>ChiSq	Greenhouse-Geisser Epsilon	Huynh-Feldt Epsilon	下限Epsilon
因子	0.94397	1.61448	2	0.44609	0.94694	1	0.5

观察对象内的效应检验

		平方和	DF	均方	F	Prob>F
因子	球形假设	0.4473	2	0.22365	3.43018	0.03908
	Greenhouse-Geisser	0.4473	1.89389	0.23618	3.43018	0.04187
	Huynh-Feldt	0.4473	2	0.22365	3.43018	0.03908
	下限	0.4473	1	0.4473	3.43018	0.07422
误差(因子)	球形假设	3.78162	58	0.0652		
	Greenhouse-Geisser	3.78162	54.92273	0.06885		
	Huynh-Feldt	3.78162	58	0.0652		
	下限	3.78162	29	0.1304		

观察对象间的效应检验

	平方和	DF	均方	F	Prob>F
截距	97.77452	1	97.77452	468.37977	<0.0001
误差	6.05376	29	0.20875		

描述统计

	均值	标准误差	95.00% 置信区间下限	95.00% 置信区间上限
dose1	1.1312	0.06875	0.99059	1.27181
dose2	0.95877	0.05324	0.84988	1.06765
dose3	1.03693	0.06119	0.91178	1.16207

两两比较

图13-61　方差分析报告

13.3.3　双因素方差分析

双因素方差分析可以考察两个独立因素不同水平对研究对象影响的差异是否有统计学意义。

如果两个因素纵横排列数据，每个单元格仅有一个数据时，则称为无重复数据，应采用无重复双边方差分析；如果两个因素纵横排列数据，每个单元格并非只有一个数据，而有多个数据时，则有重复数据，应采用有重复双边方差分析，这种分析数据方法可考虑因素间的交互效应。

Origin 双因素方差分析包括多种均值比较、真实和假设推翻假设几率分析等，可以方便地完成双边方差分析统计。

1. 以行（raw）方式进行分析

1）导入 TwoWayANOVA_raw. dat 数据文件，该工作表包含 Light 和 Moderate 两个因素，每个因素包含 100mg、200mg 和 300mg 3 个水平。

2）执行菜单栏中的“统计”→“方差分析”→“双因素方差分析”命令，弹出图 13-62 所示的“ANOVATwoWay”对话框。

3）对该对话框进行参数设置，设置后，单击“确定”按钮进行方差分析，自动生成方差分析报表如图 13-63 所示。

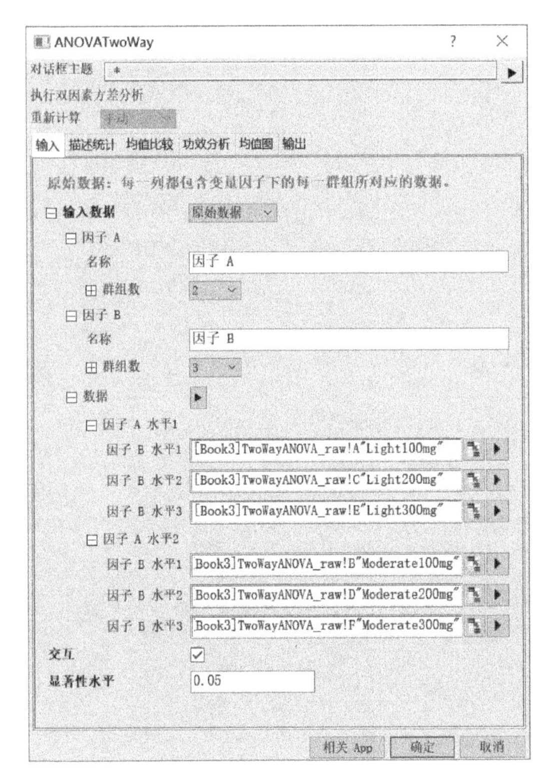

图 13-62 “ANOVATwoWay”对话框

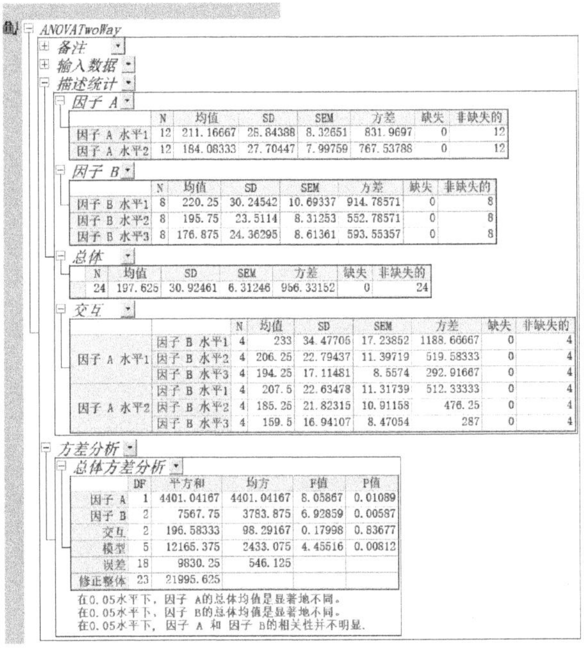
ANOVATwoWay
备注
输入数据
描述统计

因子 A

	N	均值	SD	SEM	方差	缺失	非缺失的
因子 A 水平1	12	211.16667	26.84388	8.32651	831.9697	0	12
因子 A 水平2	12	184.08333	27.70447	7.99759	767.53788	0	12

因子 B

	N	均值	SD	SEM	方差	缺失	非缺失的
因子 B 水平1	8	220.25	30.24542	10.69337	914.78571	0	8
因子 B 水平2	8	195.75	23.5114	8.31253	552.78571	0	8
因子 B 水平3	8	176.875	24.36295	8.61361	593.55357	0	8

总体

N	均值	SD	SEM	方差	缺失	非缺失的
24	197.625	30.92461	6.31246	956.33152	0	24

交互

		N	均值	SD	SEM	方差	缺失	非缺失的
因子 A 水平1	因子 B 水平1	4	233	34.47705	17.23852	1188.66667	0	4
	因子 B 水平2	4	206.25	22.79437	11.39719	519.58333	0	4
	因子 B 水平3	4	194.25	17.11481	8.5574	292.91667	0	4
因子 A 水平2	因子 B 水平1	4	207.5	22.63478	11.31739	512.33333	0	4
	因子 B 水平2	4	185.25	21.82315	10.91158	476.25	0	4
	因子 B 水平3	4	159.5	16.94107	8.47054	287	0	4

方差分析

总体方差分析

	DF	平方和	均方	F值	P值
因子 A	1	4401.04167	4401.04167	8.05867	0.01089
因子 B	2	7567.75	3783.875	6.92859	0.00587
交互	2	196.58333	98.29167	0.17998	0.83677
模型	5	12165.375	2433.075	4.45516	0.00812
误差	18	9830.25	546.125		
修正整体	23	21995.625			

在0.05水平下，因子 A的总体均值是显著地不同。
在0.05水平下，因子 B的总体均值是显著地不同。
在0.05水平下，因子 A 和 因子 B的相关性并不明显。

图 13-63 方差分析报表

由方差分析报告可知，在显著性水平为 0.05 时，Light 和 Moderate 因素的总体平均值显著不同；Light 和 Moderate 两个因素间交互作用不明显。

2. 以列（indexed）方式进行分析

1）导入 TwoWayANOVA_indexed. dat 数据文件，该工作表包含 TotalChol、Exercise 和 Dose 3 列数据。

2）执行菜单栏中的“统计”→“方差分析”→“双因素方差分析”命令，即可弹出图 13-64 所示的“ANOVATwoWay”对话框。

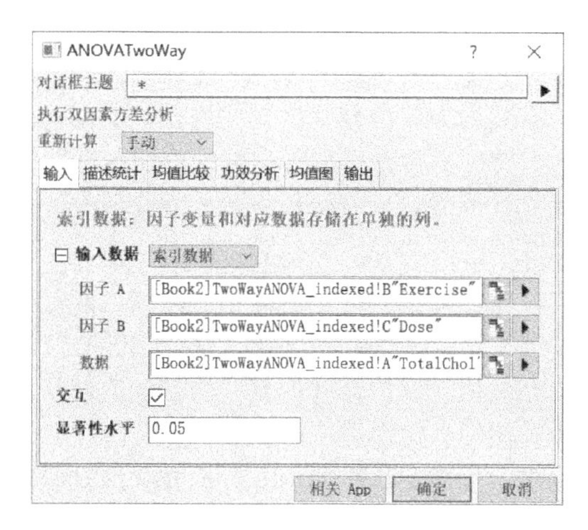

图 13-64 “ANOVATwoWay”对话框

3）对该对话框进行参数设置，设置完毕后，单击“确定”按钮进行方差分析，自动生成方差分析报告，如图 13-65 所示。

由方差分析报告可知，在显著性水平为 0.05 时，Dose 和 Exercise 因素的总体平均值显著不同，而 TotalChol 因素的总体平均值无显著不同；Dose 和 Exercise 两个因素间交互作用不明显。

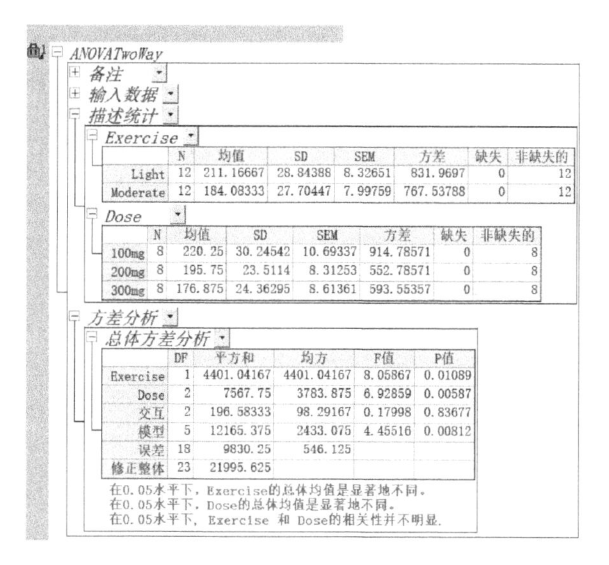
ANOVATwoWay

备注

输入数据

描述统计

Exercise

	N	均值	SD	SEM	方差	缺失	非缺失的
Light	12	211.16667	28.84388	8.32651	831.9697	0	12
Moderate	12	184.08333	27.70447	7.99759	767.53788	0	12

Dose

	N	均值	SD	SEM	方差	缺失	非缺失的
100mg	8	220.25	30.24542	10.69337	914.78571	0	8
200mg	8	195.75	23.5114	8.31253	552.78571	0	8
300mg	8	176.875	24.36295	8.61361	593.55357	0	8

方差分析

总体方差分析

	DF	平方和	均方	F值	P值
Exercise	1	4401.04167	4401.04167	8.05867	0.01089
Dose	2	7567.75	3783.875	6.92859	0.00587
交互	2	196.58333	98.29167	0.17998	0.83677
模型	5	12165.375	2433.075	4.45516	0.00812
误差	18	9830.25	546.125		
修正整体	23	21995.625			

在0.05水平下，Exercise的总体均值是显著地不同。
在0.05水平下，Dose的总体均值是显著地不同。
在0.05水平下，Exercise 和 Dose的相关性并不明显。

图 13-65 方差分析报告

13.3.4 双因素重复测量方差分析工具

双因素重复测量方差分析与双因素方差分析不同之处在于至少需要有一个重复测量变量。与双因素方差分析一样，双因素重复测量方差分析可用于检验因素的水平均值间的显著差别和各因素间均值的显著差别。

除确定均值间是否存在差别外，双因素重复测量方差检验还可提供各因素间交互作用，以及描述性统计分析等。

1）导入 TwoWayRM_ANOVA_raw. dat 数据文件。

2）执行菜单栏中的“统计”→“方差分析”→“双因素重复测量方差分析”命令，弹出如图 13-66 所示的“ANOVATwoWayRM”对话框。

3）在该对话框中设置参数。在“输入数据”列表中选择“原始数据”确定数据输入方式。

4）设置完毕后，单击“确定”按钮，进行方差分析，自动生成双因素重复测量方差分析报表，如图 13-67 所示。

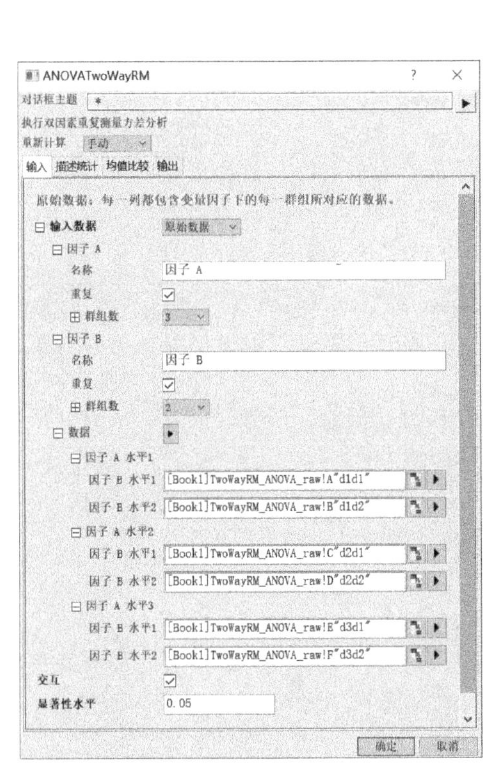

图 13-66 “ANOVATwoWayRM”对话框

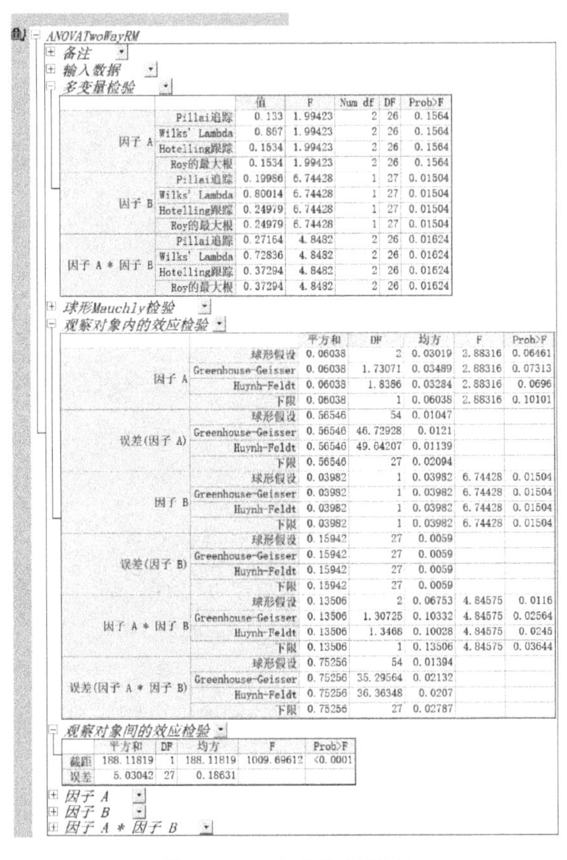

		值	F	Num df	DF	Prob>F
因子 A	Pillai追踪	0.133	1.99423	2	26	0.1564
	Wilks' Lambda	0.867	1.99423	2	26	0.1564
	Hotelling跟踪	0.1534	1.99423	2	26	0.1564
	Roy的最大根	0.1534	1.99423	2	26	0.1564
因子 B	Pillai追踪	0.19986	6.74428	1	27	0.01504
	Wilks' Lambda	0.80014	6.74428	1	27	0.01504
	Hotelling跟踪	0.24979	6.74428	1	27	0.01504
	Roy的最大根	0.24979	6.74428	1	27	0.01504
因子 A * 因子 B	Pillai追踪	0.27164	4.8482	2	26	0.01624
	Wilks' Lambda	0.72836	4.8482	2	26	0.01624
	Hotelling跟踪	0.37294	4.8482	2	26	0.01624
	Roy的最大根	0.37294	4.8482	2	26	0.01624

		平方和	DF	均方	F	Prob>F
因子 A	球形假设	0.06038	2	0.03019	2.88316	0.06461
	Greenhouse-Geisser	0.06038	1.73071	0.03489	2.88316	0.07313
	Huynh-Feldt	0.06038	1.8386	0.03284	2.88316	0.0696
	下限	0.06038	1	0.06038	2.88316	0.10101
误差(因子 A)	球形假设	0.56546	54	0.01047		
	Greenhouse-Geisser	0.56546	46.72928	0.0121		
	Huynh-Feldt	0.56546	49.64207	0.01139		
	下限	0.56546	27	0.02094		
因子 B	球形假设	0.03982	1	0.03982	6.74428	0.01504
	Greenhouse-Geisser	0.03982	1	0.03982	6.74428	0.01504
	Huynh-Feldt	0.03982	1	0.03982	6.74428	0.01504
	下限	0.03982	1	0.03982	6.74428	0.01504
误差(因子 B)	球形假设	0.15942	27	0.0059		
	Greenhouse-Geisser	0.15942	27	0.0059		
	Huynh-Feldt	0.15942	27	0.0059		
	下限	0.15942	27	0.0059		
因子 A * 因子 B	球形假设	0.13506	2	0.06753	4.84575	0.0116
	Greenhouse-Geisser	0.13506	1.30725	0.10332	4.84575	0.02564
	Huynh-Feldt	0.13506	1.3468	0.10028	4.84575	0.0245
	下限	0.13506	1	0.13506	4.84575	0.03644
误差(因子 A * 因子 B)	球形假设	0.75256	54	0.01394		
	Greenhouse-Geisser	0.75256	35.29564	0.02132		
	Huynh-Feldt	0.75256	36.36348	0.0207		
	下限	0.75256	27	0.02787		

	平方和	DF	均方	F	Prob>F
截距	188.11819	1	188.11819	1009.69612	<0.0001
误差	5.03042	27	0.18631		

图 13-67 方差分析报表

13.4 假设检验

假设检验是利用样本的实际资料来检验事先对总体某些数量特征所制作的假设是否可信的一种统计分析方法。它通常用样本统计量和总体参数假设值之间差异的显著性来说明。差异小，假设值的真实性就可能大；差异大，假设值的真实性就可能小。因此，假设检验又称为显著性检验。

假设检验的操作方法为：根据问题需要对所研究的总体做某种假设，记作 H0；选取合适的统计量，该统计量的选取要使得在假设 H0 成立时，其分布为已知；由实测样本计算出统计量的值，并根据预先给定的显著性水平进行检验，做出拒绝或接受假设 H0 的判断。常用的假设检验方法有 t-检验、u-检验、X^2检验和 F-检验等。

在 Origin 中，假设检验包括单样本假设检验和双样本假设检验等。假设检验操作位于 Origin

菜单栏中的“统计”→“假设检验”子菜单下，如图 13-68 所示。

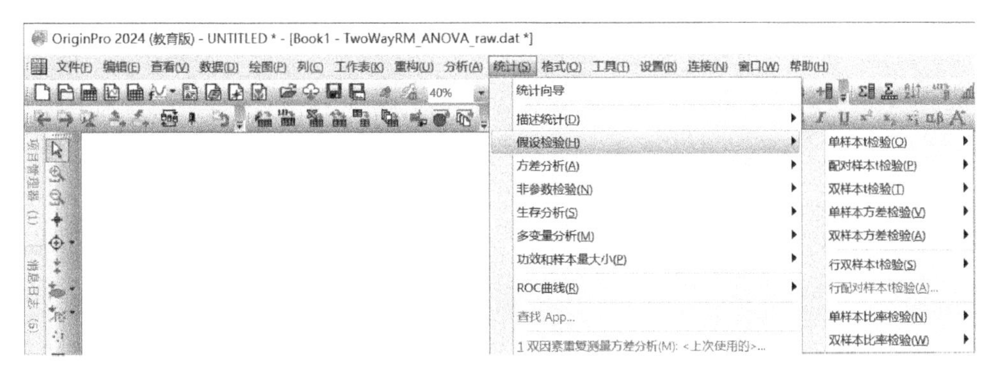

图 13-68　“假设检验”子菜单

13.4.1　单样本 t 检验

对于服从正态分布的样本数列 X_1、X_2、…、X_n来说，设样本均值为 $\overline{X}$，样本方差为 SD^2，此时可以应用单样本 t 检验方法来检验样本均值是否等于规定的常数。

要检验的原假设 H_0：$\mu=\mu_0$，备择假设 H_1：$\mu\neq\mu_0$。单样本 t 检验又分为单边和双边 t 检验。它的两个参数是 t 和 P，其中，t 是检验系统量，计算方法为：

$$t=\frac{\overline{X}-\mu_0}{SD/\sqrt{n}}$$

式中，μ_0为期望平均值。

P 是观察到的显著性水平，表示得到的 t 值如同观察的同样显著或比观察的更显著的机会。

1）导入 Temperature. dat 数据文件，该文件记录了 55 组人体体温（℉）早上和下午的温度观察值。选中工作表中的体温数 B(Y) 列 Evening。

2）执行菜单栏中的“统计”→“假设检验”→“单样本 t 检验”命令，弹出图 13-69 所示的“单样本 t 检验”对话框，要求规定检验平均值和显著性水平。

3）在该对话框中进行属性设置，设置完毕后，单击“确定”按钮进行检验分析。完成后自动生成单样本 t 检验分析报表，如图 13-70 所示。

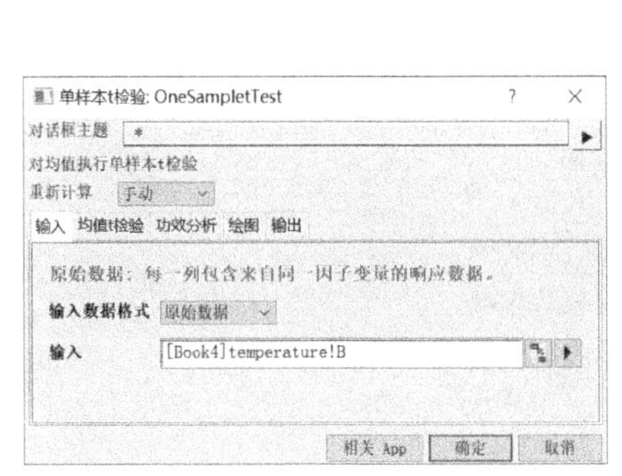

图 13-69　“单样本 t 检验”对话框

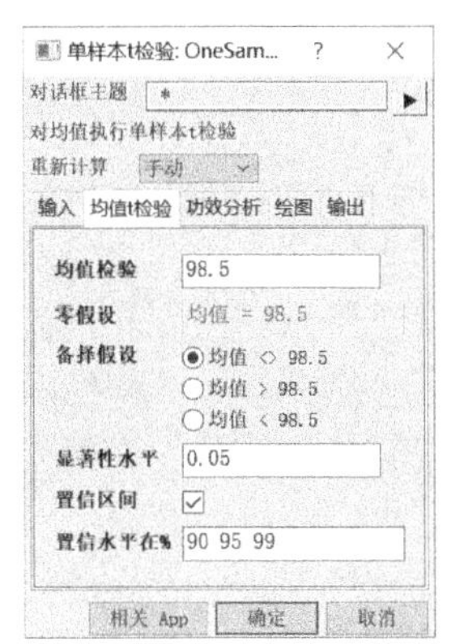

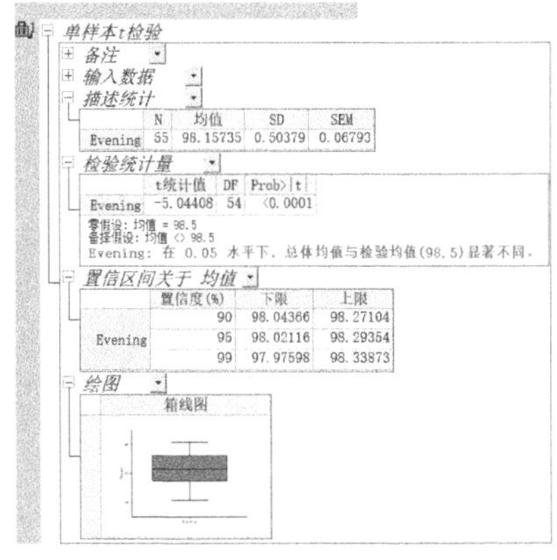

图 13-70　单样本 t 检验分析报表

检验结果包括：数列的名称、平均值、数列长度、方差，以及 t 值、P 值和检验精度。

t 检验的结果给出了体温数列的平均值、方差和数列长度，计算出 $t=-5.04408$，$P=5.48243\text{E-}6$，小于规定的 0.05 显著性水平。

计算得出结论：在原假设 H_0：$\mu=98.5$，备择假设 H_1：$\mu\neq98.5$，单样本双边 t 检验和规定的 0.05 显著性水平上，实际平均值 97.15735 和期望平均值 97.5 显著不同。

13.4.2 双样本 t 检验

实际工作中，常常会遇到比较两个样本参数的问题，例如，比较两地区的收入水平、两种工艺的精度等。对于 X、Y 双样本数列来说，如果它们相互独立，并且都服从方差为常数的正态分布，那么可以使用两个独立样本 t 检验，来检验两个数列的平均值是否相同。

双样本 t 检验用于分析两个符合正态分布的独立样本均值是否相同，或与给定的值是否有差异。两个样本总体 t 检验的统计量为：

$$t=\frac{(\overline{X}_1-\overline{X}_2-d_0)}{\sqrt{S^2\left(\frac{1}{N_1}+\frac{1}{N_2}\right)}}$$

式中，S^2、d_0 为总的样本方差和两个样本的平均值差。

下面结合 Time_raw. dat 数据文件中的样本进行讲解。随机用药品对 20 位失眠症患者进行试验，比较 medicine A 和 medicine B 两种安眠药的效果。两种药品各安排一半患者进行实验，记录每位患者用药后延长的睡眠时间，通过检验来分析两种药品的差别。

1）导入 Time_raw. dat 数据文件。

2）执行菜单栏中的“统计”→“假设检验”→“双样本 t 检验”命令，弹出“双样本 t 检验”对话框。

3）在该对话框中，选择按行输入“原始数据”方式，在“均值 t 检验”选项卡中设置“均值检验”为“0”，如图 13-71 所示。

4）设置完毕后，单击“确定”按钮，会新建一个检验分析报表，如图 13-72 所示。输出结果中的两组统计值分别是针对原假设“两组数据的方差相等/不等”所做出的 t 检验值。检验结果包括以下各项：两个数列的名称、平均值、数列长度、方差，以及 t 值、P 值和检验精度。

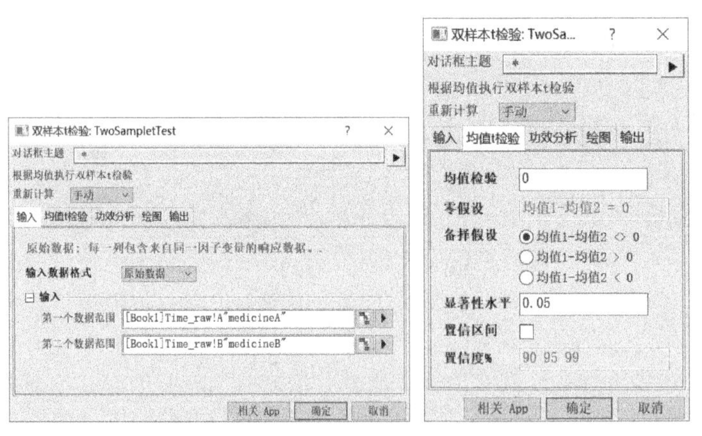

图 13-71 “双样本 t 检验”对话框

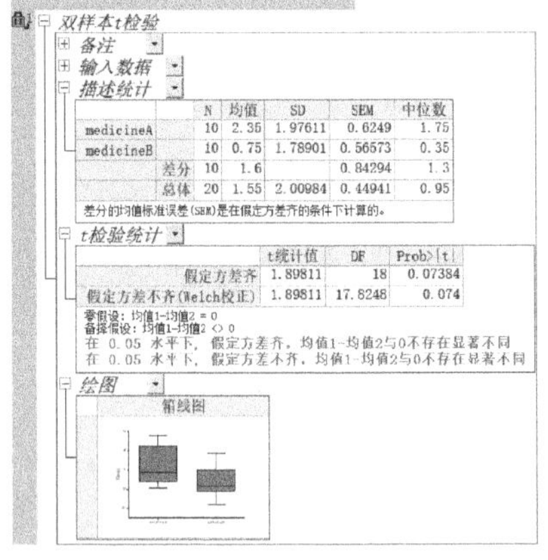

图 13-72 检验分析报表

由此可知，相对应的两组 P 值分别为 0.07384 和 0.074，均大于 0.05 的置信水平。由此得出结论：在统计意义上，两组实验的治疗效果没有明显差别。

13.4.3 配对样本 t 检验

对于均服从方差为常数的正态分布但彼此并不独立的 X、Y 两个样本数列，可以使用配对样本 t 检验，来检验两个数列的平均值是否相同。配对样本 t 检验的方法与双样本 t 检验基本相同。

下面结合 Abrasion_raw. dat 数据文件进行讲解。该数据用于比较两种飞机轮胎的抗磨损性能。在两种轮胎中随机取出 8 组，配对安装在 8 架飞机上进行抗磨损性能试验，得到抗磨损性能数据。

1）导入 Abrasion_raw. dat 数据文件。

2）执行菜单栏中的“统计”→“假设检验”→“配对样本 t 检验”命令，弹出“配对样本 t 检验”对话框。

3）在该对话框中，在“第一个数据范围”中选择“tireA”列，在“第二个数据范围”中选择“tireB”列，在“均值 t 检验”中设置“均值检验”为“0”，如图 13-73 所示。

4）设置后单击“确定”按钮，会新建一个分析报表，如图 13-74 所示。

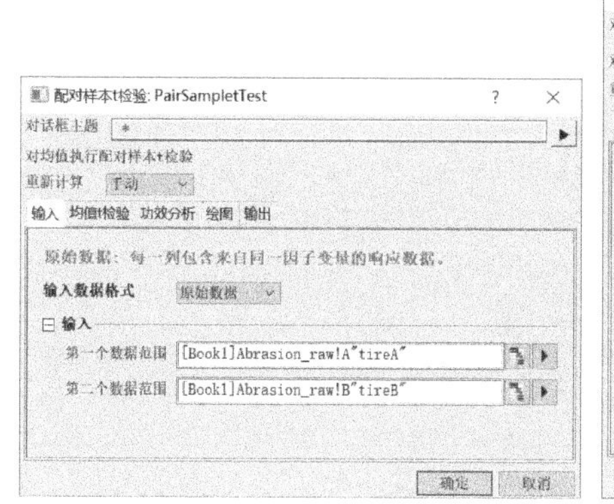

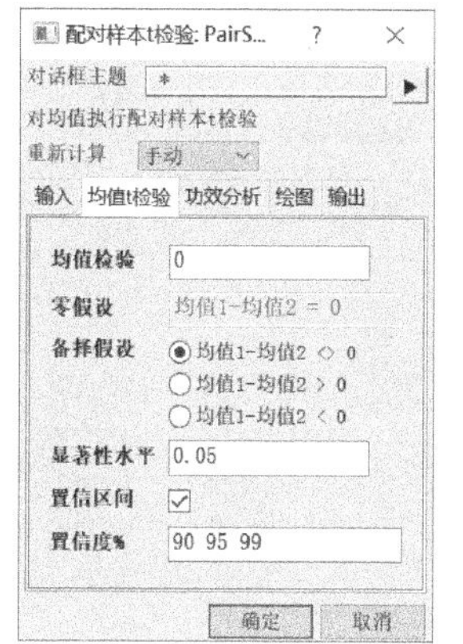

图 13-73 属性设置对话框

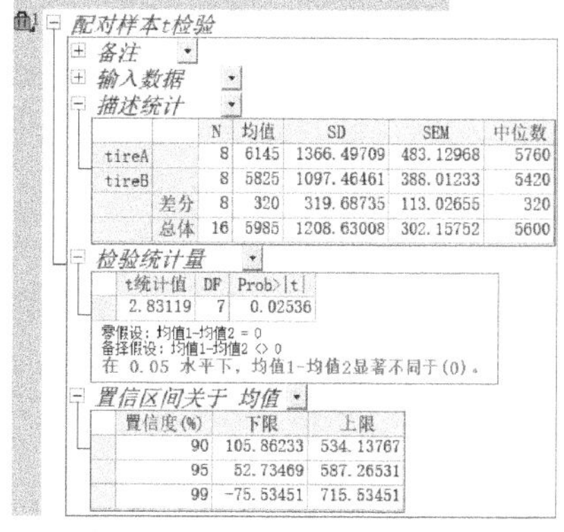

	N	均值	SD	SEM	中位数
tireA	8	6145	1366.49709	483.12968	5760
tireB	8	5825	1097.46461	388.01233	5420
差分	8	320	319.68735	113.02655	320
总体	16	5985	1208.63008	302.15752	5600

t统计值	DF	Prob>|t|
2.83119	7	0.02536

置信度(%)	下限	上限
90	105.86233	534.13767
95	52.73469	587.26531
99	-75.53451	715.53451

图 13-74 检验分析报表

输出结果中，t 统计量（2.83119）和 P 值（0.02536）表明两组数据平均值的差异是显著的，即两种轮胎的抗磨损性是不同的。

13.5 生存分析

生存分析是指根据试验或调查得到的数据对生物或人的生存时间进行分析和推断。研究生存时间和结局与众多影响因素间的关系及其程度大小的方法，也称存活率分析。

生存分析是研究某一事件的过程分析方法，例如治疗过程中的死亡分析，该过程的持续时间称为存活时间。在研究的过程中，如果观测的事件发生，则存活时间为完成时间；如果在研究的过程中，观测的个案事件未发生，则存活时间称为考核时间。

生存分析涉及有关疾病的治愈、死亡，或者器官的生长发育等时效性指标。生存分析最初主要用于生命科学领域，现已广泛应用于各个领域的实验，用于估计存活率。

某些研究虽然与生存无关，但由于研究中随访资料常因失访等原因造成某些数据观察不完整，所以要用专有方法进行统计处理。这类方法起源于对寿命资料的统计分析，故也称为生存分析。如某种药物对某种疾病是否有效、某种药物的效力作用时间、某种实验方法对某种材料寿命的影响、某种部件的使用寿命分析等。

在 Origin 中，生存分析有 Kaplan-Meier 估计、Cox 模型估计和 Weibull 拟合 3 个广泛适用的分析模型，如图 13-75 所示。它们的计算方法都是基于在多次失败的基础上，估计可能存活的生存函数，绘制存活曲线和描述存活率。

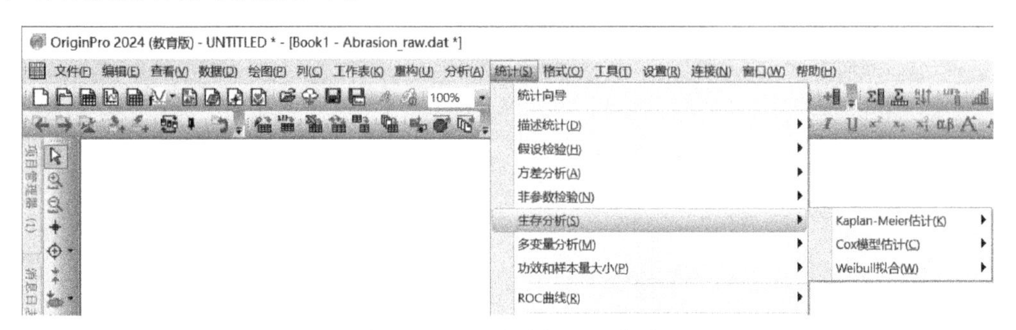

图 13-75 “生存分析”子菜单

13.5.1 Kaplan-Meier 估计

Kaplan-Meier 估计是计算存活率的经典模型。

1）导入 Kaplan-Meier. dat 数据文件。

2）执行菜单栏中的“统计”→“生存分析”→“Kaplan-Meier 估计”命令，弹出图 13-76 所示的“Kaplan-Meier 估计”对话框。

3）在该对话框中，设置“时间范围”为“month”列、“删失范围”为“status”列、“删失值”为“0”，其余保持默认值。

4）设置完成后，单击“确定”按钮，完成存活率计算，图表和数据保存在自动生成的报表中。存活率图形如图 13-77 所示。

图 13-76 “Kaplan-Meier 估计”对话框

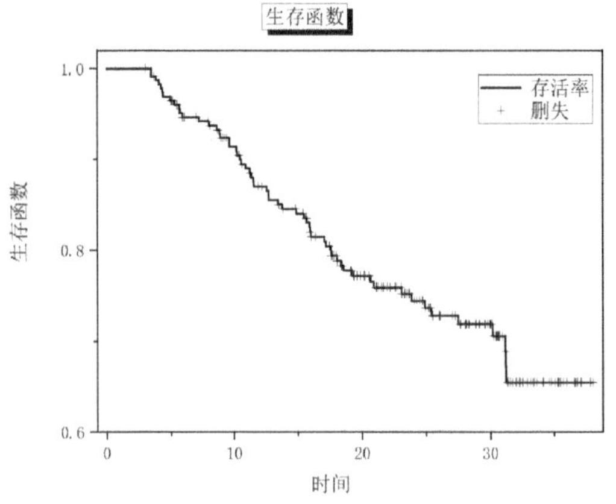

图 13-77 存活率图形

13.5.2 Cox 模型估计

Cox 模型估计是另一个计算存活率和计算相对危险度的模型。

1）导入 phm_Cox. dat 数据文件。

2）执行菜单栏中的“统计”→“生存分析”→“Cox 模型估计”命令，弹出图 13-78 所示的“Cox 模型估计”对话框。

3）在该对话框中，设置“时间范围”为 month 列、“删失范围”为 status 列、“协变量范围”为 charlson 列、“删失值”为 0，其余保持默认值。

4）设置完成后，单击“确定”按钮，完成存活率计算，图表和数据保存在自动生成的分析报表中，如图 13-79 所示。

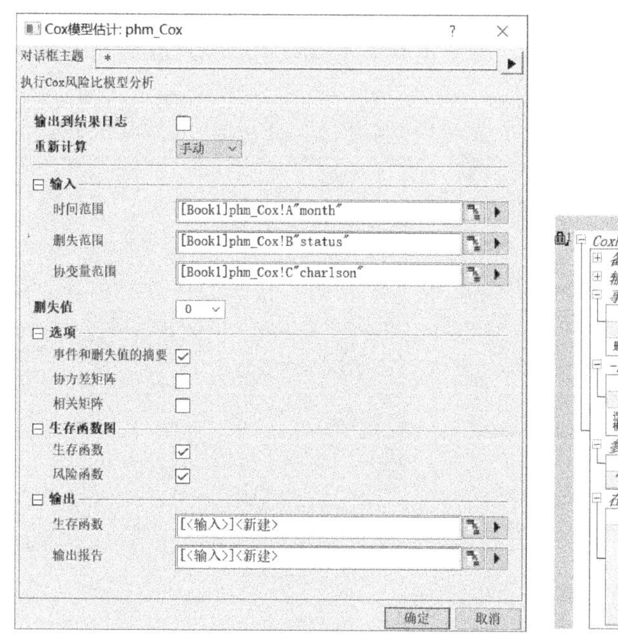

图 13-78　“Cox 模型估计”对话框

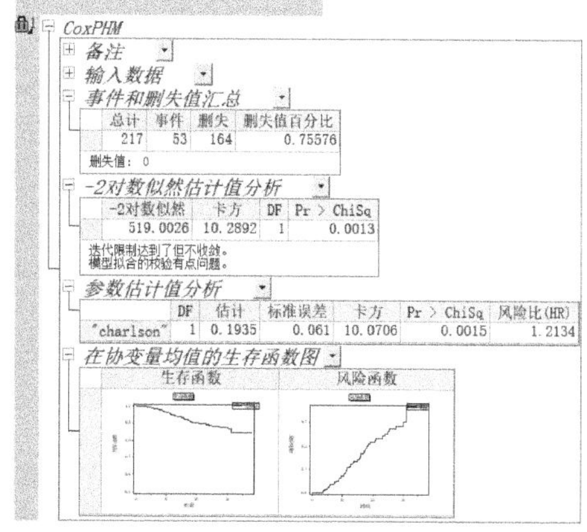

图 13-79　分析报表

存活率（生存函数与风险函数）图形如图 13-80 和图 13-81 所示。

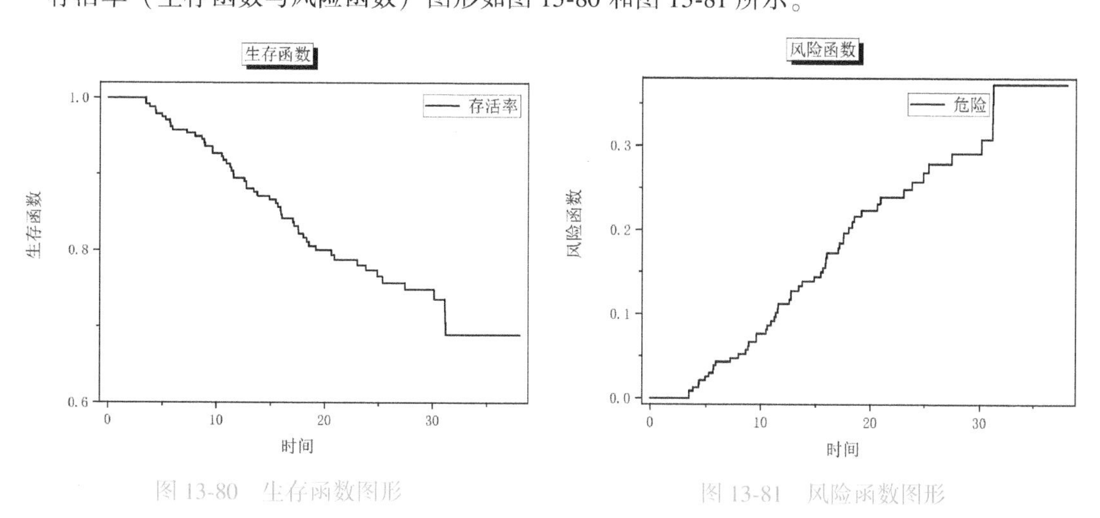

图 13-80　生存函数图形　　图 13-81　风险函数图形

13.5.3　Weibull 拟合

Weibull 拟合是一种利用参数方法分析存活函数和失效时间的模型。

1）导入 Kaplan-Meier. dat 数据文件。

2）执行菜单栏中的“统计”→“生存分析”→“Weibull 拟合”命令，弹出图 13-82 所示的“Weibull 拟合”对话框。

3）在该对话框中，设置“时间范围”为 month 列、“删失范围”为 status 列、“删失值”为 0，其余保持默认值。

4）设置完成后，单击“确定”按钮，完成存活率计算，图表和数据保存在自动生成的分析报表中，如图 13-83 所示。

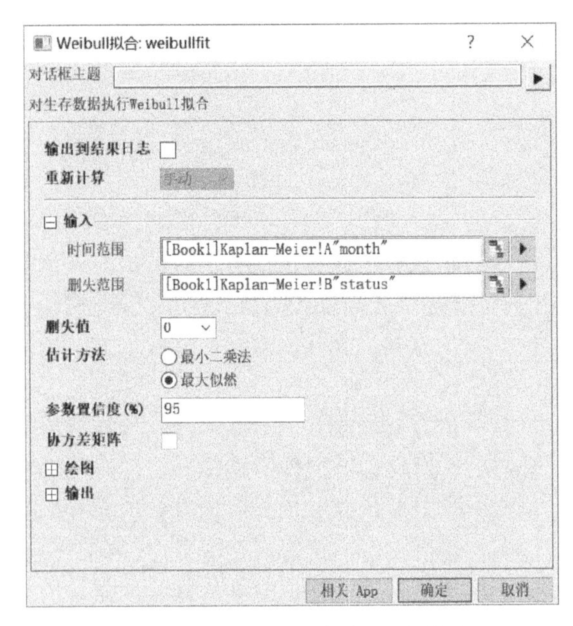

图 13-82 “Weibull 拟合”对话框

WeiBull

备注

输入数据

事件和删失值汇总

总计	事件	删失	删失值百分比
226	57	169	0.74779

删失值：0

参数估计值分析

	DF	估计	标准误差	95% LCL	95% UCL
截距	1	4.13349	0.14599	3.84736	4.41963
刻度	1	0.74705	0.08884	0.59174	0.94313
Weibull尺度	1	62.39543	9.10909	46.86905	83.06527
Weibull形状	1	1.33859	0.15918	1.06029	1.68993

估算方法：最大似然

对数-似然=-166.25030710733

绘图

概率图

图 13-83 分析报表

13.6 功效和样本量大小

统计功效是统计学中的一个重要概念，也是一个十分有用的测度指标。简单地说，统计功效是指在拒绝原假设后，接受正确的替换假设的概率。

统计功效大量应用于医学、生物学、生态学和人文社会科学等领域的统计检验中。例如，在国外抽样调查设计方案中，对统计功效的要求如同对显著性水平一样，是不可缺少的内容。

统计功效的大小取决于多种因素，包括：检验的类型、样本容量、显著性水平，以及抽样误差的状况。统计功效分析应是诸多因素结合在一起的综合分析。

检验的功效是当备择假设为真时，拒绝原假设的概率。功效和样本量大小计算可用于实验是否能给出有价值的信息，相反，功效分析也能用于在获得满意的检验情况下确定最小的样本大小。

Origin 中功效和样本量大小计算的方法有单样本 t 检验、双样本 t 检验、配对样本 t 检验和单因素方差分析等，如图 13-84 所示。

图13-84 “功效和样本量大小”子菜单

13.6.1 单样本t检验

确定在单样本t检验给定样本大小检验功效，或确定在特定功效下样本的大小。“功效和样本量大小”工具可用于样本大小的确定和功效的计算，前者用于确定样本大小条件下估计实验结果的精度。下面结合实例进行介绍。

社会学家希望确定某国平均婴儿死亡率是否为8%，实验设计中差别率不能大于0.5%，研究中标准离差应该为2.1。估计在置信水平95%下，功效值为0.7、0.8和0.9时的平均婴儿死亡率的样本大小。

1）执行菜单命令“统计”→“功效和样本量大小”→“（PSS）单样本t检验”命令，弹出“（PSS）单样本t检验”对话框。根据上述要求进行设置，设置完成后的对话框如图13-85所示。

2）单击“确定”按钮进行计算，输出的结果如图13-86所示。根据该报告可以得出在不同功效条件下调查样本的大小。

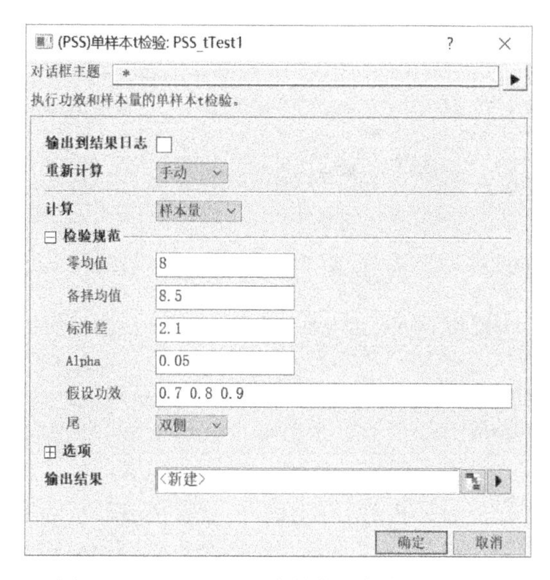

图13-85 “（PSS）单样本t检验”对话框

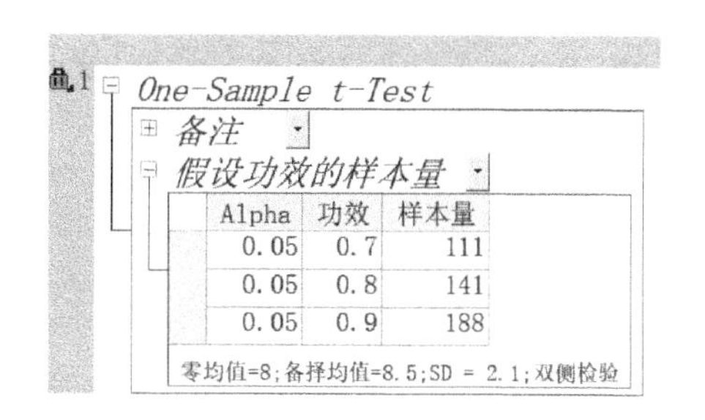
One-Sample t-Test

备注

假设功效的样本量

Alpha	功效	样本量
0.05	0.7	111
0.05	0.8	141
0.05	0.9	188

零均值=8；备择均值=8.5；SD = 2.1；双侧检验

图13-86 分析报表

13.6.2 双样本 t 检验

确定在双样本 t 检验中给定样本大小检验的置信度或确定特定置信度下两个独立样本的大小。

“功效和样本量大小”工具可用于样本大小的确定和信度的计算。前者用于确定样本的大小，以保证用户设计的实验在一定的信度水平；后者用于在一定的样本大小条件下估计实验结果的精度。下面结合实例进行介绍。

某医疗办公室参加了 Healthwise 和 Medcare 两个保险计划，希望比较要求赔付时两个保险计划的平均理赔时间（天）。

Healthwise 保险计划以前的平均理赔时间为 32 天，标准差为 7.05 天；Medcare 保险计划以前的平均理赔时间为 42 天，标准差为 3.5 天。若在两个保险计划中，均对 5 个要求理赔单进行调查，信度值是多少可以确定理赔时间的差别大于 5%。

1）通过计算可以得到总标准差为 5.85524，双样本大小为 10。

2）执行菜单命令“统计”→“功效和样本量大小”→“（PSS）双样本 t 检验”，弹出“（PSS）双样本 t 检验”对话框。

3）对其中的各选项进行设置，设置“第一组均值”为“32”，设置“第二组均值”为“42”，其余参数按照图 13-87 进行设置。

4）设置完成之后，单击“确定”按钮进行计算，输出的结果如图 13-88 所示。根据报表可以得出该医疗办公室若均对 5 个要求理赔单进行调查，具有 0.95036 或 95%的机会检测到不同。

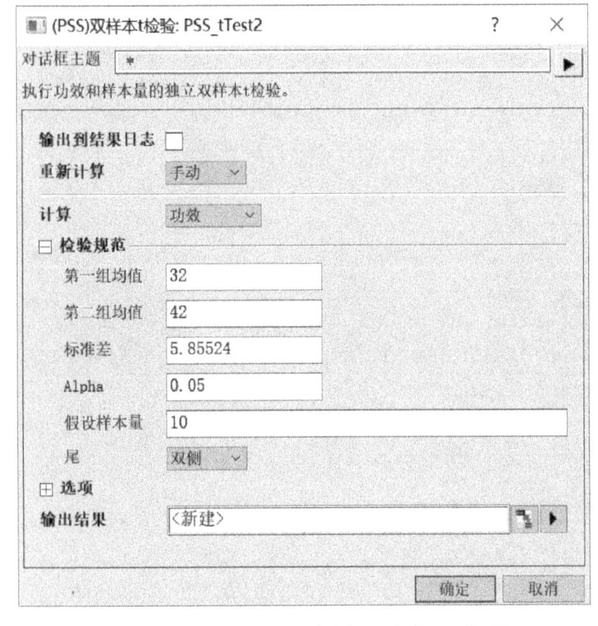

图 13-87 “（PSS）双样本 t 检验”对话框

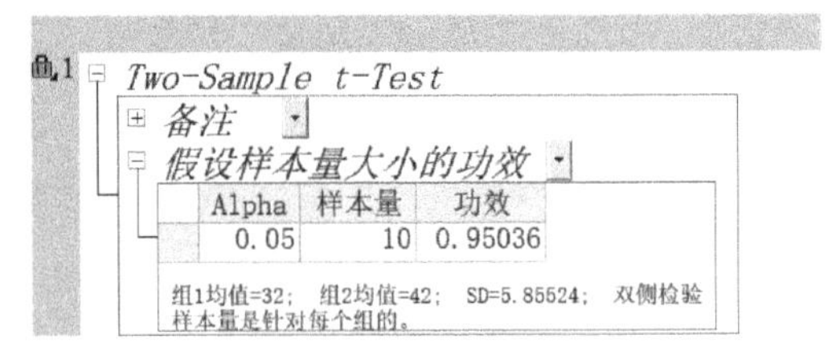

Alpha	样本量	功效
0.05	10	0.95036

图 13-88 分析报表

13.6.3 单因素方差分析

单因素方差分析多在已确定样本大小检验的置信度或确定特定置信度下样本大小的情况下使用。“功效和样本量大小”工具可用于样本大小的确定和置信度的计算。

前者用于确定样本的大小，以保证用户设计的试验在一定的置信度水平；后者用于在一定的样本大小条件下估计实验结果的精度。下面结合实例进行介绍。

研究中希望了解是否不同的植物具有不同的氮含量。数据记录了4种植物的氮含量，每一种植物有20组数据，以前的研究表明标准差为60，修正平方和为400，希望了解该实验是否可行。

1）计算总样本为20×4=80。

2）执行菜单栏中的“统计”→“功效和样本量大小”→“单因素方差分析”命令，弹出“(PSS) 单因素方差分析”对话框。

3）在该对话框中，根据上述要求进行设置，设置好的对话框如图13-89所示。

4）单击“确定”按钮进行计算，输出的结果如图13-90所示。从结果中可以看出，研究者计划不是很理想，只有69.9%的机会检测到每一组间的差别。为获得更好的检测效果，需要增大样本大小。

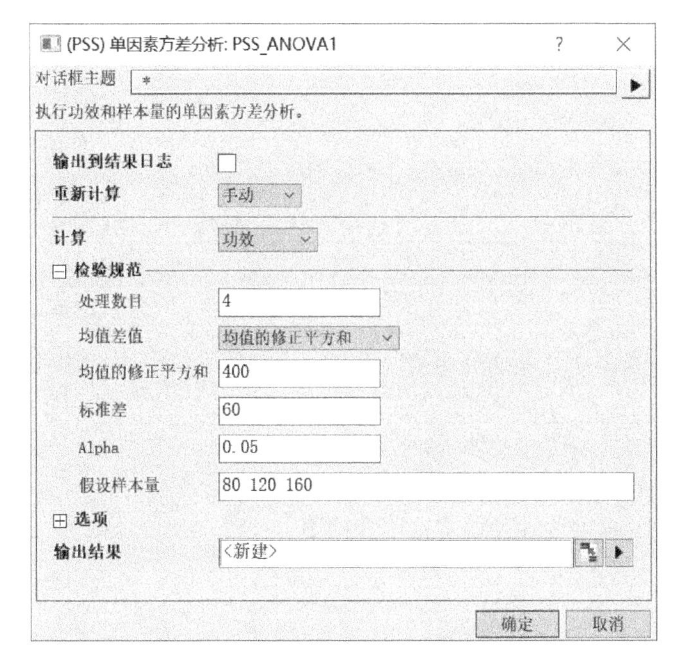

图13-89 “(PSS) 单因素方差分析”对话框

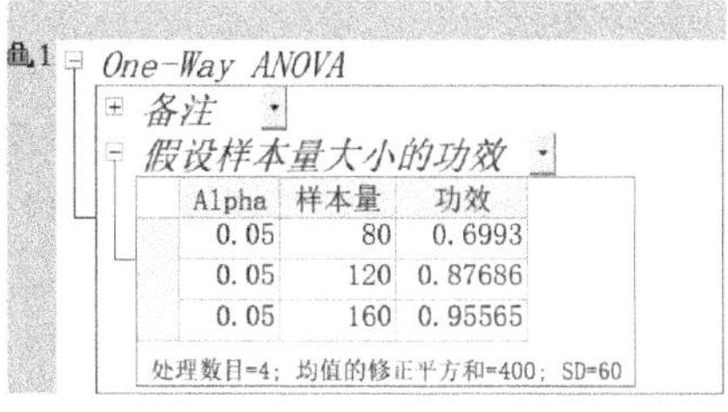

Alpha	样本量	功效
0.05	80	0.6993
0.05	120	0.87686
0.05	160	0.95565

处理数目=4；均值的修正平方和=400；SD=60

图13-90 分析报表

13.7 其他分析方法

在Origin中，还有其他的统计分析方法，本节进行简单介绍。

1. 非参数检验

非参数检验是与参数检验（例如假设检验）相对应的，参数检验是基于数据存在一定分布的假设，如t检验要求总体符合正态分布，F检验要求误差呈正态分布且各组方差整齐等。

但许多调查或实验所得到的数据，其总体分布未知或无法确定，这时做统计分析常常不是针对总体参数，而是针对总体的某些一般性假设（如总体分布），这类方法称位非参数统计。非参数统计方法简便，适用性强，但检验效率较低，应用时应加以权衡。

2. ROC曲线

ROC曲线（受试者工作特性曲线）用于二分类判别效果的分析与评价，一般自变量为连续变量，因变量为二分类变量。其基本原理是：通过判断点的移动，获得多对灵敏度和误判率；以灵敏度为纵轴，误判率为横轴，连接各点绘制曲线；然后计算曲线下的面积，面积越大，判断价值就越高。

13.8 小结与思考

本章重点讲解了 Origin 中提供的统计方法，这些统计方法基本可以满足常用的统计分析需求，包括统计图形、描述统计、假设检验、方差分析、生存分析等。通过本章内容的学习，可以帮助读者尽快掌握 Origin 统计分析工具的应用。下面给出开放性的讨论题目供读者在学习时思考。

1）解释直方图在数据分析中的作用及在 Origin 中的创建方法。

2）描述直方+概率图的构建过程及其解释数据的能力。

3）解释箱线图在描述统计中的重要性及其绘制步骤。

4）描述质量控制（均值极差）图的用途及制作方法。

5）讨论矩阵散点图的应用及在 Origin 中的制作方法。

6）解释帕累托图在问题分析中的作用及其制作方法。

7）讨论 Q-Q 图（分位数-分位数图）的作用及制作方法。

8）讨论相关系数统计的意义及其在 Origin 中的计算方法。

9）描述单因素方差分析的过程及其在实验设计中的应用。

10）讨论双因素方差分析的步骤及其解释交互作用的能力。

11）解释单样本 t 检验的用途及其在 Origin 中的实施方法。

12）讨论 Kaplan-Meier 估计在生存分析中的应用及其构建过程。

13）解释 Cox 模型估计的重要性及其在 Origin 中的实施步骤。

14）描述功效和样本量大小计算的重要性及其在实验设计中的作用。

第14章 数字信号处理

数字信号处理涉及对测量数据的多种处理和转换技术，包括使用傅里叶变换来分析信号频谱、采用平滑技术和其他手段消除信号噪声等。Origin 软件为数据信号处理提供了丰富的工具集，包括多种数据平滑选项、FFT 滤波、傅里叶变换，以及小波变换等功能。

14.1 信号处理概述

信号是信息传递的物理媒介或代表信息的函数，而信息本身则是信号所携带的具体内容。简而言之，数字信号处理是一套利用数值方法对信号进行处理的理论与技术。

14.1.1 数字信号与信号处理

数字信号处理是指通过数值计算方法对数字序列执行各种操作，以将信号转换为所需形式，目的是提取有用信息以便应用。这是一门综合应用微积分、概率统计、随机过程、高等数学、数值分析、积分变换和复变函数等学科知识的应用数学课程，主要服务于物理学和通信领域。

从广义上讲，数字信号处理涉及使用数字方法对信号进行分析、变换、滤波、检测、调制、解调以及开发快速算法的技术学科。尽管许多人认为它主要关注数字滤波技术、离散变换的快速算法和谱分析方法，随着数字电路与系统技术以及计算机技术的进步，数字信号处理技术也得到了相应的发展和广泛应用。

数字信号处理通常包括 3 个基本步骤。

1）模数转换（A/D 转换）：这一步将模拟信号转换为数字信号，通过对自变量和幅值的离散化过程，基于采样定理的理论保障。

2）数字信号处理（DSP）：涵盖变换域分析（如频域变换）、数字滤波、识别和合成等操作。

3）数模转换（D/A 转换）：将处理后的数字信号转换回模拟信号，这一步骤并非总是必需的。

信号可以分为模拟信号和数字信号。数字信号处理以其高精度和灵活性著称，能够定量检测电势、压力、温度和浓度等多种参数，因而在科学研究中得到了广泛应用。在 Origin 软件中，提到的信号处理主要是指数字信号处理。

14.1.2 Origin 与信号处理

在 Origin 中提供的信号处理工具较多，如图 14-1 所示。比较常用的命令包括。

1）平滑：使信号变化更加平滑，作用之一就是除噪。

2）滤波：信号过滤。

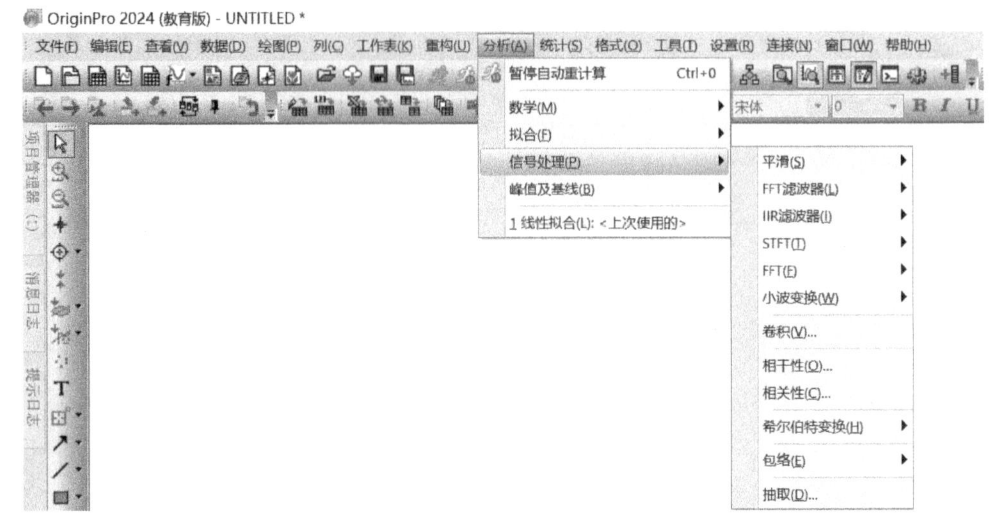

图 14-1　信号处理菜单命令

3）傅里叶变换：包括卷积、反卷积与相关运算等操作。

4）小波变换：包括分解、重构、除噪和平滑等。

14.2 数据平滑和滤波

在 Origin 中提供的数据曲线平滑和滤波方法有：相邻平均法、Savitzky-Golay 平滑、FFT 滤波器平滑和 LOWESS 平滑等。

14.2.1 平滑

数据平滑是通过一系列相邻数据点的平均，从而使信号曲线变化更加平滑。

在 Origin 中，对平滑曲线进行平滑操作时，首先要激活该绘图窗口。通过“平滑”对话框实现对曲线进行平滑参数设置。

1）打开 Smooth.opju 数据文件，如图 14-2 所示。选择 A、B 两列，执行菜单栏中的“绘图”→“基础 2D 图”→“折线图”命令绘制折线图，如图 14-3 所示。

Book1

	A(X)	B(Y)
长名称		
单位		
注释		
F(x)=		
1	1	-1.3483
2	1.01905	-0.27967
3	1.0381	0.85976
4	1.05716	1.9451
5	1.07621	2.80651
6	1.09526	3.15696
7	1.11431	2.99905
8	1.13337	2.63606
9	1.15242	2.21618
10	1.17147	1.81566

Sheet1

图 14-2　数据工作表（部分）

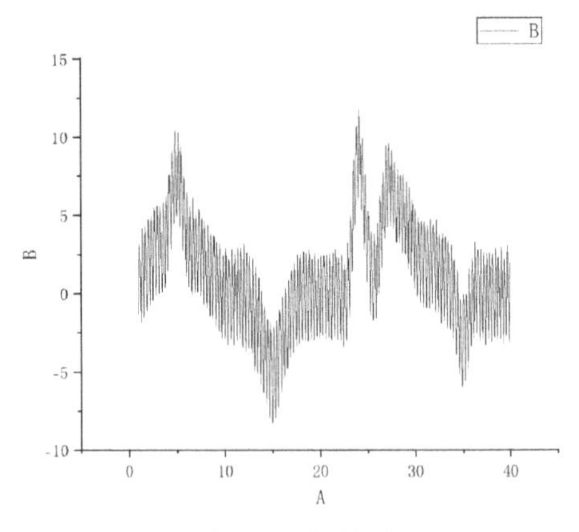

图 14-3　折线图

2）执行菜单栏中的“分析”→“信号处理”→“平滑”命令，打开“平滑”对话框，如图 14-4 所示。对话框左边为平滑处理控制选项面板，右边为拟处理信号曲线和采用平滑处理的效果预览面板。

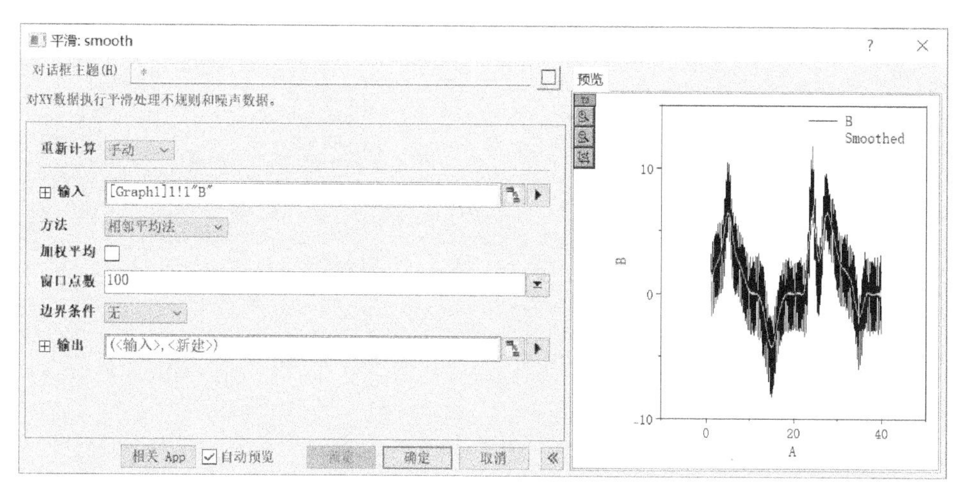

图 14-4　“平滑”对话框

在左边平滑处理控制选项面板中的平滑方法包括“相邻平均法”“Savitzky-Golay 滤波器平滑”“FFT 滤波器平滑”和“二项式平滑”等 7 种方法，每种方法对应的处理效果和相关参数略有不同。

3）分别依次采用 Savitzky-Golay、相邻平均法、百分比滤波器和 FFT 滤波器 4 种平滑命令，对数据进行平滑处理，为了表现平滑的效果，将“窗口点数”设置为 100。

4）完成设置后单击“确定”按钮，即可进行平滑分析并输出结果，平滑数据自动存放在原数据和平滑数据工作表内，如图 14-5 所示。使用各种平滑命令，输出的图形如图 14-6～图 14-9 所示。

Book1 *

	A(X)	B(Y)	C(Y)	D(Y)	E(Y)	F(Y)
长名称			Smoothed Y	Smoothed Y	Smoothed Y	Smoothed Y
单位						
注释			50 pts SG smooth of B	50 pts AAv smooth of B	50 pts PF smooth of B	50 pts FFT smooth of B
F(x)=						
1	1	-1.3483	0.6627	-1.3483	-1.3483	0.89494
2	1.01905	-0.27967	0.73943	-0.25607	-0.27967	0.91106
3	1.0381	0.85976	0.81307	0.79668	0.85976	0.92761
4	1.05716	1.9451	0.88363	1.44849	1.9451	0.94458
5	1.07621	2.80651	0.95109	1.66574	2.21618	0.96196
6	1.09526	3.15696	1.01548	1.65631	1.9451	0.97976
7	1.11431	2.99905	1.07677	1.48035	1.81566	0.99796
8	1.13337	2.63606	1.13498	1.1222	1.41205	1.01657
9	1.15242	2.21618	1.1901	0.80972	0.89674	1.03556
10	1.17147	1.81566	1.24214	0.77726	0.89674	1.05493
11	1.19052	1.41205	1.29109	0.99207	1.15388	1.07468
12	1.20957	0.89674	1.33695	1.26514	1.41205	1.09479

Sheet1

图 14-5　原数据和平滑数据工作表（部分）

注意：本例只是为了显示平滑的效果，因此结果较为夸张。实际操作中，平滑的点数不能太多，这是因为平滑点数越多，结果越容易失真，具体操作以不影响数据趋势为准。

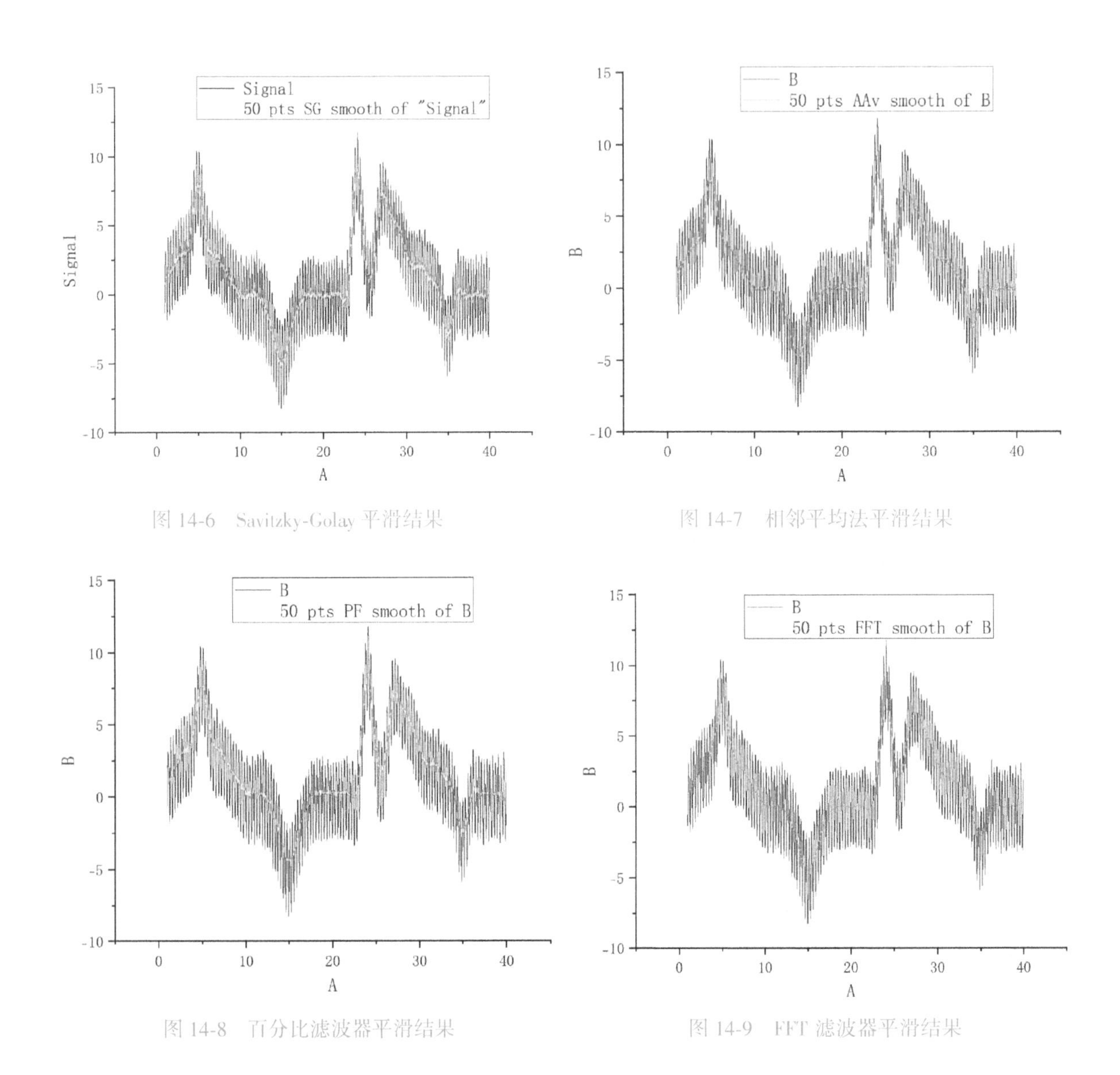

图 14-6　Savitzky-Golay 平滑结果

图 14-7　相邻平均法平滑结果

图 14-8　百分比滤波器平滑结果

图 14-9　FFT 滤波器平滑结果

14.2.2　FFT 滤波

滤波是将信号中特定波段频率滤除的操作，是抑制和防止干扰的一项重要措施。是根据观察某一随机过程的结果，对另一与之有关的随机过程进行估计的概率理论与方法。

Origin 采用傅里叶变换的 FFT 数字滤波器进行数据滤波分析。该 FFT 数字滤波器具有低通、高通、带通、带阻和阈值等 5 种滤波器。

低通和高通滤波器分别用来消除高频噪声或低频噪声频率成分；带通滤波器用来消除特定带以外的噪声频率成分；带阻滤波器用以消除特定频带以内的噪声频率成分；阈值滤波器用来消除特定门槛值以下的噪声频率成分。

1）打开 FFTfilter. opju 数据文件，其工作表如图 14-10 所示。以 B 列数据制作折线图如图 14-11 所示。

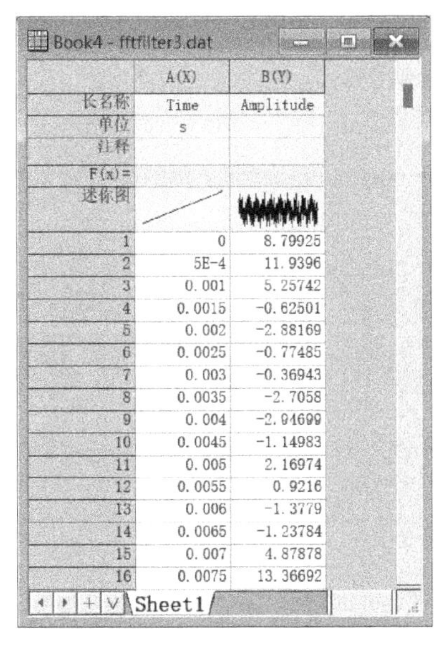

Book4 - fftfilter3.dat

	A(X)	B(Y)
长名称	Time	Amplitude
单位	s	
注释		
F(x)=		
迷你图		
1	0	8.79925
2	5E-4	11.9396
3	0.001	5.25742
4	0.0015	-0.62501
5	0.002	-2.88169
6	0.0025	-0.77485
7	0.003	-0.36943
8	0.0035	-2.7058
9	0.004	-2.94699
10	0.0045	-1.14983
11	0.005	2.16974
12	0.0055	0.9216
13	0.006	-1.3779
14	0.0065	-1.23784
15	0.007	4.87878
16	0.0075	13.36692

Sheet1

图 14-10　数据工作表（部分）

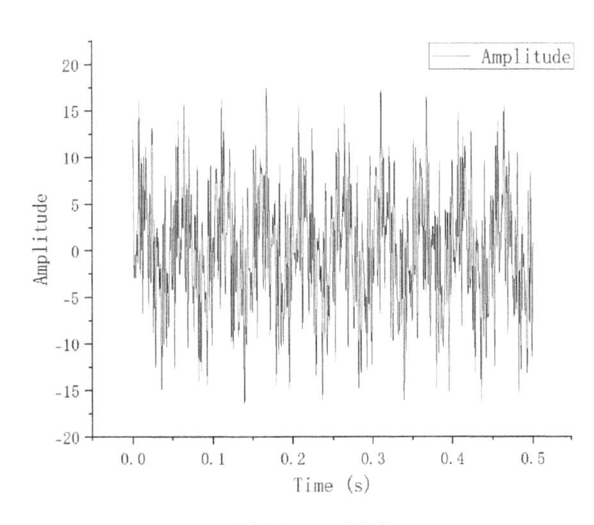

图 14-11　原图

2）执行菜单栏中的“分析”→“信号处理”→“FFT 滤波器”命令，打开“FFT 滤波器”对话框，如图 14-12 所示。在该对话框中最重要的是需要设置“滤波器类型”。

- 低通：只允许低频率部分保留。
- 高通：只允许高频率部分保留。
- 带通：只允许频率为制定频率以内部分保留。
- 带组：只允许频率为指定频率以外部分保留。
- 阈值：只允许振幅大于指定数值的部分保留。
- 低通抛物型：限制的频率范围。

3）设置完成后单击“确定”按钮，即可进行滤波分析并输出结果，如图 14-13 和图 14-14 所示。

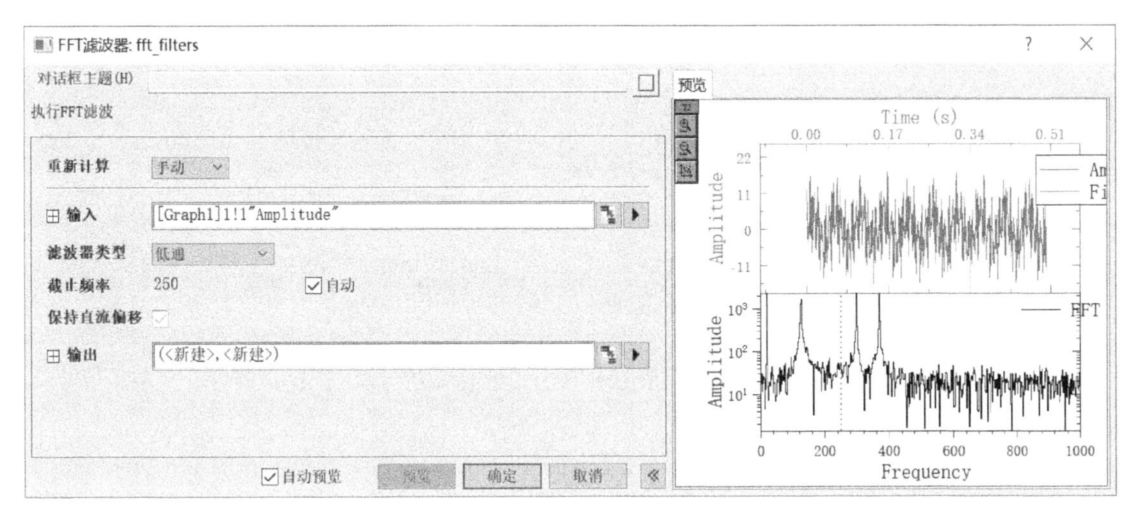

图 14-12　“FFT 滤波器”对话框

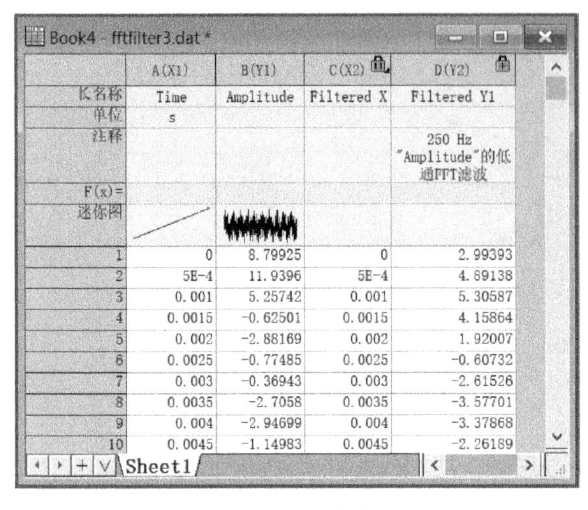

	A(X1)	B(Y1)	C(X2)	D(Y2)
长名称	Time	Amplitude	Filtered X	Filtered Y1
单位	s			
注释				250 Hz "Amplitude"的低通FFT滤波
F(x)=				
迷你图				
1	0	8.79925	0	2.99393
2	5E-4	11.9396	5E-4	4.89138
3	0.001	5.25742	0.001	5.30587
4	0.0015	-0.62501	0.0015	4.15864
5	0.002	-2.88169	0.002	1.92007
6	0.0025	-0.77485	0.0025	-0.60732
7	0.003	-0.36943	0.003	-2.61526
8	0.0035	-2.7058	0.0035	-3.57701
9	0.004	-2.94699	0.004	-3.37868
10	0.0045	-1.14983	0.0045	-2.26189

图 14-13　输出的工作表（部分）

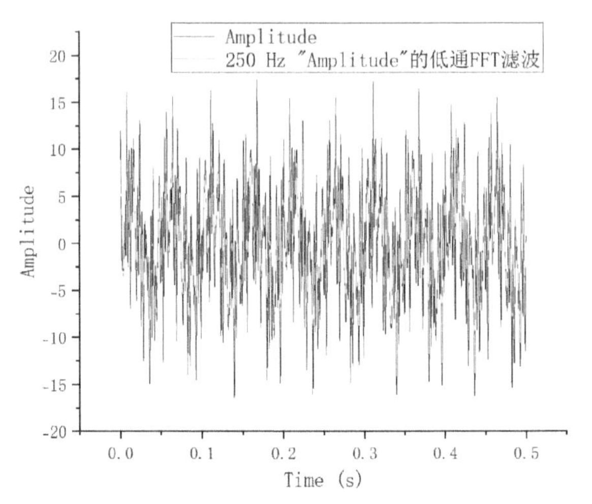

图 14-14　滤波结果

14.2.3 IIR 滤波

下面介绍 IIR 滤波的应用方法。

1）打开 IIRfilter. opju 数据文件，其工作表如图 14-15 所示。

2）执行菜单栏中的“分析”→“信号处理”→“IIR 滤波器”命令，打开“IIR 滤波器”对话框，如图 14-16 所示。在该对话框中最重要的是需要设置“响应类型”。

- 低通：只允许低频率部分保留。
- 高通：只允许高频率部分保留。
- 带通：只允许频率为制定频率以内部分保留。
- 带组：只允许频率为指定频率以外部分保留。

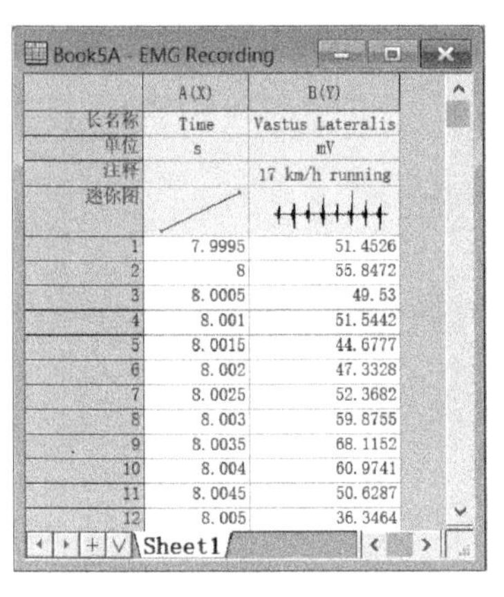

	A(X)	B(Y)
长名称	Time	Vastus Lateralis
单位	s	mV
注释		17 km/h running
迷你图		
1	7.9995	51.4526
2	8	55.8472
3	8.0005	49.53
4	8.001	51.5442
5	8.0015	44.6777
6	8.002	47.3328
7	8.0025	52.3682
8	8.003	59.8755
9	8.0035	68.1152
10	8.004	60.9741
11	8.0045	50.6287
12	8.005	36.3464

图 14-15　数据工作表（部分）

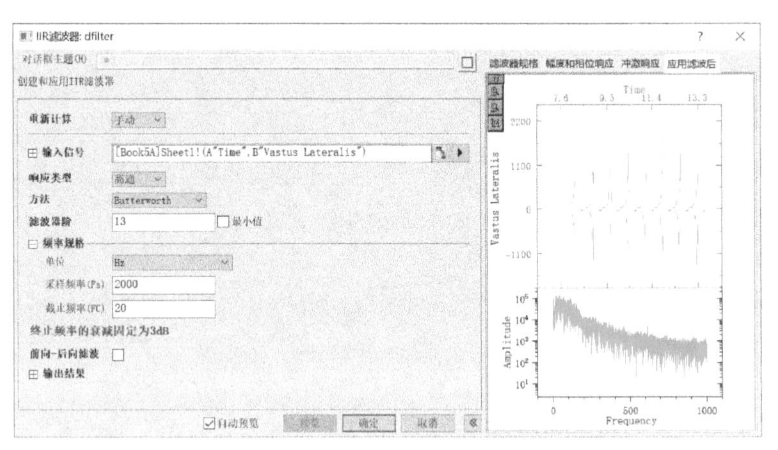

图 14-16　“IIR 滤波器”对话框

3）设置完成后单击“确定”按钮，完成分析并输出结果，如图 14-17 和图 14-18 所示。

	A(X)	B(Y)	C(Y)
长名称	Time	Vastus Lateralis	IIRFiltere
单位	s	mV	
注释		17 km/h running	"Vastus Lateralis"的高通Butterworth滤波结果
迷你图			
1	7.9995	51.4526	39.64523
2	8	55.8472	22.36572
3	8.0005	49.53	0.46748
4	8.001	51.5442	-7.54665
5	8.0015	44.6777	-19.84281
6	8.002	47.3328	-19.12599
7	8.0025	52.3682	-16.05187
8	8.003	59.8755	-11.62473
9	8.0035	68.1152	-8.03382
10	8.004	60.9741	-17.61651
11	8.0045	50.6287	-24.43476
12	8.005	36.3464	-29.07647
13	8.0055	25.5432	-25.6775
14	8.006	24.5361	-12.36485

Book5A - EMG Recording *　Sheet1　SOSMatrix1

图 14-17　输出的工作表（部分）

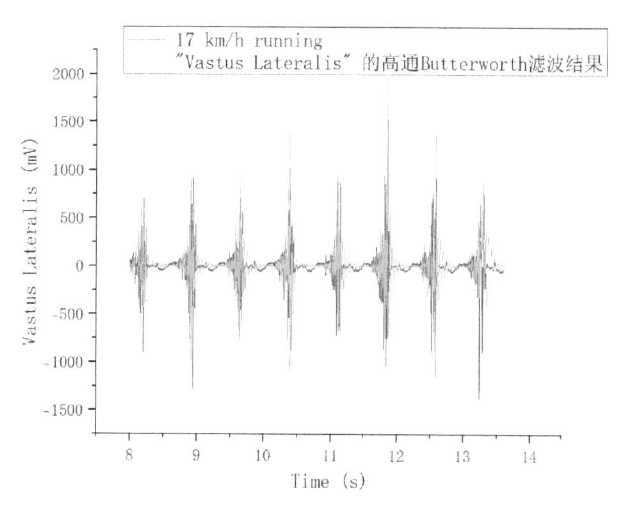

图 14-18　滤波结果

14.3　傅里叶变换

傅里叶分析通过将信号拆解为各种频率的正弦波叠加，是信号处理的核心技术。离散信号通常用离散傅里叶变换处理，而快速傅里叶变换是一种高效算法，使得傅里叶分析得以广泛应用于滤波、卷积和功率谱估计等任务。

14.3.1　快速傅里叶变换（FFT）

下面介绍快速傅里叶变换的方法。

1）进行 FFT 计算时，首先在工作簿窗口中选择数列，或在绘图窗口中选择数据曲线。打开 FFTfilter. opju 数据文件，其工作表如图 14-19 所示。通过 B 列数据所作折线图如图 14-20 所示。

	A(X)	B(Y)
长名称	Time	Amplitude
单位	s	
注释		
F(x)=		
迷你图		
1	0	8.79925
2	5E-4	11.9396
3	0.001	5.25742
4	0.0015	-0.62501
5	0.002	-2.88169
6	0.0025	-0.77485
7	0.003	-0.36943
8	0.0035	-2.7058
9	0.004	-2.94699
10	0.0045	-1.14983
11	0.005	2.16974
12	0.0055	0.9216
13	0.006	-1.3779
14	0.0065	-1.23784
15	0.007	4.87878
16	0.0075	13.36692

Book4 - fftfilter3.dat　Sheet1

图 14-19　数据工作表（部分）

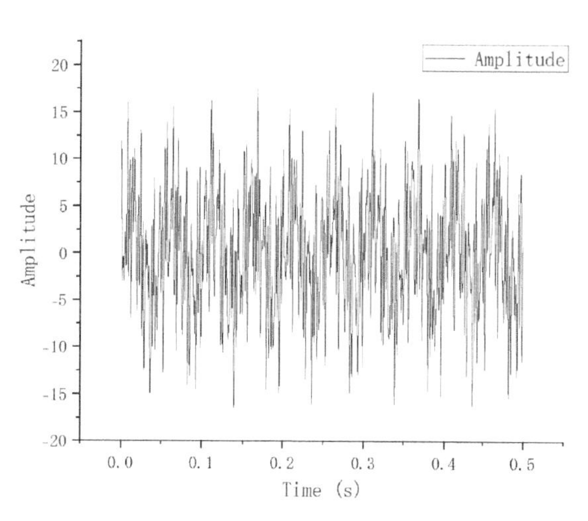

图 14-20　折线图

2）执行菜单栏中的“分析”→“信号处理”→FFT→FFT 命令，打开“FFT”对话框，在对话框中进行数据选择和参数设置，如图 14-21 所示。

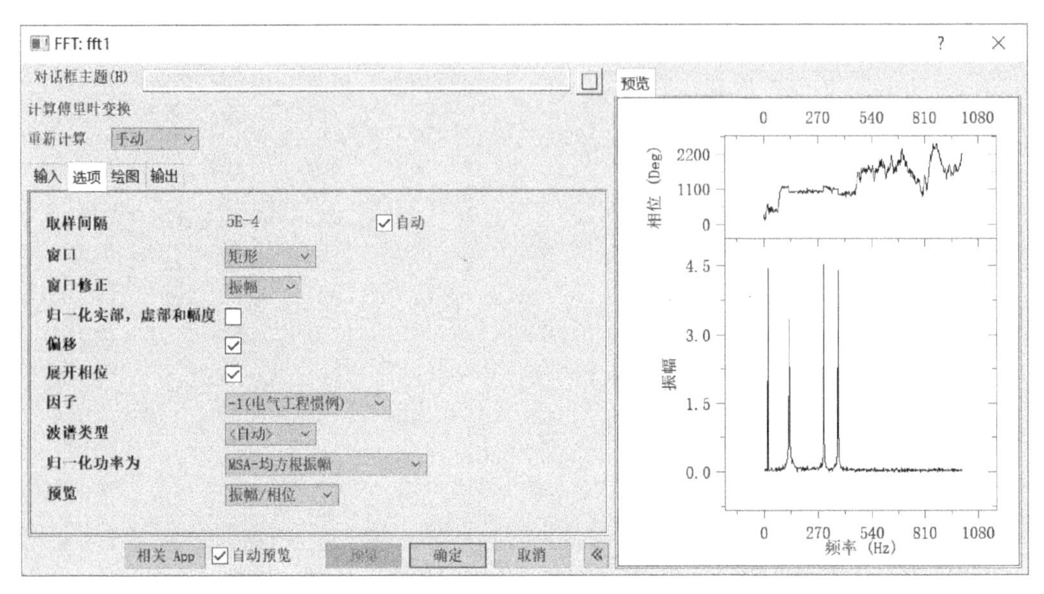

图 14-21 “FFT”对话框

3）设置完成后单击“确定”按钮，进行傅里叶换算，绘出 FFT 计算结果，如图 14-22 所示。FFT 计算结果共有 7 张图，其中最重要的是第 1 张，为相谱图，其余为实分量和虚分量图，其余为幅度（r）、dB 和功率图。在计算结果数据工作表中给出了实际进行 FFT 计算的数据。

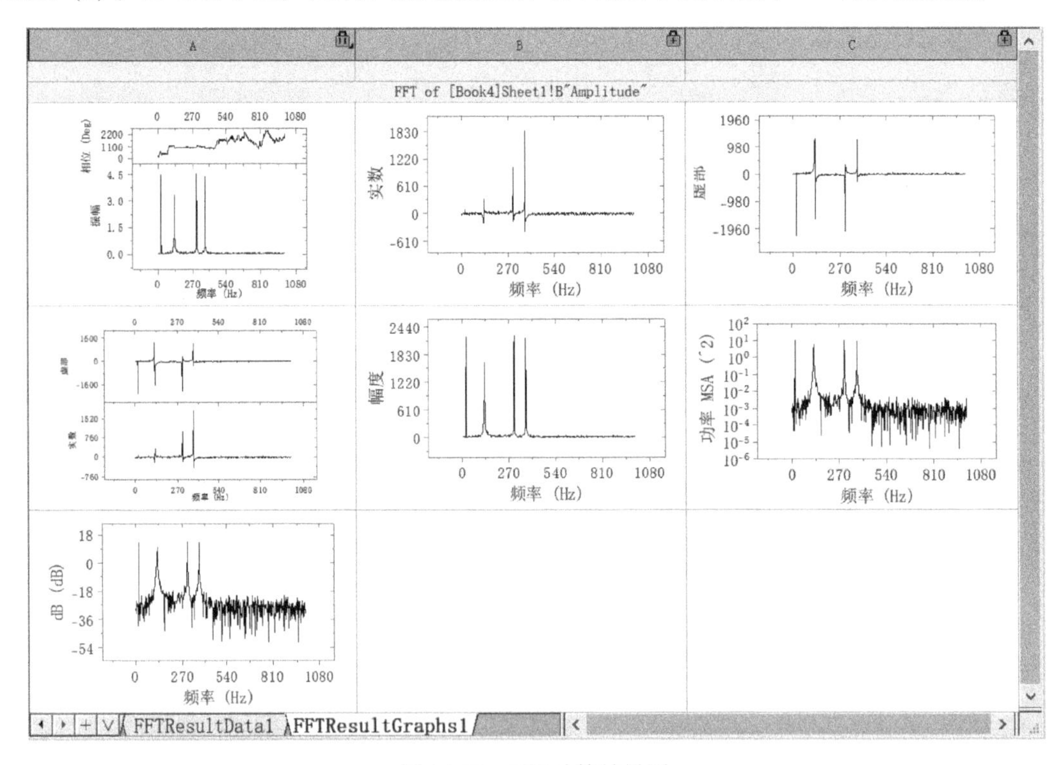

图 14-22 FFT 计算结果图

14.3.2　快速傅里叶逆变换（IFFT）

下面介绍反向快速傅里叶变换的方法。

1）打开 FFTfilter. opju 数据文件，其工作表见图 14-19。通过 B 列数据所作折线图见图 14-20。

2）执行菜单栏中的“分析”→“信号处理”→“FFT”→“IFFT”命令，打开“IFFT”对话框，在对话框中进行数据选择和参数设置，如图 14-23 所示。

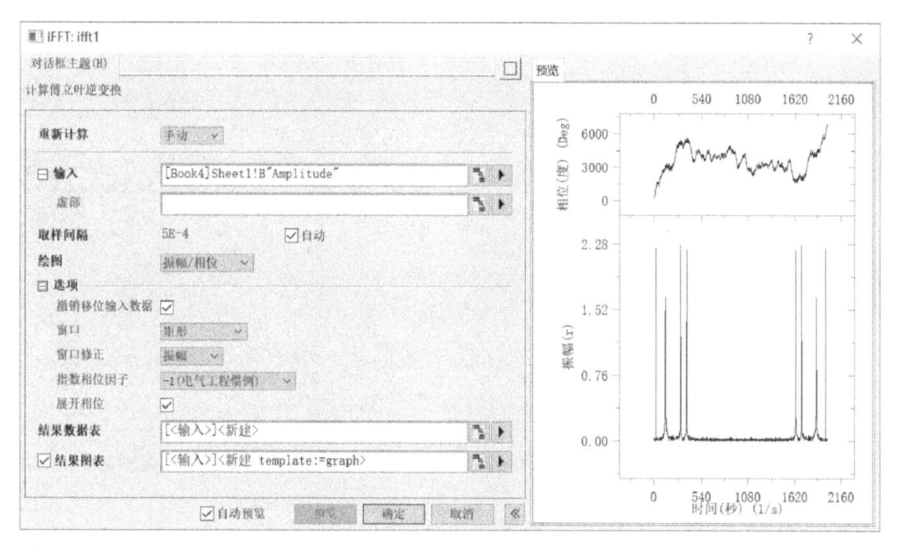

图 14-23　“IFFT”对话框

参数主要包括绘图（用于设置分析结果的类型结果）、窗口（设置窗口类型）、展开相位、指数相位因子（设置该分析的规格是电气工程惯例还是科学惯例类型）。

3）设置完成后单击“确定”按钮，进行傅里叶换算，绘出 IFFT 计算结果，双击工作表中的图表可得图 14-24 所示的图表结果。

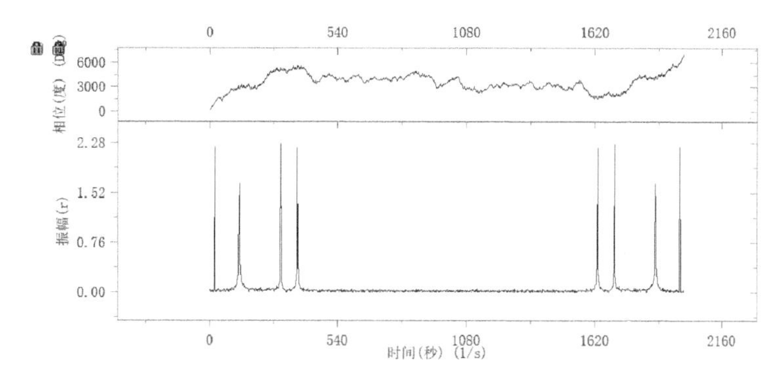

图 14-24　反转快速傅里叶变换

14.3.3　短时傅里叶变换（STFT）

下面介绍短时傅里叶变换的方法。

1）打开 STFT. opju 数据文件，其工作表如图 14-25 所示。

2）执行菜单栏中的“分析”→“信号处理”→STFT 命令，打开“STFT”对话框。在该对话框中对“取样间隔”“FFT 长度”“窗口长度”“交叠”“窗口类型”“交换时间和频率”和“输出矩阵”等参数进行设置，如图 14-26 所示。

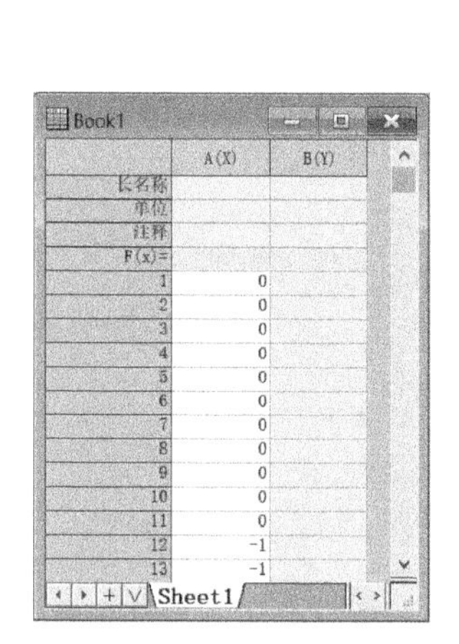

Book1

	A(X)	B(Y)
长名称		
单位		
注释		
F(x)=		
1	0	
2	0	
3	0	
4	0	
5	0	
6	0	
7	0	
8	0	
9	0	
10	0	
11	0	
12	-1	
13	-1	

Sheet1

图 14-25　工作表（部分）

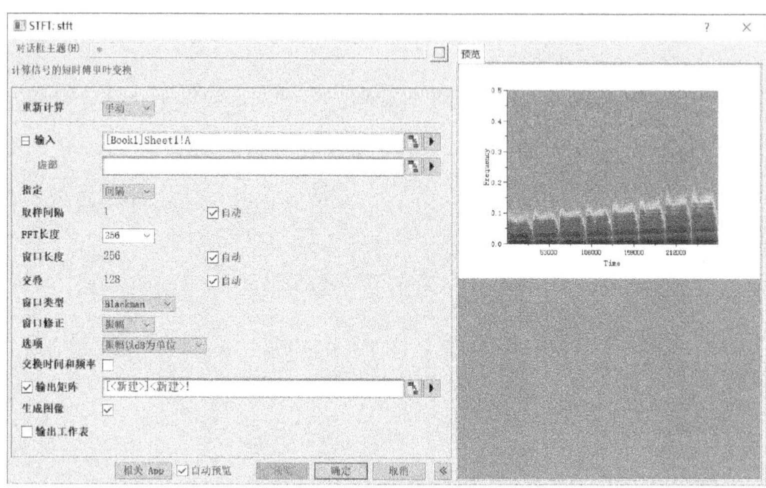

图 14-26　“STFT”对话框

3）设置完成后单击“确定”按钮，进行傅里叶换算，绘出 STFT 计算结果，如图 14-27 和图 14-28 所示。

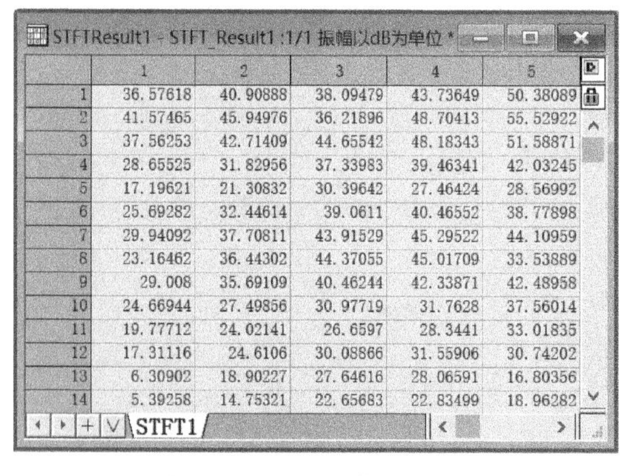

STFTResult1 - STFT_Result1 :1/1 振幅以dB为单位 *

	1	2	3	4	5
1	36.57618	40.90888	38.09479	43.73649	50.38089
2	41.57465	45.94976	36.21896	48.70413	55.52922
3	37.56253	42.71409	44.65542	48.18343	51.58871
4	28.65525	31.82956	37.33983	39.46341	42.03245
5	17.19621	21.30832	30.39642	27.46424	28.56992
6	25.69282	32.44614	39.0611	40.46552	38.77898
7	29.94092	37.70811	43.91529	45.29522	44.10959
8	23.16462	36.44302	44.37055	45.01709	33.53889
9	29.008	35.69109	40.46244	42.33871	42.48958
10	24.66944	27.49856	30.97719	31.7628	37.56014
11	19.77712	24.02141	26.6597	28.3441	33.01835
12	17.31116	24.6106	30.08866	31.55906	30.74202
13	6.30902	18.90227	27.64616	28.06591	16.80356
14	5.39258	14.75321	22.65683	22.83499	18.96282

STFT1

图 14-27　STFT 计算结果表格

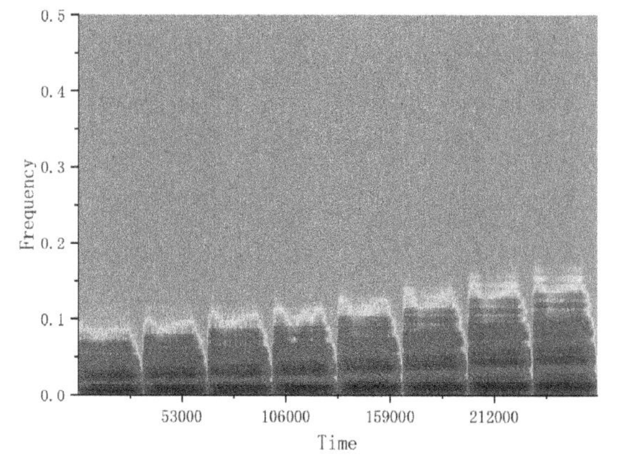

图 14-28　STFT 计算结果

14.3.4　希尔伯特变换

下面介绍希尔伯特变换的方法。

1）打开 Hilbert Transform. opju 数据文件，其工作表如图 14-29 所示。

2）执行菜单栏中的“分析”→“信号处理”→“希尔伯特变换”命令，打开“希尔伯特变换”对话框，主要参包括“希尔伯特”“解析信号”和“结果数据表”，如图 14-30 所示。

3）设置完毕之后，单击“确定”按钮，完成计算。输出的计算表格如图 14-31 所示。

4）利用输出的信号分析数据绘制折线图。执行菜单栏中的“绘图”→“基础 2D 图”→“折线图”命令绘制折线图，如图 14-32 所示。

Book1

	A(X)	B(Y)
长名称		
单位		
注释		
F(x)=		
1	0	1
2	0.05	0.98769
3	0.1	0.95106
4	0.15	0.89101
5	0.2	0.80902
6	0.25	0.70711
7	0.3	0.58779
8	0.35	0.45399
9	0.4	0.30902
10	0.45	0.15643
11	0.5	6.1232E-17

图 14-29　数据工作表

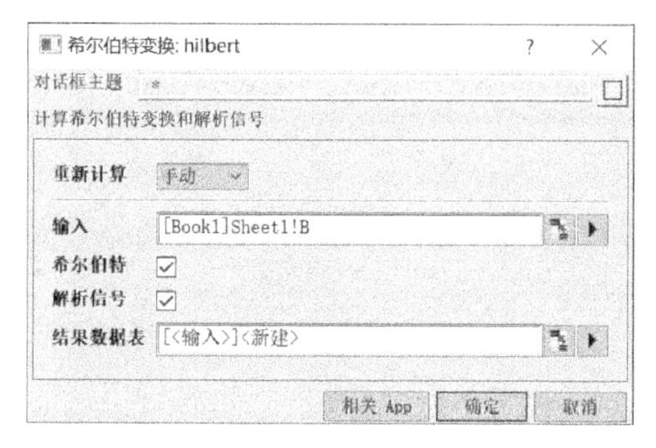

图 14-30　“希尔伯特变换”对话框

Book1 *

	A(Y)	B(Y)
长名称	希尔伯特(Hilbert)	解析信号
单位		
注释	希尔伯特(Hilbert)变换 of B	希尔伯特(Hilbert)变换 of B
F(x)=		
1	0.06824	1 + 0.06824i
2	0.21088	0.98769 + 0.21088i
3	0.35617	0.95106 + 0.35617i
4	0.4953	0.89101 + 0.4953i
5	0.62484	0.80902 + 0.62484i
6	0.74056	0.70711 + 0.74056i
7	0.83961	0.58779 + 0.83961i
8	0.9191	0.45399 + 0.9191i
9	0.97707	0.30902 + 0.97707i
10	1.01185	0.15643 + 1.01185i

图 14-31　输出的计算表格

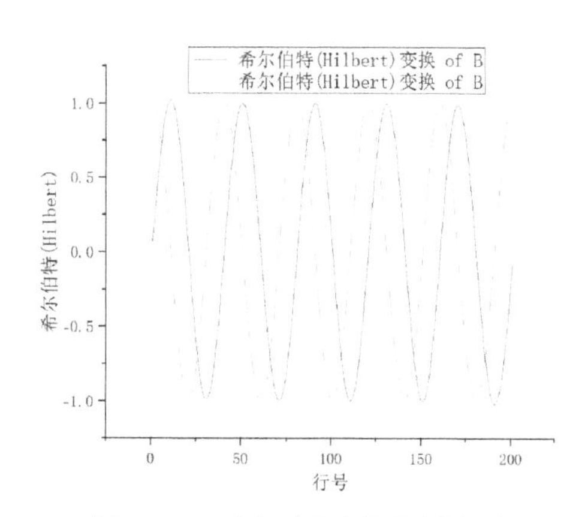

图 14-32　希尔伯特变换的折线图

14.3.5　包络

下面介绍包络的方法。

1）打开 Envelope. opju 数据文件，其工作表如图 14-33 所示。

2）执行菜单栏中的“分析”→“信号处理”→“包络”命令，打开“包络”对话框，主要参包括“重新计算”“包络类型”和“平滑点”，如图 14-34 所示。

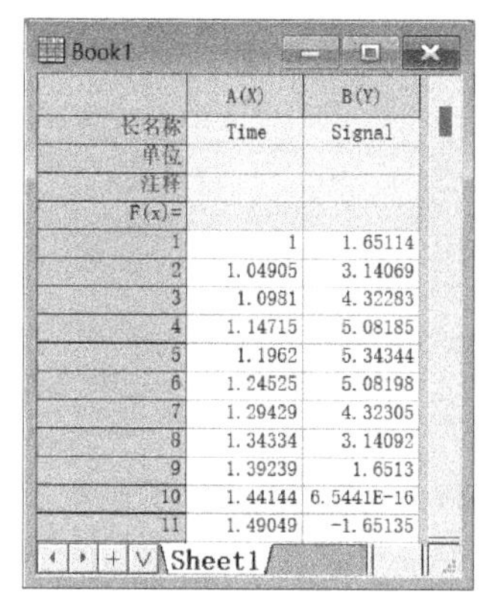

Book1

	A(X)	B(Y)
长名称	Time	Signal
单位		
注释		
F(x)=		
1	1	1.65114
2	1.04905	3.14069
3	1.0981	4.32283
4	1.14715	5.08185
5	1.1962	5.34344
6	1.24525	5.08198
7	1.29429	4.32305
8	1.34334	3.14092
9	1.39239	1.6513
10	1.44144	6.5441E-16
11	1.49049	-1.65135

图 14-33　数据工作表

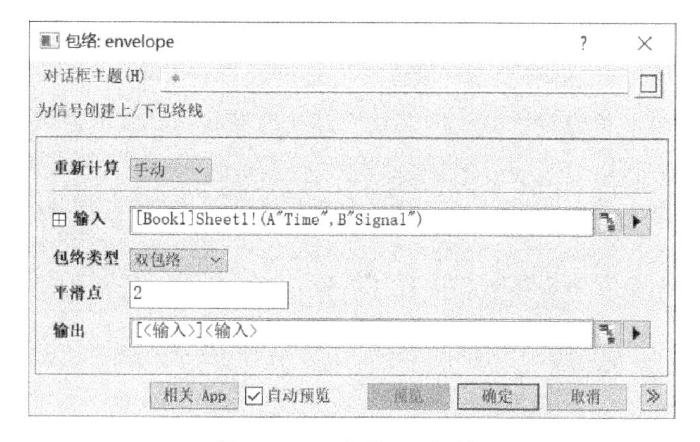

图 14-34　“包络”对话框

3）设置完毕之后，单击“确定”按钮，完成计算。输出的计算表格如图 14-35 所示。

4）用输出的信号分析数据绘制折线图。执行菜单栏中的“绘图”→“基础 2D 图”→“折线图”命令绘制折线图，如图 14-36 所示。

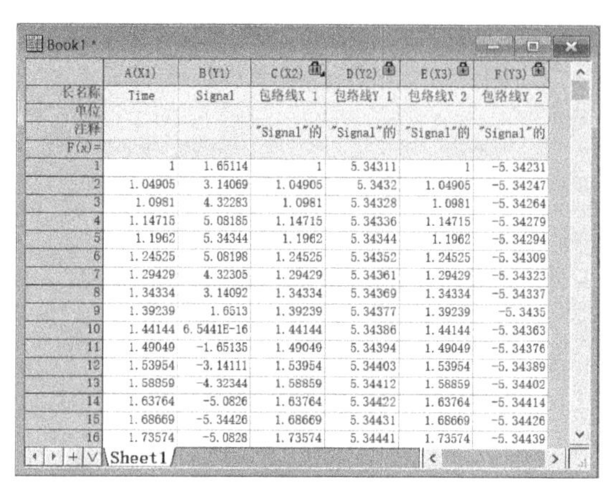

	A(X1)	B(Y1)	C(X2)	D(Y2)	E(X3)	F(Y3)
长名称	Time	Signal	包络线X 1	包络线Y 1	包络线X 2	包络线Y 2
单位						
注释			"Signal"的	"Signal"的	"Signal"的	"Signal"的
F(x)=						
1	1	1.65114	1	5.34311	1	-5.34231
2	1.04905	3.14069	1.04905	5.3432	1.04905	-5.34247
3	1.0981	4.32283	1.0981	5.34328	1.0981	-5.34264
4	1.14715	5.08185	1.14715	5.34336	1.14715	-5.34279
5	1.1962	5.34344	1.1962	5.34344	1.1962	-5.34294
6	1.24525	5.08198	1.24525	5.34352	1.24525	-5.34309
7	1.29429	4.32305	1.29429	5.34361	1.29429	-5.34323
8	1.34334	3.14092	1.34334	5.34369	1.34334	-5.34337
9	1.39239	1.6513	1.39239	5.34377	1.39239	-5.3435
10	1.44144	6.5441E-16	1.44144	5.34386	1.44144	-5.34363
11	1.49049	-1.65135	1.49049	5.34394	1.49049	-5.34376
12	1.53954	-3.14111	1.53954	5.34403	1.53954	-5.34389
13	1.58859	-4.32344	1.58859	5.34412	1.58859	-5.34402
14	1.63764	-5.0826	1.63764	5.34422	1.63764	-5.34414
15	1.68669	-5.34426	1.68669	5.34431	1.68669	-5.34426
16	1.73574	-5.0828	1.73574	5.34441	1.73574	-5.34439

图 14-35　输出的计算表格

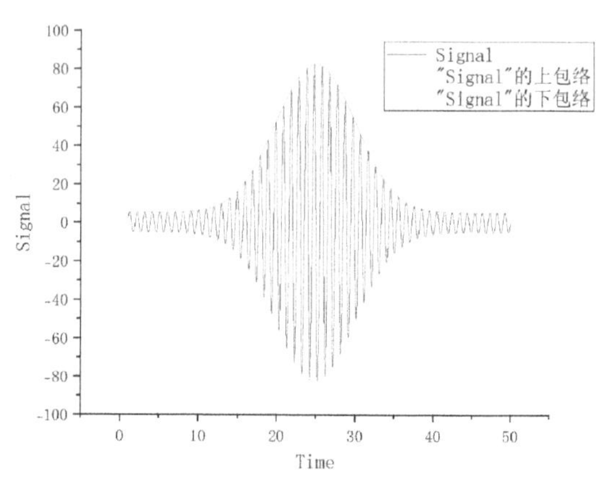

图 14-36　包络变换的折线图

14.4　小波变换

小波变换子菜单提供了与小波变换相关的各种命令。用户只需导入目标数据并选择相应命令，就能打开相应的设置对话框。完成设置后单击“确定”按钮，便可执行分析并获得结果。

14.4.1　连续小波变换

下面介绍连续小波变换的方法。

1）打开 Continuous Wavelet. opju 数据文件，其工作表如图 14-37 所示。

2）执行菜单栏中的“分析”→“信号处理”→“小波变换”→“连续小波”命令，打开“连续小波”对话框，主要参数包括输入的“离散信号”“尺度矢量”“小波类型”和“波数”等，如图 14-38 所示。

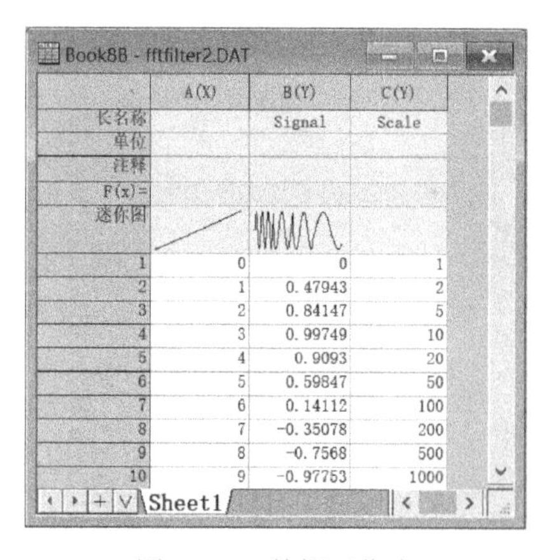

	A(X)	B(Y)	C(Y)
长名称		Signal	Scale
单位			
注释			
F(x)=			
迷你图			
1	0	0	1
2	1	0.47943	2
3	2	0.84147	5
4	3	0.99749	10
5	4	0.9093	20
6	5	0.59847	50
7	6	0.14112	100
8	7	-0.35078	200
9	8	-0.7568	500
10	9	-0.97753	1000

图 14-37　数据工作表

图 14-38　“连续小波”对话框

3）单击“确定”按钮，结果如图 14-39 和图 14-40 所示。

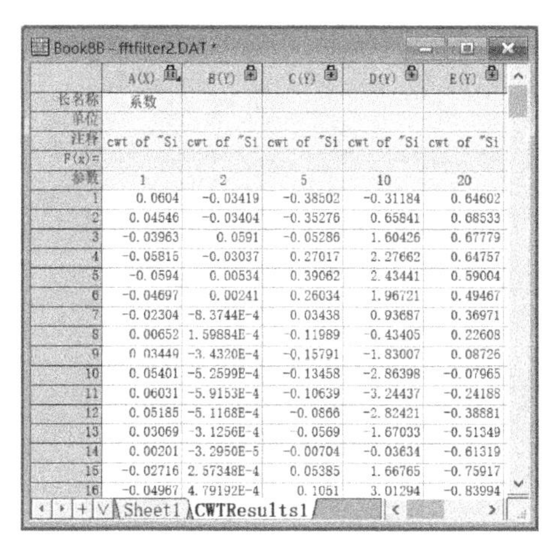

Book8B - fftfilter2.DAT *

	A(X)	B(Y)	C(Y)	D(Y)	E(Y)
长名称	系数				
单位					
注释	cwt of "Si	cwt of "Si	cwt of "Si	cwt of "Si	cwt of "Si
F(x)=					
参数	1	2	5	10	20
1	0.0604	-0.03419	-0.38502	-0.31184	0.64602
2	0.04546	-0.03404	-0.35276	0.65841	0.68533
3	-0.03963	0.0591	-0.05286	1.60426	0.67779
4	-0.05815	-0.03037	0.27017	2.27662	0.64757
5	-0.0594	0.00534	0.39062	2.43441	0.59004
6	-0.04697	0.00241	0.26034	1.96721	0.49467
7	-0.02304	-8.3744E-4	0.03438	0.93687	0.36971
8	0.00652	1.59884E-4	-0.11989	-0.43405	0.22608
9	0.03449	-3.4320E-4	-0.15791	-1.83007	0.08726
10	0.05401	-5.2599E-4	-0.13458	-2.86398	-0.07965
11	0.06031	-5.9153E-4	-0.10639	-3.24437	-0.24188
12	0.05185	-5.1168E-4	-0.0866	-2.82421	-0.38881
13	0.03069	-3.1256E-4	-0.0569	-1.67033	-0.51349
14	0.00201	-3.2950E-5	-0.00704	-0.03634	-0.61319
15	-0.02716	2.57348E-4	0.05385	1.66765	-0.75917
16	-0.04967	4.79192E-4	0.1051	3.01294	-0.83994

Sheet1　CWTResults1

图 14-39　输出结果文件

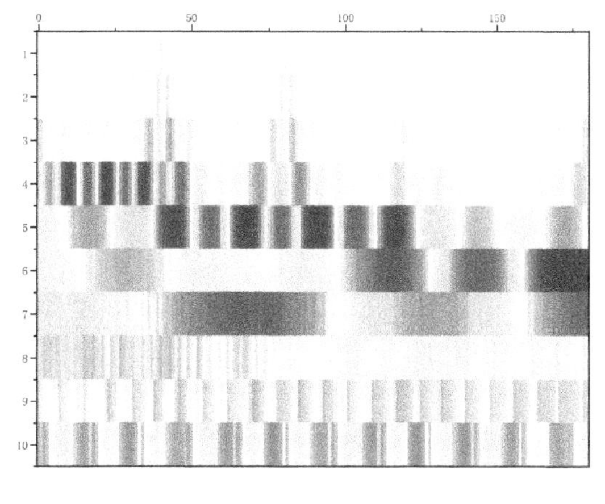

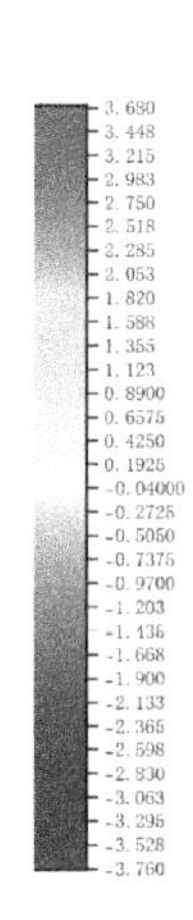

图 14-40　输出结果图像

14.4.2　分解

下面介绍分解的方法。

1）打开 Decompose. opju 数据文件，其工作表如图 14-41 所示。

2）选择 B 列，执行菜单栏中的“分析”→“信号处理”→“小波变换”→“分解”命令，打开“分解”对话框，如图 14-42 所示。

Book1

	A(X)	B(Y)
长名称		
单位		
注释		
F(x)=		
1	0.001	0.34391
2	0.002	0.55521
3	0.003	1.0563
4	0.004	0.97923
5	0.005	1.38473
6	0.006	1.52278
7	0.007	1.76042
8	0.008	1.96653
9	0.009	2.12463
10	0.01	2.56168
11	0.011	2.32137

Sheet1

图 14-41　数据工作表

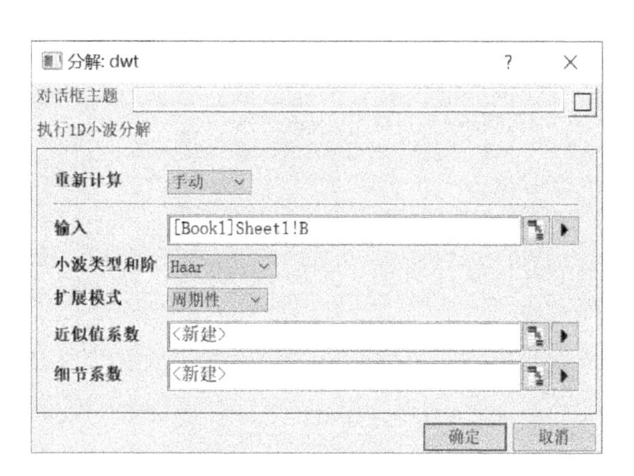

图 14-42　“分解”对话框

主要参数包括“小波类型和阶”（控制分解的方法）、“扩展模式”（控制输出的结果是周期性显示还是零填充）、“近似值系数”和“细节系数”等。

3）设置完毕之后，单击“确定”按钮，完成计算。输出的计算表格如图 14-43 所示。用输出的信号分析数据所制作的线图如图 14-44 所示。

Book1 *

	A(X)	B(Y)	C(Y)	D(Y)
长名称			DWT_CA1	DWT_CD1
单位				
注释			Approx Coe	Detail Coe
F(x)=				
1	0.001	0.34391	0.63577	-0.14941
2	0.002	0.55521	1.43934	0.0545
3	0.003	1.0563	2.05592	-0.09762
4	0.004	0.97923	2.63535	-0.14574
5	0.005	1.38473	3.31372	-0.30904
6	0.006	1.52278	3.39452	-0.11161
7	0.007	1.76042	4.19535	0.08359
8	0.008	1.96653	4.65498	-0.21855
9	0.009	2.12463	4.69218	-0.13959
10	0.01	2.56168	5.02445	-0.13015
11	0.011	2.32137	5.13111	-0.19348

Sheet1

图 14-43　输出的计算表格

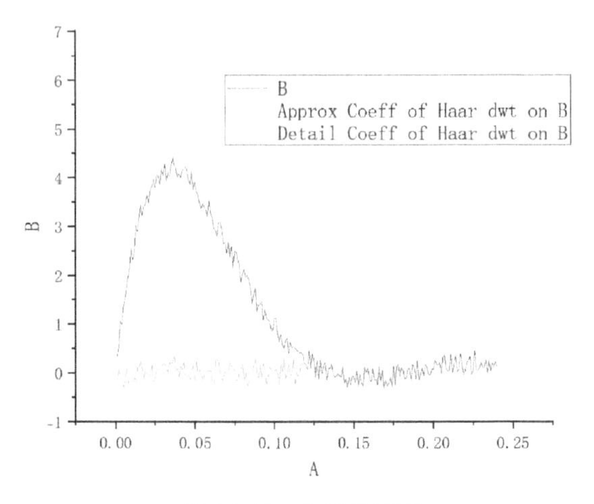

图 14-44　分解的线图

14.4.3　重建

下面介绍重建的方法。

1）打开 Reconstruction. opju 数据文件，工作表如图 14-45 所示。

2）执行菜单栏中的“分析”→“信号处理”→“小波变换”→“重建”命令，打开“重建”对话框，如图 14-46 所示。

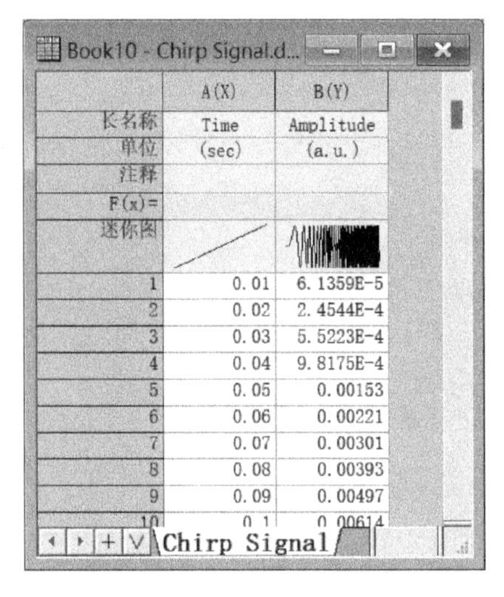

Book10 - Chirp Signal.d...

	A(X)	B(Y)
长名称	Time	Amplitude
单位	(sec)	(a.u.)
注释		
F(x)=		
迷你图		
1	0.01	6.1359E-5
2	0.02	2.4544E-4
3	0.03	5.5223E-4
4	0.04	9.8175E-4
5	0.05	0.00153
6	0.06	0.00221
7	0.07	0.00301
8	0.08	0.00393
9	0.09	0.00497
10	0.1	0.00614

Chirp Signal

图 14-45　数据工作表

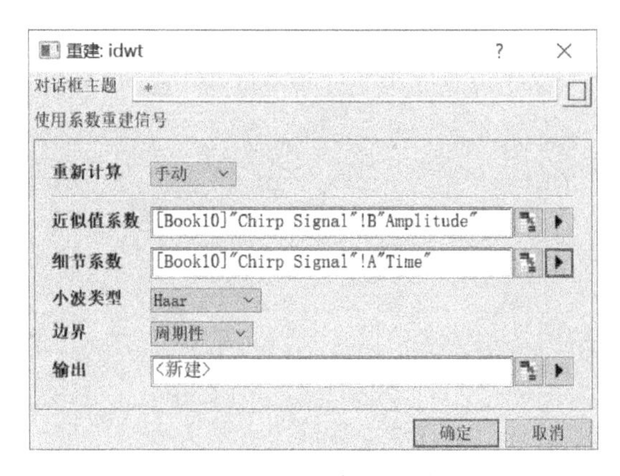

图 14-46　“重建”对话框

主要参数包括“近似值系数”“细节系数”“小波类型”（控制重构的方法）、“边界”（控制输出的结果是周期性还是零填充）。

3）设置完毕之后，单击“确定”按钮，完成计算。输出的计算表格如图 14-47 所示。用输出的信号分析数据所制作的线图如图 14-48 所示。

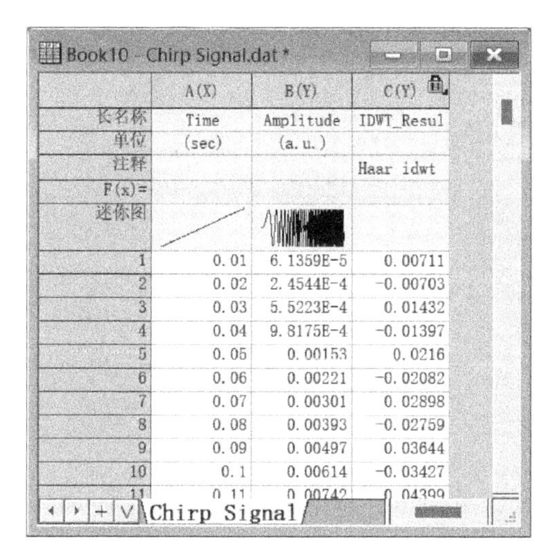

图 14-47　输出的数据

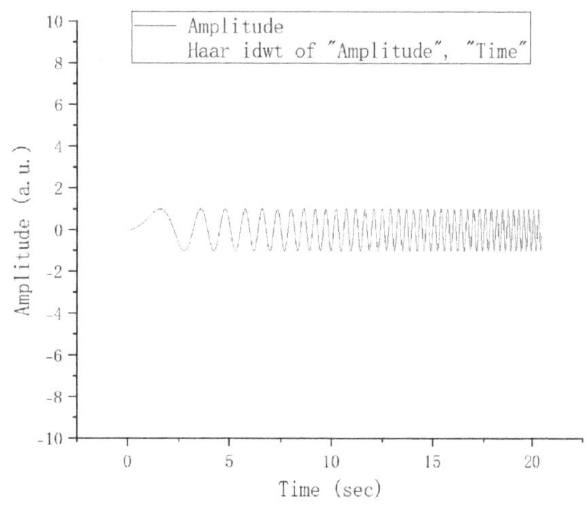

图 14-48　重建的线图

14.4.4　多尺度离散小波变换

下面介绍多尺度离散小波变换的方法。

1）打开 Multi-Scale DWT. opju 数据文件，工作表如图 14-49 所示。

2）执行菜单栏中的“分析”→“信号处理”→“小波变换”→“多尺度离散小波变换”命令，打开“多尺度离散小波变换”对话框，如图 14-50 所示。

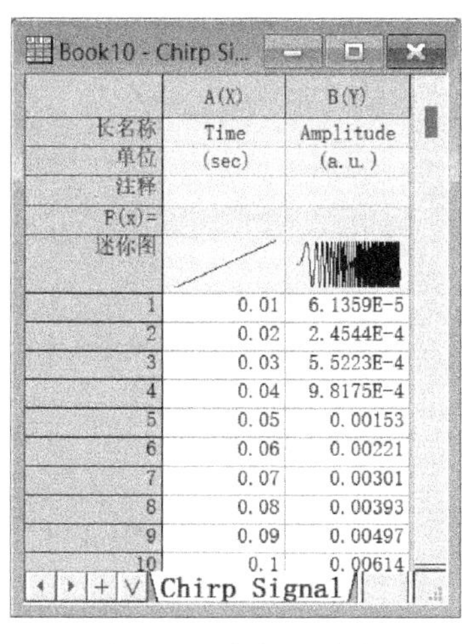

图 14-49　数据工作表

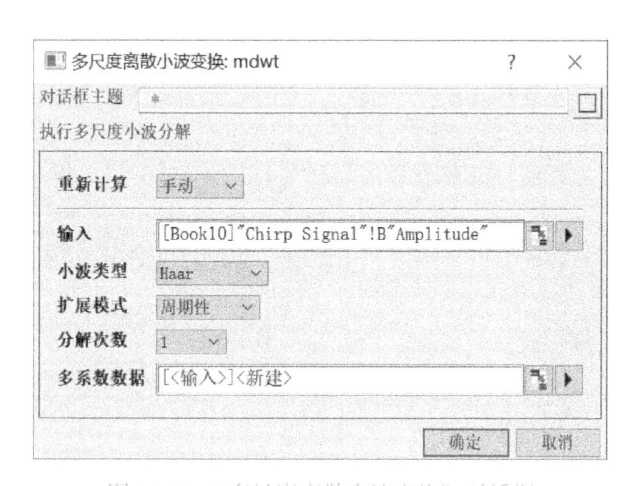

图 14-50　“多尺度离散小波变换”对话框

主要参数包括“小波类型”“扩展模式”和“分解次数”等。

3）设置完毕之后，单击“确定”按钮，完成计算。输出的计算表格如图 14-51 所示。用输出的信号分析数据绘制折线图如图 14-52 所示。

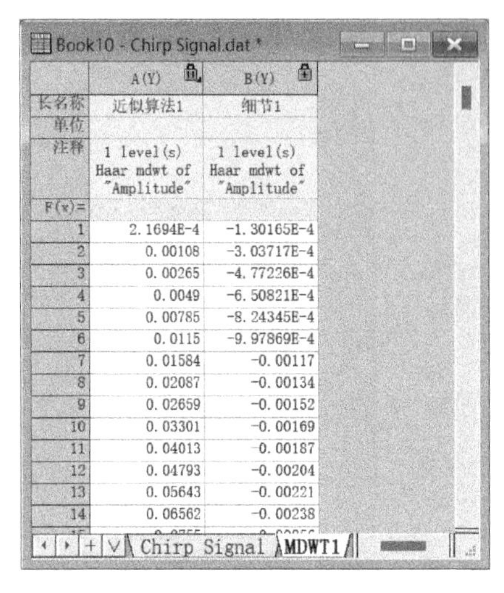

Book10 - Chirp Signal.dat *

	A(Y)	B(Y)
长名称	近似算法1	细节1
单位		
注释	1 level(s) Haar mdwt of "Amplitude"	1 level(s) Haar mdwt of "Amplitude"
F(x)=		
1	2.1694E-4	-1.30165E-4
2	0.00108	-3.03717E-4
3	0.00265	-4.77226E-4
4	0.0049	-6.50821E-4
5	0.00785	-8.24345E-4
6	0.0115	-9.97869E-4
7	0.01584	-0.00117
8	0.02087	-0.00134
9	0.02659	-0.00152
10	0.03301	-0.00169
11	0.04013	-0.00187
12	0.04793	-0.00204
13	0.05643	-0.00221
14	0.06562	-0.00238

Chirp Signal　MDWT1

图 14-51　输出的数据

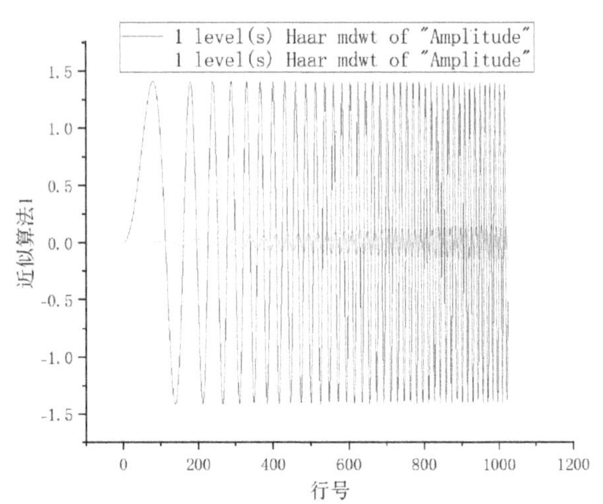

图 14-52　多尺度离散小波变换的折线图

14.4.5 降噪

下面介绍降噪的方法。

1）打开 Denoise. opju 数据文件，工作表如图 14-53 所示。

2）选择 A、B 两列，执行菜单栏中的“分析”→“信号处理”→“小波变换”→“降噪”命令，打开“降噪”对话框，如图 14-54 所示。

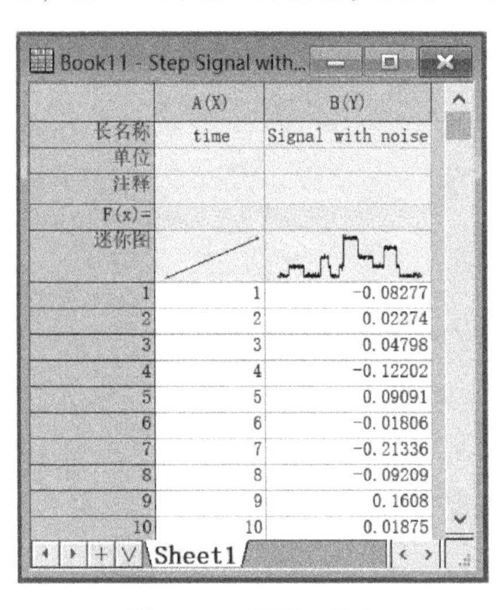

Book11 - Step Signal with...

	A(X)	B(Y)
长名称	time	Signal with noise
单位		
注释		
F(x)=		
迷你图		
1	1	-0.08277
2	2	0.02274
3	3	0.04798
4	4	-0.12202
5	5	0.09091
6	6	-0.01806
7	7	-0.21336
8	8	-0.09209
9	9	0.1608
10	10	0.01875

Sheet1

图 14-53　数据工作表

图 14-54　“降噪”对话框

主要参数包括“小波类型”（控制除噪的方法）、“扩展模式”、“阈值类型”（设置除噪系数的值是自定义还是 sqtwolog）、“降噪次数”（设置除噪水平）、“每次的阈值”（在小波类型项为自定义时指定的除噪系数）。

3）设置完毕之后，单击“确定”按钮，完成计算。输出的计算表格如图 14-55 所示。用输出的信号分析数据所制作的线图如图 14-56 所示。

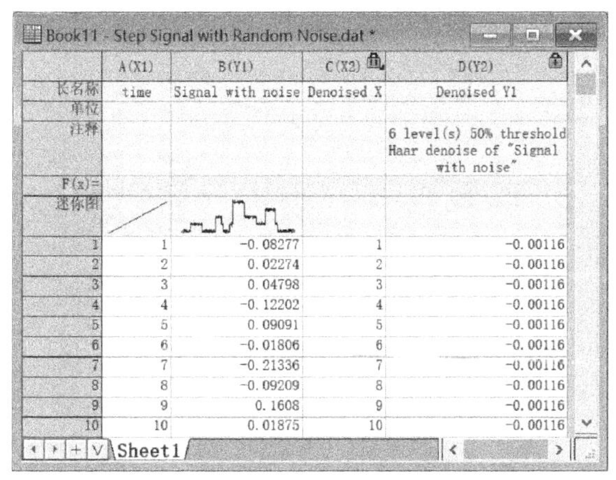

Book11 - Step Signal with Random Noise.dat *

	A(X1)	B(Y1)	C(X2)	D(Y2)
长名称	time	Signal with noise	Denoised X	Denoised Y1
单位				
注释				6 level(s) 50% threshold Haar denoise of "Signal with noise"
F(x)=				
迷你图				
1	1	-0.08277	1	-0.00116
2	2	0.02274	2	-0.00116
3	3	0.04798	3	-0.00116
4	4	-0.12202	4	-0.00116
5	5	0.09091	5	-0.00116
6	6	-0.01806	6	-0.00116
7	7	-0.21336	7	-0.00116
8	8	-0.09209	8	-0.00116
9	9	0.1608	9	-0.00116
10	10	0.01875	10	-0.00116

Sheet1

图 14-55　输出的数据

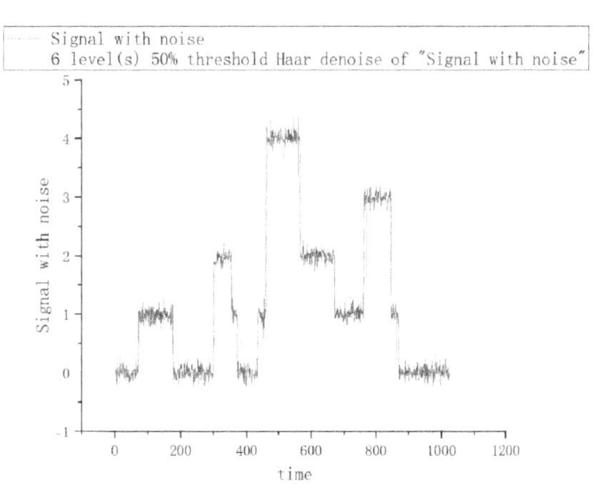

图 14-56　降噪的线图

14.4.6　平滑

下面介绍平滑的方法。

1）打开 Smooth.opju 数据文件，其工作表如图 14-57 所示。

2）选中 B 列，执行菜单栏中的“分析”→“信号处理”→“小波变换”→“平滑”命令，打开“平滑”对话框，如图 14-58 所示。

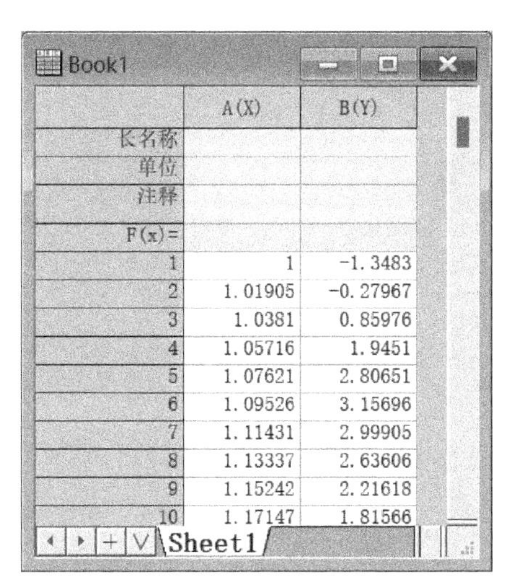

Book1

	A(X)	B(Y)
长名称		
单位		
注释		
F(x)=		
1	1	-1.3483
2	1.01905	-0.27967
3	1.0381	0.85976
4	1.05716	1.9451
5	1.07621	2.80651
6	1.09526	3.15696
7	1.11431	2.99905
8	1.13337	2.63606
9	1.15242	2.21618
10	1.17147	1.81566

Sheet1

图 14-57　工作表

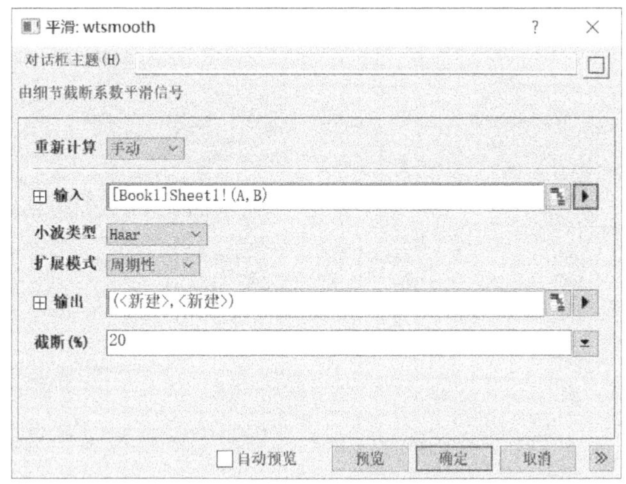

图 14-58　“平滑”对话框

主要参数包括“小波类型”（控制除噪的方法）、“扩展模式”（控制输出的结果是周期性还是零填充）、“截断”（设置平滑水平的百分比）。

3）设置完毕之后，单击“确定”按钮，完成计算。输出的计算表格如图 14-59 所示。用输出的信号分析数据所制作的线图如图 14-60 所示。

Book1 *

	A(X1)	B(Y1)	C(X2)	D(Y2)
长名称			WT Smoothe	WT Smooth
单位				
注释				20% cutoff Haar smooth of B
F(x)=				
1	1	-1.3483	1	-1.3483
2	1.01905	-0.27967	1.01905	-0.27967
3	1.0381	0.85976	1.0381	0.85976
4	1.05716	1.9451	1.05716	1.9451
5	1.07621	2.80651	1.07621	2.80651
6	1.09526	3.15696	1.09526	3.15696
7	1.11431	2.99905	1.11431	2.99905
8	1.13337	2.63606	1.13337	2.63606
9	1.15242	2.21618	1.15242	2.21618
10	1.17147	1.81566	1.17147	1.81566
11	1.19052	1.41205	1.19052	1.41205
12	1.20957	0.89674	1.20957	0.89674

Sheet1

图 14-59　输出的数据

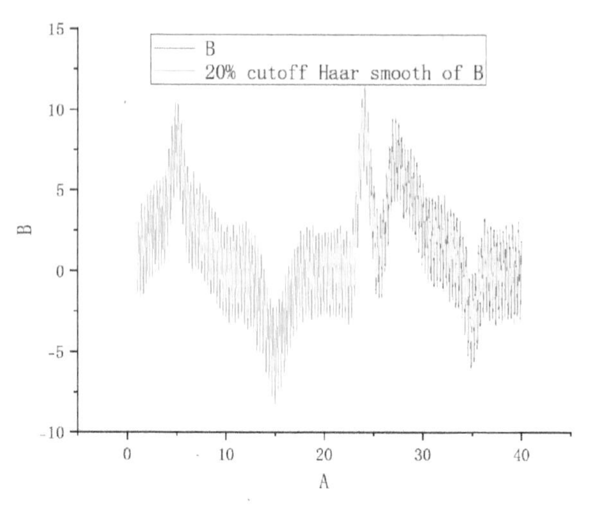

图 14-60　平滑的线图

14.5　小结与思考

数字信号处理是一门融合了微积分、概率统计、随机过程、数值分析、积分变换和复变函数等学科的实用课程。本章着重介绍了如何使用 Origin 软件来进行数据平滑、滤波、傅里叶变换和小波变换。根据绘图需求，读者可选择适当的功能操作，从而制作出满意的科学图形。下面给出开放性的讨论题目供读者在学习时思考。

1）描述数据平滑的概念和意义，以及数据平滑的方法。

2）解释 FFT、IIR 滤波的原理和用途。

3）描述傅里叶变换的基本原理及其在信号处理中的作用。

4）解释快速傅里叶变换（FFT）、快速傅里叶逆变换（IFFT）的原理和用途。

5）解释希尔伯特变换的概念及其在信号处理中的应用。

6）讨论信号包络的概念和意义，以及如何提取信号包络。

7）描述小波分解和重建的过程，以及在 Origin 中如何实现。

8）讨论多尺度离散小波变换的原理和应用。

9）解释小波变换在信号降噪和平滑中的作用。